中国科学院科学出版基金资助出版

现代数学基础丛书·典藏版 122

Zakharov 方程及其孤立波解

郭柏灵　甘在会　张景军　著

科学出版社

北京

内 容 简 介

Zakharov 方程是描述激光与等离子体相互作用的一类非常重要的非线性作用方程组，这类方程具有广泛的物理和应用背景. 本书利用双流体力学方程组详细地推导出了 Zakharov 方程，还给出不同类型的等离子体孤立子. 本书着重研究几种重要类型的 Zakharov 方程在能量空间中的一些经典结果，其中包括一维及高维问题的适定性结果、爆破问题和长时间行为、高维非均匀介质中的 Zakharov 方程、Klein-Gordon-Zakharov 方程、离子声 Zakharov 方程及磁场 Zakharov 方程的相关数学理论研究成果. 利用调和分析的现代理论和方法，本书详细介绍此类方程的低正则性结果，以及 Zakharov 型方程当离子体传播速度及电场传播速度趋于无穷时的奇性极限.

本书适合于高等院校理工科大学数学、物理专业的研究生、教师以及科研院所的相关工作人员阅读.

图书在版编目(CIP)数据

Zakharov 方程及其孤立波解/郭柏灵，甘在会，张景军著. —北京：科学出版社，2011

(现代数学基础丛书・典藏版；122)

ISBN 978-7-03-031525-0

I. ①Z… II. ①郭… ②甘… ③张… III. ①孤立子-非线性方程-数值计算 IV. ①O572.3

中国版本图书馆 CIP 数据核字(2011) 第 112822 号

责任编辑：陈玉琢／责任校对：钟 洋
责任印制：徐晓晨／封面设计：陈 敬

科学出版社出版
北京东黄城根北街 16 号
邮政编码：100717
http://www.sciencep.com

北京厚诚则铭印刷科技有限公司 印刷

科学出版社发行 各地新华书店经销

*

2011 年 6 月第 一 版 开本：B5(720×1000)
2015 年 7 月 印 刷 印张：21
字数：406 000

POD定价： 128.00元
(如有印装质量问题，我社负责调换)

《现代数学基础丛书》序

对于数学研究与培养青年数学人才而言，书籍与期刊起着特殊重要的作用. 许多成就卓越的数学家在青年时代都曾钻研或参考过一些优秀书籍，从中汲取营养，获得教益.

20 世纪 70 年代后期，我国的数学研究与数学书刊的出版由于文化大革命的浩劫已经破坏与中断了 10 余年，而在这期间国际上数学研究却在迅猛地发展着. 1978 年以后，我国青年学子重新获得了学习、钻研与深造的机会. 当时他们的参考书籍大多还是 50 年代甚至更早期的著述. 据此，科学出版社陆续推出了多套数学丛书，其中《纯粹数学与应用数学专著》丛书与《现代数学基础丛书》更为突出，前者出版约 40 卷，后者则逾 80 卷. 它们质量甚高，影响颇大，对我国数学研究、交流与人才培养发挥了显著效用.

《现代数学基础丛书》的宗旨是面向大学数学专业的高年级学生、研究生以及青年学者，针对一些重要的数学领域与研究方向，作较系统的介绍. 既注意该领域的基础知识，又反映其新发展，力求深入浅出，简明扼要，注重创新.

近年来，数学在各门科学、高新技术、经济、管理等方面取得了更加广泛与深入的应用，还形成了一些交叉学科. 我们希望这套丛书的内容由基础数学拓展到应用数学、计算数学以及数学交叉学科的各个领域.

这套丛书得到了许多数学家长期的大力支持，编辑人员也为其付出了艰辛的劳动. 它获得了广大读者的喜爱. 我们诚挚地希望大家更加关心与支持它的发展，使它越办越好，为我国数学研究与教育水平的进一步提高做出贡献.

杨　乐

2003 年 8 月

前　言

V. E. Zakharov 是俄罗斯（前苏联）著名的物理数学家, 他在等离子体物理、湍流以及孤立子理论等方面都做出了非常杰出的贡献. 1962 年, 他考虑了 Langmiur 波的坍塌; 1972 年, 他在研究等离子体和激光相互作用中提出了一组由电场和粒子扰动耦合的方程组, 从数学上来看, 它是由非线性 Schrödinger 方程和具强非线性项的波动方程耦合的方程组 (后来被称为 Zakharov 方程). 他算出了该方程组的孤立子波解, 深刻地解释了长期未解决的关于激光打靶中临界面密度的深凹陷的物理现象, 引起了国际物理学界很大的关注. 人们由此从物理和数学上对 Zakharov 方程开展了一大批蓬蓬勃勃的研究工作, 取得了很多很有创新意义且对其他领域具有重大影响的成果. 在数学上, 国际上许多著名数学家, 如 C. Sulem, P. L. Sulem, F. Merle, C. Kenig, G. Ponce, L. Vega, Y. Tsutsumi, J. Bourgain, H. Pecher 以及最近发表在杂志 *Invent Math* 上的 "Energy convergence for singular limit of Zakharov type systems" 的作者 N. Masmoudi 和 K. Nakanishi 等对于 Zakharov 方程在能量空间和 Bourgain 空间上的整体解存在性、惟一性、爆破 (blow up)、低正则以及传播波速的奇性极限等做出了一系列重要而深刻的工作. 早期我国学者贺贤土院士和作者与国外几乎同时推导了 Zakharov 方程, 并对该方程的整体解进行了一系列的研究.

本书主要介绍有关 Zakharov 方程及其动力系统的数学理论、研究方法和最新的研究成果, 其中包括在能量空间和 Bourgain 空间上的整体解的存在性、惟一性、爆破、低正则、整体吸引子的存在性、Hausdorff 维数的估计以及当等离子体传播速度及电场传播速度趋于无穷时的奇性极限的收敛性. 应当指出: 这些最新成果也包括了作者及其合作者得到的一些研究成果. 我们期望读者在阅读本书的基础上, 可以直接地、较快地开展这方面的研究工作.

由于作者水平有限和篇幅有限, 书中一定有一些不当和疏漏, 甚至出现某些错误之处, 敬请读者批评指正.

郭柏灵

2009 年 11 月 16 日

目　　录

第 1 章　Zakharov 方程的物理来源及其孤立子解

1.1　等离子体的输运过程

等离子体的状态可用分布函数 $f_a(t,\boldsymbol{r},\boldsymbol{v})$ 来描述, 这里 t 表示时间, $(\boldsymbol{r},\boldsymbol{v})$ 表示相空间的空间位置和速度, $a=i$ 表示单个离子, $a=e$ 表示电子, $a=n$ 表示中子. 这些状态可用动力学方程 (Boltzman 方程) 来描述它. 例如

$$\frac{\partial f_a}{\partial t}+\frac{\partial}{\partial x_\beta}(v_\beta f_a)+\frac{\partial}{\partial v_\beta}\left(\frac{F_{a\beta}}{m_a}f_a\right)=C_a, \tag{1.1.1}$$

其中, $F_a(\boldsymbol{r},\boldsymbol{v},t)$ 表示外力, 例如

$$F_a=e_a\boldsymbol{E}+\frac{e_a}{c}\boldsymbol{v}\times\boldsymbol{B}, \tag{1.1.2}$$

其中 e_a 表示电荷, $\boldsymbol{E}$ 表示电场, $\boldsymbol{B}$ 表示磁场, m_a 为质点的质量, 在 (1.1.1) 式中 C_a 表示碰撞项,

$$C_a=\sum C_{ab}(f_a,f_b), \tag{1.1.3}$$

其中 C_{ab} 表示单位时间两种粒子 a 和 b 分布函数碰撞的变化. 这种碰撞是弹性的或是非弹性的.

碰撞项的某些性质导致它满足如下条件:

$$\int C_{ab}\mathrm{d}\boldsymbol{v}=0, \tag{1.1.4}$$

$$\int m_a\boldsymbol{v}C_{aa}\mathrm{d}\boldsymbol{v}=0, \tag{1.1.5}$$

$$\int \frac{m_a}{2}v^2C_{aa}\mathrm{d}\boldsymbol{v}=0, \tag{1.1.6}$$

且具有动量和能量守恒

$$\int m_a\boldsymbol{v}C_{ab}\mathrm{d}\boldsymbol{v}+\int m_b\boldsymbol{v}C_{ba}\mathrm{d}\boldsymbol{v}=0, \tag{1.1.7}$$

$$\int\left(\frac{m_av^2}{2}\right)C_{ab}\mathrm{d}\boldsymbol{v}+\int\left(\frac{m_bv^2}{2}\right)C_{ba}\mathrm{d}\boldsymbol{v}=0. \tag{1.1.8}$$

任何气体在热平衡的情形下, 可得到 Maxwell 速度分布

$$f^0=\frac{n}{(2\pi T/m)^3}\mathrm{e}^{-\frac{m}{2T}(\boldsymbol{v}-\boldsymbol{V})^2}, \tag{1.1.9}$$

这里 n 是密度, 即单位体积粒子的数目, T 是温度, $\boldsymbol{V}$ 为气体的运动速度.

令

$$n_a(t,\boldsymbol{r})=\int f_a(t,\boldsymbol{r},\boldsymbol{v})\mathrm{d}\boldsymbol{v}, \tag{1.1.10}$$

粒子的平均速度和平均温度分别为

$$\begin{aligned}\boldsymbol{V}_a(t,\boldsymbol{r})&=\frac{1}{n_a}\int \boldsymbol{v}f(t,\boldsymbol{r},\boldsymbol{v})\mathrm{d}\boldsymbol{v}=\langle\boldsymbol{v}\rangle_a,\\ T_a(t,\boldsymbol{r})&=\frac{1}{n_a}\int\frac{m_a}{3}(\boldsymbol{v}-\boldsymbol{V}_a)^2f(t,\boldsymbol{r},\boldsymbol{v})\mathrm{d}\boldsymbol{v}.\end{aligned} \tag{1.1.11}$$

由方程 (1.1.1) 乘以 1, $m_a\boldsymbol{v}$, $m_av^2/2$, 利用 (1.1.4) 式可得

$$\frac{\partial n}{\partial t}+\mathrm{div}(n\boldsymbol{V})=0, \tag{1.1.12}$$

$$\frac{\partial}{\partial t}(mn\boldsymbol{V}_\alpha)+\frac{\partial}{\partial x_\beta}(mn\langle v_\alpha v_\beta\rangle)-en\left(E_\alpha+\frac{1}{c}(\boldsymbol{V}\times\boldsymbol{B})_\alpha\right)=\int mv_\alpha C\mathrm{d}\boldsymbol{v}, \tag{1.1.13}$$

$$\frac{\partial}{\partial t}\left(\frac{mn}{2}\langle v^2\rangle\right)+\mathrm{div}\left(\frac{mn}{2}\langle v^2\boldsymbol{v}\rangle\right)-en\boldsymbol{E}\cdot\boldsymbol{V}=\int\frac{m}{2}v^2C\mathrm{d}\boldsymbol{v}. \tag{1.1.14}$$

方程 (1.1.13) 和 (1.1.14) 可改写如下. 令 $\boldsymbol{v}'=\boldsymbol{v}-\boldsymbol{V}$ 为随机速度, 显然有 $\langle\boldsymbol{v}'\rangle=0$. 方程 (1.1.13) 的第二项可写为

$$\langle v_\alpha v_\beta\rangle=\langle(V_\alpha+v'_\alpha)(V_\beta+v'_\beta)\rangle=V_\alpha V_\beta+\langle v'_\alpha v'_\beta\rangle,$$

因 $\langle v'_\alpha\rangle=\langle v'_\beta\rangle=0$, 利用连续性方程表示 $\dfrac{\partial n}{\partial t}$, 方程 (1.1.13) 可写为

$$mn\frac{\mathrm{d}\boldsymbol{V}_\alpha}{\mathrm{d}t}=-\frac{\partial p}{\partial x_\alpha}-\frac{\partial\pi_{\alpha\beta}}{\partial x_\beta}+en\left(E_\alpha+\frac{1}{c}(\boldsymbol{V}\times\boldsymbol{B})_\alpha\right)+R_\alpha, \tag{1.1.15}$$

其中

$$\frac{\mathrm{d}}{\mathrm{d}t}=\frac{\partial}{\partial t}+V_\beta\frac{\partial}{\partial x_\beta}=\frac{\partial}{\partial t}+(\boldsymbol{V}\cdot\nabla),$$

$$p=mn\frac{\langle v'^2\rangle}{3}=nT, \tag{1.1.16}$$

$$\pi_{\alpha\beta}=nm\left\langle v'_\alpha v'_\beta-\left(\frac{v'^2}{3}\right)\delta_{\alpha\beta}\right\rangle, \tag{1.1.17}$$

$$R=\int m\boldsymbol{v}'C\mathrm{d}\boldsymbol{v}. \tag{1.1.18}$$

p 为压力, 压力张量为

$$P_{\alpha\beta}=\int mv'_\alpha v'_\beta f(t,r,\boldsymbol{v})\mathrm{d}\boldsymbol{v}=nm\langle v'_\alpha v'_\beta\rangle=p\delta_{\alpha\beta}+\pi_{\alpha\beta}. \tag{1.1.19}$$

量 R 表示质点的动量的平均变化. 类似有

$$\left\langle \frac{v^2}{2} v_\beta \right\rangle = \frac{1}{2} V^2 V_\beta + V_\alpha \langle v'_\alpha v'_\beta \rangle + \frac{1}{2} \langle v'^2 \rangle V_\beta + \left\langle \frac{1}{2} v'^2 v'_\beta \right\rangle$$
$$= \left(\frac{1}{2} V^2 + \frac{5}{2} \frac{p}{mn} \right) V_\beta + \frac{1}{mn} V_\alpha \pi_{\alpha\beta} + \left\langle \frac{1}{2} v'^2 v_\beta \right\rangle.$$

方程 (1.1.14) 具有形式

$$\frac{\partial}{\partial t} \left(\frac{mn}{2} V^2 + \frac{3}{2} nT \right) + \frac{\partial}{\partial x_\beta} \left[\left(\frac{nm}{2} V^2 + \frac{5}{2} nT \right) V_\beta + (\pi_{\alpha\beta} V_\alpha) + q_\beta \right]$$
$$= en\boldsymbol{E} \cdot \boldsymbol{V} + \boldsymbol{R} \cdot \boldsymbol{V} + Q, \tag{1.1.20}$$

其中

$$\boldsymbol{q} = \int \frac{m}{2} v'^2 \boldsymbol{v} f(t, r, \boldsymbol{v}) \mathrm{d}\boldsymbol{v} = nm \left\langle \frac{v'^2}{2} \boldsymbol{v} \right\rangle, \tag{1.1.21}$$

$$Q = \int \frac{mv'^2}{2} C \mathrm{d}\boldsymbol{v}, \tag{1.1.22}$$

向量 $\boldsymbol{q}$ 表示质点的热流密度.

利用连续性方程和动量方程可得内能输运方程或热平衡方程

$$\frac{3}{2} \frac{\partial nT}{\partial t} + \mathrm{div} \left(\frac{3}{2} nT\boldsymbol{V} \right) + nT \mathrm{div} \boldsymbol{V} + \pi_{\alpha\beta} \frac{\partial V_\alpha}{\partial x_\beta} + \mathrm{div} \boldsymbol{q} = Q. \tag{1.1.23}$$

利用连续性方程可得

$$\frac{3}{2} \frac{\partial nT}{\partial t} + \mathrm{div} \left(\frac{3}{2} nT\boldsymbol{V} \right) = \frac{3}{2} n \frac{\mathrm{d}T}{\mathrm{d}t}.$$

引入量熵

$$s = \ln \left(\frac{T^{3/2}}{n} \right) = \ln \left(\frac{p^{3/2}}{n^{5/2}} \right),$$

再利用 (1.1.12) 和 (1.1.23) 式可写成

$$Tn \frac{\mathrm{d}s}{\mathrm{d}t} = T \left\{ \frac{\partial ns}{\partial t} + \mathrm{div}(ns\boldsymbol{V}) \right\} = -\mathrm{div} \boldsymbol{q} - \pi_{\alpha\beta} \frac{\partial V_\alpha}{\partial x_\beta} + Q. \tag{1.1.24}$$

以下写出简单的具离子、电子的等离子体的连续性、动量和热平衡的输运方程:

$$\frac{\partial n_e}{\partial t} + \mathrm{div}(n_e \boldsymbol{V}_e) = 0, \tag{1.1.25}$$

$$\frac{\partial n_i}{\partial t} + \mathrm{div}(n_i \boldsymbol{V}_i) = 0, \tag{1.1.26}$$

$$m_e n_e \frac{\mathrm{d}_e V_{e\alpha}}{\mathrm{d}t} = -\frac{\partial P_e}{\partial x_\alpha} - \frac{\pi_{e\alpha\beta}}{\partial x_\beta} - e n_e \left(E_\alpha + \frac{1}{c}(\boldsymbol{V}_e \times \boldsymbol{B})_\alpha \right) + R_\alpha, \tag{1.1.27}$$

$$m_i n_i \frac{\mathrm{d}_i V_{i\alpha}}{\mathrm{d}t} = -\frac{\partial P_i}{\partial x_\alpha} - \frac{\pi_{i\alpha\beta}}{\partial x_\beta} + Zen_i \left(E_\alpha + \frac{1}{c}(\boldsymbol{V}_i \times \boldsymbol{B})_\alpha \right) - R_\alpha, \tag{1.1.28}$$

$$\frac{3}{2} n_e \frac{\mathrm{d}_e T_e}{\mathrm{d}t} + P_e \mathrm{div} \boldsymbol{V}_e = -\mathrm{div} \boldsymbol{q}_e - \pi_{e\alpha\beta} \frac{\partial V_{e\alpha}}{\partial x_\beta} + Q_e, \tag{1.1.29}$$

$$\frac{3}{2} n_i \frac{\mathrm{d}_i T_i}{\mathrm{d}t} + P_i \mathrm{div} \boldsymbol{V}_i = -\mathrm{div} \boldsymbol{q}_i - \pi_{i\alpha\beta} \frac{\partial V_{i\alpha}}{\partial x_\beta} + Q_i, \tag{1.1.30}$$

其中

$$P_e = n_e T_e, \quad P_i = n_i T_i,$$

$$\frac{\mathrm{d}_e}{\mathrm{d}t} = \frac{\partial}{\partial t} + (\boldsymbol{V}_e \cdot \nabla), \quad \frac{\mathrm{d}_i}{\mathrm{d}t} = \frac{\partial}{\partial t} + (\boldsymbol{V}_i \cdot \nabla),$$

$$n = n_e = Z n_i.$$

下面以等离子体输运方程导出一般流体动力学方程:

连续性方程 令

$$\rho = \sum_a m_a n_a, \quad \boldsymbol{V} = \frac{1}{\rho} \sum_a m_a n_a \boldsymbol{V}_a. \tag{1.1.31}$$

如忽略电子质量, 作近似有

$$\rho = m_i n_i,$$

$$\boldsymbol{V} = \boldsymbol{V}_i,$$

则得离子的连续性方程

$$\frac{\partial \rho}{\partial t} + \mathrm{div}(\rho \boldsymbol{V}) = 0. \tag{1.1.32}$$

方程 (1.1.32) 对于方程 (1.1.31) 也是成立的. 设电子密度为 ρ_e, 电流 j, 令 $\boldsymbol{u} = \boldsymbol{V}_e - \boldsymbol{V}_i$, 则

$$\rho_e = \sum_a e_a n_a = e(Zn_i - n_e),$$

$$\boldsymbol{j} = \sum_a e_a n_a V_a = \rho_e \boldsymbol{V}_i - e n_e \boldsymbol{u}.$$

可得电子的电荷守恒方程

$$\frac{\partial \rho_e}{\partial t} + \mathrm{div} \boldsymbol{j} = 0. \tag{1.1.33}$$

Maxwell 方程

$$\mathrm{div} \boldsymbol{j} = 0, \tag{1.1.34}$$

$$\mathrm{rot} \boldsymbol{E} = -\frac{1}{c} \frac{\partial \boldsymbol{B}}{\partial t}, \tag{1.1.35}$$

$$\mathrm{rot}\boldsymbol{B}=\frac{4\pi}{c}\boldsymbol{j},\quad \mathrm{div}\boldsymbol{B}=0, \tag{1.1.36}$$

和 Possion 方程

$$\mathrm{div}\boldsymbol{E}=4\pi\rho_e=e(Zn_i-n_e). \tag{1.1.37}$$

在电中性假定下, $\mathrm{div}\boldsymbol{E}=0$.

运动方程 考虑离子和电子运动方程, 并忽略电子惯性, 可得等离子体运动方程

$$\rho\frac{\mathrm{d}\boldsymbol{V}}{\mathrm{d}t}=-\nabla p+\frac{1}{c}\boldsymbol{j}\times\boldsymbol{B}+\boldsymbol{F}, \tag{1.1.38}$$

这里 $\boldsymbol{V}=\boldsymbol{V}_i$, $\dfrac{\mathrm{d}}{\mathrm{d}t}=\dfrac{\partial}{\partial t}+(\boldsymbol{V}\cdot\nabla)$, p 为总压力,

$$p=p_e+p_i.$$

等离子体能量输运方程为

$$\frac{\partial}{\partial t}\left(\frac{1}{2}\rho V^2+\frac{3}{2}p\right)+\frac{\partial}{\partial x_\beta}\left(\left(\frac{1}{2}\rho V^2+\frac{5}{2}p\right)V_\beta+\pi_{\alpha\beta}V_\alpha+q_\beta\right)=\boldsymbol{E}\cdot\boldsymbol{j}, \tag{1.1.39}$$

其中 $p=p_e+p_i$,

$$\boldsymbol{q}=\boldsymbol{q}_e+\boldsymbol{q}_i+\frac{5}{2}p_e\boldsymbol{u}. \tag{1.1.40}$$

1.2 双流体力学方程

双流体力学方程组是指电子、离子流体力学方程组. 离子方程组

$$\frac{\partial n_i}{\partial t}+\nabla\cdot n_i\boldsymbol{v}_i=0, \tag{1.2.1}$$

$$n_iM\left(\frac{\partial\boldsymbol{v}_i}{\partial t}+\boldsymbol{v}_i\nabla\boldsymbol{v}_i\right)=-T_i\nabla n_i+n_ie\left(\boldsymbol{E}+\frac{\boldsymbol{v}_i\times\boldsymbol{B}}{c}\right), \tag{1.2.2}$$

电子方程组

$$\frac{\partial n_e}{\partial t}+\nabla\cdot n_e\boldsymbol{v}_e=0, \tag{1.2.3}$$

$$n_em\left(\frac{\partial\boldsymbol{v}_e}{\partial t}+\boldsymbol{v}_e\nabla\boldsymbol{v}_e\right)=-T_e\nabla n_e-n_ee\left(\boldsymbol{E}+\frac{\boldsymbol{v}_e\times\boldsymbol{B}}{c}\right), \tag{1.2.4}$$

Maxwell 方程组

$$\frac{1}{c}\frac{\partial\boldsymbol{B}}{\partial t}=-\nabla\times\boldsymbol{E}, \tag{1.2.5}$$

$$\frac{1}{c}\frac{\partial\boldsymbol{E}}{\partial t}=\nabla\times\boldsymbol{B}-\frac{4\pi e}{c}(n_i\boldsymbol{v}_i-n_e\boldsymbol{v}_e), \tag{1.2.6}$$

$$\nabla\cdot\boldsymbol{B}=0,\quad \nabla\cdot\boldsymbol{E}=4\pi e(n_i-n_e), \tag{1.2.7}$$

其中 n_i 和 n_e 分别表示离子和电子的数密度; $\boldsymbol{v}_i$ 和 $\boldsymbol{v}_e$ 分别表示离子和电子的运动速度; M 和 m 分别表示离子和电子的质量; T_i 和 T_e 分别表示离子和电子的温度, e 表示电子电荷, $\boldsymbol{E}$ 表示电场强度, $\boldsymbol{B}$ 表示磁场强度, c 表示光速, $\nabla \equiv \boldsymbol{i}\dfrac{\partial}{\partial x}+\boldsymbol{j}\dfrac{\partial}{\partial y}+\boldsymbol{k}\dfrac{\partial}{\partial z}$. 由于离子速度 $\boldsymbol{v}_i$ 很小, 可忽略磁场对它的作用力, 即在 (1.2.2) 式中取 $\dfrac{\boldsymbol{v}_i\times \boldsymbol{B}}{c}=0$. 又因我们考虑问题的尺度很小, 只有几个 μ(1μ = 10^{-6}cm), 因此, 在这里取 T_i 和 T_e 为常数.

如同通常的做法, 可把等离子体的运动分为低频和高频两个部分, 离子只做低频运动. 把电子数密度和场量分为低频部分 (下标为 l) 和高频部分 (下标为 h), 如

$$n_e=n_l+n_h,\quad \boldsymbol{E}=\boldsymbol{E}_l+\boldsymbol{E}_h,\quad \boldsymbol{B}=\boldsymbol{B}_l+\boldsymbol{B}_h. \tag{1.2.8}$$

引进物理量对时间的平均量

$$\overline{f(x,t)}=\frac{1}{T}\int_{t-\frac{T}{2}}^{t+\frac{T}{2}}f(x,t)\mathrm{d}t,$$

则有

$$\overline{f_x(x,t)}=\left[\overline{f(x,t)}\right]_x,$$

因

$$\begin{aligned}\frac{\mathrm{d}}{\mathrm{d}t}\overline{f(x,t)}&=\frac{\mathrm{d}}{\mathrm{d}t}\left(\frac{1}{T}\int_{t-\frac{T}{2}}^{t+\frac{T}{2}}f(x,t)\mathrm{d}t\right)\\&=\frac{1}{T}\left[f\left(x,t+\frac{T}{2}\right)-f\left(x,t-\frac{T}{2}\right)\right]\\&=\frac{1}{T}\int_{t-\frac{T}{2}}^{t+\frac{T}{2}}f_t\mathrm{d}t\\&=\overline{f_t(x,t)},\end{aligned}$$

且设 $\overline{\overline{f(x,t)}}=\overline{f(x,t)}$, 即平均量与 t 无关. 现对物理量作高频平均, 即选取频率 ω 满足

$$\frac{1}{T\omega_l}>\frac{1}{T\omega}>\frac{1}{T\omega_h},$$

因此有

$$\overline{f_h(x,t)}=0,$$

$$\overline{n_e(x,t)}=n_l(x,t),\quad \overline{n_h(x,t)}=0,\quad n_e-\overline{n_e}=n_h.$$

对于离子方程, 只有低频振荡, 取高频平均后无变化, 只是电场强度 $\boldsymbol{E}$ 换成 $\boldsymbol{E}_l$, 于是有

$$\frac{\partial n_i}{\partial t}+\nabla\cdot n_i\boldsymbol{v}_i=0, \tag{1.2.9}$$

$$n_i M\left(\frac{\partial \boldsymbol{v}_i}{\partial e} + \boldsymbol{v}_i \nabla \boldsymbol{v}_i\right) = -T_i \nabla n_i + n_i e \boldsymbol{E}_l. \tag{1.2.10}$$

对电子方程取高频平均, 即

$$\frac{\partial \overline{n_e}}{\partial t} + \overline{\nabla \cdot n_e \boldsymbol{v}_e} = 0, \tag{1.2.11}$$

$$m\left(\overline{\frac{\partial \boldsymbol{v}_e}{\partial t}} + \overline{\boldsymbol{v}_e \nabla \boldsymbol{v}_e}\right) = -T_e \overline{\nabla \ln n_e} - e\overline{\left(\boldsymbol{E} + \frac{\boldsymbol{v}_e \times B}{c}\right)}. \tag{1.2.12}$$

将 (1.2.8) 式代入 (1.2.11) 和 (1.2.12) 式, 并利用上述高频平均的一些性质, 可得

$$\frac{\partial n_l}{\partial t} + \nabla \cdot \{n_l \boldsymbol{v}_l + \overline{n_h \boldsymbol{v}_h}\} = 0, \tag{1.2.13}$$

$$m\left(\frac{\partial \boldsymbol{v}_l}{\partial t} + \boldsymbol{v}_l \nabla \boldsymbol{v}_l + \overline{\boldsymbol{v}_h \nabla \boldsymbol{v}_h}\right) = -T_e \nabla \overline{\ln n_e} - e\boldsymbol{E}_l - e\frac{\overline{\boldsymbol{v}_h \times \boldsymbol{B}_h}}{c} - e\frac{\boldsymbol{v}_l \times \boldsymbol{B}_l}{c}. \tag{1.2.14}$$

由于 m 很小, $\boldsymbol{v}_i$ 与 $\boldsymbol{v}_l$ 差不多, 故在 (1.2.14) 式中可忽略 $m\boldsymbol{v}_l$ 的项, 再设 $B_l = 0$, 于是可得

$$\begin{aligned} &\frac{1}{c}\frac{\partial \boldsymbol{E}_l}{\partial t} = -\frac{4\pi e}{c}\{n_i \boldsymbol{v}_i - n_l \boldsymbol{v}_l - \overline{n_h \boldsymbol{v}_h}\}, \\ &\nabla \cdot \boldsymbol{E}_l = 4\pi e(n_i - n_l) + f(x), \end{aligned} \tag{1.2.15}$$

或

$$-\Delta\varphi = 4\pi e(n_i - n_l) + f(x), \tag{1.2.16}$$

其中, $E_l = -\nabla\varphi$, $f(x)$ 为变元 x 的任意函数. 为简单计, 取 $f(x) = 0$, 由方程组 (1.2.3) ~ (1.2.7) 减去平均后的相应方程组, 且设 $\boldsymbol{v}_l = 0$, 并忽略 $\nabla \cdot \{n_h \boldsymbol{v}_h - \overline{n_h \boldsymbol{v}_h}\}$ 和 $m(\boldsymbol{v}_h \nabla \boldsymbol{v}_h - \overline{v_h \nabla \boldsymbol{v}_h})$ 等项, 在 $\dfrac{n_h}{n_l} \ll 1$ 近似下可得双流体耦合方程组

$$\frac{\partial n_i}{\partial t} + \nabla \cdot (n_i \boldsymbol{v}_i) = 0, \tag{1.2.17}$$

$$n_i M\left(\frac{\partial \boldsymbol{v}_i}{\partial t} + \boldsymbol{v}_i \nabla \boldsymbol{v}_i\right) = -T_i \nabla n_i + n_i e \boldsymbol{E}_l, \tag{1.2.18}$$

$$\nabla \cdot \boldsymbol{E}_l = 4\pi e(n_i - n_l), \tag{1.2.19}$$

$$e\boldsymbol{E}_l = -T_e \frac{\nabla n_l}{n_l} - \frac{m}{2}\nabla \overline{\boldsymbol{v}_h^2}, \tag{1.2.20}$$

$$\frac{\partial n_h}{\partial t} + \nabla \cdot (n_l \boldsymbol{v}_h) = 0, \tag{1.2.21}$$

$$m\frac{\partial \boldsymbol{v}_h}{\partial t} = -T_e \nabla\left(\frac{n_h}{n_l}\right) - e\boldsymbol{E}_h, \tag{1.2.22}$$

$$\begin{aligned}&\frac{\partial^2 \boldsymbol{E}_h}{\partial t^2}-c^2\nabla^2\boldsymbol{E}_h+c^2\nabla(\nabla\cdot\boldsymbol{E}_h)-v_e^2\nabla(\nabla\cdot\boldsymbol{E}_h)\\&\quad+v_e^2\cdot(\nabla\cdot\boldsymbol{E}_h)(\nabla\ln n_l)-\frac{\partial E_h}{\partial t}\frac{\partial\ln n_l}{\partial t}\\&=-\frac{4\pi n_l e^2}{m}\cdot\boldsymbol{E}_h-\frac{mc^2}{e}[\nabla(\nabla\cdot\boldsymbol{v}_h)-\nabla^2\boldsymbol{v}_h]\frac{\partial\ln n_l}{\partial t},\end{aligned}\tag{1.2.23}$$

其中 c 为光速, $v_e^2=\dfrac{T_e}{m}$ 是电子热运动速度的平方.

现设

$$\nabla\left(\frac{n_h}{n_l}\right)\sim\frac{\nabla n_h}{n_l}.\tag{1.2.24}$$

于是 (1.2.22) 式可近似为

$$m\frac{\partial \boldsymbol{v}_h}{\partial t}=-T_e\frac{\nabla n_h}{n_l}-e\boldsymbol{E}_h.\tag{1.2.25}$$

若 $k^2\lambda_D^2\ll 1\left(\text{其中 } k \text{ 为波数}, \lambda_D^2=\dfrac{T_e}{4\pi n_0 e^2}\right)$, 则有估计

$$\left|\frac{T_e\nabla n_h/n_l}{eE_h}\right|\approx k^2\lambda_D^2\ll 1.$$

于是在 (1.2.25) 式中忽略 $-T_e\dfrac{\nabla n_h}{n_l}$ 项, 可解出

$$\boldsymbol{v}_h=\frac{e\boldsymbol{\varepsilon}_h(\boldsymbol{x},t)\mathrm{e}^{-\mathrm{i}\omega_p t}}{\mathrm{i}m\omega_p}+c.c,\tag{1.2.26}$$

其中

$$\boldsymbol{E}_h=\boldsymbol{\varepsilon}_h(\boldsymbol{x},t)\mathrm{e}^{-\mathrm{i}\omega_p t}+c.c,$$

$$\omega_p=\frac{4\pi n_0 e^2}{m},$$

$c.c$ 表示前一项的复数共轭项.

在 (1.2.20) 式中,

$$\frac{m}{2}\nabla\overline{\boldsymbol{v}_h^2}=\frac{m}{2}\frac{e^2}{m^2\omega_p^2}\nabla\overline{\boldsymbol{E}_h^2}.$$

在 (1.2.23) 式中, 再设 $\dfrac{\partial\ln n_l}{\partial t}=0$, 于是最后得到简化的双流体方程组

$$\frac{\partial n_i}{\partial t}+\nabla\cdot n_i\boldsymbol{v}_i=0,\tag{1.2.27}$$

$$n_iM\left(\frac{\partial \boldsymbol{v}_i}{\partial t}+\boldsymbol{v}_i\nabla\boldsymbol{v}_i\right)=-T_i\nabla n_i+n_ie\boldsymbol{E}_l,\tag{1.2.28}$$

$$\nabla \cdot \boldsymbol{E}_l = 4\pi e(n_i - n_l), \tag{1.2.29}$$

$$e\boldsymbol{E}_l = -\frac{T_e \nabla n_l}{n_l} - \frac{e^2}{2m\omega_p^2}\nabla \overline{\boldsymbol{E}_h^2}, \tag{1.2.30}$$

$$\frac{\partial^2 \boldsymbol{E}_h}{\partial t^2} - c^2\nabla^2 \boldsymbol{E}_h + c^2 \nabla\nabla \cdot \boldsymbol{E}_h - v_e^2 \nabla\nabla \cdot \boldsymbol{E}_h = -\frac{4\pi n_l e^2}{m}\boldsymbol{E}_h. \tag{1.2.31}$$

方程组 (1.2.27) ~ (1.2.31) 是封闭的, 即共有未知函数和未知向量 5 个: n_i, n_l, $\boldsymbol{v}_i$, $\boldsymbol{E}_l$, $\boldsymbol{E}_h$, 而方程 (包含向量方程) 组的个数正好也是 5 个. 它至少有 3 种波: 离子声波、等离子体波和光波. 每一个波都有产生空间凝聚的非线性项: 离子声波是输运项 $\boldsymbol{v}_i \nabla \boldsymbol{v}_i$, 等离子体波和光波是方程 (1.2.31) 的非线性项. 3 种波又都有色散项: 离子声波是电荷分离项 $\nabla \cdot \boldsymbol{E}_l$, 等离子体波是 $v_e^2 \nabla^2 \boldsymbol{E}_h$ 项, 光波是 $c^2 \nabla^2 \boldsymbol{E}_h$ 项. 由于非线性项和色散项相互作用达到的某种平衡, 于是形成了声、等离子体、光孤立子, 这套方程组就是我们研究等离子体孤立子问题的出发点, 将在下一节分别讨论之.

1.3 离子声波孤立子和 Zakharov 方程孤立子

1.3.1 离子声波孤立子

把高频振荡取作零, 方程组 (1.2.27)~(1.2.31) 为

$$\frac{\partial n_i}{\partial t} + \nabla \cdot (n_i \boldsymbol{v}_i) = 0, \tag{1.3.1}$$

$$n_i M\left(\frac{\partial \boldsymbol{v}_i}{\partial t} + \boldsymbol{v}_i \nabla \boldsymbol{v}_i\right) = -T_i \nabla n_i - n_i e \nabla \varphi, \tag{1.3.2}$$

$$\nabla^2 \varphi = 4\pi e(n_l - n_i), \tag{1.3.3}$$

$$n_l = n_0 \exp\left(\frac{e\varphi}{T_e}\right), \tag{1.3.4}$$

其中 $\boldsymbol{E}_h = 0$, $\boldsymbol{E}_l = -\nabla \varphi$ 为纵波. 考虑一维情形, 且设 $T_i = 0$, $\boldsymbol{v}_i = v_i$, 无量纲化上述方程组可得

$$\frac{\partial n_i}{\partial t} + \frac{\partial n_i v_i}{\partial x} = 0, \tag{1.3.5}$$

$$\frac{\partial v_i}{\partial t} + v_i \frac{\partial v_i}{\partial x} = -\frac{\partial \varphi}{\partial x}, \tag{1.3.6}$$

$$\frac{\partial^2 \varphi}{\partial x^2} = e^{\varphi} - n_i. \tag{1.3.7}$$

令 $\xi = x - Dt$, 且设 $|x| \to \infty$ 时, $n_i \to 1$, $v_i \to 0$, $\varphi \to 0$, 可得

$$n_i(D - v_i) = D, \tag{1.3.8}$$

$$\frac{1}{2}(D-v_i)^2=\frac{1}{2}D^2-\varphi, \tag{1.3.9}$$

$$\frac{\mathrm{d}^2\varphi}{\mathrm{d}\xi^2}=\mathrm{e}^{\varphi}-n_i(\xi). \tag{1.3.10}$$

由

$$n_i=\frac{D}{\sqrt{D^2-2\varphi}}, \tag{1.3.11}$$

可得

$$\frac{\mathrm{d}^2\varphi}{\mathrm{d}\xi^2}=\mathrm{e}^{\varphi}-\frac{D}{\sqrt{D^2-2\varphi}}=F(\varphi)=G'(\varphi), \tag{1.3.12}$$

其中

$$G(\varphi)=\mathrm{e}^{\varphi}+D\sqrt{D^2-2\varphi}-(D^2+1). \tag{1.3.13}$$

设 $\delta D=D-1\ll 1$, 则由 (1.3.12) 式可得

$$\frac{1}{2}\left(\frac{\mathrm{d}\varphi}{\mathrm{d}\xi}\right)^2=\frac{1}{3}\varphi^2(3\delta D-\varphi),$$

$$\varphi(\xi)=3\delta D\mathrm{sech}^2\left[\sqrt{\frac{\delta D}{2}}(x-Dt)\right], \tag{1.3.14}$$

其中孤立波的峰值是 $3\delta D$, 宽度是 $\sqrt{\dfrac{2}{\delta D}}$.

做变量交换

$$\xi=\varepsilon^{1/2}(x-t),\quad \tau=\varepsilon^{3/2}t, \tag{1.3.15}$$

则离子声波方程组 (1.3.5)~(1.3.7) 变为

$$\varepsilon\frac{\partial n_i}{\partial\tau}-\frac{\partial n_i}{\partial\xi}+\frac{\partial n_iv_i}{\partial\xi}=0, \tag{1.3.16}$$

$$\varepsilon\frac{\partial v_i}{\partial\tau}-\frac{\partial v_i}{\partial\xi}+v_i\frac{\partial v_i}{\partial\xi}=-\frac{\partial\varphi}{\partial\xi}, \tag{1.3.17}$$

$$\varepsilon\frac{\partial^2\varphi}{\partial\xi^2}=\mathrm{e}^{\varphi}-n_i. \tag{1.3.18}$$

n_i, v_i, φ 依 ε 展开,

$$n_i=1+\varepsilon n^{(1)}+\varepsilon^2n^{(2)}+\cdots,$$

$$v_i=\varepsilon v^{(1)}+\varepsilon^2v^{(2)}+\cdots,$$

$$\varphi=\varepsilon\varphi^{(1)}+\varepsilon^2\varphi^{(2)}+\cdots,$$

代入 (1.3.16)~(1.3.18) 式可得

$$n^{(1)} = v^{(1)} = \varphi^{(1)}, \tag{1.3.19}$$

$$\frac{\partial^2 \varphi^{(1)}}{\partial \xi^2} = \varphi^{(2)} + \frac{(\varphi^{(1)})^2}{2} - n^{(2)}, \tag{1.3.20}$$

$$\frac{\partial n^{(1)}}{\partial \tau} - \frac{\partial n^{(2)}}{\partial \xi} + \frac{\partial v^{(2)}}{\partial \xi} + \frac{\partial}{\partial \xi} n^{(1)} v^{(1)} = 0, \tag{1.3.21}$$

$$\frac{\partial v^{(1)}}{\partial \tau} - \frac{\partial v^{(2)}}{\partial \xi} + v^{(1)} \frac{\partial v^{(1)}}{\partial \xi} = -\frac{\partial \varphi^{(2)}}{\partial \xi}. \tag{1.3.22}$$

(1.3.20) 式对 ξ 作微商, 再与 (1.3.21) 和 (1.3.22) 式求和可得

$$\frac{\partial n^{(1)}}{\partial \tau} + n^{(1)} \frac{\partial n^{(1)}}{\partial \xi} + \frac{1}{2} \frac{\partial^3 n^{(1)}}{\partial \xi^3} = 0, \tag{1.3.23}$$

此即 KdV 方程.

1.3.2 Langmuir 孤立子

从方程组 (1.2.27)~(1.2.31) 出发, 取 $n_l = n_i$, 设

$$n_i(x,t) = n_0 + n(x,t),$$

其中 $n(x,t)$ 为小量, 对方程组 (1.2.27), (1.2.28), (1.2.31) 作线性化后得

$$\frac{\partial n}{\partial t} + \nabla \cdot n_0 v = 0, \tag{1.3.24}$$

$$n_0 M \frac{\partial v}{\partial t} = -T_i \nabla n - T_e \nabla n - \frac{n_0 \mathrm{e}^2}{2m\omega_p^2} \nabla \overline{E_h^2}, \tag{1.3.25}$$

$$\frac{\partial^2 E_h}{\partial t^2} - v_e^2 \nabla^2 E_h = -\frac{4\pi(n_0 + n)\mathrm{e}^2}{m} E_h. \tag{1.3.26}$$

这里只考虑纵波, 即在方程 (1.2.31) 中 $-c^2\nabla^2 E_h + c^2 \nabla\nabla \cdot E_h$ 为零, 可得 (1.3.26) 式. 记 $E_h = E$, (1.3.24) 式对 t 微商一次, (1.3.25) 式做一次散度运算, 可得

$$\frac{\partial^2 n}{\partial t^2} - c_s^2 \nabla^2 n = \nabla^2 \frac{\overline{E^2}}{8\pi M}, \tag{1.3.27}$$

$$\frac{\partial^2 E}{\partial t^2} - v_e^2 \nabla^2 E = -\omega_p^2 \left(1 + \frac{n}{n_0}\right) E, \tag{1.3.28}$$

其中 $c_s^2 = \dfrac{T_i + T_e}{M} \approx \dfrac{T_e}{M}$, $\omega_p^2 = \dfrac{4\pi n_0 e^2}{m}$, 将 E 写成

$$E(x,t) = \varepsilon(x,t)\mathrm{e}^{-\mathrm{i}\omega_p t} + c.c, \tag{1.3.29}$$

其中 E 的高频部分包含在因子 $\mathrm{e}^{-\mathrm{i}\omega_p t}$ 中, $\varepsilon(x,t)$ 为缓变振幅. 忽略 ε_{tt} 项, 可得

$$\frac{\partial^2 n}{\partial t^2}-c_s^2\nabla^2 n=\nabla^2\frac{|\varepsilon|^2}{2\pi M}, \tag{1.3.30}$$

$$-2\mathrm{i}\omega_p\frac{\partial\varepsilon}{\partial t}-v_e^2\nabla^2\varepsilon=-\omega_p^2\frac{n}{n_0}\varepsilon. \tag{1.3.31}$$

这就是著名的 Zakharov 方程. 无量纲化可得

$$\frac{\partial^2 n}{\partial t^2}-\Delta n=\nabla^2|\varepsilon|^2, \tag{1.3.32}$$

$$\mathrm{i}\frac{\partial\varepsilon}{\partial t}+\Delta\varepsilon-n\varepsilon=0. \tag{1.3.33}$$

令

$$\varepsilon=\phi(x-ct)\mathrm{e}^{-\mathrm{i}pt+\mathrm{i}qx+\mathrm{i}\theta},$$

$$n=n(x-ct), \tag{1.3.34}$$

其中 p, q, θ, c 均为实常数, 将 (1.3.34) 式代入方程 (1.3.32) 及 (1.3.33), 不难得到它的孤立子解

$$\begin{cases}\varepsilon(x,t)=\dfrac{m}{\sqrt{2(1-c^2)}}\mathrm{sech}\left\{\dfrac{m}{2(1-c^2)}(x-ct-x_0)\right\}\mathrm{e}^{\mathrm{i}\frac{c}{2}x-\mathrm{i}\left(\frac{c^2}{4}-\frac{m^2}{4(1-c^2)}\right)t+\mathrm{i}\theta},\\[2ex] n(x,t)=-\dfrac{m^2}{2(1-c^2)}\mathrm{sech}^2\left\{\dfrac{m}{2(1-c^2)}(x-ct-x_0)\right\},\end{cases} \tag{1.3.35}$$

其中设 $q=\dfrac{c}{2}$(即使 φ' 的系数为零). 这里有 4 个参数, x_0 代表 $t=0$ 时波包位置, θ 代表初始位相. 主要参数是 m 和 c, c 表示孤立子速度. 从 (1.3.35) 式可知, c^2 必须小于 1, 即孤立子一定是亚音速的. $\dfrac{m^2}{2(1-c^2)^2}$ 是密度凹陷的深度, $\dfrac{2(1-c^2)}{m}$ 是凹陷的宽度, 深度和宽度平方成反比. 当 $c^2\ll 1$ 时, 可作静态近似, 从方程 (1.3.32) 得

$$n=-|\varepsilon|^2, \tag{1.3.36}$$

代入 (1.3.33) 式, 即得非线性 Schrödinger 方程

$$\mathrm{i}\varepsilon_t+\varepsilon_{xx}+|\varepsilon|^2\varepsilon=0. \tag{1.3.37}$$

V. G. Makhenkov 等对 Zakharov 方程组初始波包的发展和孤立子之间相互作用进行了详细的数值计算, 得到了非常丰富的物理图像, 如图 1-1∼ 图 1-8 所示.

数值分析表明, Langmuir 波孤立子的形成及其相互作用, 一般通过两个阶段, 第一个阶段是与孤立子间的相互吸引相联的快阶段, 孤立子相互作用后聚合成为一个孤立子, 此时孤立子处于激发态中, 或称处于非周期不稳定状态中; 第二阶段, 它是较缓慢的, 逐渐分离成两个孤立子, 他们的形状分别和碰撞前保持不变或近乎不变, 然后各奔前程.

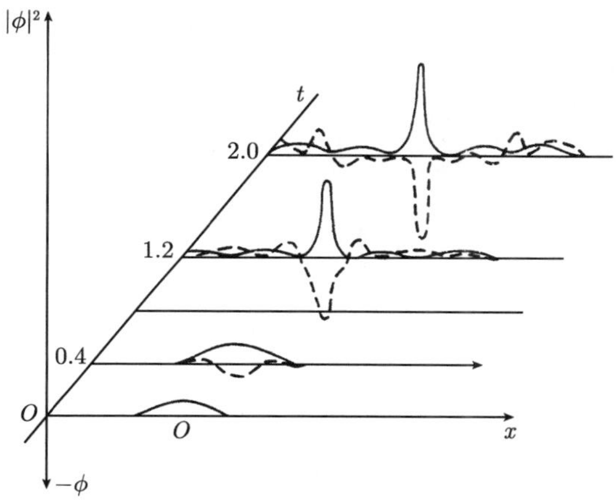

图 1-1 初始波包形成的孤立子

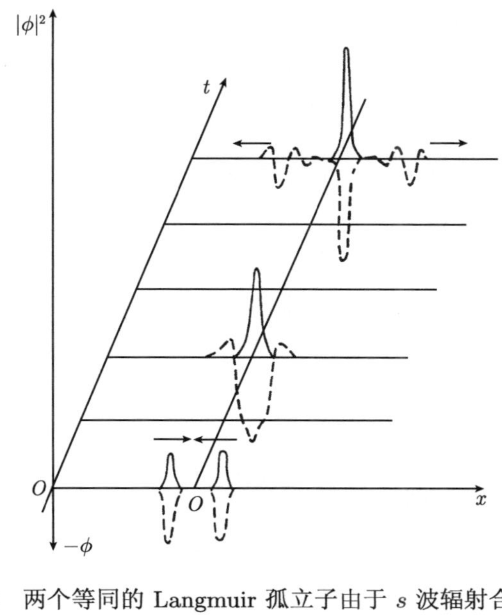

图 1-2 两个等同的 Langmuir 孤立子由于 s 波辐射合而为一

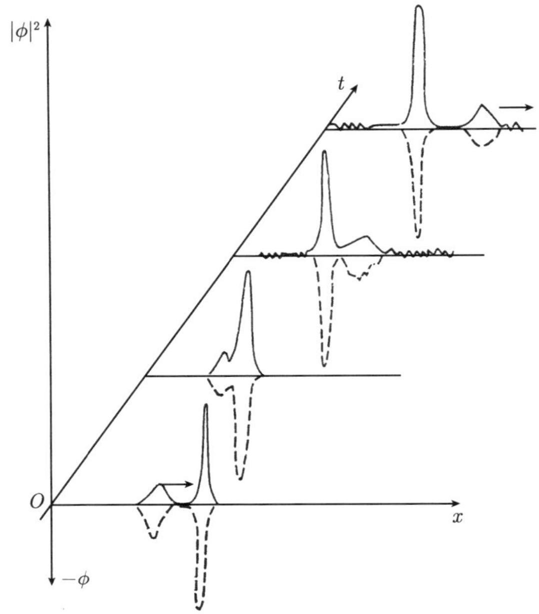

图 1-3　不同质量的 l 孤立子的相互作用

一个轻的孤立子击中另一个重的

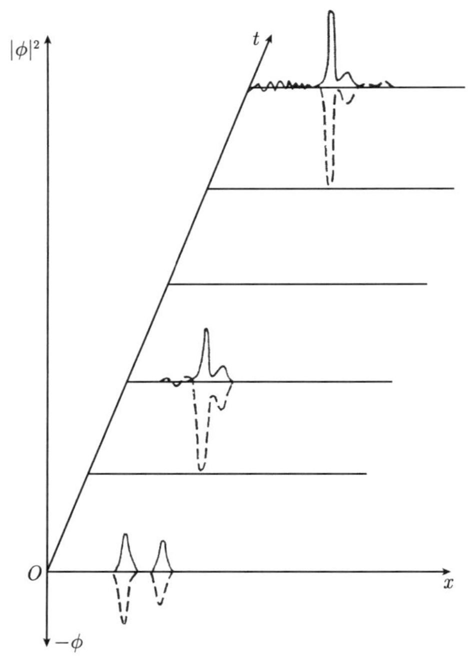

图 1-4　两个近乎相等质量的相互作用

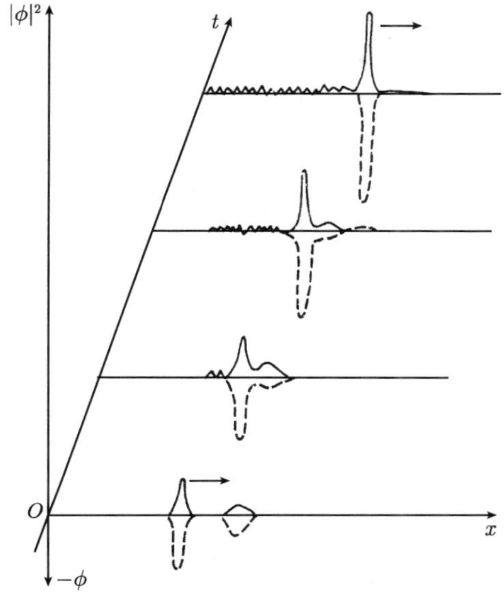

图 1-5 不同质量的 l 孤立子的相互作用

一个重的孤立子携带一个轻的

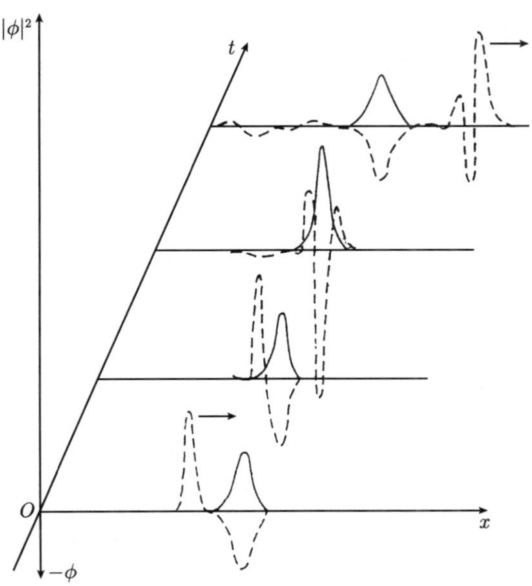

图 1-6 l 孤立子和 s 压缩脉冲的相互作用

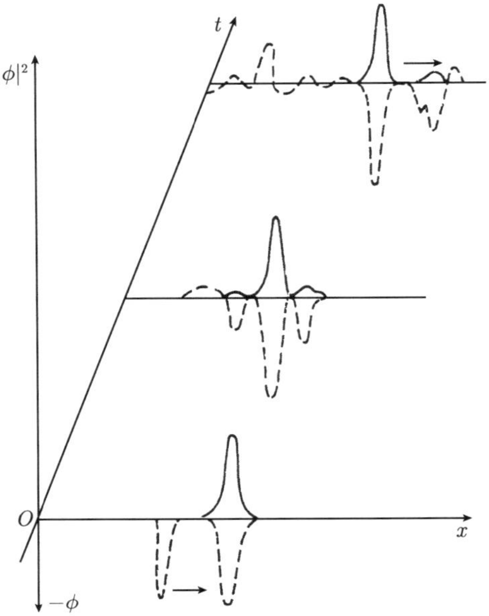

图 1-7　l 孤立子和 s 稀疏脉冲的相互作用

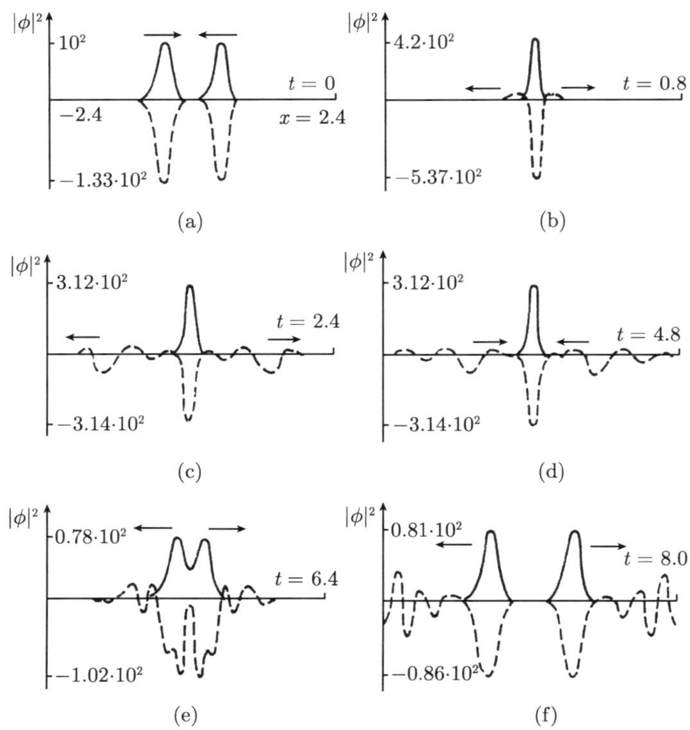

图 1-8　在周期边界条件下, 两个孤立子相撞而分开的过程

如果波包在波数 $\boldsymbol{k}$ 空间是充分窄小时, 则可得方程组

$$i\varepsilon_t + \nabla^2\varepsilon + n\varepsilon = 0, \tag{1.3.38}$$

$$\Box n \equiv \left(\frac{\partial^2}{\partial t^2} - \Delta\right)n = \nabla^2|\varepsilon|^2. \tag{1.3.39}$$

此时, 可得到哨孤立子 (whistler soliton). 由于方程 (1.3.38) 中的相互作用项前的符号和 Zakharov 方程相反, 这就导致了该孤立子运动是超声的, 而且它有密度峰不同于 Langmuir 孤立子的密度坑. 对于哨孤立子的形成和相互作用数值模拟得到的结果, 如图 1-9 和图 1-10 所示.

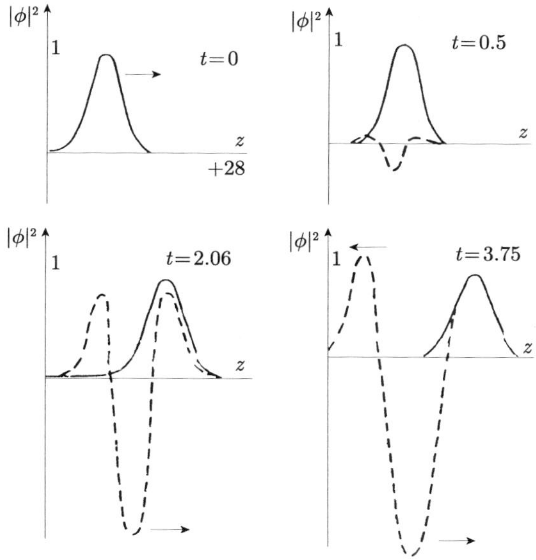

图 1-9 超声哨孤立子的形成

1.3.3 *ls* 孤立子 (近声区耦合的 Langmuir 波和离子声波孤立子)

当 $c \to 1$ 时, 即接近于声速区时, 我们从孤立子的表达式 (1.3.35) 可看到等离子体扰动密度、能量、孤立子宽度的倒数等均趋于零, 于是有些物理学家提出用 Boussinesq 方程或 KdV 方程来代替声波方程, 在这种情况下, 密度扰动较自洽地满足方程

$$n_{tt} - n_{xx} - \beta(n^2)_{xx} - \alpha n_{xxxx} = |\varepsilon|^2_{xx}, \tag{1.3.40}$$

或

$$n_t + n_x + \beta(n^2)_x + \alpha n_{xxx} = -|\varepsilon|^2_x. \tag{1.3.41}$$

对于耦合方程组

$$i\varepsilon_t + \varepsilon_{xx} - n\varepsilon = 0, \tag{1.3.42}$$

$$n_{tt} - n_{xx} - \frac{\delta}{3}n_{xxxx} - \delta(n^2)_{xx} = |\varepsilon|^2_{xx}, \tag{1.3.43}$$

其中 $\delta = \frac{4}{3}\frac{m_e}{m_i}$, 我们可找到方程 (1.3.42) 和 (1.3.43) 的孤立子解

$$\begin{cases} \varepsilon_{ls}(x,t) = A\tanh\{B(x-vt-x_0)\}\mathrm{sech}\{B(x-vt-x_0)\} \\ \qquad\qquad \times \exp\left\{\mathrm{i}\left(\frac{1}{2}vx - \Omega t - \theta\right)\right\}, \\ n_{ls}(x,t) = 6\lambda\mathrm{sech}^2\{B(x-vt-x_0)\}, \end{cases} \tag{1.3.44}$$

其中 $A^2 = 48\lambda^2\delta$, $\lambda = \Omega - \frac{v^2}{4}$, $v^2 < 1$.

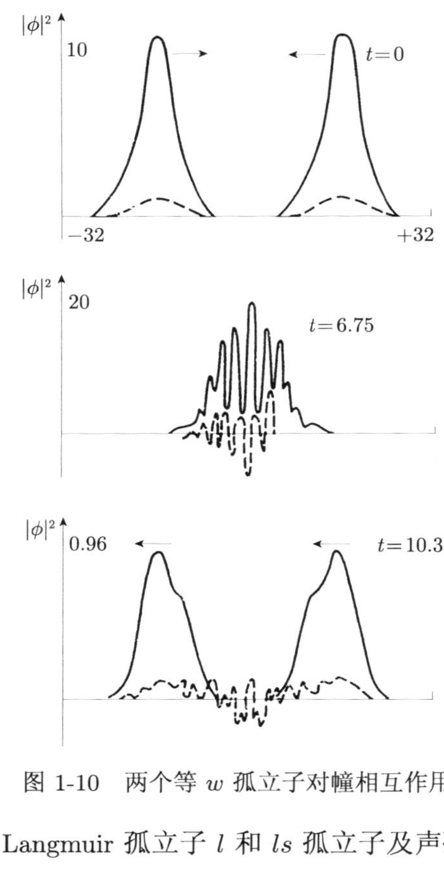

图 1-10　两个等 w 孤立子对幢相互作用

从守恒量可找到 Langmuir 孤立子 l 和 ls 孤立子及声孤立子 s 相互作用过程的选择定则:

$$l + l \to l + ls, \quad l + s \to l + ls.$$

用计算机对这些过程进行了详细的研究, 计算结果如图 1-11 所示. 有时也用 IBq 方程

$$\left(\square-\frac{\delta}{3}\frac{\partial^4}{\partial x^2\partial t^2}\right)n-\delta\frac{\partial^2}{\partial x^2}n^2=\frac{\partial^2}{\partial x^2}|\varepsilon|^2 \tag{1.3.45}$$

来代替 Bq 方程 (1.3.43).

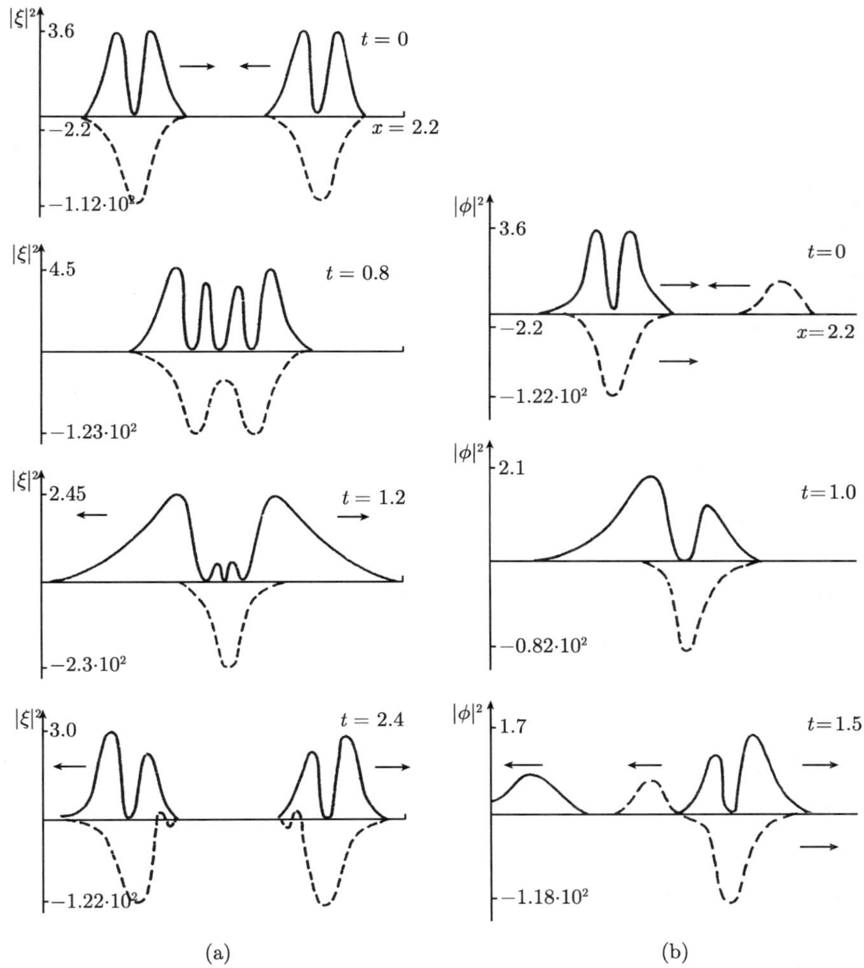

图 1-11

(a) ls 孤立子的对碰, (b) ls 孤立子和压缩 s 孤立子的相互作用

1.3.4 光孤立子

光孤立子和 l 孤立子是类似的, 只是色散项由 $v_e^2\dfrac{\partial^2\varepsilon}{\partial x^2}$ 变成 $c^2\dfrac{\partial^2\varepsilon}{\partial x^2}$, 色散项要大

得多, 因此光孤立子波宽要宽得多, 在激光吸收中的坑子有可能就是光孤立子. 和方程 (1.3.27) 与 (1.3.28) 相对应的方程组为

$$\frac{\partial^2 n}{\partial t^2}-c_s^2\frac{\partial^2 n}{\partial x^2}=\frac{\partial^2}{\partial x^2}\frac{\overline{E^2}}{8\pi M},$$

$$\frac{\partial^2 E}{\partial t^2}-c^2\frac{\partial^2 E}{\partial x^2}=-\omega_p^2\left(1+\frac{n}{n_0}\right)E. \tag{1.3.46}$$

令 $E(x,t)=\varepsilon(x,t)\mathrm{e}^{-\mathrm{i}\omega_p t}+c.c$, 并忽略含 $\varepsilon_{tt}(x,t)$ 的项得

$$\frac{\partial^2 n}{\partial t^2}-c_s^2\frac{\partial^2 n}{\partial x^2}=\frac{\partial^2}{\partial x^2}\frac{|\varepsilon|^2}{8\pi M}, \tag{1.3.47}$$

$$-2\mathrm{i}\omega_p\frac{\partial\varepsilon}{\partial t}-c^2\frac{\partial^2\varepsilon}{\partial x^2}=-\omega_p^2\frac{n}{n_0}\varepsilon. \tag{1.3.48}$$

它和 Zakharov 方程的差别仅仅在于把 v_0^2 换成 c^2, 因而光孤立子的宽度要比 l 孤立子的宽度宽 $\dfrac{c}{v_0}$ 倍.

1.3.5　简化双流体方程组的孤立子

对于方程组 (1.2.27)~(1.2.31), 现取各物理量的单位为

$$[t]=\left(\frac{M}{4\pi n_0e^2}\right)^{\frac12}=\omega_{pi}^{-1},\quad [x]=\left(\frac{T_e}{4\pi n_0e^2}\right)^{\frac12}=\lambda_D,$$

$$[v]=\frac{[x]}{[t]}=\left(\frac{T_e}{M}\right)^{\frac12},\quad [n_l]=n_0,$$

$$[\varphi]=\frac{T_e}{e}(E_l=-\nabla\varphi),\quad [|\varepsilon|^2]=4\pi n_0T_e.$$

设 $T_i=0$, 于是方程组 (1.2.27)~(1.2.31) 的无量纲形式为

$$\frac{\partial n_i}{\partial t}+\nabla\cdot(n_i\boldsymbol{v}_i)=0, \tag{1.3.49}$$

$$\frac{\partial \boldsymbol{v}_i}{\partial t}+\boldsymbol{v}_i\nabla\boldsymbol{v}_i=-\nabla\varphi, \tag{1.3.50}$$

$$\nabla^2\varphi=n_l-n_i=\exp(\varphi-|\varepsilon|^2)-n_i, \tag{1.3.51}$$

$$n_l=\exp(\varphi-|\varepsilon|^2), \tag{1.3.52}$$

$$\frac{2\mathrm{i}}{\omega_p}\frac{\partial\varepsilon}{\partial t}-\frac{1}{\omega_p^2}\frac{\partial^2\varepsilon}{\partial t^2}=-\nu\nabla^2\varepsilon+[\exp(\varphi-|\varepsilon|^2)-1]\varepsilon, \tag{1.3.53}$$

$$E_l=-\nabla\varphi, \tag{1.3.54}$$

其中

$$\nu=\begin{cases}1, & \overline{E_h^2}\ \text{为纵场;}\\ \dfrac{c_0^2}{v_e^2}, & \overline{E_h^2}\ \text{为横场.}\end{cases}$$

$$\omega_p=\sqrt{\frac{M}{m}},\quad v_e^2=\frac{T_e}{m},$$

c_0 为光速, 以下讨论一维情形 $\boldsymbol{v}_i=v$, 设

$$\varepsilon(x,t)=\psi(x-ct)\exp(-\mathrm{i}pt+\mathrm{i}qx), \tag{1.3.55}$$

再设 n_i, v, φ 均为 $x-ct$ 的函数, 将 (1.3.55) 式代入 (1.3.53) 式, 令其实部、虚部分别为零, 从方程 (1.3.49)~(1.3.51) 和 (1.3.53) 可得平面孤立波方程组

$$\left(\frac{\nu-c^2}{\omega_p^2}\right)\frac{\mathrm{d}^2\psi}{\mathrm{d}\xi^2}=[\exp(\varphi-\psi^2)-1+a^2]\psi, \tag{1.3.56}$$

$$\frac{\mathrm{d}^2\varphi}{\mathrm{d}\xi^2}=\exp(\varphi-\psi^2)-\frac{1}{\sqrt{1-2\varphi/c^2}}, \tag{1.3.57}$$

$$n_i=\frac{1}{\sqrt{1-2\varphi/c^2}}, \tag{1.3.58}$$

$$n_l=\exp(\varphi-\psi^2), \tag{1.3.59}$$

其中

$$a^2=\nu q^2-\left(\frac{p}{\omega_p}\right)^2-\frac{2p}{\omega_p}>0, \tag{1.3.60}$$

$$\nu q=\frac{c}{\omega_p}\left(1+\frac{p}{\omega_p}\right), \tag{1.3.61}$$

c 为孤立波的传播速度. 下面考察纵波和横波弱非线性情形: $\varphi\ll 1$, $\varphi-\psi^2\ll 1$. 先看纵波, $\nu=1$, 将 n_i 和 n_l 展开, 取到 φ 和 ψ^2 项有

$$n_l=1+\varphi-\psi^2, \tag{1.3.62}$$

$$n_i=1+\frac{\varphi}{c^2}. \tag{1.3.63}$$

再设 $n_l=n_i$(电中性) 得

$$\varphi-\psi^2=\frac{\varphi}{c^2}, \tag{1.3.64}$$

方程 (1.3.56)$\left(\text{忽略 }\dfrac{c^2}{\omega_p}\right)$ 为

$$\frac{\mathrm{d}^2\psi}{\mathrm{d}\xi^2}=[\exp(\varphi-\psi^2)-1+a^2]\psi. \tag{1.3.65}$$

将 (1.3.64) 式代入 (1.3.65) 式得

$$\frac{\mathrm{d}^2\psi}{\mathrm{d}\xi^2}=\left(\frac{1}{c^2-1}\psi^2+a^2\right)\psi. \tag{1.3.66}$$

其解为

$$\psi=a\sqrt{2(1-c^2)}\mathrm{sech}a\xi. \tag{1.3.67}$$

由 (1.3.54) 和 (1.3.57) 式可得

$$\varphi=-2a^2c^2\mathrm{sech}^2a\xi. \tag{1.3.68}$$

(1.3.67) 和 (1.3.68) 式即是 Zakharov 方程的孤立子解, 它和前面得到的孤立子表达式 (1.3.35) 是一致的. 从 (1.3.67) 和 (1.3.68) 式可看出, 孤立子解 φ 和 ψ 都是单峰对称的.

在 n_l 和 n_i 的展开式中, 适当展开到高次项, 也可得到 φ 为对称, 而 ψ 为反对称的 Makhanhov-Nishikawa 孤立波解. 在 $c^2\approx 1$ 的附近, 取 φ 和 ψ 为同量级, 并取得二次项, 这时有方程组

$$\frac{\mathrm{d}^2\psi}{\mathrm{d}\xi^2}=(\varphi+a^2)\psi, \tag{1.3.69}$$

$$\frac{\mathrm{d}^2\varphi}{\mathrm{d}\xi^2}=-\frac{1-c^2}{c^2}\varphi-\frac{3-c^4}{2c^4}\varphi^2-\psi^2, \tag{1.3.70}$$

其解为

$$\begin{cases}\psi=A\mathrm{sech}a\xi\mathrm{th}a\xi,\\ \varphi=B\mathrm{sech}^2\xi.\end{cases} \tag{1.3.71}$$

其中

$$A=6a^2\left(4a^2-1+\frac{1}{c^2}\right),\quad B=-6a^2,$$

且 a^2 与 c^2 满足关系式

$$a^2=\frac{c^2(1-c^2)}{9-3c^2-2c^4}. \tag{1.3.72}$$

其次, 讨论横波情形, 对于弱非线性情形, 可得到解

$$\psi=a\sqrt{2(1-c^2)}\mathrm{sech}\frac{a}{\sqrt{\nu}}\xi. \tag{1.3.73}$$

此式给出的振幅与 (1.3.67) 式相同, 只是波的宽度增大 $\sqrt{\nu}$ 倍. 对于方程 (1.3.56) 和 (1.3.57) 数值计算的结果和图像, 如图 1-12 和图 1-13 所示.

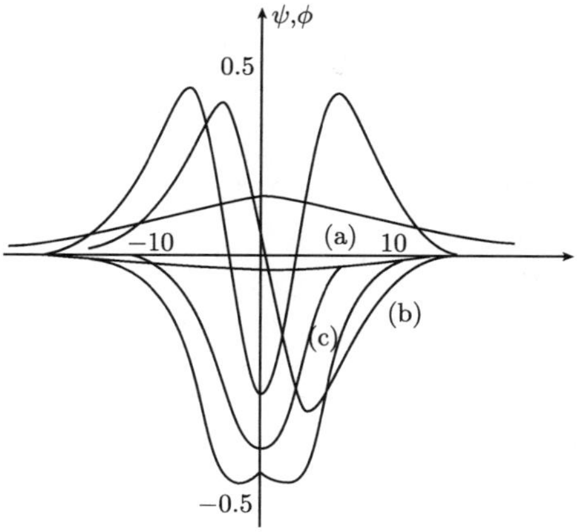

图 1-12

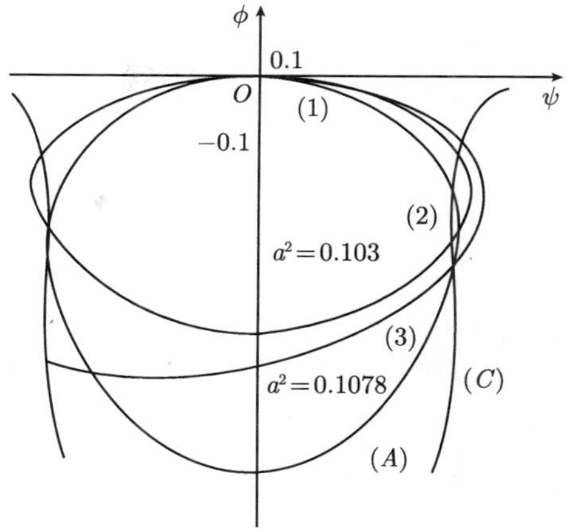

图 1-13

图 1-12 表示在 $\psi-\xi$ 和 $\varphi-\xi$ 平面中的孤立波示意图. 该图描述了方程组 (1.3.56) 和 (1.3.57) 式, 其中 $c^2=0.5$; 图形全部在下半平面的为 φ, 其他的为 ψ, 且 (a) 为单峰, (b) 为第一个反对称, (c) 为双峰. 图 1-13 表示电荷分离情形下的孤立波系. 该图也描述了方程组 (1.3.56) 和 (1.3.57) 式且 $c^2=0.5$ 的情形, 其中 (1) 为单峰, (2) 为第一个反对称, (3) 为双峰对称.

本章内容可参见文献 [1], [2].

第2章　能量空间中的一些经典结果

在数学上, 从 1979 年开始, C. Sulem 和 P. L. Sulem[3]、郭柏灵和沈隆均 [4]、H. Added 和 S. Added[5] 等对一维和高维 Zakharov 方程的 Cahchy 问题和初边值问题的整体解的存在惟一性进行了一系列系统而又深入的研究, 其中 H. Added 和 S. Added 利用对数型的 Sobolev 不等式, 首先证明了二维的 Zakharov 方程在小初值条件下存在整体的光滑解; 郭柏灵等 [6~10] 从数值方法上对 Zakharov 方程的有限差分法进行了研究, Flahaut[11], Goubet 和 Moise[12] 以及郭柏灵和李用声 [13, 14] 等研究了 Zakharov 方程整体吸引子的存在性及 Hausdorff 有限维数估计. 1992 年, Ozawa 和 Tsutsumi[15] 得到了 Zakharov 方程在 $H^2(\mathbb{R}^d)\times H^1(\mathbb{R}^d)$ 中解的局部存在性理论, 且研究了解的光滑效应. Glangetas 和 Merle[16~21] 研究了二维 Zakharov 方程的爆破问题.

对于耗散型的 Zakharov 方程以及各种类型广义的 Zakharov 方程, 郭柏灵和袁光伟等 [22~28] 对整体解的存在性和整体吸引子的存在性以及 Hausdorff 维数估计都做了深入的研究. 特别地, 1994 年, 郭柏灵 [25] 首次得到了高维非均匀介质中的 Zakharov 方程的整体解的存在性; 1995 年, 郭柏灵和袁光伟 [27] 首次得出了 Klein-Gordon-Zakharov 方程的整体解; 1996 年, 郭柏灵和袁光伟 [28] 又得到了离子声波 Zakharov 方程的整体解.

最近十几年以来, 随着调和分析的方法和技巧在 PDE 中的广泛运用, 基于 Besov 空间和 Bourgain 空间的理论以及一些更精细化的估计, 现在对 Zakharov 方程已趋向于低正则性理论的研究. 这方面著名的工作有文献[29]~[32], 其中文献 [32] 中的适定性结果在 $d\geqslant 4$ 时是最好的, 文献 [31] 得到了一维 Zakharov 方程最佳的适定性结果, 随后, 文献 [30] 得到了二维 Zakharov 方程最佳的适定性结果. 在本书的第 3 章, 我们将介绍 Zakharov 方程的低正则性理论.

此外, 对于含参数 $c>0$ 的 Zakharov 方程

$$\begin{cases} \mathrm{i}E_t+\Delta E-nE=0,\\ \dfrac{1}{c^2}n_{tt}-\Delta n=\Delta|E|^2, \end{cases}$$

Schochet 和 Weinstein[33], H. Added 和 S. Added[34], Ozawa 和 Tsutsumi[35, 36], Masmoudi 和 Nakanishi[37, 38] 在不同的函数空间中分别研究了当 $c\to+\infty$ 时上述 Zakharov 方程的解趋于非线性 Schrödinger 方程的解的具体行为. 本书第 4 章将介

绍这方面的工作.

这一章我们重点阐述几种类型的 Zakharov 方程在能量空间中所得到一些经典结果, 特别是关于局部 (或整体) 光滑解的存在惟一性理论及 Zakharov 方程的爆破 (blow-up) 理论以及耗散 Zakharov 方程整体吸引子的存在性. 重点讨论的方程包括标准的 Zakharov 方程, 高维非均匀介质中的 Zakharov 方程, Klein-Gordon-Zakharov 方程, 二维离子声波中的 Zakharov 方程以及带磁场的 Zakharov 方程, 研究这些方程不仅在物理上具有重要的实际意义, 而且在数学上对它们的研究也是极具挑战性的.

2.1 一维及高维 Zakharov 方程整体光滑解的存在惟一性

本节研究如下标准的 Zakharov 方程 (无量纲化):

$$\mathrm{i}E_t + \Delta E = nE, \tag{2.1.1}$$

$$n_{tt} - \Delta n = \Delta |E|^2, \tag{2.1.2}$$

$$E(x,0) = E_0(x),\ n(x,0) = n_0(x),\ n_t(x,0) = n_1(x), \tag{2.1.3}$$

其中 $x \in \mathbb{R}^d$, 主要研究其整体弱解和局部 (或整体) 光滑解的存在惟一性理论. 这里的 $E: \mathbb{R} \times \mathbb{R}^d \to \mathbb{C}$ (对 E 是复向量值的情形可类似讨论) 表示高频电场的缓变振幅, $n: \mathbb{R} \times \mathbb{R}^d \to \mathbb{R}$ 是离子密度的扰动量. 鉴于 Zakharov 方程的物理背景, 我们所关注的空间维数 $d = 1,\ 2,\ 3$.

将 Zakharov 方程表示为 Hamilton 形式. 为此, 引入向量值函数 V, 可将方程 (2.1.2) 中关于时间 t 的二阶导数降为一阶, 从而方程 (2.1.1)~(2.1.3) 就转化为

$$\mathrm{i}E_t + \Delta E - nE = 0, \tag{2.1.4}$$

$$n_t + \nabla \cdot V = 0, \tag{2.1.5}$$

$$V_t + \nabla(n + |E|^2) = 0, \tag{2.1.6}$$

$$E(x,0) = E_0(x),\ n(x,0) = n_0(x),\ V(x,0) = V_0(x),\ x \in \mathbb{R}^d. \tag{2.1.7}$$

值得注意的是, 在光滑解的讨论中, 要使上述转化具有兼容性, 必须要求 n_1 和 V_0 满足相容性条件 $n_1 = -\nabla \cdot V_0$, 从这个表示式上可以看出, 当 $n_1 \in H^{m-1}(\mathbb{R}^d)$ 时, 我们自然会要求 $V_0 \in H^m(\mathbb{R}^d)$. 因此为了满足这种要求, 我们需附加上条件 $n_1 \in \dot{H}^{-1}(\mathbb{R}^d)$. 这是因为当 $n_1 \in H^{m-1}(\mathbb{R}^d) \cap \dot{H}^{-1}(\mathbb{R}^d)$ 时, 就存在惟一的 $V_0 \in H^m(\mathbb{R}^d)$ 满足 $n_1 = -\nabla \cdot V_0$. 事实上, 此时 $V_0 = \nabla P$, 而 P 满足 $-\Delta P = n_1$. 因此 (E, n, n_t) 是方程 (2.1.1)~(2.1.3) 的解当且仅当 (E, n, V) 是方程 (2.1.4)~(2.1.7) 的解. 下面重点研究方程 (2.1.4)~(2.1.7) 弱解和光滑解的存在惟一性理论.

2.1.1 Zakharov 方程的弱解理论

为得到方程 (2.1.4)~(2.1.7) 的弱解的存在性, 先引进几个引理. 第一个引理给出了 Zakharov 方程的守恒量: 质量守恒和能量守恒. 以此为基础, 根据 Gagliardo-Nirenberg 不等式, 可得出 Zakharov 方程能量解的范数估计, 由此即可得到弱解的存在性.

引理 2.1.1 设 (E,n,V) 是方程 (2.1.4)~(2.1.7) 的光滑解, 且在无穷远处充分衰减, 则 Zakharov 方程有以下的质量守恒和能量守恒:

$$\begin{aligned}&\|E(t)\|_{L^2}^2=\|E_0\|_{L^2}^2,\\ &\Psi(t):=\|\nabla E(t)\|_{L^2}^2+\frac{1}{2}\|n(t)\|_{L^2}^2+\frac{1}{2}\|V(t)\|_{L^2}^2+\int_{\mathbb{R}^d}n(t)\cdot|E(t)|^2\mathrm{d}x\\ &\qquad\ =\Psi(0).\end{aligned}$$

证明 方程 (2.1.4) 两边同乘以 $\overline{E}$, 然后在 $\mathbb{R}^d$ 上积分得

$$\int_{\mathbb{R}^d}(\mathrm{i}E_t+\Delta E-nE)\cdot\overline{E}\mathrm{d}x=0,$$

注意到

$$\mathrm{Im}(\mathrm{i}E_t\cdot\overline{E})=\frac{1}{2}\frac{\mathrm{d}}{\mathrm{d}t}|E|^2,\quad \int_{\mathbb{R}^d}\Delta E\cdot\overline{E}\mathrm{d}x=-\int_{\mathbb{R}^d}|\nabla E|^2\mathrm{d}x,$$

于是在积分等式中取出虚部部分, 就可得到质量守恒. 接着证明能量守恒. 在方程 (2.1.4) 的两边同乘以 $\overline{E_t}$, 积分之后取其实部得

$$\frac{\mathrm{d}}{\mathrm{d}t}\int_{\mathbb{R}^d}|\nabla E|^2\mathrm{d}x+\int_{\mathbb{R}^d}n|E|_t^2\mathrm{d}x=0,$$

而后方程 (2.1.5) 两边与 n 作内积, 方程 (2.1.6) 两边与 V 作内积, 分别得到

$$\frac{1}{2}\frac{\mathrm{d}}{\mathrm{d}t}\int_{\mathbb{R}^d}|n|^2\mathrm{d}x-\int_{\mathbb{R}^d}V\cdot\nabla n\mathrm{d}x=0,$$

$$\frac{1}{2}\frac{\mathrm{d}}{\mathrm{d}t}\int_{\mathbb{R}^d}|V|^2\mathrm{d}x+\int_{\mathbb{R}^d}V\cdot\nabla n\mathrm{d}x+\int_{\mathbb{R}^d}|E|^2n_t\mathrm{d}x=0,$$

将所得到的 3 个式子相加就可得出 $\Psi(t)=\Psi(0)$.

引理 2.1.2 设 $f\in H^1(\mathbb{R}^d)$, $d=2,\ 3$, 则有

$$\|f\|_{L^4(\mathbb{R}^d)}^4\leqslant K^4(d)\|f\|_{L^2(\mathbb{R}^d)}^{4-d}\|\nabla f\|_{L^2(\mathbb{R}^d)}^d,\tag{2.1.8}$$

其中 $K(d)=\left(\dfrac{2}{\|\psi\|_{L^2(\mathbb{R}^d)}^2}\right)^{\frac{1}{4}}$, 而 ψ 是如下方程的基态解:

$$\frac{d}{2}\Delta\psi-\frac{4-d}{2}\psi+\psi^3=0.$$

特别地, 当 $d=2$ 时, $K(2)=\left(\dfrac{1}{\pi\cdot 1.86225\cdots}\right)^{\frac{1}{4}}$.

引理 2.1.2 的证明可参见文献 [39]. 事实上, 该引理是文献 [39] 中的一种特殊情形 (取 $\sigma=1$). 引理 2.1.2 是一种特殊的 Gagliardo-Nirenberg 不等式, 其特殊性就在于这里的 Sobolev 嵌入常数是最优的.

引理 2.1.3 (连续性引理) 设 $f(t)$ 是定义在 $\mathbb{R}^+$ 上的非负连续函数, 且满足

$$f(t)\leqslant a+bf^{\kappa}(t),\quad a,\ b>0,\ \kappa>1.$$

如果 a 和 b 还满足 $a^{\kappa-1}b<\dfrac{(\kappa-1)^{\kappa-1}}{\kappa^{\kappa}}$ 且 $f(0)\leqslant a$, 那么 $f(t)$ 在 $\mathbb{R}^+$ 上有界.

证明 令 $g(x)=a+bx^{\kappa}-x,\ x\geqslant 0$. 容易证明函数 g 有惟一的临界点 $x_0=\left(\dfrac{1}{b\kappa}\right)^{\frac{1}{\kappa-1}}$. 因此, 条件 $a^{\kappa-1}b<\dfrac{(\kappa-1)^{\kappa-1}}{\kappa^{\kappa}}$ 确保了 $g(x_0)<0$, 这就蕴含了 $g(x)$ 有两个不同的零点 x_1 和 x_2(无妨设 $x_1<x_2$), 即 $g(x_1)=g(x_2)=0$. 因此如果 $g(x)\geqslant 0$, 则必有 $x\geqslant x_2$ 或 $0\leqslant x\leqslant x_1$. 再令 $x=f(t)$, 注意到 $a<x_1$(这个事实可从 g 的凸性推出) 以及 $f(t)$ 是连续的, 于是从引理的第二个条件 $f(0)\leqslant a$ 就可以推出 $f(t)\leqslant x_1(\forall t\geqslant 0)$. 引理证毕.

注 2.1.1 在应用中, $f(t)$ 通常取为微分方程解的某类能量范数, 而参数 a 一般表示的是初始数据的范数, 即 $a=f(0)$, 于是利用该连续性引理可得小初值情形下 ($f(0)$足够小) 解的整体有界性, 从而获得解的整体的存在性. 引理 2.1.3 中具体给出了参数 a, b 和 κ 之间应满足的关系, 但在多数情形下, 我们并不太关心 a 的确切上界, 于是上述引理也可按以下方式来证明. 设 $a\leqslant\varepsilon$, 其中 ε 是一个待定的充分小的数, 目标是证明对所有的 $t>0$ 都有 $f(t)\leqslant 2\varepsilon$. 为此, 令 $T^*=\sup\{T;f(t)\leqslant 2\varepsilon,\ \forall\ t\in[0,T]\}$. 按此定义, 仅需证明 $T^*=\infty$. 如若不然, 设 $T^*<\infty$, 则必有

$$2\varepsilon=f(T^*)\leqslant a+bf^{\kappa}(T^*)\leqslant\varepsilon+b(2\varepsilon)^{\kappa},$$

由此可见, 当 ε 取得足够小时, 上式是矛盾的, 即 $T^*=\infty$.

引理 2.1.4 设 (E,n,V) 是方程 (2.1.4)~(2.1.7) 的光滑解, 初始条件 $E_0\in H^1(\mathbb{R}^d)$, $n_0\in L^2(\mathbb{R}^d)$, $V_0\in L^2(\mathbb{R}^d)$ 且满足

$$\begin{cases}\|E_0\|_{L^2}^2<2K^{-4}(2), & \text{若 } d=2,\\[2mm] \|\nabla E_0\|_{L^2}^2\leqslant|\Psi(0)|\ \text{且}\ \|E_0\|_{L^2}^2|\Psi(0)|<\dfrac{4}{27K^8(3)}, & \text{若 } d=3.\end{cases}$$

那么就有如下的估计式成立:

$$\|E\|_{H^1(\mathbb{R}^d)}+\|n\|_{L^2(\mathbb{R}^d)}+\|V\|_{L^2(\mathbb{R}^d)}\leqslant C,\tag{2.1.9}$$

其中常数 C 依赖于 $\|E_0\|_{H^1(\mathbb{R}^d)}$，$\|n_0\|_{L^2(\mathbb{R}^d)}$，$\|V_0\|_{L^2(\mathbb{R}^d)}$.

证明　由引理 2.1.1 可知

$$\begin{aligned}\|\nabla E(t)\|_{L^2}^2+\frac{1}{2}\|n(t)\|_{L^2}^2+\frac{1}{2}\|V(t)\|_{L^2}^2 &\leqslant |\Psi(0)|+\left|\int_{\mathbb{R}^d} n|E|^2\mathrm{d}x\right| \\ &\leqslant |\Psi(0)|+\frac{\varepsilon}{4}\|n\|_{L^2}^2+\frac{1}{\varepsilon}\|E\|_{L^4}^4,\end{aligned}\tag{2.1.10}$$

其中最后一步利用了不等式 $a\cdot b\leqslant \dfrac{\varepsilon}{4}a^2+\dfrac{1}{\varepsilon}b^2$.

所以当 $d=1$ 时, 根据 Gagliardo-Nirenberg 不等式有

$$\begin{aligned}\|E\|_{L^4(\mathbb{R})}^4 &\leqslant C\|E\|_{L^2(\mathbb{R})}^3\|E_x\|_{L^2(\mathbb{R})} \\ &\leqslant \frac{1}{2}\|E_x\|_{L^2(\mathbb{R})}^2+\frac{1}{2}C^2\|E\|_{L^2(\mathbb{R})}^6,\end{aligned}\tag{2.1.11}$$

联合 (2.1.10) (取 $\varepsilon=1$) 和 (2.1.11) 式及引理 2.1.1 可得

$$\|E\|_{H^1(\mathbb{R})}+\|n\|_{L^2(\mathbb{R})}+\|V\|_{L^2(\mathbb{R})}\leqslant C.$$

当 $d=2$ 时, 联合 (2.1.10) 式和引理 2.1.2 有

$$\left(1-\frac{K^4(2)}{\varepsilon}\|E\|_{L^2(\mathbb{R}^2)}^2\right)\|\nabla E\|_{L^2(\mathbb{R}^2)}^2+\frac{2-\varepsilon}{4}\|n\|_{L^2(\mathbb{R}^2)}^2+\frac{1}{2}\|V\|_{L^2(\mathbb{R}^2)}^2\leqslant C,$$

再根据引理所给的条件 $\|E_0\|_{L^2}^2<2K^{-4}(2)$, 选取 $\varepsilon<2$ 且充分靠近 2, 这样就可得估计 (2.1.9).

当 $d=3$ 时, 不等式 (2.1.10) 和引理 2.1.2 蕴含了

$$\|\nabla E\|_{L^2(\mathbb{R}^3)}^2\leqslant |\Psi(0)|+K^4(3)\|E\|_{L^2(\mathbb{R}^3)}\|\nabla E\|_{L^2(\mathbb{R}^3)}^3.\tag{2.1.12}$$

将 (2.1.12) 式简写为 $m\leqslant a+bm^{\frac{3}{2}}$, 其中 $a=|\Psi(0)|$, $b=K^4(3)\|E_0\|_{L^2(\mathbb{R}^3)}$, $m=\|\nabla E\|_{L^2(\mathbb{R}^3)}^2$. 于是利用引理 2.1.3 可得 $\|\nabla E\|_{L^2(\mathbb{R}^3)}^2\leqslant C$, 再联合 (2.1.10) 式, 就得到了所需的估计式 (2.1.9).

引理 2.1.4 实际上对方程 (2.1.4)~(2.1.7) 的解做了先验估计, 有了这个先验估计, 利用正则化逼近方法就可得到弱解的存在性.

定理 2.1.1　设 $E_0\in H^1(\mathbb{R}^d)$, $n_0\in L^2(\mathbb{R}^d)$, $V_0\in L^2(\mathbb{R}^d)$ 且满足引理 2.1.4 中的条件, 即

$$\begin{cases}\|E_0\|_{L^2}^2<2K^{-4}(2), & \text{若 } d=2,\\ \|\nabla E_0\|_{L^2}^2\leqslant|\Psi(0)| \text{ 且 } \|E_0\|_{L^2}^2|\Psi(0)|<\dfrac{4}{27K^8(3)}, & \text{若 } d=3,\end{cases}$$

则方程 (2.1.4)~(2.1.7) 存在弱解 (E,n,V), 其中 $E\in L^\infty(\mathbb{R}^+;H^1(\mathbb{R}^d))$, $n\in L^\infty(\mathbb{R}^+;L^2(\mathbb{R}^d))$, $V\in L^\infty(\mathbb{R}^+;L^2(\mathbb{R}^d))$. 进一步地, (E,n) 也是方程 (2.1.1)~(2.1.3) 的弱解.

证明 弱解的存在性是通过标准的正则化逼近方法得到的. 由定理所给的条件, 根据引理 2.1.3, 可得到关于逼近解的一致估计, 而后利用紧性方法 (见文献 [40] 或 [41]) 得出弱解的存在性, 具体的细节留给读者完成.

2.1.2 Zakharov 方程的局光滑解理论

接着我们重点来讨论方程 (2.1.4)~(2.1.7) 的局部光滑解的存在惟一性. 为了得到光滑解的局部存在性, 先考虑如下的正则化方程 ($\varepsilon>0$):

$$\mathrm{i}E_t+\mathrm{i}\varepsilon\Delta^2E_t=-\Delta E+nE,\quad E(0)=E_0, \tag{2.1.13}$$

其中 $n=n(E)$ 满足

$$\begin{cases} n_t+\nabla\cdot V=0,\\ V_t+\nabla(n+|E|^2)=0,\\ n(0)=n_0,\ V(0)=V_0. \end{cases} \tag{2.1.14}$$

(2.1.13) 式也可表示为 $E_t=\mathrm{i}AE+f(E)$, 其中 A 是一个线性算子, 定义为 $AE=(I+\varepsilon\Delta^2)^{-1}\Delta E$, $f(E)=-\mathrm{i}(I+\varepsilon\Delta^2)^{-1}nE$. 在此顺便指出, 对方程 (2.1.4)~(2.1.7) 进行正则化的方法不是惟一的, 除上述的方法外, 还可对方程进行磨光来正则化, 如可采用文献 [42] 中第三章用来磨光 Navier-Stokes(或 Euler 方程) 的方法, 也可见文献 [43]. 此外, 用有界区域上的 Galerkin 方法也是一种逼近方法.

由半群理论 [44] 知线性方程 $E_t=\mathrm{i}AE$ 在 $H^s(\mathbb{R}^d)$ 中生成一个酉群 $U(t)$, 因此方程 (2.1.13) 的解可以表示为如下的积分形式:

$$E(t)=U(t)E_0+\int_0^t U(t-\tau)f(E(\tau))\mathrm{d}\tau. \tag{2.1.15}$$

对 $T\leqslant 1$, 定义工作空间

$$X=\{E\in C([0,T];H^{m+1});\|E\|_X\leqslant 2\|E_0\|_{H^{m+1}}\},$$

其中 $\|E\|_X=\sup_{t\in[0,T]}\|E(t)\|_{H^{m+1}}$. 下面的命题保证了正则化问题 (2.1.13) 的解是整体存在且惟一的.

命题 2.1.1 设 $m\geqslant 1$, $E_0\in H^{m+1}(\mathbb{R}^d)$, $n_0\in H^m(\mathbb{R}^d)$, $V_0\in H^m(\mathbb{R}^d)$. 则对任意给定的 $\varepsilon>0$, 方程 (2.1.15) 存在惟一解 $E^\varepsilon\in C(\mathbb{R}^+;H^{m+1}(\mathbb{R}^d))$.

命题 2.1.1 的证明需用到如下引理.

引理 2.1.5 设 $f,\ g\in\mathcal{S}(\mathbb{R}^d)$, $s>0$. 则有

$$\|fg\|_{H^{s,p}}\leqslant C(\|f\|_{L^{p_1}}\|g\|_{H^{s,p_2}}+\|f\|_{H^{s,p_3}}\|g\|_{L^{p_4}}),$$

其中 $p_2, p_3 \in (1,\infty)$ 且

$$\frac{1}{p_1}+\frac{1}{p_2}=\frac{1}{p_3}+\frac{1}{p_4}=\frac{1}{p}.$$

这里 $\mathcal{S}(\mathbb{R}^d)$ 表示 Schwarz 函数类, $\|f\|_{H^{s,p}} := \|(I-\Delta)^{\frac{s}{2}} f\|_{L^p}$.

引理 2.1.5 的证明见参考文献 [45, 46, 47].

命题 2.1.1 的证明　先利用压缩映射原理得出局部解的存在性. 定义映射 $\mathcal{T}$ 为

$$\mathcal{T}(E) := U(t)E_0 + \int_0^t U(t-\tau) f(E(\tau))\mathrm{d}\tau.$$

因为 n 满足方程 $n_{tt} - \Delta n = \Delta|E|^2$, $n(0) = n_0$, $n_t(0) = n_1$, 故

$$n = \cos(t\sqrt{-\Delta})n_0 + \frac{\sin(t\sqrt{-\Delta})}{\sqrt{-\Delta}} n_1 - \int_0^t \sin((t-\tau)\sqrt{-\Delta})\sqrt{-\Delta}|E(\tau)|^2 \mathrm{d}\tau.$$

于是对任意的 E, E^1, $E^2 \in X$, 有

$$\begin{aligned}
&\|n(E)\|^2_{C([0,T];H^m)} \leqslant C(\|E\|^4_X + 1),\\
&\|n(E^1) - n(E^2)\|^2_{C([0,T];H^m)} \leqslant C(\|E^1\|_X + \|E^2\|_X)^2 \|E^1 - E^2\|^2_X.
\end{aligned}$$

再根据 $f(E)$ 的定义可知对任意的 E, E^1, $E^2 \in X$ 有

$$\|f(E)\|_X \leqslant C(\varepsilon)\|nE\|_{C([0,T];H^{m-3})} \leqslant C(\varepsilon, \|E_0\|_{H^{m+1}}),$$

以及

$$\begin{aligned}
&\|f(E^1) - f(E^2)\|_X\\
&\quad \leqslant C(\varepsilon)(\|n(E^1)(E^1 - E^2)\|_{C([0,T];H^{m-3})} + \|(n(E^1) - n(E^2))E^2\|_{C([0,T];H^{m-3})})\\
&\quad \leqslant C(\varepsilon, \|E_0\|_{H^{m+1}})\|E^1 - E^2\|_X.
\end{aligned}$$

联合上述几个估计可知

$$\begin{aligned}
&\|\mathcal{T}E\|_X \leqslant \|E_0\|_{H^{m+1}} + TC(\varepsilon, \|E_0\|_{H^{m+1}}),\\
&\|\mathcal{T}E^1 - \mathcal{T}E^2\|_X \leqslant TC(\varepsilon, \|E_0\|_{H^{m+1}})\|E^1 - E^2\|_X.
\end{aligned}$$

若取 $T = T(\varepsilon, \|E_0\|_{H^{m+1}})$ 充分小, 则 $\mathcal{T}$ 将 X 映到它自身, 且 $\mathcal{T}$ 是压缩的, 故利用压缩映射原理就得方程 (2.1.15) 存在惟一解 $E^\varepsilon \in C([0,T]; H^{m+1}(\mathbb{R}^d))$. 特别地, 由刚才的证明方法可知如果 T^* 是解的最大存在区间, 则必有 $T^* = \infty$ 或 $\|E^\varepsilon(t)\|_{H^{m+1}} \to \infty$ $(t \to T^*)$.

为得到解的全局存在性, 只需证明 $\|E^\varepsilon(t)\|_{H^{m+1}} < \infty,\ \forall\ t > 0$. 为此目的, 方程 (2.1.13) 两边与 E^ε 作内积, 取其虚部, 可得守恒量 $\|E^\varepsilon(t)\|_{L^2}^2 + \varepsilon\|\Delta E^\varepsilon(t)\|_{L^2}^2$ $(= \|E_0\|_{L^2}^2 + \varepsilon\|\Delta E_0\|_{L^2}^2)$, 从而就有

$$\|E^\varepsilon(t)\|_{H^2} \leqslant C(\varepsilon, \|E_0\|_{H^2}) < \infty. \tag{2.1.16}$$

特别地有

$$\|E^\varepsilon\|_{L^\infty} < \infty,\ \|n^\varepsilon\|_{H^1} \leqslant C(t)(\|E^\varepsilon\|_{H^2}^2 + 1) < \infty. \tag{2.1.17}$$

另一方面, 从方程 (2.1.13) 和 (2.1.14) 可以推出 $(k = 1, \cdots, m)$

$$\begin{aligned}&\frac{\mathrm{d}}{\mathrm{d}t}(\|D^{k-1}E^\varepsilon\|_{L^2}^2 + \varepsilon\|D^{k-1}\Delta E^\varepsilon\|_{L^2}^2 + \|D^{k-1}n^\varepsilon\|_{L^2}^2 + \|D^{k-1}V^\varepsilon\|_{L^2}^2)\\&\quad= -2\int_{\mathbb{R}^d} D^{k-1}\nabla|E^\varepsilon|^2 \cdot D^{k-1}V^\varepsilon \mathrm{d}x + 2\int_{\mathbb{R}^d} D^{k-1}(n^\varepsilon E^\varepsilon)D^{k-1}\overline{E^\varepsilon}\mathrm{d}x.\end{aligned}$$

由 Hölder 不等式, 引理 2.1.5 及 (2.1.16) 和 (2.1.17) 式可得

$$\begin{aligned}\left|\int_{\mathbb{R}^d} D^{k-1}\nabla|E^\varepsilon|^2 \cdot D^{k-1}V^\varepsilon \mathrm{d}x\right| &\leqslant \||E^\varepsilon|^2\|_{H^k}\|V^\varepsilon\|_{H^{k-1}}\\&\leqslant C\|E^\varepsilon\|_{H^{k+1}}\|V^\varepsilon\|_{H^{k-1}}\\&\leqslant C(\|E^\varepsilon\|_{H^{k+1}}^2 + \|V^\varepsilon\|_{H^{k-1}}^2),\end{aligned}$$

以及

$$\begin{aligned}\left|\int_{\mathbb{R}^d} D^{k-1}(n^\varepsilon E^\varepsilon)D^{k-1}\overline{E^\varepsilon}\mathrm{d}x\right| &\leqslant \|E^\varepsilon\|_{H^{k-1}}\|n^\varepsilon E^\varepsilon\|_{H^{k-1}}\\&\leqslant C\|E^\varepsilon\|_{H^{k-1}}(\|n^\varepsilon\|_{H^{k-1}} + \|E^\varepsilon\|_{H^k})\\&\leqslant C(\|E^\varepsilon\|_{H^k}^2 + \|n^\varepsilon\|_{H^{k-1}}^2).\end{aligned}$$

联合上述 3 个式子可推出

$$\begin{aligned}&\|E^\varepsilon\|_{H^{m+1}}^2 + \|n^\varepsilon\|_{H^{m-1}}^2 + \|V^\varepsilon\|_{H^{m-1}}^2\\&\quad\leqslant C + C\int_0^t (\|E^\varepsilon(\tau)\|_{H^{m+1}}^2 + \|n^\varepsilon(\tau)\|_{H^{m-1}}^2 + \|V^\varepsilon(\tau)\|_{H^{m-1}}^2)\mathrm{d}\tau.\end{aligned}$$

注意这里的常数 C 依赖于正则化参数 ε. 利用 Gronwall 不等式, 即得

$$\|E^\varepsilon(t)\|_{H^{m+1}}^2 + \|n^\varepsilon(t)\|_{H^{m-1}}^2 + \|V^\varepsilon(t)\|_{H^{m-1}}^2 < \infty.$$

由此就完成了命题的证明.

定理 2.1.2 (光滑解的局部存在性定理)　设 $E_0 \in H^m(\mathbb{R}^d)$, $n_0 \in H^{m-1}(\mathbb{R}^d)$, $V_0 \in H^{m-1}(\mathbb{R}^d)$, $m \geqslant 3$ 为正整数, 则方程 (2.1.4)~(2.1.7) 存在惟一解 (E,n,V) 满足

$$E \in L^\infty(0,T;H^m(\mathbb{R}^d)),\ n \in L^\infty(0,T;H^{m-1}(\mathbb{R}^d)),\ V \in L^\infty(0,T;H^{m-1}(\mathbb{R}^d)),$$

其中存在时间 T 仅依赖于初始资料的范数, 即 $T=T(\|E_0\|_{H^m},\|n_0\|_{H^{m-1}},\|V_0\|_{H^{m-1}})$.

证明定理 2.1.2 之前, 先来证明两个引理. 这两个引理实际上给出了逼近解的低阶范数估计.

引理 2.1.6　设 $(E^\varepsilon,n^\varepsilon,V^\varepsilon) \in C(\mathbb{R}^+;H^3(\mathbb{R}^d))\times C(\mathbb{R}^+;H^2(\mathbb{R}^d))\times C(\mathbb{R}^+;H^2(\mathbb{R}^d))$ 是正则化方程 (2.1.13) 和 (2.1.14) 的解, 其中 $E_0 \in H^3(\mathbb{R}^d)$, $n_0 \in H^2(\mathbb{R}^d)$, $V_0 \in H^2(\mathbb{R}^d)$, 则该正则化方程有以下两个守恒量:

$$\begin{aligned}
&\Phi^\varepsilon(t) := \|E^\varepsilon(t)\|_{L^2}^2 + \varepsilon\|\Delta E^\varepsilon(t)\|_{L^2}^2,\\
&\Psi^\varepsilon(t) := \|\nabla E^\varepsilon(t)\|_{L^2}^2 + \frac{1}{2}\|n^\varepsilon(t)\|_{L^2}^2 + \frac{1}{2}\|V^\varepsilon(t)\|_{L^2}^2 + \int_{\mathbb{R}^d} n^\varepsilon(t)\cdot|E^\varepsilon(t)|^2\mathrm{d}x.
\end{aligned}$$

特别地, 有

$$\|E^\varepsilon(t)\|_{L^2} \leqslant \|E_0\|_{H^2}.$$

引理 2.1.6 的证明与引理 2.1.1 类似, 这里就不再赘述了.

引理 2.1.7　设 $(E^\varepsilon,n^\varepsilon,V^\varepsilon)$ 如引理 2.1.6 中所述, 则有

$$\left|\int_{\mathbb{R}^d} n^\varepsilon|E^\varepsilon|^2\mathrm{d}x\right| \leqslant \frac{1}{4}\|n^\varepsilon\|_{L^2}^2 + \|E^\varepsilon\|_{L^4}^4,$$

$$\left|\int_{\mathbb{R}^d} \Delta|E^\varepsilon|^2\Delta n^\varepsilon\mathrm{d}x\right| \leqslant \frac{1}{8}\|n^\varepsilon\|_{H^2}^2 + 2\|\Delta|E^\varepsilon|^2\|_{L^2}^2,$$

$$\frac{\mathrm{d}}{\mathrm{d}t}\|E^\varepsilon\|_{L^4}^4 \leqslant C(\|E^\varepsilon\|_{H^2}^4 + \|n^\varepsilon\|_{H^2}\|E^\varepsilon\|_{H^2}^4), \tag{2.1.18}$$

$$\frac{\mathrm{d}}{\mathrm{d}t}\|\Delta|E^\varepsilon|^2\|_{L^2}^2 \leqslant C(\|E^\varepsilon\|_{H^3}^4 + \|n^\varepsilon\|_{H^2}\|E^\varepsilon\|_{H^3}^4). \tag{2.1.19}$$

证明　引理中的前两个不等式是平凡的. 我们主要来证明 (2.1.18) 和 (2.1.19) 式. 因为 $\mathrm{i}E_t^\varepsilon = -\Lambda(\Delta E^\varepsilon) + \Lambda(n^\varepsilon E^\varepsilon)$, 其中 $\Lambda = (I+\varepsilon\Delta^2)^{-1}$. 易知 Λ 满足以下性质:

(1) $\|\Lambda f\|_{H^k} \leqslant \|f\|_{H^k},\ \forall\ k \in \mathbb{R}$,

(2) $(\Lambda f, f) = \displaystyle\int_{\mathbb{R}^d} (\Lambda f)\cdot \bar{f}\mathrm{d}x \geqslant 0$,

(3) $(\Lambda f, g) = (f, \Lambda g)$,

(4) Λ 与 Fourier 乘子 Λ^s, ∇ 等可交换.

正是由于有这些性质, 使得我们在后面的先验估计中可以很容易地处理算子 Λ. 因为

$$|E^\varepsilon|_t^2 = 2\mathrm{Im}((-\Lambda(\Delta E^\varepsilon) + \Lambda(n^\varepsilon E^\varepsilon)) \cdot \overline{E^\varepsilon}),$$

于是利用 Hölder 不等式和 Sobolev 嵌入定理可推出

$$\begin{aligned}\frac{\mathrm{d}}{\mathrm{d}t}\|E^\varepsilon\|_{L^4}^4 &= 2\int_{\mathbb{R}^d} |E^\varepsilon|^2 |E^\varepsilon|_t^2 \mathrm{d}x \\ &= 4\int_{\mathbb{R}^d} \mathrm{Im}((-\Lambda(\Delta E^\varepsilon) + \Lambda(n^\varepsilon E^\varepsilon)) \cdot \overline{E^\varepsilon}) \cdot |E^\varepsilon|^2 \mathrm{d}x \\ &\leqslant C(\|E^\varepsilon\|_{H^2}^4 + \|n^\varepsilon\|_{H^2}\|E^\varepsilon\|_{H^2}^4).\end{aligned}$$

同理可得

$$\begin{aligned}\frac{\mathrm{d}}{\mathrm{d}t}\|\Delta|E^\varepsilon|^2\|_{L^2}^2 &= \frac{\mathrm{d}}{\mathrm{d}t}\int_{\mathbb{R}^d} \Delta|E^\varepsilon|^2 \Delta|E^\varepsilon|^2 \mathrm{d}x \\ &= 2\int_{\mathbb{R}^d} \Delta|E^\varepsilon|^2 \Delta|E^\varepsilon|_t^2 \mathrm{d}x \\ &= 4\int_{\mathbb{R}^d} \Delta|E^\varepsilon|^2 \Delta \mathrm{Im}((-\Lambda(\Delta E^\varepsilon) + \Lambda(n^\varepsilon E^\varepsilon)) \cdot \overline{E^\varepsilon}) \mathrm{d}x \\ &\leqslant C(\|E^\varepsilon\|_{H^3}^4 + \|n^\varepsilon\|_{H^2}\|E^\varepsilon\|_{H^3}^4).\end{aligned}$$

该引理证毕.

定理 2.1.2 的证明 为了使得证明过程清晰起见, 我们仅考虑 $m = 3$ 的情形, 对于一般的情形, 方法是类似的 (只需做迭代讨论). 对 $\varepsilon \in (0,1)$, 选取初始资料 $(E_{0\varepsilon}, n_{0\varepsilon}, V_{0\varepsilon}) \in H^4(\mathbb{R}^d) \times H^3(\mathbb{R}^d) \times H^3(\mathbb{R}^d)$, 满足当 $\varepsilon \to 0$ 时有 $E_{0\varepsilon} \to E_0$ 在 $H^3(\mathbb{R}^d)$ 中, $n_{0\varepsilon} \to n_0$ 在 $H^2(\mathbb{R}^d)$ 中, $V_{0\varepsilon} \to V_0$ 在 $H^2(\mathbb{R}^d)$ 中. 由命题 2.1.1 知, 对于给定的初始数据 $(E_{0\varepsilon}, n_{0\varepsilon}, V_{0\varepsilon})$, 正则化方程 (2.1.13) 和 (2.1.14) 存在惟一的整体解 $(E^\varepsilon, n^\varepsilon, V^\varepsilon)$, 且满足 $E^\varepsilon \in C(\mathbb{R}^+; H^4(\mathbb{R}^d))$, $n^\varepsilon \in C(\mathbb{R}^+; H^3(\mathbb{R}^d))$, $V^\varepsilon \in C(\mathbb{R}^+; H^3(\mathbb{R}^d))$. 为得到原方程 (2.1.4)~(2.1.7) 的局部解的存在性, 需要对正则解推导出 $\|E^\varepsilon\|_{H^3}$, $\|n^\varepsilon\|_{H^2}$, $\|V^\varepsilon\|_{H^2}$ 关于 ε 的一致估计. 为简便起见, 在下面的推导过程中就省略掉上标 ε.

在方程 $n_{tt} - \Delta n = \Delta|E|^2$ 两边同乘以 $-\Delta n_t$, 而后积分得

$$\frac{\mathrm{d}}{\mathrm{d}t}\left(\|\nabla n_t\|_{L^2}^2 + \|\Delta n\|_{L^2}^2 + 2\int_{\mathbb{R}^d} \Delta|E|^2 \Delta n \mathrm{d}x\right) = 2\int_{\mathbb{R}^d} \Delta(|E|^2)_t \Delta n \mathrm{d}x.$$

因为 E 满足方程 $\mathrm{i}E_t = -\Lambda(\Delta E) + \Lambda(nE)$, 其中 $\Lambda = (I + \varepsilon\Delta^2)^{-1}$, 所以

$$|E|_t^2 = 2\mathrm{Im}(-(\Lambda\Delta E) \cdot \overline{E} + \Lambda(nE) \cdot \overline{E}).$$

于是有

$$\frac{\mathrm{d}}{\mathrm{d}t}\left(\|\nabla n_t\|_{L^2}^2+\|\Delta n\|_{L^2}^2+2\int_{\mathbb{R}^d}\Delta|E|^2\Delta n\mathrm{d}x\right)$$
$$=-4\mathrm{Im}\int_{\mathbb{R}^d}\Delta((\Lambda\Delta E)\cdot\overline{E})\Delta n\mathrm{d}x+4\mathrm{Im}\int_{\mathbb{R}^d}\Delta(\Lambda(nE)\cdot\overline{E})\Delta n\mathrm{d}x,$$

根据 Hölder 不等式和 Sobolev 嵌入定理, 分别有估计

$$\begin{aligned}
&-\int_{\mathbb{R}^d}\Delta((\Lambda\Delta E)\cdot\overline{E})\Delta n\mathrm{d}x\\
&\quad=-\int_{\mathbb{R}^d}(\Lambda\Delta^2E)\cdot\overline{E}\Delta n\mathrm{d}x-\int_{\mathbb{R}^d}\Lambda\Delta E\cdot\Delta\overline{E}\Delta n\mathrm{d}x-2\int_{\mathbb{R}^d}(\Lambda\nabla\Delta E)\cdot\nabla\overline{E}\Delta n\mathrm{d}x\\
&\quad\leqslant-\int_{\mathbb{R}^d}(\Lambda\Delta^2E)\cdot\overline{E}\Delta n\mathrm{d}x+C\|\Delta E\|_{L^4}^2\|\Delta n\|_{L^2}+C\|\nabla\Delta E\|_{L^2}\|\nabla E\|_{L^\infty}\|\Delta n\|_{L^2}\\
&\quad\leqslant-\int_{\mathbb{R}^d}(\Lambda\Delta^2E)\cdot\overline{E}\Delta n\mathrm{d}x+C\|n\|_{H^2}\|E\|_{H^3}^2,
\end{aligned}$$

以及

$$\begin{aligned}
&\int_{\mathbb{R}^d}\Delta(\Lambda(nE)\cdot\overline{E})\Delta n\mathrm{d}x\\
&\quad=\int_{\mathbb{R}^d}\Delta\Lambda(nE)\cdot\overline{E}\Delta n\mathrm{d}x+2\int_{\mathbb{R}^d}\nabla\Lambda(nE)\cdot\nabla\overline{E}\Delta n\mathrm{d}x+\int_{\mathbb{R}^d}\Lambda(nE)\Delta\overline{E}\Delta n\mathrm{d}x\\
&\quad\leqslant C\|\Delta(nE)\|_{L^2}\|E\|_{L^\infty}\|\Delta n\|_{L^2}+C\|\nabla(nE)\|_{L^2}\|\nabla\overline{E}\|_{L^\infty}\|\Delta n\|_{L^2}\\
&\qquad+C\|nE\|_{L^4}\|\Delta\overline{E}\|_{L^4}\|\Delta n\|_{L^2}\\
&\quad\leqslant C\|n\|_{H^2}^2\|E\|_{H^3}^2.
\end{aligned}$$

下面来估计 $\|E\|_{H^3}$. 利用方程 $\mathrm{i}E_t=-\Lambda\Delta E+\Lambda(nE)$ 可得

$$\begin{aligned}
\frac{\mathrm{d}}{\mathrm{d}t}\|\nabla\Delta E\|_{L^2}^2&=-2\mathrm{Im}\int_{\mathbb{R}^d}\Lambda\Delta(nE)\Delta^2\overline{E}\mathrm{d}x\\
&=2\mathrm{Im}\int_{\mathbb{R}^d}\Lambda\Delta(n\overline{E})\Delta^2E\mathrm{d}x\\
&=2\mathrm{Im}\int_{\mathbb{R}^d}\Lambda(\overline{E}\Delta n)\Delta^2E\mathrm{d}x+2\mathrm{Im}\int_{\mathbb{R}^d}\Lambda(n\Delta\overline{E})\Delta^2E\mathrm{d}x\\
&\quad+4\mathrm{Im}\int_{\mathbb{R}^d}\Lambda(\nabla n\nabla\overline{E})\Delta^2E\mathrm{d}x\\
&\leqslant 2\mathrm{Im}\int_{\mathbb{R}^d}\Lambda(\overline{E}\Delta n)\Delta^2E\mathrm{d}x+C\|n\|_{H^2}\|E\|_{H^3}^2.
\end{aligned}$$

联合上述 4 个式子, 可得

$$
\begin{aligned}
&\frac{\mathrm{d}}{\mathrm{d}t}\left(\|\nabla n_t\|_{L^2}^2+\|\Delta n\|_{L^2}^2+2\int_{\mathbb{R}^d}\Delta|E|^2\Delta n\mathrm{d}x+2\|\nabla\Delta E\|_{L^2}^2\right)\\
&\qquad\leqslant C(\|n\|_{H^2}\|E\|_{H^3}^2+\|n\|_{H^2}^2\|E\|_{H^3}^2)\\
&\qquad\leqslant C(1+\|n\|_{H^2}^2+\|E\|_{H^3}^2)^2,
\end{aligned}
$$

对上式关于时间 t 积分, 并根据引理 2.1.6, 我们有

$$
\begin{aligned}
&\|\nabla n_t\|_{L^2}^2+\|n\|_{H^2}^2+\|E\|_{H^3}^2+\|V\|_{L^2}^2\\
&\qquad\leqslant C+C\int_0^t(1+\|n\|_{H^2}^2+\|E\|_{H^3}^2)^2\mathrm{d}s+2\left|\int_{\mathbb{R}^d}\Delta|E|^2\Delta n\mathrm{d}x\right|+2\left|\int_{\mathbb{R}^d}n\cdot|E|^2\mathrm{d}x\right|,
\end{aligned}
$$

再利用引理 2.1.7 可得

$$
\begin{aligned}
&\|\nabla n_t\|_{L^2}^2+\frac{1}{4}\|n\|_{H^2}^2+\|E\|_{H^3}^2+\|V\|_{L^2}^2\\
&\qquad\leqslant C+C\int_0^t(1+\|n\|_{H^2}^2+\|E\|_{H^3}^2)^3\mathrm{d}s.
\end{aligned}
$$

由 Gronwall 不等式知, 存在 $T>0$ $(T=T(\|E_0\|_{H^3},\|n_0\|_{H^2},\|V_0\|_{H^2}))$, 使得

$$
\|E^\varepsilon\|_{H^3}^2+\|n^\varepsilon\|_{H^2}^2+\|\nabla n_t^\varepsilon\|_{L^2}^2+\|V^\varepsilon\|_{L^2}^2\leqslant C,\quad \forall\, t\in[0,T].
$$

即我们得到了如下一些先验估计:

$$
\begin{aligned}
&\|E^\varepsilon\|_{L^\infty(0,T;H^3)}\leqslant C,\quad \|n^\varepsilon\|_{L^\infty(0,T;H^2)}\leqslant C,\\
&\|V^\varepsilon\|_{L^\infty(0,T;H^2)}\leqslant C,\quad \|n^\varepsilon E^\varepsilon\|_{L^\infty(0,T;H^2)}\leqslant C,\\
&\|E_t^\varepsilon\|_{L^\infty(0,T;H^1)}\leqslant C,\quad \|n_t^\varepsilon\|_{L^\infty(0,T;H^1)}\leqslant C,
\end{aligned}
$$

其中最后两个估计式需要利用方程来得出. 根据弱收敛性质可知, 存在子列 (为方便起见, 仍记为 E^ε, n^ε 和 V^ε) 满足

$$
\begin{aligned}
&E^\varepsilon\to E \text{ 在 } L^\infty(0,T;H^3) \text{ 中弱 } * \text{ 收敛},\\
&n^\varepsilon\to n \text{ 在 } L^\infty(0,T;H^2) \text{ 中弱 } * \text{ 收敛},\\
&V^\varepsilon\to V \text{ 在 } L^\infty(0,T;H^2) \text{ 中弱 } * \text{ 收敛},\\
&n^\varepsilon E^\varepsilon\to \chi \text{ 在 } L^\infty(0,T;H^1) \text{ 中弱 } * \text{ 收敛},
\end{aligned}
$$

事实上, 由紧性定理 [41], 我们还有

$$
\begin{aligned}
&E^\varepsilon\to E \text{ 在 } L^2(0,T;L_{\mathrm{loc}}^4) \text{ 中强收敛},\\
&n^\varepsilon\to n \text{ 在 } L^2(0,T;L_{\mathrm{loc}}^2) \text{ 中强收敛}.
\end{aligned}
$$

根据上述事实, 易得 $\chi = nE$. 最后在正则化方程 (2.1.13) 和 (2.1.14) 中令 $\varepsilon \to 0$, 并利用上述所给的收敛性质, 我们就完成了定理 2.1.2 中存在性部分的证明.

下面证明解的惟一性. 假设函数 $(E_1, n_1) \in L^\infty(0,T;H^m(\mathbb{R}^d)\times H^{m-1}(\mathbb{R}^d))$, $(E_2, n_2) \in L^\infty(0,T;H^m(\mathbb{R}^d)\times H^{m-1}(\mathbb{R}^d))$ 都是方程 (2.1.1)~(2.1.3) 的解, 令 $E = E_1 - E_2$, $n = n_1 - n_2$, 则 (E,n) 满足如下方程:

$$\mathrm{i}E_t + \Delta E - n_1 E - nE_2 = 0, \tag{2.1.20}$$

$$n_{tt} - \Delta n = \Delta(|E_1|^2 - |E_2|^2). \tag{2.1.21}$$

用 $\overline{E}$ 乘以方程 (2.1.20) 两边, 积分并取虚部部分

$$\frac{1}{2}\frac{\mathrm{d}}{\mathrm{d}t}\|E\|_{L^2}^2 \leqslant \|E_2\|_{L^\infty}\|n\|_{L^2}\|E\|_{L^2} \leqslant C\|n\|_{L^2}\|E\|_{L^2}. \tag{2.1.22}$$

用 n_t 乘以方程 (2.1.21) 两边, 积分并注意到

$$\begin{aligned}\|\Delta|E_1\cdot\overline{E}|\|_{L^2} &\leqslant 2(\|\Delta E_1\|_{L^2}\|E\|_{L^\infty} + \|\nabla E_1\|_{L^4}\|\nabla E\|_{L^4} + \|E_1\|_{L^\infty}\|\Delta E\|_{L^2})\\ &\leqslant C(\|E\|_{L^2} + \|\Delta E\|_{L^2}),\end{aligned}$$

则有

$$\begin{aligned}\frac{1}{2}\frac{\mathrm{d}}{\mathrm{d}t}(\|n_t\|_{L^2}^2 + \|\nabla n\|_{L^2}^2) &= \int_{\mathbb{R}^d}\Delta(E_1\overline{E} + E\overline{E_2})n_t\mathrm{d}x\\ &\leqslant \|\Delta(E_1\overline{E} + E\overline{E_2})\|_{L^2}\|n_t\|_{L^2}\\ &\leqslant C(\|E\|_{L^2} + \|\Delta E\|_{L^2})\|n_t\|_{L^2}.\end{aligned} \tag{2.1.23}$$

接着对方程 (2.1.20) 关于时间 t 求导, 得到

$$\mathrm{i}E_{tt} + \Delta E_t - n_{1t}E - n_1E_t - n_tE_2 - nE_{2t} = 0,$$

再用 $\overline{E_t}$ 乘以上述方程的两边, 积分并取虚部部分 (注意 $E_{2t}, n_{1t} \in H^{m-2}$)

$$\begin{aligned}\frac{1}{2}\frac{\mathrm{d}}{\mathrm{d}t}\|E_t\|_{L^2}^2 \leqslant{}& \|n_{1t}\|_{L^4}\|E\|_{L^4}\|E_t\|_{L^2}\\ &+ \|n_t\|_{L^2}\|E_2\|_{L^\infty}\|E_t\|_{L^2} + \|n\|_{L^4}\|E_{2t}\|_{L^4}\|E_t\|_{L^2}\\ \leqslant{}& C(\|n\|_{L^2} + \|\nabla n\|_{L^2} + \|n_t\|_{L^2} + \|E\|_{L^2} + \|\Delta E\|_{L^2})\|E_t\|_{L^2}.\end{aligned} \tag{2.1.24}$$

此外显然有

$$\frac{1}{2}\frac{\mathrm{d}}{\mathrm{d}t}\|n\|_{L^2}^2 \leqslant \|n\|_{L^2}\|n_t\|_{L^2}, \tag{2.1.25}$$

以及 (利用方程 (2.1.20))

$$\begin{aligned}\|\Delta E\|_{L^2} &\leqslant \|E_t\|_{L^2} + \|n_1\|_{L^\infty}\|E\|_{L^2} + \|n\|_{L^2}\|E_2\|_{L^\infty} \\ &\leqslant \|E_t\|_{L^2} + C(\|E\|_{L^2} + \|n\|_{L^2}).\end{aligned} \tag{2.1.26}$$

联合 (2.1.22)~(2.1.26) 式, 即有

$$\begin{aligned}&\frac{1}{2}\frac{\mathrm{d}}{\mathrm{d}t}(\|E\|_{L^2}^2 + \|E_t\|_{L^2}^2 + \|n_t\|_{L^2}^2 + \|n\|_{H^1}^2) \\ &\quad\leqslant C(\|E\|_{L^2}^2 + \|E_t\|_{L^2}^2 + \|n_t\|_{L^2}^2 + \|n\|_{H^1}^2),\end{aligned}$$

这里的常数 C 依赖于 $\|E_i\|_{L^\infty(0,T;H^3)}$, $\|n_i\|_{L^\infty(0,T;H^2)}$, $i=1,\ 2$. 根据 Gronwall 不等式, 并注意到 $E(0)=0,\ n(0)=0$, 于是就有 $E\equiv 0,\ n\equiv 0$, 从而惟一性得证.

2.1.3 Zakharov 方程整体光滑解的存在性

定理 2.1.2 中得到的解是局部的, 下面的工作是将局部解延拓到整体解. 事实上, 我们所得到的结论是一维情形存在整体的光滑解, 二维情形在小初值条件下也存在整体光滑解. 一维情形下解的整体存在性依赖于嵌入不等式 $H^1(\mathbb{R}) \hookrightarrow L^\infty(\mathbb{R})$, 而二维情形下解的整体存在性基于如下这个重要的对数型不等式.

引理 2.1.8 设 $u\in W^{k,p}(\mathbb{R}^d)\cap W^{s,q}(\mathbb{R}^d)$, $k,s>0$, $p>1$, $q\geqslant 1$ 及 $kp=d<sq$, 则有

$$\|u\|_{L^\infty} \leqslant C\|u\|_{W^{k,p}}\left(1+\ln\left(1+\frac{\|u\|_{W^{s,q}}}{\|u\|_{W^{k,p}}}\right)\right)^{1-\frac{1}{p}},$$

其中常数 C 与 k,s,p,q,d 有关.

关于这个引理的证明, 见参考文献 [48, 49]. 在 $d=2$, $k=1$, $s=2$ 和 $p=q=2$ 的情形下, 应用引理 2.1.8 知, 对 $u\in H^2(\mathbb{R}^2)$ 且 $\|u\|_{H^1}\leqslant K$, 有

$$\|u\|_{L^\infty} \leqslant C\left(1+\ln(1+\|u\|_{H^2})\right)^{\frac{1}{2}}, \tag{2.1.27}$$

这里的常数 C 与 K 有关.

定理 2.1.3 (二维小初值情形下光滑解的整体存在性定理) *设 $E_0\in H^m(\mathbb{R}^2)$, $n_0\in H^{m-1}(\mathbb{R}^2)$, $n_1\in H^{m-2}(\mathbb{R}^2)\cap \dot{H}^{-1}(\mathbb{R}^2)$, $m\geqslant 3$ 为正整数. 又设 $\|E_0\|_{L^2}^2 < \|\psi\|_{L^2}^2$, 其中 ψ 是如下方程的基态解:*

$$\Delta\psi - \psi + \psi^3 = 0,$$

则方程 (2.1.4)~(2.1.7) 存在惟一整体解 (E,n,V), 满足 $E\in L^\infty_{\mathrm{loc}}(\mathbb{R}^+;H^m(\mathbb{R}^2))$, $n\in L^\infty_{\mathrm{loc}}(\mathbb{R}^+;H^{m-1}(\mathbb{R}^2))$, $V\in L^\infty_{\mathrm{loc}}(\mathbb{R}^+;H^{m-1}(\mathbb{R}^2))$.

证明　根据定理 2.1.2, 只需要证明解的整体存在性即可. 由于解的最大存在时间 T^* 依赖于初始资料的范数, 即 $T^* = T^*(\|E_0\|_{H^m}, \|n_0\|_{H^{m-1}}, \|n_1\|_{H^{m-2}})$, 因此只需证明 $\|E\|_{H^m}$, $\|n\|_{H^{m-1}}$ 和 $\|n_t\|_{H^{m-2}}$ 在任意时刻 t 都是有界的, 即需证明对任意的 $T > 0$, 都有

$$\|E(t)\|_{H^m} + \|n(t)\|_{H^{m-1}} + \|n_t(t)\|_{H^{m-2}} \leqslant C(T), \quad \forall\, t \in [0, T].$$

通过逼近程序, 无妨假设解是充分光滑的.

首先, 由定理所给的条件 $\|E_0\|_{L^2}^2 < \|\psi\|_{L^2}^2$ 可推出 $\|E_0\|_{L^2}^2 < 2K^{-4}(2)$, 其中 $K(2)$ 为引理 2.1.2 中给出的最优嵌入常数, 于是根据引理 2.1.4 可知

$$\|E(t)\|_{H^1} + \|n(t)\|_{L^2} \leqslant C, \ \forall\, t > 0, \tag{2.1.28}$$

从而不等式 (2.1.27) 就蕴含了

$$\begin{aligned}\|E\|_{L^\infty} &\leqslant C\left(1 + \ln(1 + \|E\|_{H^2})\right)^{\frac{1}{2}} \\ &\leqslant C\left(1 + \ln(1 + \|\Delta E\|_{L^2})\right)^{\frac{1}{2}}.\end{aligned} \tag{2.1.29}$$

方程 (2.1.2) 两边与 n_t 作内积, 可得

$$\begin{aligned}\frac{\mathrm{d}}{\mathrm{d}t}(\|n_t\|_{L^2}^2 + \|\nabla n\|_{L^2}^2) &= 2\int_{\mathbb{R}^2} n_t \Delta |E|^2 \mathrm{d}x \\ &\leqslant 4\int_{\mathbb{R}^2} |n_t|(|E| \cdot |\Delta E| + |\nabla E|^2)\mathrm{d}x \\ &\leqslant C\|n_t\|_{L^2}(\|E\|_{L^\infty}\|\Delta E\|_{L^2} + \|\nabla E\|_{L^4}^2) \\ &\leqslant C\|n_t\|_{L^2}\|\Delta E\|_{L^2}(\|E\|_{L^\infty} + 1),\end{aligned} \tag{2.1.30}$$

其中最后一步利用了不等式

$$\|\nabla E\|_{L^4(\mathbb{R}^2)} \leqslant C\|\nabla E\|_{L^2}^{\frac{1}{2}}\|\Delta E\|_{L^2}^{\frac{1}{2}} \leqslant C\|\Delta E\|_{L^2}^{\frac{1}{2}}.$$

注意到从方程 (2.1.1) 中可以推出

$$\begin{aligned}\|\Delta E\|_{L^2} &\leqslant C(\|E_t\|_{L^2} + \|n\|_{L^4}\|E\|_{L^4}) \\ &\leqslant C(\|E_t\|_{L^2} + \|n\|_{L^2}^{\frac{1}{2}}\|\nabla n\|_{L^2}^{\frac{1}{2}}\|E\|_{H^1}) \\ &\leqslant C(\|E_t\|_{L^2} + \|\nabla n\|_{L^2} + 1).\end{aligned} \tag{2.1.31}$$

另一方面, 对方程 (2.1.1) 关于时间 t 求导得

$$\mathrm{i}E_{tt} + \Delta E_t - n_t E - n E_t = 0, \tag{2.1.32}$$

而后在 (2.1.32) 式两边同乘以 $\overline{E_t}$, 积分并取其虚部

$$\frac{\mathrm{d}}{\mathrm{d}t}\|E_t\|_{L^2}^2 \leqslant C\|n_t\|_{L^2}\|E_t\|_{L^2}\|E\|_{L^\infty}. \tag{2.1.33}$$

令 $\psi_1(t) := \|n_t\|_{L^2}^2 + \|\nabla n\|_{L^2}^2 + \|E_t\|_{L^2}^2 + 1$, 那么 (2.1.29)~(2.1.31) 及 (2.1.33) 式一起给出了

$$\begin{aligned}\frac{\mathrm{d}}{\mathrm{d}t}\psi_1(t) &\leqslant C\psi_1(t)(1+\|E\|_{L^\infty}^2)\\ &\leqslant C\psi_1(t)(1+\ln(1+\|\Delta E\|_{L^2}))\\ &\leqslant C\psi_1(t)(1+\ln\psi_1(t)).\end{aligned}$$

利用 Gronwall 不等式有

$$\|n_t\|_{L^2}^2 + \|\nabla n\|_{L^2}^2 + \|E_t\|_{L^2}^2 \leqslant C,$$

再利用 (2.1.31) 式和方程 (2.1.1) 可得

$$\|E(t)\|_{H^2} + \|n(t)\|_{H^1} + \|E_t(t)\|_{L^2} + \|n_t\|_{L^2} \leqslant C, \quad \forall\, t\in[0,T]. \tag{2.1.34}$$

其次我们来证明

$$\|E(t)\|_{H^3} + \|n(t)\|_{H^2} + \|E_t(t)\|_{H^1} + \|n_t\|_{H^1} \leqslant C, \quad \forall\, t\in[0,T]. \tag{2.1.35}$$

方程 (2.1.2) 两边同时与 $-\Delta n_t$ 作内积, 并利用 (2.1.34) 式得

$$\begin{aligned}\frac{\mathrm{d}}{\mathrm{d}t}(\|\nabla n_t\|_{L^2}^2 + \|\Delta n\|_{L^2}^2) &= 2\int_{\mathbb{R}^2}(-\Delta n_t)\Delta|E|^2\mathrm{d}x\\ &\leqslant 2\int_{\mathbb{R}^2}|\nabla n_t|\cdot|\nabla\Delta|E|^2|\mathrm{d}x\\ &\leqslant C\|\nabla n_t\|_{L^2}\|\nabla\Delta|E|^2\|_{L^2}\\ &\leqslant C\|\nabla n_t\|_{L^2}(\|\nabla\Delta E\|_{L^2}\|E\|_{L^\infty} + \|\Delta E\|_{L^4}\|\nabla E\|_{L^4})\\ &\leqslant C\|\nabla n_t\|_{L^2}(\|\nabla\Delta E\|_{L^2}+1).\end{aligned} \tag{2.1.36}$$

利用 (2.1.34) 式和方程 (2.1.1) 有

$$\begin{aligned}\|\nabla\Delta E\|_{L^2} &\leqslant C(\|\nabla E_t\|_{L^2} + \|\nabla n\|_{L^2}\|E\|_{L^\infty} + \|n\|_{L^4}\|\nabla E\|_{L^4})\\ &\leqslant C(\|\nabla E_t\|_{L^2}+1).\end{aligned} \tag{2.1.37}$$

用 ∇ 算子同时作用于方程 (2.1.32) 的两边, 然后将所得到的方程与 ∇E_t 作内积, 可得

$$\frac{\mathrm{d}}{\mathrm{d}t}\|\nabla E_t\|_{L^2}^2 \leqslant C(\|\nabla n_t\|_0^2 + \|\nabla E_t\|_{L^2}^2 + \|\Delta n\|_0^2 + 1). \tag{2.1.38}$$

令 $\psi_2(t) := \|\nabla n_t\|_0^2 + \|\Delta n\|_0^2 + \|\nabla E_t\|_0^2 + 1$, 且联合 (2.1.36)~(2.1.38) 式得

$$\frac{\mathrm{d}}{\mathrm{d}t}\psi_2(t) \leqslant C\psi_2(t),$$

因此, 根据 Gronwall 不等式和 (2.1.34) 式即可得到 (2.1.35) 式.

用上述方法一步一步做下去, 就可以得到如下估计:

$$\|E(t)\|_{H^m} + \|n(t)\|_{H^{m-1}} + \|n_t(t)\|_{H^{m-2}} \leqslant C, \ \forall\, t \in [0, T].$$

由此我们就完成了定理的证明.

一维情形下解的整体存在性并不需要小初值的假设, 见下面这个定理.

定理 2.1.4 (一维情形下光滑解的整体存在性定理) 设 $E_0 \in H^m(\mathbb{R})$, $n_0 \in H^{m-1}(\mathbb{R})$, $n_1 \in H^{m-2}(\mathbb{R}) \cap \dot{H}^{-1}(\mathbb{R})$, $m \geqslant 3$ 为正整数, 则方程 (2.1.4)~(2.1.7) 存在惟一整体解 (E, n, V) 满足

$$E \in L^\infty_{\mathrm{loc}}(\mathbb{R}^+; H^m(\mathbb{R})), \ n \in L^\infty_{\mathrm{loc}}(\mathbb{R}^+; H^{m-1}(\mathbb{R})), \ V \in L^\infty_{\mathrm{loc}}(\mathbb{R}^+; H^{m-1}(\mathbb{R})).$$

证明 由定理所给的条件和引理 2.1.4 可知

$$\|E\|_{H^1} + \|n\|_{L^2} \leqslant C,$$

从而 Sobolev 嵌入定理就蕴含了

$$\|E\|_{L^\infty} \leqslant C.$$

在这种情形下, 估计式 (2.1.30) 和 (2.1.33) 就分别变为

$$\frac{\mathrm{d}}{\mathrm{d}t}(\|n_t\|_{L^2}^2 + \|n_x\|_{L^2}^2) = 2\int_{\mathbb{R}^2} n_t |E|_{xx}^2 \mathrm{d}x \leqslant C\|n_t\|_{L^2}\|E_{xx}\|_{L^2}$$

和

$$\frac{\mathrm{d}}{\mathrm{d}t}\|E_t\|_{L^2}^2 \leqslant C\|n_t\|_{L^2}\|E_t\|_{L^2}.$$

于是我们就很容易得出

$$\frac{\mathrm{d}}{\mathrm{d}t}\psi_3(t) \leqslant C\psi_3(t),$$

其中 $\psi_3(t) := \|n_t\|_{L^2}^2 + \|n_x\|_{L^2}^2 + \|E_t\|_{L^2}^2$. 利用 Gronwall 不等式就有

$$\|E(t)\|_{H^2} + \|n(t)\|_{H^1} + \|E_t(t)\|_{L^2} + \|n_t\|_{L^2} \leqslant C, \quad \forall\, t \in [0, T].$$

余下的证明与定理 2.1.3 类似, 这里就不再重复了.

作为本节的结束, 我们给出几点注记.

注 2.1.2 本节的方法亦可应用于如下更为一般的向量型 Zakharov 方程：

$$\begin{cases} \mathrm{i}E_t + \nabla(\nabla \cdot E) - \alpha\nabla \times (\nabla \times E) - nE = 0, \\ n_{tt} - \Delta n = \Delta|E|^2, \end{cases}$$

其中 $\alpha \geqslant 1$. 注意当 $\alpha = 1$ 时, $\nabla(\nabla \cdot E) = \nabla \times (\nabla \times E) + \Delta E$. C. Sulem 和 P. L. Sulem[3] 在 1979 年所研究的就是这种类型的 Zakharov 方程. 本节得出的解是 H^s 弱解, 即解属于 $L_t^\infty H_x^s$ 型空间. 事实上, 可以证明定理 2.1.2 中得到的解是 H^s 强解, 即解属于 $C_t^0 H_x^s$ 型空间. 证明方法有二, 其一就是对逼近解证明出在强拓扑下的收敛性; 其二是在 H^s 弱解的基础上再利用积分半群的形式 (事实上是利用它的连续性) 来得出 H^s 强解, 见文献 [43].

注 2.1.3 事实上, 附加条件 $n_1 \in \dot{H}^{-1}(\mathbb{R}^d)$ 是可以去掉的. 将 n_1 进行高低频分解, 即 $n_1 = n_{1L} + n_{1H}$, 于是当 $n_1 \in H^{m-1}(\mathbb{R}^d)$ 时, 就存在 $V_0 \in H^m(\mathbb{R}^d)$ 满足 $n_1 = -\nabla \cdot V_0 + n_{1L}$. 从而 Zakharov 方程 (2.1.1)~(2.1.3) 就变为

$$\begin{cases} \mathrm{i}E_t + \Delta E - nE = 0, \\ n_t = -\nabla \cdot V + n_{1L}, \\ V_t = -\nabla n - \nabla|E|^2, \\ E(x,0) = E_0,\ n(x,0) = n_0,\ V(x,0) = V_0. \end{cases}$$

对上述方程用本节的方法, 也可得到相应的整体 (或局部) 光滑解理论. 注意当 $n_1 \in \dot{H}^{-1}(\mathbb{R}^d)$ 时, 可取 $n_{1L} = 0$. 不过值得注意的是当 $n_{1L} \neq 0$ 时, Zakharov 方程 (2.1.1)~(2.1.3) 不再满足能量守恒, 取而代之的是能量不等式.

注 2.1.4 本节所讨论的存在惟一性理论是在空间 $(E(t), n(t)) \in H^m(\mathbb{R}^d) \times H^{m-1}(\mathbb{R}^d)(m \geqslant 3)$ 中得到的, 文献 [36] 中得到了 $H^2(\mathbb{R}^d) \times H^1(\mathbb{R}^d)$ 中解的存在惟一性理论, 并讨论了解的光滑效应. Bourgain 和 Colliander 利用调和分析的方法得出了 $H^1(\mathbb{R}^d) \times L^2(\mathbb{R}^d)$ 中解的存在惟一性理论, 且证明了小初值条件下三维 Zakharov 方程整体解的存在性, 感兴趣的读者可去阅读文献 [29]. 更低空间中的适定性理论见下一章内容.

2.2 Zakharov 方程的爆破问题

2.2.1 Zakharov 方程自相似爆破解的存在性

上一节我们证明了一维的 Zakharov 方程存在整体光滑解 (不需要假设初值很小), 而二维的 Zakharov 方程在小初值的条件下也存在整体光滑解. 本节研究二维 Zakharov 方程的自相似爆破解的存在性及其相关相质. 研究的方程如下：

$$\begin{cases} iu_t = -\Delta u + nu, \\ \dfrac{1}{c_0^2} n_{tt} = \Delta n + \Delta |u|^2, \\ u(0) = \phi_0,\ n(0) = n_0,\ n_t(0) = n_1, \end{cases} \tag{I_{c_0}}$$

其中 $c_0 > 0$, $u : [0, T) \times \mathbb{R}^2 \to \mathbb{C}$, $n : [0, T) \times \mathbb{R}^2 \to \mathbb{R}$.

为了研究 Zakharov 方程 (I_{c_0}) 的解的爆破性及其相关性质, 构造如下形式的径向对称函数:

$$u(t, x) = \frac{\omega}{T - t} \mathrm{e}^{\mathrm{i}\left(\theta + \frac{|x|^2}{4(-T+t)} - \frac{\omega^2}{(-T+t)}\right)} P\left(\frac{\omega x}{T - t}\right), \tag{2.2.1}$$

$$n(t, x) = \left(\frac{\omega}{T - t}\right)^2 N\left(\frac{\omega x}{T - t}\right), \tag{2.2.2}$$

其中 $P(x) = P(|x|)$, $N(x) = N(|x|)$, $\omega > 0$. 注意到这样定义的函数 u 满足 $\|u(t, \cdot)\|_{L^2} = \|P\|_{L^2}$. 将这种形式的函数表达式代入方程 (I_{c_0}), 从而得知 (u, n) 是方程 (I_{c_0}) 的解当且仅当 (P, N) 满足下面的方程组:

$$\begin{cases} \Delta P - P = NP, \\ \lambda^2 (r^2 N_{rr} + 6r N_r + 6N) - \Delta N = \Delta |P|^2, \end{cases} \tag{II_λ}$$

其中

$$\lambda = \frac{1}{c_0 \omega}$$

以及 $r = |x|$, $W_r = \dfrac{\partial W}{\partial r}$, $\Delta W = W_{rr} + \dfrac{1}{r} W_r$.

因此为了证明方程 (I_{c_0}) 存在自相似爆破解, 只需证明方程 (II_λ) 存在径向对称解 (P, N) 即可. 也就是说, 如果 (P, N) 是方程 (II_λ) 的解, 那么由 (2.2.1) 和 (2.2.2) 式所定义的 (u, n) 即为 Zakharov 方程 (I_{c_0}) 的自相似爆破解. 从而我们的目的就是寻找这样的参数 $\lambda > 0$ $\left(\text{或 } \omega, \text{注意 } \lambda = \dfrac{1}{c_0 \omega}\right)$, 使得方程 (II_λ) 有解. 值得一提的是, 当 $\lambda = 0$(或 $\omega = +\infty$) 时, 方程 (II_λ) 就变为

$$\Delta P - P = -|P|^2 P.$$

已经知道上述方程存在惟一的正的径向对称解 (也称为基态解), 因而我们的想法就是让 λ 做小的扰动, 使得当 λ 很小时, 方程 (II_λ) 存在径向解 (P, N), 这一想法是用不动点方法来实现的, 具体证明过程见第三小节. 由于在讨论过程中会利用解的非退化性, 即要求方程 (II_λ) 的解 $P > 0$, 因此还将会考虑如下类型的方程组:

$$\begin{cases} \Delta P - P = NP, \\ \lambda^2 (r^2 N_{rr} + 6r N_r + 6N) - \Delta N = \Delta |P|^2, \\ P > 0. \end{cases} \tag{II_λ^+}$$

下面的定理说明了当参数 λ 很小时, 方程 (II_λ^+)(从而方程 (II_λ)) 确实存在径向对称解 (P,N).

定理 2.2.1 (方程组 (II_λ^+) 解的存在惟一性) 存在 $\lambda^+>0$, 使得当 $\lambda\in(0,\lambda^+)$ 时, 方程 (II_λ^+) 存在弱解 $(P_\lambda,N_\lambda)\in H^1\times L^2$, 而且当 $\lambda\to 0$ 时, 在 $H^1\times L^2$ 中有

$$(P_\lambda,N_\lambda)\to(Q,-Q^2),$$

其中 Q 是如下方程的惟一的正的径向对称解 (即基态解):

$$\Delta Q-Q=-|Q|^2Q. \tag{2.2.3}$$

此外, 对任意的 $c>\|Q\|_{L^2}$, 都存在 $\lambda_c>0$, 使得当 $\lambda\in(0,\lambda_c)$ 时, 方程 (II_λ^+) 存在惟一解 (P_λ,N_λ) 满足 $\|P_\lambda\|_{L^2}\leqslant c$.

注 2.2.1 令集合

$$S=\{(\lambda,(P_\lambda,N_\lambda));\ \text{其中 } (P_\lambda,N_\lambda)\in H_r^1\times L_r^2 \text{ 是参数 } \lambda \text{ 所对应的方程 } (\mathrm{II}_\lambda^+) \text{ 的解}\},$$

则文献 [16] 中证明了集合 S 的包含 $(0,Q,-Q^2)$ 的连通分支在空间 $\mathbb{R}^+\times(H_r^1\times L_r^2)$ 中是无界的, 这里下标 r 表示径向函数. 这个事实说明了要么对所有的 $\lambda>0$, 方程 (II_λ^+) 都有解 (P_λ,N_λ), 要么存在某个 $\lambda^*<+\infty$, 满足当 $\lambda\in(0,\lambda^*)$ 时方程 (II_λ^+) 有解 (P_λ,N_λ), 且当 $\lambda\to\lambda^*$ 时有子列 $(P_{\lambda_n},N_{\lambda_n})$ 满足

$$\|(P_{\lambda_n},N_{\lambda_n})\|_{H^1\times L^2}\to+\infty,\ n\to\infty.$$

Glangetas 和 Merle 在文献 [16] 中猜想是前一种情形成立, 但这个猜想尚未得到证明. 此外, 目前也尚不清楚是否存在 $\lambda^{**}>0$, 使得对任意的 $\lambda\in(0,\lambda^{**})$, 方程 (II_λ^+) 都存在惟一解.

第二小节中的命题 2.2.1 将表明定理 2.2.1 中得到的弱解 (P_λ,N_λ) 事实上是正则解, 即对任意的 $k\geqslant 0$, 都有 $(P_\lambda,N_\lambda)\in H^k\times H^k$. 根据定理 2.2.1, 我们就可得到 Zakharov 方程 (I_{c_0}) 自相似爆破解的存在性.

定理 2.2.2 设 $(P_\lambda,N_\lambda)\in H^1\times L^2$ 满足方程 (II_λ). 则 $\forall\, T>0,\forall\,\theta\in S^1$,

$$u_{\theta,\lambda}(t,x)=\frac{1}{c_0\lambda(T-t)}\mathrm{e}^{\mathrm{i}\left(\theta+\frac{|x|^2}{4(-T+t)}-\frac{1}{c_0^2\lambda^2(-T+t)}\right)}P_\lambda\left(\frac{x}{c_0\lambda(T-t)}\right),$$

$$n_{\theta,\lambda}(t,x)=\left(\frac{1}{c_0\lambda(T-t)}\right)^2N_\lambda\left(\frac{x}{c_0\lambda(T-t)}\right),$$

就是 Zakharov 方程 (I_{c_0}) 的爆破解, 且它们具有下面两条性质:

i) $\forall\, t\in[0,T),\ \forall\, k\geqslant 1$, 都有 $\left(u_{\theta,\lambda},n_{\theta,\lambda},\dfrac{\partial n_{\theta,\lambda}}{\partial t}\right)\in H_k$, $\dfrac{\partial n_{\theta,\lambda}}{\partial t}\in\hat{H}^{-1}$;

ii) 当 $t\to T$ 时有

$$\left\|\left(u_{\theta,\lambda},n_{\theta,\lambda},\frac{\partial n_{\theta,\lambda}}{\partial t}\right)\right\|_{\hat{H}_1}=\|u_{\theta,\lambda}\|_{H^1}+\|n_{\theta,\lambda}\|_{L^2}+\left\|\frac{\partial n_{\theta,\lambda}}{\partial t}\right\|_{\hat{H}^{-1}}\to+\infty.$$

现对定理 2.2.2 中出现的记号作一些说明, 这些记号在本节中都是通用的. $H_k := H^k \times H^{k-1} \times H^{k-2}$, $\hat{H}_1 := H^1 \times L^2 \times \hat{H}^{-1}$, 其中 $\hat{H}^{-1}$ 定义如下:

$$\hat{H}^{-1} = \{u;\ \exists\, v:\ \mathbb{R}^2 \to \mathbb{R}^2,\ v \in L^2,\ \text{s.t. } u = -\nabla \cdot v\},$$

且定义 $\|u\|_{\hat{H}^{-1}} = \|v\|_{L^2}$.

注 2.2.2　结合定理 2.2.1 和 2.2.2 可知, 当 λ 很小时 (即 (2.2.1) 和 (2.2.2) 式中的 ω 很大时), 二维 Zakharov 方程存在自相似爆破解. 再联合上一节的定理 2.1.3, 可得自相似爆破解 u 的 L^2 模 (也等于 $\|\phi_0\|_{L^2}$) 必大于等于 $\|Q\|_{L^2}$. 事实上, 第五小节中将证明当 $\|\phi_0\|_{L^2} = \|Q\|_{L^2}$ 时, 二维 Zakharov 方程仍然存在整体光滑解. 因而就可得出自相似爆破解的 L^2 模必大于基态解的 L^2 模.

注 2.2.3　由定理 2.2.2 中自相似型爆破解的构造可知

$$\|\nabla u(t)\|_{L^2} = \frac{C}{T-t}\|\nabla P\|_{L^2},$$
$$\|n(t)\|_{L^2} = \frac{C}{T-t}\|N\|_{L^2}.$$

这就给出了爆破解的一个爆破率下界估计. 事实上, Merle 在文献 [19] 中对一般的爆破解 (u,n) (不一定是自相似型的爆破解) 证明了以下估计:

$$\|\nabla u(t)\|_{L^2} + \|n(t)\|_{L^2} \geqslant \frac{C}{T-t}, \quad C>0,\ t \approx T,$$

其中 T 是有限爆破时刻. 再结合自相似爆破解的下界估计可知, 上述关于下界的估计是最优的. 但目前为止尚未得到一般爆破解的上界估计.

注 2.2.4　与爆破问题相关联的另一个问题是周期解的稳定性问题. 我们知道, 方程 (I_{c_0}) 存在周期解 $(u(t), n(t)) = (\mathrm{e}^{\mathrm{i}\omega t}V(x), -|V(x)|^2)$, 其中 $\omega > 0$, $V(x)$ 是如下方程的一个非平凡解:

$$\Delta V + |V|^2 V = \omega V. \tag{P_ω}$$

方程 (P_ω) 的解并不惟一, 但它有一个具有极小 L^2 模的非平凡的惟一解 Q(在相差一个共形变换下是惟一的), 也无妨称之为基态解. 我们称解 $(\mathrm{e}^{\mathrm{i}\omega t}Q(x), -|Q(x)|^2)$ 为方程 (I_{c_0}) 的极小周期解. 称周期解 $(\mathrm{e}^{\mathrm{i}\omega t}V(x), -|V(x)|^2, 0)$ 在空间 H_k(也可以为其他函数空间) 中是轨道稳定的是指对任意的 $\varepsilon > 0$, 都存在 $\delta > 0$, 使得当初始数据 (ϕ_0, n_0, n_1) 满足 $\|(\phi_0, n_0, n_1) - (V(x), -|V(x)|^2, 0)\|_{H_k} \leqslant \delta$ 时, 就有 (对任意的 $t > 0$)

$$\min_{\theta \in S^1, x_0 \in \mathbb{R}^2} \|(u(t), n(t), n_t(t)) - (\mathrm{e}^{\mathrm{i}\theta}V(x-x_0), -|V(x-x_0)|^2, 0)\|_{H_k} \leqslant \varepsilon.$$

于是一个自然的问题就是二维 Zakharov 方程的周期解是不是轨道稳定的? 对于极小周期解, 可以证明它是轨道不稳定的. 事实上我们还可证明如下更强的不稳定性结果：总存在函数列 $(\phi_{0\varepsilon}, n_{0\varepsilon}, n_{1\varepsilon})$ 在 $H_k(k \geqslant 1)$ 中趋于 $(Q, -Q^2, 0)$, 但以 $(\phi_{0\varepsilon}, n_{0\varepsilon}, n_{1\varepsilon})$ 为初始数据时方程 (I_{c_0}) 的解 $(u_\varepsilon(t), n_\varepsilon(t), \partial_t n_\varepsilon(t))$ 会在有限时刻 T_ε 处依 H_1 模爆破 (这就蕴含了极小周期解是轨道不稳定的). 对于一般的周期解, 在附加上一些条件下, 也有类似的结论, 这里就不再展开介绍, 更多的内容可参见文献 [17]. 关于 Klein-Gordon 或 Klein-Gordon-Zakharov 方程的轨道不稳定性和强不稳定性结果, 见文献 [50, 51, 52].

注 2.2.5 尽管定理 2.2.1 和 2.2.2 证明了 Zakharov 方程自相似爆破解的存在性, 但这两个定理并没有回答对于何种类型的初始数据的解必会在有限时刻爆破, 该问题到现在也没有完全解决. 如果考虑 Zakharov 方程的如下 Hamilton 形式：

$$\begin{cases} \mathrm{i}u_t = -\Delta u + nu, \\ n_t = -\nabla \cdot v, \\ c_0^{-2} v_t = -\nabla n - \nabla |u|^2, \end{cases} \tag{I'_{c_0}}$$

文献 [21] 中对径向对称解证明了如下爆破结果：设 $(u(t), n(t), v(t))$ 是 (I'_{c_0}) 的径向对称解, 且满足

$$H(0) := \int_{\mathbb{R}^2} \left(|\nabla \phi_0(x)|^2 + n_0(x)|\phi_0(x)|^2 + \frac{1}{2}|n_0(x)|^2 + \frac{1}{2c_0}|v_0(x)|^2 \right) \mathrm{d}x < 0,$$

则解要么在有限时刻爆破, 要么在无限时刻爆破 (即解 $(u(t), n(t), v(t))$ 虽然整体存在, 但当 $t \to \infty$ 时有 $\|(u(t), n(t), v(t))\|_{H_1} \to \infty$). 该结论对于三维情形也成立, 条件 $H(0) < 0$ 意味着动能控制不了势能, 在 Schrödinger 方程的爆破性结果中, 也有类似的条件, 见文献 [39], [53], [54]. Merle 猜想无限时刻爆破是不会发生的, 不过该猜想尚未被证明. 由于上述结果的证明非常依赖于 Viriel 型恒等式, 故很难将这些结果推广到非径向的情形.

2.2.2 一些辅助的命题和引理

本节给出一些引理和命题, 这些结论在定理 2.2.1 的证明中会用到, 尽管有些命题的证明也很重要, 但限于篇幅, 它们 (除了命题 2.2.4) 的具体证明在此处略去, 有兴趣的读者可以阅读文献 [16].

命题 2.2.1 (方程 (II_λ) 的解的正则性) 设径向对称函数 $(P, N) \in H^1 \times L^2$ 是方程 (II_λ) 的解, 则对任意的 $k \geqslant 0$, 都有

$$(P, N) \in H^k \times H^k,$$

而且存在常数 $\delta > 0$, $C_k > 0$ 满足

$$|P^{(k)}(x)| \leqslant C_k e^{-\delta|x|}, \ |P^{(k)}(x)| \leqslant \frac{C_k}{1 + |x|^{3+k}}. \tag{2.2.4}$$

命题 2.2.1 表明了方程 (II_λ) 的弱解其实就是经典解, 而且 P 在无穷远处以指数形式衰减, N 在无穷远处以多项式形式衰减.

命题 2.2.2 (与方程组 (II_λ) 的等价的方程组)　设径向对称函数 $(P,N)\in H^1\times L^2$ 且都是 C^∞ 函数, 那么方程组 (II_λ) 与下面的两个方程组 (III_λ) 和 (IV_λ) 都是等价的:

$$\begin{cases}\Delta P-P=NP,\\(\lambda^2r^2-1)N'(r)+3\lambda^2rN(r)=2P(r)P'(r),\end{cases}\tag{III_λ}$$

和

$$\begin{cases}\Delta P-P=NP,\\N(r)=\dfrac{1}{(\lambda^2r^2-1)^{3/2}}\displaystyle\int_{1/\lambda}^{r}2P(s)P'(s)(\lambda^2s^2-1)^{1/2}\mathrm{d}s,\end{cases}\tag{IV_λ}$$

其中

$$(\lambda^2r^2-1)^{\frac{k}{2}}=\frac{\lambda^2r^2-1}{|\lambda^2r^2-1|}|\lambda^2r^2-1|^{\frac{k}{2}},\ k=1,\ 2,\ 3.$$

引理 2.2.1　设径向对称函数 $(P,N)\in H^1\times L^2$ 是方程 (II_λ) 的解. 如果 $0\leqslant r_1\leqslant r_2\leqslant\dfrac{1}{\lambda}$, 则有

$$(1-\lambda^2r_2^2)^{3/2}N(r_2)=(1-\lambda^2r_1^2)^{3/2}N(r_1)-\int_{r_1}^{r_2}2P(s)P'(s)(1-\lambda^2s^2)^{1/2}\mathrm{d}s.\tag{2.2.5}$$

如果 $\dfrac{1}{\lambda}\leqslant r_1\leqslant r_2$, 则有

$$(\lambda^2r_2^2-1)^{3/2}N(r_2)=(\lambda^2r_1^2-1)^{3/2}N(r_1)+\int_{r_1}^{r_2}2P(s)P'(s)(\lambda^2s^2-1)^{1/2}\mathrm{d}s.\tag{2.2.6}$$

引理 2.2.2　设径向对称函数 $u\in H^1(\mathbb{R}^2)$, 则有下面的不等式成立:

$$\|u\|_{L^\infty[A,+\infty)}\leqslant\frac{1}{\sqrt{A}}\|u\|_{H^1\{|x|\geqslant A\}}\leqslant\frac{1}{\sqrt{A}}\|u\|_{H^1},\ \forall\ A>0.$$

引理 2.2.2 的证明也可参考文献 [55].

命题 2.2.3 (方程 (II_λ) 的解的渐近行为)　设函数 $(P_n,N_n)\neq(0,0)$ 是方程 $(\mathrm{II}_{\lambda_n})$ 的径向对称解, 其中 $\lambda_n\to0$.

i) 设存在常数 $C>0$ 满足

$$\|P_n\|_{L^2}\leqslant C,\ \forall\ n.$$

则存在子列 (P_{n_j},N_{n_j}) 以及函数 $V\neq0$, 满足

$$\Delta V-V=-|V|^2V,\tag{V}$$

以及当 $j\to\infty$ 时,

$$(P_{n_j},N_{n_j})\to(V,-V^2)\ 在H^1\times L^2中.$$

ii) 设存在常数 $C>0$ 满足

$$\|P_n\|_{L^2}\leqslant C,\quad P_n\geqslant 0,\quad \forall\ n.$$

则当 $n\to\infty$ 时, (P_n,N_n) 本身在 $H^1\times L^2$ 中收敛于 $(Q,-Q^2)$, 其中 Q 是下面方程的惟一的径向对称正解:

$$\Delta Q-Q=-|Q|^2Q,\quad Q>0. \tag{V$^+$}$$

命题 2.2.4 设函数 $(P,N)\in H^1\times L^2$ 是方程 (II_λ) 的径向对称解, 函数 u 和 n 定义如下:

$$u(t,x)=\frac{\omega}{t}\mathrm{e}^{\mathrm{i}\left(\frac{|x|^2}{4t}-\frac{\omega^2}{t}\right)}P\left(\frac{\omega x}{t}\right),\quad n(t,x)=\left(\frac{\omega}{t}\right)^2N\left(\frac{\omega x}{t}\right).$$

则有

i) $\dfrac{\partial n}{\partial t}=-\nabla\cdot v$, 其中 $v=\hat{v}(r)\dfrac{x}{r}$, $\hat{v}(r)=\dfrac{\omega^2}{t^3}rN\left(\dfrac{\omega r}{t}\right)$. 特别地有

$$n_t\in\hat{H}^{-1},\quad \|n_t\|_{\hat{H}^{-1}}=\|v\|_{L^2}=\frac{1}{|t|}\|rN\|_{L^2}.$$

ii) $(u,n,n_t)\in\hat{H}_1$.

iii) $(u,n,n_t)\in H_k,\ k\geqslant 2$.

iv) 当 $t\to 0$ 时, 有 $\|u(t)\|_{H^1}+\|n(t)\|_{L^2}+\|n_t(t)\|_{\hat{H}^{-1}}\to+\infty$.

证明 首先证明第一个结论. 寻找函数 $v=\hat{v}(r)\dfrac{x}{r}$ 满足 $n_t=-\nabla\cdot v$, 即对任意的 $\phi\in C_0^\infty$, $\phi(x)=\phi(r)$, $r=|x|$ 有

$$\int_{\mathbb{R}^2}n_t(x)\phi(x)\mathrm{d}x=-\int_{\mathbb{R}^2}\nabla\cdot v(x)\phi(x)\mathrm{d}x=\int_{\mathbb{R}^2}\hat{v}(r)\frac{x}{r}\nabla\cdot\phi(x)\mathrm{d}x.$$

直接计算有

$$\frac{\partial n}{\partial t}(r)=-\frac{\omega^3}{t^4}rN'\left(\frac{\omega r}{t}\right)-2\frac{\omega^2}{t^3}N\left(\frac{\omega r}{t}\right)=-\frac{\omega^2}{rt^3}\frac{\partial}{\partial r}\left(r^2N\left(\frac{\omega r}{t}\right)\right),$$

将此式代入上面的积分式子中去, 利用极坐标和分部积分得到

$$\int_0^\infty\hat{v}(r)\frac{\partial\phi}{\partial r}r\mathrm{d}r=\frac{\omega^2}{t^3}\int_0^\infty r^2N\left(\frac{\omega r}{t}\right)\frac{\partial\phi}{\partial r}\mathrm{d}r,$$

从而就有 $\hat{v}(r)=\dfrac{\omega^2}{t^3}rN\left(\dfrac{\omega r}{t}\right)$. 此外, 根据定义

$$\left\|\frac{\partial n}{\partial t}\right\|_{\hat{H}^{-1}}=\|v\|_{L^2}=\left\|\frac{\omega^2}{t^3}rN\left(\frac{\omega r}{t}\right)\right\|_{L^2}=\frac{1}{|t|}\|rN\|_{L^2}.$$

于是第一个结论得证.

根据 u 和 n 的表达式, 直接计算有

$$\|u\|_{L^2}=\|P\|_{L^2},\quad \|n\|_{L^2}=\frac{\omega}{|t|}\|N\|_{L^2},$$

以及

$$\begin{aligned}\left\|\nabla\left(\frac{\omega}{t}\mathrm{e}^{\mathrm{i}\frac{|x|^2}{4t}}P\left(\frac{\omega x}{t}\right)\right)\right\|_{L^2}^2&=\left\|\left(\frac{\omega^2}{t^2}\nabla P\left(\frac{\omega x}{t}\right)+\mathrm{i}\frac{x}{2t}\frac{\omega}{t}P\left(\frac{\omega x}{t}\right)\right)\mathrm{e}^{\mathrm{i}\frac{|x|^2}{4t}}\right\|_{L^2}^2\\&=\left\|\frac{\omega^2}{t^2}\nabla P\left(\frac{\omega x}{t}\right)\right\|_{L^2}^2+\left\|\frac{x}{2}\frac{\omega}{t^2}P\left(\frac{\omega x}{t}\right)\right\|_{L^2}^2\\&=\frac{\omega^2}{t^2}\|\nabla P\|_{L^2}^2+\frac{1}{4\omega^2}\|xP\|_{L^2}^2.\end{aligned}$$

根据这些表达式以及命题 2.2.1, 命题的剩下 3 个结论自然就有了.

利用命题 2.2.4, 再注意到 Zakharov 方程 (I_{c_0}) 关于时间 t 是平移不变的, 于是定理 2.2.2 中的结论就很容易得到.

2.2.3　径向对称函数解的存在性和惟一性

这一小节将致力于定理 2.2.1 的证明. 存在性的证明方法是利用压缩映射原理, 其出发点就是当 $\lambda=0$ 时, 方程 (II_λ^+) 有惟一径向对称解 $(Q,-Q^2)$, 其中 $Q>0$. 而后对 λ 做小的扰动来构造一个压缩映射. 下面就具体地来实现这一过程.

设 λ 很小, $(P_\lambda=Q+h_\lambda,N_\lambda)$ 是方程 (II_λ) 或 (IV_λ) 的径向对称解, 即满足

$$\Delta(Q+h_\lambda)=(N_\lambda+1)(Q+h_\lambda),\tag{2.2.7}$$

$$N_\lambda(r)=\frac{1}{(\lambda^2r^2-1)^{3/2}}\int_{1/\lambda}^r 2(Q(s)+h_\lambda(s))(Q'(s)+h'_\lambda(s))(\lambda^2s^2-1)^{1/2}\mathrm{d}s.\tag{2.2.8}$$

定义线性算子

$$\mathcal{N}_\lambda(u)(r)=\frac{1}{(\lambda^2r^2-1)^{3/2}}\int_{1/\lambda}^r u'(s)(\lambda^2s^2-1)^{1/2}\mathrm{d}s,\tag{2.2.9}$$

或者等价地

$$\mathcal{N}_\lambda(u)(r)=\frac{u(r)-u\left(\dfrac{1}{\lambda}\right)}{\lambda^2r^2-1}-\frac{\lambda^2}{(\lambda^2r^2-1)^{3/2}}\int_{1/\lambda}^r\frac{u(s)-u\left(\dfrac{1}{\lambda}\right)}{(\lambda^2s^2-1)^{1/2}}\mathrm{d}s.\tag{2.2.10}$$

于是 (2.2.7) 和 (2.2.8) 式就变为

$$\begin{aligned}&\Delta Q+\Delta h_\lambda=(\mathcal{N}_\lambda((Q+h_\lambda)^2)+1)(Q+h_\lambda),\\&N_\lambda(x)=\mathcal{N}_\lambda((Q+h_\lambda)^2).\end{aligned}$$

又因为 $\Delta Q = Q - Q^3$, 所以又有

$$\begin{aligned}
&\Delta h_\lambda - h_\lambda + 3Q^2 h_\lambda \\
&= \mathcal{N}_\lambda((Q+h_\lambda)^2)(Q+h_\lambda) + Q^3 + 3Q^2 h_\lambda \\
&= C_\lambda + l_\lambda(h_\lambda) + q_\lambda(h_\lambda) + k_\lambda(h_\lambda),
\end{aligned} \tag{2.2.11}$$

其中

$$C_\lambda = (\mathcal{N}_\lambda(Q^2) + Q^2)Q, \tag{2.2.12}$$

$$l_\lambda(h_\lambda) = 2(\mathcal{N}_\lambda(Qh_\lambda) + Qh_\lambda)Q + (\mathcal{N}_\lambda(Q^2) + Q^2)h_\lambda, \tag{2.2.13}$$

$$q_\lambda(h_\lambda) = 2\mathcal{N}_\lambda(Qh_\lambda)h_\lambda + \mathcal{N}_\lambda(h_\lambda^2)Q, \tag{2.2.14}$$

$$k_\lambda(h_\lambda) = \mathcal{N}_\lambda(h_\lambda^2)h_\lambda. \tag{2.2.15}$$

于是现在的问题就是寻找函数 h_λ, 使得方程 (2.2.11) 成立.

现定义

$$H_r^1 = \{u \in H^1(\mathbb{R}^2); u(x) = u(|x|) = u(r)\}.$$

$H_r^2 = H_r^1 \cap H^2(\mathbb{R}^2)$, 且赋予范数

$$\|u\|_{H^2}^2 = \int_{\mathbb{R}^2} (|\nabla u|^2 + |\Delta u|^2 + |u|^2)\mathrm{d}x.$$

命题 2.2.5 设 $u \in H_r^1$, 则存在惟一的径向对称函数 $v \in H_r^2$ 满足

$$\Delta v - v + 3Q^2 v = u, \tag{2.2.16}$$

而且存在常数 $C > 0$, 使得

$$\|v\|_{H^2} \leqslant C\|u\|_{L^2}.$$

该命题的证明会在稍后时候给出. 这里值得一提的是, 如果不限制方程 (2.2.16) 的解是径向对称函数, 那么解是不惟一的. 例如, 当 $u = 0$ 时, 0, $\dfrac{\partial Q}{\partial x_1}$ 和 $\dfrac{\partial Q}{\partial x_2}$ 都是方程 (2.6.16) 的解 [56].

记 $v = \mathcal{L}u$, 其中 $\mathcal{L} = (\Delta - Id + 3Q^2)^{-1}$, 则命题 2.2.5 表明了 $\mathcal{L}$ 是从 H_r^1 到 H_r^2 的有界算子, 并且有

$$\|\mathcal{L}(u)\|_{H^2} \leqslant C\|u\|_{L^2}. \tag{2.2.17}$$

现在定义映射 T_λ 如下:

$$T_\lambda(h_\lambda) = \mathcal{L}(C_\lambda + l_\lambda(h_\lambda) + q_\lambda(h_\lambda) + k_\lambda(h_\lambda)).$$

这样我们就得知 $(Q+h_\lambda,\mathcal{N}_\lambda((Q+h_\lambda)^2))$ 是方程 (II_λ) 的解当且仅当 h_λ 是映射 T_λ 的不动点, 即 $h_\lambda = T_\lambda(h_\lambda)$. 命题 2.2.5 表明映射 T_λ 的工作空间可选取为

$$B = \{u \in H_r^2; \|u\|_{H^2} \leqslant \delta_0\},$$

其中 $\delta_0 > 0$ 是待定的常数. 下面的定理表明了当 λ 和 δ_0 都充分小时, T_λ 在 B 中是一个压缩映射.

定理 2.2.3 (不动点的存在性) 存在 $\lambda_0 > 0, \delta_0 > 0$, 使得当 $\lambda \in (0,\lambda_0)$ 时, T_λ 在 B 中是一个压缩映射, 因此存在惟一的 $h_\lambda \in B$, 满足 $h_\lambda = T_\lambda(h_\lambda)$. 此外, 还有下面的两条性质成立:

i) 存在 $C > 0$, 使得 $\|h_\lambda\|_{H^2} \leqslant C\lambda^2, \forall\, \lambda \in (0,\lambda_0)$;

ii) 映射 $\lambda \to h_\lambda$ 在 H_r^2 中关于 λ 是连续的.

推论 2.2.1 存在 $\lambda_1 > 0$, 使得当 $\lambda \in (0,\lambda_1)$ 时, 方程 (II_λ) 存在非平凡的解 $(P_\lambda, N_\lambda) \in H^1 \times L^2$, 且映射 $\lambda \to (P_\lambda, N_\lambda)$ 在 $H^1 \times L^2$ 中关于 $\lambda \in [0,\lambda_1)$ 是连续的, 其中 $P_0 = Q$, $N_0 = -Q^2$.

为了证明这个推论, 需用到下面的引理.

引理 2.2.3 当 λ 充分小时, 下面的两条性质是等价的:

i) h_λ 在 H^2 中关于 λ 是连续的, 其中 h_λ 是映射 T_λ 的不动点, $h_0 = 0$;

ii) (P_λ, N_λ) 在 $H^1 \times L^2$ 中关于 λ 是连续的, 其中 $P_\lambda = Q + h_\lambda$, $N_\lambda = \mathcal{N}_\lambda(P_\lambda)$, h_λ 是映射 T_λ 的不动点, $P_0 = Q$, $N_0 = -Q^2$.

证明 i)$\Rightarrow$ ii). 由于这时已知 h_λ 在 H^2 中关于 λ 是连续的, 所以只需证明 N_λ 在 L^2 中关于 λ 是连续的. 先证明在 $\lambda = 0$ 时的连续性, 即要证

$$N_\lambda \to -P_0^2 = -Q^2 \text{ 在 } L^2 \text{ 中}, \ \lambda \to 0. \tag{2.2.18}$$

因为在 H^2 中有 $P_\lambda \to Q(\lambda \to 0)$, 故根据命题 2.2.3, 可知存在子列 $(P_{\lambda_j}, N_{\lambda_j})$ 满足 $(j \to \infty)$

$$(P_{\lambda_j}, N_{\lambda_j}) \to (V, -V^2) \text{ 在 } H^1 \times L^2 \text{ 中}, \ \lambda_j \to 0.$$

因此 $V = Q$. 根据 Q 的正性, 再次利用命题 2.2.3 可得上述收敛关系对序列 (P_λ, N_λ) 本身也是成立的, 于是 (2.2.18) 式得证. 接着证明

$$N_\lambda \to N_{\lambda'} \text{ 在 } L^2 \text{ 中}, \ \lambda \to \lambda' > 0. \tag{2.2.19}$$

首先从 $N_\lambda(r)$ 的积分表达式 (2.2.8) 可得如下的点态收敛关系:

$$\forall\, r, \ N_\lambda(r) \to N_{\lambda'}(r), \ \lambda \to \lambda'. \tag{2.2.20}$$

其次我们断言：存在常数 $C>0$, 满足

$$\forall\ \lambda\in[\lambda'/2,\lambda'],\quad |N_\lambda(r)|\leqslant\frac{C}{1+r^3}. \tag{2.2.21}$$

根据 (2.2.20) 和 (2.2.21) 式, 利用控制收敛定理就可证明 (2.2.19).

下面来证明断言 (2.2.21). 从下面的引理 2.2.5 可知 $N_\lambda=\mathcal{N}_\lambda(P_\lambda^2)$ 满足

$$\|N_\lambda\|_{L^\infty}\leqslant C\|P_\lambda\|_{H^2}^2\leqslant C. \tag{2.2.22}$$

考虑 $r\geqslant 4/\lambda'$ 的情形, 利用公式 (2.2.6) 得 (取 $r_1=4/\lambda'$, $r_2=r$)

$$\begin{aligned}N_\lambda(r)=&\frac{(\lambda^2(4/\lambda')^2-1)^{3/2}}{(\lambda^2r^2-1)^{3/2}}N_\lambda(4/\lambda')\\&+\frac{1}{(\lambda^2r^2-1)^{3/2}}\int_{4/\lambda'}^r 2P_\lambda(s)P_\lambda'(s)(\lambda^2s^2-1)^{1/2}\mathrm{d}s.\end{aligned}$$

从该表达式易知 $r\geqslant 4/\lambda'$ 时有

$$\begin{aligned}N_\lambda(r)&\leqslant\frac{C}{(\lambda^2r^2-1)^{3/2}}+\frac{1}{(\lambda^2r^2-1)^{3/2}}\int_{4/\lambda'}^r 2P_\lambda(s)|P_\lambda'(s)|\lambda s\mathrm{d}s\\&\leqslant\frac{C}{(\lambda^2r^2-1)^{3/2}}+\frac{C}{(\lambda^2r^2-1)^{3/2}}\lambda\\&\leqslant\frac{C}{r^3},\end{aligned}$$

其中 C 与 λ' 有关. 该不等式联合 L^∞ 估计 (2.2.22) 就可得到断言 (2.2.21).

ii)⇒ i). 此时我们只需证明

$$\|\Delta P_\lambda-\Delta P_{\lambda'}\|_{L^2}\to 0,\ \ \lambda\to\lambda'.$$

事实上, 根据命题 2.2.1 知 $N_{\lambda'}\in L^\infty$, $\|P_\lambda\|_{L^\infty}\leqslant C$, 于是就有 (注意 $\Delta P_\lambda=(N_\lambda+1)P_\lambda$)

$$\begin{aligned}\|\Delta P_\lambda-\Delta P_{\lambda'}\|_{L^2}\leqslant&\|P_\lambda-P_{\lambda'}\|_{L^2}+\|(N_\lambda-N_{\lambda'})P_\lambda\|_{L^2}+\|(P_\lambda-P_{\lambda'})N_{\lambda'}\|_{L^2}\\&\to 0.\end{aligned}$$

引理证毕.

推论 2.2.1 的证明 解的存在性可由定理 2.2.3 得到, 映射 $\lambda\to(P_\lambda,N_\lambda)$ 关于 λ 的连续性可由定理 2.2.3 和引理 2.2.3 一起推出, 因此只需证明解的非平凡性. 设 h_λ 是定理 2.2.3 中确定的不动点, 易见当 λ 充分小时有

$$\|h_\lambda\|_{H^2}\leqslant C\lambda^2<\|Q\|_{H^2}.$$

于是方程 (II_λ) 的解 $(P_\lambda = Q + h_\lambda, N_\lambda)$ 满足

$$\|P_\lambda\|_{H^2} \geqslant \|Q\|_{H^2} - \|h_\lambda\|_{H^2} > 0.$$

这样我们就得到了 $P_\lambda \not\equiv 0$, 解的非平凡性得证.

下面的工作就是要来证明定理 2.2.3, 该定理的证明较长, 我们用一系列的命题给出它的证明. 先来证明前面的命题 2.2.5, 为此我们需要利用如下命题.

命题 2.2.6　设 $L = -\Delta - 3Q^2 + 1$, $(u, v) = \int_{\mathbb{R}^2} u(x)v(x)\mathrm{d}x$.

i) $\forall\, u \in H_r^1$, $Lu = 0 \Rightarrow u = 0$.

ii) 如果 $(u, Q) = 0$, 则 $(Lu, u) \geqslant 0$.

iii) 设 $M = \{u \in H_r^1; (u, Q) = (u, Q|x|^2) = 0\}$, 则存在 $\delta > 0$, 满足

$$(Lu, u) \geqslant \delta\|u\|_{H^1}^2,\ \forall\, u \in M.$$

iv) 存在 $\varrho_1 \in H^2$, $\varrho_2 \in H^2$ 满足 $L\varrho_1 = Q$, $L\varrho_2 = Q|x|^2$.

该命题的证明见参考文献 [56]. 值得一提的是, 文献 [56] 中附加了方程 $\Delta u - u = -|u|^2 u$ 必须要有惟一的径向对称正解这个条件. 但事实上, 由于方程 $\Delta u - u = -|u|^2 u$ 的惟一性被文献 [57] 所证明, 故命题 2.2.6 中就去掉了这个条件.

引理 2.2.4　设 $f \in H_r^1$, 则存在惟一的函数 $u \in H_r^1$, 满足 $Lu = f$, 其中 L 的定义同命题 2.2.6.

证明　解的惟一性由命题 2.2.6 的第 i) 部分结论得到, 现在证明解的存在性. 将 f 写成如下形式:

$$f = f_1 + \alpha Q + \beta|x|^2 Q,\ f_1 \in\ M.$$

通过直接计算 (写出 α 和 β 的表达式) 得

$$\|f_1\|_{L^2} + |\alpha| + |\beta| \leqslant C\|f\|_{L^2}. \tag{2.2.23}$$

令 Π_M 表示从 H_r^1 到 M 的投影算子. 定义 M 上的双线性算子

$$A(u, v) = (\Pi_M \circ Lu, v), \forall u,\ v \in M.$$

根据命题 2.2.6 以及 (2.2.23) 式易知, A 是 M 上有界的强制的双线性算子, 根据 Lax-Milgram 定理, 知对任意的 $f_1 \in M$, 都存在惟一的 $u_1 \in M$, 满足

$$Lu_1 = f_1 + \alpha' Q + \beta'|x|^2 Q.$$

而且还有

$$\delta\|u_1\|_{H^1}^2 \leqslant (Lu_1, u_1) = (f_1, u_1) \leqslant \|f_1\|_{L^2}\|u_1\|_{L^2},$$

即

$$\|u_1\|_{H^1} \leqslant C\|f_1\|_{L^2}. \tag{2.2.24}$$

此外, 根据式子

$$\begin{aligned}(LQ, u_1) &= \alpha'(Q,Q) + \beta'(|x|^2Q, Q),\\ (L|x|^2Q, u_1) &= \alpha'(|x|^2Q, Q) + \beta'(|x|^2Q, |x|^2Q),\end{aligned}$$

注意到 $(|x|^2Q,Q)^2 \leqslant \|Q\|_{L^2}\|Q|x|^2\|_{L^2}$(即 Cauchy-Schwarz 不等式), 则由上面两个式子可推出

$$|\alpha'| + |\beta'| \leqslant C\|u_1\|_{L^2}. \tag{2.2.25}$$

现在令 $u = u_1 + (\alpha-\alpha')\varrho_1 + (\beta-\beta')\varrho_2$, 其中 ϱ_1 和 ϱ_2 的定义见命题 2.2.6. 则有

$$Lu = Lu_1 + (\alpha-\alpha')L\varrho_1 + (\beta-\beta')L\varrho_2 = f,$$

且从 (2.2.23)~(2.2.25) 式得

$$\|u\|_{H^1} \leqslant C\|f\|_{L^2}. \tag{2.2.26}$$

引理证毕.

命题 2.2.5 的证明 引理 2.2.4 中给出了方程 (2.2.16) 的径向对称解的存在惟一性. 这里只需证明如下的估计即可:

$$\|v\|_{H^2} \leqslant C\|u\|_{L^2}.$$

而根据不等式 (2.2.26), 又只需证明不等式 $\|\Delta v\|_{L^2} \leqslant C\|u\|_{L^2}$ 即可. 事实上, 利用方程 (2.2.16), 有

$$\|\Delta v\|_{L^2} \leqslant \|u\|_{L^2} + \|v\|_{L^2} + \|3Q^2v\|_{L^2} \leqslant C\|u\|_{L^2}.$$

下面来证明 T_λ 是一个压缩映射, 为此需要作 $T_\lambda(h_\lambda)$ 的 H^2 模估计.

命题 2.2.7 设当 λ 充分小时, 有如下的一致估计:

$$\|\mathcal{L}(\mathcal{N}_\lambda(uv)w)\|_{H^2} \leqslant C\|u\|_{H^2}\|v\|_{H^2}\|w\|_{H^2},\ \forall\ u,v,w \in H_r^2.$$

证明 根据不等式 (2.2.17) 知

$$\|\mathcal{L}(\mathcal{N}_\lambda(uv)w)\|_{H^2} \leqslant C\|\mathcal{N}_\lambda(uv)w\|_{L^2} \leqslant C\|\mathcal{N}_\lambda(uv)\|_{L^\infty}\|w\|_{L^2},$$

再利用下面的引理 2.2.5 的结论即可. 命题证毕.

引理 2.2.5　设 λ 充分小. 则存在常数 $C>0$, $\delta>0$, 使得对任意的 $u,v\in H_r^2$ 有下面的估计式成立:

$$\|\mathcal{N}_\lambda(uv)\|_{L^\infty}\leqslant C\|u\|_{H^2}\|v\|_{H^2},$$
$$\|\mathcal{N}_\lambda(uv)\|_{L^\infty(\{|x|\geqslant\frac{1}{2\lambda}\})}\leqslant C\|u\|_{H^2(\{|x|\geqslant\frac{1}{2\lambda}\})}\|v\|_{H^2(\{|x|\geqslant\frac{1}{2\lambda}\})},$$
$$\|\mathcal{N}_\lambda(uQ)\|_{L^\infty(\{|x|\geqslant\frac{1}{2\lambda}\})}\leqslant C\mathrm{e}^{-\delta/\lambda}\|u\|_{H^2}.$$

证明　对固定的 $\lambda>0$, 将空间 $\mathbb{R}^2$ 分成三部分, 即

$$x\in\Omega_{1,\lambda}=\left\{|x|<\frac{1}{2\lambda}\right\},$$
$$x\in\Omega_{2,\lambda}=\left\{|x|\geqslant\frac{1}{2\lambda}\text{ 且 }||x|-\frac{1}{\lambda}|\geqslant 1\right\},$$
$$x\in\Omega_{3,\lambda}=\left\{\left||x|-\frac{1}{\lambda}\right|<1\right\}.$$

根据 (2.2.10) 式, 记

$$\mathcal{N}_\lambda(uv)(r)=N_1(r)+N_2(r),\tag{2.2.27}$$

其中

$$N_1(r)=\frac{u(r)v(r)-u\left(\dfrac{1}{\lambda}\right)v\left(\dfrac{1}{\lambda}\right)}{\lambda^2r^2-1},$$
$$N_2(r)=-\frac{\lambda^2}{(\lambda^2r^2-1)^{3/2}}\int_{1/\lambda}^{r}\frac{u(s)v(s)-u\left(\dfrac{1}{\lambda}\right)v\left(\dfrac{1}{\lambda}\right)}{(\lambda^2s^2-1)^{3/2}}s\mathrm{d}s.$$

注意到 N_1 也可表示为

$$N_1(r)=\frac{u(r)v(r)-u(r)v\left(\dfrac{1}{\lambda}\right)}{\lambda^2r^2-1}+\frac{u(r)v\left(\dfrac{1}{\lambda}\right)-u(r)v\left(\dfrac{1}{\lambda}\right)}{\lambda^2r^2-1}.\tag{2.2.28}$$

下面就分别来估计 N_1 和 N_2.

第 1 步: N_1 的 L^∞ 模估计. 这时有下面的这些估计式成立:

$$\|N_1\|_{L^\infty(\Omega_{1,\lambda})}\leqslant C\|u\|_{L^\infty}\|v\|_{L^\infty},\tag{2.2.29}$$

$$\|N_1\|_{L^\infty(\Omega_{2,\lambda})}\leqslant C\|u\|_{H^1(\{|x|\geqslant\frac{1}{2\lambda}\})}\|v\|_{H^1(\{|x|\geqslant\frac{1}{2\lambda}\})},\tag{2.2.30}$$

$$\|N_1\|_{L^\infty(\Omega_{3,\lambda})}\leqslant C\|u\|_{H^2(\Omega_{3,\lambda})}\|v\|_{H^2(\Omega_{3,\lambda})}.\tag{2.2.31}$$

当 $x\in\Omega_{1,\lambda}$ 时, $\frac{3}{4}\leqslant|\lambda^2r^2-1|\leqslant 1$, 因此 (2.2.29) 式是显然的. 再注意到当 $x\in\Omega_{2,\lambda}$ 时, $|\lambda^2r^2-1|^{-1}\leqslant\frac{C}{\lambda}$, 因此

$$\begin{aligned}\|N_1\|_{L^\infty(\Omega_{2,\lambda})}&\leqslant\frac{C}{\lambda}\|u\|_{L^\infty(\{|x|\geqslant\frac{1}{2\lambda}\})}\|v\|_{L^\infty(\{|x|\geqslant\frac{1}{2\lambda}\})}\\&\leqslant C\|u\|_{H^1(\{|x|\geqslant\frac{1}{2\lambda}\})}\|v\|_{H^1(\{|x|\geqslant\frac{1}{2\lambda}\})},\end{aligned}$$

其中最后一步利用了引理 2.2.2. 故 (2.2.30) 式得证. 下面证明估计式 (2.2.31). 此时将 (2.2.28) 式变形为

$$N_1(r)=\frac{1}{\lambda}\frac{u(r)}{\lambda r+1}\frac{v(r)-v\left(\frac{1}{\lambda}\right)}{r-1/\lambda}+\frac{1}{\lambda}\frac{v\left(\frac{1}{\lambda}\right)}{\lambda r+1}\frac{u(r)-u\left(\frac{1}{\lambda}\right)}{r-1/\lambda}.$$

由此可推出当 $x\in\Omega_{3,\lambda}$ 时, 根据中值定理和引理 2.2.2 有

$$\begin{aligned}\|N_1\|_{L^\infty(\Omega_{3,\lambda})}&\leqslant\frac{C}{\lambda}(\|u\|_{L^\infty(\Omega_{3,\lambda})}\|v'\|_{L^\infty(\Omega_{3,\lambda})}+\|u'\|_{L^\infty(\Omega_{3,\lambda})}\|v\|_{L^\infty(\Omega_{3,\lambda})})\\&\leqslant C\|u\|_{H^2(\Omega_{3,\lambda})}\|v\|_{H^2(\Omega_{3,\lambda})}.\end{aligned}$$

第 2 步: N_2 的 L^∞ 模估计. 这时有下面的这些估计式成立:

$$\begin{aligned}\|N_2\|_{L^\infty(\Omega_{1,\lambda})}\leqslant C(&\lambda^2\|u\|_{L^2}\|v\|_{L^2}+\|u\|_{H^1(\{|x|\geqslant\frac{1}{2\lambda}\})}\|v\|_{H^1(\{|x|\geqslant\frac{1}{2\lambda}\})}\\&+\|u\|_{H^2(\Omega_{3,\lambda})}\|v\|_{H^2(\Omega_{3,\lambda})}),\end{aligned}\tag{2.2.32}$$

$$\begin{aligned}\|N_2\|_{L^\infty(\Omega_{2,\lambda})}\leqslant C(&\|u\|_{H^1(\{|x|\geqslant\frac{1}{2\lambda}\})}\|v\|_{H^1(\{|x|\geqslant\frac{1}{2\lambda}\})}\\&+\|u\|_{H^2(\Omega_{3,\lambda})}\|v\|_{H^2(\Omega_{3,\lambda})}),\end{aligned}\tag{2.2.33}$$

$$\|N_2\|_{L^\infty(\Omega_{3,\lambda})}\leqslant C\|u\|_{H^2(\Omega_{3,\lambda})}\|v\|_{H^2(\Omega_{3,\lambda})}.\tag{2.2.34}$$

先证 (2.3.34) 式. 将 $N_2(r)$ 变形为

$$\begin{aligned}N_2(r)=&\frac{\lambda}{(\lambda r+1)^{3/2}}\frac{1}{(r-1/\lambda)^{3/2}}\\&\times\int_{1/\lambda}^r\frac{u(s)v(s)-u\left(\frac{1}{\lambda}\right)v\left(\frac{1}{\lambda}\right)}{\lambda^2s^2-1}\left(\lambda s+1\right)^{1/2}s\left(s-\frac{1}{\lambda}\right)^{1/2}\mathrm{d}s.\end{aligned}$$

于是当 $x\in\Omega_{3,\lambda}$ 时, 根据 (2.2.31) 式得

$$\begin{aligned}|N_2(r)|&\leqslant\frac{C\lambda}{(r-1/\lambda)^{3/2}}\int_{1/\lambda}^r\|u\|_{H^2(\Omega_{3,\lambda})}\|v\|_{H^2(\Omega_{3,\lambda})}\frac{1}{\lambda}\left(s-\frac{1}{\lambda}\right)^{1/2}\mathrm{d}s\\&\leqslant C\|u\|_{H^2(\Omega_{3,\lambda})}\|v\|_{H^2(\Omega_{3,\lambda})}.\end{aligned}$$

再证 (2.2.33) 式. 注意到当 $r \geqslant \dfrac{1}{2\lambda}$ 时, 由 (2.2.30) 和 (2.2.31) 式得

$$|N_1(r)| \leqslant C(\|u\|_{H^1(\{|x|\geqslant \frac{1}{2\lambda}\})}\|v\|_{H^1(\{|x|\geqslant \frac{1}{2\lambda}\})} + \|u\|_{H^2(\Omega_{3,\lambda})}\|v\|_{H^2(\Omega_{3,\lambda})}).$$

从而就知当 $x \in \Omega_{2,\lambda}$ 时,

$$|N_2(r)| \leqslant \frac{C\lambda^2}{(\lambda^2 r^2-1)^{3/2}}\int_{1/\lambda}^{r} \|N_1\|_{L^\infty(\{|x|>\frac{1}{2\lambda}\})}(\lambda^2 s^2-1)^{1/2}\mathrm{d}s.$$

联合上述两个式子就可证明 (2.2.33) 式.

最后证明 (2.3.32) 式. 我们将 N_2 重新表示为

$$\begin{aligned}N_2(r) = &\frac{\lambda^2}{(1-\lambda^2 r^2)^{3/2}}\int_r^{1/2\lambda} \frac{u(s)v(s)-u\left(\dfrac{1}{\lambda}\right)v\left(\dfrac{1}{\lambda}\right)}{(1-\lambda^2 s^2)^{1/2}} s\mathrm{d}s\\ &+\frac{(3/4)^{3/2}}{(1-\lambda^2 r^2)^{3/2}}N_2\left(\frac{1}{2\lambda}\right).\end{aligned}$$

因此, 当 $x \in \Omega_{1,\lambda}$ 时,

$$\begin{aligned}|N_2(r)| \leqslant &C\lambda^2\int_r^{\frac{1}{2\lambda}} |u(s)||v(s)|s\mathrm{d}s\\ &+\frac{C\lambda^2}{(1-\lambda^2 r^2)^{3/2}}\int_r^{\frac{1}{2\lambda}} \frac{|u(1/\lambda)||v(1/\lambda)|}{(1-\lambda^2 s^2)^{1/2}} s\mathrm{d}s + C\left|N_2\left(\frac{1}{2\lambda}\right)\right|,\end{aligned}$$

即

$$|N_2(r)| \leqslant C\left(\lambda^2\|u\|_{L^2}\|v\|_{L^2} + \left|u\left(\frac{1}{\lambda}\right)\right|\left|v\left(\frac{1}{\lambda}\right)\right| + \left|N_2\left(\frac{1}{2\lambda}\right)\right|\right),$$

于是利用 (2.3.33) 和 (2.3.34) 式即可得到 (2.3.32) 式.

第 3 步. 引理 2.2.5 的前两个结论可由 (2.2.29)~(2.2.34) 式推出. 由文献 [58] 的结果知存在 $\delta > 0$, 满足

$$|Q^{(k)}(x)| \leqslant C_k \mathrm{e}^{-2\delta|x|}, \tag{2.2.35}$$

于是就有 (取 $v = Q$)

$$\|\mathcal{N}_\lambda(uQ)\|_{L^\infty(\Omega_{2,\lambda}\cup\Omega_{3,\lambda})} \leqslant C\mathrm{e}^{-\frac{\delta}{\lambda}}\|u\|_{H^2}.$$

引理证毕.

命题 2.2.8 设当 λ 充分小时, 有如下的一致估计:

$$\|\mathcal{L}((\mathcal{N}_\lambda(Qu)+Qu)v)\|_{H^2} \leqslant C\lambda^2\|u\|_{H^2}\|v\|_{H^2},\ \forall\ u,v \in H_r^2.$$

证明 根据 (2.2.17) 式, 有

$$\begin{aligned}&\|\mathcal{L}((\mathcal{N}_\lambda(Qu)+Qu)v)\|_{H^2}\\&\leqslant C\|(\mathcal{N}_\lambda(Qu)+Qu)v\|_{L^2}\\&\leqslant C\|(\mathcal{N}_\lambda(Qu)+Qu)v\|_{L^2(\Omega_{1,\lambda})}+\|(\mathcal{N}_\lambda(Qu)+Qu)v\|_{L^2(\Omega_{2,\lambda})}\\&\quad+\|(\mathcal{N}_\lambda(Qu)+Qu)v\|_{L^2(\Omega_{3,\lambda})}.\end{aligned}$$

由引理 2.2.5 知

$$\begin{aligned}\|(\mathcal{N}_\lambda(Qu)+Qu)v\|_{L^2(\Omega_{2,\lambda})}\leqslant C\mathrm{e}^{-\frac{\delta}{\lambda}}\|u\|_{H^2}\|v\|_{H^2}\leqslant C\lambda^2\|u\|_{H^2}\|v\|_{H^2},\\\|(\mathcal{N}_\lambda(Qu)+Qu)v\|_{L^2(\Omega_{3,\lambda})}\leqslant C\mathrm{e}^{-\frac{\delta}{\lambda}}\|u\|_{H^2}\|v\|_{H^2}\leqslant C\lambda^2\|u\|_{H^2}\|v\|_{H^2}.\end{aligned}$$

因此为了完成命题 2.2.8 的证明, 只需要证明下面的估计即可:

$$\|(\mathcal{N}_\lambda(Qu)+Qu)v\|_{L^2(\Omega_{1,\lambda})}\leqslant C\lambda^2\|u\|_{H^2}\|v\|_{H^2}. \tag{2.2.36}$$

注意到

$$\mathcal{N}_\lambda(Qu)(x)+Q(x)u(x)=\frac{Q(x)u(x)-Q\left(\dfrac{1}{\lambda}\right)u\left(\dfrac{1}{\lambda}\right)}{\lambda^2|x|^2-1}+Q(x)u(x)+N_2(x),$$

其中 N_2 由 (2.2.27) 式所定义. 由引理 2.2.2 及 (2.2.32) 和 (2.2.35) 式可知

$$\begin{aligned}\|N_2\|_{L^\infty(\Omega_{1,\lambda})}&\leqslant C(\lambda^2\|u\|_{L^2}+\|u\|_{H^1(\{|x|>\frac{1}{2\lambda}\})}\|Q\|_{H^1(\{|x|>\frac{1}{2\lambda}\})}\\&\quad+\|u\|_{H^2(\Omega_{3,\lambda})}\|Q\|_{H^2(\Omega_{3,\lambda})})\\&\leqslant C\lambda^2\|u\|_{H^2}.\end{aligned}$$

此外, 通过直接计算有

$$\frac{Q(x)u(x)-Q\left(\dfrac{1}{\lambda}\right)u\left(\dfrac{1}{\lambda}\right)}{\lambda^2|x|^2-1}+Q(x)u(x)=\lambda^2\frac{|x|^2Q(x)u(x)}{\lambda^2|x|^2-1}-\frac{Q\left(\dfrac{1}{\lambda}\right)u\left(\dfrac{1}{\lambda}\right)}{\lambda^2|x|^2-1}.$$

于是可推出 (利用 (2.2.35) 式)

$$\begin{aligned}&\|(\mathcal{N}_\lambda(Qu)+Qu)v\|_{L^2(\Omega_{1,\lambda})}\\&\leqslant C\lambda^2\||x|^2Q\|_{L^2}\|u\|_{L^\infty}\|v\|_{L^\infty}+C\left|Q\left(\frac{1}{\lambda}\right)\right|\left|u\left(\frac{1}{\lambda}\right)\right|\|v\|_{L^2}+C\lambda^2\|u\|_{H^2}\|v\|_{H^2}\\&\leqslant C\lambda^2\|u\|_{H^2}\|v\|_{H^2}+C\mathrm{e}^{-\frac{\delta}{\lambda}}\|u\|_{H^2}\|v\|_{H^2}\\&\leqslant C\lambda^2\|u\|_{H^2}\|v\|_{H^2}.\end{aligned}$$

于是 (2.2.36) 式得证, 从而该命题也得证.

命题 2.2.7 和 2.2.8 给出了 $T_\lambda(h_\lambda)$ 的 H^2 模估计, 下面就来说明 T_λ 在 B 中是一个压缩映射. 首先根据 T_λ 的定义, 有

$$\|T_\lambda(u)\|_{H^2} \leqslant \|\mathcal{L}C_\lambda\|_{H^2} + \|\mathcal{L}(l_\lambda(u))\|_{H^2} + \|\mathcal{L}(q_\lambda(u))\|_{H^2} + \|\mathcal{L}(k_\lambda(u))\|_{H^2},\ \forall\, u \in B$$

以及

$$\begin{aligned}\|T_\lambda(u) - T_\lambda(v)\|_{H^2} \leqslant{}& \|\mathcal{L}(l_\lambda(u) - l_\lambda(v))\|_{H^2} + \|\mathcal{L}(q_\lambda(u) - q_\lambda(v))\|_{H^2}\\ &+ \|\mathcal{L}(k_\lambda(u) - k_\lambda(v))\|_{H^2},\ \forall\, u, v \in B,\end{aligned}$$

其中 C_λ, l_λ, q_λ, k_λ 分别由 (2.2.12)~(2.2.15) 式所确定.

常数项的估计. 由命题 2.2.8 得知

$$\|\mathcal{L}C_\lambda\|_{H^2} = \|\mathcal{L}((\mathcal{N}_\lambda(Q^2) + Q^2)Q)\|_{H^2} \leqslant C\lambda^2.$$

线性项的估计. 由命题 2.2.8 得知

$$\begin{aligned}\|\mathcal{L}(l_\lambda(u))\|_{H^2} &= \|\mathcal{L}(2(\mathcal{N}_\lambda(Qu) + Qu)Q + (\mathcal{N}_\lambda(Q^2) + Q^2)u)\|_{H^2}\\ &\leqslant C\lambda^2\|u\|_{H^2},\\ \|\mathcal{L}(l_\lambda(u) - l_\lambda(v))\|_{H^2} &\leqslant C\lambda^2\|u - v\|_{H^2}.\end{aligned}$$

平方项的估计. 由命题 2.2.7 得知

$$\begin{aligned}&\|\mathcal{L}(q_\lambda(u))\|_{H^2} = \|\mathcal{L}(2\mathcal{N}_\lambda(Qu)u + \mathcal{N}_\lambda(u^2)Q)\|_{H^2} \leqslant C\|u\|_{H^2}^2,\\ &\|\mathcal{L}(q_\lambda(u) - q_\lambda(v))\|_{H^2} \leqslant C(\|u\|_{H^2} + \|v\|_{H^2})\|u - v\|_{H^2}.\end{aligned}$$

三次项的估计. 由命题 2.2.7 得知

$$\begin{aligned}&\|\mathcal{L}(k_\lambda(u))\|_{H^2} = \|\mathcal{L}(\mathcal{N}_\lambda(u^2)u)\|_{H^2} \leqslant C\|u\|_{H^2}^3,\\ &\|\mathcal{L}(k_\lambda(u) - k_\lambda(v))\|_{H^2} \leqslant C(\|u\|_{H^2}^2 + \|v\|_{H^2}^2)\|u - v\|_{H^2}.\end{aligned}$$

将这些估计合在一起, 就知存在 $\overline{\lambda} > 0$, $C > 0$, 当 $\lambda \in (0, \overline{\lambda})$ 时,

$$\begin{aligned}&\|T_\lambda(u)\|_{H^2} \leqslant C(\lambda^2 + \lambda^2\|u\|_{H^2} + \|u\|_{H^2}^2 + \|u\|_{H^2}^3),\\ &\|T_\lambda(u) - T_\lambda(v)\|_{H^2} \leqslant C(\lambda^2 + (\|u\|_{H^2} + \|v\|_{H^2} + \|u\|_{H^2}^2 + \|v\|_{H^2}^2))\|u - v\|_{H^2}.\end{aligned}$$

因此选取 $\lambda_0 \in (0, \overline{\lambda})$ 和 $\delta_0 > 0$ 充分小, 满足

$$\begin{aligned}&C(\lambda_0^2 + \lambda_0^2\delta_0 + \delta_0^2 + \delta_0^2) < \frac{1}{2}\delta_0,\\ &C(\lambda_0^2 + 2\delta_0 + 2\delta_0^2) < \frac{1}{2}.\end{aligned}$$

于是对任意的 $u,\ v\in B, 0<\lambda<\lambda_0$ 有

$$\|T_\lambda(u)\|_{H^2}\leqslant\frac{1}{2}\delta_0,\ \|T_\lambda(u)-T_\lambda(v)\|_{H^2}\leqslant\frac{1}{2}\|u-v\|_{H^2}.$$

由此我们知道, 当 $\lambda\in(0,\lambda_0)$ 时, T_λ 在 B 中是一个压缩映射, 从而存在惟一的不动点 $h_\lambda\in B$, 满足 $T_\lambda(h_\lambda)=h_\lambda$.

此外, 因为

$$\|h_\lambda-T_\lambda(0)\|_{H^2}=\|T_\lambda(h_\lambda)-T_\lambda(0)\|_{H^2}\leqslant\frac{1}{2}\|h_\lambda-0\|_{H^2},$$

所以就推出了

$$\frac{1}{2}\|h_\lambda\|_{H^2}\leqslant\|T_\lambda(0)\|_{H^2}\leqslant\|\mathcal{L}(C_\lambda)\|_{H^2}\leqslant C\lambda^2.$$

至此, 已经证明了定理 2.2.3 中不动点的存在性以及其中的第一条性质, 还需证明定理 2.2.3 中的第二条性质, 即要证明映射 $\lambda\to h_\lambda$ 在 H_r^2 中关于 λ 是连续的. 事实上, 我们还可证明如下更强的连续性结果.

引理 2.2.6 映射 $T_\lambda(h)$ 在 $\mathbb{R}^+\times H_r^2$ 中关于 (λ,h) 是连续的.

证明 由定义知

$$T_\lambda(h)=\mathcal{L}[\mathcal{N}_\lambda((Q+h)^2)(Q+h)+Q^3+3Q^2h].$$

再根据三角不等式

$$\|T_{\lambda_1}(h_1)-T_{\lambda_2}(h_2)\|_{H^2}\leqslant\|T_{\lambda_1}(h_1-h_2)\|_{H^2}+\|(T_{\lambda_1}-T_{\lambda_2})h_2\|_{H^2},$$

因此为证明映射 $T_\lambda(h)$ 关于 (λ,h) 的连续性, 只需知道下面两条性质即可:

i) 对任意的 $\alpha>0$, 都存在 $C_\alpha>0$, 使得

$$\|\mathcal{L}(\mathcal{N}_\lambda(uv)w)\|_{H^2}\leqslant C_\alpha\|u\|_{H^2}\|v\|_{H^2}\|w\|_{H^2},\ \forall\ \lambda\in[0,\alpha],\ \forall\ u,v,w\in H_r^2.$$

ii) 对固定的 $u,\ v,\ w\in H_r^2$, 映射 $\lambda\to\mathcal{L}(\mathcal{N}_\lambda(uv)w)$ 在 H_r^2 中关于 λ 是连续的.

第 i) 条性质由命题 2.2.7 即可得到. 现设 $\lambda,\ \lambda'\in(0,\alpha)$, 则对任意的 $u,\ v,\ w\in H_r^2$ 有

$$\|\mathcal{L}(\mathcal{N}_\lambda(uv)w)-\mathcal{L}(\mathcal{N}_{\lambda'}(uv)w)\|_{H^2}\leqslant C_\alpha\|(\mathcal{N}_\lambda(uv)-\mathcal{N}_{\lambda'}(uv))w\|_{L^2}.$$

利用点态收敛关系

$$\forall\ x,\ \mathcal{N}_\lambda(uv)(x)\to\mathcal{N}_{\lambda'}(uv)(x),\ \lambda\to\lambda'$$

以及 L^∞ 估计

$$\|\mathcal{N}_\lambda(uv)\|_{L^\infty}\leqslant C_\alpha\|u\|_{H^2}\|v\|_{H^2},$$

根据控制收敛定理, 我们就得到第 ii) 条性质. 引理证毕.

从引理 2.2.6 立刻可知映射 $\lambda \to h_\lambda$ 在 H_r^2 中关于 λ 是连续的, 从而完成了定理 2.2.3 的证明.

这一小节剩下的工作就是来证明定理 2.2.1. 首先证明由定理 2.2.3 中得到的方程 (II_λ) 的径向对称解实际上是方程 (II_λ^+) 的解, 即 $P_\lambda > 0$.

命题 2.2.9 存在 $\lambda_1 > 0$, 使得当 $\lambda \in (0, \lambda_1)$ 时, 方程 (II_λ^+) 存在径向对称解 (P_λ, N_λ).

证明该命题需要用到 N_λ 在无穷远处关于 λ 的一致估计.

引理 2.2.7 存在 $\lambda_2 > 0$, $r_0 > 0$, 使得当 $\lambda \in (0, \lambda_2)$ 时,

$$|N_\lambda(r)| \leqslant \frac{1}{2}, \ \forall\, r \geqslant r_0.$$

证明 因为 $N_\lambda(r) = \mathcal{N}_\lambda(P_\lambda^2)(r)$, 其中 $\mathcal{N}_\lambda$ 由 (2.2.9) 式所定义. 在 (2.2.5) 式中取 $r_1 = r$, $r_2 = \dfrac{1}{2\lambda}\left(r < \dfrac{1}{2\lambda}\right)$ 得到

$$\begin{aligned} N_\lambda(r) = &\frac{(3/4)^{3/2}}{(1-\lambda^2 r^2)^{3/2}} N_\lambda\left(\frac{1}{2\lambda}\right) \\ &+ \frac{1}{(1-\lambda^2 r^2)^{3/2}} \int_r^{1/2\lambda} 2P_\lambda(s) P_\lambda'(s)(1-\lambda^2 s^2)^{1/2} \mathrm{d}s. \end{aligned}$$

根据引理 2.2.2 有

$$\begin{aligned} |N_\lambda(r)| &\leqslant C\left(\left|N_\lambda\left(\frac{1}{2\lambda}\right)\right| + \int_r^{1/2\lambda} 2P_\lambda(s)P_\lambda'(s)\mathrm{d}s\right) \\ &\leqslant C\left(\left|N_\lambda\left(\frac{1}{2\lambda}\right)\right| + \frac{1}{r}\|P_\lambda\|_{H^1}^2\right). \end{aligned}$$

另一方面, 根据引理 2.2.5 知

$$\|N_\lambda(r)\|_{L^\infty(\{|x| \geqslant \frac{1}{2\lambda}\})} \leqslant C\|P_\lambda(r)\|^2_{H^2(\{|x| \geqslant \frac{1}{2\lambda}\})}.$$

联合上述两个不等式得

$$\forall\, r \geqslant 0, \ |N_\lambda(r)| \leqslant C\left(\|P_\lambda(r)\|^2_{H^2(\{|x| \geqslant \frac{1}{2\lambda}\})} + \frac{1}{r}\|P_\lambda\|^2_{H^1}\right).$$

另外注意到以下事实 (根据推论 2.2.1):

$$P_\lambda \to Q \text{ 在 } H^2 \text{ 中}, \ \lambda \to 0,$$

于是得到

$$\forall\, r \geqslant 0, \ |N_\lambda(r)| \leqslant \left(o(\lambda) + \frac{1}{r}\right),$$

由此即可完成引理的证明.

命题 2.2.9 的证明 设 λ_2 和 r_0 是引理 2.2.7 中确定的常数. 由于当 $\lambda \to 0$ 时, P_λ 在 H^2 中收敛于 $Q > 0$, 所以就有 P_λ 在 L^∞ 中收敛于 Q. 注意到如果 $r \leqslant r_0$, 则有 $Q(r) \geqslant Q(r_0) > 0$. 于是可推出存在 $\lambda_3 \in (0, \lambda_2)$, 使得当 $\lambda \in (0, \lambda_3)$ 时,

$$\forall\, r \leqslant r_0,\ P_\lambda(r) > 0.$$

另一方面, 由引理 2.2.7 知, 当 $\lambda \in (0, \lambda_3)$ 时,

$$\forall\, r \geqslant r_0,\ (1 + N_\lambda(r)) \in \left[\frac{1}{2}, \frac{3}{2}\right].$$

又因为 P_λ 满足如下类型的椭圆方程:

$$-\Delta P_\lambda + (1 + N_\lambda)P_\lambda = 0,\ P_\lambda(r_0) > 0,\ P(+\infty) = 0,$$

根据最大值原理就推出了 $P_\lambda(r) > 0 (r \geqslant r_0)$. 命题得证.

其次证明在附加条件 $\|P_\lambda\|_{L^2} \leqslant c$ 下方程 (II_λ^+) 的解是惟一的.

命题 2.2.10 对任意的 $c > 0$, 都存在 $\lambda_0 = \lambda_0(c) > 0$, 使得当 $\lambda \in [0, \lambda_0]$ 时, 方程 (II_λ^+) 存在惟一的径向对称解 (P_λ, N_λ), 满足 $\|P_\lambda\|_{L^2} \leqslant c$.

证明 设 (P_λ, N_λ) 是方程 (II_λ^+) 的解, 且满足 $\|P_\lambda\|_{L^2} \leqslant c$. 首先断言:

$$P_\lambda \to Q \text{ 在 } H^2 \text{ 中},\ \lambda \to 0.$$

注意由命题 2.2.3 知

$$(P_\lambda, N_\lambda) \to (Q, -Q^2) \text{ 在 } H^1 \times L^2 \text{ 中},\ \lambda \to 0. \tag{2.2.37}$$

因此为证明上面的断言成立, 只需证明

$$\Delta P_\lambda \to \Delta Q \text{ 在 } L^2 \text{ 中},\ \lambda \to 0. \tag{2.2.38}$$

考虑 (P_λ, N_λ) 的任意子序列 $(P_{\lambda_j}, N_{\lambda_j})$, 记为 (P_j, N_j). (2.2.37) 式和命题 2.2.1 蕴含了

$$\|P_j\|_{H^1} + \|N_j\|_{L^2} + \|P_j\|_{L^\infty} \leqslant C. \tag{2.2.39}$$

又因为 $\Delta P_j = (1 + N_j)P_j$, 所以可推出 $\|\Delta P_j\|_{L^2} \leqslant C$, 从而有子列 (P_{j_k}, N_{j_k}) 满足

$$\Delta P_{j_k} \to \Delta Q \text{ 在 } L^2 \text{ 中弱收敛}. \tag{2.2.40}$$

另一方面, 利用 (2.2.39) 式得

$$\begin{aligned}
\|N_{j_k}P_{j_k} - (-Q^3)\|_{L^2} &\leqslant \|(N_{j_k} - (-Q^2))P_{j_k}\|_{L^2} + \|-Q^2(P_{j_k} - Q)\|_{L^2} \\
&\leqslant C(\|N_{j_k} - (-Q^2)\|_{L^2} + \|P_{j_k} - Q\|_{L^2}) \\
&\to 0,
\end{aligned}$$

所以有 $N_{j_k}P_{j_k}$ 在 L^2 中强收敛于 $-Q^3$. 利用这个收敛关系, 可得

$$\begin{aligned}\int_{\mathbb{R}^2}|\Delta P_{j_k}|^2\mathrm{d}x &= \int_{\mathbb{R}^2}P_{j_k}\Delta P_{j_k}\mathrm{d}x+\int_{\mathbb{R}^2}P_{j_k}N_{j_k}\Delta P_{j_k}\mathrm{d}x\\ &\to \int_{\mathbb{R}^2}Q\Delta Q\mathrm{d}x+\int_{\mathbb{R}^2}(-Q^3)\Delta Q\mathrm{d}x\\ &= \int_{\mathbb{R}^2}|\Delta Q|^2\mathrm{d}x.\end{aligned}\tag{2.2.41}$$

联合 (2.2.40) 和 (2.2.41) 式, 就得到 ΔP_{j_k} 在 L^2 中强收敛于 ΔQ, 因此就证明了 (2.2.38) 式.

令 $k_\lambda = P_\lambda - Q(\in H_r^2)$, 则有 $k_\lambda = T_\lambda(k_\lambda)$. 根据 P_λ 在 H^2 中的强收敛性, 可知当 λ 充分小的时候有 $\|k_\lambda\|_{H^2}\leqslant\delta_0$, 其中 δ_0 是定理 2.2.3 中确定的常数. 这表明 k_λ 也是压缩映射 T_λ 在 B 中的一个不动点, 根据不动点的惟一性, 就知 $k_\lambda = h_\lambda$, 其中 h_λ 是定理 2.2.3 中得到的不动点. 而 N_λ 是由 P_λ 所惟一确定的, 至此惟一性得证.

现在联合定理 2.2.3、命题 2.2.9 和 2.2.10, 我们即可完成定理 2.2.1 的全部证明.

2.2.4　Zakharov 方程爆破解的集中性

前面已经得到 Zakharov 方程 (I_{c_0}) 自相似爆破解的存在性, 现在来研究一般的爆破解在爆破时刻 T 处的定性性质. 特别地, 基于方程的物理背景, 我们尤其感兴趣的是爆破解在 L^2 空间中的集中性. 主要结果如下.

定理 2.2.4　设 (u,n) 是 Zakharov 方程 (I_{c_0}) 在 H_1 空间中的爆破解, 即

$$\|u(t)\|_{H^1}+\|n(t)\|_{L^2}+\|n_t(t)\|_{H^{-1}}\to\infty,\ t\to T,$$

则存在常数 $m_n>0$(其中 m_n 依赖于初始数据 ϕ_0, n_0 和 n_1), 使得下列结论成立:

i) 如果 $n_1\in\hat{H}^{-1}$, 且考虑径向对称解, 则有 $(\forall\ R>0)$

$$\liminf_{t\to T}\|u(t,x)\|_{L^2(B(0,R))}\geqslant\|Q\|_{L^2},$$
$$\liminf_{t\to T}\|n(t,x)\|_{L^1(B(0,R))}\geqslant m_n.$$

ii) 如果 $n_1\in\hat{H}^{-1}$, 且考虑非径向对称解, 则存在函数 $t\to x(t)$, 满足 $(\forall\ R>0)$

$$\liminf_{t\to T}\|u(t,x)\|_{L^2(B(x(t),R))}\geqslant\|Q\|_{L^2},$$
$$\liminf_{t\to T}\|n(t,x)\|_{L^1(B(x(t),R))}\geqslant m_n.$$

iii) 如果 $n_1\in H^{-1}$ 但 $n_1\notin\hat{H}^{-1}$, 且考虑径向对称解, 则存在序列 $t_k\to T(k\to+\infty)$, 满足 $(\forall\ R>0)$

$$\liminf_{k\to+\infty}\|u(t_k,x)\|_{L^2(B(0,R))}\geqslant\|Q\|_{L^2},$$
$$\liminf_{k\to+\infty}\|n(t_k,x)\|_{L^1(B(0,R))}\geqslant m_n.$$

iv) 如果 $n_1 \in H^{-1}$ 但 $n_1 \notin \hat{H}^{-1}$, 且考虑非径向对称解, 则存在序列 $t_k \to T(k \to +\infty)$ 以及序列 x_k, 满足 $(\forall\ R > 0)$

$$\lim_{k\to+\infty} \inf \|u(t_k,x)\|_{L^2(B(x_k,R))} \geqslant \|Q\|_{L^2},$$
$$\lim_{k\to+\infty} \inf \|n(t_k,x)\|_{L^1(B(x_k,R))} \geqslant m_n.$$

注 2.2.6 设初值 $(\phi_0, n_0, n_1) \in H_k (k \geqslant 2)$, T_i 为该初值所对应的 Zakharov 方程 (I_{c_0}) 的解 (u, n, n_t) 在 H_i 空间中的爆破时刻 $(i = 1, 2, \cdots, k)$, 则可以证明 [17] $T_1 = T_2 = \cdots = T_k$, 即爆破时刻都是一样的. 这表明同一初值所对应的解 (u, n, n_t) 依 H_k 模爆破必能导出依 H_1 模也爆破, 因此不失一般性, 在定理 2.2.4 的条件中, 我们只需假设解是依 H_1 模爆破的.

注 2.2.7 因为 u 的 L^2 模是守恒的, 所以定理 2.2.4 蕴含了如下的结论:

$$\|\phi_0\|_{L^2} < \|Q\|_{L^2} \Rightarrow \text{ 二维 Zakharov 方程存在整体解.}$$

上一节定理 2.1.3 也得出了同样的结论, 但是那里需要额外地假设 $n_1 \in \hat{H}^{-1}$, 而定理 2.2.4 并不需要这个条件.

给出定理 2.2.4 的证明之前, 先对方程 (I_{c_0}) 做一下变形. 对 $n_1 \in H^{-1}$, 存在 $(v_0, w_0) \in L^2 \times L^2$, 满足

$$n_1 = -\nabla \cdot v_0 + w_0.$$

特别地, 当 $n_1 \in \hat{H}^{-1}$ 时, $w_0 = 0$. 一般地, 当 $n_1 \in H^{k-1} (k \geqslant 1)$ 时, 可选取 $(v_0, w_0) \in H^k \times H^k$, 使得上述式子成立. 于是将 Zakharov 方程写成

$$\begin{cases} \mathrm{i}u_t = -\Delta u + nu, \\ n_t = -\nabla \cdot v + w_0, \\ \dfrac{1}{c_0^2} v_t + \nabla n = -\nabla |u|^2, \\ u(0) = \phi_0,\ n(0) = n_0,\ v(0) = v_0. \end{cases} \tag{I'_{c_0}}$$

注意 (u, n, n_t) 是方程 (I_{c_0}) 的解当且仅当 (u, n, v) 是方程 (I'_{c_0}) 的解.

引理 2.2.8 方程 (I'_{c_0}) 的光滑解 (u, n, v) 满足

i) $\|u(t)\|_{L_2} = \|\phi_0\|_{L^2},\ \forall\ t \in [0, T)$.

ii) $\forall\ t \in [0, T)$, 有

$$\frac{\mathrm{d}\mathcal{H}}{\mathrm{d}t} = \int_{\mathbb{R}^2} w_0 (n + |u|^2) \mathrm{d}x,$$

其中 $\mathcal{H}(t) = \mathcal{H}(u, n, v)$ 满足

$$\mathcal{H}(u, n, v) = \int_{\mathbb{R}^2} \left(|\nabla u|^2 + n|u|^2 + \frac{1}{2c_0^2} |v|^2 + \frac{1}{2} n^2 \right) \mathrm{d}x.$$

证明方法同引理 2.1.1 一样, 证明过程略去. 如果 (u,n,v) 是弱解, 则可以得到不等式关系, 不过对后面的证明过程并不会起到本质的影响, 因此在后面的证明过程中, 我们对于弱解也就直接利用引理 2.2.8 的结论. 注意当 $n_1 \in \hat{H}^{-1}$ 时, $w_0 = 0$, 此时 $\mathcal{H}(t)$ 也是一个守恒量.

引理 2.2.9 设 $u \in H^1(\mathbb{R}^2)$, 则有

$$\frac{1}{2}\|u\|_{L^4}^4 \leqslant \left(\frac{\|u\|_{L^2}^2}{\|Q\|_{L^2}^2}\right)\|\nabla u\|_{L^2}^2,$$

其中 Q 就是方程 (2.2.3) 的基态解.

该引理是引理 2.1.2 的特殊情形, 即 $d=2$.

对 $(u,n) \in H^1 \times L^2$, 定义 $\mathcal{E}(u)$ 和 $\mathcal{H}_1(u,n)$ 如下:

$$\mathcal{E}(u) = \int_{\mathbb{R}^2} |\nabla u|^2 \mathrm{d}x - \frac{1}{2}\int_{\mathbb{R}^2} |u|^4 \mathrm{d}x,$$

$$\begin{aligned}\mathcal{H}_1(u,n) &= \int_{\mathbb{R}^2} \left(|\nabla u|^2 + \frac{1}{2}n^2 + n|u|^2\right)\mathrm{d}x \\ &= \mathcal{E}(u) + \frac{1}{2}\int_{\mathbb{R}^2} (n+|u|^2)^2 \mathrm{d}x.\end{aligned}$$

下面开始证明定理 2.2.4.

定理 2.2.4 的证明 第 1 种情形: $n_1 \in \hat{H}^{-1}$, 且考虑径向对称解. 用反证法. 假设定理的结论不成立, 即存在常数 $\delta_0 > 0$ 和 $R_0 > 0$ 以及序列 $t_k \to T(k \to +\infty)$, 满足

$$\int_{|x|<R_0} |u(t_k,x)|^2 \mathrm{d}x \leqslant \|Q\|_{L^2}^2 - \delta_0, \tag{2.2.42}$$

或

$$\left(\lim\inf_{k\to+\infty} \int_{|x|<R} |n(t_k,x)|\mathrm{d}x\right) \to 0,\ R \to 0. \tag{2.2.43}$$

用 Scaling 技术引入函数

$$u_k(x) = \lambda_k^{-1}u(t_k, x\lambda_k^{-1}), \quad n_k(x) = \lambda_k^{-2}u(t_k, x\lambda_k^{-1}),$$

其中 $\lambda_k = \|\nabla u(t_k,x)\|_{L^2}$. 注意由于 u 是爆破解, 故当 $k \to +\infty$ 时有 $\lambda_k \to +\infty$. 容易验证以下几个式子成立

$$\int_{\mathbb{R}^2} |u_k|^2 \mathrm{d}x = \|\phi_0\|_{L^2}^2, \quad \int_{\mathbb{R}^2} |\nabla u_k|^2 \mathrm{d}x = 1, \tag{2.2.44}$$

$$\mathcal{E}(u_k) = \frac{1}{\lambda_k^2}\left(\int_{\mathbb{R}^2} |\nabla u(t_k,x)|^2 \mathrm{d}x - \frac{1}{2}\int_{\mathbb{R}^2} |u(t_k,x)|^4 \mathrm{d}x\right) = \frac{1}{\lambda_k^2}\mathcal{E}(u(t_k)),$$

以及

$$\mathcal{H}_1(u_k, n_k) = \frac{1}{\lambda_k^2}\mathcal{H}_1(u(t_k), n(t_k)).$$

由于 $n_1 \in \hat{H}^{-1}$, 根据 $\mathcal{E}, \mathcal{H}$ 和 $\mathcal{H}_1$ 的定义易知

$$\mathcal{E}(u(t_k)) \leqslant \mathcal{H}_1(u(t_k), n(t_k)) \leqslant \mathcal{H}(t_k) = \mathcal{H}(0),$$

所以当 $k \to +\infty$ 时,

$$\mathcal{E}(u_k) \leqslant \mathcal{H}_1(u_k, n_k) \leqslant \frac{1}{\lambda_k^2}\mathcal{H}(0) \to 0.$$

特别地, 有

$$\lim_{k\to+\infty}\sup \mathcal{E}(u_k) \leqslant 0, \quad \lim_{k\to+\infty}\sup \mathcal{H}_1(u_k, n_k) \leqslant 0.$$

因此可得

$$\lim_{k\to+\infty}\inf \int_{\mathbb{R}^2} |u_k|^4 \mathrm{d}x \geqslant 2 \lim_{k\to+\infty}\inf \int_{\mathbb{R}^2} |\nabla u_k|^2 \mathrm{d}x - \mathcal{E}(u_k) \geqslant 2, \tag{2.2.45}$$

以及

$$\lim_{k\to+\infty}\sup \int_{\mathbb{R}^2} (|n_k|^2 + 2n_k|u_k|^2)\mathrm{d}x \leqslant 0$$

或者 $\left(\text{利用 } 2ab \leqslant \frac{1}{2}a^2 + 2b^2\right)$

$$\lim_{k\to+\infty}\sup \int_{\mathbb{R}^2} |n_k|^2 \mathrm{d}x \leqslant 4 \lim_{k\to+\infty}\sup \int_{\mathbb{R}^2} |u_k|^4 \mathrm{d}x \leqslant C. \tag{2.2.46}$$

此外, 当 $k \to +\infty$ 时, 由 (2.2.42) 和 (2.2.43) 式可推出对任意的 $R > 0$ 有

$$\lim_{k\to+\infty}\sup \int_{|x|<R} |u_k|^2 \mathrm{d}x \leqslant \|Q\|_{L^2}^2 - \delta_0 \text{ 或 } \lim_{k\to+\infty}\sup \int_{|x|<R} |n_k| \mathrm{d}x = 0. \tag{2.2.47}$$

根据 (2.2.44) 和 (2.2.46) 式, 利用紧性方法, 可得子列 (为方便起见, 记号不变) (u_k, n_k) 在 $H^1 \times L^2$ 中弱收敛于 $(U, N) \in H^1 \times L^2$. 又因为 u_k 是径向对称函数, 所以根据紧性引理 (见文献 [39, 55]), 知 u_k 在 L^4 中强收敛于 U. 因此由 (2.2.45) 式就有

$$\int_{\mathbb{R}^2} |U|^4 \mathrm{d}x \geqslant 2, \ U \not\equiv 0. \tag{2.2.48}$$

在 (2.2.47) 式中令 $k \to +\infty$, 利用 u_k 和 n_k 的弱收敛性, 可推出

$$\|U\|_{L^2} < \|Q\|_{L^2} \text{ 或 } N = 0. \tag{2.2.49}$$

此外, 利用 n_k 的弱收敛性和 u_k 的强收敛性得

$$\int_{\mathbb{R}^2} n_k|u_k|^2\mathrm{d}x \to \int_{\mathbb{R}^2} N|U|^2\mathrm{d}x,\ k\to+\infty.$$

根据这些收敛性质得

$$\begin{aligned}\mathcal{H}_1(U,N) &\leqslant \liminf_{k\to+\infty}\mathcal{H}_1(u_k,n_k)\\ &= \liminf_{k\to+\infty}\int_{\mathbb{R}^2}\left(|\nabla u_k|^2+\frac{1}{2}n_k^2+n_k|u_k|^2\right)\mathrm{d}x \leqslant 0,\end{aligned}$$

即

$$\mathcal{E}(U)+\frac{1}{2}\int_{\mathbb{R}^2}(N+|U|^2)^2\mathrm{d}x \leqslant 0.$$

因此, 如果 (2.2.49) 式中的 $\|U\|_{L^2}<\|Q\|_{L^2}$ 成立, 那么

$$\mathcal{E}(U)=\int_{\mathbb{R}^2}|\nabla U|^2\mathrm{d}x-\frac{1}{2}\int_{\mathbb{R}^2}|U|^4\mathrm{d}x\leqslant 0,\ U\neq 0,$$

于是与引理 2.2.9 矛盾. 如果 (2.2.49) 式中的 $N=0$ 成立, 那么就有 $\mathcal{H}_1(U,N)=\int_{\mathbb{R}^2}|\nabla U|^2\mathrm{d}x\leqslant 0$, 与 $U\neq 0$ 矛盾. 总之, 无论哪种情形, 我们都会得到矛盾, 因此原假设不成立, 即在第 1 种情形下, 我们证明了定理 2.2.4 的结论.

接着证明剩余的 3 种情形, 其中下面命题给出的估计是至关重要的 (其证明会在稍后给出).

命题 2.2.11　存在常数 $m_n=m_n(\|\phi_0\|_{L^2})>0$, 使得下面的性质成立：如果 $u_k\in H^1$, $n_k\in L^2$, $v_k\in L^2$ 满足

$$\|u_k\|_{L^2}=\|\phi_0\|_{L^2},$$

而且还存在常数 $R_0>0$ 和 $\delta_0>0$ 满足

$$\sup_y\int_{|y-x|<R_0}|u_k(x)|^2\mathrm{d}x\leqslant\|Q\|_{L^2}^2-\delta_0,$$

或

$$\sup_y\int_{|y-x|<R_0}|n_k(x)|\mathrm{d}x\leqslant m_n(\|\phi_0\|_{L^2})-\delta_0.$$

则存在常数 $C_1\geqslant 0$ 和 $C_2>0$, 满足

$$-C_1+C_2\left(\int_{\mathbb{R}^2}(|\nabla u_k|^2+|n_k|^2+|v_k|^2)\mathrm{d}x\right)\leqslant\mathcal{H}(u_k,n_k,v_k),\ \forall\ k.$$

第 2 种情形：$n_1 \in \hat{H}^{-1}$, 考虑非径向对称解. 设 $m_n(\|\phi_0\|_{L^2})$ 是命题 2.2.11 中确定的常数. 假设定理 2.2.4 的结论不对, 则存在常数 $R_0 > 0$ 和 $\delta_0 > 0$, 以及序列 $t_k \to T(k \to +\infty)$, 满足

$$\lim_{k\to+\infty}\inf \left(\sup_y \int_{|y-x|<R_0} |u(t_k,x)|^2 \mathrm{d}x\right) \leqslant \|Q\|_{L^2}^2 - \delta_0,$$

或

$$\lim_{k\to+\infty}\inf \left(\sup_y \int_{|y-x|<R_0} |n(t_k,x)| \mathrm{d}x\right) \leqslant m_n(\|\phi_0\|_{L^2}) - \delta_0.$$

那么直接利用上面的命题, 就得到

$$\int_{\mathbb{R}^2} (|\nabla u(t_k)|^2 + |n(t_k)|^2 + |v(t_k)|^2)\mathrm{d}x \leqslant C + C|\mathcal{H}(0)| \leqslant C,$$

这个不等式与 (u,n) 是 H_1 中的爆破解矛盾, 因此定理的第 2 种情形得证.

第 3 种情形和第 4 种情形的证明类似. 因此下面就只证明更为一般的第 4 种情形.

第 4 种情形：$n_1 \in H^{-1}$, 但 $n_1 \notin \hat{H}^{-1}$, 且考虑非径向对称解. 设 $m_n(\|\phi_0\|_{L^2})$ 是命题 2.2.11 中确定的常数. 假设定理 2.2.4 的结论不对, 则存在常数 $R_0 > 0$ 和 $\delta_0 > 0$, 满足 $\forall\, t \in [0,T)$ 有

$$\sup_y \int_{|y-x|<R_0} |u(t,x)|^2 \mathrm{d}x \leqslant \|Q\|_{L^2}^2 - \delta_0,$$

或

$$\sup_y \int_{|y-x|<R_0} |n(t,x)| \mathrm{d}x \leqslant m_n(\|\phi_0\|_{L^2}) - \delta_0.$$

再次利用命题 2.2.11 得

$$\int_{\mathbb{R}^2} (|\nabla u(t)|^2 + |n(t)|^2 + |v(t)|^2)\mathrm{d}x \leqslant C + C|\mathcal{H}(t)|. \tag{2.2.50}$$

此外, 根据引理 2.2.8 和 2.2.9 得

$$\begin{aligned}
\mathcal{H}(t) &= \mathcal{H}(0) + \int_0^t \frac{\mathrm{d}\mathcal{H}}{\mathrm{d}t}(s)\mathrm{d}s \\
&\leqslant C + \int_0^t \left(\int_{\mathbb{R}^2} |w_0|(n(s) + |u(s)|^2)\mathrm{d}x\right)\mathrm{d}s \\
&\leqslant C + \int_0^t (\|w_0\|_{L^2}^2 + \|n(s) + |u(s)|^2\|_{L^2}^2)\mathrm{d}s \\
&\leqslant C(1 + \int_0^t (\|n(s)\|_{L^2}^2 + \|\nabla u(s)\|_{L^2}^2)\mathrm{d}s) \\
&\leqslant C(1 + \int_0^t M(s)\mathrm{d}s),
\end{aligned}$$

其中

$$M(t)=\|\nabla u(t)\|_{L^2}^2+\|n(t)\|_{L^2}^2+\|v(t)\|_{L^2}^2.$$

将上述式子代入 (2.2.50) 式中

$$M(t)\leqslant C+C\int_0^t M(s)\mathrm{d}s,\ \forall\ t\in[0,T).$$

根据 Gronwall 不等式, 得 $M(t)\leqslant C(\forall\ t\in[0,T))$, 该结论与 (u,n) 是 H_1 中的爆破解这个事实矛盾, 故假设不成立, 从而定理的第 4 种情形得证. 定理证毕.

下面来证明命题 2.2.11, 先给出如下引理.

引理 2.2.10　设函数序列 $(U_k,N_k)\in H^1\times L^2$, 满足 $(k\to+\infty)$

$$\int_{\mathbb{R}^2}|U_k|^2\mathrm{d}x\to C_1>0,\quad \int_{\mathbb{R}^2}N_k|U_k|^2\mathrm{d}x\to -C_2<0,$$
$$\int_{\mathbb{R}^2}|\nabla U_k|^2\mathrm{d}x+\frac{1}{2}\int_{\mathbb{R}^2}|N_k|^2\mathrm{d}x\to C_3>0,$$

则存在常数 $C_4=C_4(C_1,C_2,C_3)>0$ 以及点列 x_k, 使得

$$\int_{|x-x_k|<1}|N_k|\mathrm{d}x>C_4.$$

证明　取常数 $a=\dfrac{C_2}{2(C_1+C_3)}$, 根据所给的条件, 存在点列 x_k, 满足 (当 k 充分大时)

$$-\int_{B_k}N_k|U_k|^2\mathrm{d}x\geqslant a\left(\int_{B_k}\left(|U_k|^2+|\nabla U_k|^2+\frac{1}{2}|N_k|^2\right)\mathrm{d}x\right),\tag{2.2.51}$$

其中 $B_k=B(x_k,1)$. 事实上, 如果 (2.2.51) 式不成立, 则有

$$-\int_{\mathbb{R}^2}N_k|U_k|^2\mathrm{d}x\leqslant a\left(\int_{\mathbb{R}^2}\left(|U_k|^2+|\nabla U_k|^2+\frac{1}{2}|N_k|^2\right)\mathrm{d}x\right),$$

令 $k\to+\infty$, 会导出 $C_2\leqslant a(C_1+C_3)=\dfrac{C_2}{2}$, 矛盾!

根据 (2.2.51) 式, 利用 Sobolev 嵌入不等式得

$$\begin{aligned}aC\|U_k\|_{L^4(B_k)}^2+\frac{a}{2}\|N_k\|_{L^2(B_k)}^2&\leqslant-\int_{B_k}N_k|U_k|^2\mathrm{d}x\\&\leqslant\|N_k\|_{L^2(B_k)}\|U_k\|_{L^4(B_k)}^2\\&\leqslant\frac{a}{2}\|N_k\|_{L^2(B_k)}^2+\frac{1}{2a}\|U_k\|_{L^4(B_k)}^4.\end{aligned}$$

于是存在常数 $C_5>0$, 满足

$$-\int_{B_k} N_k|U_k|^2\mathrm{d}x \geqslant C_5, \quad \int_{B_k}|U_k|^4\mathrm{d}x \geqslant C_5. \tag{2.2.52}$$

假设引理 2.2.10 的结论不成立, 那么存在 N_k 的子列 (仍记为 N_k), 使得

$$\int_{B_k}|N_k|\mathrm{d}x \to 0,\ k\to+\infty. \tag{2.2.53}$$

由引理所给的条件不妨假设

$$N_k(x_k+\cdot)\rightharpoonup N \text{ 在 } L^2 \text{ 中}, \quad U_k(x_k+\cdot)\rightharpoonup U \text{ 在 } H^1 \text{ 中}.$$

利用紧嵌入定理还可得出

$$U_k(x_k+\cdot)\to U \text{ 在 } L^4_{\mathrm{loc}}(\mathbb{R}^2) \text{ 中}.$$

此外, 再利用 (2.2.53) 式可推出

$$N_k(x_k+\cdot)\to 0 \text{ 在 } L^2(B(0,1)) \text{ 中弱收敛}.$$

因此, 根据这些收敛性质, 得

$$\int_{B_k} N_k|U_k|^2\mathrm{d}x = \int_{B(0,1)} N_k(x_k+x)|U_k(x_k+x)|^2\mathrm{d}x \to 0,\ k\to+\infty,$$

这个结论与 (2.2.52) 式矛盾. 引理得证.

命题 2.2.11 的证明 用反证法. 假设命题的结论不成立. 首先不妨假设

$$\lambda_k^2 = \int_{\mathbb{R}^2}|\nabla u_k|^2\mathrm{d}x + \frac{1}{2}\int_{\mathbb{R}^2}|n_k|^2\mathrm{d}x \to +\infty,\ k\to+\infty$$

和

$$\limsup_{k\to+\infty}\frac{\mathcal{H}_1(u_k,n_k)}{\lambda_k^2}\leqslant 0,\ k\to+\infty.$$

事实上, 如果 $\lambda_k^2\leqslant C$, 则 $|\mathcal{H}_1(u_k,n_k)|\leqslant C$, 于是命题的结论显然成立. 如果 $k\to+\infty$ 时有 $\dfrac{\mathcal{H}_1(u_k,n_k)}{\lambda_k^2}\to C>0$, 那么当 k 充分大时,

$$\mathcal{H}_1(u_k,n_k)\geqslant \frac{C}{2}\left(\int_{\mathbb{R}^2}|\nabla u_k|^2\mathrm{d}x + \frac{1}{2}\int_{\mathbb{R}^2}|n_k|^2\mathrm{d}x\right),$$

于是取 $C_1=0$, $C_2=\min\left\{\dfrac{C}{2},\dfrac{1}{2c_0^2}\right\}$, 那么命题也就得证.

接着用 Scaling 技术引入函数

$$U_k(x)=\lambda_k^{-1}u_k(x\lambda_k^{-1}),\quad N_k(x)=\lambda_k^{-2}n_k(x\lambda_k^{-1}).$$

容易验证有

$$\int_{\mathbb{R}^2}|U_k|^2\mathrm{d}x=\int_{\mathbb{R}^2}|\phi_0|^2\mathrm{d}x,\quad \int_{\mathbb{R}^2}|\nabla U_k|^2\mathrm{d}x+\frac{1}{2}\int_{\mathbb{R}^2}|N_k|^2\mathrm{d}x=1,$$

以及

$$\begin{aligned}\lim\sup_{k\to+\infty}\left(1+\int_{\mathbb{R}^2}N_k|U_k|^2\mathrm{d}x\right)&=\lim\sup_{k\to+\infty}\mathcal{H}_1(U_k,N_k)\\&=\lim\sup_{k\to+\infty}\frac{\mathcal{H}_1(u_k,n_k)}{\lambda_k^2}\leqslant 0.\end{aligned}\tag{2.2.54}$$

因为 $\left|\int_{\mathbb{R}^2}N_k|U_k|^2\mathrm{d}x\right|\leqslant\|N_k\|_{L^2}\|U_k\|_{H^1}\leqslant C$, 所以根据上式不妨假设 (至多相差一个子列)

$$\int_{\mathbb{R}^2}N_k|U_k|^2\mathrm{d}x\to a\leqslant -1,\ k\to+\infty.$$

此外根据命题的条件, 还有

$$\forall\ R>0,\ \lim\inf_{k\to+\infty}\left(\sup_y\int_{|y-x|<R}|U_k(x)|^2\mathrm{d}x\right)\leqslant\|Q\|_{L^2}^2-\delta_0,\tag{2.2.55}$$

或

$$\forall\ R>0,\ \lim\inf_{k\to+\infty}\left(\sup_y\int_{|y-x|<R}|N_k(x)|\mathrm{d}x\right)\to 0.\tag{2.2.56}$$

如果 (2.2.56) 式成立, 利用引理 2.2.10, 可得存在点列 x_k, 满足

$$\int_{|x-x_k|<1}|N_k(x)|\mathrm{d}x>C_4>0.$$

该结论与 (2.2.56) 式矛盾. 故在这种情形下命题得证.

如果 (2.2.55) 式成立, 由 (2.2.54) 式知

$$\mathcal{H}_1(U_k,N_k)=\mathcal{E}(U_k)+\frac{1}{2}\int_{\mathbb{R}^2}(N_k+|U_k|^2)^2\mathrm{d}x\leqslant 0,$$

即可推出

$$\lim\sup_{k\to+\infty}\mathcal{E}(U_k)\leqslant\lim\sup_{k\to+\infty}\mathcal{H}_1(U_k,N_k)\leqslant 0.$$

令 $U_k = U_k^1 + U_{kR}^1$, 其中 U_k^1 满足引理 2.2.10 的条件, 则从引理 2.2.10 的证明中可知存在点列 x_k^1, 满足

$$U_k^1(x_k^1 + x) \rightharpoonup \psi_1 \text{ 在 } H^1 \text{ 中}, \quad \|U_k^1\|_{L^4(|x-x_k^1|\leqslant 1)} \geqslant C > 0,$$

其中 C 与 $\|\phi_0\|_{L^2}$ 模有关. 于是根据 Sobolev 不等式可得存在 $\delta_1 > 0$, 满足

$$\|U_k^1\|_{L^2(|x-x_k^1|\leqslant 1)} \geqslant \delta_1 = \delta_1(\|\phi_0\|_{L^2}).$$

由 (2.2.55) 式有

$$\forall\ R > 0,\ \lim\inf_{k\to+\infty} \|U_k^1(x_k + \cdot)\|_{L^2(B_R)} \leqslant \|Q\|_{L^2}^2 - \delta_0.$$

于是根据集中紧性的一般处理技巧 (见文献 [59]), 可以选取合适的 U_k^1, 满足

$$\|U_k^1\|_{L^2}^2 + \|U_{kR}^1\|_{L^2}^2 \to \|\phi_0\|_{L^2}^2, \quad \delta_1 \leqslant \lim\inf_{k\to+\infty} \|U_k^1\|_{L^2}^2 \leqslant \|Q\|_{L^2}^2 - \delta_0.$$

另一方面, 又有

$$\begin{aligned}\mathcal{E}(\psi_1) + \lim\sup_{k\to+\infty} \mathcal{E}(U_{kR}^1) &\leqslant \lim\sup_{k\to+\infty} \mathcal{E}(U_k^1) + \lim\sup_{k\to+\infty} \mathcal{E}(U_{kR}^1) \\ &\leqslant \lim\sup_{k\to+\infty} \mathcal{E}(U_k) \leqslant 0.\end{aligned}$$

注意到 $\delta_1 \leqslant \|\psi_1\|_{L^2}^2 \leqslant \|Q\|_{L^2}^2 - \delta_0$, 于是由引理 2.2.9 知 $\mathcal{E}(\psi_1) > 0$, 从而得出

$$\lim\sup_{k\to+\infty} \mathcal{E}(U_{kR}^1) < 0.$$

至此我们可选出子列 (为简便起见, 记号一样) 满足

$$\|U_{kR}^1\|_{L^2}^2 \to C < \|\phi_0\|_{L^2}^2 - \delta_1, \quad \lim\sup_{k\to+\infty} \mathcal{E}(U_{kR}^1) < 0.$$

用同样的方法继续对 U_{kR}^1 作分解,

$$U_{kR}^1 = U_k^2 + U_{kR}^2,$$

其中 $\|U_k^2(x_k^2 + \cdot)\|_{L^2(|x-x_k^2|\leqslant 1)} \geqslant \delta_1$. 定义整数 p 满足 $-p\delta_1 + \|\phi_0\|_{L^2}^2 < \|Q\|_{L^2}^2$, 则我们至多用上述方法 p 次, 使得有 $i \leqslant p$ 和函数 U_{kR}^i(k 充分大) 满足

$$\mathcal{E}(U_{kR}^i) < 0, \quad \|U_{kR}^i\|_{L^2}^2 < \|Q\|_{L^2}^2,$$

该结论与引理 2.2.9 矛盾. 至此命题得证.

2.2.5 极小能量爆破解的不存在性

这一小节将证明 Zakharov 方程 (I_{c_0}) 不存在极小能量的爆破解, 即要证明下面的定理.

定理 2.2.5 设初始数据满足 $\phi_0 \in H^1(\mathbb{R}^2)$, $n_0 \in L^2(\mathbb{R}^2)$, $n_1 \in H^{-1}(\mathbb{R}^2)$, 而且 ϕ_0 还满足 $\|\phi_0\|_{L^2} = \|Q\|_{L^2}$. 则 Zakharov 方程 ($\mathrm{I}_{c_0}$) 的解 (u, n, n_t) 在 $H^1(\mathbb{R}^2) \times L^2(\mathbb{R}^2) \times H^{-1}(\mathbb{R}^2)$ 中不会爆破, 即解是整体存在的.

注 2.2.8 该定理不需要假设 $n_1 \in \hat{H}^{-1}$. 根据注记 2.2.6 可知, 在 $\|\phi_0\|_{L^2} = \|Q\|_{L^2}$ 条件下, Zakharov 方程 (I_{c_0}) 在 $H_k = H^k(\mathbb{R}^2) \times H^{k-1}(\mathbb{R}^2) \times H^{k-2}(\mathbb{R}^2) (k \geqslant 1)$ 中的解也是整体存在的.

定理 2.2.5 的证明 反证法. 设 Zakharov 方程 (I_{c_0}) 的解 (u, n, n_t) 依 H_1 模在 $t = T$ 处爆破, 则有

$$\|\nabla u(t)\|_{L^2} + \|n(t)\|_{L^2} + \|n_t(t)\|_{H^{-1}} \to +\infty, \ t \to T,$$

或者

$$\|\nabla u(t)\|_{L^2} + \|n(t)\|_{L^2} + \|v(t)\|_{L^2} \to +\infty, \ t \to T.$$

首先断言存在常数 $C > 0$, 满足

$$\begin{aligned} &\mathcal{E}(u(t)) \leqslant C, \quad \int_{\mathbb{R}^2} |v(t,x)|^2 \mathrm{d}x \leqslant C, \\ &\int_{\mathbb{R}^2} (n(t,x) + |u(t,x)|^2)^2 \mathrm{d}x \leqslant C, \ \forall\, t \in [0, T). \end{aligned} \tag{2.2.57}$$

分两种情形证明 (2.2.57) 式. 如果 $n_1 \in \hat{H}^{-1}$, 则 $\mathcal{H}(t) = \mathcal{H}(0)$, 其中

$$\mathcal{H}(t) = \mathcal{E}(u(t)) + \frac{1}{2} \int_{\mathbb{R}^2} (n(t) + |u(t)|^2)^2 \mathrm{d}x + \frac{1}{2c_0^2} \int_{\mathbb{R}^2} |v|^2 \mathrm{d}x. \tag{2.2.58}$$

因为 $\|\phi_0\|_{L^2} = \|Q\|_{L^2}^2$, 利用引理 2.2.9 有

$$\mathcal{E}(u(t)) \geqslant \left(1 - \frac{\|u(t)\|_{L^2}^2}{\|Q\|_{L^2}^2}\right) \|\nabla u(t)\|_{L^2}^2 = 0, \tag{2.2.59}$$

故 (2.2.58) 和 (2.2.59) 式就蕴含了

$$\mathcal{E}(u(t)) \leqslant \mathcal{H}(0), \ \frac{1}{2C_0^2} \int_{\mathbb{R}^2} |v(t,x)|^2 \mathrm{d}x \leqslant \mathcal{H}(0), \ \int_{\mathbb{R}^2} (n(t) + |u(t)|^2)^2 \mathrm{d}x \leqslant \mathcal{H}(0).$$

因此当 $n_1 \in \hat{H}^{-1}$ 时, 断言 (2.2.57) 得证.

如果 $n_1 \notin \hat{H}^{-1}$, 为证明断言 (2.2.57), 只需证明 $\mathcal{H}(t) \leqslant C (\forall t \in [0, T))$. 根据引

理 2.2.8 得

$$\begin{aligned}\frac{\mathrm{d}\mathcal{H}(t)}{\mathrm{d}t} &= \int_{\mathbb{R}^2} w_0(n(t)+|u(t)|^2)\mathrm{d}x \\ &\leqslant \int_{\mathbb{R}^2} w_0^2\mathrm{d}x + \int_{\mathbb{R}^2}(n(t)+|u(t)|^2)^2\mathrm{d}x \\ &\leqslant C + \int_{\mathbb{R}^2}(n(t)+|u(t)|^2)^2\mathrm{d}x.\end{aligned}$$

对上式积分就得

$$\mathcal{H}(t) \leqslant C + \int_0^t \int_{\mathbb{R}^2}(n(s)+|u(s)|^2)^2\mathrm{d}x\mathrm{d}s. \tag{2.2.60}$$

特别地, 根据 (2.2.58) 和 (2.2.59) 式得

$$\int_{\mathbb{R}^2}(n(t)+|u(t)|^2)^2\mathrm{d}x \leqslant C + C\int_0^t \int_{\mathbb{R}^2}(n(s)+|u(s)|^2)^2\mathrm{d}x\mathrm{d}s,$$

根据 Gronwall 不等式, 得

$$\int_{\mathbb{R}^2}(n(t)+|u(t)|^2)^2\mathrm{d}x \leqslant C,\ \forall\, t\in[0,T),$$

再根据 (2.2.60) 式, 得到 $\mathcal{H}(t)\leqslant C$. 断言 (2.2.57) 证毕.

接着证明：存在常数 $C>0$, 满足

$$\||u(t)|^2\|_{H^{-1}} \leqslant C,\ \forall\, t\in[0,T).$$

事实上, 由于 $n_t = \nabla\cdot v + w_0$, 故

$$\begin{aligned}\|n(t)\|_{H^{-1}} &\leqslant C + \int_0^t \|n_t(s)\|_{H^{-1}}\mathrm{d}s \\ &\leqslant C + \int_0^t (\|\nabla\cdot v(s)\|_{H^{-1}} + \|w_0\|_{H^{-1}})\mathrm{d}s \\ &\leqslant C + \int_0^t (\|v(s)\|_{L^2} + \|w_0\|_{L^2})\mathrm{d}s \\ &\leqslant C,\ \forall\, t\in[0,T),\end{aligned} \tag{2.2.61}$$

其中最后一步利用了断言 (2.2.57). 注意到 $|u(t)|^2 = (n(t)+|u(t)|^2) - n(t)$, 于是由 (2.2.61) 和 (2.2.57) 式得

$$\begin{aligned}\||u(t)|^2\|_{H^{-1}} &\leqslant \|n(t)\|_{H^{-1}} + \|n(t)+|u(t)|^2\|_{H^{-1}} \\ &\leqslant C + \|n(t)+|u(t)|^2\|_{L^2} \leqslant C.\end{aligned}$$

最后我们来完成定理的证明. 根据 $\mathcal{E}(u(t)) \leqslant C$ 以及 $\|u(t)\|_{L^2} = \|Q\|_{L^2}$, 可推出

$$\|\nabla u(t)\|_{L^2} \to +\infty, \ t \to T.$$

事实上, 如若不然, 则存在常数 $C > 0$, 使得 $\|\nabla u(t)\|_{L^2} \leqslant C$, 于是可推出 $\|u(t)\|_{L^4} \leqslant C$, 再联合 (2.2.57) 式得

$$\|\nabla u(t)\|_{L^2} + \|n(t)\|_{L^2} + \|v(t)\|_{L^2} \leqslant C, \ \forall\, t \in [0, T),$$

与 (u, n, v) 是爆破解矛盾.

现在利用定理 2.2.4 知存在函数 $x(t)$, 使得 (依分布意义下)

$$|u(t, x(t) + x)|^2 \rightharpoonup \|Q\|_{L^2}^2 \delta_{x=0}, \ t \to T.$$

令 $h(t, x) = |u(t, x(t) + x)|^2$, 则前面的结论告诉我们

$$\|h(t, x)\|_{H^{-1}} \leqslant C, \text{以及} h(t, x) \rightharpoonup \|Q\|_{L^2}^2 \delta_{x=0}, \ t \to T,$$

因此得到

$$\|Q\|_{L^2}^2 \delta_{x=0} \in H^{-1}. \tag{2.2.62}$$

由于存在函数序列 $z_k \in H^1$ 满足 $z_k(0) \to +\infty$, 因此发现这个事实与 (2.2.62) 式矛盾 (注: $\hat{\delta} = 1 \Rightarrow \delta \in H^s(\mathbb{R}^2)$, $s < -1$). 至此, 定理得证.

2.3 高维非均匀介质中的 Zakharov 方程

在激光等离子体物理和孤立子问题的研究中, 各种类型的 Zakharov 方程在其中扮演着非常重要的角色. 最近, 随着对这些物理问题的深入研究, 一些广义的 Zakharov 方程也相应地建立起来. 比如, 文献 [60] 中所建立的非等熵的 Zakharov 方程模型, 可以用来描述强激光束在非均匀介质中的传播. 本节研究高维非均匀介质中 Zakharov 方程的整体光滑解的存在惟一性, 方程如下:

$$\mathrm{i}\Delta\varepsilon_t + \Delta^2\varepsilon - \nabla \cdot (n\nabla\varepsilon) = 0, \tag{2.3.1}$$

$$n_t = \Delta\Phi, \tag{2.3.2}$$

$$\Phi_t = n + |\nabla\varepsilon|^2, \tag{2.3.3}$$

$$\varepsilon|_{t=0} = \varepsilon_0(x), \ n|_{t=0} = n_0(x), \ \Phi|_{t=0} = \Phi_0(x), \ x \in \mathbb{R}^2, \tag{2.3.4}$$

其中

$$\mathrm{i} = \sqrt{-1}, \quad \nabla \equiv \left(\frac{\partial}{\partial x_1}, \frac{\partial}{\partial x_2}\right), \quad \Delta \equiv \frac{\partial^2}{\partial x_1^2} + \frac{\partial^2}{\partial x_2^2},$$

$\varepsilon = (\varepsilon_1(x, t), \varepsilon_2(x, t), \cdots, \varepsilon_N(x, t))$ 是未知的复向量值函数, $n(x, t)$ 和 $\Phi(x, t)$ 都是未知的实值函数, $\Phi(x, t)$ 称为低频位势.

2.3.1 一些先验估计

要建立方程 (2.3.1)~(2.3.4) 的光滑解 (或弱解) 的存在性理论, 关键是要推导出相关的先验估计. 下面我们就来做这方面的工作. 为简便起见, 不妨假设 (ε, n, Φ) 为方程 (2.3.1)~(2.3.4) 的光滑解, 且在无穷远处充分衰减 (即它们的任意阶导数在 $|x| \to \infty$ 时都趋于零).

引理 2.3.1 设 $\varepsilon_0(x) \in H^1(\mathbb{R}^2)$, 则方程 (2.3.1)~(2.3.4) 的解 ε 满足

$$\|\nabla\varepsilon(\cdot,t)\|^2_{L^2(\mathbb{R}^2)} = \|\nabla\varepsilon_0(x)\|^2_{L^2(\mathbb{R}^2)}. \tag{2.3.5}$$

证明 方程 (2.3.1) 两边与 ε 作内积可得

$$(\mathrm{i}\Delta\varepsilon_t + \Delta^2\varepsilon - \nabla\cdot(n\nabla\varepsilon), \varepsilon) = 0. \tag{2.3.6}$$

注意到如下事实:

$$\begin{aligned}
&\mathrm{Im}(\mathrm{i}\Delta\varepsilon_t, \varepsilon) = -\frac{1}{2}\frac{\mathrm{d}}{\mathrm{d}t}\|\nabla\varepsilon(\cdot,t)\|^2_{L^2(\mathbb{R}^2)},\\
&(\Delta^2\varepsilon, \varepsilon) = \|\Delta\varepsilon\|^2_{L^2(\mathbb{R}^2)},\\
&(-\nabla\cdot(n\nabla\varepsilon), \varepsilon) = \int_{\mathbb{R}^2} n|\nabla\varepsilon|^2\mathrm{d}x.
\end{aligned}$$

于是在 (2.3.6) 式中取出虚部部分就有

$$\frac{1}{2}\frac{\mathrm{d}}{\mathrm{d}t}\|\nabla\varepsilon(\cdot,t)\|^2_{L^2(\mathbb{R}^2)} = 0,$$

由此即可得到等式 (2.3.5).

引理 2.3.2 (Gagliardo-Nirenberg 不等式) 设 $u(x) \in L^q(\mathbb{R}^N)$, $D^m u \in L^r(\mathbb{R}^N)$, $1 \leqslant q,\ r \leqslant \infty$. 则存在常数 $C > 0$, 满足

$$\|D^j u\|_{L^p(\Omega)} \leqslant C\|D^m u\|^\alpha_{L^r(\Omega)}\|u\|^{1-\alpha}_{L^q(\Omega)}, \tag{2.3.7}$$

其中

$$\begin{aligned}
&\frac{1}{p} = \frac{j}{N} + \alpha\left(\frac{1}{r} - \frac{m}{N}\right) + (1-\alpha)\frac{1}{q},\\
&1 \leqslant p \leqslant \infty,\ 0 \leqslant j \leqslant m,\ \frac{j}{m} \leqslant \alpha \leqslant 1.
\end{aligned}$$

该引理在很多关于 Sobolev 空间或偏微分方程的教材中都能找到, 因此略去证明.

引理 2.3.3 (Sobolev 最优常数估计) 设 $u(x) \in H^1(\mathbb{R}^N)$, $N \geqslant 2$. 则有

$$\|u\|^{2p+2}_{L^{2p+2}(\Omega)} \leqslant C^{2p+2}_{p,N}\|\nabla u\|^{pN}_{L^2(\Omega)}\|u\|^{2+p(2-N)}_{L^2(\Omega)},\ 0 < p < \frac{2}{N-2}, \tag{2.3.8}$$

其中

$$C_{p,N} = \left(\frac{p+1}{\|\varphi\|_{L^2}^{2p}} \right)^{\frac{1}{2p+2}},$$

这里的 φ 是如下方程的基态解：

$$\frac{pN}{2}\Delta\varphi - \left[1 + \frac{p}{2}(2-N)\right]\varphi + \varphi^{2p+1} = 0.$$

引理 2.3.3 的证明, 可见参考文献 [39, 55, 58].

引理 2.3.4　设初始资料 $\varepsilon_0(x) \in H^2(\mathbb{R}^2)$, $n_0(x) \in L^2(\mathbb{R}^2)$, $\Phi_0(x) \in H^1(\mathbb{R}^2)$ 且满足

$$\|\nabla\varepsilon_0\|_{L^2(\mathbb{R}^2)}^2 < \|\varphi(x)\|_{L^2(\mathbb{R}^2)}^2, \tag{2.3.9}$$

其中 φ 是如下方程的基态解：

$$\Delta\varphi - \varphi + \varphi^3 = 0.$$

则方程 (2.3.1)~(2.3.4) 的解 (ε, n, Φ) 满足

$$\|\Delta\varepsilon\|_{L^2(\mathbb{R}^2)}^2 + \|\nabla\Phi\|_{L^2(\mathbb{R}^2)}^2 + \|n\|_{L^2(\mathbb{R}^2)}^2 \leqslant E_1, \tag{2.3.10}$$

其中常数 E_1 依赖于 $\|\Delta\varepsilon_0\|_{L^2(\mathbb{R}^2)}^2$, $\|n_0\|_{L^2(\mathbb{R}^2)}^2$ 和 $\|\nabla\Phi_0\|_{L^2(\mathbb{R}^2)}^2$.

证明　方程 (2.3.1) 两边与 ε_t 作内积可得

$$(i\Delta\varepsilon_t + \Delta^2\varepsilon - \nabla\cdot(n\nabla\varepsilon), \varepsilon_t) = 0. \tag{2.3.11}$$

注意到以下等式：

$$(\mathrm{i}\Delta\varepsilon_t, \varepsilon_t) = -\mathrm{i}\|\nabla\varepsilon_t\|_{L^2}^2, \quad (\Delta^2\varepsilon, \varepsilon_t) = \frac{1}{2}\frac{\mathrm{d}}{\mathrm{d}t}\|\Delta\varepsilon\|_{L^2}^2,$$

以及 [利用方程 (2.3.2) 和 (2.3.3)]

$$\begin{aligned}
\mathrm{Re}(-\nabla\cdot(n\nabla\varepsilon), \varepsilon_t) &= \mathrm{Re}(n\nabla\varepsilon, \nabla\varepsilon_t) \\
&= \frac{1}{2}\int_{\mathbb{R}^2} n|\nabla\varepsilon|_t^2 \mathrm{d}x \\
&= \frac{1}{2}\frac{\mathrm{d}}{\mathrm{d}t}\int_{\mathbb{R}^2} n|\nabla\varepsilon|^2\mathrm{d}x - \frac{1}{2}\int_{\mathbb{R}^2} n_t|\nabla\varepsilon|^2\mathrm{d}x \\
&= \frac{1}{2}\frac{\mathrm{d}}{\mathrm{d}t}\int_{\mathbb{R}^2} n|\nabla\varepsilon|^2\mathrm{d}x - \frac{1}{2}\int_{\mathbb{R}^2} \Delta\Phi(\Phi_t - n)\mathrm{d}x \\
&= \frac{1}{2}\frac{\mathrm{d}}{\mathrm{d}t}\int_{\mathbb{R}^2} n|\nabla\varepsilon|^2\mathrm{d}x + \frac{1}{4}\frac{\mathrm{d}}{\mathrm{d}t}\int_{\mathbb{R}^2} |\nabla\Phi|^2\mathrm{d}x + \frac{1}{4}\frac{\mathrm{d}}{\mathrm{d}t}\int_{\mathbb{R}^2} n^2\mathrm{d}x.
\end{aligned}$$

取出式子 (2.3.11) 的实部部分, 有

$$\begin{aligned}
E(t) &\equiv \|\Delta\varepsilon\|_{L^2}^2 + \int_{\mathbb{R}^2} n|\nabla\varepsilon|^2\mathrm{d}x + \frac{1}{2}\int_{\mathbb{R}^2}|\nabla\Phi|^2\mathrm{d}x + \frac{1}{2}\int_{\mathbb{R}^2} n^2\mathrm{d}x \\
&= E(0).
\end{aligned} \tag{2.3.12}$$

利用 Hölder 不等式以及引理 2.3.3 可得

$$\int_{\mathbb{R}^2} n|\nabla\varepsilon|^2\mathrm{d}x \leqslant \delta\int_{\mathbb{R}^2} n^2\mathrm{d}x + \frac{1}{4\delta}\int_{\mathbb{R}^2}|\nabla\varepsilon|^4\mathrm{d}x,$$

$$\|\nabla\varepsilon\|_{L^4(\mathbb{R}^2)}^4 \leqslant C_{12}^4\|\Delta\varepsilon\|_{L^2(\mathbb{R}^2)}^2\|\nabla\varepsilon\|_{L^2(\mathbb{R}^2)}^2,$$

其中

$$C_{12}^4 = \frac{2}{\|\varphi\|_{L^2}^2}, \quad \Delta\varphi - \varphi + \varphi^3 = 0.$$

将上述不等式代入 (2.3.12) 式得

$$\left(1 - \frac{1}{2\delta}\frac{\|\nabla\varepsilon_0\|_{L^2}^2}{\|\varphi\|_{L^2}^2}\right)\|\Delta\varepsilon\|_{L^2}^2 + \frac{1}{2}\|\nabla\Phi\|_{L^2}^2 + \left(\frac{1}{2} - \delta\right)\|n\|_{L^2}^2 \leqslant |E(0)|.$$

根据条件 (2.3.9), 可取 $\delta < \dfrac{1}{2}$ 且充分靠近 $\dfrac{1}{2}$, 则可得到估计式 (2.3.10).

引理 2.3.5 设 $\Omega \subset \mathbb{R}^2$, $\|u(x)\|_{H^1(\Omega)} \leqslant K$, 则对 $u \in H^2(\mathbb{R}^2)$ 有

$$\|u\|_{L^\infty(\Omega)} \leqslant C(K)\left[1 + \ln(1 + \|u\|_{H^2(\Omega)})\right]^{\frac{1}{2}}. \tag{2.3.13}$$

该引理的证明见文献 [48].

引理 2.3.6 设初始资料 $\varepsilon_0(x) \in H^3(\mathbb{R}^2)$, $n_0(x) \in H^1(\mathbb{R}^2)$, $\Phi_0(x) \in H^2(\mathbb{R}^2)$ 且满足条件 (2.3.9). 则方程 (2.3.1)~(2.3.4) 的解 (ε, n, Φ) 满足

$$\|\nabla^3\varepsilon\|_{L^2(\mathbb{R}^2)}^2 + \|\nabla\varepsilon_t\|_{L^2(\mathbb{R}^2)}^2 + \|n_t\|_{L^2(\mathbb{R}^2)}^2 + \|\nabla n\|_{L^2(\mathbb{R}^2)}^2 + \|\Delta\Phi\|_{L^2(\mathbb{R}^2)}^2 \leqslant E_2, \tag{2.3.14}$$

其中常数 E_2 依赖于 $\|\varepsilon_0\|_{H^3(\mathbb{R}^2)}^2$, $\|n_0\|_{H^1(\mathbb{R}^2)}^2$ 和 $\|\Phi_0\|_{H^2(\mathbb{R}^2)}^2$.

证明 对方程 (2.3.1) 关于时间 t 求导, 然后与 ε_t 作内积

$$(\mathrm{i}\Delta\varepsilon_{tt} + \Delta^2\varepsilon_t - \nabla\cdot(n\nabla\varepsilon)_t, \varepsilon_t) = 0. \tag{2.3.15}$$

注意到

$$\mathrm{Im}(\mathrm{i}\Delta\varepsilon_{tt}, \varepsilon_t) = -\frac{1}{2}\frac{\mathrm{d}}{\mathrm{d}t}\|\nabla\varepsilon_t\|_{L^2}^2,$$

$$(\Delta^2\varepsilon_t, \varepsilon_t) = \|\Delta\varepsilon_t\|_{L^2}^2,$$

$$(-\nabla\cdot(n\nabla\varepsilon)_t, \varepsilon_t) = (n_t\nabla\varepsilon + n\nabla\varepsilon_t, \nabla\varepsilon_t).$$

因此取出 (2.3.15) 式的虚部部分有

$$\begin{aligned}\frac{\mathrm{d}}{\mathrm{d}t}\|\nabla\varepsilon_t\|_{L^2}^2 &\leqslant 2\|\nabla\varepsilon\|_{L^\infty}\|n_t\|_{L^2}\|\nabla\varepsilon_t\|_{L^2}\\ &\leqslant (\|\nabla\varepsilon\|_{L^\infty}^2 + 1)(\|n_t\|_{L^2}^2 + \|\nabla\varepsilon_t\|_{L^2}^2).\end{aligned} \tag{2.3.16}$$

同理, 如果对方程 (2.3.1) 两边与 $\Delta\varepsilon$ 作内积得

$$(\mathrm{i}\Delta\varepsilon_t+\Delta^2\varepsilon-\nabla\cdot(n\nabla\varepsilon),\Delta\varepsilon)=0, \tag{2.3.17}$$

注意到

$$(\mathrm{i}\Delta\varepsilon_t,\Delta\varepsilon)=-\mathrm{i}(\nabla\varepsilon_t,\nabla^3\varepsilon),\quad (\Delta^2\varepsilon,\Delta\varepsilon)=-\|\nabla^3\varepsilon\|_{L^2}^2.$$

由此从 (2.3.17) 式、引理 2.3.2 和估计 (2.3.10) 就可以推出

$$\begin{aligned}\|\nabla^3\varepsilon\|_{L^2}^2&\leqslant(\|\nabla\varepsilon_t\|_{L^2}+\|n\nabla\varepsilon\|_{L^2})\|\nabla^3\varepsilon\|_{L^2}\\&\leqslant(\|\nabla\varepsilon_t\|_{L^2}+\|n\|_{L^4}\|\nabla\varepsilon\|_{L^4})\|\nabla^3\varepsilon\|_{L^2}\\&\leqslant(\|\nabla\varepsilon_t\|_{L^2}+C\|n\|_{L^2}^{\frac12}\|\nabla n\|_{L^2}^{\frac12}\|\nabla\varepsilon\|_{L^2}^{\frac12}\|\Delta\varepsilon\|_{L^2}^{\frac12})\|\nabla^3\varepsilon\|_{L^2}\\&\leqslant(\|\nabla\varepsilon_t\|_{L^2}+\|\nabla n\|_{L^2}+C)\|\nabla^3\varepsilon\|_{L^2},\end{aligned}$$

即为

$$\|\nabla^3\varepsilon\|_{L^2}\leqslant\|\nabla\varepsilon_t\|_{L^2}+\|\nabla n\|_{L^2}+C. \tag{2.3.18}$$

另一方面, 由 (2.3.2) 和 (2.3.3) 式可以推出 n 满足

$$n_{tt}-\Delta n=\Delta(|\nabla\varepsilon|^2),$$

上式两边与 n_t 作内积有

$$(n_{tt}-\Delta n,n_t)=(\Delta(|\nabla\varepsilon|^2,n_t).$$

因为

$$(n_{tt}-\Delta n,n_t)=\frac12\frac{\mathrm{d}}{\mathrm{d}t}(\|\nabla n\|_{L^2}^2+\|n_t\|_{L^2}^2),$$

所以有 [利用 Hölder 不等式、引理 2.3.2 和估计 (2.3.10)]

$$\begin{aligned}&\frac12\frac{\mathrm{d}}{\mathrm{d}t}(\|\nabla n\|_{L^2}^2+\|n_t\|_{L^2}^2)\\&\quad\leqslant2\big(|(\nabla^3\varepsilon\nabla\varepsilon,n_t)|+|(|\Delta\varepsilon|^2,n_t)|\big)\\&\quad\leqslant2\|\nabla\varepsilon\|_{L^\infty}\|\nabla^3\varepsilon\|_{L^2}\|n_t\|_{L^2}+\|\Delta\varepsilon\|_{L^4}^2\|n_t\|_{L^2}\\&\quad\leqslant\|\nabla\varepsilon\|_{L^\infty}(\|\nabla^3\varepsilon\|_{L^2}^2+\|n_t\|_{L^2}^2)+C(\|\nabla^3\varepsilon\|_{L^2}^2+\|n_t\|_{L^2}^2)\\&\quad\leqslant C(\|\nabla\varepsilon\|_{L^\infty}^2+1)(\|\nabla^3\varepsilon\|_{L^2}^2+\|n_t\|_{L^2}^2)\\&\quad\leqslant C(\|\nabla\varepsilon\|_{L^\infty}^2+1)(\|\nabla\varepsilon_t\|_{L^2}^2+\|n_t\|_{L^2}^2+\|\nabla n\|_{L^2}^2+1),\end{aligned} \tag{2.3.19}$$

其中最后一个不等式利用了估计 (2.3.18).

记 $\psi(t)=\|\nabla\varepsilon_t\|_{L^2}^2+\|n_t\|_{L^2}^2+\|\nabla n\|_{L^2}^2+1$. 联合 (2.3.16) 和 (2.3.19) 式, 并利用估计 (2.3.13) 得到

$$\begin{aligned}\frac{\mathrm{d}\psi(t)}{\mathrm{d}t}&\leqslant C(\|\nabla\varepsilon\|_{L^\infty}^2+1)\psi(t)\\&\leqslant C(1+\ln\psi(t))\psi(t).\end{aligned}$$

根据 Gronwall 不等式, 就有 $\psi(t)\leqslant C$, 由此及 (2.3.18) 式可得到估计 (2.3.14).

利用 Sobolev 嵌入定理, 估计式 (2.3.5)、(2.3.10) 和 (2.3.14) 以及方程 (2.3.3), 易得如下推论:

推论 2.3.1 在引理 2.3.6 的条件下, 有

$$\|\Phi\|_{L^\infty}+\|\nabla\varepsilon\|_{L^\infty}\leqslant E_3,\tag{2.3.20}$$

其中常数 E_3 依赖于 $\|\varepsilon_0\|^2_{H^3(\mathbb{R}^2)}$, $\|n_0\|^2_{H^1(\mathbb{R}^2)}$ 和 $\|\Phi_0\|^2_{H^2(\mathbb{R}^2)}$.

引理 2.3.7 设初始资料 $\varepsilon_0(x)\in H^4(\mathbb{R}^2)$, $n_0(x)\in H^2(\mathbb{R}^2)$, $\Phi_0(x)\in H^3(\mathbb{R}^2)$ 且满足条件 (2.3.9). 则方程 (2.3.1)~(2.3.4) 的解 (ε,n,Φ) 满足

$$\begin{aligned}&\|\Delta^2\varepsilon\|^2_{L^2(\mathbb{R}^2)}+\|\Delta\varepsilon_t\|^2_{L^2(\mathbb{R}^2)}+\|n_{tt}\|^2_{L^2(\mathbb{R}^2)}+\|\nabla n_t\|^2_{L^2(\mathbb{R}^2)}\\&\qquad+\|\Delta n\|^2_{L^2(\mathbb{R}^2)}+\|\nabla^3\Phi\|^2_{L^2(\mathbb{R}^2)}\leqslant E_4,\end{aligned}\tag{2.3.21}$$

其中常数 E_4 依赖于 $\|\varepsilon_0\|^2_{H^4(\mathbb{R}^2)}$, $\|n_0\|^2_{H^2(\mathbb{R}^2)}$ 和 $\|\Phi_0\|^2_{H^3(\mathbb{R}^2)}$.

证明 对方程 (2.3.1) 关于时间 t 求导, 然后与 $\Delta\varepsilon_t$ 作内积

$$(\mathrm{i}\Delta\varepsilon_{tt}+\Delta^2\varepsilon_t-\nabla\cdot(n\nabla\varepsilon)_t,\Delta\varepsilon_t)=0.\tag{2.3.22}$$

容易验证

$$\begin{gathered}\mathrm{Im}(\mathrm{i}\Delta\varepsilon_{tt},\Delta\varepsilon_t)=\frac{1}{2}\frac{\mathrm{d}}{\mathrm{d}t}\|\Delta\varepsilon_t\|^2_{L^2},\\(\Delta^2\varepsilon_t,\Delta\varepsilon_t)=-\|\nabla^3\varepsilon_t\|^2_{L^2},\\(-\nabla\cdot(n\nabla\varepsilon)_t,\Delta\varepsilon_t)=-(\nabla n_t\nabla\varepsilon+n_t\Delta\varepsilon+\nabla n\nabla\varepsilon_t+n\Delta\varepsilon_t,\Delta\varepsilon_t).\end{gathered}$$

因此取出 (2.3.22) 式的虚部部分有 (要利用前面引理和推论的估计)

$$\begin{aligned}\frac{1}{2}\frac{\mathrm{d}}{\mathrm{d}t}\|\Delta\varepsilon_t\|^2_{L^2}&\leqslant|(\nabla n_t\nabla\varepsilon,\Delta\varepsilon_t)|+|(n_t\Delta\varepsilon,\Delta\varepsilon_t)|+|(\nabla n\nabla\varepsilon_t,\Delta\varepsilon_t)|\\&\leqslant\|\nabla\varepsilon\|_{L^\infty}\|\nabla n_t\|_{L^2}\|\Delta\varepsilon_t\|_{L^2}+\|\Delta\varepsilon\|_{L^4}\|n_t\|_{L^4}\|\Delta\varepsilon_t\|_{L^2}\\&\quad+\|\nabla\varepsilon_t\|_{L^4}\|\nabla n\|_{L^4}\|\Delta\varepsilon_t\|_{L^2}\\&\leqslant C(\|\nabla n_t\|_{L^2}\|\Delta\varepsilon_t\|_{L^2}+\|\nabla n_t\|^{\frac{1}{2}}_{L^2}\|\Delta\varepsilon_t\|_{L^2}\\&\quad+\|\Delta\varepsilon_t\|^{\frac{1}{2}}_{L^2}\|\Delta n\|^{\frac{1}{2}}_{L^2}\|\Delta\varepsilon_t\|_{L^2})\\&\leqslant C(\|\Delta\varepsilon_t\|^2_{L^2}+\|\nabla n_t\|^2_{L^2}+\|\Delta n\|^2_{L^2}+1).\end{aligned}\tag{2.3.23}$$

另一方面, 方程 $n_{tt}-\Delta n=\Delta(|\nabla\varepsilon|^2)$ 两边 $-\Delta n_t$ 作内积有

$$(n_{tt}-\Delta n,-\Delta n_t)=\Delta(|\nabla\varepsilon|^2,-\Delta n_t).$$

因为

$$(n_{tt}-\Delta n,-\Delta n_t)=\frac{1}{2}\frac{\mathrm{d}}{\mathrm{d}t}(\|\nabla n_t\|^2_{L^2}+\|\Delta n\|^2_{L^2}),$$

所以有

$$\begin{aligned}\frac{1}{2}\frac{\mathrm{d}}{\mathrm{d}t}(\|\nabla n_t\|_{L^2}^2+\|\Delta n\|_{L^2}^2) &\leqslant |(\Delta(|\nabla\varepsilon|^2),\Delta n_t)| \\ &\leqslant |(\nabla^3(|\nabla\varepsilon|^2),\nabla n_t)| \\ &\leqslant C(\|\nabla\varepsilon\|_{L^\infty}\|\Delta^2\varepsilon\|_{L^2}+\|\Delta\varepsilon\|_{L^4}\|\nabla^3\varepsilon\|_{L^4})\|\nabla n_t\|_{L^2} \\ &\leqslant C(\|\Delta^2\varepsilon\|_{L^2}+\|\Delta^2\varepsilon\|_{L^2}^{\frac{1}{2}})\|\nabla n_t\|_{L^2} \\ &\leqslant C(\|\Delta^2\varepsilon\|_{L^2}^2+\|\nabla n_t\|_{L^2}^2+1). \end{aligned}\tag{2.3.24}$$

如果令 $\chi(t)=\|\Delta^2\varepsilon\|_{L^2}^2+\|\Delta\varepsilon_t\|_{L^2}^2+\|\nabla n_t\|_{L^2}^2+1$, 则 (2.3.23) 和 (2.3.24) 式以及

$$\begin{aligned}\|\Delta^2\varepsilon\|_{L^2} &= \|\nabla\cdot(n\nabla\varepsilon)-\mathrm{i}\Delta\varepsilon_t\|_{L^2} \\ &\leqslant \|\Delta\varepsilon_t\|_{L^2}+\|\nabla\varepsilon\|_{L^\infty}\|\nabla n\|_{L^2}+\|\Delta\varepsilon\|_{L^2}\|n\|_{L^\infty} \\ &\leqslant \|\Delta\varepsilon_t\|_{L^2}+\|\Delta n\|_{L^2}+C\end{aligned}$$

一起给出了

$$\frac{\mathrm{d}}{\mathrm{d}t}\chi(t)\leqslant C\chi(t),$$

从而 Gronwall 不等式保证了 $\chi(t)\leqslant C$, 于是 (2.3.21) 式得证.

同推论 2.3.1 一样, 利用 Sobolev 嵌入定理, 估计式 (2.3.5)、(2.3.10)、(2.3.14)、(2.3.20) 以及方程 (2.3.3), 可得如下推论:

推论 2.3.2　在引理 2.3.7 的条件下, 有

$$\|\nabla\Phi\|_{L^\infty}+\|\Delta\varepsilon\|_{L^\infty}+\|n\|_{L^\infty}\leqslant E_5,\tag{2.3.25}$$

其中常数 E_5 依赖于 $\|\varepsilon_0\|_{H^4(\mathbb{R}^2)}^2$, $\|n_0\|_{H^2(\mathbb{R}^2)}^2$ 和 $\|\Phi_0\|_{H^3(\mathbb{R}^2)}^2$.

引理 2.3.8　设初始资料 $\varepsilon_0(x)\in H^5(\mathbb{R}^2)$, $n_0(x)\in H^3(\mathbb{R}^2)$, $\Phi_0(x)\in H^4(\mathbb{R}^2)$ 且满足条件 (2.3.9). 则方程 (2.3.1)~(2.3.4) 的解 (ε,n,Φ) 满足

$$\|\nabla^5\varepsilon\|_{L^2(\mathbb{R}^2)}^2+\|\nabla^3 n\|_{L^2(\mathbb{R}^2)}^2+\|\Delta^2\Phi\|_{L^2(\mathbb{R}^2)}^2\leqslant E_6,\tag{2.3.26}$$

其中常数 E_6 依赖于 $\|\varepsilon_0\|_{H^5(\mathbb{R}^2)}^2$, $\|n_0\|_{H^3(\mathbb{R}^2)}^2$ 和 $\|\Phi_0\|_{H^4(\mathbb{R}^2)}^2$.

证明　对方程 (2.3.1) 关于时间 t 求导, 然后与 $\Delta^2\varepsilon_t$ 作内积

$$(\mathrm{i}\Delta\varepsilon_{tt}+\Delta^2\varepsilon_t-\nabla\cdot(n\nabla\varepsilon)_t,\Delta^2\varepsilon_t)=0,$$

从上述式子可以导出

$$\begin{aligned}\frac{1}{2}\frac{\mathrm{d}}{\mathrm{d}t}\|\nabla^3\varepsilon_t\|_{L^2}^2 &\leqslant |(\nabla n_t\nabla\varepsilon+n_t\Delta\varepsilon+\nabla n\nabla\varepsilon_t+n\Delta\varepsilon_t,\Delta^2\varepsilon_t)| \\ &\leqslant |(\Delta n_t\nabla\varepsilon+2\nabla n_t\Delta\varepsilon+n_t\nabla^3\varepsilon+\Delta n\nabla\varepsilon_t\end{aligned}$$

$$\begin{aligned}&+2\nabla n\Delta\varepsilon_t+n\nabla^3\varepsilon_t,\nabla^3\varepsilon_t)\\ \leqslant&(\|\Delta n_t\|_{L^2}\|\nabla\varepsilon\|_{L^\infty}+2\|\nabla n_t\|_{L^2}\|\Delta\varepsilon\|_{L^\infty}\\ &+\|\nabla n_t\|_{L^4}\|\nabla^3\varepsilon\|_{L^4}+\|\Delta n\|_{L^4}\|\nabla\varepsilon_t\|_{L^4}\\ &+2\|\nabla n\|_{L^4}\|\Delta\varepsilon_t\|_{L^4}+\|n\|_{L^\infty}\|\nabla^3\varepsilon_t\|_{L^2})\|\nabla^3\varepsilon_t\|_{L^2}\\ \leqslant&C(\|\nabla^3\varepsilon_t\|_{L^2}^2+\|\Delta n_t\|_{L^2}^2+\|\nabla^3 n\|_{L^2}^2+1).\end{aligned}\tag{2.3.27}$$

另一方面, 用算子 Δ 作用于方程 $n_{tt}-\Delta n=\Delta(|\nabla\varepsilon|^2)$ 两边后, 再与 Δn_t 作内积有

$$(\Delta n_{tt}-\Delta^2 n,\Delta n_t)=(\Delta^2(|\nabla\varepsilon|^2,\Delta n_t),$$

因为

$$(\Delta n_{tt}-\Delta^2 n,\Delta n_t)=\frac{1}{2}\frac{\mathrm{d}}{\mathrm{d}t}(\|\Delta n_t\|_{L^2}^2+\|\nabla^3 n\|_{L^2}^2),$$

所以有

$$\begin{aligned}&\frac{1}{2}\frac{\mathrm{d}}{\mathrm{d}t}(\|\Delta n_t\|_{L^2}^2+\|\nabla^3 n\|_{L^2}^2)\\ &\leqslant|(\Delta^2(|\nabla\varepsilon|^2),\Delta n_t)|\\ &\leqslant\|\Delta^2(|\nabla\varepsilon|^2)\|_{L^2}\|\Delta n_t\|_{L^2}\\ &\leqslant C(\|\nabla^5\varepsilon\nabla\varepsilon\|_{L^2}+\|\Delta^2\varepsilon\Delta\varepsilon\|_{L^2}+\|\nabla^3\varepsilon\|_{L^4}^2)\|\Delta n_t\|_{L^2}\\ &\leqslant C(\|\nabla^5\varepsilon\|_{L^2}^2+\|\Delta n_t\|_{L^2}^2+1).\end{aligned}\tag{2.3.28}$$

此外, 利用方程 (2.3.1) 容易得到

$$\begin{aligned}\|\nabla^5\varepsilon\|_{L^2}&=\|-\mathrm{i}\nabla\Delta\varepsilon_t+\nabla\nabla\cdot(n\nabla\varepsilon)\|_{L^2}\\ &\leqslant\|\nabla^3\varepsilon_t\|_{L^2}+\|\Delta n\|_{L^2}\|\nabla\varepsilon\|_{L^\infty}+\|\nabla n\|_{L^4}\|\Delta\varepsilon\|_{L^4}+\|n\|_{L^\infty}\|\nabla^3\varepsilon\|_{L^2}\\ &\leqslant\|\nabla^3\varepsilon_t\|_{L^2}+C.\end{aligned}\tag{2.3.29}$$

联合 (2.3.27)~(2.3.29) 式可得

$$\frac{\mathrm{d}}{\mathrm{d}t}\theta(t)\leqslant C\theta(t),$$

其中令 $\theta(t)=\|\nabla^3\varepsilon_t\|_{L^2}^2+\|\Delta n_t\|_{L^2}^2+\|\nabla^3 n\|_{L^2}^2+1$. 利用 Gronwall 不等式可得

$$\|\nabla^3\varepsilon_t\|_{L^2}^2+\|\Delta n_t\|_{L^2}^2+\|\nabla^3 n\|_{L^2}^2\leqslant C,$$

再由 (2.3.29) 式和方程 (2.3.2) 可知

$$\|\nabla^5\varepsilon\|_{L^2}\leqslant C,\quad \|\Delta^2\Phi\|_{L^2}\leqslant C,$$

于是 (2.3.26) 式得证.

联合 (2.3.14) 和 (2.3.26) 式可得如下推论:

推论 2.3.3 在引理 2.3.8 的条件下, 有

$$\|\nabla\varepsilon_t\|_{L^\infty}+\|n_t\|_{L^\infty}\leqslant E_7, \tag{2.3.30}$$

其中常数 E_7 依赖于 $\|\varepsilon_0\|^2_{H^5(\mathbb{R}^2)}$, $\|n_0\|^2_{H^3(\mathbb{R}^2)}$ 和 $\|\Phi_0\|^2_{H^4(\mathbb{R}^2)}$.

引理 2.3.9 设初始资料 $\varepsilon_0(x)\in H^{m+3}(\mathbb{R}^2)$, $n_0(x)\in H^{m+1}(\mathbb{R}^2)$, $\Phi_0(x)\in H^{m+2}(\mathbb{R}^2)$, $m\geqslant 2$, 且满足条件 (2.3.9). 则方程 (2.3.1)~(2.3.4) 的解 (ε,n,Φ) 满足

$$\begin{aligned}\|\nabla^{m+1}\varepsilon_t\|^2_{L^2(\mathbb{R}^2)}&+\|\nabla^{m+3}\varepsilon\|^2_{L^2(\mathbb{R}^2)}+\|\nabla^{m+1}n\|^2_{L^2(\mathbb{R}^2)}\\&+\|\nabla^m n_t\|^2_{L^2(\mathbb{R}^2)}+\|\nabla^{m+2}\Phi\|^2_{L^2(\mathbb{R}^2)}\leqslant E_8,\end{aligned} \tag{2.3.31}$$

其中常数 E_8 依赖于 $\|\varepsilon_0\|^2_{H^{m+3}(\mathbb{R}^2)}$, $\|n_0\|^2_{H^{m+1}(\mathbb{R}^2)}$ 和 $\|\Phi_0\|^2_{H^{m+2}(\mathbb{R}^2)}$.

证明 用归纳法证明. 当 $m=2$ 时, 估计 (2.3.31) 式由引理 2.3.8 给出. 假设 $m=k\geqslant 2$ 时, 估计式 (2.3.31) 成立, 即

$$\begin{aligned}\|\nabla^{k+1}\varepsilon_t\|^2_{L^2(\mathbb{R}^2)}&+\|\nabla^{k+3}\varepsilon\|^2_{L^2(\mathbb{R}^2)}+\|\nabla^{k+1}n\|^2_{L^2(\mathbb{R}^2)}\\&+\|\nabla^k n_t\|^2_{L^2(\mathbb{R}^2)}+\|\nabla^{k+2}\Phi\|^2_{L^2(\mathbb{R}^2)}\leqslant E_8,\end{aligned} \tag{2.3.32}$$

我们的目的就是证明当 $m=k+1$ 时估计式 (2.3.31) 也成立.

为了达此目的, 对方程 (2.3.1) 关于时间 t 求导, 然后与 $\Delta^{k+1}\varepsilon_t$ 作内积

$$(\mathrm{i}\Delta\varepsilon_{tt}+\Delta^2\varepsilon_t-\nabla\cdot(n\nabla\varepsilon)_t,\Delta^{k+1}\varepsilon_t)=0. \tag{2.3.33}$$

注意到

$$\mathrm{Im}(\mathrm{i}\Delta\varepsilon_{tt},\Delta^{k+1}\varepsilon_t)=\frac{(-1)^k}{2}\frac{\mathrm{d}}{\mathrm{d}t}\|\nabla^{k+2}\varepsilon_t\|^2_{L^2},$$

以及

$$\nabla^{k+1}(n_t\nabla\varepsilon+n\nabla\varepsilon_t)=\sum_{p+q=k+1}C_{pq}D^pn_tD^q\nabla\varepsilon+\sum_{p+q=k+1}C_{pq}D^pnD^q\nabla\varepsilon_t.$$

将 (2.3.33) 式的虚部取出即得 [利用 (2.3.32) 式]

$$\begin{aligned}\frac{\mathrm{d}}{\mathrm{d}t}\|\nabla^{k+2}\varepsilon_t\|^2_{L^2}&\leqslant 2|(\nabla^{k+1}(n\nabla\varepsilon)_t,\nabla^{k+2}\varepsilon_t)|\\&\leqslant C(\|\nabla^{k+1}n_t\|^2_{L^2}+\|\nabla^{k+2}\varepsilon_t\|^2_{L^2}+1).\end{aligned} \tag{2.3.34}$$

另一方面, 方程 $n_{tt}-\Delta n=\Delta(|\nabla\varepsilon|^2)$ 的两边与 $\Delta^{k+1}n_t$ 作内积有

$$(n_{tt}-\Delta n,\Delta^{k+1}n_t)=(\Delta(|\nabla\varepsilon|^2,\nabla^{2k+2}n_t),$$

从该式可推出

$$\begin{aligned}\frac{\mathrm{d}}{\mathrm{d}t}(\|\nabla^{k+1}n_t\|^2_{L^2}+\|\nabla^{k+2}n\|^2_{L^2})&\leqslant|(\nabla^{k+3}(|\nabla\varepsilon|^2),\nabla^{k+1}n_t)|\\&\leqslant C(\|\nabla^{k+1}n_t\|^2_{L^2}+\|\nabla^{k+4}\varepsilon\|^2_{L^2}+1).\end{aligned} \tag{2.3.35}$$

此外, 利用方程 (2.3.1) 和归纳假设 (2.3.32) 易得

$$\|\nabla^{k+4}\varepsilon\|_{L^2}\leqslant\|\nabla^{k+2}\varepsilon_t\|_{L^2}+C. \tag{2.3.36}$$

联合 (2.3.34)~(2.3.36) 式, 再利用 Gronwall 不等式可得到当 $m=k+1$ 时, (2.3.31) 式也成立. 于是引理证毕.

2.3.2 整体光滑解的存在惟一性

利用引理和推论中的这些先验估计, 我们就可以得到方程 (2.3.1)~(2.3.4) 的光滑解的存在性结论.

定理 2.3.1 设初始资料 $\varepsilon_0(x)\in H^{m+3}(\mathbb{R}^2)$, $n_0(x)\in H^{m+1}(\mathbb{R}^2)$, $\Phi_0(x)\in H^{m+2}(\mathbb{R}^2)$, $m\geqslant 0$, 且满足

$$\|\nabla\varepsilon_0\|^2_{L^2(\mathbb{R}^2)}<\|\varphi(x)\|^2_{L^2(\mathbb{R}^2)},$$

其中 φ 是如下方程的基态解:

$$\Delta\varphi-\varphi+\varphi^3=0.$$

则方程 (2.3.1)~(2.3.4) 存在惟一解 (ε,n,Φ) 使得

$$\begin{aligned}&\varepsilon(t,x)\in L^\infty_{\rm loc}(\mathbb{R}^+;H^{m+3}(\mathbb{R}^2)),\quad \varepsilon_t(t,x)\in L^\infty_{\rm loc}(\mathbb{R}^+;H^{m+1}(\mathbb{R}^2)),\\&n(t,x)\in L^\infty_{\rm loc}(\mathbb{R}^+;H^{m+1}(\mathbb{R}^2)),\quad n_t(t,x)\in L^\infty_{\rm loc}(\mathbb{R}^+;H^{m}(\mathbb{R}^2)),\\&\Phi(t,x)\in L^\infty_{\rm loc}(\mathbb{R}^+;H^{m+2}(\mathbb{R}^2)),\quad \Phi_t(t,x)\in L^\infty_{\rm loc}(\mathbb{R}^+;H^{m+1}(\mathbb{R}^2)).\end{aligned}$$

证明 先证明解的惟一性. 假设 $(\varepsilon_1,n_1,\Phi_1)$ 和 $(\varepsilon_2,n_2,\Phi_2)$ 都是方程 (2.3.1)~(2.3.4) 的光滑解, 并记

$$\begin{aligned}\varepsilon(x,t)&=\varepsilon_1(x,t)-\varepsilon_2(x,t),\\n(x,t)&=n_1(x,t)-n_2(x,t),\\\Phi(x,t)&=\Phi_1(x,t)-\Phi_2(x,t),\end{aligned}$$

从而 (ε,n,Φ) 满足如下方程:

$$\mathrm{i}\Delta\varepsilon_t+\Delta^2\varepsilon-(\nabla\cdot(n_1\nabla\varepsilon_1)-\nabla\cdot(n_2\nabla\varepsilon_2))=0, \tag{2.3.37}$$

$$n_t=\Delta\Phi, \tag{2.3.38}$$

$$\Phi_t=n+|\nabla\varepsilon_1|^2-|\nabla\varepsilon_2|^2. \tag{2.3.39}$$

方程 (2.3.37) 两边与 ε 作内积, 并取其虚部可得到

$$\begin{aligned}\frac{\mathrm{d}}{\mathrm{d}t}\|\nabla\varepsilon\|^2_{L^2}&\leqslant 2(\|\nabla\varepsilon_1\|_{L^\infty}\|n\|_{L^2}+\|\nabla\varepsilon\|_{L^2}\|n_2\|_{L^\infty})\\&\leqslant C(\|n\|^2_{L^2}+\|\nabla\varepsilon\|^2_{L^2}).\end{aligned} \tag{2.3.40}$$

方程 (2.3.37) 两边对时间 t 求导, 然后与 ε_t 作内积得

$$(\mathrm{i}\Delta\varepsilon_{tt}+\Delta^2\varepsilon_t-(\nabla\cdot(n_1\nabla\varepsilon_1)_t-\nabla\cdot(n_2\nabla\varepsilon_2)_t),\varepsilon_t)=0,$$

取上式的虚部部分有

$$\begin{aligned}\frac{\mathrm{d}}{\mathrm{d}t}\|\nabla\varepsilon_t\|_{L^2}^2 &\leqslant 2(\|\nabla\varepsilon_1\|_{L^\infty}\|n_t\|_{L^2}+\|\nabla\varepsilon_{1t}\|_{L^\infty}\|n\|_{L^2}\\ &\quad+\|\nabla\varepsilon\|_{L^2}\|n_{2t}\|_{L^\infty}+\|\nabla\varepsilon_t\|_{L^2}\|n_2\|_{L^\infty})\|\nabla\varepsilon_t\|_{L^2}\\ &\leqslant C(\|\nabla\varepsilon_t\|_{L^2}^2+\|\nabla\varepsilon\|_{L^2}^2+\|n\|_{L^2}^2+\|n_t\|_{L^2}^2).\end{aligned}\tag{2.3.41}$$

另一方面, 方程 (2.3.38) 和 (2.3.39) 蕴含了

$$n_{tt}-\Delta n-\Delta(|\nabla\varepsilon_1|^2-|\nabla\varepsilon_2|^2)=0,$$

用 n_t 乘以上述方程的两边, 并积分得

$$\frac{\mathrm{d}}{\mathrm{d}t}(\|n_t\|_{L^2}^2+\|\nabla n\|_{L^2}^2)\leqslant C(|n_t\|_{L^2}^2+|\nabla\varepsilon\|_{L^2}^2+|\nabla^3\varepsilon\|_{L^2}^2),\tag{2.3.42}$$

其中常数 C 依赖于 $\|\nabla\varepsilon_1\|_{H^2}$ 和 $\|\nabla\varepsilon_2\|_{H^2}$.

用 $\Delta\bar{\varepsilon}$ 乘以方程 (2.3.37) 的两边, 并注意到以下事实:

$$\begin{aligned}&|(\mathrm{i}\Delta\varepsilon_t,\Delta\varepsilon)|\leqslant\|\nabla\varepsilon_t\|_{L^2}\|\nabla^3\varepsilon\|_{L^2},\\ &|(\Delta^2\varepsilon,\Delta\varepsilon)|=\|\nabla^3\varepsilon\|_{L^2}^2,\\ &|(\nabla\cdot(n_1\nabla\varepsilon_1)-\nabla\cdot(n_2\nabla\varepsilon_2),\Delta\varepsilon)|\\ &\qquad\leqslant(\|n\|_{L^2}\|\nabla\varepsilon_1\|_{L^\infty}+\|n_2\|_{L^\infty}\|\nabla\varepsilon\|_{L^2})\|\nabla^3\varepsilon\|_{L^2}\\ &\qquad\leqslant C(\|n\|_{L^2}+\|\nabla\varepsilon\|_{L^2})\|\nabla^3\varepsilon\|_{L^2}.\end{aligned}$$

于是我们能够推出

$$\|\nabla^3\varepsilon\|_{L^2}\leqslant\|\nabla\varepsilon_t\|_{L^2}+C(\|n\|_{L^2}+\|\nabla\varepsilon\|_{L^2}).\tag{2.3.43}$$

此外, 显然有

$$\frac{\mathrm{d}}{\mathrm{d}t}\|n\|_{L^2}^2\leqslant 2\|n\|_{L^2}\|n_t\|_{L^2}\leqslant\|n\|_{L^2}^2+\|n_t\|_{L^2}^2.\tag{2.3.44}$$

联合 (2.3.40)~(2.3.44) 式可得

$$\begin{aligned}&\frac{\mathrm{d}}{\mathrm{d}t}(\|\nabla\varepsilon\|_{L^2}^2+\|\nabla\varepsilon_t\|_{L^2}^2+\|n\|_{L^2}^2+\|n_t\|_{L^2}^2+\|\nabla n\|_{L^2}^2)\\ &\quad\leqslant C(\|\nabla\varepsilon\|_{L^2}^2+\|\nabla\varepsilon_t\|_{L^2}^2+\|n\|_{L^2}^2+\|n_t\|_{L^2}^2+\|\nabla n\|_{L^2}^2),\end{aligned}$$

利用 Gronwall 不等式和零初始条件, 可得

$$\nabla\varepsilon \equiv 0,\ \nabla\varepsilon_t \equiv 0,\ n \equiv n_t \equiv 0,\ \nabla n \equiv 0,$$

从而由方程 (2.3.37)~(2.3.39) 知

$$\varepsilon \equiv 0,\ n \equiv \Phi \equiv 0,$$

于是惟一性得证.

为了得到光滑解的整体存在性. 先考虑方程 (2.3.1)~(2.3.4) 的周期边值问题. 用标准的 Galerkin 方法, 及类似于文献 [61] 中的程序, 我们可以得到周期边值问题的局部光滑解的存在性. 也就是说, 如果 $\varepsilon_0(x) \in H^{m+3}(\Omega)$, $n_0(x) \in H^{m+1}(\Omega)$, $\Phi_0(x) \in H^{m+2}(\Omega)$, 其中 $\Omega = (-D, D) \times (-D, D)$, $D > 0$, 则方程 (2.3.1)~(2.3.4) 的周期边值问题存在局部光滑解 $(\varepsilon^D(t,x), n^D(t,x), \Phi^D(t,x))$, 满足

$$\begin{aligned}
&\varepsilon^D(t,x) \in L^\infty(0,T;H^{m+3}(\Omega)),\\
&n^D(t,x) \in L^\infty(0,T;H^{m+1}(\Omega)),\\
&\Phi^D(t,x) \in L^\infty(0,T;H^{m+2}(\Omega)),
\end{aligned}$$

其中 T 依赖于 $\|\varepsilon_0\|_{H^{m+3}}$, $\|n_0\|_{H^{m+1}}$ 和 $\|\varepsilon_0\|_{H^{m+2}}$. 根据定理所给的关于初始资料的条件, 以及方程 (2.3.1)~(2.3.4) 的周期边值问题的解的关于周期 D 的一致估计, 令 $D \to \infty$, 从而得到方程 (2.3.1)~(2.3.4) 的局部光滑解的存在性. 根据前面引理中给出的这些先验估计, 利用连续性方法, 我们就可证明方程 (2.3.1)~(2.3.4) 的整体光滑解的存在性. 这里的一些具体细节留作读者完成.

从经典的角度看, 在方程 (2.3.2) 和 (2.3.3) 中消去位势函数 Φ 可得方程

$$n_{tt} - \Delta n = \Delta(|\nabla\varepsilon|^2).$$

因此可以研究如下的初边值问题:

$$\mathrm{i}\Delta\varepsilon_t + \Delta^2\varepsilon - \nabla\cdot(n\nabla\varepsilon) = 0,\ x \in \Omega,\ t > 0, \tag{2.3.45}$$

$$n_{tt} - \Delta n = \Delta(|\nabla\varepsilon|^2),\ x \in \Omega,\ t > 0, \tag{2.3.46}$$

$$\varepsilon|_{t=0} = \varepsilon_0(x),\ n|_{t=0} = n_0(x),\ n_t|_{t=0} = n_1(x),\ x \in \Omega, \tag{2.3.47}$$

$$\varepsilon|_{\partial\Omega} = 0,\ \frac{\partial^2\varepsilon}{\partial\nu^2} = 0,\ n|_{\partial\Omega} = 0,\ t > 0, \tag{2.3.48}$$

其中 $\Omega \subset \mathbb{R}^2$ 是一个具有 C^2 边界的有界区域, ν 是 $\partial\Omega$ 上的单位外法向量. 类似地, 我们也可引入位势函数 Φ. 根据边界条件和 Green 公式, 用本节中的估计方法, 可以得到类似于前面引理中的这些先验估计. 利用 Galerkin 方法和先验估计, 就可以得到初边值问题 (2.3.45)~(2.3.48) 的整体光滑解.

定理 2.3.2 设初始资料 $\varepsilon_0(x) \in H^4(\Omega) \cap H_0^1(\Omega)$, $n_0(x) \in H^2(\Omega) \cap H_0^1(\Omega)$, $n_1(x) \in H_0^1(\Omega)$, 且满足

$$\|\nabla \varepsilon_0\|_{L^2(\Omega)}^2 < \|\varphi(x)\|_{L^2(\Omega)}^2,$$

其中 φ 是如下方程的基态解:

$$\Delta\varphi - \varphi + \varphi^3 = 0.$$

则初边值问题 (2.3.45)~(2.3.48) 存在惟一的整体解 (ε, n) 使得

$$\begin{aligned}
&\varepsilon(t,x) \in L^\infty_{\text{loc}}(\mathbb{R}^+; H^4(\Omega) \cap H_0^1(\Omega)),\\
&\varepsilon_t(t,x) \in L^\infty_{\text{loc}}(\mathbb{R}^+; H^2(\Omega) \cap H_0^1(\Omega)),\\
&n(t,x) \in L^\infty_{\text{loc}}(\mathbb{R}^+; H^2(\Omega) \cap H_0^1(\Omega)),\\
&n_t(t,x) \in L^\infty_{\text{loc}}(\mathbb{R}^+; H_0^1(\Omega)),\ n_{tt}(t,x) \in L^\infty_{\text{loc}}(\mathbb{R}^+; L^2(\Omega)).
\end{aligned}$$

2.4 Klein-Gordon-Zakharov 方程

考虑如下的 Klein-Gordon-Zakharov 方程:

$$u_{tt} - \Delta u + u = -nu - |u|^2 u, \tag{2.4.1}$$

$$n_t + \nabla \cdot V = 0, \tag{2.4.2}$$

$$V_t + \nabla(n + |u|^2) = 0, \tag{2.4.3}$$

$$\begin{gathered}
u|_{t=0} = u_0(x),\ u_t|_{t=0} = u_1(x),\\
n|_{t=0} = n_0(x),\ V|_{t=0} = V_0(x),\ x \in \mathbb{R}^2,
\end{gathered} \tag{2.4.4}$$

其中 $u = u(t,x)$ 是未知的复向量值函数, $V = V(t,x)$ 是未知的实向量值函数, $n = n(t,x)$ 是未知的实函数. 在三维情形且方程 (2.4.1) 的右端不出现 $-|u|^2u$ 这项时, 文献 [62] 中得到了初值问题 (2.4.1)~(2.4.4) 在小初始资料的前提下整体解的存在性及其渐近行为. 本节的主要结果是证明了在二维情形下初值问题 (2.4.1)~(2.4.4) 的光滑解的整体存在惟一性 (不需要假设初值很小). 更多的关于 Klein-Gordon-Zakharov 方程的相关数学理论, 见文献 [63~70]. 本节主要定理如下.

定理 2.4.1 设初始资料 $u_0(x) \in H^{m+1}(\mathbb{R}^2)$, $u_1(x) \in H^m(\mathbb{R}^2)$, $n_0(x) \in H^m(\mathbb{R}^2)$, $V_0(x) \in H^m(\mathbb{R}^2)$, m 为正整数. 则 Klein-Gordon-Zakharov 方程 (2.4.1)~(2.4.4) 存在惟一的整体光滑解 (u, n, V), 满足

$$\begin{aligned}
&u(t,x) \in L^\infty_{\text{loc}}(\mathbb{R}^+; H^{m+1}(\mathbb{R}^2)),\ u_t(t,x) \in L^\infty_{\text{loc}}(\mathbb{R}^+; H^m(\mathbb{R}^2)),\\
&n(t,x) \in L^\infty_{\text{loc}}(\mathbb{R}^+; H^m(\mathbb{R}^2)),\ n_t(t,x) \in L^\infty_{\text{loc}}(\mathbb{R}^+; H^{m-1}(\mathbb{R}^2)),\\
&V(t,x) \in L^\infty_{\text{loc}}(\mathbb{R}^+; H^m(\mathbb{R}^2)),\ V_t(t,x) \in L^\infty_{\text{loc}}(\mathbb{R}^+; H^{m-1}(\mathbb{R}^2)).
\end{aligned}$$

要得到方程 (2.4.1)~(2.4.4) 整体光滑解的存在性, 先要证明该方程存在局部光滑解, 而局部光滑解的存在性可以用标准的 Galerkin 方法来证明 (例如, 见文献 [61]), 这部分细节就不再叙述了. 下面的目的就是将局部解延拓为整体解. 事实上, 为达此目的, 只需对任意的 $T \geqslant 0$, 我们能作出 $\|\nabla_x^s u\|_{L^2}$, $\|\nabla_x^s u_t\|_{L^2}$, $\|\nabla_x^s n\|_{L^2}$, $\|\nabla_x^s n_t\|_{L^2}$, $\|\nabla_x^s V\|_{L^2}$ 和 $\|\nabla_x^s V_t\|_{L^2}$ 关于 $t\in[0,T]$ 的一致估计即可. 因此在下面的引理中, 不妨假设 (u,n,V) 是光滑解, 且设函数本身及其导数在 $|x|\to\infty$ 时趋于零. 下面来做一些先验估计.

引理 2.4.1 设 $u_0(x)\in H^1(\mathbb{R}^2)$, $u_1(x)\in L^2(\mathbb{R}^2)$, $n_0(x)\in L^2(\mathbb{R}^2)$, $V_0(x)\in L^2(\mathbb{R}^2)$. 则有

$$\|u\|_{L^2}^2+\|\nabla u\|_{L^2}^2+\|u_t\|_{L^2}^2+\|n\|_{L^2}^2+\|V\|_{L^2}^2\leqslant C, \tag{2.4.5}$$

其中常数 C 依赖于 $\|u_0\|_{H^1}$, $\|u_1\|_{L^2}$, $\|n_0\|_{L^2}$ 和 $\|V_0\|_{L^2}$.

证明 方程 (2.4.1) 两边与 u_t 作内积 $\left(\text{内积 } (f,g):=\int_{\mathbb{R}^2}f\bar{g}\mathrm{d}x\right)$ 有

$$(u_{tt}-\Delta u+u+nu+|u|^2u,u_t)=0. \tag{2.4.6}$$

容易验证有

$$\begin{aligned}&\mathrm{Re}(u_{tt}-\Delta u+u+|u|^2u,u_t)\\&=\frac{1}{2}\frac{\mathrm{d}}{\mathrm{d}t}\left(\|u_t\|_{L^2}^2+\|\nabla u\|_{L^2}^2+\|u\|_{L^2}^2+\frac{1}{2}\|u\|_{L^4}^4\right),\end{aligned}$$

以及 (利用方程 (2.4.2) 和 (2.4.3))

$$\begin{aligned}\mathrm{Re}\int_{\mathbb{R}^2}nu\overline{u_t}\mathrm{d}x&=\frac{1}{2}\int_{\mathbb{R}^2}n(|u|^2)_t\mathrm{d}x\\&=\frac{1}{2}\frac{\mathrm{d}}{\mathrm{d}t}\int_{\mathbb{R}^2}n|u|^2\mathrm{d}x+\frac{1}{2}\int_{\mathbb{R}^2}\nabla\cdot V|u|^2\mathrm{d}x\\&=\frac{1}{2}\frac{\mathrm{d}}{\mathrm{d}t}\int_{\mathbb{R}^2}n|u|^2\mathrm{d}x+\frac{1}{2}\int_{\mathbb{R}^2}V\cdot\left(\frac{\partial V}{\partial t}+\nabla n\right)\mathrm{d}x\\&=\frac{1}{2}\frac{\mathrm{d}}{\mathrm{d}t}\int_{\mathbb{R}^2}n|u|^2\mathrm{d}x+\frac{1}{4}\frac{\mathrm{d}}{\mathrm{d}t}\int_{\mathbb{R}^2}V^2\mathrm{d}x+\frac{1}{4}\frac{\mathrm{d}}{\mathrm{d}t}\int_{\mathbb{R}^2}n^2\mathrm{d}x.\end{aligned}$$

于是对 (2.4.6) 式取实部, 得到

$$\begin{aligned}&\int_{\mathbb{R}^2}\left(|u_t|^2+|\nabla u|^2+|u|^2+\frac{1}{2}|u|^4+\frac{1}{2}|V|^2+\frac{1}{2}|n|^2+n|u|^2\right)\mathrm{d}x\\&=\int_{\mathbb{R}^2}\left(|u_1|^2+|\nabla u_0|^2+|u_0|^2+\frac{1}{2}|u_0|^4+\frac{1}{2}|V_0|^2+\frac{1}{2}|n_0|^2+n_0|u_0|^2\right)\mathrm{d}x\\&=\mathrm{const},\end{aligned} \tag{2.4.7}$$

注意该常数与 t 无关. 由 Hölder 不等式

$$\left|\int_{\mathbb{R}^2} n|u|^2\mathrm{d}x\right| \leqslant \frac{1}{2}\int_{\mathbb{R}^2}(|n|^2+|u|^4)\mathrm{d}x,$$

将该式代入 (2.4.7) 式得

$$\|u\|_{L^2}^2+\|\nabla u\|_{L^2}^2+\|u_t\|_{L^2}^2+\|V\|_{L^2}^2 \leqslant C.$$

利用 Gagliardo-Nirenberg 不等式 (即引理 2.3.2)

$$\|u(t)\|_{L^4}^4 \leqslant C\|u(t)\|_{L^2}^2\|\nabla u(t)\|_{L^2}^2 \leqslant C,$$

再次注意到

$$\left|\int_{\mathbb{R}^2} n|u|^2\mathrm{d}x\right| \leqslant \frac{1}{4}\int_{\mathbb{R}^2}|n|^2\mathrm{d}x+\int_{\mathbb{R}^2}|u|^4\mathrm{d}x \leqslant \frac{1}{4}\int_{\mathbb{R}^2}|n|^2\mathrm{d}x+C,$$

把这个不等式再代回到 (2.4.7) 式就能得到估计 (2.4.5).

引理 2.4.2 设 $u_0(x)\in H^2(\mathbb{R}^2)$, $u_1(x)\in H^1(\mathbb{R}^2)$, $n_0(x)\in H^1(\mathbb{R}^2)$, $V_0(x)\in H^1(\mathbb{R}^2)$. 则有

$$\|\nabla u_t\|_{L^2}^2+\|\Delta u\|_{L^2}^2+\|n_t\|_{L^2}^2+\|\nabla n\|_{L^2}^2+\|\nabla V\|_{L^2}^2+\|V_t\|_{L^2}^2 \leqslant C, \tag{2.4.8}$$

其中常数 C 依赖于 $\|u_0\|_{H^2}$, $\|u_1\|_{H^1}$, $\|n_0\|_{H^1}$, $\|V_0\|_{H^1}$ 以及 T.

证明 方程 (2.4.1) 两边与 $-\Delta u_t$ 作内积有

$$(u_{tt}-\Delta u+u+nu+|u|^2u,-\Delta u_t)=0.$$

对上述方程取实部, 利用分部积分, 就得到

$$\begin{aligned}
&\frac{\mathrm{d}}{\mathrm{d}t}(\|\nabla u_t\|_{L^2}^2+\|\Delta u\|_{L^2}^2)\\
&\quad\leqslant 2|(\nabla u+\nabla(nu)+\nabla(|u|^2u),\nabla u_t)|\\
&\quad\leqslant 2(\|\nabla u\|_{L^2}^2+\|\nabla(nu)\|_{L^2}^2+\|\nabla(|u|^2u)\|_{L^2}^2+\|\nabla u_t\|_{L^2}^2)\\
&\quad\leqslant C(1+\|\nabla(nu)\|_{L^2}^2+\|\nabla(|u|^2u)\|_{L^2}^2+\|\nabla u_t\|_{L^2}^2),
\end{aligned}\tag{2.4.9}$$

最后一步利用了估计 (2.4.5), 即 $\|\nabla u\|_{L^2}^2 \leqslant C$.

注意到 (用 Gagliardo-Nirenberg 不等式以及估计 (2.4.5))

$$\begin{aligned}
\|\nabla(nu)\|_{L^2} &\leqslant \|n\nabla u\|_{L^2}+\|(\nabla n)u\|_{L^2}\\
&\leqslant \|n\|_{L^4}\|\nabla u\|_{L^4}+\|\nabla n\|_{L^2}\|u\|_{L^\infty}\\
&\leqslant \|n\|_{L^2}^{\frac{1}{2}}\|\nabla n\|_{L^2}^{\frac{1}{2}}\|\nabla u\|_{L^2}^{\frac{1}{2}}\|\Delta u\|_{L^2}^{\frac{1}{2}}+\|\nabla n\|_{L^2}\|u\|_{L^\infty}\\
&\leqslant C(\|\nabla n\|_{L^2}^{\frac{1}{2}}\|\Delta u\|_{L^2}^{\frac{1}{2}}+\|\nabla n\|_{L^2}\|u\|_{L^\infty})
\end{aligned}$$

以及

$$\begin{aligned}\|\nabla(|u|^2u)\|_{L^2} &\leqslant C\||u|^2\nabla u\|_{L^2}\\ &\leqslant C\|u\|_{L^\infty}\|u\|_{L^4}\|\nabla u\|_{L^4}\\ &\leqslant C\|u\|_{L^\infty}\|u\|_{H^1}\|\nabla u\|_{L^2}^{\frac{1}{2}}\|\Delta u\|_{L^2}^{\frac{1}{2}}\\ &\leqslant C\|\Delta u\|_{L^2}^{\frac{1}{2}}\|u\|_{L^\infty}.\end{aligned}$$

将以上两个式子代入 (2.4.9) 式有

$$\begin{aligned}&\frac{\mathrm{d}}{\mathrm{d}t}(\|\nabla u_t\|_{L^2}^2+\|\Delta u\|_{L^2}^2)\\ &\leqslant C(1+\|\nabla n\|_{L^2}\|\Delta u\|_{L^2}+\|\nabla n\|_{L^2}^2\|u\|_{L^\infty}^2+\|\Delta u\|_{L^2}\|u\|_{L^\infty}^2+\|\nabla u_t\|_{L^2}^2)\\ &\leqslant C(1+\|u\|_{L^\infty}^2)(1+\|\nabla n\|_{L^2}^2+\|\Delta u\|_{L^2}^2+\|\nabla u_t\|_{L^2}^2).\end{aligned} \tag{2.4.10}$$

从方程 (2.4.2) 和 (2.4.3) 可得 $n_{tt}-\Delta n=\Delta|u|^2$, 对该方程两边与 n_t 作内积得到

$$\begin{aligned}&\frac{1}{2}\frac{\mathrm{d}}{\mathrm{d}t}(\|\nabla n\|_{L^2}^2+\|n_t\|_{L^2}^2)\\ &\leqslant|(\overline{u}\Delta u,n_t)|+|(u\Delta\overline{u},n_t)|+2|(|\nabla u|^2,n_t)|\\ &\leqslant 2(\|u\|_{L^\infty}\|\Delta u\|_{L^2}+\|\nabla u\|_{L^4}^2)\|n_t\|_{L^2}\\ &\leqslant 2(\|u\|_{L^\infty}\|\Delta u\|_{L^2}+C\|\nabla u\|_{L^2}\|\Delta u\|_{L^2})\|n_t\|_{L^2}\\ &\leqslant C(\|u\|_{L^\infty}+1)\|\Delta u\|_{L^2}\|n_t\|_{L^2}\\ &\leqslant C(\|u\|_{L^\infty}^2+1)(\|\Delta u\|_{L^2}^2+\|n_t\|_{L^2}^2).\end{aligned} \tag{2.4.11}$$

令 $f(t)=\|\nabla u_t\|_{L^2}^2+\|\Delta u\|_{L^2}^2+\|n_t\|_{L^2}^2+\|\nabla n\|_{L^2}^2+1$, 于是联合 (2.4.10) 和 (2.4.11) 式可得

$$\begin{aligned}\frac{\mathrm{d}}{\mathrm{d}t}f(t) &\leqslant C(\|u\|_{L^\infty}^2+1)f(t)\\ &\leqslant C(1+\ln f(t))f(t),\end{aligned}$$

其中最后一步利用了对数型不等式 (2.3.13). 根据 Gronwall 不等式可推出 $f(t)\leqslant C$, 再根据方程 (2.4.2) 和 (2.4.3) 就有

$$\|\nabla V\|_{L^2}^2+\|V_t\|_{L^2}^2\leqslant C,$$

于是该引理证毕.

引理 2.4.3 设 $u_0(x)\in H^3(\mathbb{R}^2)$, $u_1(x)\in H^2(\mathbb{R}^2)$, $n_0(x)\in H^2(\mathbb{R}^2)$, $V_0(x)\in H^2(\mathbb{R}^2)$. 则有

$$\|\Delta u_t\|_{L^2}^2+\|\nabla^3u\|_{L^2}^2+\|\nabla n_t\|_{L^2}^2+\|\Delta n\|_{L^2}^2+\|\Delta V\|_{L^2}^2+\|\nabla V_t\|_{L^2}^2\leqslant C, \tag{2.4.12}$$

其中常数 C 依赖于 $\|u_0\|_{H^3}$, $\|u_1\|_{H^2}$, $\|n_0\|_{H^2}$, $\|V_0\|_{H^2}$ 以及 T.

证明 用算子 Δ 作用于方程 (2.4.1) 的两边, 然后再与 Δu_t 作内积

$$(\Delta u_{tt}-\Delta^2 u+\Delta u+\Delta(nu)+\Delta(|u|^2u),\Delta u_t)=0,$$

从上式出发容易得到

$$\begin{aligned}
&\frac{\mathrm{d}}{\mathrm{d}t}(\|\Delta u_t\|_{L^2}^2+\|\nabla^3 u\|_{L^2}^2)\\
&\quad\leqslant 2(\|\Delta u\|_{L^2}^2+\|\Delta(nu)\|_{L^2}^2+\|\Delta(|u|^2u)\|_{L^2}^2+\|\Delta u_t\|_{L^2}^2)\\
&\quad\leqslant C(1+\|\Delta(nu)\|_{L^2}^2+\|\Delta(|u|^2u)\|_{L^2}^2+\|\Delta u_t\|_{L^2}^2),
\end{aligned}\tag{2.4.13}$$

最后一步利用了估计 (2.4.8), 即 $\|\Delta u\|_{L^2}^2\leqslant C$.

利用 Gagliardo-Nirenberg 不等式和估计 (2.4.8) 有

$$\begin{aligned}
\|\Delta(nu)\|_{L^2}&\leqslant 2(\|u\Delta n\|_{L^2}+\|\nabla n\nabla u\|_{L^2}+\|n\Delta u\|_{L^2})\\
&\leqslant 2(\|\Delta n\|_{L^2}\|u\|_{L^\infty}+\|\nabla n\|_{L^4}\|\nabla u\|_{L^4}+\|n\|_{L^4}\|\Delta u\|_{L^4})\\
&\leqslant C(\|\Delta n\|_{L^2}+\|\nabla^3 u\|_{L^2}+1)
\end{aligned}$$

以及

$$\begin{aligned}
\|\Delta(|u|^2u)\|_{L^2}&\leqslant C(\|\Delta(|u|^2)\|_{L^2}\|u\|_{L^\infty}+\|u\|_{L^\infty}^2\|\Delta u\|_{L^2}+\|\nabla|u|^2\|_{L^4}\|\nabla u\|_{L^4})\\
&\leqslant C(\|\nabla^3 u\|_{L^2}+1).
\end{aligned}$$

将以上两个式子代入 (2.4.13) 式有

$$\begin{aligned}
&\frac{\mathrm{d}}{\mathrm{d}t}(\|\Delta u_t\|_{L^2}^2+\|\nabla^3 u\|_{L^2}^2)\\
&\quad\leqslant C(1+\|\Delta n\|_{L^2}^2+\|\nabla^3 u\|_{L^2}^2+\|\Delta u_t\|_{L^2}^2).
\end{aligned}\tag{2.4.14}$$

从方程 (2.4.2) 和 (2.4.3) 可得 $n_{tt}-\Delta n=\Delta|u|^2$, 该方程两边与 $-\Delta n_t$ 作内积得到

$$\begin{aligned}
&\frac{\mathrm{d}}{\mathrm{d}t}(\|\nabla n_t\|_{L^2}^2+\|\Delta n\|_{L^2}^2)\\
&\quad\leqslant 2\|\nabla n_t\|_{L^2}\|\nabla^3|u|^2\|_{L^2}\\
&\quad\leqslant 2\|\nabla n_t\|_{L^2}(\|u\|_{L^\infty}\|\nabla^3 u\|_{L^2}+\|\nabla u\|_{L^4}\|\Delta u\|_{L^4})\\
&\quad\leqslant C(\|\nabla n_t\|_{L^2}^2+\|\nabla^3 u\|_{L^2}^2+1).
\end{aligned}\tag{2.4.15}$$

令 $g(t)=\|\Delta u_t\|_{L^2}^2+\|\nabla^3 u\|_{L^2}^2+\|\nabla n_t\|_{L^2}^2+\|\Delta n\|_{L^2}^2+1$, 于是联合 (2.4.14) 和 (2.4.15) 式可得

$$\frac{\mathrm{d}}{\mathrm{d}t}g(t)\leqslant Cg(t),$$

根据 Gronwall 不等式可推出 $g(t) \leqslant C$, 再根据方程 (2.4.2) 和 (2.4.3) 就有

$$\|\Delta V\|_{L^2}^2 + \|\nabla V_t\|_{L^2}^2 \leqslant C,$$

从而引理证毕.

引理 2.4.4 设 $u_0(x) \in H^{m+1}(\mathbb{R}^2)$, $u_1(x) \in H^m(\mathbb{R}^2)$, $n_0(x) \in H^m(\mathbb{R}^2)$, $V_0(x) \in H^m(\mathbb{R}^2)$, m 是个正整数. 则有

$$\begin{aligned}&\|\nabla^m u_t\|_{L^2}^2 + \|\nabla^{m+1} u\|_{L^2}^2 + \|\nabla^{m-1} n_t\|_{L^2}^2\\&\quad + \|\nabla^m n\|_{L^2}^2 + \|\nabla^m V\|_{L^2}^2 + \|\nabla^{m-1} V_t\|_{L^2}^2 \leqslant C,\end{aligned} \tag{2.4.16}$$

其中常数 C 依赖于 $\|u_0\|_{H^{m+1}}$, $\|u_1\|_{H^m}$, $\|n_0\|_{H^m}$, $\|V_0\|_{H^m}$ 以及 T.

可以用归纳法来证明引理 2.4.4(也可参照引理 2.3.9 的证明), 具体的证明细节这里就略去了.

利用先验估计 (2.4.16), 我们就证明了方程 (2.4.1)~(2.4.4) 的局部光滑解可以延拓为整体光滑解. 下面来证明方程 (2.4.1)~(2.4.4) 的光滑解是惟一的.

设 (u_1, n_1, V_1) 和 (u_2, n_2, V_2) 都是方程 (2.4.1)~(2.4.4) 的解, 令 $u = u_1 - u_2$, $n = n_1 - n_2$, $V = V_1 - V_2$, 于是 (u, n, V) 满足

$$u_{tt} - \Delta u + u + (n_1 u_1 - n_2 u_2) + (|u_1|^2 u_1 - |u_2|^2 u_2) = 0, \tag{2.4.17}$$

$$n_t + \nabla \cdot V = 0, \tag{2.4.18}$$

$$V_t + \nabla n + \nabla(|u_1|^2 u_1 - |u_2|^2 u_2) = 0. \tag{2.4.19}$$

方程 (2.4.17) 两边与 u_t 作内积可以得到

$$\begin{aligned}&\frac{\mathrm{d}}{\mathrm{d}t}(\|u_t\|_{L^2}^2 + \|\nabla u\|_{L^2}^2 + \|u\|_{L^2}^2)\\&\quad\leqslant |(n_1 u_1 - n_2 u_2, u_t)| + |(|u_1|^2 u_1 - |u_2|^2 u_2, u_t)|\\&\quad\leqslant C\|u_t\|_{L^2}(\|n\|_{L^2} + \|u\|_{L^2} + \|\nabla u\|_{L^2}),\end{aligned} \tag{2.4.20}$$

其中常数 C 与 $\|u_i\|_{L^\infty(0,T;H^2)}$ 和 $\|n_i\|_{L^\infty(0,T;H^1)}(i = 1, 2)$ 有关.

方程 (2.4.18) 和 (2.4.19) 的两边分别与 n 和 V 作内积, 再将这两个式子相加

$$\begin{aligned}\frac{\mathrm{d}}{\mathrm{d}t}(\|n\|_{L^2}^2 + \|V\|_{L^2}^2) &\leqslant 2|(\nabla(|u_1|^2 u_1 - |u_2|^2 u_2), V)|\\&\leqslant C\|V\|_{L^2}(\|u\|_{L^2} + \|\nabla u\|_{L^2}),\end{aligned} \tag{2.4.21}$$

这里的常数 C 与 $\|u_i\|_{L^\infty(0,T;H^2)}$ $(i = 1, 2)$ 有关.

现在联合 (2.4.20)~(2.4.21) 式得到

$$\frac{\mathrm{d}}{\mathrm{d}t}(\|u\|_{L^2}^2 + \|u_t\|_{L^2}^2 + \|\nabla u\|_{L^2}^2 + \|n\|_{L^2}^2 + \|V\|_{L^2}^2)$$

$$\leqslant C(\|u\|_{L^2}^2 + \|u_t\|_{L^2}^2 + \|\nabla u\|_{L^2}^2 + \|n\|_{L^2}^2 + \|V\|_{L^2}^2),$$

由此 (利用零初始条件) 得

$$u \equiv 0, \quad n \equiv 0, \quad V \equiv 0.$$

惟一性得证.

接着对 $\varepsilon > 0$, 考虑带参数 ε 的 Klein-Gordon-Zakharov 方程

$$u_{tt}^\varepsilon - \Delta u^\varepsilon + u^\varepsilon = -n^\varepsilon u^\varepsilon - |u^\varepsilon|^2 u^\varepsilon, \tag{2.4.22}$$

$$n_t^\varepsilon + \nabla \cdot V^\varepsilon = 0, \tag{2.4.23}$$

$$\varepsilon^2 V_t^\varepsilon + \nabla(n^\varepsilon + |u^\varepsilon|^2) = 0, \tag{2.4.24}$$

$$\begin{aligned} &u^\varepsilon|_{t=0} = u_0(x),\ u_t^\varepsilon|_{t=0} = u_1(x), \\ &n^\varepsilon|_{t=0} = n_0(x),\ V^\varepsilon|_{t=0} = V_0(x)\ x \in \mathbb{R}^2. \end{aligned} \tag{2.4.25}$$

注意由方程 (2.4.23) 和 (2.4.24) 可以推出

$$\varepsilon^2 n_{tt}^\varepsilon - \Delta n^\varepsilon = \Delta |u^\varepsilon|^2.$$

因此从形式看, 当 $\varepsilon \to 0$ 时, $n^\varepsilon + |u^\varepsilon|^2 \to 0$, 即 ε 很小时, $n^\varepsilon \approx -|u^\varepsilon|^2$, 此时形式上看就有 u^ε 趋向与某个 Klein-Gordon 方程的解. 下面的定理就对刚才的论断做了严格的证明.

定理 2.4.2　*设初始资料* $u_0(x) \in H^1(\mathbb{R}^2)$, $u_1(x) \in L^2(\mathbb{R}^2)$, $n_0(x) \in L^2(\mathbb{R}^2)$, $V_0(x) \in L^2(\mathbb{R}^2)$. *则 Klein-Gordon-Zakharov 方程 (2.4.22)~(2.4.25) 的存在弱解* (u, n, V) *满足*

$$\begin{aligned} &u^\varepsilon(t,x) \in L^\infty(\mathbb{R}^+; H^1(\mathbb{R}^2)),\ u_t^\varepsilon(t,x) \in L^\infty(\mathbb{R}^+; L^2(\mathbb{R}^2)), \\ &n^\varepsilon(t,x) \in L^\infty(\mathbb{R}^+; L^2(\mathbb{R}^2)),\ V^\varepsilon(t,x) \in L^\infty(\mathbb{R}^+; L^2(\mathbb{R}^2)). \end{aligned}$$

进一步地, 当 $\varepsilon \to 0$ *时, 有*

$$u^\varepsilon \to u,\ \text{在} L^\infty(\mathbb{R}^+; H^1(\mathbb{R}^2))\text{中弱} * \text{收敛}, \tag{2.4.26}$$

其中 u *是如下问题的解:*

$$\begin{aligned} &u_{tt} - \Delta u + u = 0, \\ &u|_{t=0} = u_0(x),\ u_t|_{t=0} = u_1(x). \end{aligned}$$

证明　仿照引理 2.4.1 的证明方法, 有

$$\begin{aligned} &\int_{\mathbb{R}^2} \left(|u_t^\varepsilon|^2 + |\nabla u^\varepsilon|^2 + |u^\varepsilon|^2 + \frac{1}{2}|u^\varepsilon|^4 + \frac{1}{2}|\varepsilon V^\varepsilon|^2 + \frac{1}{2}|n|^2 + n^\varepsilon |u^\varepsilon|^2 \right) \mathrm{d}x \\ &\quad = \int_{\mathbb{R}^2} \left(|u_1|^2 + |\nabla u_0|^2 + |u_0|^2 + \frac{1}{2}|u_0|^4 + \frac{1}{2}|V_0|^2 + \frac{1}{2}|n_0|^2 + n_0 |u_0|^2 \right) \mathrm{d}x \\ &\quad = C, \end{aligned}$$

其中常数 C 与 ε 和 t 无关, 即

$$\|u_t^\varepsilon\|_{L^2}^2+\|\nabla u^\varepsilon\|_{L^2}^2+\|u^\varepsilon\|_{L^2}^2+\|u^\varepsilon\|_{L^4}^4+\|\varepsilon V^\varepsilon\|_{L^2}^2+\|n^\varepsilon\|_{L^2}^2\leqslant C. \tag{2.4.27}$$

利用估计 (2.4.27) 和 Galerkin 方法, 易得方程 (2.4.22)~(2.4.25) 的弱解的存在性, 具体的细节就不再叙述了. 接下来证明 (2.4.26) 式. 根据所得的估计 (2.4.27), 可推出

$$\begin{aligned}
&\|\Delta u^\varepsilon\|_{L^\infty(\mathbb{R}^+;H^{-1}(\mathbb{R}^2))}\leqslant C,\\
&\|u^\varepsilon\|_{L^\infty(\mathbb{R}^+;L^q(\mathbb{R}^2))}\leqslant C,\ \forall\ q\in(2,\infty),\\
&\|n^\varepsilon u^\varepsilon\|_{L^\infty(\mathbb{R}^+;H^{-1}(\mathbb{R}^2))}\leqslant C.
\end{aligned}$$

于是利用紧性定理可得

$$\begin{gathered}
u^\varepsilon\to u,\ \text{在}L^q_{\text{loc}}(\mathbb{R}^2\times(0,T))\text{中强收敛和在}\mathbb{R}^2\times(0,T)\text{中几乎处处收敛},\\
u^\varepsilon\to u,\ \text{在}L^\infty(\mathbb{R}^+;H^1(\mathbb{R}^2)\cap L^q(\mathbb{R}^2))\text{中弱}*\text{收敛},\\
u_t^\varepsilon\to u_t,\ \text{在}L^\infty(\mathbb{R}^+;L^2(\mathbb{R}^2))\text{中弱}*\text{收敛},\\
\varepsilon V^\varepsilon\to w,\ \text{在}L^\infty(\mathbb{R}^+;L^2(\mathbb{R}^2))\text{中弱}*\text{收敛},\\
\Delta u^\varepsilon\to\Delta u,\ \text{在}L^\infty(\mathbb{R}^+;H^{-1}(\mathbb{R}^2))\text{中弱}*\text{收敛},\\
n^\varepsilon u^\varepsilon\to z,\ \text{在}L^\infty(\mathbb{R}^+;H^{-1}(\mathbb{R}^2))\text{中弱}*\text{收敛}.
\end{gathered}$$

根据这些收敛性质, 在方程 (2.4.22)~(2.4.25) 中令 $\varepsilon\to0$, 可以看到为了完成该定理的证明, 仅需证明

$$n+|u|^2=0,\ z+|u|^2u=0. \tag{2.4.28}$$

对任意的 $\varphi(t,x)\in C_0^\infty(\mathbb{R}^+;L^2(\mathbb{R})^2)$, 有

$$\begin{aligned}
\int_0^\infty\int_{\mathbb{R}^2}\varepsilon^2V_t^\varepsilon\varphi\mathrm{d}x\mathrm{d}t&=-\int_0^\infty\int_{\mathbb{R}^2}\varepsilon^2V^\varepsilon\varphi_t\mathrm{d}x\mathrm{d}t\\
&\leqslant\varepsilon\|\varepsilon V^\varepsilon\|_{L^\infty(\mathbb{R}^+;L^2(\mathbb{R}^2))}\|\varphi_t\|_{L^1(\mathbb{R}^+;L^2(\mathbb{R}^2))}\\
&\to0(\varepsilon\to0),
\end{aligned}$$

其中最后一步利用了估计 $\|\varepsilon V^\varepsilon\|_{L^\infty(\mathbb{R}^+;L^2(\mathbb{R}^2))}\leqslant C$. 在方程 (2.4.25) 两边同乘以 φ, 并利用上式易得

$$\nabla(n^\varepsilon+|u^\varepsilon|^2)\to0\ \text{在}\ \mathcal{D}'(\mathbb{R}^+;L^2(\mathbb{R}^2))\ \text{中},$$

从而推出 $\nabla(n+|u|^2)=0$. 又因为 $n+|u|^2\in L^\infty(\mathbb{R}^+;L^2(\mathbb{R}^2))$, 所以必有 $n+|u|^2=0$. 为证明 (2.4.28) 式的第二式, 只需证

$$n^\varepsilon u^\varepsilon\to-|u|^2u,\ \text{在}\ L^\infty(\mathbb{R}^+;H^{-1}(\mathbb{R}^2))\ \text{中弱}*\text{收敛}.$$

选取函数 $\psi \in L^2(\mathbb{R}^+, H^1(\mathbb{R}^2))$, $\mathrm{supp}_x\psi \subset \Omega$, 其中 Ω 是 $\mathbb{R}^2$ 的紧集. 因为

$$\begin{aligned}&\int_0^\infty \int_{\mathbb{R}^2} (n^\varepsilon u^\varepsilon + |u|^2 u)\psi \mathrm{d}x\mathrm{d}t \\ &= \int_0^\infty \int_{\mathbb{R}^2} n^\varepsilon (u^\varepsilon - u)\psi \mathrm{d}x\mathrm{d}t + \int_0^\infty \int_{\mathbb{R}^2} (n^\varepsilon + |u|^2) u\psi \mathrm{d}x\mathrm{d}t \\ &= I_1 + I_2,\end{aligned}$$

注意到当 $\varepsilon \to 0$ 时,

$$|I_1| \leqslant \|n^\varepsilon\|_{L^\infty(\mathbb{R}^+;L^2(\mathbb{R}^2))} \|u^\varepsilon - u\|_{L^2(\mathbb{R}^+;L^4(\Omega))} \|\psi\|_{L^2(\mathbb{R}^+;L^4(\mathbb{R}^2))} \to 0.$$

利用事实

$$n^\varepsilon \to n = -|u|^2, \text{ 在 } L^\infty(\mathbb{R}^+; L^2(\mathbb{R}^2)) \text{ 中弱} * \text{收敛},$$

以及

$$\|u\psi\|_{L^1(\mathbb{R}^+;L^2(\mathbb{R}^2))} \leqslant \|u\|_{L^2(\mathbb{R}^+;L^4(\mathbb{R}^2))} \|\psi\|_{L^2(\mathbb{R}^+;L^4(\mathbb{R}^2))} < \infty,$$

则由弱收敛的定义有 $I_2 \to 0$. 至此, (2.4.28) 式得证, 从而定理证毕.

2.5 二维离子声波中的 Zakharov 方程

研究如下类型的二维离子声 Zakharov 方程:

$$\mathrm{i}\Delta\varphi_t + \Delta^2\varphi + \mathrm{i}\alpha\Delta\varphi + \mathrm{i}\beta\varphi + \frac{1}{\mathrm{i}}\nabla\varphi \cdot \nabla^\perp n = 0, \tag{2.5.1}$$

$$n_{tt} - \Delta n + \gamma n_t + \frac{\omega}{\mathrm{i}}\nabla\overline{\varphi} \cdot \nabla^\perp\varphi = 0, \tag{2.5.2}$$

$$\varphi|_{t=0} = \varphi_0(x),\ n|_{t=0} = n_0(x),\ n_t|_{t=0} = n_1(x),\ x \in \mathbb{R}^2, \tag{2.5.3}$$

其中 $\varphi = \varphi(t, x)$ 是未知的复值函数, $\overline{\varphi}$ 表示 φ 的共轭复数, $n = n(t, x)$ 是未知的实值函数, $\alpha,\ \beta, \gamma, \omega$ 均为实常数满足 $\alpha,\ \gamma,\ \omega > 0$, $\beta < 0$, $\mathrm{i} = \sqrt{-1}$, 且

$$\nabla \equiv \left(\frac{\partial}{\partial x_1}, \frac{\partial}{\partial x_2}\right), \quad \nabla^\perp \equiv \left(\frac{\partial}{\partial x_2}, -\frac{\partial}{\partial x_1}\right), \quad \Delta \equiv \frac{\partial^2}{\partial x_1^2} + \frac{\partial^2}{\partial x_2^2}.$$

本节的主要结果是得到问题 (2.5.1)~(2.5.3) 的整体光滑解的存在惟一性, 即有

定理 2.5.1 设初始资料 $\varphi_0(x) \in H^{m+2}(\mathbb{R}^2)$, $n_0(x) \in H^{m+1}(\mathbb{R}^2)$, $n_1(x) \in H^m(\mathbb{R}^2)$, m 是正整数. 则问题 (2.5.1)~(2.5.3) 的存在惟一光滑解 (φ, n) 满足

$$\begin{aligned}&\varphi(t, x) \in L^\infty_{\mathrm{loc}}(\mathbb{R}^+; H^{m+2}(\mathbb{R}^2)),\ \nabla\varphi_t(t, x) \in L^\infty_{\mathrm{loc}}(\mathbb{R}^+; H^{m-1}(\mathbb{R}^2)), \\ &n(t, x) \in L^\infty_{\mathrm{loc}}(\mathbb{R}^+; H^{m+1}(\mathbb{R}^2)),\ n_t(t, x) \in L^\infty_{\mathrm{loc}}(\mathbb{R}^+; H^m(\mathbb{R}^2)).\end{aligned}$$

与前两节类似, 我们略去证明局部光滑解的存在性这部分细节, 着重证明局部光滑解可以延拓为整体光滑解. 即对任意的 $T>0$, 需要推导出 $\|\nabla_x^s\varphi\|_{L^2}, \|\nabla_x^s\varphi_t\|_{L^2}, \|\nabla_x^s n\|_{L^2}$, 和 $\|\nabla_x^s n_t\|_{L^2}$ 关于 $t\in[0,T]$ 的一致估计. 因此在下面的推导中不妨假设 (φ,n) 是光滑解, 且设函数本身及其导数在 $|x|\to\infty$ 时趋于零. 下面就给出一些先验估计.

引理 2.5.1 设 $\varphi_0(x)\in H^1(\mathbb{R}^2)$. 则有

$$\|\nabla\varphi\|_{L^2}^2 \leqslant \|\nabla\varphi_0\|_{L^2}^2 \exp(-2\alpha t), \tag{2.5.4}$$

$$\int_0^\infty \|\varphi(\tau)\|_{L^2}^2 \mathrm{d}\tau \leqslant \frac{\|\nabla\varphi_0\|_{L^2}^2}{2|\beta|}. \tag{2.5.5}$$

证明 方程 (2.5.1) 两边与 φ 作内积 $\left(\text{内积 } (f,g):=\int_{\mathbb{R}^2} f\overline{g}\mathrm{d}x\right)$ 有

$$\left(\mathrm{i}\Delta\varphi_t+\Delta^2\varphi+\mathrm{i}\alpha\Delta\varphi+\mathrm{i}\beta\varphi+\frac{1}{\mathrm{i}}\nabla\varphi\cdot\nabla^\perp n,\varphi\right)=0. \tag{2.5.6}$$

容易验证

$$\mathrm{Im}(\mathrm{i}\Delta\varphi_t,\varphi)=-\frac{1}{2}\frac{\mathrm{d}}{\mathrm{d}t}\|\nabla\varphi\|_{L^2}^2,\quad (\Delta^2\varphi,\varphi)=\|\Delta\varphi\|_{L^2}^2,$$
$$\mathrm{Im}(\mathrm{i}\alpha\Delta\varphi,\varphi)=-\alpha\|\nabla\varphi\|_{L^2}^2,\quad \mathrm{Im}(\mathrm{i}\beta\varphi,\varphi)=\beta\|\varphi\|_{L^2}^2$$

以及 (注意 $\nabla f\cdot\nabla^\perp\overline{f}$ 是一个纯虚数)

$$\mathrm{Im}\left(\frac{1}{\mathrm{i}}\nabla\varphi\cdot\nabla^\perp n,\varphi\right)=-\mathrm{Im}\frac{1}{\mathrm{i}}\left(\int_{\mathbb{R}^2} n\nabla\varphi\cdot\nabla^\perp\overline{\varphi}\mathrm{d}x\right)=0.$$

取出 (2.5.6) 式的虚部部分, 有

$$\frac{1}{2}\frac{\mathrm{d}}{\mathrm{d}t}\|\nabla\varphi\|_{L^2}^2+\alpha\|\nabla\varphi\|_{L^2}^2+|\beta|\|\varphi\|_{L^2}^2=0,$$

利用该式即可证明 (2.5.4) 式. 从 (2.5.4) 式可知 $\|\nabla\varphi(t)\|_{L^2}^2\to 0\ (t\to\infty)$, 于是对上式关于 t 在 $(0,\infty)$ 上积分可得 (2.5.5) 式. 引理证毕.

引理 2.5.2 设 $f,h\in H^1(\mathbb{R}^2)$, $g(x)=(g_1(x),g_2(x))\in L^2(\mathbb{R}^2)$, 其中 g 是复向量值函数且满足 $\nabla\cdot g=0$. 则有

$$\left|\int_{\mathbb{R}^2} fg\cdot\nabla h\mathrm{d}x\right|\leqslant C\|\nabla f\|_{L^2}\|g\|_{L^2}\|\nabla h\|_{L^2},$$

其中常数 C 不依赖于函数 f, g 和 h.

关于引理 2.5.2 的证明, 可查阅文献 [71].

引理 2.5.3 设 $\varphi_0(x)\in H^2(\mathbb{R}^2)$, $\nabla n_0(x)\in L^2(\mathbb{R}^2)$, $n_1(x)\in L^2(\mathbb{R}^2)$. 则有

$$\begin{aligned}&\|\Delta\varphi\|_{L^2}^2+\|\nabla n\|_{L^2}^2+\|n_t\|_{L^2}^2\\&\quad\leqslant C\left(1+\int_0^t\|\nabla\varphi_t(\tau)\|_{L^2}\mathrm{d}\tau\right)+C\left(\int_0^t\|\varphi_t(\tau)\|_{L^2}^2\mathrm{d}\tau\right)^{\frac12},\end{aligned}\tag{2.5.7}$$

其中常数 C 依赖于 $\|\varphi_0\|_{H^2}$, $\|\nabla n_0\|_{L^2}$, $\|n_1\|_{L^2}$, α, β, γ, ω 和 T.

证明 方程 (2.5.1) 两边与 φ_t 作内积

$$\left(\mathrm{i}\Delta\varphi_t+\Delta^2\varphi+\mathrm{i}\alpha\Delta\varphi+\mathrm{i}\beta\varphi+\frac{1}{\mathrm{i}}\nabla\varphi\cdot\nabla^{\perp}n,\varphi_t\right)=0.\tag{2.5.8}$$

注意到以下事实:

$$\begin{aligned}&(\mathrm{i}\Delta\varphi_t,\varphi_t)=-\mathrm{i}\|\nabla\varphi_t\|_{L^2}^2,\quad \mathrm{Re}(\Delta^2\varphi,\varphi_t)=\frac12\frac{\mathrm{d}}{\mathrm{d}t}\|\Delta\varphi\|_{L^2}^2,\\&|\mathrm{Re}(\mathrm{i}\beta\varphi,\varphi_t)|\leqslant|\beta|\|\varphi\|_{L^2}\|\varphi_t\|_{L^2}\end{aligned}$$

以及

$$\begin{aligned}\mathrm{Re}\left(\frac{1}{\mathrm{i}}\nabla\varphi\cdot\nabla^{\perp}n,\varphi_t\right)&=\mathrm{Re}\frac{1}{\mathrm{i}}\int_{\mathbb{R}^2}n(\nabla\overline{\varphi}\cdot\nabla^{\perp}\varphi_t)\mathrm{d}x\\&=\frac{1}{2\mathrm{i}}\int_{\mathbb{R}^2}n(\nabla\overline{\varphi}\cdot\nabla^{\perp}\varphi)_t\mathrm{d}x\\&=\frac{1}{2\mathrm{i}}\frac{\mathrm{d}}{\mathrm{d}t}\int_{\mathbb{R}^2}n\nabla\overline{\varphi}\cdot\nabla^{\perp}\varphi\mathrm{d}x-\frac{1}{2\mathrm{i}}\int_{\mathbb{R}^2}n_t\nabla\overline{\varphi}\cdot\nabla^{\perp}\varphi\mathrm{d}x\\&=\frac{1}{2\mathrm{i}}\frac{\mathrm{d}}{\mathrm{d}t}\int_{\mathbb{R}^2}n\nabla\overline{\varphi}\cdot\nabla^{\perp}\varphi\mathrm{d}x+\frac{1}{2\omega}\int_{\mathbb{R}^2}n_t(n_{tt}-\Delta n+\gamma n_t)\mathrm{d}x\\&=\frac{1}{2\mathrm{i}}\frac{\mathrm{d}}{\mathrm{d}t}\int_{\mathbb{R}^2}n\nabla\overline{\varphi}\cdot\nabla^{\perp}\varphi\mathrm{d}x+\frac{1}{4\omega}\frac{\mathrm{d}}{\mathrm{d}t}\int_{\mathbb{R}^2}|n_t|^2\mathrm{d}x\\&\quad+\frac{1}{4\omega}\frac{\mathrm{d}}{\mathrm{d}t}\int_{\mathbb{R}^2}|\nabla n|^2\mathrm{d}x+\frac{\gamma}{2\omega}\int_{\mathbb{R}^2}|n_t|^2\mathrm{d}x.\end{aligned}$$

于是取出 (2.5.8) 式的实部部分, 并关于时间 t 在 $(0,t)$ 上积分有

$$\begin{aligned}&\|\Delta\varphi\|_{L^2}^2+\|\nabla n\|_{L^2}^2+\|n_t\|_{L^2}^2\\&\quad\leqslant C\left(1+\int_0^t|\mathrm{Re}(\mathrm{i}\alpha\Delta\varphi,\varphi_t)|\mathrm{d}\tau+\left|\int_{\mathbb{R}^2}n\nabla\overline{\varphi}\cdot\nabla^{\perp}\varphi\mathrm{d}x\right|\right)\\&\qquad+C\int_0^t\|n_t(\tau)\|_{L^2}^2\mathrm{d}\tau+C\left(\int_0^t\|\varphi_t(\tau)\|_{L^2}^2\mathrm{d}\tau\right)^{\frac12},\end{aligned}\tag{2.5.9}$$

其中最后一步要用到不等式 (根据 Hölder 不等式和 (2.5.5) 式)

$$\int_0^t\|\varphi(\tau)\|_{L^2}\|\varphi_t(\tau)\|_{L^2}\mathrm{d}\tau\leqslant\left(\int_0^t\|\varphi(\tau)\|_{L^2}^2\mathrm{d}\tau\right)^{\frac12}\left(\int_0^t\|\varphi_t(\tau)\|_{L^2}^2\mathrm{d}\tau\right)^{\frac12}$$

$$\leqslant C\left(\int_0^t \|\varphi_t(\tau)\|_{L^2}^2 \mathrm{d}\tau\right)^{\frac{1}{2}}.$$

根据 (2.5.4) 式和引理 2.5.2 有

$$\begin{aligned}\int_0^t |\mathrm{Re}(\mathrm{i}\alpha\Delta\varphi,\varphi_t)|\mathrm{d}\tau &\leqslant \alpha\int_0^t \|\nabla\varphi(\tau)\|_{L^2}\|\nabla\varphi_t(\tau)\|_{L^2}\mathrm{d}\tau\\ &\leqslant C\int_0^t \|\nabla\varphi_t(\tau)\|_{L^2}\mathrm{d}\tau\end{aligned}$$

以及 (注意到 $\nabla\cdot(\nabla^{\perp}\varphi)=0$)

$$\begin{aligned}\left|C\int_{\mathbb{R}^2} n\nabla\overline{\varphi}\cdot\nabla^{\perp}\varphi\mathrm{d}x\right| &\leqslant C\|\nabla n\|_{L^2}\|\nabla\varphi\|_{L^2}^2\\ &\leqslant \frac{1}{2}\|\nabla n\|_{L^2}^2 + C.\end{aligned}$$

将上述两式代入 (2.5.9) 式即得 (2.5.7) 式. 引理证毕.

引理 2.5.4 设 $\varphi_0(x)\in H^3(\mathbb{R}^2)$, $n_0(x)\in H^1(\mathbb{R}^2)$, $n_1(x)\in L^2(\mathbb{R}^2)$. 则有

$$\begin{aligned}&\|\nabla\varphi_t\|_{L^2}^2 + \|\nabla^3\varphi\|_{L^2}^2 + \int_0^t \|\varphi_t(\tau)\|_{L^2}^2\mathrm{d}\tau\\ &\leqslant C\left(1+\int_0^t \|\nabla n_t(\tau)\|_{L^2}^2\mathrm{d}\tau\right),\end{aligned}\tag{2.5.10}$$

其中常数 C 依赖于 $\|\varphi_0\|_{H^3}$, $\|n_0\|_{H^1}$, $\|n_1\|_{L^2}$, α, β, γ, ω 和 T.

证明 先对方程 (2.5.1) 关于时间 t 微分一次, 将微分后的方程与 φ_t 作内积

$$\left(\mathrm{i}\Delta\varphi_{tt} + \Delta^2\varphi_t + \mathrm{i}\alpha\Delta\varphi_t + \mathrm{i}\beta\varphi_t + \frac{1}{\mathrm{i}}(\nabla\varphi\cdot\nabla^{\perp}n)_t, \varphi_t\right) = 0. \tag{2.5.11}$$

容易验证

$$\mathrm{Im}(\mathrm{i}\Delta\varphi_{tt},\varphi_t) = -\frac{1}{2}\frac{\mathrm{d}}{\mathrm{d}t}\|\nabla\varphi_t\|_{L^2}^2,\quad (\Delta^2\varphi_t,\varphi_t) = \|\Delta\varphi_t\|_{L^2}^2,$$
$$\mathrm{Im}(\mathrm{i}\alpha\Delta\varphi_t,\varphi_t) = -\alpha\|\nabla\varphi_t\|_{L^2}^2,\quad \mathrm{Im}(\mathrm{i}\beta\varphi_t,\varphi_t) = \beta\|\varphi_t\|_{L^2}^2,$$

以及 (注意到 $\nabla\varphi_t\cdot\nabla^{\perp}\overline{\varphi_t}$ 是一个纯虚数)

$$\begin{aligned}\left|\mathrm{Im}\left(\frac{1}{\mathrm{i}}(\nabla\varphi\cdot\nabla^{\perp}n)_t,\varphi_t\right)\right| &= \left|\mathrm{Im}\frac{1}{\mathrm{i}}\int_{\mathbb{R}^2}((\nabla\varphi_t\cdot\nabla^{\perp}n)\overline{\varphi_t} + (\nabla\varphi\cdot\nabla^{\perp}n_t)\overline{\varphi_t})\mathrm{d}x\right|\\ &= \left|\mathrm{Im}\frac{1}{\mathrm{i}}\int_{\mathbb{R}^2}(-n(\nabla\varphi_t\cdot\nabla^{\perp}\overline{\varphi_t}) - n_t(\nabla\varphi\cdot\nabla^{\perp}\overline{\varphi_t}))\mathrm{d}x\right|\\ &= \left|\mathrm{Re}\int_{\mathbb{R}^2} n_t(\nabla\varphi\cdot\nabla^{\perp}\overline{\varphi_t})\mathrm{d}x\right|\\ &\leqslant C\|\nabla n_t\|_{L^2}\|\nabla\varphi\|_{L^2}\|\nabla^{\perp}\overline{\varphi_t}\|_{L^2}\\ &\leqslant C(\|\nabla n_t\|_{L^2}^2 + \|\nabla\varphi_t\|_{L^2}^2),\end{aligned}$$

其中倒数第二步利用了引理 2.5.2, 最后一步利用了估计 (2.5.4).

于是对 (2.5.11) 式取出虚部部分可得

$$\frac{1}{2}\frac{\mathrm{d}}{\mathrm{d}t}\|\nabla\varphi_t\|_{L^2}^2+\alpha\|\nabla\varphi_t\|_{L^2}^2+|\beta|\|\varphi_t\|_{L^2}^2\leqslant C(\|\nabla n_t\|_{L^2}^2+\|\nabla\varphi_t\|_{L^2}^2),$$

根据 Gronwall 不等式, 可得

$$\|\nabla\varphi_t\|_{L^2}^2+\int_0^t\|\varphi_t(\tau)\|_{L^2}^2\mathrm{d}\tau\leqslant C+C\int_0^t\|\nabla n_t(\tau)\|_{L^2}^2\mathrm{d}\tau. \tag{2.5.12}$$

另一方面, 方程 (2.5.1) 两边与 $\Delta\varphi$ 作内积

$$\left(\mathrm{i}\Delta\varphi_t+\Delta^2\varphi+\mathrm{i}\alpha\Delta\varphi+\mathrm{i}\beta\varphi+\frac{1}{\mathrm{i}}\nabla\varphi\cdot\nabla^{\perp}n,\Delta\varphi\right)=0. \tag{2.5.13}$$

容易验证以下式子：

$$\begin{aligned}&(\mathrm{i}\Delta\varphi_t,\Delta\varphi)=-\mathrm{i}(\nabla\varphi_t,\nabla\Delta\varphi),\ (\Delta^2\varphi,\Delta\varphi)=-\|\nabla\Delta\varphi\|_{L^2}^2,\\&(\mathrm{i}\alpha\Delta\varphi,\Delta\varphi)=\mathrm{i}\alpha\|\Delta\varphi\|_{L^2}^2,\ (\mathrm{i}\beta\varphi,\Delta\varphi)=-\mathrm{i}\beta\|\nabla\varphi\|_{L^2}^2.\end{aligned}$$

因此取 (2.5.13) 式的实部部分可以得到 (利用 (2.5.4) 式和引理 2.5.2)

$$\begin{aligned}\|\nabla^3\varphi\|_{L^2}^2&\leqslant C\left(\|\nabla\varphi_t\|_{L^2}\|\nabla^3\varphi\|_{L^2}+\left|\mathrm{Re}\left(\frac{1}{\mathrm{i}}\nabla\varphi\cdot\nabla^{\perp}n,\Delta\varphi\right)\right|\right)\\&\leqslant C\left(\|\nabla\varphi_t\|_{L^2}\|\nabla^3\varphi\|_{L^2}+\left|\int_{\mathbb{R}^2}n\nabla\varphi\cdot\nabla^{\perp}\Delta\overline{\varphi}\mathrm{d}x\right|\right)\\&\leqslant C(\|\nabla\varphi_t\|_{L^2}\|\nabla^3\varphi\|_{L^2}+\|\nabla^{\perp}n\|_{L^2}\|\nabla\varphi\|_{L^2}\|\nabla^{\perp}\Delta\overline{\varphi}\|_{L^2})\\&\leqslant C(\|\nabla\varphi_t\|_{L^2}\|\nabla^3\varphi\|_{L^2}+\|\nabla n\|_{L^2}\|\nabla^3\varphi\|_{L^2}).\end{aligned}$$

这样就得到

$$\|\nabla^3\varphi\|_{L^2}^2\leqslant C(\|\nabla\varphi_t\|_{L^2}^2+\|\nabla n\|_{L^2}^2). \tag{2.5.14}$$

联合 (2.5.12) 和 (2.5.14) 式以及

$$\|\nabla n\|_{L^2}^2\leqslant 2\|\nabla n_0\|_{L^2}^2+2\int_0^t\|\nabla n_t(\tau)\|_{L^2}^2\mathrm{d}\tau,$$

我们就得到估计 (2.5.10).

引理 2.5.5　设 $\varphi_0(x)\in H^3(\mathbb{R}^2)$, $n_0(x)\in H^2(\mathbb{R}^2)$, $n_1(x)\in H^1(\mathbb{R}^2)$. 则有

$$\|\nabla\varphi\|_{L^\infty}^2+\|\nabla\varphi_t\|_{L^2}^2+\|\varphi\|_{H^3}^2\leqslant C, \tag{2.5.15}$$

$$\|n\|_{L^\infty}^2+\|n_t\|_{H^1}^2+\|n\|_{H^2}^2+\|n_{tt}\|_{L^2}^2\leqslant C, \tag{2.5.16}$$

其中常数 C 依赖于 $\|\varphi_0\|_{H^3}$, $\|n_0\|_{H^2}$, $\|n_1\|_{H^1}$, α, β, γ, ω 和 T.

证明 方程 (2.5.2) 两边与 n_t 作内积得到

$$\begin{aligned}&\frac{1}{2}\frac{\mathrm{d}}{\mathrm{d}t}(\|n_t\|_{L^2}^2+\|\nabla n\|_{L^2}^2)+\gamma\|n_t\|_{L^2}^2\\&\quad\leqslant C\|\nabla\overline{\varphi}\cdot\nabla^{\perp}\varphi\|_{L^2}\|n_t\|_{L^2}\\&\quad\leqslant C\|\nabla\overline{\varphi}\cdot\nabla^{\perp}\varphi\|_{L^2}^2+\gamma\|n_t\|_{L^2}^2.\end{aligned}$$

接着方程 (2.5.2) 两边与 $-\Delta n_t$ 作内积得到

$$\begin{aligned}&\frac{1}{2}\frac{\mathrm{d}}{\mathrm{d}t}(\|\nabla n_t\|_{L^2}^2+\|\Delta n\|_{L^2}^2)+\gamma\|\nabla n_t\|_{L^2}^2\\&\quad\leqslant C\|\nabla(\nabla\overline{\varphi}\cdot\nabla^{\perp}\varphi)\|_{L^2}\|\nabla n_t\|_{L^2}\\&\quad\leqslant C\|\nabla(\nabla\overline{\varphi}\cdot\nabla^{\perp}\varphi)\|_{L^2}^2+\gamma\|\nabla n_t\|_{L^2}^2.\end{aligned}$$

根据上述两个式子以及

$$\frac{\mathrm{d}}{\mathrm{d}t}\|n\|_{L^2}^2\leqslant\|n\|_{L^2}^2+\|n_t\|_{L^2}^2,$$

便得到

$$\|n_t\|_{H^1}^2+\|n\|_{H^2}^2\leqslant C\left(1+\int_0^t\|\nabla\overline{\varphi}\cdot\nabla^{\perp}\varphi\|_{H^1}^2\mathrm{d}\tau\right).\tag{2.5.17}$$

利用引理 2.5.1 和 Gagliardo-Nirenberg 不等式得

$$\begin{aligned}\int_0^t\|\nabla\overline{\varphi}\cdot\nabla^{\perp}\varphi\|_{L^2}^2\mathrm{d}x&\leqslant\int_0^t\|\nabla\varphi\|_{L^4}^4\mathrm{d}\tau\\&\leqslant C\int_0^t\|\nabla\varphi\|_{L^2}^2\|\Delta\varphi\|_{L^2}^2\mathrm{d}\tau\\&\leqslant C\int_0^t\|\Delta\varphi\|_{L^2}^2\mathrm{d}\tau\end{aligned}$$

和

$$\begin{aligned}\int_0^t\|\nabla(\nabla\overline{\varphi}\cdot\nabla^{\perp}\varphi)\|_{L^2}^2\mathrm{d}\tau&\leqslant\int_0^t\|\nabla\varphi\|_{L^\infty}\int_{\mathbb{R}^2}|\Delta\varphi|^2|\nabla\varphi|\mathrm{d}x\mathrm{d}\tau\\&\leqslant C\int_0^t\|\nabla\varphi\|_{L^\infty}\|\Delta\varphi\|_{L^4}^2\mathrm{d}\tau\\&\leqslant C\int_0^t\|\nabla\varphi\|_{L^\infty}\|\Delta\varphi\|_{L^2}\|\nabla^3\varphi\|_{L^2}\mathrm{d}\tau.\end{aligned}$$

另一方面, 由引理 2.1.8 知, 当 $\|\nabla\varphi\|_{H^1}\geqslant 1$ 时,

$$\begin{aligned}\|\nabla\varphi\|_{L^\infty}&\leqslant C\|\nabla\varphi\|_{H^1}\left(1+\ln\left(1+\frac{\|\nabla\varphi\|_{H^2}}{\|\nabla\varphi\|_{H^1}}\right)\right)^{\frac{1}{2}}\\&\leqslant C(1+\|\Delta\varphi\|_{L^2})\big(1+\ln(1+\|\Delta\varphi\|_{L^2}+\|\nabla^3\varphi\|_{L^2})\big)^{\frac{1}{2}},\end{aligned}$$

其中利用了估计 (2.5.4), 当 $\|\nabla\varphi\|_{H^1}<1$ 时, 利用不等式 $t\ln(1+\frac{s}{t})\leqslant\ln(1+s)$ $(0<t<1,\ s>0)$, 得

$$\begin{aligned}\|\nabla\varphi\|_{L^\infty}&\leqslant C\|\nabla\varphi\|_{H^1}\left(1+\ln\left(1+\frac{\|\nabla\varphi\|_{H^2}}{\|\nabla\varphi\|_{H^1}}\right)\right)^{\frac{1}{2}}\\&\leqslant\big(1+\ln(1+\|\Delta\varphi\|_{L^2}+\|\nabla^3\varphi\|_{L^2})\big)^{\frac{1}{2}}.\end{aligned}$$

联合这两种情形可得

$$\|\nabla\varphi\|_{L^\infty}\leqslant C(1+\|\Delta\varphi\|_{L^2})\big(1+\ln(1+\|\Delta\varphi\|_{L^2}+\|\nabla^3\varphi\|_{L^2})\big)^{\frac{1}{2}}.$$

根据 $\nabla\varphi$ 的 L^∞ 估计, 可推出

$$\begin{aligned}&\int_0^t\|\nabla\overline{\varphi}\cdot\nabla^\perp\varphi\|_{H^1}^2\mathrm{d}\tau\\&\leqslant C\int_0^t(\|\Delta\varphi\|_{L^2}^2+\|\nabla\varphi\|_{L^\infty}\|\Delta\varphi\|_{L^2}\|\nabla^3\varphi\|_{L^2})\mathrm{d}\tau\\&\leqslant C\left(1+\int_0^t(\|\nabla^3\varphi\|_{L^2}^2(1+\ln(1+\|\nabla\varphi\|_{H^2}))+\|\Delta\varphi\|_{L^2}^4)\mathrm{d}\tau\right)\\&\leqslant C\left(1+\int_0^t(\|\nabla^3\varphi\|_{L^2}^2+\|\nabla\varphi_t\|_{L^2}^2)(1+\ln(1+\|\Delta\varphi\|_{L^2}+\|\nabla^3\varphi\|_{L^2}))\mathrm{d}\tau\right)\\&\quad+C\int_0^t\int_0^s\|\varphi_t(\tau)\|_{L^2}^2\mathrm{d}\tau\mathrm{d}s,\end{aligned}\tag{2.5.18}$$

其中我们利用了估计 (2.5.7).

现在令

$$F(t)=\|\Delta\varphi\|_{L^2}^2+\|\nabla\varphi_t\|_{L^2}^2+\|\nabla^3\varphi\|_{L^2}^2+\int_0^t\|\varphi_t(\tau)\|_{L^2}^2\mathrm{d}\tau,$$

(2.5.7)、(2.5.10)、(2.5.17) 和 (2.5.18) 式一起给出估计

$$F(t)\leqslant C\left(1+\int_0^tF(\tau)(1+\ln(1+F(\tau)))\mathrm{d}\tau\right)+C\sqrt{F(t)},$$

从而推出 $F(t)\leqslant C$. 注意到

$$\|\varphi(t)\|_{L^2}\leqslant\|\varphi_0\|_{L^2}+\int_0^t\|\varphi_t(\tau)\|_{L^2}\mathrm{d}\tau\leqslant C,$$

于是证明了估计 (2.5.15). 利用 (2.5.15)、(2.5.17) 和 (2.5.18) 式, 可得

$$\|n_t\|_{H^1}^2+\|n\|_{H^2}^2\leqslant C,$$

再利用方程 (2.5.2) 就得到 $\|n_{tt}\|_{L^2}^2\leqslant C$, 从而估计 (2.5.16) 得证. 引理证毕.

引理 2.5.6 设 $\varphi_0(x)\in H^4(\mathbb{R}^2)$, $n_0(x)\in H^3(\mathbb{R}^2)$, $n_1(x)\in H^2(\mathbb{R}^2)$. 则有

$$\|\Delta\varphi\|_{L^\infty}^2+\|\Delta\varphi_t\|_{L^2}^2+\|\Delta^2\varphi\|_{L^2}^2\leqslant C, \tag{2.5.19}$$

$$\|\nabla n\|_{L^\infty}^2+\|n_t\|_{H^2}^2+\|n\|_{H^3}^2\leqslant C, \tag{2.5.20}$$

其中常数 C 依赖于 $\|\varphi_0\|_{H^4}$, $\|n_0\|_{H^3}$, $\|n_1\|_{H^2}$, α, β, γ, ω 和 T.

证明 对方程 (2.5.1) 关于时间 t 求导, 将得到的方程再与 $\Delta\varphi_t$ 作内积

$$\left(\mathrm{i}\Delta\varphi_{tt}+\Delta^2\varphi_t+\mathrm{i}\alpha\Delta\varphi_t+\mathrm{i}\beta\varphi_t+\frac{1}{\mathrm{i}}(\nabla\varphi\cdot\nabla^{\perp}n)_t,\Delta\varphi_t\right)=0.$$

取出上述式子的虚部部分得 (利用 Gagliardo-Nirenberg 不等式和估计 (2.5.15) 及 (2.5.16))

$$\begin{aligned}
&\frac{1}{2}\frac{\mathrm{d}}{\mathrm{d}t}\|\Delta\varphi_t\|_{L^2}^2+\alpha\|\Delta\varphi_t\|_{L^2}^2+|\beta|\|\nabla\varphi_t\|_{L^2}^2\\
&\leqslant|(\nabla\varphi\cdot\nabla^{\perp}n_t+\nabla\varphi_t\cdot\nabla^{\perp}n,\Delta\varphi_t)|\\
&\leqslant\|\nabla\varphi\|_{L^\infty}\|\nabla n_t\|_{L^2}\|\Delta\varphi_t\|_{L^2}+\|\nabla\varphi_t\|_{L^4}\|\nabla n\|_{L^4}\|\Delta\varphi_t\|_{L^2}\\
&\leqslant C(\|\Delta\varphi_t\|_{L^2}+\|\nabla n\|_{L^2}^{\frac12}\|\Delta n\|_{L^2}^{\frac12}\|\nabla\varphi_t\|_{L^2}^{\frac12}\|\Delta\varphi_t\|_{L^2}^{\frac32})\\
&\leqslant C(1+\|\Delta\varphi_t\|_{L^2}^2),
\end{aligned}$$

由此就有

$$\|\Delta\varphi_t\|_{L^2}^2\leqslant C,$$

再利用方程 (2.5.1) 得到

$$\|\Delta^2\varphi\|_{L^2}^2=\left\|\mathrm{i}\Delta\varphi_t+\mathrm{i}\alpha\Delta\varphi+\mathrm{i}\beta\varphi+\frac{1}{\mathrm{i}}\nabla\varphi\cdot\nabla^{\perp}n\right\|_{L^2}^2\leqslant C,$$

从而估计 (2.5.19) 得证.

用推导 (2.5.17) 式的方法可得

$$\|n_t\|_{H^2}^2+\|n\|_{H^3}^2\leqslant C\left(1+\int_0^t\|\nabla\overline{\varphi}\cdot\nabla^{\perp}\varphi\|_{H^2}^2\mathrm{d}\tau\right). \tag{2.5.21}$$

引理 2.5.5 中已证明

$$\int_0^t\|\nabla\overline{\varphi}\cdot\nabla^{\perp}\varphi\|_{H^1}^2\mathrm{d}\tau\leqslant C,$$

再注意到

$$\begin{aligned}
\|\Delta(\nabla\overline{\varphi}\cdot\nabla^{\perp}\varphi)\|_{L^2}^2&\leqslant2(\|\nabla^3\varphi\|_{L^2}^2\|\nabla\varphi\|_{L^\infty}^2+\|\Delta\varphi\|_{L^2}^2\|\Delta\varphi\|_{L^\infty}^2)\\
&\leqslant C,
\end{aligned}$$

将上述两式代入 (2.5.21) 式就得 (2.5.20) 式. 于是该引理证毕.

引理 2.5.7 设 $\varphi_0(x)\in H^{m+2}(\mathbb{R}^2)$, $n_0(x)\in H^{m+1}(\mathbb{R}^2)$, $n_1(x)\in H^m(\mathbb{R}^2)$, m 是正整数. 则有

$$\|\nabla^m\varphi_t\|_{L^2}^2+\|\nabla^{m+2}\varphi\|_{L^2}^2+\|\nabla^{m+1}n\|_{L^2}^2+\|\nabla^m n_t\|_{L^2}^2\leqslant C, \tag{2.5.22}$$

其中常数 C 依赖于 $\|\varphi_0\|_{H^{m+2}}$, $\|n_0\|_{H^{m+1}}$, $\|n_1\|_{H^m}$, α, β, γ, ω 和 T.

证明 用归纳法证明该引理. 当 $m=1$, 2 时, 根据引理 2.5.5 和 2.5.6 可知估计 (2.5.22) 成立. 现假设当 $m\leqslant k$ 时 (2.5.22) 式成立, 即

$$\|\nabla^k\varphi_t\|_{L^2}^2+\|\nabla^{k+2}\varphi\|_{L^2}^2+\|\nabla^{k+1}n\|_{L^2}^2+\|\nabla^k n_t\|_{L^2}^2\leqslant C.$$

下面要证明估计 (2.5.22) 在 $m=k+1$ 时亦成立.

对方程 (2.5.1) 关于时间 t 求导, 将得到的方程再与 $\Delta^k\varphi_t$ 作内积

$$\left(\mathrm{i}\Delta\varphi_{tt}+\Delta^2\varphi_t+\mathrm{i}\alpha\Delta\varphi_t+\mathrm{i}\beta\varphi_t+\frac{1}{\mathrm{i}}(\nabla\varphi\cdot\nabla^{\perp}n)_t,\Delta^k\varphi_t\right)=0. \tag{2.5.23}$$

由于有以下事实:

$$\begin{aligned}
&\mathrm{Im}(\mathrm{i}\Delta\varphi_{tt},\Delta^k\varphi_t)=\frac{(-1)^{k-1}}{2}\frac{\mathrm{d}}{\mathrm{d}t}\|\nabla^{k+1}\varphi_t\|_{L^2}^2,\\
&(\Delta^2\varphi_t,\Delta^k\varphi_t)=(-1)^{k-2}\|\nabla^{k+2}\varphi_t\|_{L^2}^2,\\
&\mathrm{Im}(\mathrm{i}\alpha\Delta\varphi_t,\Delta^k\varphi_t)=(-1)^{k-1}\alpha\|\nabla^{k+1}\varphi_t\|_{L^2}^2,\\
&\mathrm{Im}(\mathrm{i}\beta\varphi_t,\Delta^k\varphi_t)=(-1)^{k}\beta\|\nabla^{k}\varphi_t\|_{L^2}^2,
\end{aligned}$$

则取出 (2.5.23) 式的虚部部分得

$$\begin{aligned}
&\frac{1}{2}\frac{\mathrm{d}}{\mathrm{d}t}\|\nabla^{k+1}\varphi_t\|_{L^2}^2+\alpha\|\nabla^{k+1}\varphi_t\|_{L^2}^2+|\beta|\|\nabla^k\varphi_t\|_{L^2}^2\\
&\quad\leqslant\left|\mathrm{Im}\left(\frac{1}{\mathrm{i}}(\nabla\varphi\cdot\nabla^{\perp}n)_t,\Delta^k\varphi_t\right)\right|\\
&\quad\leqslant|(\nabla^{k-1}(\nabla\varphi\cdot\nabla^{\perp}n_t+\nabla\varphi_t\cdot\nabla^{\perp}n),\nabla^{k+1}\varphi_t)|\\
&\quad\leqslant\|\nabla^{k+1}\varphi_t\|_{L^2}^2+\|\nabla^{k-1}(\nabla\varphi_t\cdot\nabla^{\perp}n)\|_{L^2}^2+\|\nabla^{k-1}(\nabla\varphi\cdot\nabla^{\perp}n_t)\|_{L^2}^2\\
&\quad\leqslant\|\nabla^{k+1}\varphi_t\|_{L^2}^2+\|\nabla n\|_{L^\infty}^2\|\nabla^k\varphi_t\|_{L^2}^2+\|\nabla^k n\|_{L^4}^2\|\nabla\varphi_t\|_{L^4}^2\\
&\qquad+\|\nabla n_t\|_{L^\infty}^2\|\nabla^k\varphi\|_{L^2}^2+\|\nabla^k n_t\|_{L^2}^2\|\nabla\varphi\|_{L^\infty}^2\\
&\qquad+C\sum_{i,j>0,i+j=k-1}\|\nabla^{i+1}n\|_{L^\infty}^2\|\nabla^{j+1}\varphi_t\|_{L^2}^2\\
&\qquad+C\sum_{i,j>0,i+j=k-1}\|\nabla^{i+1}n_t\|_{L^2}^2\|\nabla^{j+1}\varphi\|_{L^\infty}^2\\
&\quad\leqslant C(1+\|\nabla^{k+1}\varphi_t\|_{L^2}^2),
\end{aligned}$$

最后一步利用了归纳假设条件 (2.5.23). 由上述不等式, 就可得出

$$\|\nabla^{k+1}\varphi_t\|_{L^2}^2 \leqslant C,$$

根据方程 (2.5.1) 又有

$$\begin{aligned}\|\nabla^{k+3}\varphi\|_{L^2}^2 &\leqslant C(\|\nabla^{k+1}\varphi_t\|_{L^2}^2+\|\nabla^{k+1}\varphi\|_{L^2}^2+\|\nabla^{k-1}\varphi\|_{L^2}^2\\&\quad+\|\nabla^{k-1}(\nabla\varphi\cdot\nabla^{\perp}n)\|_{L^2}^2)\\&\leqslant C.\end{aligned}$$

另一方面, 对方程 (2.5.2) 关于空间变量微分 $k+1$ 次, 而后与 $\nabla^{k+1}n_t$ 作内积

$$\left(\nabla^{k+1}n_{tt}-\nabla^{k+1}\Delta n+\gamma\nabla^{k+1}n_t+\frac{\omega}{\mathrm{i}}\nabla^{k+1}(\nabla\overline{\varphi}\cdot\nabla^{\perp}\varphi),\nabla^{k+1}n_t\right)=0,$$

从而推出

$$\begin{aligned}&\|\nabla^{k+1}n_t\|_{L^2}^2+\|\nabla^{k+2}n\|_{L^2}^2\\&\leqslant C\left(1+\int_0^t\|\nabla^{k+1}(\nabla\overline{\varphi}\cdot\nabla^{\perp}\varphi)\|_{L^2}^2\mathrm{d}\tau\right)\\&\leqslant C\left(1+\int_0^t\left(\|\nabla^{k+2}\varphi\|_{L^2}^2\|\nabla\varphi\|_{L^\infty}^2+\sum_{i,j>0,i+j=k+1}\|\nabla^{i+1}\varphi\|_{L^4}^2\|\nabla^{j+1}\varphi\|_{L^4}^2\right)\mathrm{d}\tau\right)\\&\leqslant C.\end{aligned}$$

这样我们证明了当 $m=k+1$ 时 (2.5.22) 式也成立, 于是引理证毕.

利用引理 2.5.7 中给出的估计, 就可以证明定理 2.5.1 中的解是整体存在的, 为完成定理 2.5.1 的证明, 还需证明解的惟一性.

假设 (φ_1,n_1) 和 (φ_2,n_2) 都是问题 (2.5.1)~(2.5.3) 的光滑解, 令 $\varphi=\varphi_1-\varphi_2$, $n=n_1-n_2$, 则 (φ,n) 满足

$$\mathrm{i}\Delta\varphi_t+\Delta^2\varphi+\mathrm{i}\alpha\Delta\varphi+\mathrm{i}\beta\varphi+\frac{1}{\mathrm{i}}(\nabla\varphi_1\cdot\nabla^{\perp}n_1-\nabla\varphi_2\cdot\nabla^{\perp}n_2)=0, \tag{2.5.24}$$

$$n_{tt}-\Delta n+\gamma n_t+\frac{\omega}{\mathrm{i}}(\nabla\overline{\varphi_1}\cdot\nabla^{\perp}\varphi_1-\nabla\overline{\varphi_2}\cdot\nabla^{\perp}\varphi_2)=0, \tag{2.5.25}$$

$$\varphi|_{t=0}=0,\ n|_{t=0}=0,\ n_t|_{t=0}=0,\ x\in\mathbb{R}^2. \tag{2.5.26}$$

方程 (2.5.24) 两边与 φ 作内积有

$$\left(\mathrm{i}\Delta\varphi_t+\Delta^2\varphi+\mathrm{i}\alpha\Delta\varphi+\mathrm{i}\beta\varphi+\frac{1}{\mathrm{i}}(\nabla\varphi\cdot\nabla^{\perp}n_1+\nabla\varphi_2\cdot\nabla^{\perp}n),\varphi\right)=0,$$

取上式的虚部部分

$$\begin{aligned}&\frac{1}{2}\frac{\mathrm{d}}{\mathrm{d}t}\|\nabla\varphi\|_{L^2}^2+\alpha\|\nabla\varphi\|_{L^2}^2+|\beta|\|\varphi\|_{L^2}^2\\&\quad\leqslant|(\nabla\varphi\cdot\nabla^{\perp}n_1+\nabla\varphi_2\cdot\nabla^{\perp}n,\varphi)|\\&\quad\leqslant\|\nabla\varphi\|_{L^2}^2\|\nabla n_1\|_{L^2}+\|\nabla\varphi_2\|_{L^\infty}\|\nabla n\|_{L^2}\|\varphi\|_{L^2}\\&\quad\leqslant C\|\nabla\varphi\|_{L^2}^2+C\|\nabla n\|_{L^2}\|\varphi\|_{L^2},\end{aligned}\tag{2.5.27}$$

其中第二个不等式利用了引理 2.5.2, 这里的常数 C 与范数 $\|\varphi_i\|_{L^\infty(0,T;H^3)}$ 以及 $\|n_i\|_{L^\infty(0,T;H^2)}$ $(i=1,2)$ 有关. 从 (2.5.27) 式推出

$$\frac{\mathrm{d}}{\mathrm{d}t}\|\nabla\varphi\|_{L^2}^2\leqslant C(\|\nabla\varphi\|_{L^2}^2+\|\nabla n\|_{L^2}^2).\tag{2.5.28}$$

另一方面, 方程 (2.5.25) 两边与 n_t 作内积

$$\left(n_{tt}-\Delta n+\gamma n_t+\frac{\omega}{\mathrm{i}}(\nabla\overline{\varphi}\cdot\nabla^{\perp}\varphi_1+\nabla\overline{\varphi_2}\cdot\nabla^{\perp}\varphi),n_t\right)=0,$$

从而推出

$$\begin{aligned}&\frac{1}{2}\frac{\mathrm{d}}{\mathrm{d}t}(\|n_t\|_{L^2}^2+\|\nabla n\|_{L^2}^2)+\gamma\|n_t\|_{L^2}^2\\&\quad\leqslant C|(\nabla\overline{\varphi}\cdot\nabla^{\perp}\varphi_1+\nabla\overline{\varphi_2}\cdot\nabla^{\perp}\varphi,n_t)|\\&\quad\leqslant C(\|\nabla\varphi_1\|_{L^\infty}+\|\nabla\varphi_2\|_{L^\infty})\|\nabla\varphi\|_{L^2}\|n_t\|_{L^2}\\&\quad\leqslant C\|\nabla\varphi\|_{L^2}^2+\gamma\|n_t\|_{L^2}.\end{aligned}\tag{2.5.29}$$

令 $\psi(t)=\|\nabla\varphi\|_{L^2}^2+|n_t\|_{L^2}^2+\|\nabla n\|_{L^2}^2$, 则 (2.5.28) 和 (2.5.29) 式蕴含了

$$\frac{\mathrm{d}}{\mathrm{d}t}\psi(t)\leqslant C\psi(t),$$

由 Gronwall 不等式和零初始条件 (2.5.26) 得

$$\nabla\varphi\equiv0,\ n_t\equiv0,\ \nabla n\equiv0.$$

因此 $n\equiv0$. 此外, 由 (2.5.27) 式得 $\varphi\equiv0$. 至此惟一性证毕.

2.6　具有磁场的 Zakharov 方程

前面几节所讨论的 Zakharov 方程均没有考虑自生磁场, 本节研究考虑了自身磁场效应的如下的广义 Zakharov 方程:

$$\mathrm{i}E_t+\nabla(\nabla\cdot E)-\alpha\nabla\times(\nabla\times E)-nE+\mathrm{i}(E\times B)=0,\tag{2.6.1}$$

$$n_{tt}-\Delta(n+|E|^2)=0, \tag{2.6.2}$$

$$\Delta B-\mathrm{i}\eta\nabla\times\big(\nabla\times(E\times\overline{E})\big)+A=0, \tag{2.6.3}$$

$$E(0,x)=E_0(x),\ n(0,x)=n_0(x),\ n_t(0,x)=n_1(x), \tag{2.6.4}$$

其中 $x\in\mathbb{R}^d$, $d=2,3$, $E=E(t,x):\mathbb{R}^+\times\mathbb{R}^d\to\mathbb{C}^3$ 表示高频电场的缓变振幅, $n=n(t,x):\mathbb{R}^+\times\mathbb{R}^d\to\mathbb{R}$ 表示电子密度的扰动, $B=B(t,x):\mathbb{R}^+\times\mathbb{R}^d\to\mathbb{R}^3$ 表示自生磁场, α 和 η 是常数, 且 $\alpha\geqslant 1$, $\eta>0$. $\overline{E}$ 表示 E 的共轭. 方程 (2.6.1) 中的记号 $\times$ 表示两个三维向量的矢量积. 在二维情形下, 我们约定 $E(t,x)=(E_1(t,x),E_2(t,x),0)$, $B(t,x)=(0,0,B_3(t,x))$, 其中 $x\in\mathbb{R}^2$, 这样两个二维向量的矢量积仍可以按三维的情形来理解. A 有如下两种表示形式:

(A_1) $A=\beta B$, β 是非正的常数, 即 $\beta\leqslant 0$, $d=2,3$;

(A_2) $A=-\gamma\dfrac{\partial}{\partial t}\displaystyle\int_{\mathbb{R}^3}\frac{B(t,y)}{|x-y|^2}\mathrm{d}y$, $\gamma>0$ 是常数.

如果 A 是取 (A_2) 情形下的表达式, 则初始条件 (2.6.4) 中还应增加关于磁场 B 的初始条件, 即应增加条件

$$B(0,x)=B_0(x).$$

当 A 取 (A_1) 情形时, 方程 (2.6.1)~(2.6.3) 描述了冷等离子体中的自生磁场效应, 而 A 取 (A_2) 情形时, 方程 (2.6.1)~(2.6.3) 描述的是热等离子体中的自生磁场效应. 相关的物理背景见文献 [72, 73], 数学上相关的结果见文献 [74], [75].

本节中令 $J=(I-\Delta)^{\frac{1}{2}}$, 空间 $H^{s,p}(\mathbb{R}^d)=\{f\in\mathcal{S}'(\mathbb{R}^d);\|J^sf\|_{L^p}<\infty\}$, 且

$$\|f\|_{H^{s,p}}=\|J^sf\|_{L^p}.$$

$\mathcal{F}(u)$ 或 $\hat{u}$ 表示 u 的 Fourier 变换, 即

$$\mathcal{F}(u)=\int_{\mathbb{R}^d}u(x)\exp(-\mathrm{i}x\cdot\xi)\mathrm{d}x.$$

$\dot{H}^{-1}(\mathbb{R}^d)$ 表示齐次的 Sobolev 空间, 其定义为

$$\dot{H}^{-1}(\mathbb{R}^d)=\{f\in\mathcal{S}'(\mathbb{R}^d);|\xi|^{-1}\hat{u}(\xi)\in L^2(\mathbb{R}^d)\}.$$

2.6.1 具有磁场的 Zakharov 方程的变形

首先考虑磁场 B 和 E 之间的关系, 分两种情形来讨论.

情形 (A_1): $A=\beta B$, $\beta\leqslant 0$, 即磁场 B 满足

$$\Delta B-\mathrm{i}\eta\nabla\times\big(\nabla\times(E\times\overline{E})\big)+\beta B=0. \tag{2.6.5}$$

对上式两边取 Fourier 变换得 (注意 $\mathcal{F}(\nabla\times E)=\mathrm{i}\xi\times\hat{E}$)

$$-|\xi|^2\hat{B}+\mathrm{i}\eta\xi\times\big(\xi\times(\widehat{E\times\overline{E}})\big)+\beta\hat{B}=0,$$

因此定义

$$B=B(E)=\mathcal{F}^{-1}\left[\frac{\mathrm{i}\eta}{|\xi|^2-\beta}\xi\times(\xi\times(\widehat{E\times\overline{E}}))\right]. \tag{2.6.6}$$

于是在情形 (A_1) 下, 方程 (2.6.1)~(2.6.3) 变为

$$\begin{cases}\mathrm{i}E_t=\alpha\nabla\times(\nabla\times E)-\nabla(\nabla\cdot E)+nE-\mathrm{i}(E\times B(E)),\\ n_{tt}=\Delta(n+|E|^2),\end{cases} \tag{2.6.7}$$

其中 $B(E)$ 由 (2.6.6) 式所确定.

命题 2.6.1　设 $B=B(E)$ 由 (2.6.6) 式所确定, 则当 $E\in H^{s+1}(\mathbb{R}^d)(s\geqslant 0)$ 时, $B(E)\in H^s(\mathbb{R}^d)$, 且有

$$\|B(E)\|_{H^s}\leqslant C\|E\|_{H^{s+1}}^2.$$

又当 $E\in H^s(\mathbb{R}^d)(s>\dfrac{d}{2})$ 时, $B(E)\in H^s(\mathbb{R}^d)$, 且有

$$\|B(E)\|_{H^s}\leqslant C\|E\|_{H^s}^2.$$

证明　由 (2.6.6) 式, 根据引理 2.1.5 及嵌入关系 $H^1(\mathbb{R}^d)\hookrightarrow L^4(\mathbb{R}^d)$ 得

$$\|B(E)\|_{H^s}=\|(1+|\xi|^2)^{\frac{s}{2}}\hat{B}\|_{L^2}\leqslant C\|E\times\overline{E}\|_{H^s}\leqslant C\|E\|_{H^{s+1}}^2.$$

又因为当 $s>\dfrac{d}{2}$ 时, H^s 是一个 Banach 代数, 所以有

$$\begin{aligned}\|B(E)\|_{H^s}&\leqslant C\|(1+|\xi|^2)^{\frac{s}{2}}\widehat{E\times\overline{E}}\|_{L^2}\\ &\leqslant C\|E\times\overline{E}\|_{H^s}\leqslant C\|E\|_{H^s}^2.\end{aligned}$$

命题证毕.

情形 (A_2): $A=-\gamma\dfrac{\partial}{\partial t}\displaystyle\int_{\mathbb{R}^3}\frac{B(t,y)}{|x-y|^2}\mathrm{d}y,\ \gamma>0$, 即磁场 B 满足

$$\Delta B-\mathrm{i}\eta\nabla\times\big(\nabla\times(E\times\overline{E})\big)-\gamma\frac{\partial}{\partial t}\int_{\mathbb{R}^3}\frac{B(t,y)}{|x-y|^2}\mathrm{d}y=0, \tag{2.6.8}$$

并带有初始条件 $B(0,x)=B_0(x)$. 对方程 (2.6.8) 两边取 Fourier 变换得 $\Bigg($注意在 $\mathbb{R}^3$ 中有 $\mathcal{F}\left(\dfrac{1}{|x|^2}\right)=\dfrac{c_0}{|\xi|}\Bigg)$

$$\frac{\partial}{\partial t}\hat{B}=-\frac{|\xi|^3}{c_0\gamma}\hat{B}_0+\frac{\mathrm{i}\eta|\xi|}{c_0\gamma}\xi\times\big(\xi\times(\widehat{E\times\overline{E}})\big).$$

因此在这种情形下定义

$$
\begin{aligned}
B = B(E) = &\mathcal{F}^{-1}\left[\exp\left(-\frac{|\xi|^3}{c_0\gamma}t\right)\right] * B_0 \\
&+ \mathcal{F}^{-1}\left[\int_0^t \frac{\mathrm{i}\eta|\xi|}{c_0\gamma}\exp\left(-\frac{|\xi|^3}{c_0\gamma}(t-s)\right)\xi\times(\xi\times\hat{u})\mathrm{d}s\right],
\end{aligned} \tag{2.6.9}
$$

其中 $u = E\times\overline{E}$.

命题 2.6.2 设 $B = B(E)$ 由 (2.6.9) 式所确定, 则当 $E\in L^\infty(\mathbb{R}^+;H^1(\mathbb{R}^3))$, $B_0\in L^2(\mathbb{R}^3)$ 时, $B(E)\in L^\infty_{\mathrm{loc}}(\mathbb{R}^+;L^2(\mathbb{R}^3))$, 且有

$$
\|B(E)\|_{L^\infty(0,T;L^2(\mathbb{R}^3))} \leqslant \|B_0\|_{L^2(\mathbb{R}^3)} + CT^{\frac{\varepsilon}{3}}\|E\|^2_{L^\infty(\mathbb{R}^+;H^1(\mathbb{R}^3))},\ \forall\, T>0,
$$

其中 $\varepsilon\in(0,\frac{1}{2})$. 一般地, 对 $s>0$, 我们有如下估计:

$$
\|B(E)\|_{H^r} \leqslant \|B_0\|_{H^r} + C\int_0^t \frac{1}{(t-\tau)^{\frac{3-(s-r)}{3}}}\|E\times\overline{E}\|_{H^s}\mathrm{d}\tau,\ \forall\, r\leqslant s.
$$

证明 首先利用乘积估计

$$
\|fg\|_{H^\varepsilon(\mathbb{R}^3)} \leqslant C\|f\|_{H^1(\mathbb{R}^3)}\|g\|_{H^1(\mathbb{R}^3)},\ \varepsilon<\frac{1}{2},
$$

可得如果 $E\in L^\infty(\mathbb{R}^+;H^1(\mathbb{R}^3))$, 则有

$$
u = E\times\overline{E}\in L^\infty(\mathbb{R}^+;H^\varepsilon(\mathbb{R}^3)),\ \varepsilon<\frac{1}{2},
$$

且有

$$
\|u\|_{L^\infty(\mathbb{R}^+;H^\varepsilon(\mathbb{R}^3))} \leqslant C\|E\|^2_{L^\infty(\mathbb{R}^+;H^1(\mathbb{R}^3))}.
$$

其次注意到如下事实:

$$
\sup_{x>0}|x^{3-a}\exp(-\delta x^3)| \leqslant \frac{C(a)}{\delta^{\frac{3-a}{3}}},\ \delta>0,\ 0\leqslant a\leqslant 3.
$$

令 $g(s,\xi) = \dfrac{\mathrm{i}\eta|\xi|}{c_0\gamma}\exp\left(-\frac{|\xi|^3}{c_0\gamma}(t-s)\right)\xi\times(\xi\times\hat{u})$, 于是有

$$
\|g(s,\xi)\|_{L^2_\xi} \leqslant \frac{C}{(t-s)^{\frac{3-\varepsilon}{3}}}\|u\|_{H^\varepsilon},\ \forall\, 0<s<t.
$$

由此推出

$$
\begin{aligned}
\left\|\mathcal{F}^{-1}\left(\int_0^t g(s,\xi)\mathrm{d}s\right)\right\|_{L^2_x} &= \left\|\int_0^t g(s,\xi)\mathrm{d}s\right\|_{L^2_\xi} \\
&\leqslant \int_0^t \|g(s,\xi)\|_{L^2_\xi}\mathrm{d}s \\
&\leqslant Ct^{\frac{\varepsilon}{3}}\|E\|^2_{L^\infty(\mathbb{R}^+;H^1(\mathbb{R}^3))}.
\end{aligned}
$$

根据上式以及 (2.6.9) 式可得到命题的第一个结论. 命题的第二个结论也可用类似的方法得到.

方程 (2.6.2) 是一个耦合了电场 E 的非线性波动方程, 方程中有关于时间 t 的二阶导数, 为便于导出一些先验估计, 与前几节一样, 引入向量值函数 $V:\mathbb{R}^+\times\mathbb{R}^d\to\mathbb{R}^d$ 满足

$$\begin{cases} n_t+\nabla\cdot V=0,\\ V_t+\nabla(n+|E|^2)=0,\\ n(0)=n_0,\ V(0)=V_0. \end{cases} \tag{2.6.10}$$

为使得初始条件 n_1 和 V_0 具有相容性, 在本节中额外假定 $n_1\in\dot{H}^{-1}(\mathbb{R}^d)$. 例如, 当 $n_1\in\dot{H}^{-1}(\mathbb{R}^d)\cap H^{m-1}(\mathbb{R}^d)$ 时, 存在惟一的 $V_0\in H^m(\mathbb{R}^d)$, 使得 $n_1=-\nabla\cdot V_0$. 事实上, 此时 $V_0=\nabla P$, 而 P 满足 $-\Delta P=n_1$.

2.6.2 弱解的存在性理论

根据上一小节的论述, 现在考虑如下问题:

$$\mathrm{i}E_t+\nabla(\nabla\cdot E)-\alpha\nabla\times(\nabla\times E)-nE+\mathrm{i}(E\times B(E))=0, \tag{2.6.11}$$

$$n_t+\nabla\cdot V=0, \tag{2.6.12}$$

$$V_t+\nabla(n+|E|^2)=0, \tag{2.6.13}$$

$$E(0,x)=E_0(x),\ n(0,x)=n_0(x),\ V(0,x)=V_0(x). \tag{2.6.14}$$

这一小节中的 $B=B(E)$ 由 (2.6.6) 式所确定, 即只考虑 A 取 βB 的情形.

为得到上述问题弱解的存在性, 先来推导一些先验估计. 首先导出方程的一些物理守恒量.

引理 2.6.1 设 (E,n,V) 是问题 (2.6.11)~(2.6.14) 的光滑解, 则有如下的质量守恒和能量守恒:

$$N(t)=\|E(t)\|_{L^2}^2(=\|E_0\|_{L^2}^2)$$

和

$$\begin{aligned} H(t)=&\alpha\|\nabla\times E\|_{L^2}^2+\|\nabla\cdot E\|_{L^2}^2+\frac{1}{2}\|n\|_{L^2}^2+\frac{1}{2}\|V\|_{L^2}^2\\ &+\int_{\mathbb{R}^d}n|E|^2\mathrm{d}x+\frac{\eta}{2}\int_{\mathbb{R}^d}\frac{1}{|\xi|^2-\beta}(|\xi\cdot\hat{u}|^2-|\xi|^2|\hat{u}|^2)\mathrm{d}\xi, \end{aligned}$$

其中 $u=E\times\overline{E}$.

证明 方程 (2.6.10) 两边与 E 作内积 $\left(\text{内积 }(f,g)=\int_{\mathbb{R}^d}f\overline{g}\mathrm{d}x\right)$

$$(\mathrm{i}E_t+\nabla(\nabla\cdot E)-\alpha\nabla\times(\nabla\times E)-nE+\mathrm{i}(E\times B(E)),E)=0, \tag{2.6.15}$$

注意到

$$\operatorname{Im}(\mathrm{i}E_t, E) = \frac{1}{2}\frac{\mathrm{d}}{\mathrm{d}t}\|E\|_{L^2}^2,\ (\nabla(\nabla\cdot E), E) = -\|\nabla\cdot E\|_{L^2}^2,$$
$$(\nabla\times(\nabla\times E), E) = \|\nabla\times E\|_{L^2}^2,\ (nE, E) = \int_{\mathbb{R}^d} n|E|^2\mathrm{d}x,$$
$$\operatorname{Im}\mathrm{i}(E\times B(E))\cdot\overline{E} = \operatorname{Im}\mathrm{i}(\overline{E}\times E)\cdot B(E) = 0,$$

其中最后的式子利用了 $E\times\overline{E}$ 是一个纯虚数. 于是取 (2.6.15) 式的虚部部分, 得到

$$\frac{1}{2}\cdot\frac{\mathrm{d}}{\mathrm{d}t}\|E\|_{L^2}^2 = 0,$$

即有 $N(t) = N(0)$.

接着方程 (2.6.11) 两边同乘以 $\overline{E_t}$, 在 $\mathbb{R}^d$ 上积分再取出实部部分得

$$\frac{\mathrm{d}}{\mathrm{d}t}(\alpha\|\nabla\times E\|_{L^2}^2 + \|\nabla\cdot E\|_{L^2}^2) + \int_{\mathbb{R}^d} n|E|_t^2\mathrm{d}x + 2\mathrm{Im}\int_{\mathbb{R}^d}(E\times B)\cdot\overline{E_t}\mathrm{d}x = 0.$$

容易验证

$$\begin{aligned}\operatorname{Im}\int_{\mathbb{R}^d}(E\times B)\cdot\overline{E_t}\mathrm{d}x &= -\mathrm{Re}\int_{\mathbb{R}^d}\frac{1}{2\mathrm{i}}u_t\cdot B\mathrm{d}x\\ &= \int_{\mathbb{R}^d}\frac{1}{2\mathrm{i}}\hat{u}_t\cdot\overline{\hat{B}}\mathrm{d}\xi\\ &= \frac{\eta}{2}\int_{\mathbb{R}^d}\frac{1}{|\xi|^2-\beta}\mathrm{Re}\big[\hat{u}_t\cdot((\xi\cdot\overline{\hat{u}})\xi - |\xi|^2\overline{\hat{u}})\big]\mathrm{d}\xi\\ &= \frac{\eta}{4}\frac{\mathrm{d}}{\mathrm{d}t}\int_{\mathbb{R}^d}\frac{1}{|\xi|^2-\beta}(|\xi\cdot\hat{u}|^2 - |\xi|^2|\hat{u}|^2)\mathrm{d}\xi,\end{aligned}$$

故有

$$\begin{aligned}&\frac{\mathrm{d}}{\mathrm{d}t}\left(\alpha\|\nabla\times E\|_{L^2}^2 + \|\nabla\cdot E\|_{L^2}^2 + \frac{\eta}{2}\int_{\mathbb{R}^d}\frac{1}{|\xi|^2-\beta}(|\xi\cdot\hat{u}|^2 - |\xi|^2|\hat{u}|^2)\mathrm{d}\xi\right)\\ &\qquad + \int_{\mathbb{R}^d} n|E|_t^2\mathrm{d}x = 0.\end{aligned} \tag{2.6.16}$$

另外, 方程 (2.6.11) 两边与 n 作内积, 方程 (2.6.12) 两边与 V 作内积得

$$\frac{1}{2}\frac{\mathrm{d}}{\mathrm{d}t}\|n\|_{L^2}^2 + \int_{\mathbb{R}^d} n(\nabla\cdot V)\mathrm{d}x) = 0, \tag{2.6.17}$$

$$\frac{1}{2}\frac{\mathrm{d}}{\mathrm{d}t}\|V\|_{L^2}^2 - \int_{\mathbb{R}^d} n(\nabla\cdot V)\mathrm{d}x + \int_{\mathbb{R}^d} n_t|E|^2\mathrm{d}x = 0. \tag{2.6.18}$$

联合 (2.6.15)~(2.6.17) 式可得 $\dfrac{\mathrm{d}}{\mathrm{d}t}H(t) = 0$, 从而得知 $H(t)$ 是一个守恒量.

引理 2.6.2 设 (E,n,V) 是问题 (2.6.11)~(2.6.14) 的光滑解, 则有

$$\begin{aligned}&\|\nabla E\|_{L^2}^2+\frac{1}{4}\|n\|_{L^2}^2+\frac{1}{2}\|V\|_{L^2}^2\\&\quad\leqslant |H(0)|+(1+\eta)K^4(d)\|E_0\|_{L^2}^{4-d}\|\nabla E\|_{L^2}^d,\end{aligned}$$

其中常数 $K(d)$ 是嵌入不等式 (2.1.8) 中的最优常数 (见引理 2.1.2).

证明 利用 Hölder 不等式和引理 2.1.2, 有

$$\begin{aligned}\left|\int_{\mathbb{R}^d} n|E|^2\mathrm{d}x\right| &\leqslant \|n\|_{L^2}\|E\|_{L^4}^2\\&\leqslant \frac{1}{4}\|n\|_{L^2}^2+\|E\|_{L^4}^4\\&\leqslant \frac{1}{4}\|n\|_{L^2}^2+K^4(d)\|E_0\|_{L^2}^{4-d}\|\nabla E\|_{L^2}^d\end{aligned}$$

以及

$$\begin{aligned}&\left|\frac{\eta}{2}\int_{\mathbb{R}^d}\frac{1}{|\xi|^2-\beta}(|\xi\cdot\hat{u}|^2-|\xi|^2|\hat{u}|^2)\mathrm{d}\xi\right|\\&\quad\leqslant \eta K^4(d)\|E_0\|_{L^2}^{4-d}\|\nabla E\|_{L^2}^d,\end{aligned}$$

再注意到 $\|\nabla E\|_{L^2}^2=\|\nabla\cdot E\|_{L^2}^2+\|\nabla\times E\|_{L^2}^2$. 于是本引理的结论就很容易由引理 2.6.1 和上述不等式得到.

引理 2.6.3 设 (E,n,V) 是问题 (2.6.11)~(2.6.14) 的光滑解, 且初始数据满足

$$\begin{cases}(1+\eta)K^4(2)\|E_0\|_{L^2}^2<1, \text{ 当 } d=2 \text{ 时};\\ \|E_0\|_{L^2}^2|H(0)|<\dfrac{4}{27K^8(3)(1+\eta)^2} \text{ 且 } \|\nabla E_0\|_{L^2}^2\leqslant H(0), \text{当 } d=3 \text{ 时},\end{cases}\tag{2.6.19}$$

则有

$$\|E(t)\|_{H^1}+\|n(t)\|_{L^2}+\|V(t)\|_{L^2}\leqslant C,$$

其中 C 与 t 无关.

证明 当 $d=2$ 时, 引理的结论很容易从引理 2.6.1 和 2.6.2 推出. 当 $d=3$ 时, 由引理 2.6.2 可推出

$$m(t)\leqslant a+bm^{\frac{3}{2}}(t),\tag{2.6.20}$$

其中

$$m(t)=\|\nabla E\|_{L^2}^2,\ a=|H(0)|,\ b=(1+\eta)K^4(3)\|E_0\|_{L^2}.$$

对 (2.6.20) 式利用引理 2.1.3 可得 $m(t)\leqslant C$, 再根据引理 2.6.1 和 2.6.2, 就有

$$\|E(t)\|_{H^1}+\|n(t)\|_{L^2}+\|V(t)\|_{L^2}\leqslant C.$$

引理证毕.

根据引理 2.6.3 中所得到的先验估计, 利用 Galerkin 方法及紧致性原理 (比如文献 [76]), 我们就可得到问题 (2.6.11)~(2.6.14) 的弱解的存在性.

定理 2.6.1 设初始条件 $E_0 \in H^1(\mathbb{R}^d)$, $n_0 \in L^2(\mathbb{R}^d)$, $V_0 \in L^2(\mathbb{R}^d)$ 且满足条件 (2.6.19). 则问题 (2.6.11)~(2.6.14) 存在弱解 (E, n, V), 满足

$$E \in L^\infty(\mathbb{R}^+; H^1(\mathbb{R}^d)),\ n \in L^\infty(\mathbb{R}^+; L^2(\mathbb{R}^d)),\ V \in L^\infty(\mathbb{R}^+; L^2(\mathbb{R}^d)).$$

特别地, $(E, n, B(E))$ 就是问题 (2.6.1)~(2.6.4) 的弱解, 其中 $n_1 = -\nabla \cdot V_0$.

2.6.3 一个正则化问题

在这一小节, 我们考虑如下的正则化方程:

$$\mathrm{i}E_t + \mathrm{i}\varepsilon\Delta^2 E_t = \alpha\nabla \times (\nabla \times E) - \nabla(\nabla \cdot E) + n(E)E - \mathrm{i}(E \times B(E)), \tag{2.6.21}$$

初始条件为 $E(0) = E_0$, 其中 $B = B(E)$ 由 (2.6.6) 或 (2.6.9) 式所确定, $(n(E), V(E))$ 是下面问题的解:

$$\begin{cases} n_t + \nabla \cdot V = 0, \\ V_t + \nabla(n + |E|^2) = 0, \\ n(0) = n_0,\ V(0) = V_0. \end{cases} \tag{2.6.22}$$

方程 (2.6.21) 可以简写为

$$E_t = \mathrm{i}A_0 E + f(E),\ E(0) = E_0, \tag{2.6.23}$$

其中 A_0 是一个线性算子, 其定义为

$$A_0 E = (I + \varepsilon\Delta^2)^{-1}(\Delta E - (\alpha - 1)\nabla \times (\nabla \times E)),$$

非线性项 $f(E) = -\mathrm{i}(I + \varepsilon\Delta^2)^{-1}(n(E)E - \mathrm{i}(E \times B(E)))$.

根据半群理论, 线性方程 $E_t = \mathrm{i}A_0 E$ 在 $H^s(\mathbb{R}^d)$ 中生成一个酉群 $U(t)$, 于是 Cauchy 问题 (2.6.23) 的解可以写成积分方程的形式, 即

$$E(t) = U(t)E_0 + \int_0^t U(t-\tau)f(E(\tau))\mathrm{d}\tau. \tag{2.6.24}$$

命题 2.6.3 设 $E_0 \in H^{s+1}(\mathbb{R}^d)$, $n_0 \in H^s(\mathbb{R}^d)$, $V_0 \in H^s(\mathbb{R}^d)$, $s \geqslant 1$, $B = B(E)$ 由 (2.6.6) 或 (2.6.9) 式所确定. 则正则化问题 (2.6.21) 或积分方程 (2.6.24) 存在惟一解 $E \in C(\mathbb{R}^+; H^{s+1}(\mathbb{R}^d))$.

证明 先证明局部解的存在性, 证明方法是利用 Segal 定理 (见文献 [77]), 本质上就是利用压缩映射原理, 也可见第一节命题 2.1.1 的证明. 首先证明 $f(E)$ 在 $H^{s+1}(\mathbb{R}^d)$ 中是局部 Lipschitz 的. 设 E^1, $E_2 \in H^{s+1}(\mathbb{R}^d)$, 则根据波方程的估计有

$$\begin{cases} \|n(E^1)\|_{H^s}^2 \leqslant C(t)(1 + \|E^1\|_{H^{s+1}}^4), \\ \|n(E^1) - n(E^2)\|_{H^s}^2 \leqslant C(t)(\|E^1\|_{H^{s+1}}^2 + \|E^2\|_{H^{s+1}}^2)\|E^1 - E^2\|_{H^{s+1}}^2. \end{cases} \tag{2.6.25}$$

如果磁场 $B = B(E)$ 由 (2.6.6) 式所确定, 则根据命题 2.6.1 得

$$\begin{cases} \|B(E^1)\|_{H^s}^2 \leqslant C(t)\|E^1\|_{H^{s+1}}^2, \\ \|B(E^1) - B(E^2)\|_{H^s} \leqslant C(t)(\|E^1\|_{H^{s+1}} + \|E^2\|_{H^{s+1}})\|E^1 - E^2\|_{H^{s+1}}. \end{cases} \tag{2.6.26}$$

如果磁场 $B = B(E)$ 由 (2.6.9) 式所确定, 则根据命题 2.6.2 得

$$\begin{aligned} \|B(E^1)\|_{H^s} &\leqslant \|B_0\|_{H^s} + C\int_0^t \frac{1}{(t-\tau)^{\frac{2}{3}}}\|E^1 \times \overline{E^1}\|_{H^{s+1}}\mathrm{d}\tau \\ &\leqslant C + C(t)\|E^1\|_{H^{s+1}}^2, \end{aligned} \tag{2.6.27}$$

而且还有

$$\begin{aligned} &\|B(E^1) - B(E^2)\|_{H^s} \\ &\quad \leqslant C(t)\|E^1 \times (\overline{E^1} - \overline{E^2}) + (E^1 - E^2) \times \overline{E^2}\|_{H^{s+1}} \\ &\quad \leqslant C(t)(\|E^1\|_{H^{s+1}} + \|E^2\|_{H^{s+1}})\|E^1 - E^2\|_{H^{s+1}}. \end{aligned} \tag{2.6.28}$$

在情形 (A_1) 下, 联合 (2.6.25) 和 (2.6.26) 式; 而在情形 (A_2) 下, 联合 (2.6.25) 和 (2.6.27) 以及 (2.6.28) 式, 可得

$$\begin{aligned} &\|f(E^1) - f(E^2)\|_{H^{s+1}} \\ &\quad \leqslant C(\varepsilon)\big(\|n(E^1)(E^1 - E^2)\|_{H^{s-3}} + \|(n(E^1) - n(E^2))E^2\|_{H^{s-3}} \\ &\qquad + \|E^1 \times (B(E^1) - B(E^2))\|_{H^{s-3}} + \|(E^1 - E^2) \times B(E^2)\|_{H^{s-3}}\big) \\ &\quad \leqslant C(\varepsilon, \|E^1\|_{H^{s+1}}, \|E^2\|_{H^{s+1}})\|E^1 - E^2\|_{H^{s+1}}. \end{aligned}$$

这说明 $f(E)$ 在 $H^{s+1}(\mathbb{R}^d)$ 中是局部 Lipschitz 的, 根据 Segal 理论, 存在 $T^* > 0$, 使得正则化问题 (2.6.21) 或积分方程 (2.6.24) 存在惟一解 E, 满足

$$E \in C([0, T^*); H^{s+1}(\mathbb{R}^d)),$$

其中 $T^* = \infty$, 或者满足当 $t \to T^*$ 时有 $\|E(t)\|_{H^{s+1}} \to \infty$.

为完成命题的证明, 还需证 $T^* = \infty$, 而这归结为证明对任意的 $T > 0$, 有 $\|E(t)\|_{H^{s+1}} \leqslant C(T), t \in [0, T]$.

注意到方程 (2.6.21) 有守恒量 $\|E\|_{L^2}^2 + \varepsilon\|\Delta E\|_{L^2}^2$, 于是有

$$\|E\|_{H^2} \leqslant C(\Rightarrow \|E\|_{L^\infty} \leqslant C), \tag{2.6.29}$$

也就蕴含了 (利用 (2.6.25) 式)

$$\|n\|_{H^1} \leqslant C. \tag{2.6.30}$$

用算子 J^{s-1} 作用于方程 (2.6.21), 而后再与 $J^{s-1}E$ 作内积, 取出虚部部分可得

$$\begin{aligned}&\frac{\mathrm{d}}{\mathrm{d}t}(\|E\|_{H^{s-1}}^2+\varepsilon\|\Delta E\|_{H^{s-1}}^2)\\&\quad=2\mathrm{Im}\int_{\mathbb{R}^d}\big(J^{s-1}(nE)\cdot J^{s-1}(\overline{E})-\mathrm{i}J^{s-1}(E\times B)\cdot J^{s-1}(\overline{E})\big)\mathrm{d}x.\end{aligned}$$

用类似的方法处理方程 (2.6.22) 得到

$$\frac{\mathrm{d}}{\mathrm{d}t}(\|n\|_{H^{s-1}}^2+\|V\|_{H^{s-1}}^2)=-2\int_{\mathbb{R}^d}J^{s-1}\nabla|E|^2\cdot J^{s-1}V\mathrm{d}x.$$

将上述两个式子相加, 并利用引理 2.1.5 得

$$\begin{aligned}&\frac{\mathrm{d}}{\mathrm{d}t}(\|E\|_{H^{s-1}}^2+\varepsilon\|\Delta E\|_{H^{s-1}}^2+\|n\|_{H^{s-1}}^2+\|V\|_{H^{s-1}}^2)\\&\quad\leqslant C(\|E\|_{L^\infty}\|n\|_{H^{s-1}}+\|E\|_{H^{s-1,4}}\|n\|_{L^4}+\|E\|_{L^\infty}\|B\|_{H^{s-1}}\\&\qquad+\|B\|_{L^4}\|E\|_{H^{s-1,4}})\|E\|_{H^{s-1}}+\|E\|_{L^\infty}\|E\|_{H^s}\|V\|_{H^{s-1}}.\end{aligned}\tag{2.6.31}$$

在情形 (A_1) 下, 有

$$\begin{aligned}&\|B\|_{L^4}\leqslant C\|B\|_{H^1}\leqslant C\|E\|_{H^2}^2\leqslant C,\\&\|B\|_{H^{s-1}}\leqslant C\|E\times\overline{E}\|_{H^{s-1}}\leqslant C\|E\|_{L^\infty}\|E\|_{H^{s-1}}\leqslant C\|E\|_{H^{s-1}},\end{aligned}$$

将这两个不等式与 (2.6.29) 和 (2.6.30) 式一起代入 (2.6.31) 式得

$$\begin{aligned}&\frac{\mathrm{d}}{\mathrm{d}t}(\|E\|_{H^{s-1}}^2+\varepsilon\|\Delta E\|_{H^{s-1}}^2+\|n\|_{H^{s-1}}^2+\|V\|_{H^{s-1}}^2)\\&\quad\leqslant C(\|E\|_{H^s}^2+\|n\|_{H^{s-1}}^2+\|V\|_{H^{s-1}}^2).\end{aligned}$$

根据 Gronwall 不等式得 $\|E\|_{H^{s+1}}\leqslant C$, 因此 $T^*=\infty$.

在情形 (A_2) 下, 有

$$\begin{aligned}\|B\|_{L^4}&\leqslant C\|B\|_{H^1}\\&\leqslant C+C\int_0^t\frac{1}{(t-\tau)^{\frac{2}{3}}}\|E\times\overline{E}\|_{H^2}\mathrm{d}\tau\leqslant C(t),\\\|B\|_{H^{s-1}}&\leqslant C+C\int_0^t\frac{1}{(t-\tau)^{\frac{2}{3}}}\|E\times\overline{E}\|_{H^s}\mathrm{d}\tau\\&\leqslant C+C\int_0^t\frac{1}{(t-\tau)^{\frac{2}{3}}}\|E\|_{H^s}\mathrm{d}\tau.\end{aligned}$$

将这两个不等式与 (2.6.29) 和 (2.6.30) 式一起代入 (2.6.31) 式得

$$\frac{\mathrm{d}}{\mathrm{d}t}(\|E\|_{H^{s-1}}^2+\varepsilon\|\Delta E\|_{H^{s-1}}^2+\|n\|_{H^{s-1}}^2+\|V\|_{H^{s-1}}^2)$$

$$
\begin{aligned}
&\leqslant C+C(\|E\|_{H^s}^2+\|n\|_{H^{s-1}}^2+\|V\|_{H^{s-1}}^2)\\
&\quad +C\left(\int_0^t \frac{1}{(t-\tau)^{\frac{2}{3}}}\|E\|_{H^s}\mathrm{d}\tau\right)^2.
\end{aligned}\tag{2.6.32}
$$

根据 Young 不等式

$$
\begin{aligned}
\left\|\int_0^t \frac{1}{(t-\tau)^{\frac{2}{3}}}\|E\times\overline{E}\|_{H^s}\mathrm{d}\tau\right\|_{L^2}^2 &\leqslant \left(\int_0^t \frac{1}{(t-\tau)^{\frac{2}{3}}}\mathrm{d}\tau\right)^2\int_0^t \|E(\tau)\|_{H^s}^2\mathrm{d}\tau\\
&\leqslant C(t)\int_0^t \|E(\tau)\|_{H^s}^2\mathrm{d}\tau.
\end{aligned}
$$

利用此式, 并对 (2.6.32) 式积分得

$$
\begin{aligned}
&\|E\|_{H^{s-1}}^2+\varepsilon\|\Delta E\|_{H^{s-1}}^2+\|n\|_{H^{s-1}}^2+\|V\|_{H^{s-1}}^2\\
&\quad\leqslant C(t)+C(t)\int_0^t (\|E(\tau)\|_{H^s}^2+\|n(\tau)\|_{H^{s-1}}^2+\|V(\tau)\|_{H^{s-1}}^2)\mathrm{d}\tau,
\end{aligned}
$$

再次根据 Gronwall 不等式得 $\|E\|_{H^{s+1}}\leqslant C$, 因此 $T^*=\infty$. 命题证毕.

2.6.4　局部光滑解的存在惟一性理论 (I)

这一小节讨论方程 (2.6.11)~(2.6.14) 的局部光滑解的存在惟一性. 为此目的, 需对正则化方程 (2.6.21) 和 (2.6.22) 的解作出与 ε 无关的一些先验估计. 在作先验估计的过程中, 要用到如下的交换子估计:

引理 2.6.4　设 $s>0$, $1<p<\infty$, $f,g\in\mathcal{S}(\mathbb{R}^d)$. 则有

$$
\|J^s(fg)-fJ^sg\|_{L^p}\leqslant C(\|\nabla f\|_{L^{p_1}}\|g\|_{H^{s-1,p_2}}+\|f\|_{H^{s,p_3}}\|g\|_{L^{p_4}}),
$$

其中 p_2, $p_3\in(1,\infty)$, 且

$$
\frac{1}{p}=\frac{1}{p_1}+\frac{1}{p_2}=\frac{1}{p_3}+\frac{1}{p_4}.
$$

命题 2.6.4　设 $s>\dfrac{d}{2}$, $E_0\in H^{s+1}(\mathbb{R}^d)$, $n_0\in H^s(\mathbb{R}^d)$, $V_0\in H^s(\mathbb{R}^d)$. 又设 $(E^\varepsilon,n^\varepsilon,V^\varepsilon)$ 是正则化问题 (2.6.21) 和 (2.6.22) 的解, $B=B(E)$ 由 (2.6.6) 式确定, 其中初始条件 $(E_0^\varepsilon,n_0^\varepsilon,V_0^\varepsilon)$ 充分光滑, 且满足当 $\varepsilon\to 0$ 时有

$$
E_0^\varepsilon\to E_0 \text{ 在 } H^{s+1}(\mathbb{R}^d) \text{ 中},\ n_0^\varepsilon\to n_0 \text{ 在 } H^s(\mathbb{R}^d) \text{ 中},\ V_0^\varepsilon\to V_0 \text{ 在 } H^s(\mathbb{R}^d) \text{ 中}.
$$

则存在 $T>0$, 使得对任意的 $\varepsilon>0$ 都有

$$
\|E^\varepsilon(t)\|_{H^{s+1}}+\|n^\varepsilon(t)\|_{H^s}+\|V^\varepsilon(t)\|_{H^s}\leqslant C,\ \forall\, t\in[0,T],\tag{2.6.33}
$$

其中 T 依赖于 $\|E_0\|_{H^{s+1}}$, $\|n_0\|_{H^s}$, $\|V_0\|_{H^s}$, 但 T 与正则化参数 ε 无关.

证明 为简便起见, 证明过程中都略去上标 ε. 引入变量 $Q=n+|E|^2$, 则方程 (2.6.21) 和 (2.6.22) 变为

$$\mathrm{i}E_t=\Lambda[\alpha\nabla\times(\nabla\times E)-\nabla(\nabla\cdot E)+QE-|E|^2E-\mathrm{i}(E\times B(E))], \tag{2.6.34}$$

$$\begin{aligned}Q_t+\nabla\cdot V=2\mathrm{Im}\{\overline{E}\cdot\Lambda[&\alpha\nabla\times(\nabla\times E)-\nabla(\nabla\cdot E)\\&+QE-|E|^2E-\mathrm{i}(E\times B(E))]\},\end{aligned} \tag{2.6.35}$$

$$V_t+\nabla Q=0, \tag{2.6.36}$$

其中 $\Lambda=(I+\varepsilon\Delta^2)^{-1}$. 注意 Λ 满足引理 2.1.7 中的几条性质.

用算子 J^s 作用于 (2.6.34) 式的两边, 然后两边乘以 $J^s(\alpha\nabla\times(\nabla\times\overline{E})-\nabla(\nabla\cdot\overline{E}))$, 积分取虚部得

$$\begin{aligned}&\frac{\mathrm{d}}{\mathrm{d}t}(\alpha\|J^s(\nabla\times E)\|_{L^2}^2+\|J^s(\nabla\cdot E)\|_{L^2}^2)\\&=2\mathrm{Im}\int_{\mathbb{R}^d}J^s\Lambda(QE)J^s(\alpha\nabla\times(\nabla\times\overline{E})-\nabla(\nabla\cdot\overline{E}))\mathrm{d}x\\&\quad-2\mathrm{Im}\int_{\mathbb{R}^d}J^s\Lambda(|E|^2E)J^s(\alpha\nabla\times(\nabla\times\overline{E})-\nabla(\nabla\cdot\overline{E}))\mathrm{d}x\\&\quad-2\mathrm{Im}\int_{\mathbb{R}^d}J^s\Lambda(\mathrm{i}E\times B)J^s(\alpha\nabla\times(\nabla\times\overline{E})-\nabla(\nabla\cdot\overline{E}))\mathrm{d}x\\&:=I_1+I_2+I_3.\end{aligned} \tag{2.6.37}$$

因为 $s>\dfrac{d}{2}$, 所以 $H^s(\mathbb{R}^d)$ 是一个 Banach 代数, 因此有

$$|I_2|+|I_3|\leqslant C\|E\|_{H^{s+1}}^4. \tag{2.6.38}$$

另一方面, 用 J^s 作用于 (2.6.35) 式的两边, 然后与 J^sQ 作内积; 用 J^s 作用于 (2.6.36) 式的两边, 而后与 J^sV 作内积. 将得到的两个式子相加即有

$$\begin{aligned}&\frac{1}{2}\frac{\mathrm{d}}{\mathrm{d}t}(\|J^sQ\|_{L^2}^2+\|J^sV\|_{L^2}^2)\\&=2\mathrm{Im}\int_{\mathbb{R}^d}J^s\{\overline{E}\cdot\Lambda[\alpha\nabla\times(\nabla\times E)-\nabla(\nabla\cdot E)]\}J^sQ\mathrm{d}x\\&\quad+2\mathrm{Im}\int_{\mathbb{R}^d}J^s\{\overline{E}\cdot\Lambda[QE-|E|^2E]\}J^sQ\mathrm{d}x\\&\quad-2\mathrm{Im}\,\mathrm{i}\int_{\mathbb{R}^d}J^s\{\overline{E}\cdot\Lambda(E\times B)\}J^sQ\mathrm{d}x\\&:=I_4+I_5+I_6.\end{aligned} \tag{2.6.39}$$

容易验证

$$|I_5|\leqslant C(\|E\|_{H^s}^2\|Q\|_{H^s}^2+\|E\|_{H^s}^3\|Q\|_{H^s}), \tag{2.6.40}$$

$$|I_6| \leqslant C\|E\|_{H^s}^4\|Q\|_{H^s}. \tag{2.6.41}$$

剩下来需要估计 I_1+I_4. 事实上

$$\begin{aligned}
I_1+I_4 =& 2\mathrm{Im}\int_{\mathbb{R}^d} J^s\Lambda(QE)J^s(\alpha\nabla\times(\nabla\times\overline{E})-\nabla(\nabla\cdot\overline{E}))\mathrm{d}x \\
&-2\mathrm{Im}\int_{\mathbb{R}^d} J^s\{E\cdot\Lambda[\alpha\nabla\times(\nabla\times\overline{E})-\nabla(\nabla\cdot\overline{E})]\}J^sQ\mathrm{d}x \\
=& 2\mathrm{Im}\int_{\mathbb{R}^d} J^s\Lambda(QE)J^s(\alpha\nabla\times(\nabla\times\overline{E})-\nabla(\nabla\cdot\overline{E}))\mathrm{d}x \\
&-2\mathrm{Im}\int_{\mathbb{R}^d} E\cdot J^s\Lambda[\alpha\nabla\times(\nabla\times\overline{E})-\nabla(\nabla\cdot\overline{E})]J^sQ\mathrm{d}x \\
&+2\mathrm{Im}\int_{\mathbb{R}^d} E\cdot J^s\Lambda[\alpha\nabla\times(\nabla\times\overline{E})-\nabla(\nabla\cdot\overline{E})]J^sQ\mathrm{d}x \\
&-2\mathrm{Im}\int_{\mathbb{R}^d} J^s\{E\cdot\Lambda[\alpha\nabla\times(\nabla\times\overline{E})-\nabla(\nabla\cdot\overline{E})]\}J^sQ\mathrm{d}x.
\end{aligned} \tag{2.6.42}$$

根据交换子估计 (即引理 2.6.4) 得

$$\begin{aligned}
&\|J^s\{E\cdot\Lambda[\alpha\nabla\times(\nabla\times\overline{E})-\nabla(\nabla\cdot\overline{E})]\} \\
&\quad -E\cdot J^s\Lambda[\alpha\nabla\times(\nabla\times\overline{E})-\nabla(\nabla\cdot\overline{E})]\|_{L^2} \\
&\leqslant C(\|\nabla E\|_{L^\infty}\|\alpha\nabla\times(\nabla\times\overline{E})-\nabla(\nabla\cdot\overline{E})\|_{H^{s-1}} \\
&\quad +\|E\|_{H^{s,p_1}}\|\alpha\nabla\times(\nabla\times\overline{E})-\nabla(\nabla\cdot\overline{E})\|_{L^{p_2}} \\
&\leqslant C\|E\|_{H^{s+1}}^2,
\end{aligned}$$

其中选取 p_1 和 p_2 满足

$$\frac{1}{p_1}+\frac{1}{p_2}=\frac{1}{2},\quad s\geqslant 1+\frac{d}{2}-\frac{d}{p_2},\quad d<p_2<\infty,$$

使得如下嵌入关系成立:

$$H^{s+1}(\mathbb{R}^d)\hookrightarrow H^{s,p_1}(\mathbb{R}^d),\quad H^{s-1}(\mathbb{R}^d)\hookrightarrow L^{p_2}(\mathbb{R}^d).$$

将上述式子代入 (2.6.42) 式得

$$\begin{aligned}
I_1+I_4 \leqslant& 2\mathrm{Im}\int_{\mathbb{R}^d} JJ^s(QE)J^{s-1}\Lambda(\alpha\nabla\times(\nabla\times\overline{E})-\nabla(\nabla\cdot\overline{E}))\mathrm{d}x \\
&-2\mathrm{Im}\int_{\mathbb{R}^d} J(EJ^sQ)\cdot J^{s-1}\Lambda[\alpha\nabla\times(\nabla\times\overline{E})-\nabla(\nabla\cdot\overline{E})]\mathrm{d}x \\
&+C\|E\|_{H^{s+1}}^2\|Q\|_{H^s},
\end{aligned} \tag{2.6.43}$$

再次利用交换子估计得

$$
\begin{aligned}
&\|JJ^s(QE)-J(EJ^sQ)\|_{L^2}\\
&\leqslant \|J^{s+1}(QE)-EJ^{s+1}Q\|_{L^2}+\|EJ^{s+1}Q-J((J^sQ)E)\|_{L^2}\\
&\leqslant C(\|\nabla E\|_{L^\infty}\|Q\|_{H^s}+\|E\|_{H^{s+1}}\|Q\|_{L^\infty})\\
&\quad +C(\|\nabla E\|_{L^\infty}\|J^sQ\|_{L^2}+\|E\|_{H^{1,p_1}}\|J^sQ\|_{L^{p_2}})\\
&\leqslant C\|E\|_{H^{s+1}}\|Q\|_{H^s}+C\|E\|_{H^{1,p_1}}\|J^sQ\|_{L^{p_2}},
\end{aligned}
$$

其中 $\frac{1}{p_1}+\frac{1}{p_2}=\frac{1}{2}$, 注意到嵌入关系 $H^{s+1}(\mathbb{R}^d)\hookrightarrow H^{1,p}(\mathbb{R}^d)$ 对任意的 $p\in[2,\infty]$ 都成立, 因此令 $p_1\to\infty$ (相应的就有 $p_2\to 2$) 得

$$
\|JJ^s(QE)-J(EJ^sQ)\|_{L^2}\leqslant C\|E\|_{H^{s+1}}\|Q\|_{H^s}.
$$

将该式代入 (2.6.43) 式得

$$
I_1+I_4\leqslant C\|E\|_{H^{s+1}}^2\|Q\|_{H^s}. \tag{2.6.44}
$$

现在联合 (2.6.37)~(2.6.41) 以及 (2.6.44) 式可得

$$
\begin{aligned}
&\frac{\mathrm{d}}{\mathrm{d}t}\left(\alpha\|\nabla\times E\|_{H^s}^2+\|\nabla\cdot E\|_{H^s}^2+\frac{1}{2}\|Q\|_{H^s}^2+\frac{1}{2}\|V\|_{H^s}^2\right)\\
&\leqslant C(\|E\|_{H^{s+1}}^2\|Q\|_{H^s}+\|E\|_{H^{s+1}}^4+\|E\|_{H^s}^2\|Q\|_{H^s}^2\\
&\quad +\|E\|_{H^s}^3\|Q\|_{H^s}+\|E\|_{H^s}^4\|Q\|_{H^s})\\
&\leqslant C(\|E\|_{H^{s+1}}^2+\|Q\|_{H^s}^2)^3.
\end{aligned}
$$

于是利用 Gronwall 不等式, 就得到命题所需的结论.

定理 2.6.2 设 $s>\frac{d}{2}$, $E_0\in H^{s+1}(\mathbb{R}^d)$, $n_0\in H^s(\mathbb{R}^d)$, $V_0\in H^s(\mathbb{R}^d)$. 则存在 $T>0$, 使得问题 (2.6.11)~(2.6.14) (其中磁场 B 由 (2.6.6) 式确定) 存在惟一解 (E,n,V) 满足

$$
E\in L^\infty(0.T;H^{s+1}(\mathbb{R}^d)),\ n\in L^\infty(0.T;H^s(\mathbb{R}^d)),\ V\in L^\infty(0.T;H^s(\mathbb{R}^d)),
$$

其中 T 依赖于 $\|E_0\|_{H^{s+1}}$, $\|n_0\|_{H^s}$, $\|V_0\|_{H^s}$. 特别地, $(E,n,B(E))$ 就是问题 (2.6.1)~(2.6.4) 的解.

证明 根据命题 2.6.4 中给出的先验估计 (2.6.33), 用类似于定理 2.1.2 中取极限的方法, 可以得到定理 2.6.2 中存在性部分的结论. 下面证明惟一性.

如果 (E,n,V) 是方程 (2.6.11)~(2.6.14) 的解, 令 $Q=n+|E|^2$, 那么方程就变为

$$
\mathrm{i}E_t=\alpha\nabla\times(\nabla\times E)-\nabla(\nabla\cdot E)+QE-|E|^2E-\mathrm{i}(E\times B(E)), \tag{2.6.45}
$$

$$Q_t + \nabla \cdot V = 2\mathrm{Im}[\overline{E} \cdot (\alpha \nabla \times (\nabla \times E) - \nabla(\nabla \cdot E))], \tag{2.6.46}$$

$$V_t + \nabla Q = 0. \tag{2.6.47}$$

现设 (E^1, n^1, V^1) 和 (E^2, n^2, V^2) 都是问题 (2.6.11)~(2.6.14) 的解, 令 $E = E^1 - E^2$, $n = n^1 - n^2$, $V = V^1 - V^2$, $Q = Q^1 - Q^2$, $B = B^1 - B^2$, $Q^i = n^i + |E^i|^2$, 其中 $B^i = B(E^i)$, $i = 1$, 2. 则有

$$\begin{aligned} \mathrm{i}E_t = {} & \alpha \nabla \times (\nabla \times E) - \nabla(\nabla \cdot E) + QE^1 + Q^2 E - |E^1|^2 E \\ & - (|E^1|^2 - |E^2|^2)E^2 - \mathrm{i}(E \times B^1) - \mathrm{i}(E^2 \times B), \end{aligned} \tag{2.6.48}$$

$$\begin{aligned} Q_t + \nabla \cdot V = {} & 2\mathrm{Im}[\overline{E^1} \cdot (\alpha \nabla \times (\nabla \times E) - \nabla(\nabla \cdot E))] \\ & + 2\mathrm{Im}[\overline{E} \cdot (\alpha \nabla \times (\nabla \times E^2) - \nabla(\nabla \cdot E^2))], \end{aligned} \tag{2.6.49}$$

$$V_t + \nabla Q = 0. \tag{2.6.50}$$

由 (2.6.49) 和 (2.6.50) 式可以推出

$$\begin{aligned} & \frac{1}{2}(\|Q\|_{L^2}^2 + \|V\|_{L^2}^2) \\ & \quad = 2\mathrm{Im}\int_{\mathbb{R}^d} \overline{E^1} \cdot (\alpha \nabla \times (\nabla \times E) - \nabla(\nabla \cdot E))Q\mathrm{d}x \\ & \qquad + 2\mathrm{Im}\int_{\mathbb{R}^d} \overline{E} \cdot (\alpha \nabla \times (\nabla \times E^2) - \nabla(\nabla \cdot E^2))Q\mathrm{d}x \\ & \quad \leqslant 2\mathrm{Im}\int_{\mathbb{R}^d} \overline{E^1} \cdot (\alpha \nabla \times (\nabla \times E) - \nabla(\nabla \cdot E))Q\mathrm{d}x \\ & \qquad + C\|E\|_{H^1}\|Q\|_{L^2}, \end{aligned} \tag{2.6.51}$$

其中常数 C 与 $\|E^2\|_{L^\infty(0,T;H^{s+1}(\mathbb{R}^d))}$ 有关. 接着从 (2.6.48) 式中可推出

$$\begin{aligned} & \frac{1}{2}\frac{\mathrm{d}}{\mathrm{d}t}\|E\|_{L^2}^2 + \mathrm{Im}\int_{\mathbb{R}^d} \mathrm{i}(E^2 \times B) \cdot \overline{E}\mathrm{d}x \\ & \quad \leqslant C(\|E\|_{L^2}\|Q\|_{L^2} + \|E\|_{L^2}^2), \end{aligned} \tag{2.6.52}$$

其中常数 C 与 $\|E^i\|_{L^\infty(0,T;H^{s+1}(\mathbb{R}^d))}(i = 1, 2)$ 有关. 用 $\alpha \nabla \times (\nabla \times \overline{E}) - \nabla(\nabla \cdot \overline{E})$ 乘以方程 (2.6.48) 两边, 积分并取虚部部分得

$$\begin{aligned} & \frac{\mathrm{d}}{\mathrm{d}t}(\alpha\|\nabla \times E\|_{L^2}^2 + \|\nabla \cdot E\|_{L^2}^2) \\ & \qquad - 2\mathrm{Im}\int_{\mathbb{R}^d} (\alpha \nabla \times (\nabla \times \overline{E}) - \nabla(\nabla \cdot \overline{E}))QE^1\mathrm{d}x \\ & \qquad + 2\mathrm{Im}\int_{\mathbb{R}^d} \mathrm{i}(E^2 \times B)(\alpha \nabla \times (\nabla \times \overline{E}) - \nabla(\nabla \cdot \overline{E}))\mathrm{d}x \\ & \quad \leqslant C\|E\|_{H^1}^2. \end{aligned} \tag{2.6.53}$$

由于 (B^1,E^1) 和 (B^2,E^2) 均满足 (2.6.6) 式, 因此

$$\|B\|_{H^1}=\|B^1-B^2\|_{H^1}\leqslant C(\|E\times\overline{E^1}\|_{H^1}+\|E^2\times\overline{E}\|_{H^1})\leqslant C\|E\|_{H^1}.$$

联合上式以及估计 (2.6.51)~(2.6.53) 得

$$\begin{aligned}&\frac{\mathrm{d}}{\mathrm{d}t}(\|E\|_{L^2}^2+\|n\|_{L^2}^2+\|V\|_{L^2}^2+2\alpha\|\nabla\times E\|_{L^2}^2+2\|\nabla\cdot E\|_{L^2}^2)\\&\quad\leqslant C(\|E\|_{H^1}^2+\|Q\|_{L^2}^2),\end{aligned}$$

根据 Gronwall 不等式和零初始条件, 惟一性得证.

2.6.5 局部光滑解的存在惟一性理论 (II)

在这一小节里, 我们讨论在磁场 B 取 (A_2) 情形下时, Zakharov 方程解的存在惟一性理论. 首先有如下的一致先验估计.

命题 2.6.5 设 $s>\frac{3}{2}$, $E_0\in H^{s+1}(\mathbb{R}^3)$, $n_0\in H^s(\mathbb{R}^3)$, $V_0\in H^s(\mathbb{R}^3)$, $B_0\in H^{s+1}(\mathbb{R}^3)$. 又设 $(E^\varepsilon,n^\varepsilon,V^\varepsilon)$ 是正则化问题 (2.6.21) 和 (2.6.22) 的解, 其中初始条件 $(E_0^\varepsilon,n_0^\varepsilon,V_0^\varepsilon,B_0^\varepsilon)$ 充分光滑, 且满足当 $\varepsilon\to 0$ 时有

$$\begin{aligned}&E_0^\varepsilon\to E_0\text{ 在 }H^{s+1}(\mathbb{R}^3)\text{ 中},\quad n_0^\varepsilon\to n_0\text{ 在 }H^s(\mathbb{R}^3)\text{ 中},\\&V_0^\varepsilon\to V_0\text{ 在 }H^s(\mathbb{R}^3)\text{ 中},\quad B_0^\varepsilon\to B_0\text{ 在 }H^{s+1}(\mathbb{R}^3)\text{ 中}.\end{aligned}$$

则存在与 ε 无关的 $T>0$, 使得对任意的 $\varepsilon>0$ 都有

$$\|E^\varepsilon(t)\|_{H^{s+1}}+\|n^\varepsilon(t)\|_{H^s}+\|V^\varepsilon(t)\|_{H^s}\leqslant C,\ \forall\, t\in[0,T],\tag{2.6.54}$$

其中 T 依赖于 $\|E_0\|_{H^{s+1}}$, $\|n_0\|_{H^s}$, $\|V_0\|_{H^s}$ 和 $\|B_0\|_{H^{s+1}}$.

为证明命题 2.6.5, 需要用到以下两个引理.

引理 2.6.5 设 $(E^\varepsilon,n^\varepsilon,V^\varepsilon)$ 是正则化问题 (2.6.21) 和 (2.6.22) 的解, 磁场取 (A_2) 情形, 记 $B^\varepsilon=B(E^\varepsilon)$, $K(x)=\frac{1}{|x|^2}$. 则有

$$\begin{aligned}&\int_{\mathbb{R}^3}J^s(\alpha\nabla\times(\nabla\times\overline{E^\varepsilon})-\nabla(\nabla\cdot\overline{E^\varepsilon}))\cdot J^s\Lambda(E^\varepsilon\times B^\varepsilon)\mathrm{d}x\\&=\gamma\frac{\mathrm{d}}{\mathrm{d}t}\int_{\mathbb{R}^3}J^{s+1}\Lambda\Delta^{-1}(\alpha\nabla\times(\nabla\times\overline{E^\varepsilon})-\nabla(\nabla\cdot\overline{E^\varepsilon}))\cdot(E^\varepsilon\times J^{s-1}(K*B^\varepsilon))\mathrm{d}x\\&\quad+g(E^\varepsilon,E_t^\varepsilon,B^\varepsilon),\end{aligned}$$

其中 g 满足

$$\begin{aligned}|g(E^\varepsilon,E_t^\varepsilon,B^\varepsilon)|\leqslant C(&\|E^\varepsilon\|_{H^{s+1}}^4+\|E^\varepsilon\|_{H^{s+1}}^2\|B^\varepsilon\|_{H^s}\\&+\|E^\varepsilon\|_{H^{s+1}}^2\|B^\varepsilon\|_{H^{s'+2}}+\|E^\varepsilon\|_{H^{s+1}}\|E_t^\varepsilon\|_{H^{s-1}}\|B^\varepsilon\|_{H^s}),\end{aligned}$$

这里 $s'=\frac{3}{2}-\frac{3}{p}$, $2<p\leqslant 3$.

证明 为简便起见, 证明过程中略去上标 ε. 注意到

$$
\begin{aligned}
&\int_{\mathbb{R}^3} J^s(\alpha\nabla\times(\nabla\times\overline{E})-\nabla(\nabla\cdot\overline{E}))\cdot J^s\Lambda(E\times B)\mathrm{d}x\\
&=\int_{\mathbb{R}^3} J^s\Delta^{-1}\Lambda(\alpha\nabla\times(\nabla\times\overline{E})-\nabla(\nabla\cdot\overline{E}))\cdot J^s\Delta(E\times B)\mathrm{d}x\\
&=\int_{\mathbb{R}^3} J^{s+1}\Delta^{-1}\Lambda(\alpha\nabla\times(\nabla\times\overline{E})-\nabla(\nabla\cdot\overline{E}))\cdot J^{s-1}(\Delta E\times B+2\nabla E\times\nabla B)\mathrm{d}x\\
&\quad+\int_{\mathbb{R}^3} J^{s+1}\Delta^{-1}\Lambda(\alpha\nabla\times(\nabla\times\overline{E})-\nabla(\nabla\cdot\overline{E}))\cdot[J^{s-1}(E\times\Delta B)-E\times J^{s-1}\Delta B]\mathrm{d}x\\
&\quad+\int_{\mathbb{R}^3} J^{s+1}\Delta^{-1}\Lambda(\alpha\nabla\times(\nabla\times\overline{E})-\nabla(\nabla\cdot\overline{E}))\cdot(E\times J^{s-1}\Delta B)\mathrm{d}x\\
&=:K_1+K_2+K_3.
\end{aligned}
$$

根据引理 2.1.5 有

$$
|K_1|\leqslant C\|E\|_{H^{s+1}}^2\|B\|_{H^s},
$$

利用交换子估计又有

$$
\begin{aligned}
|K_2|&\leqslant C\|E\|_{H^{s+1}}\|J^{s-1}(E\times\Delta B)-E\times J^{s-1}\Delta B\|_{L^2}\\
&\leqslant C\|E\|_{H^{s+1}}(\|\nabla E\|_{L^\infty}\|\Delta B\|_{H^{s-2}}+\|\Delta B\|_{L^p}\|E\|_{H^{s-1,q}})\\
&\leqslant C\|E\|_{H^{s+1}}^2(\|B\|_{H^s}+\|B\|_{H^{s'+2}}),
\end{aligned}
$$

这里选取 $\frac{1}{p}+\frac{1}{q}=\frac{1}{2}(2<p\leqslant 3)$, 且满足 $H^{s'+2}(\mathbb{R}^3)\hookrightarrow H^{2,p}(\mathbb{R}^3)$, $s'=\frac{3}{2}-\frac{3}{p}$.

剩下来需要估计 K_3. 根据磁场 B 所满足的方程 (2.6.8) 可得

$$
\begin{aligned}
K_3&=\int_{\mathbb{R}^3} J^{s+1}\Delta^{-1}\Lambda(\alpha\nabla\times(\nabla\times\overline{E})-\nabla(\nabla\cdot\overline{E}))\cdot(E\times J^{s-1}\Delta B)\mathrm{d}x\\
&=\int_{\mathbb{R}^3} J^{s+1}\Delta^{-1}\Lambda(\alpha\nabla\times(\nabla\times\overline{E})-\nabla(\nabla\cdot\overline{E}))\\
&\quad\cdot(E\times J^{s-1}(\mathrm{i}\eta\nabla\times(\nabla\times(E\times\overline{E}))))\mathrm{d}x\\
&\quad+\gamma\frac{\mathrm{d}}{\mathrm{d}t}\int_{\mathbb{R}^3} J^{s+1}\Lambda\Delta^{-1}(\alpha\nabla\times(\nabla\times\overline{E})-\nabla(\nabla\cdot\overline{E}))\cdot(E\times J^{s-1}(K*B))\mathrm{d}x\\
&\quad-\gamma\int_{\mathbb{R}^3} J^{s+1}\Lambda\Delta^{-1}(\alpha\nabla\times(\nabla\times\overline{E_t})-\nabla(\nabla\cdot\overline{E_t}))\cdot(E\times J^{s-1}(K*B))\mathrm{d}x\\
&\quad-\gamma\int_{\mathbb{R}^3} J^{s+1}\Lambda\Delta^{-1}(\alpha\nabla\times(\nabla\times\overline{E})-\nabla(\nabla\cdot\overline{E}))\cdot(E_t\times J^{s-1}(K*B))\mathrm{d}x\\
&=:K_{31}+K_{32}+K_{33}+K_{34}.
\end{aligned}
$$

容易验证有 $|K_{31}| \leqslant C\|E\|_{H^{s+1}}^4$ 以及

$$\begin{aligned}|K_{34}| &\leqslant C\|E\|_{H^{s+1}}\|E_t\|_{L^3}\|J^{s-1}(K*B)\|_{L^6}\\ &\leqslant C\|E\|_{H^{s+1}}\|E_t\|_{H^{\frac{1}{2}}}\|K*J^{s-1}B\|_{L^6}\\ &\leqslant C\|E\|_{H^{s+1}}\|E_t\|_{H^{s-1}}\|B\|_{H^{s-1}},\end{aligned}$$

其中利用了嵌入关系 $H^{\frac{1}{2}}(\mathbb{R}^3) \hookrightarrow L^3(\mathbb{R}^3)$ 以及 Hardy-Littlewood-Sobolev 不等式

$$\left\|\frac{1}{|x|^{d-\beta}} * f\right\|_{L^q} \leqslant C\|f\|_{L^p},\ 1<p<q<\infty,\ \frac{1}{p}-\frac{1}{q}=\frac{\beta}{d},\ \beta\in(0,d).$$

此外, 还有

$$\begin{aligned}&|K_{33}|\\ &=\left|\gamma\int_{\mathbb{R}^3} J^{s-1}\Lambda\Delta^{-1}(\alpha\nabla\times(\nabla\times\overline{E_t})-\nabla(\nabla\cdot\overline{E_t}))\cdot(I-\Delta)(E\times J^{s-1}(K*B))\mathrm{d}x\right|\\ &=\Big|\gamma\int_{\mathbb{R}^3} J^{s-1}\Lambda\Delta^{-1}(\alpha\nabla\times(\nabla\times\overline{E_t})-\nabla(\nabla\cdot\overline{E_t}))\cdot[E\times J^{s-1}(K*B)\\ &\quad -\Delta E\times J^{s-1}(K*B)-2\nabla E\times\nabla J^{s-1}(K*B)-E\times\Delta J^{s-1}(K*B)]\mathrm{d}x\Big|\\ &\leqslant C\|E_t\|_{H^{s-1}}[\|E\|_{L^3}\|J^{s-1}(K*B)\|_{L^6}+\|\Delta E\|_{L^3}\|J^{s-1}(K*B)\|_{L^6}\\ &\quad +\|\nabla E\|_{L^\infty}\|\nabla J^{s-1}(K*B)\|_{L^2}+\|E\|_{L^\infty}\|J^{s-1}\Delta(K*B)\|_{L^2}]\\ &\leqslant C\|E_t\|_{H^{s-1}}\|E\|_{H^{s+1}}\|B\|_{H^s}.\end{aligned}$$

将 K_1, K_2, K_{31}, K_{33}, K_{34} 的估计联合在一起, 就得到引理所需的结论. 引理证毕.

引理 2.6.6 设 $(E^\varepsilon, n^\varepsilon, V^\varepsilon)$ 是正则化问题 (2.6.21) 和 (2.6.22) 的解, 磁场取 (A_2) 情形, 记 $B^\varepsilon = B(E^\varepsilon)$, $K = \dfrac{1}{|x|^2}$. 则有

$$\begin{aligned}\frac{\mathrm{d}}{\mathrm{d}t}\|E^\varepsilon\times J^{s-1}(K*B^\varepsilon)\|_{L^2}^2 \leqslant C[&\|E^\varepsilon\|_{H^{s+1}}^2\|B^\varepsilon\|_{H^s}^2+\|E^\varepsilon\|_{H^{s+1}}^4\|B^\varepsilon\|_{H^s}\\ &+\|E^\varepsilon\|_{H^{s+1}}\|E_t^\varepsilon\|_{H^{s-1}}\|B^\varepsilon\|_{H^s}^2].\end{aligned}$$

证明 同样为简便起见, 证明过程中略去上标 ε. 注意到

$$\begin{aligned}&\frac{\mathrm{d}}{\mathrm{d}t}\|E\times J^{s-1}(K*B)\|_{L^2}^2\\ &\quad=2\mathrm{Re}\int_{\mathbb{R}^3}\overline{E\times J^{s-1}(K*B)}\cdot(E_t\times J^{s-1}(K*B))\mathrm{d}x\\ &\qquad+2\mathrm{Re}\int_{\mathbb{R}^3}\overline{E\times J^{s-1}(K*B)}\cdot(E\times J^{s-1}(K*B)_t)\mathrm{d}x\\ &\quad=: K_4+K_5.\end{aligned}$$

现在分别估计 K_4 和 K_5.

$$\begin{aligned}|K_4| &\leqslant \|E\|_{L^3}\|E_t\|_{L^3}\|J^{s-1}(K*B)\|_{L^6}^2\\ &\leqslant C\|E\|_{H^{s+1}}\|E_t\|_{H^{s-1}}\|B\|_{H^{s-1}}^2.\end{aligned}$$

K_5 中的被积函数是由具有形式 $v_1v_2w_1w_2$ 的项相加而得的, 其中 v_1 和 v_2 代表 E 的分量, w_1 代表 $J^{s-1}(K*B)$ 的分量, w_2 代表 $J^{s-1}(K*B)_t$ 的分量, 于是就有

$$\begin{aligned}\left|\int_{\mathbb{R}^3} v_1v_2w_1w_2\mathrm{d}x\right| &\leqslant \|v_1v_2w_1\|_{H^1}\|w_2\|_{H^{-1}}\\ &\leqslant (\|v_1v_2\|_{L^3}\|w_1\|_{H^{1,6}}+\|v_1v_2\|_{H^{1,3}}\|w_1\|_{L^6})\|w_2\|_{H^{-1}}\\ &\leqslant C\|E\|_{H^{s+1}}^2\|B\|_{H^s}\|w_2\|_{H^{-1}},\end{aligned}$$

利用磁场 B 所满足的方程, 得

$$\begin{aligned}\|w_2\|_{H^{-1}} &\leqslant C\|J^{s-1}\Delta B+\mathrm{i}\eta J^{s-1}\nabla\times(\nabla\times(E\times\overline{E}))\|_{H^{-1}}\\ &\leqslant C(\|B\|_{H^s}+\|E\|_{H^{s+1}}^2).\end{aligned}$$

因此有

$$|K_5| \leqslant C\|E\|_{H^{s+1}}^2\|B\|_{H^s}(\|B\|_{H^s}+\|E\|_{H^{s+1}}^2).$$

将 K_4 和 K_5 的估计式代入即可得到引理所需的结论.

命题 2.6.5 的证明　证明中沿用命题 2.6.4 中的记号. 由命题 2.6.4 中的证明可知

$$\begin{aligned}&\frac{\mathrm{d}}{\mathrm{d}t}(\alpha\|\nabla\times E\|_{H^s}^2+\|\nabla\cdot E\|_{H^s}^2+\frac{1}{2}\|Q\|_{H^s}^2+\frac{1}{2}\|V\|_{H^s}^2)\\ &=I_1+I_2+I_3+I_4+I_5+I_6,\end{aligned}\tag{2.6.55}$$

而且与命题 2.6.4 一样, 我们有如下估计:

$$\begin{aligned}&I_1+I_4 \leqslant C\|E\|_{H^{s+1}}^2\|Q\|_{H^s},\\ &|I_2| \leqslant C\|E\|_{H^{s+1}}^4,\\ &|I_5| \leqslant C(\|E\|_{H^s}^2\|Q\|_{H^s}^2+\|E\|_{H^s}^3\|Q\|_{H^s}).\end{aligned}$$

与命题 2.6.4 所不同的是对 I_3 和 I_6 这两项带有磁场的估计, 因为在 (A_2) 的情形下, 关于磁场的估计要更为复杂. 对于 I_6 有

$$I_6 \leqslant C\|E\|_{H^{s+1}}^2\|Q\|_{H^s}\|B\|_{H^s}.$$

注意到

$$I_3=-2\mathrm{Re}\int_{\mathbb{R}^d} J^s\Lambda(E\times B)J^s(\alpha\nabla\times(\nabla\times\overline{E})-\nabla(\nabla\cdot\overline{E}))\mathrm{d}x.$$

将估计

$$\|E_t\|_{H^{s-1}} \leqslant C(\|E\|_{H^{s+1}} + \|Q\|_{H^{s-1}}\|E\|_{H^{s+1}} + \|E\|_{H^{s+1}}^3 + \|E\|_{H^{s+1}}\|B\|_{H^s})$$

和引理 2.6.5$\left(\text{取 } p=\dfrac{5}{2}\right)$, 以及对 I_1, I_2, I_4, I_5, I_6 的估计代入 (2.6.55) 式可得

$$\begin{aligned}&\frac{\mathrm{d}}{\mathrm{d}t}\Big[\alpha\|\nabla\times E\|_{H^s}^2+\|\nabla\cdot E\|_{H^s}^2+\frac{1}{2}\|Q\|_{H^s}^2+\frac{1}{2}\|V\|_{H^s}^2\\&\qquad+2\gamma\mathrm{Re}\int_{\mathbb{R}^3}J^{s+1}\Lambda\Delta^{-1}(\alpha\nabla\times(\nabla\times\overline{E})-\nabla(\nabla\cdot\overline{E}))\cdot(E\times J^{s-1}(K*B))\mathrm{d}x\Big]\\&\quad\leqslant C\Big[\|E\|_{H^{s+1}}^4+\|E\|_{H^{s+1}}^2(\|B\|_{H^s}+\|Q\|_{H^s})\\&\qquad\times(1+\|E\|_{H^{s+1}}^2+\|B\|_{H^s}+\|Q\|_{H^s})+\|E\|_{H^{s+1}}^2\|B\|_{H^{s+1-\frac{1}{5}}}\Big].\end{aligned}$$

对上式积分并注意到如下事实:

$$\int_0^T\|B\|_{H^s}^2\mathrm{d}x\leqslant C(T)+C(T)\int_0^T\|E\|_{H^{s+1}}^4\mathrm{d}t,$$

我们得到

$$\begin{aligned}&\|E\|_{L^2}^2+\alpha\|\nabla\times E\|_{H^s}^2+\|\nabla\cdot E\|_{H^s}^2+\frac{1}{2}\|Q\|_{H^s}^2+\frac{1}{2}\|V\|_{H^s}^2\\&\quad\leqslant C+C\|E\|_{H^{s+1}}\|E\times J^{s-1}(K*B)\|_{L^2}\\&\qquad+\int_0^T(\|E\|_{H^{s+1}}^2+\|Q\|_{H^s}^2+1)^3(1+\|B\|_{H^{s+1-\frac{1}{5}}})\mathrm{d}t,\end{aligned}$$

对上式利用引理 2.6.6 得

$$\begin{aligned}&\|E\|_{H^{s+1}}^2+\|Q\|_{H^s}^2+\|V\|_{H^s}^2\\&\quad\leqslant C+C\int_0^T(\|E\|_{H^{s+1}}^2+\|Q\|_{H^s}^2+1)^3(1+\|B\|_{H^{s+1-\frac{1}{5}}})\mathrm{d}t.\end{aligned}\tag{2.6.56}$$

用命题 2.6.2 的证明方法可得

$$\begin{aligned}&\|B(t)\|_{H^{s+1-\frac{1}{5}}}\\&\quad\leqslant C+C\int_0^t\|(1+|\xi|^2)^{-\frac{1}{10}}|\xi|^3\exp\left(-\frac{|\xi|^3}{\gamma c}(t-\tau)\right)\|_{L_\xi^\infty}\|E(t)\|_{H^{s+1}}^2\mathrm{d}t\\&\quad\leqslant C+C\int_0^t\frac{1}{(t-\tau)^{\frac{14}{15}}}\|E(\tau)\|_{H^{s+1}}^2\mathrm{d}\tau,\end{aligned}$$

于是根据 Young 不等式

$$\int_0^T\|B(\tau)\|_{H^{s+1-\frac{1}{5}}}^4\mathrm{d}\tau\leqslant C+C\left(\int_0^T\frac{1}{\tau^{\frac{14}{15}}}\mathrm{d}\tau\right)^4\int_0^T\|E(\tau)\|_{H^{s+1}}^8\mathrm{d}\tau$$

$$\leqslant C+C\int_0^T \|E(\tau)\|_{H^{s+1}}^8 \mathrm{d}\tau,$$

把上式代入 (2.6.56) 式得到

$$\|E\|_{H^{s+1}}^2+\|Q\|_{H^s}^2+\|V\|_{H^s}^2 \leqslant C+C\int_0^T (\|E\|_{H^{s+1}}^2+\|Q\|_{H^s}^2+1)^6 \mathrm{d}t.$$

根据 Gronwall 不等式, 命题的结论得证.

定理 2.6.3 *设 $s>\dfrac{3}{2}$, $E_0\in H^{s+1}(\mathbb{R}^3)$, $n_0\in H^s(\mathbb{R}^3)$, $V_0\in H^s(\mathbb{R}^d)$, $B_0\in H^{s+1}(\mathbb{R}^3)$. 则存在 $T>0$, 使得问题 (2.6.11)~(2.6.14)(其中磁场 B 由 (2.6.9) 式确定) 存在惟一解 (E,n,V), 满足*

$$E\in L^\infty(0.T;H^{s+1}(\mathbb{R}^3)),\ n\in L^\infty(0.T;H^s(\mathbb{R}^3)),\ V\in L^\infty(0.T;H^s(\mathbb{R}^3)),$$

其中 T 依赖于 $\|E_0\|_{H^{s+1}}$, $\|n_0\|_{H^s}$, $\|V_0\|_{H^s}$ 和 $\|B_0\|_{H^{s+1}}$. 特别地, $(E,n,B(E))$ 就是问题 (2.6.1)~(2.6.4) 的解.

根据命题 2.6.6 中给出的先验估计, 运用类似于定理 2.1.2 中的证明方法, 定理 2.6.3 中局部光滑解的存在性部分就能得到证明. 下面来证明解的惟一性.

定理 2.6.3 中惟一性的证明 这里大多记号与定理 2.6.2 中惟一性的证明中一样. 设 (E^1,n^1,V^1) 和 (E^2,n^2,V^2) 都是问题 (2.6.11)~(2.6.14) 的解, 令 $E=E^1-E^2$, $n=n^1-n^2$, $V=V^1-V^2$, $Q=Q^1-Q^2$, $B=B^1-B^2$, $Q^i=n^i+|E^i|^2$, $B^i=B(E^i)$, $i=1,\ 2$. 则知 (E,n,Q) 分别满足方程 (2.6.48)~(2.6.50), 以及 B 满足

$$\Delta B-\mathrm{i}\eta\nabla\times(\nabla\times(E\times\overline{E^1}+E^2\times\overline{E}))-\gamma\frac{\partial}{\partial t}(K*B)=0, \tag{2.6.57}$$

其中 $K(x)=\dfrac{1}{|x|^2}$. 类似地, 我们可得估计 (2.6.51)~(2.6.53), 把这 3 个式子相加就是

$$\begin{aligned}&\frac{\mathrm{d}}{\mathrm{d}t}\left(\|E\|_{L^2}^2+\frac{1}{2}\|n\|_{L^2}^2+\frac{1}{2}\|V\|_{L^2}^2+\alpha\|\nabla\times E\|_{L^2}^2+\|\nabla\cdot E\|_{L^2}^2\right)\\&\quad+2\mathrm{Re}\int_{\mathbb{R}^d}(E^2\times B)(\alpha\nabla\times(\nabla\times\overline{E})-\nabla(\nabla\cdot\overline{E}))\mathrm{d}x\\&\leqslant C(\|E\|_{H^1}^2+\|Q\|_{L^2}^2+\|B\|_{L^2}^2).\end{aligned} \tag{2.6.58}$$

对于 (2.6.58) 式中的带磁场那项, 采用类似于引理 2.6.5 的证明方法, 可得如下估计:

$$\begin{aligned}&\int_{\mathbb{R}^3}(\alpha\nabla\times(\nabla\times\overline{E})-\nabla(\nabla\cdot\overline{E}))\cdot(E^2\times B)\mathrm{d}x\\&\quad=\gamma\frac{\mathrm{d}}{\mathrm{d}t}\int_{\mathbb{R}^3}\Delta^{-1}(\alpha\nabla\times(\nabla\times\overline{E})-\nabla(\nabla\cdot\overline{E}))\cdot(E^2\times(K*B))\mathrm{d}x\\&\qquad+g(E,B),\end{aligned}$$

其中 g 满足

$$|g(E,B)| \leqslant C(\|B\|_{L^2}^2 + \|E\|_{H^1}^2).$$

将上式代入 (2.6.58) 式得

$$\begin{aligned}
&\frac{\mathrm{d}}{\mathrm{d}t}\bigg[\|E\|_{L^2}^2 + \frac{1}{2}\|n\|_{L^2}^2 + \frac{1}{2}\|V\|_{L^2}^2 + \alpha\|\nabla\times E\|_{L^2}^2 + \|\nabla\cdot E\|_{L^2}^2 \\
&\qquad + 2\gamma\mathrm{Re}\int_{\mathbb{R}^3}\Delta^{-1}(\alpha\nabla\times(\nabla\times\overline{E}) - \nabla(\nabla\cdot\overline{E}))\cdot(E^2\times(K*B))\mathrm{d}x\bigg] \\
&\leqslant C(\|E\|_{H^1}^2 + \|Q\|_{L^2}^2 + \|B\|_{L^2}^2). \qquad (2.6.59)
\end{aligned}$$

积分上面的不等式有

$$\begin{aligned}
\|E\|_{H^1}^2 + \|n\|_{L^2}^2 + \|V\|_{L^2}^2 &\leqslant C\|E\|_{H^1}\|E^2\times(K*B)\|_{H^{-1}} \\
&\quad + C\int_0^t(\|E\|_{H^1}^2 + \|Q\|_{L^2}^2 + \|B\|_{L^2}^2)\mathrm{d}s \\
&\leqslant \frac{1}{2}\|E\|_{H^1}^2 + C\|E^2\times(K*B)\|_{H^{-1}}^2 \\
&\quad + C\int_0^t(\|E\|_{H^1}^2 + \|Q\|_{L^2}^2 + \|B\|_{L^2}^2)\mathrm{d}s. \qquad (2.6.60)
\end{aligned}$$

根据 (2.6.57) 式以及 $B_0 = 0$ 易得

$$\hat{B}(t,\xi) = \int_0^t \frac{\mathrm{i}\eta|\xi|}{c_0\gamma}\exp\left(-\frac{|\xi|}{c_0\gamma}(t-s)\right)\xi\times(\xi\times\mathcal{F}(E\times\overline{E^1} + E^2\times\overline{E}))\mathrm{d}s,$$

于是有

$$\begin{aligned}
\|E^2\times(K*B)\|_{H^{-1}}^2 &\leqslant C\|K*B\|_{L^2}^2 \leqslant C\|B\|_{\dot{H}^{-1}}^2 \\
&\leqslant C\left(\int_0^t \frac{1}{(t-s)^{\frac{2}{3}}}\|E(t)\|_{H^1}\mathrm{d}s\right)^2 \\
&\leqslant C\int_0^t \|E(t)\|_{H^1}^2\mathrm{d}s.
\end{aligned}$$

把这个不等式代入 (2.6.60) 式得

$$\|E\|_{H^1}^2 + \|n\|_{L^2}^2 + \|V\|_{L^2}^2 \leqslant C\int_0^t(\|E\|_{H^1}^2 + \|Q\|_{L^2}^2 + \|B\|_{L^2}^2)\mathrm{d}s. \qquad (2.6.61)$$

根据 $\hat{B}(t,\xi)$ 的表达式以及 Young 不等式得

$$\int_0^t \|B\|_{L^2}^2\mathrm{d}s \leqslant C\int_0^t \|E\|_{H^1}^2\mathrm{d}s,$$

从而不等式 (2.6.61) 变为

$$\|E\|_{H^1}^2+\|n\|_{L^2}^2+\|V\|_{L^2}^2\leqslant C\int_0^t(\|E\|_{H^1}^2+\|Q\|_{L^2}^2)\mathrm{d}s,$$

其中常数 C 依赖于 $\|E^i\|_{L^\infty(0,T;H^{s+1}(\mathbb{R}^3))}$, $\|n^i\|_{L^\infty(0,T;H^s(\mathbb{R}^3))}$, $i=1,\ 2$. 至此, 根据 Gronwall 不等式, 解的惟一性得证.

2.6.6 光滑解的整体存在性理论

在二维情形下, 根据 Brezis-Gallouet 不等式, 可以得到当 $A=\beta B$ 时光滑解的整体存在性.

定理 2.6.4 设 $d=2$, $\alpha=1$, $E_0\in H^3(\mathbb{R}^2)$, $n_0\in H^2(\mathbb{R}^2)$, $V_0\in H^2(\mathbb{R}^2)$ 且满足

$$(1+\eta)K^4(2)\|E_0\|_{L^2}^2<1,$$

其中 $K(2)$ 是引理 2.1.2 中嵌入不等式 (2.1.8) 中的最优常数. 那么问题 (2.6.11)~(2.6.14)(其中磁场 B 由 (2.6.6) 式所确定) 存在惟一的整体解 (E,n,V), 使得

$$E\in L_{\mathrm{loc}}^\infty(\mathbb{R}^+;H^3(\mathbb{R}^2)),\ n\in L_{\mathrm{loc}}^\infty(\mathbb{R}^+;H^2(\mathbb{R}^2)),\ V\in L_{\mathrm{loc}}^\infty(\mathbb{R}^+;H^2(\mathbb{R}^2)).$$

特别地, $(E,n,B(E))$ 就是问题 (2.6.1)~(2.6.4) 的整体解, 其中 $n_1=-\nabla\cdot V_0$.

证明 根据定理 2.6.2, 这里只需证明能将定理 2.6.2 中得到的局部解延拓为整体解. 又因为解的最大存在时刻 T^* 满足要么 $T^*=\infty$, 要么当 $t\to T^*$ 时有

$$\|E(t)\|_{H^3}+\|n(t)\|_{H^2}+\|V(t)\|_{H^2}\to\infty.$$

因此, 如果对任意的 $T>0$, 都能得到估计

$$\|E(t)\|_{H^3}+\|n(t)\|_{H^2}+\|V(t)\|_{H^2}\leqslant C(T)$$

或

$$\|E(t)\|_{H^3}+\|n(t)\|_{H^2}+\|n_t(t)\|_{H^1}\leqslant C(T),$$

那么根据爆破机制, 这时局部解事实上就是整体解. 下面证明这种估计. 利用逼近讨论, 无妨假设解 (E,n,V) 是光滑的.

首先根据定理的条件, 由引理 2.6.3 可知,

$$\|E(t)\|_{H^1}+\|n(t)\|_{L^2}+\|V(t)\|_{L^2}\leqslant C. \tag{2.6.62}$$

其次对方程 (2.6.11) 关于时间 t 求导, 而后与 E_t 作内积, 取出虚部部分得

$$\begin{aligned}\frac{\mathrm{d}}{\mathrm{d}t}\|E_t\|_{L^2}^2&\leqslant 2(\|E\|_{L^\infty}\|n_t\|_{L^2}\|E_t\|_{L^2}+\|E\|_{L^\infty}^2\|E_t\|_{L^2}^2)\\&\leqslant C(1+\|E\|_{L^\infty}^2)(\|E_t\|_{L^2}^2+\|n_t\|_{L^2}^2).\end{aligned}$$

从方程 $n_{tt}-\Delta n=\Delta|E|^2$ 出发能推出

$$\begin{aligned}\frac{\mathrm{d}}{\mathrm{d}t}(\|n_t\|_{L^2}^2+\|\nabla n\|_{L^2}^2)&=2\int_{\mathbb{R}^2}n_t\Delta|E|^2\mathrm{d}x\\&\leqslant C\|n_t\|_{L^2}(\|E\|_{L^\infty}\|\Delta E\|_{L^2}+\|\nabla E\|_{L^4}^2)\\&\leqslant C(1+\|E\|_{L^\infty}^2)(\|E_t\|_{L^2}^2+\|n_t\|_{L^2}^2+1),\end{aligned}$$

其中最后一步用到了 Gagliardo-Nirenberg 不等式, 估计 (2.6.62) 以及如下的估计 (根据方程 (2.6.11))

$$\|\Delta E\|_{L^2}\leqslant\|E_t\|_{L^2}+C.$$

联合上述两个不等式, 并利用 Brezis-Gallouet 对数型 Sobolev 不等式 (2.3.13), 得到

$$\begin{aligned}&\frac{\mathrm{d}}{\mathrm{d}t}(\|E_t\|_{L^2}^2+\|n_t\|_{L^2}^2+\|\nabla n\|_{L^2}^2)\\&\leqslant C(1+\|E\|_{L^\infty}^2)(\|E_t\|_{L^2}^2+\|n_t\|_{L^2}^2+1)\\&\leqslant C(1+\ln(1+\|E_t\|_{L^2}))(\|E_t\|_{L^2}^2+\|n_t\|_{L^2}^2+1).\end{aligned}$$

根据 Gronwall 不等式知 $\|E_t\|_{L^2}^2+\|n_t\|_{L^2}^2+\|\nabla n\|_{L^2}^2\leqslant C$, 从而

$$\|E_t\|_{L^2}+\|E\|_{H^2}+\|n\|_{H^1}+\|n_t\|_{L^2}\leqslant C. \tag{2.6.63}$$

再次利用方程 $n_{tt}-\Delta n=\Delta|E|^2$ 可得出

$$\begin{aligned}&\frac{\mathrm{d}}{\mathrm{d}t}(\|\nabla n_t\|_{L^2}^2+\|\Delta n\|_{L^2}^2)\\&=2\int_{\mathbb{R}^2}\nabla n_t\cdot\nabla\Delta|E|^2\mathrm{d}x\\&\leqslant C\|\nabla n_t\|_{L^2}(\|E\|_{L^\infty}\|\nabla^3E\|_{L^2}+\|\nabla E\|_{L^4}\|\Delta E\|_{L^4})\\&\leqslant C(\|\nabla^3E\|_{L^2}^2+\|\nabla n_t\|_{L^2}^2+1),\\&\leqslant C(\|\nabla E_t\|_{L^2}^2+\|\nabla n_t\|_{L^2}^2+1),\end{aligned}$$

其中最后一步利用了不等式 (根据方程 (2.6.11))

$$\|\nabla^3E\|_{L^2}\leqslant\|\nabla E_t\|_{L^2}+1.$$

对方程 (2.6.11) 关于时间 t 求导, 而后与 $-\Delta E_t$ 作内积, 取出虚部部分得

$$\begin{aligned}\frac{\mathrm{d}}{\mathrm{d}t}\|\nabla E_t\|_{L^2}^2\leqslant{}&C\|\nabla E_t\|_{L^2}(\|E\|_{L^\infty}\|\nabla n_t\|_{L^2}+\|\nabla E\|_{L^4}\|n_t\|_{L^4}\\&+\|E_t\|_{L^4}\|\nabla n\|_{L^4}+\|E_t\|_{L^4}\|\nabla B\|_{L^4}\\&+\|\nabla E\|_{L^4}\|B_t\|_{L^4}+\|E\|_{L^\infty}\|\nabla B_t\|_{L^4})\\\leqslant{}&C(\|\nabla E_t\|_{L^2}^2+\|\nabla n_t\|_{L^2}^2+\|\nabla n\|_{L^2}^2+1),\end{aligned}$$

在推导过程中, 我们利用了 Gagliardo-Nirenberg 不等式, 估计 (2.6.63) 以及估计

$$\|B_t\|_{L^2} \leqslant C, \ \|\nabla B_t\|_{L^2} \leqslant C(1 + \|\nabla E_t\|_{L^2}).$$

联合上面两个不等式得

$$\begin{aligned}&\frac{\mathrm{d}}{\mathrm{d}t}(\|\nabla E_t\|_{L^2}^2 + \|\nabla n_t\|_{L^2}^2 + \|\Delta n\|_{L^2}^2)\\&\quad \leqslant C(\|\nabla E_t\|_{L^2}^2 + \|\nabla n_t\|_{L^2}^2 + \|\nabla n\|_{L^2}^2 + 1),\end{aligned}$$

由此就有 $\|\nabla E_t\|_{L^2}^2 + \|\nabla n_t\|_{L^2}^2 + \|\Delta n\|_{L^2}^2 \leqslant C$. 于是

$$\|E_t\|_{H^1} + \|E\|_{H^3} + \|n\|_{H^2} + \|n_t\|_{H^1} \leqslant C,$$

至此就可得到解的整体存在性. 定理证毕.

2.6.7　磁场 Zakharov 方程解的收敛行为

考虑带参数 β 的系统

$$\begin{cases}\mathrm{i}E_t^\beta = \alpha\nabla\times(\nabla\times E^\beta) - \nabla(\nabla\cdot E^\beta) + n^\beta E^\beta - \mathrm{i}(E^\beta\times B^\beta(E^\beta)),\\ n_t^\beta + \nabla\cdot V^\beta = 0,\\ V_t^\beta + \nabla(n^\beta + |E^\beta|^2) = 0,\\ \Delta B^\beta - \mathrm{i}\eta\nabla\times(\nabla\times(E^\beta\times\overline{E^\beta})) + \beta B^\beta = 0,\\ E^\beta(0,x) = E_0(x),\ n^\beta(0,x) = n_0(x),\ V^\beta(0,x) = V_0(x).\end{cases} \tag{2.6.64}$$

研究当 $\beta\to-\infty$ 时, 上述问题的解 $(E^\beta, n^\beta, V^\beta)$ 的收敛行为. 形式上看, 当 $\beta\to-\infty$ 时, $B^\beta\to 0$, 因此方程 (2.6.64) 就收敛于不带磁场的 Zakharov 方程. 下面严格地证明这一结论.

定理 2.6.5　设 $E_0\in H^1(\mathbb{R}^d)$, $n_0\in L^2(\mathbb{R}^d)$, $V_0\in L^2(\mathbb{R}^d)$, 且满足

$$\begin{cases}(1+\eta)K^4(2)\|E_0\|_{L^2}^2 < 1, \ 当\ d=2\ 时;\\ \|E_0\|_{L^2}^2|H| < \dfrac{4}{27K^8(3)(1+\eta)^2}\ 且\ \|\nabla E_0\|_{L^2}^2\leqslant H, 当\ d=3\ 时,\end{cases}$$

其中 $K(2)$ 和 $K(3)$ 为 Sobolev 最优嵌入常数 (见引理 2.1.2),

$$\begin{aligned}H = {}&\alpha\|\nabla\times E_0\|_{L^2}^2 + \|\nabla\cdot E_0\|_{L^2}^2 + \frac{1}{2}\|n_0\|_{L^2}^2 + \frac{1}{2}\|V_0\|_{L^2}^2\\&+\left|\int_{\mathbb{R}^d} n_0|E_0|^2\mathrm{d}x\right| + \eta\|E_0\times\overline{E_0}\|_{L^2}^2.\end{aligned}$$

又设 $(E^\beta,n^\beta,V^\beta)\in L^\infty(\mathbb{R}^+;H^1(\mathbb{R}^d))\times L^\infty(\mathbb{R}^+;L^2(\mathbb{R}^d))\times L^\infty(\mathbb{R}^+;L^2(\mathbb{R}^d))$ 是问题 (2.6.64) 的解. 则当 $\beta\to-\infty$ 时, 存在 $(E^\beta,n^\beta,V^\beta)$ 的子列 $(E^{\beta_k},n^{\beta_k},V^{\beta_k})$, 使得

$$\begin{aligned}&E^{\beta_k}\to E \text{ 在 } L^\infty(\mathbb{R}^+;H^1(\mathbb{R}^d)) \text{ 中弱 } * \text{ 收敛},\\&n^{\beta_k}\to n \text{ 在 } L^\infty(\mathbb{R}^+;L^2(\mathbb{R}^d)) \text{ 中弱 } * \text{ 收敛},\\&V^{\beta_k}\to V \text{ 在 } L^\infty(\mathbb{R}^+;L^2(\mathbb{R}^d)) \text{ 中弱 } * \text{ 收敛},\end{aligned}\tag{2.6.65}$$

其中 (E,n,V) 是如下方程的解:

$$\begin{cases}\mathrm{i}E_t=\alpha\nabla\times(\nabla\times E)-\nabla(\nabla\cdot E)+nE,\\n_t+\nabla\cdot V=0,\\V_t+\nabla(n+|E|^2)=0,\\E(0,x)=E_0(x),\ n(0,x)=n_0(x),\ V(0,x)=V_0(x).\end{cases}\tag{2.6.66}$$

证明 根据定理所给的条件, 仿照引理 2.6.3 的证明, 可得估计

$$\|E^\beta(t)\|_{H^1}+\|n^\beta(t)\|_{L^2}+\|V^\beta(t)\|_{L^2}\leqslant C,$$

其中常数 C 与 β 无关, 而且还可推出下面这些序列在各自的函数空间里关于 β 也是一致有界的:

$$\begin{aligned}&n^\beta E^\beta\in L^\infty(\mathbb{R}^+;H^{-1}(\mathbb{R}^d)),\quad B^\beta(E^\beta)\in L^\infty(\mathbb{R}^+;L^2(\mathbb{R}^d)),\\&E^\beta\times B^\beta(E^\beta)\in L^\infty(\mathbb{R}^+;H^{-1}(\mathbb{R}^d)),\quad |E^\beta|^2\in L^\infty(\mathbb{R}^+;L^2(\mathbb{R}^d)).\end{aligned}$$

因此我们选取子列 (为方便起见, 子列的记号仍沿用原来的记号, 下同)$(E^\beta,n^\beta,V^\beta)$ 满足 (2.6.65) 式. 除此之外, 还有

$$\begin{aligned}&E^\beta\to E \text{ 在 } L^2(0,T;L^4_{\mathrm{loc}}(\mathbb{R}^d)) \text{ 中强收敛和在 } [0,T]\times\mathbb{R}^d \text{ 中几乎处处收敛},\\&n^\beta E^\beta\to\chi_1 \text{ 在 } L^\infty(\mathbb{R}^+;H^{-1}(\mathbb{R}^d)) \text{ 中弱 } * \text{ 收敛},\\&E^\beta\times B^\beta(E^\beta)\to\chi_2 \text{ 在 } L^\infty(\mathbb{R}^+;H^{-1}(\mathbb{R}^d)) \text{ 中弱 } * \text{ 收敛},\\&|E^\beta|^2\to\chi_3 \text{ 在 } L^\infty(\mathbb{R}^+;L^2(\mathbb{R}^d)) \text{ 中弱 } * \text{ 收敛},\\&B^\beta(E^\beta)\to\chi_4 \text{ 在 } L^\infty(\mathbb{R}^+;H^{-1}(\mathbb{R}^d)) \text{ 中弱 } * \text{ 收敛}.\end{aligned}$$

考虑非线性项的极限 (即要证明非线性项的极限仍保持其原来的形式). 先看第一个非线性项 $n^\beta E^\beta$ 的极限, 即要证明 $\chi_1=nE$. 为此目的, 只需对任意的 $T>0$, 证明存在 $n^\beta E^\beta$ 的子列在 $L^2(0,T;H^{-1}(\mathbb{R}^d))$ 中弱收敛于 nE. 设 $\phi\in L^2(0,T;H^1(\mathbb{R}^d))$ 是一个检验函数, 其中 $\phi(t,\cdot)$ 的空间支集在一个有界集 Ω 中, 于是有

$$
\begin{aligned}
&\left|\langle n^\beta E^\beta - nE, \phi\rangle\right|_{L^2(0,T;H^{-1}(\mathbb{R}^d)),L^2(0,T;H^1(\mathbb{R}^d))} \\
&\quad \leqslant \|n^\beta\|_{L^\infty(\mathbb{R}^+;L^2(\mathbb{R}^d))}\|E^\beta - E\|_{L^2(0,T;L^4(\Omega))}\|\phi\|_{L^2(0,T;L^4(\Omega))} \\
&\qquad + \left|\langle n^\beta - n, E\phi\rangle\right|_{L^\infty(0,T;L^2(\mathbb{R}^d)),L^1(0,T;L^2(\mathbb{R}^d))}\Big| \\
&\quad \to 0,
\end{aligned}
$$

其中最后一步用了 E^β 在 $L^2(0,T;L^4_{\rm loc}(\mathbb{R}^d))$ 中的强收敛性和 n^β 在 $L^\infty(\mathbb{R}^+;L^2(\mathbb{R}^d))$ 中的弱 * 收敛性. 这样就证明了 $\chi_1 = nE$.

接着来考虑第二个非线性项 $|E^\beta|^2$ 的极限, 即要证明 $\chi_2 = |E|^2$. 为此目的, 只需对任意的 $T>0$, 证明存在 $|E^\beta|^2$ 的子列在 $L^2(0,T;L^2(\mathbb{R}^d))$ 中弱收敛于 $|E|^2$. 设 $\phi \in L^2(0,T;L^2(\mathbb{R}^d))$ 是一个检验函数, 其中 $\phi(t,\cdot)$ 的空间支集在一个有界集 Ω 中, 且有

$$
\begin{aligned}
&\left|\int_0^T\int_{\mathbb{R}^d}(|E^\beta|^2 - |E|^2)\phi \mathrm{d}x\mathrm{d}t\right| \\
&\quad \leqslant \|E^\beta - E\|_{L^2(0,T;L^4(\Omega))}\|\phi\|_{L^2(0,T;L^2(\Omega))}(\|E^\beta\|_{L^\infty(0,T;L^4(\Omega))} + \|E\|_{L^\infty(0,T;L^4(\Omega))}) \\
&\quad \to 0,
\end{aligned}
$$

因此就可得 $\chi_2 = |E|^2$. 同理可证 $\chi_3 = E\times\overline{E}$. 最后考虑第四个非线性项 $B^\beta(E^\beta)$. 由于当 $\beta \to -\infty$ 时有

$$
\frac{1}{|\xi|^2-\beta}(\xi\times(\xi\times\mathcal{F}(E^\beta\times\overline{E^\beta}))) \to 0 \text{ 在} L^2(0,T;L^2_{\rm loc}(\mathbb{R}^d))\text{中强收敛.}
$$

由此可得若设 $\phi \in L^2(0,T;L^2(\mathbb{R}^d))$ 且关于空间具有紧支集, 则

$$
\begin{aligned}
&\int_0^T\int_{\mathbb{R}^d} B^\beta(|E^\beta|)\phi \mathrm{d}x\mathrm{d}t \\
&\quad = \int_0^T\int_{\mathbb{R}^d}\frac{\mathrm{i}\eta}{|\xi|^2-\beta}(\xi\times(\xi\times\mathcal{F}(E^\beta\times\overline{E^\beta})))\overline{\mathcal{F}(\phi)}\mathrm{d}x\mathrm{d}t \\
&\quad \to 0,
\end{aligned}
$$

从而推出 $\chi_4 = 0$.

最后在问题 (2.6.64) 中令 $\beta \to -\infty$, 根据线性和非线性项的上述收敛性质, 我们即可完成定理的证明.

用类似的证明方法可得到问题 (2.6.64) 的光滑解的收敛性质, 这里仅给出光滑解的收敛结果, 具体细节留作读者完成.

定理 2.6.6 设 $E_0 \in H^3(\mathbb{R}^d)$, $n_0 \in H^2(\mathbb{R}^d)$, $V_0 \in H^2(\mathbb{R}^d)$, 设 $(E^\beta, n^\beta, V^\beta) \in L^\infty(0,T_\beta;H^3(\mathbb{R}^d))\times L^\infty(0,T_\beta;H^2(\mathbb{R}^d))\times L^\infty(0,T_\beta;H^2(\mathbb{R}^d))$ 是问题 (2.6.64) 的光滑解. 则存在 $T>0$(T 仅依赖于 $\|E_0\|_{H^3}$, $\|n_0\|_{H^2}$, $\|V_0\|_{H^2}$), 使得当 $\beta \to -\infty$ 时, 存在 $(E^\beta, n^\beta, V^\beta)$ 的子列 $(E^{\beta_k}, n^{\beta_k}, V^{\beta_k})$, 满足

$$E^{\beta_k} \to E \text{ 在 } L^\infty(0,T;H^3(\mathbb{R}^d)) \text{ 中弱 } * \text{ 收敛},$$
$$n^{\beta_k} \to n \text{ 在 } L^\infty(0,T;H^2(\mathbb{R}^d)) \text{ 中弱 } * \text{ 收敛},$$
$$V^{\beta_k} \to V \text{ 在 } L^\infty(0,T;H^2(\mathbb{R}^d)) \text{ 中弱 } * \text{ 收敛},$$

其中 $(E,n,V) \in L^\infty(0,T;H^3(\mathbb{R}^d) \times H^2(\mathbb{R}^d) \times H^2(\mathbb{R}^d))$ 是问题 (2.6.66) 的解.

2.7 耗散 Zakharov 方程的整体吸引子

发展方程的解的长时间行为是众多研究者们非常感兴趣的问题之一, 这其中就包含了整体吸引子的存在性问题. 关于吸引子 (在实际应用中, 主要关注整体吸引子) 方面的专题研究, 现已有很好的专著, 见文献 [78] 或 [79]. 为方便起见, 这里略微介绍一些常用的基本概念. 设 H 是一个距离空间, $x \in H$, $\mathcal{A}, \mathcal{A}_1, \mathcal{A}_2 \subset H$, 定义 $d(x,\mathcal{A}) := \inf_{y\in\mathcal{A}} d(x,y)$, 又定义两个集合 $\mathcal{A}_1$ 和 $\mathcal{A}_2$ 的半距离为

$$d(\mathcal{A}_1,\mathcal{A}_2) := \sup_{x\in\mathcal{A}_1} \inf_{y\in\mathcal{A}_2} d(x,y).$$

根据上述定义, 由 $d(\mathcal{A}_1,\mathcal{A}_2) = 0$ 仅能推出 $\mathcal{A}_1 \subset \mathcal{A}_2$. 下面再给出 ω- 极限集、吸收集以及整体吸引子的概念.

定义 2.7.1 设 H 是一个距离空间, $\{S(t)\}_{t\geqslant 0}$ 是 H 上的半群, $\mathcal{A} \subset H$, 则定义 $\mathcal{A}$ 的 ω- 极限集 $\omega(\mathcal{A})$ 如下:

$$\omega(\mathcal{A}) := \bigcap_{s\geqslant 0} \overline{\bigcup_{t\geqslant s} S(t)\mathcal{A}},$$

这里的闭包是在 H 中的距离意义下取的.

从上述定义可以看出, $x \in \omega(\mathcal{A})$ 当且仅当存在点列 $x_n \in \mathcal{A}$ 和 $t_n \to \infty$, 使得

$$S(t_n)x_n \to x,\ n \to \infty.$$

因此, 从 $\mathcal{A}$ 中的元素出发, 经半群 $S(t)$ 作用后所有可能的子列极限之全体即为 ω-极限集 $\omega(\mathcal{A})$.

定义 2.7.2 设 H 是一个距离空间, $\{S(t)\}_{t\geqslant 0}$ 是 H 上的半群, $\mathcal{A} \subset H$. 如果对于 H 的任意一个有界集 $\mathcal{B}$, 都存在 $t_0 = t_0(\mathcal{B}) > 0$, 使得当 $t \geqslant t_0$ 时, 有 $S(t)\mathcal{B} \subset \mathcal{A}$, 则称 $\mathcal{A}$ 是 H 中的吸收集, 有时也称 $\mathcal{A}$ 吸收 H 中的任意有界集.

定义 2.7.3 设 H 是一个距离空间, $\{S(t)\}_{t\geqslant 0}$ 是 H 上的半群, $\mathcal{A} \subset H$. 称 $\mathcal{A}$ 是 H 中 (关于半群 $\{S(t)\}_{t\geqslant 0}$) 的整体或全局吸引子, 如果它满足如下两条性质:

(i) $\mathcal{A}$ 是 H 中的紧集, 且关于 $S(t)$ 是不变的, 即 $S(t)\mathcal{A} = \mathcal{A}, \forall\, t \geqslant 0$;

(ii) $\mathcal{A}$ 是 H 中的吸收集.

有关吸引子的其他概念 (如吸引子的稳定性, 上半连续性和 Hausdorff 维数或分形维数等), 由于本节不涉及这些概念, 这里不再一一给出它们的定义, 读者可去翻阅已有的专著, 如文献 [79].

在微分方程的应用中, H 通常为 Banach 空间或 Hilbert 空间, 而半群 $\{S(t)\}_{t\geqslant 0}$ 即为由该发展方程所确定的半群, 因此这时定义 2.7.3 中的 $\mathcal{A}$ 就称为该发展方程的整体吸引子. 当然对于给定的动力系统, 我们最关心的问题就是如何确定该系统存在整体吸引子. 这个问题的答案会在下面的定理 2.7.1 中给出, 不过需要对半群 $\{S(t)\}_{t\geqslant 0}$ 作如下假设 (称为假设条件 A): H 是一个 Banach 空间, 且 $S(t)$ 可以分解为 $S(t)=S_1(t)+S_2(t)$, 其中算子族 $\{S_1(t)\}_{t\geqslant 0}$ 在 t 充分大时是一致紧的 (即对 H 中的任意有界集 $\mathcal{B}$, 存在 $t_0=t_0(\mathcal{B})>0$, 使得集合 $\bigcup_{t\geqslant t_0} S_1(t)\mathcal{B}$ 是 H 中的列紧集), 而算子 $S_2(t):\ H\to H$ 是连续的, 且对任意的有界集 $\mathcal{B}$ 满足

$$r_{\mathcal{B}}(t):=\sup_{x\in\mathcal{B}}\|S_2(t)x\|_H\to 0,\ t\to\infty.$$

定理 2.7.1 设 H 是一个 Banach 空间, $\{S(t)\}_{t\geqslant 0}$ 是 H 上的半群且满足刚才的假设条件 A. 又设 $\mathcal{B}$ 是 H 中的有界吸收集. 那么由定义 2.7.1 中定义的 ω- 极限集 $\omega(\mathcal{B})$ 就是 H 的整体吸引子.

上述定理的证明可参见文献 [79] 第 1 章的定理 1.1. 值得一提的是, 由定理 2.7.1 中确定的整体吸引子 $\mathcal{A}:=\omega(\mathcal{B})$ 既是最大的紧的不变集, 同时又是最小的吸收集. 事实上, 如果 $\mathcal{A}_1$ 是不同于 $\mathcal{A}$ 的另外一个紧的不变集, 那么利用 $\mathcal{B}$ 的吸收性, 得到当 t 充分大时 $\mathcal{A}_1=S(t)\mathcal{A}_1\subset\mathcal{B}$, 从而有

$$\mathcal{A}_1=\omega(\mathcal{A}_1)\subset\omega(\mathcal{B})=\mathcal{A},$$

故在紧的不变集中 $\mathcal{A}$ 是最大的; 另一方面, 对于任意的 H 中的吸收集 $\mathcal{A}_2$, 当 t 很大时有

$$d(\mathcal{A},\mathcal{A}_2)=d(S(t)\mathcal{A},\mathcal{A}_2)=0,$$

因此 $\mathcal{A}\subset\mathcal{A}_2$, 于是 $\mathcal{A}$ 是吸收集中最小的. 利用这两个事实, 不难看出在 H 的所有整体吸引子当中 (假设整体吸引子存在), 定理 2.7.1 中给出的整体吸引子 $\mathcal{A}$ 是最大的紧的不变集. 在实际应用中, 如果要利用定理 2.7.1 来得到整体吸引子的存在性, 只需说明两点, 第一是要证明有界吸收集的存在性, 第二就是要验证假设条件 A. 一般来讲, 证明有界吸收集的存在性要比验证假设条件 A 来得容易一些.

这节研究一维耗散 Zakharov 方程

$$\begin{cases}\lambda^{-2}n_{tt}+\alpha n_t-\Delta n-\Delta|E|^2=f,\\ \mathrm{i}E_t+\Delta E-nE+\mathrm{i}\gamma E=g,\\ E:\ \mathbb{R}\times\mathbb{R}^+\to\mathbb{C},\ n:\ \mathbb{R}\times\mathbb{R}^+\to\mathbb{R}\end{cases}\tag{2.7.1}$$

的整体吸引子的存在性, 其中阻尼系数 $\alpha, \gamma > 0$, f 和 g 表示外力项. 为便于读者掌握主要思想, 本节重点介绍有界区域上方程 (2.7.1) 的整体弱吸引子的存在性 (见后面的定理 2.7.5). 为此, 需考虑方程 (2.7.1) 并带有如下的初边值问题:

$$\begin{cases} E(x,0) = E_0(x), \ x \in \Omega := [0, L], \\ n(x,0) = n_0(x), \ n_t(x,0) = n_1(x), \ x \in \Omega, \\ E(x,t) = 0, \ n(x,t) = 0, \ x = 0 \text{ 或 } L. \end{cases} \tag{2.7.2}$$

由于是齐次边界条件, 故有 $\|E\|_{H^1(\Omega)} \sim \|\nabla E\|_{L^2(\Omega)}$ 和 $\|n\|_{H^1(\Omega)} \sim \|\nabla n\|_{L^2(\Omega)}$. 与处理波方程的吸引子问题类似, 引入函数 $m = n_t + \varepsilon n$, 其中 ε 是一个待定的充分小的正数. 于是方程 (2.7.1) 就分解为

$$\begin{cases} m = n_t + \varepsilon n, \\ m_t + (\alpha\lambda^2 - \varepsilon)m - \varepsilon(\alpha\lambda^2 - \varepsilon)n - \lambda^2\Delta(n + |E|^2) = \lambda^2 f, \\ \mathrm{i}E_t + \Delta E - nE + \mathrm{i}\gamma E = g. \end{cases} \tag{2.7.3}$$

我们引进 3 个工作空间 $\mathcal{E}_0$, $\mathcal{E}_1$ 和 $\mathcal{E}_2$, 分别定义如下:

$$\begin{aligned} &\mathcal{E}_0 := H^{-1}(\Omega) \times L^2(\Omega) \times H_0^1(\Omega), \\ &\mathcal{E}_1 := L^2(\Omega) \times H_0^1(\Omega) \times (H^2 \cap H_0^1)(\Omega), \\ &\mathcal{E}_2 := H_0^1(\Omega) \times (H^2 \cap H_0^1)(\Omega) \times (H^3 \cap H_0^1)(\Omega). \end{aligned}$$

由于区域 $\Omega = [0, L]$ 是紧集, 故嵌入关系 $\mathcal{E}_0 \hookrightarrow \mathcal{E}_1 \hookrightarrow \mathcal{E}_2$ 都是紧的. 为得到整体吸引子的存在性, 我们首先需要对方程 (2.7.3) 的解在上述 3 个空间中作出与时间无关的一致先验估计.

2.7.1 一致先验估计

本小节是对方程 (2.7.3) 的解作先验估计, 所以不妨假设方程 (2.7.3) 的解是充分光滑的. 先给出在 $\mathcal{E}_0$ 空间中的一致估计.

命题 2.7.1 设 $E_0 \in L^2(\Omega)$, $g \in L^\infty(\mathbb{R}^+; L^2(\Omega))$, 则 $E \in L^\infty(\mathbb{R}^+; L^2(\Omega))$ 且满足

$$\limsup_{t\to\infty} \|E(t)\|_{L^2}^2 \leqslant \frac{\|g\|_{L^2}^2}{\gamma^2}.$$

证明 对 (2.7.3) 的第三个方程两边同时与 E 作内积

$$\mathrm{i}\int_\Omega E_t\overline{E}\mathrm{d}x + \int_\Omega \Delta E\overline{E}\mathrm{d}x - \int_\Omega nE\overline{E}\mathrm{d}x + \mathrm{i}\gamma\int_\Omega E\overline{E}\mathrm{d}x = \int_\Omega g\overline{E}\mathrm{d}x. \tag{2.7.4}$$

取出上式的虚部部分, 并对右端项利用 Cauchy-Schwarz 不等式得

$$\frac{1}{2}\frac{\mathrm{d}}{\mathrm{d}t}\|E\|_{L^2}^2 + \gamma\|E\|_{L^2}^2 \leqslant \|g\|_{L^2}\|E\|_{L^2} \leqslant \frac{\gamma}{2}\|E\|_{L^2}^2 + \frac{\|g\|_{L^2}^2}{2\gamma}.$$

于是我们有如下能量不等式:

$$\frac{\mathrm{d}}{\mathrm{d}t}\|E\|_{L^2}^2+\gamma\|E\|_{L^2}^2\leqslant\frac{\|g\|_{L^2}^2}{\gamma},\tag{2.7.5}$$

解此不等式可推出

$$\|E(t)\|_{L^2}^2\leqslant\|E_0\|_{L^2}^2\mathrm{e}^{-\gamma t}+\frac{\|g\|_{L^2}^2}{\gamma^2}(1-\mathrm{e}^{-\gamma t}).\tag{2.7.6}$$

因此命题 2.7.1 的结论即可从不等式 (2.7.6) 推出.

命题 2.7.2　设 $n_0\in L^2(\Omega)$, $n_1\in H^{-1}(\Omega)$, $E_0\in H_0^1(\Omega)$, $f\in L^\infty(\mathbb{R}^+;H^{-1}(\Omega))$, $g\in L^\infty(\mathbb{R}^+;H_0^1(\Omega))$, 则 $(m,n,E)\in L^\infty(\mathbb{R}^+;\mathcal{E}_0)$.

证明　对方程组 (2.7.3) 的第二个方程两边与 $(-\Delta)^{-1}m$ 作内积

$$\begin{aligned}&\int_\Omega(-\Delta)^{-1}m\cdot m_t\mathrm{d}x+(\alpha\lambda^2-\varepsilon)\int_\Omega(-\Delta)^{-1}m\cdot m\mathrm{d}x\\&\quad-\varepsilon(\alpha\lambda^2-\varepsilon)\int_\Omega(-\Delta)^{-1}m\cdot n\mathrm{d}x\\&\quad-\lambda^2\int_\Omega(-\Delta)^{-1}m\cdot\Delta(n+|E|^2)\mathrm{d}x\\&=\lambda^2\int_\Omega(-\Delta)^{-1}m\cdot f\mathrm{d}x.\end{aligned}$$

记 $\|m\|_{H^{-1}}:=\left(\int_\Omega(-\Delta)^{-1}m\cdot m\mathrm{d}x\right)^{\frac12}=\left(\int_\Omega(-\Delta)^{-\frac12}m\cdot(-\Delta)^{-\frac12}m\mathrm{d}x\right)^{\frac12}$, 故上式又可表示为

$$\begin{aligned}&\frac12\frac{\mathrm{d}}{\mathrm{d}t}\|m\|_{H^{-1}}^2+(\alpha\lambda^2-\varepsilon)\|m\|_{H^{-1}}^2-\varepsilon(\alpha\lambda^2-\varepsilon)\int_\Omega(-\Delta)^{-\frac12}m\cdot(-\Delta)^{-\frac12}n\mathrm{d}x\\&\quad+\lambda^2\int_\Omega m\cdot(n+|E|^2)\mathrm{d}x=\lambda^2\int_\Omega(-\Delta)^{-1}m\cdot f\mathrm{d}x.\end{aligned}\tag{2.7.7}$$

由于 $m=n_t+\varepsilon n$, 因此

$$\int_\Omega m\cdot n\mathrm{d}x=\frac12\frac{\mathrm{d}}{\mathrm{d}t}\|n\|_{L^2}^2+\varepsilon\|n\|_{L^2}^2,$$

把上式代入 (2.7.7) 式中

$$\begin{aligned}&\frac12\frac{\mathrm{d}}{\mathrm{d}t}(\|m\|_{H^{-1}}^2+\lambda^2\|n\|_{L^2}^2)+(\alpha\lambda^2-\varepsilon)\|m\|_{H^{-1}}^2+\varepsilon\lambda^2\|n\|_{L^2}^2+\lambda^2\int_\Omega m\cdot|E|^2\mathrm{d}x\\&\quad-\varepsilon(\alpha\lambda^2-\varepsilon)\int_\Omega(-\Delta)^{-\frac12}m\cdot(-\Delta)^{-\frac12}n\mathrm{d}x=\lambda^2\int_\Omega(-\Delta)^{-1}m\cdot f\mathrm{d}x.\end{aligned}\tag{2.7.8}$$

令 λ_1 是 Laplace 算子 $(-\Delta)$ 的第一特征值, 则有

$$\left|\int_\Omega(-\Delta)^{-\frac12}m\cdot(-\Delta)^{-\frac12}n\mathrm{d}x\right|\leqslant\|m\|_{H^{-1}}\|n\|_{H^{-1}}\leqslant\|m\|_{H^{-1}}\frac{\|n\|_{L^2}}{\sqrt{\lambda_1}}.$$

于是可推出

$$\begin{aligned}&(\alpha\lambda^2-\varepsilon)\|m\|_{H^{-1}}^2+\varepsilon\lambda^2\|n\|_{L^2}^2-\varepsilon(\alpha\lambda^2-\varepsilon)\int_\Omega(-\Delta)^{-\frac{1}{2}}m\cdot(-\Delta)^{-\frac{1}{2}}n\mathrm{d}x\\&\geqslant(\alpha\lambda^2-\varepsilon)\|m\|_{H^{-1}}^2+\varepsilon\lambda^2\|n\|_{L^2}^2-\frac{\varepsilon(\alpha\lambda^2-\varepsilon)}{\sqrt{\lambda_1}}\|m\|_{H^{-1}}\|n\|_{L^2}\\&\geqslant\frac{\varepsilon}{2}(\lambda^2\|n\|_{L^2}^2+\|m\|_{H^{-1}}^2)+\frac{\alpha\lambda^2}{2}\|m\|_{H^{-1}}^2,\end{aligned}$$

其中最后一个不等式需要取 $\varepsilon>0$ 足够小. 对不等式 (2.7.8) 的右端那项作如下处理

$$\lambda^2\int_\Omega(-\Delta)^{-1}m\cdot f\mathrm{d}x\leqslant\frac{\alpha\lambda^2}{2}\|m\|_{H^{-1}}^2+\frac{\lambda^2}{2\alpha}\|f\|_{H^{-1}}^2.$$

现把上述两个估计式代入 (2.7.8) 式中得到

$$\begin{aligned}&\frac{\mathrm{d}}{\mathrm{d}t}(\|m\|_{H^{-1}}^2+\lambda^2\|n\|_{L^2}^2)+\varepsilon(\|m\|_{H^{-1}}^2+\lambda^2\|n\|_{L^2}^2)+2\lambda^2\int_\Omega(n_t+\varepsilon n)\cdot|E|^2\mathrm{d}x\\&\quad\leqslant\frac{\lambda^2}{\alpha}\|f\|_{H^{-1}}^2.\end{aligned}\tag{2.7.9}$$

接着估计 E 的 H^1 模. 对方程组 (2.7.3) 的第三个方程两边同时乘以 $(-\overline{E}_t)$ 并在 Ω 上积分, 而后取出实部部分得

$$\frac{1}{2}\frac{\mathrm{d}}{\mathrm{d}t}\|\nabla E\|_{L^2}^2+\frac{1}{2}\int_\Omega n|E|_t^2\mathrm{d}x+\gamma\mathrm{Im}\int_\Omega E\overline{E}_t\mathrm{d}x=-\mathrm{Re}\int_\Omega g\overline{E}_t\mathrm{d}x.\tag{2.7.10}$$

若对 (2.7.4) 式两边同取实部有

$$\mathrm{Im}\int_\Omega E\overline{E}_t\mathrm{d}x=\|\nabla E\|_{L^2}^2+\int_\Omega n|E|^2\mathrm{d}x+\mathrm{Re}\int_\Omega g\overline{E}\mathrm{d}x.$$

将 $E_t=-\mathrm{i}g+\mathrm{i}\Delta E-\mathrm{i}nE-\gamma E$ 代入 (2.7.10) 式的右端项中

$$\mathrm{Re}\int_\Omega g\overline{E}_t\mathrm{d}x=\mathrm{Im}\int_\Omega\nabla E\nabla\overline{g}\mathrm{d}x+\mathrm{Im}\int_\Omega nE\overline{g}\mathrm{d}x-\gamma\mathrm{Re}\int_\Omega E\overline{g}\mathrm{d}x.$$

根据上述两式, (2.7.10) 式可改写为

$$\begin{aligned}&\frac{\mathrm{d}}{\mathrm{d}t}\|\nabla E\|_{L^2}^2+\int_\Omega n|E|_t^2\mathrm{d}x+2\gamma\|\nabla E\|_{L^2}^2+2\gamma\int_\Omega n|E|^2\mathrm{d}x\\&\quad=-2\mathrm{Im}\int_\Omega\nabla E\nabla\overline{g}\mathrm{d}x-2\mathrm{Im}\int_\Omega nE\overline{g}\mathrm{d}x.\end{aligned}\tag{2.7.11}$$

令 $H_0(t)=\|m\|_{H^{-1}}^2+\lambda^2\|n\|_{L^2}^2+2\lambda^2\|\nabla E\|_{L^2}^2+2\lambda^2\int_\Omega n|E|^2\mathrm{d}x$, (2.7.11) 式乘以

$2\lambda^2$ 再与 (2.7.9) 式相加得

$$\begin{aligned}
&\frac{\mathrm{d}}{\mathrm{d}t}H_0(t)+\varepsilon(\|m\|_{H^{-1}}^2+\lambda^2\|n\|_{L^2}^2)+2\lambda^2(\varepsilon+2\gamma)\int_\Omega n|E|^2\mathrm{d}x+4\gamma\lambda^2\|\nabla E\|_{L^2}^2\\
&\quad\leqslant\frac{\lambda^2}{\alpha}\|f\|_{H^{-1}}^2-4\lambda^2\mathrm{Im}\int_\Omega\nabla E\nabla\overline{g}\mathrm{d}x-4\lambda^2\mathrm{Im}\int_\Omega nE\overline{g}\mathrm{d}x\\
&\quad\leqslant\frac{\lambda^2}{\alpha}\|f\|_{H^{-1}}^2+4\lambda^2\left(\frac{\gamma\|\nabla E\|_{L^2}^2}{2}+\frac{\|\nabla g\|_{L^2}^2}{2\gamma}\right)\\
&\qquad+4\lambda^2\left(\frac{\varepsilon\|n\|_{L^2}^2}{8}+\frac{2c_0^2\|\nabla g\|_{L^2}^2\|E\|_{L^2}^2}{\varepsilon}\right),
\end{aligned}$$

其中 c_0 是嵌入关系 $H_0^1(\Omega)\hookrightarrow L^\infty(\Omega)$ 中出现的常数, 即 $\|u\|_{L^\infty}\leqslant c_0\|\nabla u\|_{L^2}$. 简化上式得

$$\begin{aligned}
&\frac{\mathrm{d}}{\mathrm{d}t}H_0(t)+\varepsilon\|m\|_{H^{-1}}^2+\frac{\varepsilon\lambda^2}{2}\|n\|_{L^2}^2+2\lambda^2(\varepsilon+2\gamma)\int_\Omega n|E|^2\mathrm{d}x+2\gamma\lambda^2\|\nabla E\|_{L^2}^2\\
&\quad\leqslant\frac{\lambda^2}{\alpha}\|f\|_{H^{-1}}^2+\frac{2\lambda^2\|\nabla g\|_{L^2}^2}{\gamma}+\frac{8c_0^2\lambda^2\|\nabla g\|_{L^2}^2\|E\|_{L^2}^2}{\varepsilon}.
\end{aligned}\tag{2.7.12}$$

事实上 (利用 Gagliardo-Nirenberg 不等式 $\|E\|_{L^4(\Omega)}\leqslant C\|E\|_{L^2(\Omega)}^{\frac{3}{4}}\|\nabla E\|_{L^2(\Omega)}^{\frac{1}{4}}$):

$$\int_\Omega n|E|^2\mathrm{d}x\leqslant\|n\|_{L^2}\|E\|_{L^4}^2\leqslant\delta_1\|n\|_{L^2}^2+\delta_2\|\nabla E\|_{L^2}^2+C\|E\|_{L^2}^6,\tag{2.7.13}$$

其中 δ_1, $\delta_2>0$. 利用 (2.7.12) 式、命题 2.7.2 的假设条件和命题 2.7.1, 可知存在常数 β_0, $\kappa_0>0$, 满足

$$\frac{\mathrm{d}}{\mathrm{d}t}H_0(t)+\beta_0H_0(t)\leqslant\kappa_0,$$

于是利用 Gronwall 不等式知

$$H_0(t)\leqslant\frac{\kappa_0}{\beta_0}(1-\mathrm{e}^{-\beta_0t})+H_0(0)\mathrm{e}^{-\beta_0t}\leqslant\frac{\kappa_0}{\beta_0}+H_0(0)\mathrm{e}^{-\beta_0t}.\tag{2.7.14}$$

在 (2.7.13) 式中取适当的 δ_1, $\delta_2>0$, 可得到

$$H_0(t)\geqslant\|m\|_{H^{-1}}^2+\frac{\lambda^2}{2}\|n\|_{L^2}^2+\lambda^2\|\nabla E\|_{L^2}^2-C\|E\|_{L^2}^6,$$

将该式代入 (2.7.14) 式中有

$$\|m\|_{H^{-1}}^2+\frac{\lambda^2}{2}\|n\|_{L^2}^2+\lambda^2\|\nabla E\|_{L^2}^2\leqslant C.\tag{2.7.15}$$

至此, 命题证毕.

下面给出 (m,n,E) 的 $\mathcal{E}_1$ 模估计, 主要结果如下.

命题 2.7.3 设 $n_0\in H_0^1(\Omega), n_1\in L^2(\Omega), E_0\in H^2\cap H_0^1(\Omega), f\in L^\infty(\mathbb{R}^+;L^2(\Omega))$, $g\in L^\infty(\mathbb{R}^+;H_0^1(\Omega))$ 以及 $g_t\in L^\infty(\mathbb{R}^+;L^2(\Omega))$, 则 $(m,n,E)\in L^\infty(\mathbb{R}^+;\mathcal{E}_1)$.

证明 方程 (2.7.3) 的第三个方程两边与 $\Delta E_t+\gamma\Delta E$ 作内积, 而后取其实部部分

$$\begin{aligned}&\frac{1}{2}\frac{\mathrm{d}}{\mathrm{d}t}\|\Delta E\|_{L^2}^2+\gamma\|\Delta E\|_{L^2}^2-\mathrm{Re}\int_\Omega nE(\Delta\overline{E}_t+\gamma\Delta\overline{E})\mathrm{d}x\\&\quad=\mathrm{Re}\int_\Omega g(\Delta\overline{E}_t+\gamma\Delta\overline{E})\mathrm{d}x.\end{aligned}\tag{2.7.16}$$

方程 (2.7.3) 的第二个方程两边与 m 作内积, 得

$$\begin{aligned}&\frac{1}{2}\frac{\mathrm{d}}{\mathrm{d}t}\|m\|_{L^2}^2+(\alpha\lambda^2-\varepsilon)\|m\|_{L^2}^2-\varepsilon(\alpha\lambda^2-\varepsilon)\int_\Omega m\cdot n\mathrm{d}x\\&\quad-\lambda^2\int_\Omega m\cdot\Delta(n+|E|^2)\mathrm{d}x=\lambda^2\int_\Omega m\cdot f\mathrm{d}x.\end{aligned}$$

与 (2.7.8) 式的处理方式类似, 当 ε 充分小时, 有

$$\begin{aligned}&\frac{\mathrm{d}}{\mathrm{d}t}(\|m\|_{L^2}^2+\lambda^2\|\nabla n\|_{L^2}^2)+\varepsilon(\|m\|_{L^2}^2+\lambda^2\|\nabla n\|_{L^2}^2)\\&\quad-2\lambda^2\int_\Omega(n_t+\varepsilon n)\cdot\Delta|E|^2\mathrm{d}x\leqslant\frac{\lambda^2}{\alpha}\|f\|_{L^2}^2.\end{aligned}\tag{2.7.17}$$

注意到

$$\frac{1}{2}\int_\Omega n\Delta|E|_t^2\mathrm{d}x=\mathrm{Re}\int_\Omega nE\Delta\overline{E}_t\mathrm{d}x+\mathrm{Re}\int_\Omega n\Delta E\overline{E}_t\mathrm{d}x+2\mathrm{Re}\int_\Omega n\nabla E_t\nabla\overline{E}\mathrm{d}x,$$

其中

$$\begin{aligned}\mathrm{Re}\int_\Omega n\nabla E_t\nabla\overline{E}\mathrm{d}x&=\frac{1}{2}\frac{\mathrm{d}}{\mathrm{d}t}\int_\Omega n|\nabla E|^2\mathrm{d}x-\frac{1}{2}\int_\Omega n_t|\nabla E|^2\mathrm{d}x\\&=\frac{1}{2}\frac{\mathrm{d}}{\mathrm{d}t}\int_\Omega n|\nabla E|^2\mathrm{d}x-\frac{1}{2}\int_\Omega m|\nabla E|^2\mathrm{d}x+\varepsilon\frac{1}{2}\int_\Omega n|\nabla E|^2\mathrm{d}x.\end{aligned}$$

此外, 注意到以下事实:

$$\mathrm{Re}\int_\Omega g\Delta\overline{E}_t\mathrm{d}x=\frac{\mathrm{d}}{\mathrm{d}t}\mathrm{Re}\int_\Omega g\Delta\overline{E}\mathrm{d}x-\mathrm{Re}\int_\Omega g_t\Delta\overline{E}\mathrm{d}x.$$

现在令

$$\begin{aligned}H_1(t)=&\,2\lambda^2\|\Delta E\|_{L^2}^2+\|m\|_{L^2}^2+\lambda^2\|\nabla n\|_{L^2}^2\\&-2\lambda^2\int_\Omega n\Delta|E|^2\mathrm{d}x+4\lambda^2\int_\Omega n|\nabla E|^2\mathrm{d}x-4\lambda^2\mathrm{Re}\int_\Omega g\Delta\overline{E}\mathrm{d}x,\end{aligned}$$

将 (2.7.16) 式乘以 $4\lambda^2$ 再加上 (2.7.17) 式, 同时注意利用刚才的 3 个等式, 则

$$
\begin{aligned}
&\frac{\mathrm{d}}{\mathrm{d}t}H_1(t)+4\gamma\lambda^2\|\Delta E\|_{L^2}^2+\varepsilon(\|m\|_{L^2}^2+\lambda^2\|\nabla n\|_{L^2}^2)\\
&\qquad-2\varepsilon\lambda^2\int_\Omega n\Delta|E|^2\mathrm{d}x+4\varepsilon\lambda^2\int_\Omega n|\nabla E|^2\mathrm{d}x-4\gamma\lambda^2\mathrm{Re}\int_\Omega g\Delta\overline{E}\mathrm{d}x\\
&\quad\leqslant\frac{\lambda^2}{\alpha}\|f\|_{L^2}^2-4\lambda^2\mathrm{Re}\int_\Omega n\Delta E\overline{E}_t\mathrm{d}x-4\lambda^2\mathrm{Re}\int_\Omega g_t\Delta\overline{E}\mathrm{d}x+4\lambda^2\int_\Omega m|\nabla E|^2\mathrm{d}x\\
&\qquad+4\gamma\lambda^2\mathrm{Re}\int_\Omega nE\Delta\overline{E}\mathrm{d}x.
\end{aligned}\tag{2.7.18}
$$

为简便起见, 记不等式 (2.7.18) 的右边那些项为 I, 由于 $\overline{E}_t=-\mathrm{i}(\Delta\overline{E}-n\overline{E}-\mathrm{i}\gamma\overline{E}-\overline{g})$, 故

$$
\begin{aligned}
I=&\frac{\lambda^2}{\alpha}\|f\|_{L^2}^2+4\lambda^2\int_\Omega m|\nabla E|^2\mathrm{d}x+4\lambda^2\mathrm{Im}\int_\Omega n^2\Delta E\overline{E}\mathrm{d}x\\
&+8\gamma\lambda^2\mathrm{Re}\int_\Omega nE\Delta\overline{E}\mathrm{d}x+4\lambda^2\mathrm{Im}\int_\Omega n\Delta E\overline{g}\mathrm{d}x-4\lambda^2\mathrm{Re}\int_\Omega g_t\Delta\overline{E}\mathrm{d}x.
\end{aligned}\tag{2.7.19}
$$

我们需要对 (2.7.19) 式右边表达式中的每一项作出估计.

首先, 利用插值不等式, 可得

$$
\begin{aligned}
\left|\int_\Omega m|\nabla E|^2\mathrm{d}x\right|&\leqslant\|m\|_{L^2}\|\nabla E\|_{L^4}^2\leqslant C\|m\|_{L^2}\|\nabla E\|_{L^2}^{\frac{3}{2}}(\|\nabla E\|_{L^2}^{\frac{1}{2}}+\|\Delta E\|_{L^2}^{\frac{1}{2}})\\
&\leqslant C\|m\|_{L^2}\|\nabla E\|_{L^2}^2+C\|m\|_{L^2}\|\nabla E\|_{L^2}^{\frac{3}{2}}\|\Delta E\|_{L^2}^{\frac{1}{2}}\\
&\leqslant\frac{\varepsilon}{8\lambda^2}\|m\|_{L^2}^2+\frac{\gamma}{12}\|\Delta E\|_{L^2}^2+C(\|\nabla E\|_{L^2}),
\end{aligned}
$$

由此即有

$$
4\lambda^2\left|\int_\Omega m|\nabla E|^2\mathrm{d}x\right|\leqslant\frac{\varepsilon}{2}\|m\|_{L^2}^2+\frac{\gamma\lambda^2}{3}\|\Delta E\|_{L^2}^2+C(\|\nabla E\|_{L^2}).\tag{2.7.20}
$$

类似地, 可推出如下不等式:

$$
\begin{aligned}
&\left|\int_\Omega n^2\Delta E\overline{E}\mathrm{d}x\right|\leqslant\frac{\varepsilon}{8}\|n\|_{L^2}^2+\frac{\gamma}{12}\|\Delta E\|_{L^2}^2+C(\|\nabla E\|_{L^2},\|n\|_{L^2}),\\
&\left|\int_\Omega n\Delta E\overline{E}\mathrm{d}x\right|\leqslant\frac{\gamma}{12}\|\Delta E\|_{L^2}^2+C(\|\nabla E\|_{L^2},\|n\|_{L^2}),\\
&\left|\int_\Omega n\Delta E\overline{g}\mathrm{d}x\right|\leqslant\frac{\gamma}{12}\|\Delta E\|_{L^2}^2+C(\|\nabla g\|_{L^2},\|n\|_{L^2}),\\
&\left|\int_\Omega g_t\Delta\overline{E}\mathrm{d}x\right|\leqslant\frac{\gamma}{12}\|\Delta E\|_{L^2}^2+\frac{3}{\gamma}\|g_t\|_{L^2}^2.
\end{aligned}\tag{2.7.21}
$$

现将 (2.7.20) 和 (2.7.21) 式代入到 (2.7.18) 式中, 可得出

$$\begin{aligned}&\frac{\mathrm{d}}{\mathrm{d}t}H_1(t)+2\gamma\lambda^2\|\Delta E\|_{L^2}^2+\frac{\varepsilon}{2}(\|m\|_{L^2}^2+\lambda^2\|\nabla n\|_{L^2}^2)\\&\quad-2\varepsilon\lambda^2\int_\Omega n\Delta|E|^2\mathrm{d}x+4\varepsilon\lambda^2\int_\Omega n|\nabla E|^2\mathrm{d}x-4\gamma\lambda^2\mathrm{Re}\int_\Omega g\Delta\overline{E}\mathrm{d}x\\&\quad\leqslant C(\|\nabla E\|_{L^2},\|n\|_{L^2},\|\nabla g\|_{L^2},\|g_t\|_{L^2},\|f\|_{L^2}).\end{aligned}$$

利用命题 2.7.1 和 2.7.2 的结论以及命题 2.7.3 的假设条件, 根据上式, 我们知道必存在 β_1, $\kappa_1>0$, 使得

$$\frac{\mathrm{d}}{\mathrm{d}t}H_1(t)+\beta_1H_1(t)\leqslant\kappa_1,$$

于是就有

$$H_1(t)\leqslant\frac{\kappa_1}{\beta_1}+H_1(0)\mathrm{e}^{-\beta_1t}.\tag{2.7.22}$$

注意到 $\int_\Omega n\Delta|E|^2\mathrm{d}x=2\mathrm{Re}\int_\Omega n\Delta E\overline{E}\mathrm{d}x+2\int_\Omega n|\nabla E|^2\mathrm{d}x$, 而且还有

$$\begin{aligned}4\lambda^2\left|\int_\Omega n\Delta E\overline{E}\mathrm{d}x\right|&\leqslant\frac{\lambda^2}{4}\|\Delta E\|_{L^2}^2+C(\|\nabla E\|_{L^2},\|n\|_{L^2}),\\4\lambda^2\left|\int_\Omega n|\nabla E|^2\mathrm{d}x\right|&\leqslant\frac{\lambda^2}{4}\|\Delta E\|_{L^2}^2+C(\|\nabla E\|_{L^2},\|n\|_{L^2}),\\4\lambda^2\left|\int_\Omega g\Delta\overline{E}\mathrm{d}x\right|&\leqslant\frac{\lambda^2}{4}\|\Delta E\|_{L^2}^2+16\lambda^2\|g\|_{L^2}^2.\end{aligned}$$

利用这些事实, 不难看出

$$H_1(t)\geqslant\lambda^2\|\Delta E\|_{L^2}^2+\|m\|_{L^2}^2+\lambda^2\|\nabla n\|_{L^2}^2-C(\|\nabla E\|_{L^2},\|n\|_{L^2})-16\lambda^2\|g\|_{L^2}^2,\tag{2.7.23}$$

再联合 (2.7.22) 式得

$$\begin{aligned}&\lambda^2\|\Delta E\|_{L^2}^2+\|m\|_{L^2}^2+\lambda^2\|\nabla n\|_{L^2}^2\\&\quad\leqslant\frac{\kappa_1}{\beta_1}+H_1(0)e^{-\beta_1t}+C(\|\nabla E\|_{L^2},\|n\|_{L^2},\|g\|_{L^2}),\end{aligned}\tag{2.7.24}$$

由此即可完成命题的证明.

最后推导出 (m,n,E) 在空间 $\mathcal{E}_2$ 中的范数估计.

命题 2.7.4 设 $(n_1,n_0,E_0)\in\mathcal{E}_2$, 并且 f, g, $g_t\in L^\infty(\mathbb{R}^+;H_0^1(\Omega))$, 则 $(m,n,E)\in L^\infty(\mathbb{R}^+;\mathcal{E}_2)$.

证明　证明思想与命题 2.7.3 类似, 不过这里的计算要更为复杂一些. 方程 (2.7.3) 的第二个方程两边与 $(-\Delta m)$ 作内积得

$$\begin{aligned}&\frac{1}{2}\frac{\mathrm{d}}{\mathrm{d}t}(\|\nabla m\|_{L^2}^2+\lambda^2\|\Delta n\|_{L^2}^2)+(\alpha\lambda^2-\varepsilon)\|\nabla m\|_{L^2}^2\\&\qquad-\varepsilon(\alpha\lambda^2-\varepsilon)\int_\Omega\nabla m\cdot\nabla n\mathrm{d}x+\varepsilon\lambda^2\|\Delta n\|_{L^2}^2+\lambda^2\int_\Omega\Delta m\cdot\Delta|E|^2\mathrm{d}x\\&=-\lambda^2\int_\Omega\Delta m\cdot f\mathrm{d}x.\end{aligned}$$

取 $\varepsilon>0$ 足够小, 则可推出

$$\begin{aligned}&\frac{1}{2}\frac{\mathrm{d}}{\mathrm{d}t}(\|\nabla m\|_{L^2}^2+\lambda^2\|\Delta n\|_{L^2}^2)+\frac{\varepsilon}{2}(\|\nabla m\|_{L^2}^2+\lambda^2\|\Delta n\|_{L^2}^2)\\&\qquad+\lambda^2\int_\Omega\Delta m\cdot\Delta|E|^2\mathrm{d}x\leqslant\frac{\lambda^2\|\nabla f\|_{L^2}^2}{2\alpha}.\end{aligned}\tag{2.7.25}$$

方程 (2.7.3) 的第三个方程两边与 $-(\Delta^2E_t+\gamma\Delta^2E)$ 作内积, 并取其实部部分,

$$\begin{aligned}&\frac{1}{2}\frac{\mathrm{d}}{\mathrm{d}t}\|\nabla\Delta E\|_{L^2}^2+\gamma\|\nabla\Delta E\|_{L^2}^2+\mathrm{Re}\int_\Omega nE(\Delta^2\overline{E}_t+\gamma\Delta^2\overline{E})\mathrm{d}x\\&\qquad=-\mathrm{Re}\int_\Omega g(\Delta^2\overline{E}_t+\gamma\Delta^2\overline{E})\mathrm{d}x.\end{aligned}\tag{2.7.26}$$

利用分部积分, 将上式左边第三项改写成

$$\begin{aligned}&\mathrm{Re}\int_\Omega nE(\Delta^2\overline{E}_t+\gamma\Delta^2\overline{E})\mathrm{d}x\\&\quad=\mathrm{Re}\int_\Omega\Delta(nE)(\Delta\overline{E}_t+\gamma\Delta\overline{E})\mathrm{d}x\\&\quad=\mathrm{Re}\int_\Omega\Delta nE(\Delta\overline{E}_t+\gamma\Delta\overline{E})\mathrm{d}x+\mathrm{Re}\int_\Omega n\Delta E(\Delta\overline{E}_t+\gamma\Delta\overline{E})\mathrm{d}x\\&\qquad+2\mathrm{Re}\int_\Omega\nabla n\nabla E(\Delta\overline{E}_t+\gamma\Delta\overline{E})\mathrm{d}x.\end{aligned}$$

注意到以下事实:

$$\begin{aligned}\frac{1}{2}\int_\Omega\Delta|E|_t^2\Delta n\mathrm{d}x=&\ \mathrm{Re}\int_\Omega E\Delta\overline{E}_t\Delta n\mathrm{d}x+\mathrm{Re}\int_\Omega\overline{E}_t\Delta E\Delta n\mathrm{d}x\\&+2\mathrm{Re}\int_\Omega\nabla E_t\nabla\overline{E}\Delta n\mathrm{d}x,\end{aligned}$$

$$\mathrm{Re}\int_\Omega n\Delta E\Delta\overline{E}_t\mathrm{d}x=\frac{1}{2}\frac{\mathrm{d}}{\mathrm{d}t}\int_\Omega n|\Delta E|^2\mathrm{d}x-\frac{1}{2}\int_\Omega(m-\varepsilon n)|\Delta E|^2\mathrm{d}x,$$

$$\int_\Omega\nabla E_t\nabla\overline{E}\Delta n\mathrm{d}x=-\int_\Omega\Delta E_t\nabla\overline{E}\nabla n\mathrm{d}x-\int_\Omega\nabla E_t\Delta\overline{E}\nabla n\mathrm{d}x,$$

$$\mathrm{Re}\int_\Omega \nabla n\nabla E\Delta\overline{E}_t\mathrm{d}x=\frac{\mathrm{d}}{\mathrm{d}t}\mathrm{Re}\int_\Omega \nabla n\nabla E\Delta\overline{E}\mathrm{d}x-\mathrm{Re}\int_\Omega \nabla n\nabla E_t\Delta\overline{E}\mathrm{d}x$$
$$-\mathrm{Re}\int_\Omega(\nabla m-\varepsilon\nabla n)\nabla E\Delta\overline{E}\mathrm{d}x,$$

因此, (2.7.26) 式的左边第三项又可改写为

$$\begin{aligned}&\mathrm{Re}\int_\Omega nE(\Delta^2\overline{E}_t+\gamma\Delta^2\overline{E})\mathrm{d}x\\&=\frac{1}{2}\int_\Omega\Delta|E|_t^2\Delta n\mathrm{d}x-\mathrm{Re}\int_\Omega\overline{E}_t\Delta E\Delta n\mathrm{d}x+4\frac{\mathrm{d}}{\mathrm{d}t}\mathrm{Re}\int_\Omega\nabla n\nabla E\Delta\overline{E}\mathrm{d}x\\&\quad-4\mathrm{Re}\int_\Omega\nabla n\nabla E_t\Delta\overline{E}\mathrm{d}x-4\mathrm{Re}\int_\Omega(\nabla m-\varepsilon\nabla n)\nabla E\Delta\overline{E}\mathrm{d}x\\&\quad+2\mathrm{Re}\int_\Omega\nabla E_t\Delta\overline{E}\nabla n\mathrm{d}x+\frac{1}{2}\frac{\mathrm{d}}{\mathrm{d}t}\int_\Omega n|\Delta E|^2\mathrm{d}x-\frac{1}{2}\int_\Omega(m-\varepsilon n)|\Delta E|^2\mathrm{d}x\\&\quad+\gamma\mathrm{Re}\int_\Omega\Delta nE\Delta\overline{E}\mathrm{d}x+\gamma\int_\Omega n|\Delta E|^2\mathrm{d}x+2\gamma\mathrm{Re}\int_\Omega\nabla n\nabla E\Delta\overline{E}\mathrm{d}x.\end{aligned}$$

另外, 注意到

$$\mathrm{Re}\int_\Omega\nabla g\nabla\Delta\overline{E}_t\mathrm{d}x=\frac{\mathrm{d}}{\mathrm{d}t}\mathrm{Re}\int_\Omega\nabla g\nabla\Delta\overline{E}\mathrm{d}x-\mathrm{Re}\int_\Omega\nabla g_t\nabla\Delta\overline{E}\mathrm{d}x.$$

将以上两个式子代入到 (2.7.26) 式中可得出

$$\begin{aligned}&\frac{1}{2}\frac{\mathrm{d}}{\mathrm{d}t}\|\nabla\Delta E\|_{L^2}^2+\frac{1}{2}\frac{\mathrm{d}}{\mathrm{d}t}\int_\Omega n|\Delta E|^2\mathrm{d}x+4\frac{\mathrm{d}}{\mathrm{d}t}\mathrm{Re}\int_\Omega\nabla n\nabla E\Delta\overline{E}\mathrm{d}x\\&\quad-\frac{\mathrm{d}}{\mathrm{d}t}\mathrm{Re}\int_\Omega\nabla g\nabla\Delta\overline{E}\mathrm{d}x+\frac{1}{2}\int_\Omega\Delta|E|_t^2\Delta n\mathrm{d}x+\gamma\|\nabla\Delta E\|_{L^2}^2\\&\quad-\mathrm{Re}\int_\Omega\overline{E}_t\Delta E\Delta n\mathrm{d}x+2\mathrm{Re}\int_\Omega\nabla E_t\Delta\overline{E}\nabla n\mathrm{d}x\\&\quad-4\mathrm{Re}\int_\Omega\nabla m\nabla E\Delta\overline{E}\mathrm{d}x+(4\varepsilon+2\gamma)\mathrm{Re}\int_\Omega\nabla n\nabla E\Delta\overline{E}\mathrm{d}x\\&\quad-\frac{1}{2}\int_\Omega m|\Delta E|^2\mathrm{d}x+\frac{\varepsilon}{2}\int_\Omega n|\Delta E|^2\mathrm{d}x+\gamma\mathrm{Re}\int_\Omega\Delta nE\Delta\overline{E}\mathrm{d}x+\gamma\int_\Omega n|\Delta E|^2\mathrm{d}x\\&=\gamma\mathrm{Re}\int_\Omega\nabla g\nabla\Delta\overline{E}\mathrm{d}x-\mathrm{Re}\int_\Omega\nabla g_t\nabla\Delta\overline{E}\mathrm{d}x.\end{aligned}\tag{2.7.27}$$

现在令

$$\begin{aligned}H_2(t)=&\lambda^2\|\nabla\Delta E\|_{L^2}^2+\frac{1}{2}\lambda^2\|\Delta n\|_{L^2}^2+\frac{1}{2}\|\nabla m\|_{L^2}^2+\lambda^2\int_\Omega\Delta n|\Delta E|^2\mathrm{d}x\\&+\lambda^2\int_\Omega n|\Delta E|^2\mathrm{d}x+8\lambda^2\mathrm{Re}\int_\Omega\nabla n\nabla E\Delta\overline{E}\mathrm{d}x-2\lambda^2\mathrm{Re}\int_\Omega\nabla g\nabla\Delta\overline{E}\mathrm{d}x,\end{aligned}$$

将 (2.7.27) 式乘以 $2\lambda^2$, 而后再与 (2.7.25) 式相加得

$$
\begin{aligned}
&\frac{\mathrm{d}}{\mathrm{d}t}H_2(t)+\frac{\varepsilon}{2}(\lambda^2\|\Delta n\|_{L^2}^2+\|\nabla m\|_{L^2}^2)+2\lambda^2\gamma\|\nabla\Delta E\|_{L^2}^2\\
&\qquad+\varepsilon\lambda^2\int_\Omega \Delta n|\Delta E|^2\mathrm{d}x+\lambda^2(\varepsilon+2\gamma)\int_\Omega n|\Delta E|^2\mathrm{d}x\\
&\qquad+4\lambda^2(\gamma+2\varepsilon)\mathrm{Re}\int_\Omega \nabla n\nabla E\Delta\overline{E}\mathrm{d}x-2\gamma\lambda^2\mathrm{Re}\int_\Omega\nabla g\nabla\Delta\overline{E}\mathrm{d}x\\
&\leqslant\lambda^2\frac{\|\nabla f\|_{L^2}^2}{2\alpha}+2\lambda^2\mathrm{Re}\int_\Omega\overline{E}_t\Delta E\Delta n\mathrm{d}x+4\lambda^2\mathrm{Re}\int_\Omega\nabla E_t\Delta\overline{E}\nabla n\mathrm{d}x\\
&\qquad+8\lambda^2\mathrm{Re}\int_\Omega\nabla E\Delta\overline{E}\nabla m\mathrm{d}x+\lambda^2\mathrm{Re}\int_\Omega m|\Delta E|^2\mathrm{d}x-2\gamma\lambda^2\mathrm{Re}\int_\Omega\Delta nE\Delta\overline{E}\mathrm{d}x\\
&\qquad-2\lambda^2\mathrm{Re}\int_\Omega\nabla g_t\nabla\Delta\overline{E}\mathrm{d}x. \qquad (2.7.28)
\end{aligned}
$$

对 (2.7.28) 式右边含有 E_t 的那些积分项, 利用

$$
\overline{E}_t=-\mathrm{i}(\Delta\overline{E}-n\overline{E}-\mathrm{i}\gamma\overline{E}-\overline{g}),
$$

可知 (2.7.28) 式中的右边第二项可写为

$$
\mathrm{Re}\int_\Omega\overline{E}_t\Delta E\Delta n\mathrm{d}x=\mathrm{Im}\int_\Omega n\overline{E}\Delta E\Delta n\mathrm{d}x-\gamma\mathrm{Re}\int_\Omega\Delta n\overline{E}\Delta E\mathrm{d}x-\mathrm{Im}\int_\Omega\overline{g}\Delta n\Delta E\mathrm{d}x.
$$

利用 Gagliardo-Nirenberg 不等式, 不难得出

$$
\begin{aligned}
&\left|\mathrm{Im}\int_\Omega n\overline{E}\Delta E\Delta n\mathrm{d}x\right|\leqslant\eta\|\Delta n\|_{L^2}^2+C\frac{\|\Delta E\|_{L^2}^2\|\nabla n\|_{L^2}^2\|\nabla E\|_{L^2}^2}{4\eta},\\
&\left|\mathrm{Re}\int_\Omega\Delta n\overline{E}\Delta E\mathrm{d}x\right|\leqslant\eta\|\Delta n\|_{L^2}^2+C\frac{\|\Delta E\|_{L^2}^2\|\nabla E\|_{L^2}^2}{4\eta}, \qquad (2.7.29)\\
&\left|\mathrm{Im}\int_\Omega\overline{g}\Delta n\Delta E\mathrm{d}x\right|\leqslant\eta\|\Delta n\|_{L^2}^2+C\frac{\|\Delta E\|_{L^2}^2\|\nabla g\|_{L^2}^2}{4\eta}.
\end{aligned}
$$

(2.7.28) 式中的右边第三项的处理方法与第二项类似, 先改写为

$$
\begin{aligned}
&\mathrm{Re}\int_\Omega\nabla E_t\Delta\overline{E}\nabla n\mathrm{d}x\\
&\quad=-\mathrm{Im}\int_\Omega\nabla n\Delta\overline{E}\nabla\Delta E\mathrm{d}x+\mathrm{Im}\int_\Omega(\nabla n)^2E\Delta\overline{E}\mathrm{d}x+\mathrm{Im}\int_\Omega n\nabla E\nabla n\Delta\overline{E}\mathrm{d}x\\
&\qquad-\gamma\mathrm{Re}\int_\Omega\nabla n\Delta\overline{E}\nabla E\mathrm{d}x+\mathrm{Im}\int_\Omega\nabla g\nabla n\Delta\overline{E}\mathrm{d}x,
\end{aligned}
$$

而后利用 Sobolev 嵌入定理以及插值不等式, 可得

$$
\begin{aligned}
&\left|\mathrm{Im}\int_\Omega \nabla n\Delta\overline{E}\nabla\Delta E\mathrm{d}x\right| \leqslant \eta_1\|\Delta n\|_{L^2}^2+\eta_2\|\nabla\Delta E\|_{L^2}^2+C(\|\Delta E\|_{L^2},\|\nabla n\|_{L^2}),\\
&\left|\mathrm{Im}\int_\Omega (\nabla n)^2E\Delta\overline{E}\mathrm{d}x\right| \leqslant \eta\|\Delta n\|_{L^2}^2+C(\|\Delta E\|_{L^2},\|\nabla E\|_{L^2},\|\nabla n\|_{L^2}),\\
&\left|\mathrm{Im}\int_\Omega n\nabla E\nabla n\Delta\overline{E}\mathrm{d}x\right|+\left|\mathrm{Re}\int_\Omega \nabla n\nabla E\Delta\overline{E}\mathrm{d}x\right|\leqslant C(\|\Delta E\|_{L^2},\|\nabla E\|_{L^2},\|\nabla n\|_{L^2}),\\
&\left|\mathrm{Im}\int_\Omega \nabla g\nabla n\Delta\overline{E}\mathrm{d}x\right| \leqslant \eta\|\Delta n\|_{L^2}^2+C(\|\Delta E\|_{L^2},\|\nabla n\|_{L^2},\|\nabla g\|_{L^2}).
\end{aligned}
\tag{2.7.30}
$$

剩下来只需估计 (2.7.28) 式右边的最后 4 项. 事实上, 同样利用 Sobolev 嵌入定理以及插值不等式, 容易得到

$$
\begin{aligned}
&\left|\mathrm{Re}\int_\Omega \nabla E\Delta\overline{E}\nabla m\mathrm{d}x\right| \leqslant \frac{\varepsilon}{32\lambda^2}\|\nabla m\|_{L^2}^2+C(\|\Delta E\|_{L^2},\|\nabla E\|_{L^2}),\\
&\left|\mathrm{Re}\int_\Omega m|\Delta E|^2\mathrm{d}x\right| \leqslant \eta\|\nabla\Delta E\|_{L^2}^2+C(\|m\|_{L^2},\|\Delta E\|_{L^2}),\\
&\left|\mathrm{Re}\int_\Omega \Delta nE\Delta\overline{E}\mathrm{d}x\right| \leqslant \eta\|\Delta n\|_{L^2}^2+C(\|\Delta E\|_{L^2},\|\nabla E\|_{L^2}),\\
&\left|\mathrm{Re}\int_\Omega \nabla g_t\nabla\Delta\overline{E}\mathrm{d}x\right| \leqslant \eta\|\nabla\Delta E\|_{L^2}^2+\frac{\|\nabla g_t\|_{L^2}^2}{4\eta}.
\end{aligned}
\tag{2.7.31}
$$

将估计式 (2.7.29)~(2.7.31) 代入 (2.7.28) 式得

$$
\begin{aligned}
&\frac{\mathrm{d}}{\mathrm{d}t}H_2(t)+\frac{\varepsilon}{2}(\lambda^2\|\Delta n\|_{L^2}^2+\|\nabla m\|_{L^2}^2)+\lambda^2\gamma\|\nabla\Delta E\|_{L^2}^2\\
&\qquad+\varepsilon\lambda^2\int_\Omega \Delta n\Delta|E|^2\mathrm{d}x+\lambda^2(\varepsilon+2\gamma)\int_\Omega n|\Delta E|^2\mathrm{d}x\\
&\qquad+4\lambda^2(\gamma+2\varepsilon)\mathrm{Re}\int_\Omega \nabla n\nabla E\Delta\overline{E}\mathrm{d}x-2\gamma\lambda^2\mathrm{Re}\int_\Omega \nabla g\nabla\Delta\overline{E}\mathrm{d}x\\
&\leqslant C(\|\nabla f\|_{L^2},\|\nabla g\|_{L^2},\|\nabla g_t\|_{L^2},\|\nabla n\|_{L^2},\|\nabla E\|_{L^2},\|\Delta E\|_{L^2},\|m\|_{L^2}).
\end{aligned}
\tag{2.7.32}
$$

利用命题的假设条件, 可知存在 β_2, $\kappa_2>0$, 使得

$$\frac{\mathrm{d}}{\mathrm{d}t}H_2(t)+\beta_2H_2(t)\leqslant\kappa_2,$$

由此就可推出

$$H_2(t)\leqslant\frac{\kappa_2}{\beta_2}+H_2(0)\mathrm{e}^{-\beta_2t}. \tag{2.7.33}$$

又因为

$$
\begin{aligned}
&\lambda^2\left|\int_\Omega \Delta n\Delta|E|^2\mathrm{d}x\right| \leqslant \frac{\lambda^2}{4}\|\Delta n\|_{L^2}^2+C(\|\nabla E\|_{L^2},\|\Delta E\|_{L^2}),\\
&\lambda^2\left|\int_\Omega n|\Delta E|^2\mathrm{d}x\right| \leqslant \frac{\lambda^2}{4}\|\nabla\Delta E\|_{L^2}^2+\frac{\lambda^2}{4}\|\Delta E\|_{L^2}^6+C\frac{\lambda^2}{2}\|n\|_{L^2}^2+C\lambda^2\|n\|_{L^2}^2\|\Delta E\|_{L^2}^{\frac{3}{2}},
\end{aligned}
$$

$$\lambda^2\left|\int_\Omega \nabla n\nabla E\Delta\overline{E}\mathrm{d}x\right|\leqslant C(\|\Delta E\|_{L^2},\|\nabla E\|_{L^2},\|\nabla n\|_{L^2}),$$

$$2\lambda^2\left|\int_\Omega \nabla g\nabla \Delta\overline{E}\mathrm{d}x\right|\leqslant \frac{\lambda^2}{4}\|\nabla\Delta E\|_{L^2}^2+4\lambda^2\|\nabla g\|_{L^2}^2,$$

于是可得 $H_2(t)$ 的下界估计, 即

$$\begin{aligned}H_2(t)\geqslant &\frac{1}{2}\|\nabla m\|_{L^2}^2+\frac{\lambda^2}{4}\|\Delta n\|_{L^2}^2+\frac{\lambda^2}{2}\|\nabla\Delta E\|_{L^2}^2\\&-C(\|\Delta E\|_{L^2},\|\nabla E\|_{L^2},\|\nabla n\|_{L^2},\|\nabla g\|_{L^2}),\end{aligned}$$

再结合估计 (2.7.33) 式得

$$\begin{aligned}&\frac{1}{2}\|\nabla m\|_{L^2}^2+\frac{\lambda^2}{4}\|\Delta n\|_{L^2}^2+\frac{\lambda^2}{2}\|\nabla\Delta E\|_{L^2}^2\\&\quad\leqslant\frac{\kappa_2}{\beta_2}+H_2(0)\mathrm{e}^{-\beta_2 t}+C(\|\Delta E\|_{L^2},\|\nabla E\|_{L^2},\|\nabla n\|_{L^2},\|\nabla g\|_{L^2}).\end{aligned}\tag{2.7.34}$$

至此, 命题证毕.

2.7.2　整体吸引子的存在性

上一小节给出了解关于时间的一致先验估计, 接着我们证明方程 (2.7.1) 的整体吸引子的存在性. 为此目的, 先证明方程 (2.7.3) 的解的存在惟一性和有界吸收集的存在性, 分 3 个空间讨论如下.

定理 2.7.2　*设 $n_0\in L^2(\Omega)$, $n_1\in H^{-1}(\Omega)$, $E_0\in H_0^1(\Omega)$, $f\in L^\infty(\mathbb{R}^+;H^{-1}(\Omega))$, $g\in L^\infty(\mathbb{R}^+;H_0^1(\Omega))$, 则方程 (2.7.3) 存在一个弱解 $(m,n,E)\in L^\infty(\mathbb{R}^+;\mathcal{E}_0)$.*

证明　证明方法是利用 Galerkin 方法. 令 $\{w_j\}_{j=1}^\infty$ 是 $(-\Delta)$ 对应的特征向量 ($\{w_j\}_{j=1}^\infty$ 是 $L^2(\Omega)$ 空间的一组标准正交基), 寻求如下形式的逼近函数:

$$m^k=\sum_{j=1}^k m_{k_j}(t)w_j,\ m_0^k=P^k m_0=m^k(0),$$

$$n^k=\sum_{j=1}^k n_{k_j}(t)w_j,\ n_0^k=P^k n_0=n^k(0),$$

$$E^k=\sum_{j=1}^k E_{k_j}(t)w_j,\ E_0^k=P^k E_0=E^k(0),\ E_{k_j}\in\mathbb{C},$$

使得函数 (m^k,n^k,E^k) 是如下逼近问题的解:

$$\begin{cases}m^k=n_t^k+\varepsilon n^k,\\m_t^k+(\alpha\lambda^2-\varepsilon)m^k-\varepsilon(\alpha\lambda^2-\varepsilon)n^k-\lambda^2P^k\Delta(n^k+|E^k|^2)=\lambda^2P^kf,\\\mathrm{i}E_t^k+\Delta E^k-P^k(n^kE^k)+\mathrm{i}\gamma E^k=P^kg,\end{cases}\tag{2.7.35}$$

其中 P^k 表示在空间 $\text{span}\{w_1, \cdots, w_k\}$ 的投影算子. 容易证明, 方程 (2.7.35) 存在光滑解 (m^k, n^k, E^k), 其解的存在区间为 $[0, T_k]$. 类似于命题 2.7.1 和 2.7.2 的证明方法, 易知 $(m^k, n^k, E^k) \in L^\infty(\mathbb{R}^+; \mathcal{E}_0)$, 由此可见 $T_k = \infty$. 进一步地, 存在子列 $\{(m^k, n^k, E^k)\}_{k=1}^\infty$, 使得对任意的 $T > 0$ 有 (为简便起见, 记号不变, 下同)

$$
\begin{aligned}
&m^k \text{ 在 } L^\infty(0,T;H^{-1}) \text{ 中弱} * \text{收敛于} m,\\
&n^k \text{ 在 } L^\infty(0,T;L^2) \text{ 中弱} * \text{收敛于} n,\\
&E^k,\ \nabla E^k \text{ 在 } L^\infty(0,T;L^2) \text{ 中分别弱} * \text{收敛于} E,\ \nabla E.
\end{aligned}
$$

因为是要得到弱解的存在性, 上述弱收敛关系足以保证方程 (2.7.35) 中的线性项的弱极限, 因此只需讨论方程 (2.7.35) 中非线性项的极限问题, 注意方程 (2.7.35) 中只有两项非线性项: $\Delta|E^k|^2$ 和 $n^k E^k$. 利用方程 $E_t^k = \dfrac{1}{\mathrm{i}}(P^k g - \Delta E^k + P^k(n^k E^k) - \mathrm{i}\gamma E^k)$ 可知 $E_t^k \in L^\infty(\mathbb{R}^+; H^{-1})$, 再根据文献 [80] 中第 3 章定理 2 的结果, 存在子列 E^k 在 $L^2(0,T;L^2)$ 中强收敛于 E. 利用这个强收敛性结果, 容易看出非线性项 $|E^k|^2$ 和 $n^k E^k$ 在 $L^2(0,T;L^2)$ 中分别弱收敛于 $|E|^2$ 和 nE. 在逼近问题 (2.7.35) 中令 $k \to \infty$, 利用刚才关于线性项和非线性项的收敛结果, 即可证明 (m, n, E) 就是方程 (2.7.1) 的一个弱解.

命题 2.7.5 空间 $\mathcal{E}_0$ 中存在一个有界吸收集 B_0, 即对 $\mathcal{E}_0$ 中的任意有界集 B, 任意 $(m_0, n_0, E_0) \in B$, 都存在 $t_0 > 0$, 使得当 $t \geqslant t_0$ 时有 $(m(t), n(t), E(t)) \in B_0$, 其中 $(m(t), n(t), E(t))$ 是以 $(m_0, n_0, E_0) (\in B)$ 为初值的方程 (2.7.3) 的解. 这里的 t_0 仅依赖于有界集 B 的大小.

证明 设 $(m_0, n_0, E_0) \in B$, 因此不失一般性, 不妨假设 $\|m_0\|_{H^{-1}}^2 + \|n_0\|_{L^2}^2 + \|\nabla E_0\|_{L^2}^2 \leqslant R^2$. 特别地, 有 $\|E_0\|_{L^2}^2 \leqslant \dfrac{R^2}{\lambda_1}$. 进一步地, 由 (2.7.6) 式可得

$$
\|E(t)\|_{L^2}^2 \leqslant \|E_0\|_{L^2}^2 \mathrm{e}^{-\gamma t} + \frac{\|g\|_{L^2}^2}{\gamma^2} \leqslant \frac{R^2}{\lambda_1}\mathrm{e}^{-\gamma t} + \frac{\|g\|_{L^2}^2}{\gamma^2}.
$$

于是存在 $t_0'(R) > 0$, 当 $t \geqslant t_0'(R)$ 时 $\|E(t)\|_{L^2}^2 \leqslant 2\dfrac{\|g\|_{L^2}^2}{\gamma^2}$. 另外, 由 (2.7.14) 式可推出 $H_0(t) \leqslant C(R), t \in \mathbb{R}^+$. 现在以 t_0' 为初始时刻, 类似于 (2.7.14) 式的推导, 可得

$$
\begin{aligned}
\|m\|_{H^{-1}}^2 + \frac{\lambda^2}{2}\|n\|_{L^2}^2 + \lambda^2\|\nabla E\|_{L^2}^2 &\leqslant \frac{\kappa_0}{\beta_0} + H_0(t_0')\mathrm{e}^{-\beta_0(t-t_0')} + C\|E\|_{L^2}^6\\
&\leqslant \frac{\kappa_0}{\beta_0} + C(R)\mathrm{e}^{-\beta_0(t-t_0')} + C\frac{\|g\|_{L^2}^6}{\gamma^6}.
\end{aligned}
$$

从上式可以看出, 存在 $t_0 = t_0(R) \geqslant t_0'(R)$ 以及 κ_0' (其中 κ_0' 与 t 及初始数据无关),

使得当 $t \geqslant t_0$ 时, 成立

$$\|m\|_{H^{-1}}^2 + \frac{\lambda^2}{2}\|n\|_{L^2}^2 + \lambda^2\|\nabla E\|_{L^2}^2 \leqslant 2\kappa_0'.$$

定理 2.7.3 设 $(m_0, n_0, E_0) \in \mathcal{E}_1$, $f \in L^\infty(\mathbb{R}^+; L^2(\Omega))$, $g \in L^\infty(\mathbb{R}^+; H_0^1(\Omega))$, $g_t \in L^\infty(\mathbb{R}^+; L^2(\Omega))$, 则方程 (2.7.3) 存在惟一解 $(m, n, E) \in L^\infty(\mathbb{R}^+; \mathcal{E}_1)$, 且 $(m, n, E) \in C(\mathbb{R}^+; \mathcal{E}_1)$.

证明 根据命题 2.7.3 的先验估计, 利用定理 2.7.2 中的 Galerkin 方法, 可以证明方程 (2.7.3) 存在解 $(m, n, E) \in L^\infty(\mathbb{R}^+; \mathcal{E}_1)$, 而且通过将 n 和 E 写成积分的形式 (也可参见文献 [43]), 还可以证明 $(m, n, E) \in C(\mathbb{R}^+; \mathcal{E}_1)$. 在此略去存在性部分的具体证明细节, 下面主要来证明解的惟一性.

设 $(n^{(1)}, E^{(1)})$ 和 $(n^{(2)}, E^{(2)})$ 都是 Zakharov 方程 (2.7.1) 的解, 其中它们的初始函数分别为 $(n_1^{(1)}, n_0^{(1)}, E_0^{(1)})$ 和 $(n_1^{(2)}, n_0^{(2)}, E_0^{(2)})$. 令 $n = n^{(1)} - n^{(2)}$, $E = E^{(1)} - E^{(2)}$, 则 n 和 E 满足

$$\begin{cases} \lambda^{-2} n_{tt} + \alpha n_t - \Delta n = \Delta(E^{(1)}\overline{E} + E\overline{E^{(2)}}), \\ \mathrm{i}E_t + \Delta E + \mathrm{i}\gamma E = n^{(1)}E + nE^{(2)}. \end{cases} \tag{2.7.36}$$

因为 $(n^{(i)}, E^{(i)}) \in L^\infty(\mathbb{R}^+; H_0^1(\Omega) \times (H_0^1 \cap H^2)(\Omega))$, $i = 1, 2$, 所以存在 c_1, $c_2 > 0$, 使得

$$\begin{aligned} |\Delta E| &\leqslant c_1(|E_t| + |n| + |E|), \\ |E_t| &\leqslant c_2(|E| + |n| + |\Delta E|). \end{aligned} \tag{2.7.37}$$

对 (2.7.36) 式中的第二个方程两边与 E 作内积再取其虚部部分得

$$\frac{1}{2}\frac{\mathrm{d}}{\mathrm{d}t}\|E\|_{L^2}^2 + \gamma\|E\|_{L^2}^2 = \mathrm{Im}\int_\Omega nE^{(2)}\overline{E}\mathrm{d}x \leqslant C(\|n\|_{L^2}^2 + \|E\|_{L^2}^2).$$

用类似的方法可得

$$\frac{1}{2}\frac{\mathrm{d}}{\mathrm{d}t}\|\nabla E\|_{L^2}^2 + \gamma\|\nabla E\|_{L^2}^2 \leqslant C(\|\nabla n\|_{L^2}^2 + \|\nabla E\|_{L^2}^2).$$

将 (2.7.36) 式中的第二个方程关于时间 t 微分一次,

$$\mathrm{i}E_{tt} + \Delta E_t + \mathrm{i}\gamma E_t = n_t^{(1)}E + n^{(1)}E_t + n_tE^{(2)} + nE_t^{(2)}.$$

上式两边与 E_t 作内积后取其虚部部分有

$$\begin{aligned} \frac{1}{2}\frac{\mathrm{d}}{\mathrm{d}t}\|E_t\|_{L^2}^2 + \gamma\|E_t\|_{L^2}^2 \leqslant{}& \|n_t^{(1)}\|_{L^2}\|\nabla E\|_{L^\infty}\|E_t\|_{L^2} + \|n_t\|_{L^2}\|\nabla E^{(2)}\|_{L^\infty}\|E_t\|_{L^2} \\ &+ \|\nabla n\|_{L^\infty}\|E_t^{(2)}\|_{L^\infty}\|E_t\|_{L^2} \\ \leqslant{}& C(\|E_t\|_{L^2}^2 + \|\nabla E\|_{L^2}^2 + \|n_t\|_{L^2}^2 + \|\nabla n\|_{L^2}^2). \end{aligned}$$

剩下来需要估计 $\|n_t\|_{L^2}$ 和 $\|\nabla n\|_{L^2}$. 对方程 (2.7.36) 的两边同时与 n_t 作内积, 并利用 (2.7.37) 式的第一式, 可以推出

$$\frac{1}{2}\frac{\mathrm{d}}{\mathrm{d}t}(\lambda^{-2}\|n_t\|_{L^2}^2+\|\nabla n\|_{L^2}^2)+\alpha\|n_t\|_{L^2}^2\leqslant C(\|\nabla E\|_{L^2}^2+\|E_t\|_{L^2}^2+\|n_t\|_{L^2}^2+\|n\|_{L^2}^2).$$

结合刚才所给出的几个估计式就有

$$\begin{aligned}&\frac{1}{2}\frac{\mathrm{d}}{\mathrm{d}t}(\lambda^{-2}\|n_t\|_{L^2}^2+\|\nabla n\|_{L^2}^2+\|E\|_{L^2}^2+\|\nabla E\|_{L^2}^2+\|E_t\|_{L^2}^2)\\&\quad+\alpha\|n_t\|_{L^2}^2+\gamma\|E\|_{L^2}^2+\gamma\|\nabla E\|_{L^2}^2+\gamma\|E_t\|_{L^2}^2\\&\leqslant C(\|E\|_{L^2}^2+\|\nabla E\|_{L^2}^2+\|E_t\|_{L^2}^2+\|n_t\|_{L^2}^2+\|\nabla n\|_{L^2}^2).\end{aligned}$$

根据 Gronwall 不等式, 我们得出

$$\begin{aligned}&\lambda^{-2}\|n_t\|_{L^2}^2+\|\nabla n\|_{L^2}^2+\|E\|_{L^2}^2+\|\nabla E\|_{L^2}^2+\|E_t\|_{L^2}^2\\&\quad\leqslant \mathrm{e}^{kt}(\|E(0)\|_{L^2}^2+\|\nabla E(0)\|_{L^2}^2+\|E_t(0)\|_{L^2}^2+\lambda^{-2}\|n_t(0)\|_{L^2}^2+\|\nabla n(0)\|_{L^2}^2),\end{aligned}$$

再结合 (2.7.37) 式的第二式得

$$\begin{aligned}&\|n_t\|_{L^2}^2+\|\nabla n\|_{L^2}^2+\|\nabla E\|_{L^2}^2+\|\Delta E\|_{L^2}^2\\&\quad\leqslant C\mathrm{e}^{kt}(\|E(0)\|_{L^2}^2+\|\nabla E(0)\|_{L^2}^2+\|\Delta E(0)\|_{L^2}^2+\|n_t(0)\|_{L^2}^2+\|\nabla n(0)\|_{L^2}^2).\end{aligned}\tag{2.7.38}$$

因此, 解的惟一性即可从上式推出. 定理证毕.

命题 2.7.6 空间 $\mathcal{E}_1$ 中存在一个有界吸收集 B_1, 即对 $\mathcal{E}_1$ 中的任意有界集 B, 任意 $(m_0,n_0,E_0)\in B$, 都存在 $t_1>0$, 使得当 $t\geqslant t_1$ 时有 $(m(t),n(t),E(t))\in B_1$, 其中 $(m(t),n(t),E(t))$ 是以 $(m_0,n_0,E_0)(\in B)$ 为初值的方程 (2.7.3) 的解. 这里的 t_1 仅依赖于有界集 B 的大小.

证明 不失一般性, 可假设 $\|m_0\|_{L^2}^2+\|\nabla n_0\|_{L^2}^2+\|\Delta E_0\|_{L^2}^2\leqslant R^2$, 于是也就有 $\|m_0\|_{H^{-1}}^2+\|n_0\|_{L^2}^2+\|\nabla E_0\|_{L^2}^2\leqslant\dfrac{R^2}{\lambda_1}$. 根据命题 2.7.5, 存在 $t_0>0$, 使得当 $t\geqslant t_0$ 时, $(m(t),n(t),E(t))\in B_0$, 其中 B_0 与初始数据无关. 如果以 t_0 为初始时刻, 那么类似于 (2.7.24) 式也可得到

$$\lambda^2\|\Delta E\|_{L^2}^2+\|m\|_{L^2}^2+\lambda^2\|\nabla n\|_{L^2}^2\leqslant H_1(t_0)\mathrm{e}^{-\beta_1(t-t_0)}+\kappa_1'\leqslant C(R)\mathrm{e}^{-\beta_1(t-t_0)}+\kappa_1',$$

其中 κ_1' 与初始数据无关. 因此必存在 $t_1=t_1(R)\geqslant t_0>0$, 使得

$$\lambda^2\|\Delta E\|_{L^2}^2+\|m\|_{L^2}^2+\lambda^2\|\nabla n\|_{L^2}^2\leqslant 2\kappa_1'.$$

上式就表明了空间 $\mathcal{E}_1$ 中存在一个有界吸收集 B_1.

类似于定理 2.7.3 和命题 2.7.6 的证明, 还可得到如下两个结果, 由于证明方法类似, 我们把具体的证明留作读者完成.

定理 2.7.4　设 $(m_0, n_0, E_0) \in \mathcal{E}_2$, f, g, $g_t \in L^\infty(\mathbb{R}^+; H_0^1(\Omega))$, 则方程 (2.7.3) 存在惟一解 $(m, n, E) \in L^\infty(\mathbb{R}^+; \mathcal{E}_2)$, 而且还有 $(m, n, E) \in C(\mathbb{R}^+; \mathcal{E}_2)$.

命题 2.7.7　空间 $\mathcal{E}_2$ 中存在一个有界吸收集 B_2, 即对 $\mathcal{E}_2$ 中的任意有界集 B, 任意 $(m_0, n_0, E_0) \in B$, 都存在 $t_2 > 0$, 使得当 $t \geqslant t_2$ 时有 $(m(t), n(t), E(t)) \in B_2$, 其中 $(m(t), n(t), E(t))$ 是以 $(m_0, n_0, E_0)(\in B)$ 为初值的方程 (2.7.3) 的解. 这里的 t_2 仅依赖于有界集 B 的大小.

有了前面的有界吸收集的存在性, 下面给出整体弱吸引子 $\mathcal{A}^w$ 的存在性. 把以 (m_0, n_0, E_0) 为初值的方程 (2.7.3) 的解 $(m(t), n(t), E(t))$ 记作 $S(t)(m_0, n_0, E_0)$. 设 B_2 是命题 2.7.7 中给出的 $\mathcal{E}_2$ 中的有界吸收集, 令

$$\omega^w(B_2) = \bigcap_{s \geqslant 0} \overline{\bigcup_{t \geqslant s} S(t) B_2}\ ,$$

其中闭包是在 $\mathcal{E}_2$ 中的弱拓扑意义下取的. 对于 $\omega^w(B_2)$, 我们有如下的结果:

定理 2.7.5　记 $\mathcal{A}^w = \omega^w(B_2)$, 则对任意的 t, 有 $S(t)\mathcal{A}^w = \mathcal{A}^w$; 进一步地, 对于 $\mathcal{E}_2$ 中的任意有界集 B, 都有

$$\lim_{t \to +\infty} d_w(S(t)B, \mathcal{A}^w) = 0,$$

其中 d_w 表示空间 $\mathcal{E}_2$ 中的弱拓扑.

我们称定理 2.7.5 中的 $\mathcal{A}^w$ 为 Zakharov 方程 (2.7.1) 和 (2.7.2) 在 $\mathcal{E}_2$ 中的整体弱吸引子. 与定义 2.7.3 相比 (也称那里的整体吸引子为整体强吸引子), 这里不要求 $\mathcal{A}^w$ 是紧集, 同时收敛关系是在弱拓扑意义下取的. 下面给出定理 2.7.5 的证明:

证明　首先证明 $S(t)\mathcal{A}^w = \mathcal{A}^w$. 先注意到, 类似于 (2.7.38) 式的证明, 可以推出 $S(t)$ 在 $\mathcal{E}_2$ 中是强连续的. 现设 $x \in \mathcal{A}^w$, 根据 ω- 极限集的定义, 存在序列 $x_n \in B_2$ 和 $t_n \to \infty$, 使得在 $\mathcal{E}_2$ 中有 $S(t_n)x_n \rightharpoonup x$, 再利用 $S(t)$ 的连续性得

$$S(t)S(t_n)x_n = S(t + t_n)x_n \rightharpoonup S(t)x,\ n \to \infty,$$

这就表明 $S(t)\mathcal{A}^w \subset \mathcal{A}^w$. 对给定的 t, 取 n 充分大, 使得当 $t_n \geqslant t + t_2$(其中 t_2 由命题 2.7.7 中所确定) 时, 由 B_2 的吸收性知 $S(t_n - t)x_n \in B_2$, 又由于 B_2 在 $\mathcal{E}_2$ 中有界, 故存在弱收敛的子列

$$S(t_{n_k} - t)x_{n_k} \rightharpoonup y,\ k \to \infty,$$

由此可知 $y \in \omega^w(B_2) = \mathcal{A}^w$, 再次利用 $S(t)$ 的连续性

$$x \leftharpoondown S(t_{n_k})x_{n_k} = S(t)S(t_{n_k} - t)x_{n_k} \rightharpoonup S(t)y,\ k \to \infty,$$

这就蕴含了 $\mathcal{A}^w \subset S(t)\mathcal{A}^w$. 于是我们推出 $S(t)\mathcal{A}^w = \mathcal{A}^w$.

接着用反证法证明

$$\lim_{t\to+\infty} d_w(S(t)B, \mathcal{A}^w) = 0.$$

假设结论不成立, 那么存在 $\mathcal{E}_2$ 中的一个有界集 B, 存在实数 $\delta > 0$ 以及序列 $t_n \to \infty$ 满足

$$d_w(S(t_n)B, \mathcal{A}^w) \geqslant \delta > 0, \ \forall\ n,$$

于是也就存在点列 $\{b_n\}_{n=1}^{\infty} \subset B$, 使得

$$\forall\ n,\ \exists\ b_n \in B,\ d_w(S(t_n)b_n, \mathcal{A}^w) \geqslant \frac{\delta}{2} > 0.$$

另一方面, 由于 B_2 是 $\mathcal{E}_2$ 中的吸收集, 因此若取 n 充分大, 使得 $t_n \geqslant t_2$, 则必有 $S(t_n)b_n \in B_2$. 现选取子序列 $\{t_{n_k}\}_{k=1}^{\infty}$, 使得 $S(t_{n_k})b_{n_k}$ 在 $\mathcal{E}_2$ 中弱收敛, 于是有

$$S(t_{n_k})b_{n_k} = S(t_{n_k} - t_2)\underbrace{S(t_2)b_{n_k}}_{\in B_2} \rightharpoonup \beta.$$

根据 $\mathcal{A}^w$ 的定义, 易知 $\beta \in \mathcal{A}^w$. 这个结论与前面的 $d_w(S(t_n)b_n, \mathcal{A}^w) \geqslant \dfrac{\delta}{2} > 0$ 相矛盾. 定理 2.7.5 得证.

不难证明, 在 $\mathcal{E}_2$ 中的所有整体弱吸引子中, 由定理 2.7.5 给出的 $\mathcal{A}^w$ 是最大的. 进一步地, 我们还可证明定理 2.7.5 中给出的 $\mathcal{A}^w$ 实际上就是 Zakharov 方程 (2.7.1) 和 (2.7.2) 在 $\mathcal{E}_2$ 中的整体吸引子. 为证明这个结论, 需要对 $S(t)$ 进行分解, 验证其满足定理 2.7.1 的假设条件 A, 但限于篇幅, 我们不再给出整体吸引子的存在性证明, 感兴趣的读者可以阅读文献 [81]. 二维耗散 Zakharov 方程在有界区域上整体吸引子的存在性问题, 可参考文献 [82]. 关于无界域上的吸引子存在性问题, 见文献 [13, 14]. 目前许多学者转向对随机微分方程吸引子问题的研究, Zakharov 方程的随机吸引子见文献 [83], 其他方程可参考文献 [84–87] 等.

第 3 章　Zakharov 方程的低正则性理论

上一章我们利用能量方法研究了几类重要的 Zakharov 方程光滑解的整体 (或局部) 存在惟一性以及爆破问题. 这一章重点来讨论标准 Zakharov 方程的低正则性理论.

低正则性理论是指当初始资料属于较低正则性的函数空间时, 方程是否仍存在惟一的解 (至少是局部解), 且解连续依赖于给定的初始数据. 考虑方程的低正则性问题主要是基于以下几点原因 (见文献 [88]): 其一, 低正则性理论更为本质地刻画出了解的奇性控制, 大致地说就是, 如果方程在 H_x^s 空间中成立局部适定性理论 (次临界情形), 那么这就隐含了奇性只会在解的 H_x^s 模趋于无穷时产生; 其二, 将局部解延拓为整体解时, 低正则空间会比高正则空间更加容易处理; 其三, 方程本身的许多关键结构 (如守恒量, 单调公式等) 都与 H_x^1, $H_x^{\frac{1}{2}}$, L_x^2 等空间相关联, 因此在这些低空间中研究适定性问题也就变得非常必要; 其四, 在更低的空间中研究适定性问题对数学本身也是一个极大的挑战, 我们可以从中开发出新的强有力的数学方法, 而且还可以获得一些新的认识, 这些认识会使我们对方程本身的理解提升到新的高度. 鉴于此, 色散方程 (如非线性 KdV, NLS 等) 的低正则问题是许多研究者们非常感兴趣的一个课题.

本章第一节介绍了一维 Zakharov 方程的最佳的整体适定性结论, 第二节介绍了处理高维 ($d \geqslant 2$)Zakharov 方程低正则性问题的一般方法, 我们在第三节中还给出了二维 Zakharov 方程当初始 $(u_0, n_0, n_1) \in L^2 \times H^{-\frac{1}{2}} \times H^{-\frac{3}{2}}$ 时的局部适定性结果, 这个结果是目前为止二维问题的最好结果. 除此之外, 也有用 I- 能量方法 (修正能量) 讨论 Zakharov 方程的整体适定性和能量以下的 L^2 集中问题, 限于篇幅, 本书就不再具体讨论. 对此方面感兴趣的读者可以阅读文献 [89~99].

3.1　一维 Zakharov 方程的整体适定性理论

3.1.1　主要结果

本节主要研究一维 Zakharov 方程的整体适定性理论, 方程如下:

$$
\begin{cases}
\mathrm{i}\partial_t u + \partial_x^2 u = nu, \\
\partial_t^2 n - \partial_x^2 n = \partial_x^2 |u|^2, \\
u(0,x) = u_0(x),\ n(0,x) = n_0(x),\ \partial_t n(0,x) = n_1(x),
\end{cases}
\tag{3.1.1}
$$

其中 $u:[0,T^*)\times\mathbb{R}\to\mathbb{C}$, $n:[0,T^*)\times\mathbb{R}\to\mathbb{R}$. 为简便起见, 本章均假定 u 是复值函数, 事实上所有的讨论对 u 取为复向量值函数的时候也是成立的. 容易计算, 方程 (3.1.1) 的正则解 (u,n) 满足质量守恒

$$M[u](t)=\int_{\mathbb{R}}|u(t)|^2\mathrm{d}x=\int_{\mathbb{R}}|u_0|^2\mathrm{d}x=M[u_0] \tag{3.1.2}$$

以及 Hamilton 量守恒

$$\begin{aligned}H[u,n,\nu](t)&=\int_{\mathbb{R}}\left(|\partial_x u(t)|^2+n(t)|u(t)|^2+\frac{1}{2}|n(t)|^2+\frac{1}{2}|\nu(t)|^2\right)\mathrm{d}x\\&=H[u_0,n_0,\nu_0],\end{aligned} \tag{3.1.3}$$

其中 ν 满足 $\partial_t n=\partial_x\nu$ 和 $\partial_t\nu=\partial_x(n+|u|^2)$.

对于方程 (3.1.1), 文献 [29, 32] 都在 $X_{s,b}$ 空间中研究了它的局部适定性理论. 特别地, Ginibre, Tsutsumi 和 Velo 证明了如果初值 $(u_0,n_0,n_1)\in H^k\times H^l\times H^{l-1}$ 且满足

$$-\frac{1}{2}<k-l\leqslant 1,\ 2k\geqslant l+\frac{1}{2}\geqslant 0,$$

则方程 (3.1.1) 是局部适定的. 因此该结果表明方程 (3.1.1) 的最好的局部适定性结果是 $k=0$ 和 $l=-\dfrac{1}{2}$ 的情形. 利用局部适定性结果以及守恒量 (3.1.2) 和 (3.1.3), 我们很容易得到当 $k=1$ 和 $l=0$ 时方程 (3.1.1) 是整体适定的. 2001 年, Pecher[100] 利用 Bourgain[101] 的高低频分解技术, 将方程 (3.1.1) 的整体适定性结果改进到 $\dfrac{9}{10}<k<1, l=0$. 2005 年, Pecher[97] 利用 I- 能量方法 [91] 又将方程 (3.1.1) 的整体适定性结果改进到了 $\dfrac{5}{6}<k<1, l=k-1$. 值得一提的是, 文献 [97, 100] 中都利用了守恒量 (3.1.3) 或者它的某种变形来获得解的整体适定性. 本节中要介绍的是目前为止关于一维 Zakharov 方程的最佳的整体适定性结果 (不适定性的反例见文献 [102, 103]), 主要结论如下.

定理 3.1.1 一维 Zakharov 方程 (3.1.1) 关于初值 $(u_0,n_0,n_1)\in L^2\times H^{-\frac{1}{2}}\times H^{-\frac{3}{2}}$ 是整体适定的, 而且解 (u,n) 满足 (3.1.2) 式和

$$\|n(t)\|_{H_x^{-\frac{1}{2}}}+\|\partial_t n(t)\|_{H_x^{-\frac{3}{2}}}\leqslant\exp(Ct\|u_0\|_{L^2}^2)\max\{\|n_0\|_{H^{-\frac{1}{2}}}+\|n_1\|_{H^{-\frac{3}{2}}},\|u_0\|_{L^2}^2\}.$$

由于证明方法类似, 本节中也给出了如下类型的 Klein-Gordon-Schrödinger 方程的整体适定性理论:

$$\begin{cases}\mathrm{i}\partial_t u+\Delta u=-\gamma nu,\ x\in\mathbb{R}^d,\ t>0,\\\partial_t^2 n+\alpha\beta(I-\Delta)n=-\beta\gamma|u|^2,\\u(0,x)=u_0(x),\ n(0,x)=n_0(x),\ \partial_t n(0,x)=n_1(x),\end{cases} \tag{3.1.4}$$

这里的 α, β 和 γ 均为实常数. 方程 (3.1.4) 的正则解 (u,n) 也有质量守恒

$$M[u](t)=\int_{\mathbb{R}^d}|u(t)|^2\mathrm{d}x=\int_{\mathbb{R}^d}|u_0|^2\mathrm{d}x=M[u_0] \tag{3.1.5}$$

以及 Hamilton 量守恒

$$\begin{aligned}H[u,n](t)=&\int_{\mathbb{R}^d}\left(|\nabla u(t)|^2+\frac{\alpha}{2}|(I-\Delta)^{\frac{1}{2}}n(t)|^2+\frac{1}{2\beta}|\partial_t n(t)|^2+\gamma n(t)|u(t)|^2\right)\mathrm{d}x\\ =&H[u_0,n_0].\end{aligned} \tag{3.1.6}$$

已有很多文献研究了方程 (3.1.4) 在空间 $H^k\times H^s\times H^{s-1}$ 中的适定性理论. 特别地, 文献 [104] 中证明了 $k=s=0$ 时方程 (3.1.4) 是局部适定的. 当 $\alpha>0$, $\beta>0$ 时, 利用守恒量 (3.1.5) 和 (3.1.6), 容易证明方程在 $k=s=1$ 的情形下是整体适定的. 利用 Bourgain 的高低频分解技术和文献 [91] 中的几乎守恒律方法, 文献 [104, 105] 中得到了下列情形下的整体适定性结果:

$$d=1,\ k=s>\frac{1}{2};\ d=2,\ k=s>\frac{\sqrt{17}-3}{2};$$
$$d=3,\ k=s>\frac{7}{10};\ d=3,\ k,\ s>\frac{7}{10},\ k+s>\frac{3}{2}.$$

在 $d=3$ 时, 文献 [106] 中又将方程 (3.1.4) 的整体适定性结果改进到 $k=s>\dfrac{\sqrt{57}-5}{4}$. 下面的定理将表明 $d=3$ 时 (为简便起见, 这里只讨论三维情形, $d=1,2$ 时可类似讨论), 方程 (3.1.4) 在 $k=s=0$ 的情形下也是整体适定的.

定理 3.1.2　*设 $d=3$, $\alpha\beta>0$, 则 Klein-Gordon-Schrödinger 方程 (3.1.4) 关于初值 $(u_0,n_0,n_1)\in L^2\times L^2\times H^{-1}$ 是整体适定的, 而且解 (u,n) 满足 (3.1.5) 式和*

$$\|n(t)\|_{L_x^2}+\|\partial_t n(t)\|_{H_x^{-1}}\leqslant \exp(Ct\|u_0\|_{L^2}^2)\max\{\|n_0\|_{L^2}+\|n_1\|_{H^{-1}},\|u_0\|_{L^2}^2\}.$$

注 3.1.1　利用守恒量 (3.1.6) 来获得方程 (3.1.4) 的整体适定性结果时, 往往要求 $\alpha>0$, $\beta>0$, 而 $\alpha<0$, $\beta<0$ 时的整体适定性结果一直都是未知的, 定理 3.1.2 中得到的结论恰好弥补了这一空白 (注意只需假定 $\alpha\beta>0$).

在给出定理 3.1.1 和 3.1.2 的详细证明之前, 我们在此简要的介绍一下本节中证明方程 (3.1.1) 和 (3.1.4) 的整体适定性的方法. 为统一起见, 将方程写成更为抽象的形式, 其中初值在 $t=T_j$ 时刻给出:

$$\begin{cases}Ku=F(u,n),\\ Ln=G(u),\\ (u,n)(T_j)=(u_j,n_j).\end{cases} \tag{3.1.7}$$

这里的 K 和 L 都是发展类型的线性算子, F 是耦合了 u 和 n 的非线性项, G 是仅依赖于 u 的非线性项. 设 $W(t)n_0$ 是自由演化方程 $Ln=0$ 和 $n(0)=n_0$ 的解; $S(t)u_0$ 是自由演化方程 $Ku=0$ 和 $u(0)=u_0$ 的解. 又记 $W(t)n_0+L^{-1}g$ 是问题 $Lu=g$ 和 $n(0)=n_0$ 的解; $S(t)u_0+K^{-1}g$ 是问题 $Ku=g$ 和 $u(0)=u_0$ 的解.

先从方程 (3.1.7) 的第二个方程中解出

$$n=W(t)n_j+L^{-1}G(u), \tag{3.1.8}$$

将上述关于 n 的表达式代入到方程 (3.1.7) 的第一个方程中就导出了关于 u 的一个微分积分方程

$$u=S(t)u_j+K^{-1}F(u,W(t)n_j+L^{-1}G(u)). \tag{3.1.9}$$

从 (3.1.9) 式出发, 利用压缩映射原理, 就可得到方程 (3.1.7) 的局部适定性理论. 当然为利用压缩映射原理, 选取的工作空间一般是定义在时空区域 $[T_j,T_{j+1}]\times\mathbb{R}^d$ 中的 Banach 空间 $X_{[T_j,T_{j+1}]}$, 而且选取的初值对相应的自由演化方程的解都满足酉群性质, 即

$$\|W(t)n_0\|_{\mathcal{W}}=\|n_0\|_{\mathcal{W}},\ \|S(t)u_0\|_{\mathcal{S}}=\|u_0\|_{\mathcal{S}},\ \forall\ t, \tag{3.1.10}$$

而且一般还有 $X_{[T_j,T_{j+1}]}\subset C([T_j,T_{j+1}];\mathcal{S})$. 在应用中, 时间区间的长度 $\Delta_j:=|[T_j,T_{j+1}]|$ 通常取得足够小以保证能得到一个压缩映射. 事实上, 时间区间的长度 Δ_j 通常由以下式子所确定:

$$\Delta_j\leqslant\min\{\|u_j\|_{\mathcal{S}}^{-\gamma},\|n_j\|_{\mathcal{W}}^{-\beta}\},$$

其中 $\beta,\gamma>0$.

假设方程 (3.1.7) 的解关于 u 在 $\mathcal{S}$ 中是守恒的, 即 $\|u(t)\|_{\mathcal{S}}=\|u_0\|_{\mathcal{S}}$, 则当 j 增大时, 只要 $\|n_j\|_{\mathcal{W}}$ 的大小不趋于无穷, 就可以不断地采用压缩映射原理来延拓解的存在区间的长度.

不妨假设在 $t=T_j$ 时刻有 $\|n_j\|_{\mathcal{W}}\gg\|u_j\|_{\mathcal{S}}^{\gamma/\beta}$, 则 $\Delta_j=\|n_j\|_{\mathcal{W}}^{-\beta}$. 从 (3.1.8) 和 (3.1.10) 式可知, $\|n(t)\|_{\mathcal{W}}$ 的大小变化是由非线性项 $L^{-1}G(u)$ 引起的, 因此对于这个非线性项, 如果能得到估计

$$\|L^{-1}G(u)\|_{L^\infty([T_j,T_{j+1}];\mathcal{W})}\leqslant\Delta_j^\delta\tilde{G}(\|u\|_{L^\infty([T_j,T_{j+1}];\mathcal{S})})\ll\|n_j\|_{\mathcal{W}},$$

那么就可以不断地迭代局部适定性理论, 从而得到方程 (3.1.7) 的整体适定性结果. 事实上, 在这种情形下, 可令 $\Delta=(2\|n_j\|_{\mathcal{W}})^{-\beta}$, 则有

$$\begin{aligned}\|n(T_j+\Delta)\|_{\mathcal{W}}&\leqslant\|W(t)n_j\|_{\mathcal{W}}+\|L^{-1}G(u)\|_{L^\infty([T_j,T_j+\Delta];\mathcal{W})}\\&\leqslant\|n_j\|_{\mathcal{W}}+\Delta^\delta\tilde{G}(\|u_0\|_{\mathcal{S}})\leqslant 2\|n_j\|_{\mathcal{W}}.\end{aligned}$$

现在把 $T_j+\Delta$ 作为初始时刻, 由于有

$$
\begin{aligned}
\|n(T_j+2\Delta)\|_{\mathcal{W}} &\leqslant \|n(T_j+\Delta)\|_{\mathcal{W}}+\Delta^{\delta}\tilde{G}(\|u_0\|_{\mathcal{S}}) \\
&\leqslant \|n_j\|_{\mathcal{W}}+2\Delta^{\delta}\tilde{G}(\|u_0\|_{\mathcal{S}}) \leqslant 2\|n_j\|_{\mathcal{W}},
\end{aligned}
$$

于是可将解的存在区间延拓为 $[T_j, T_j+2\Delta]$. 用这种迭代方法迭代 m 次, 其中

$$
m=O\left(\frac{\|n_j\|_{\mathcal{W}}}{\Delta^{\delta}\tilde{G}(\|u_0\|_{\mathcal{S}})}\right),
$$

则在迭代完 m 次后, 可得 $\|n(T_j+m\Delta)\|_{\mathcal{W}} \leqslant 2\|n_j\|_{\mathcal{W}}$, 即表明了 $\|n(t)\|_{\mathcal{W}}$ 在 $t=T_j+m\Delta$ 时刻至多放大为 T_j 时刻的 2 倍, 而此时解的存在区间长度为

$$
m\Delta=C(\|u_0\|_{\mathcal{S}})\|n_j\|_{\mathcal{W}}^{1-\beta+\beta\delta}.
$$

因此如果 $1-\beta+\beta\delta \geqslant 0$, 那么就有 $m\Delta \geqslant C(\|u_0\|_{\mathcal{S}})$, 其中 $C(\|u_0\|_{\mathcal{S}})$ 与 $\|n(t)\|_{\mathcal{W}}$ 无关. 于是就可以不断地执行这种程序, 每执行一次, 解的存在区间长度比前一次的长度至少会增加一个绝对常数 $C(\|u_0\|_{\mathcal{S}})$, 而 $\|n(t)\|_{\mathcal{W}}$ 的大小则至多增长到前一次的两倍. 利用这种方法, 就可以获得方程 (3.1.7) 的整体适定性结果.

要使 $1-\beta+\beta\delta \geqslant 0$ 成立, 最好是能找到这样的 β, 使得 $\beta \leqslant 1$, 但如果 $\beta>1$, 那么仍可选取 $\delta>0$ 比较大, 使得 $1-\beta+\beta\delta \geqslant 0$ 成立. 因此在实际应用中, 我们需选取合适的 β 和 δ 满足 $1-\beta+\beta\delta \geqslant 0$. 对许多物理上的方程来讲, 通常会遇到的情形就是 δ 很小, 这样式子 $1-\beta+\beta\delta \geqslant 0$ 就不再成立, 因此应想尽办法避免这种情形的发生. 对于本节中的 Klein-Gordon-Schrödinger 方程 (3.1.4), 利用 Strichartz 估计, 可选取 $\beta=4$, $\delta=\dfrac{3}{4}$, 从而就有 $1-\beta+\beta\delta=0$, 具体证明见第三小节. 而对于一维 Zakharov 方程 (3.1.1), 需引进 Bourgain 空间 $X_{s,b}\left(b<\dfrac{1}{2}\right)$, 且在球

$$
B_{X_{[T_j', T_{j+1}']}}=\{u:\|u\|_{X_{[T_j', T_{j+1}']}} \leqslant (\Delta_j')^{\alpha}\|u_0\|_{L^2}\}
$$

上利用压缩映射原理, 其中 $\Delta_j'=|[T_j', T_{j+1}']|$. 这种做法的好处在于局部解存在的区间长度会更大一些, 换句话说, β 会更小, 另外, 将 $\|n(t)\|_{\mathcal{W}}$ 放大为两倍所需的时间也会更长些, 因此这些因素就促使式子 $1-\beta+\beta\delta \geqslant 0$ 成立的机会更大. 详细证明见第三小节.

本节中的证明思想也可应用到其他发展类型的系统中去, 比如 Schrödinger-Airy 系统

$$
\begin{cases}
\mathrm{i}\partial_t u+\partial_x^2 u=\alpha n u+\beta|u|^2 u, \ x\in\mathbb{R}, \ t\in\mathbb{R}, \\
\partial_t n+\partial_x^3 n=\gamma\partial_x|u|^2, \\
u(0,x)=u_0(x), \ n(0,x)=n_0(x),
\end{cases}
\tag{3.1.11}
$$

和 Schrödinger-Benjamin-Ono 系统

$$\begin{cases} i\partial_t u + \partial_x^2 u = \alpha n u + \beta|u|^2 u, \ x \in \mathbb{R}, \ t \in \mathbb{R}, \\ \partial_t n + \mu\partial_x|\partial_x| n = \beta\partial_x|u|^2. \\ u(0,x) = u_0(x), \ n(0,x) = n_0(x) \end{cases} \tag{3.1.12}$$

限于篇幅, 这两种方程的整体适定性理论就不在此处讨论了. 关于 Schrödinger-Airy 方程 (3.1.11) 的适定性理论, 有兴趣的读者可阅读文献 [107~110]; 而关于 Schrödinger-Benjamin-Ono 方程的相关适定性结论, 见文献 [108, 111].

3.1.2 群估计和 Duhamel 项的估计

设 $U(t) = e^{it\Delta}$ 表示自由 Schrödinger 方程的半群. 给定初始数据 (n_0, n_1), 用高低频分解将 n_1 表示为 $n_1 = n_{1L} + n_{1H}$, 令 $\hat{\nu}_0(\xi) = \dfrac{\hat{n}_{1H}(\xi)}{i\xi}$, 即有 $\partial_x \nu_0 = n_{1H}$. 记

$$W_+(n_0,n_1)(t,x) = \frac{1}{2}n_0(x-t) - \frac{1}{2}\nu_0(x-t) + \frac{1}{2}\int_{x-t}^{x} n_{1L}(y)\mathrm{d}y,$$

$$W_-(n_0,n_1)(t,x) = \frac{1}{2}n_0(x+t) + \frac{1}{2}\nu_0(x+t) + \frac{1}{2}\int_{x}^{x+t} n_{1L}(y)\mathrm{d}y.$$

直接计算容易验证

$$(\partial_t \pm \partial_x)W_\pm(n_0,n_1)(t,x) = \frac{1}{2}n_{1L}(x),$$

$$W_\pm(n_0,n_1)(0,x) = \frac{1}{2}n_0(x) \mp \frac{1}{2}\nu_0(x),$$

$$\partial_t W_\pm(n_0,n_1)(0,x) = \mp\frac{1}{2}\partial_x n_0(x) + \frac{1}{2}\partial_x \nu_0(x) + \frac{1}{2}n_{1L}(x).$$

因此函数 $n(t,x) = W_+(n_0,n_1)(t,x) + W_-(n_0,n_1)(t,x)$ 满足方程

$$(\partial_t^2 - \partial_x^2)n = 0, \ n(0) = n_0, \ \partial_t n(0) = n_1.$$

有时候简记 $W(n_0,n_1) = W_+(n_0,n_1) + W_-(n_0,n_1)$. 又记

$$G(t)(n_0,n_1) = \cos[t(I-\Delta)^{1/2}]n_0 + \frac{\sin[t(I-\Delta)^{1/2}]}{(I-\Delta)^{1/2}}n_1$$

为自由 Klein-Gordon 方程的解, 即

$$(\partial_t^2 + (I-\Delta))G(t)(n_0,n_1) = 0, \ G(0)(n_0,n_1) = n_0, \ \partial_t G(0)(n_0,n_1) = n_1.$$

接着再介绍一些函数空间. 定义范数

$$\|(n_0,n_1)\|_{\mathcal{W}}=\left(\int_{|\xi|\leqslant 1}|\hat{n}_0|^2\mathrm{d}\xi\right)^{\frac{1}{2}}+\left(\int_{|\xi|\leqslant 1}|\hat{n}_1|^2\mathrm{d}\xi\right)^{\frac{1}{2}}+\left(\int_{|\xi|\geqslant 1}|\xi|^{-1}|\hat{n}_0|^2\mathrm{d}\xi+\int_{|\xi|\geqslant 1}|\xi|^{-3}|\hat{n}_1|^2\mathrm{d}\xi\right)^{\frac{1}{2}}.$$

容易验证 $\|(n_0,n_1)\|_{\mathcal{W}}\sim\|n_0\|_{H^{-\frac{1}{2}}}+\|n_1\|_{H^{-\frac{3}{2}}}$. 当 $n=n(t,x)$ 时, 记 $\|n(t)\|_{\mathcal{W}}=\|(n(t),\partial_t n(t))\|_{\mathcal{W}}$. 定义范数

$$\|(n_0,n_1)\|_{\mathcal{G}}=(\|n_0\|_{L^2}^2+\|n_1\|_{H^{-1}}^2)^{\frac{1}{2}}.$$

由此定义可知 $\|(n_0,n_1)\|_{\mathcal{G}}\sim\|n_0\|_{L^2}+\|n_1\|_{H^{-1}}$. 当 n 是时间变量和空间变量的函数时, 记 $\|n(t)\|_{\mathcal{G}}=\|(n(t),\partial_t n(t))\|_{\mathcal{G}}$.

此外在处理 Zakharov 方程 (3.1.1) 的过程中, 需要引进两种 Bourgain 空间. 设 $\alpha\in\mathbb{R}$, 定义 Schrödinger-Bourgain 空间 $X_{0,\alpha}^S$ 为 $\mathcal{S}(\mathbb{R}\times\mathbb{R})$ 按照范数

$$\|z\|_{X_{0,\alpha}^S}=\left(\iint_{\xi,\tau}\langle\tau+|\xi|^2\rangle^{2\alpha}|\hat{z}(\xi,\tau)|^2\mathrm{d}\xi\mathrm{d}\tau\right)^{\frac{1}{2}}$$

完备化后的空间. 从该定义中可以看出,

$$\|z\|_{X_{0,\alpha}^S}=\|\langle\tau+|\xi|^2\rangle^{\alpha}\hat{z}\|_{L_\tau^2L_\xi^2}=\|U(-t)z\|_{H_t^\alpha L_x^2}.$$

对 $\alpha\in\mathbb{R}$, 我们还定义一维半波算子的 Bourgain 空间 $X_{-\frac{1}{2},\alpha}^{W_\pm}$ 为 $\mathcal{S}(\mathbb{R}\times\mathbb{R})$ 依范数

$$\|z\|_{X_{-\frac{1}{2},\alpha}^{W_\pm}}=\left(\iint_{\xi,\tau}\langle\xi\rangle^{-1}\langle\tau\pm\xi\rangle^{2\alpha}|\hat{z}(\xi,\tau)|^2\mathrm{d}\xi\mathrm{d}\tau\right)^{\frac{1}{2}}$$

完备化的空间. 本章中对时间、空间或时空的 Fourier 变换均用记号 ^来表示, 在阅读过程中, 读者不难从上下文中看出 ^表示的是具体哪一种类型的 Fourier 变换. 但有时为明确起见, 会用 $\mathcal{F}_t$, $\mathcal{F}_x$, $\mathcal{F}_{x,t}$ 分别来表示对时间、空间和时空的 Fourier 变换.

在本节中, $\psi(t)\in C_0^\infty(\mathbb{R})$ 满足 $\psi(t)=\psi(-t)$, 当 $t\in[-1,1]$ 时 $\psi(t)\equiv 1$, 当 $|t|\geqslant 2$ 时 $\psi(t)\equiv 0$. 令 $\psi_T(t)=\psi(t/T)$, 因此 $\psi_1(t)=\psi(t)$. 函数 $\psi_T(t)$ 会对时间进行截断, 在局部适定性理论的研究中经常会采用此截段函数. 下面给出线性项的一些估计.

引理 3.1.1 设 $T\leqslant 1$. 则有

(a) Schrödinger. $\|U(t)u_0\|_{C(\mathbb{R};L^2)}=\|u_0\|_{L^2}$.

(b) 如果 $0 \leqslant b_1 \leqslant \dfrac{1}{2}$, 那么有 $\|\psi_T(t)U(t)u_0\|_{X^S_{0,b_1}} \lesssim T^{\frac{1}{2}-b_1}\|u_0\|_{L^2}$.

(c) Strichartz 估计. 如果 $2 \leqslant q, r \leqslant \infty$, 且满足 $\dfrac{2}{q}+\dfrac{d}{r}=\dfrac{d}{2}(q=d=2, r=\infty$ 除外), 那么有 $\|U(t)u_0\|_{L^q_tL^r_x} \lesssim \|u_0\|_{L^2}$.

(d) 一维波方程. $\|W(t)(n_0,n_1)\|_{C([0,T;\mathcal{W}])} \leqslant (1+T)\|(n_0,n_1)\|_{\mathcal{W}}$.

(e) 如果 $0 \leqslant b \leqslant \dfrac{1}{2}$, 那么有 $\|\psi_T(t)W_\pm(n_0,n_1)\|_{X^{W_\pm}_{-\frac{1}{2},b}} \lesssim T^{\frac{1}{2}-b}\|(n_0,n_1)\|_{\mathcal{W}}$.

(f) Klein-Gordon. $\|G(t)(n_0,n_1)\|_{C([0,T;\mathcal{G}])} = \|(n_0,n_1)\|_{\mathcal{G}}$.

证明 因为 $U(t)=\mathrm{e}^{\mathrm{i}t\Delta}$, 故 (a) 可由 Plancherel 定理得到. 至于 Strichartz 估计 (c), 可参阅文献 [112, 113]. 下面证明 (b). 由于

$$\|\psi_T(t)U(t)u_0\|_{X^S_{0,b_1}} = \|U(-t)\psi_T(t)U(t)u_0\|_{H^{b_1}_tL^2_x} = \|\psi_T\|_{H^{b_1}}\|u_0\|_{L^2},$$

再注意到

$$\|\psi_T\|_{H^{b_1}} \sim \|\psi_T\|_{L^2}+\|\psi_T\|_{\dot{H}^{b_1}} = T^{\frac{1}{2}}\|\psi_1\|_{L^2}+T^{\frac{1}{2}-b_1}\|\psi_1\|_{\dot{H}^{b_1}},$$

因为 $T\leqslant 1$, 联合以上两式就可得 (b). 接着证明 (d). 令 $f(t,x)=W(t)(n_0,n_1)$, 则 f 满足

$$(\partial_t^2-\partial_x^2)f=0,\ f(0,x)=n_0,\ \partial_t f(0,x)=n_1.$$

记 P_H 和 P_L 分别为在频率 $|\xi|\geqslant 1$ 和 $|\xi|\leqslant 1$ 上的投影算子, $|\nabla|^{-\frac{3}{2}}$ 表示象征为 $|\xi|^{-\frac{3}{2}}$ 的乘子算子. 现用 $|\nabla|^{-\frac{3}{2}}P_H$ 作用于上述波动方程的两边, 而后再乘以 $|\nabla|^{-\frac{3}{2}}P_H\partial_t f$, 再关于空间变量积分得

$$\||\nabla|^{-\frac{3}{2}}P_H\partial_t f\|_{L^2}^2+\|\partial_x|\nabla|^{-\frac{3}{2}}P_Hf\|_{L^2}^2 = \||\nabla|^{-\frac{3}{2}}P_Hn_1\|_{L^2}^2+\|\partial_x|\nabla|^{-\frac{3}{2}}n_0\|_{L^2}^2,$$

即有

$$\int_{|\xi|\geqslant 1}(|\xi|^{-1}|\hat{f}|^2+|\xi|^{-3}|\partial_t\hat{f}|^2)\mathrm{d}\xi = \int_{|\xi|\geqslant 1}(|\xi|^{-1}|\hat{n}_0|^2+|\xi|^{-3}|\hat{n}_1|^2)\mathrm{d}\xi. \tag{3.1.13}$$

为处理低频部分, 利用 d'Alembert 公式

$$f(x,t)=\frac{1}{2}n_0(x+t)+\frac{1}{2}n_0(x-t)+\frac{1}{2}\int_{x-t}^{x+t}n_1(y)\mathrm{d}y,$$

用 P_L 作用于上述求解公式得

$$\|P_Lf\|_{L^2} \leqslant \|P_Ln_0\|_{L^2}+T\|P_Ln_1\|_{L^2}. \tag{3.1.14}$$

从达朗贝尔公式还可推出

$$\partial_t f(x,t) = \frac{1}{2}\int_{x-t}^{x+t} \partial^2 n_0(y)\mathrm{d}y + \frac{1}{2}n_1(x+t) + \frac{1}{2}n_1(x-t),$$

从而有

$$\|P_L\partial_t f\|_{L^2} \leqslant T\|P_L n_0\|_{L^2} + \|P_L n_1\|_{L^2}. \tag{3.1.15}$$

联合 (3.1.13)~(3.1.15) 式, 我们证明了 (d). 下面证明 (e). 只需证明加号的情形成立即可. 先注意到以下事实

$$\begin{aligned}
\mathcal{F}_{t,x}[\psi_T(t)n_0(x-t)] &= \hat{\psi}_T(\tau+\xi)\hat{n}_0(\xi),\\
\mathcal{F}_{t,x}[\psi_T(t)\nu_0(x-t)] &= \hat{\psi}_T(\tau+\xi)\hat{\nu}_0(\xi),\\
\mathcal{F}_{t,x}\left[\psi_T(t)\int_{x-t}^{x} n_{1L}(y)\mathrm{d}y\right] &= \mathcal{F}_{t,x}\left[\psi_T(t)\int_{-t}^{0} n_{1L}(x+y)\mathrm{d}y\right]\\
&= \frac{T\hat{\psi}_1(T\tau) - T\hat{\psi}_1(T\tau+T\xi)}{\mathrm{i}\xi}\hat{n}_{1L}(\xi),
\end{aligned}$$

所以就有 (利用 $\partial_x \nu_0 = n_{1H}$)

$$\begin{aligned}
\|\psi_T(t)n_0(x-t)\|_{X^{W_+}_{-\frac{1}{2},b}} &= \|\psi_T\|_{H^b}\|n_0\|_{H^{-\frac{1}{2}}} \lesssim T^{\frac{1}{2}-b}\|n_0\|_{H^{-\frac{1}{2}}},\\
\|\psi_T(t)\nu_0(x-t)\|_{X^{W_+}_{-\frac{1}{2},b}} &= \|\psi_T\|_{H^b}\|\nu_0\|_{H^{-\frac{1}{2}}} \lesssim T^{\frac{1}{2}-b}\|n_1\|_{H^{-\frac{3}{2}}}
\end{aligned}$$

以及 (注意到 $\hat{n}_{1L}$ 是低频部分)

$$\begin{aligned}
\left\|\psi_T(t)\int_{x-t}^{x} n_{1L}(y)\mathrm{d}y\right\|_{X^{W_+}_{-\frac{1}{2},b}} &\leqslant T^2\left\|\langle\xi\rangle^{-\frac{1}{2}}\langle\tau+\xi\rangle^b\hat{n}_{1L}(\xi)\int_0^1\hat{\psi}_1'(T\tau+\theta T\xi)\mathrm{d}\theta\right\|_{L^2_{\xi,\tau}}\\
&\sim T^2\left\|\langle\tau\rangle^b\hat{n}_{1L}(\xi)\int_0^1\hat{\psi}_1'(T\tau+\theta T\xi)\mathrm{d}\theta\right\|_{L^2_{\xi,\tau}}\\
&\lesssim T^{\frac{3}{2}-b}\|n_{1L}\|_{L^2},
\end{aligned}$$

其中最后一步用了 Minkowski 不等式. 联合刚才的 3 个式子得

$$\|\psi_T(t)W_+(n_0,n_1)\|_{X^{W_+}_{-\frac{1}{2},b}} \lesssim T^{\frac{1}{2}-b}\|(n_0,n_1)\|_{\mathcal{W}},$$

故 (e) 得证. 最后证明 (f). 令 $g = G(t)(n_0,n_1)$, 则 g 满足

$$\partial_t^2 g + (I-\Delta)g = 0,$$

且 $g(0,x)=n_0$, $\partial_t g(0,x)=n_1$. 用 $\langle\nabla\rangle=(I-\Delta)^{\frac{1}{2}}$ 表示象征为 $\langle\xi\rangle$ 的乘子算子, 则用 $\langle\nabla\rangle^{-1}$ 作用于上述的 Klein-Gordon 方程, 而后再乘以 $\partial_t\langle\nabla\rangle^{-1}g$, 再积分得

$$\|\partial_t\langle\nabla\rangle^{-1}g\|_{L^2}^2+\|g\|_{L^2}^2=\|\langle\nabla\rangle^{-1}n_1\|_{L^2}^2+\|n_0\|_{L^2}^2,$$

根据 $\|\cdot\|_{\mathcal{G}}$ 的定义, (f) 即可从上式推出. □

下面来给出 Duhamel 项 (即非齐次项) 的一些估计. 先介绍一些符号. 记

$$U*_R z(t,x)=\int_0^t U(t-s)z(s,x)\mathrm{d}s,$$

为相应于 Schrödinger 算子的 Duhamel 算子, 于是有

$$(\mathrm{i}\partial_t+\Delta)U*_R z(t,x)=\mathrm{i}z(t,x),\quad U*_R z(0,x)=0.$$

又记一维半波算子的非齐次项为

$$W_\pm *_R z(t,x)=-\frac{1}{2}\int_0^t z(t-s,x\mp s)\mathrm{d}s.$$

容易验证

$$\begin{aligned}&(\partial_t\pm\partial_x)W_\pm *_R z(t,x)=-\frac{1}{2}z(t,x),\\&W_\pm *_R z(0,x)=0,\quad \partial_t W_\pm *_R z(0,x)=-\frac{1}{2}z(0,x).\end{aligned}$$

如果令 $n=W_+ *_R z(t,x)-W_- *_R z(t,x)$, 则 n 满足

$$(\partial_t^2-\partial_x^2)n=\partial_x z,\quad n(0,x)=\partial_t n(0,x)=0.$$

有时也记 $W*_R z=W_+ *_R z(t,x)-W_- *_R z(t,x)$. 对于 Klein-Gordon 方程, 记

$$G*_R z(t,x)=\int_0^t\frac{\sin[(t-s)(I-\Delta)^{1/2}]}{(I-\Delta)^{1/2}}z(s,x)\mathrm{d}s.$$

于是它满足

$$(\partial_t^2+(I-\Delta))G*_R z(t,x)=z,\quad G*_R z(0,x)=\partial_t G*_R z(0,x)=0.$$

引理 3.1.2 (Duhamel 项的估计)　设 $T\leqslant 1$. 则有

(a) Schrödinger. 设 $0\leqslant c_1<\frac{1}{2}$, 那么

$$\|U*_R z\|_{C([0,T];L^2)}\lesssim T^{\frac{1}{2}-c_1}\|z\|_{X^S_{0,-c_1}}.$$

(b) 设 $0 \leqslant c_1 < \dfrac{1}{2}$, $0 \leqslant b_1$, $b_1 + c_1 \leqslant 1$, 那么有

$$\|\psi_T U *_R z\|_{X^S_{0,b_1}} \lesssim T^{1-b_1-c_1} \|z\|_{X^S_{0,-c_1}}.$$

(c) Strichartz 估计. 如果 $2 \leqslant q, r \leqslant \infty$, 且满足 $\dfrac{2}{q} + \dfrac{d}{r} = \dfrac{d}{2}(q = d = 2, r = \infty$ 除外), 且 $\tilde{q}$ 和 $\tilde{r}$ 也满足这种容许关系, 则有

$$\|U *_R z\|_{C([0,T];L^2)} + \|U *_R z\|_{L^q_{[0,T]} L^r_x} \lesssim \|z\|_{L^{\tilde{q}'}_{[0,T]} L^{\tilde{r}'}_x},$$

其中 $\tilde{q}'$ 和 $\tilde{r}'$ 分别是 $\tilde{q}$ 和 $\tilde{r}$ 的 Hölder 对偶指标, 即

$$\frac{1}{\tilde{q}'} + \frac{1}{\tilde{q}} = 1, \quad \frac{1}{\tilde{r}'} + \frac{1}{\tilde{r}} = 1.$$

(d) 一维波方程. 设 $0 \leqslant c < \frac{1}{2}$, 那么

$$\|W *_R z\|_{C([0,T];\mathcal{W})} \lesssim T^{\frac{1}{2}-c} \left(\|z\|_{X^{W_+}_{-\frac{1}{2},-c}} + \|z\|_{X^{W_-}_{-\frac{1}{2},-c}} \right).$$

(e) 设 $0 \leqslant c < \dfrac{1}{2}$, $0 \leqslant b$, $b + c \leqslant 1$, 那么有

$$\|\psi_T W_\pm *_R z\|_{X^{W_\pm}_{-\frac{1}{2},b}} \lesssim T^{1-b-c} \|z\|_{X^{W_\pm}_{-\frac{1}{2},-c}}.$$

(f) Klein-Gordon. $\|G *_R z\|_{C([0,T];\mathcal{G})} \lesssim \|z\|_{L^1_{[0,T]} H^{-1}_x}$.

证明　(b) 和 (e) 的证明见下一节的引理 3.2.1. Strichartz 估计 (c) 见文献 [112, 113]. 下面就证剩下的 3 个结论. 先证 (a). 首先断言

$$\|\psi_T U *_R z\|_{L^\infty_t L^2_x} \lesssim T^{\frac{1}{2}-c_1} \|z\|_{X^S_{0,-c_1}}. \tag{3.1.16}$$

记 $f(t,\xi) = \mathrm{e}^{\mathrm{i}t\xi^2} \mathcal{F}_x\big(z(t,x)\big)$, 于是有

$$\begin{aligned} \|\psi_T U *_R z\|_{L^\infty_t L^2_x} &= \left\| \psi_T(t) \int_0^t f(s,\xi) \mathrm{d}s \right\|_{L^\infty_t L^2_\xi} \\ &\leqslant \left\| \psi_T(t) \int_0^t f(s,\xi) \mathrm{d}s \right\|_{L^2_\xi L^\infty_t}. \end{aligned} \tag{3.1.17}$$

如果能够证明

$$\left\| \psi_T(t) \int_0^t f(s,\xi) \mathrm{d}s \right\|_{L^\infty_t} \lesssim T^{\frac{1}{2}-c_1} \|f(t,\xi)\|_{H^{-c_1}_t}, \tag{3.1.18}$$

那么断言 (3.1.16) 就可得证. 事实上, 如果 (3.1.18) 式成立, 那么由 (3.1.17) 式可得

$$\|\psi_T U *_R z\|_{L_t^\infty L_x^2} \lesssim T^{\frac{1}{2}-c_1} \left\| \|f(t,\xi)\|_{H_t^{-c_1}} \right\|_{L_\xi^2} = T^{\frac{1}{2}-c_1}\|z\|_{X_{0,-c_1}^S}.$$

因此只需证明 (3.1.18) 式. 将 f 拆分为 $f(t) = f_+(t) + f_-(t)$, 其中 $\hat{f}_+(\tau) = \chi_{|\tau|\geqslant\frac{1}{T}}(\tau)\hat{f}(\tau)$, $\hat{f}_-(\tau) = \chi_{|\tau|\leqslant\frac{1}{T}}(\tau)\hat{f}(\tau)$. 对于 f_-, 利用 Hölder 不等式有

$$\begin{aligned}\left\|\psi_T(t)\int_0^t f_-(s)\mathrm{d}s\right\|_{L^\infty} &\leqslant \left\|\int_0^{2T} f_-(s)\mathrm{d}s\right\|_{L^\infty} \\ &\lesssim T^{\frac{1}{2}}\|f_-\|_{L^2} \lesssim T^{\frac{1}{2}-c_1}\|f_-\|_{H^{-c_1}}.\end{aligned}$$

注意到以下事实:

$$\begin{aligned}\int_0^t f_+(s)\mathrm{d}s = (\chi_{[-t,0]} * f_+)(0) &= \frac{1}{2\pi}\int_{\mathbb{R}} \mathcal{F}[(\chi_{[-t,0]} * f_+)](\sigma)\mathrm{d}\sigma \\ &= \frac{1}{2\pi}\int_{\mathbb{R}} \frac{\mathrm{e}^{\mathrm{i}t\sigma}-1}{\mathrm{i}\sigma}\hat{f}_+(\sigma)\mathrm{d}\sigma \qquad (3.1.19)\end{aligned}$$

以及

$$\mathcal{F}_t\left[\psi_T(t)\int_0^t f_+(s)\mathrm{d}s\right](\tau) = C\int_{\mathbb{R}} \frac{T\hat{\psi}(T(\tau-\sigma)) - T\hat{\psi}(T\tau)}{\sigma}\hat{f}_+(\sigma)\mathrm{d}\sigma.$$

于是有

$$\begin{aligned}\left\|\psi_T(t)\int_0^t f_+(s)\mathrm{d}s\right\|_{L^\infty} &\leqslant \left\|\mathcal{F}\left(\psi_T(t)\int_0^t f_+(s)\mathrm{d}s\right)\right\|_{L_\tau^1} \\ &\lesssim \|T\hat{\psi}(T\tau)\|_{L_\tau^1}\left\|\frac{\hat{f}_+(\tau)}{\tau}\right\|_{L_\tau^1} \\ &\lesssim \left(\int_{|\tau|\geqslant\frac{1}{T}} \frac{\mathrm{d}\tau}{|\tau|^{2-2c_1}}\right)^{1/2}\|f_+\|_{H^{-c_1}} \\ &\lesssim T^{\frac{1}{2}-c_1}\|f\|_{H^{-c_1}},\end{aligned}$$

其中最后一步利用了 $c_1 < \dfrac{1}{2}$. 联合关于 f_+ 和 f_- 的估计, (3.1.18) 式得证. 为完成 (a) 的证明, 还需证明连续性, 即对固定的 $z \in X_{0,-c_1}^S$, 对任意的 $\varepsilon > 0$, 都存在 $\delta = \delta(\varepsilon, z)$, 满足当 $t_1, t_2 \in [0,T]$ 且 $|t_1 - t_2| < \delta$ 时, 必有

$$\|U *_R z(t_2,x) - U *_R z(t_1,x)\|_{L_x^2} < \varepsilon.$$

利用 $\varepsilon/3$ 技巧法 (即稠密性讨论法), 只需假设 $z\in\mathcal{S}(\mathbb{R}^2)\subset X^S_{0,-c_1}$, 因为由定义可知 Schwarz 函数类 $\mathcal{S}(\mathbb{R}^2)$ 在 $X^S_{0,-c_1}$ 中是稠密的. 设 $z\in\mathcal{S}(\mathbb{R}^2)$, 由于

$$\partial_t(U *_R z)=(z+\mathrm{i}U *_R \Delta z),$$

于是由微积分基本定理和 (3.1.16) 式可得

$$\begin{aligned}\|U *_R z(t_2,x)-U *_R z(t_1,x)\|_{L^2_x}&=\left\|\int_{t_1}^{t_2}\partial_t\big(U *_R z(t,x)\big)\mathrm{d}t\right\|_{L^2_x}\\&\leqslant C|t_2-t_1|(\|z\|_{L^\infty_{[0,T]}L^2_x}+T^{\frac12-c_1}\|\Delta z\|_{X^S_{0,-c_1}}).\end{aligned}$$

于是 (a) 得证.

接着证明 (d), 证明方法与 (a) 类似. 因为

$$\begin{aligned}\|\psi_T W_+ *_R z\|_{L^\infty_t H_x^{-\frac12}}&=\frac12\left\|\psi_T(t)\langle\xi\rangle^{-\frac12}\mathcal{F}_x\left(\int_0^t z(t-s,x-s)\mathrm{d}s\right)\right\|_{L^\infty_t L^2_\xi}\\&=\frac12\left\|\psi_T(t)\langle\xi\rangle^{-\frac12}\int_0^t \hat{z}(t-s,\xi)\mathrm{e}^{-\mathrm{i}s\xi}\mathrm{d}s\right\|_{L^\infty_t L^2_\xi}\\&=\frac12\left\|\psi_T(t)\langle\xi\rangle^{-\frac12}\int_0^t \hat{z}(s,\xi)\mathrm{e}^{\mathrm{i}s\xi}\mathrm{d}s\right\|_{L^\infty_t L^2_\xi}\\&=\frac12\left\|\psi_T(t)\langle\xi\rangle^{-\frac12}\int_0^t g(s,\xi)\mathrm{d}s\right\|_{L^\infty_t L^2_\xi}\\&\leqslant\frac12\left\|\psi_T(t)\langle\xi\rangle^{-\frac12}\int_0^t g(s,\xi)\mathrm{d}s\right\|_{L^2_\xi L^\infty_t},\end{aligned}$$

其中 $g(t,\xi)=\mathrm{e}^{\mathrm{i}t\xi}\mathcal{F}_x[z(t,x)]$, 因此只要能证明

$$\left\|\psi_T(t)\int_0^t g(s,\xi)\mathrm{d}s\right\|_{L^\infty_t}\lesssim T^{\frac12-c}\|f(t,\xi)\|_{H_t^{-c}},\tag{3.1.20}$$

就可得到

$$\|\psi_T W_+ *_R z\|_{L^\infty_t H_x^{-\frac12}}\lesssim T^{\frac12-c}\|z\|_{X^{W_+}_{-\frac12,-c}}.\tag{3.1.21}$$

而 (3.1.20) 式的证明与 (3.1.18) 式是一样的, 故 (3.1.21) 式成立. 同样用稠密性讨论的方法可得 $W_+ *_R z\in C([0,T];H^{-\frac12})$, 这里就不再叙述了. 于是我们得到

$$\|W_\pm *_R z\|_{C([0,T];H^{-\frac12})}\lesssim T^{\frac12-c}\|z\|_{X^{W_\pm}_{-\frac12,-c}}.$$

同理可得

$$\|\partial_x W_\pm *_R z\|_{C([0,T];H^{-\frac32})}\lesssim T^{\frac12-c}\|z\|_{X^{W_\pm}_{-\frac12,-c}}.$$

根据这两式, 再注意到 $W *_R z = W_+ *_R z - W_- *_R z$ 以及 $\partial_t W *_R z = -(\partial_x W_+ *_R z + \partial_x W_- *_R z)$, 于是推出了 (d).

最后证明 (f). 事实上, 利用 Minkowski 积分不等式有

$$\begin{aligned}\|G *_R z\|_{L^\infty([0,T];L^2)} &= \left\|\int_0^t \frac{\sin(\langle\xi\rangle(t-s))}{\langle\xi\rangle}\hat{z}(s,\xi)\mathrm{d}s\right\|_{L_t^\infty L_\xi^2}\\ &\leqslant \int_0^T \|\langle\xi\rangle^{-1}\hat{z}(s,\xi)\|_{L_\xi^2}\mathrm{d}s = \|z\|_{L^1_{[0,T]}H_x^{-1}},\end{aligned}$$

同理有

$$\|\partial_t G *_R z\|_{L^\infty([0,T];H^{-1})} = \left\|\int_0^t \cos(\langle\xi\rangle(t-s))\hat{z}(s,\xi)\mathrm{d}s\right\|_{L_t^\infty H_x^{-1}} \leqslant \|z\|_{L^1_{[0,T]}H_x^{-1}}.$$

联合这两个式子就得

$$\|G *_R z\|_{L^\infty([0,T];\mathcal{G})} \lesssim \|z\|_{L^1_{[0,T]}H_x^{-1}}.$$

连续性的证明方法与前面类似, 留作读者完成. 于是 (f) 得证. 引理证毕.

3.1.3 整体适定性结论的证明

本节证明定理 3.1.1 和 3.1.2, 为此目的, 先给出在证明中需要用到的一个多线性估计.

引理 3.1.3 (多线性估计) (a) 设 $\frac{1}{4} < b_1, c_1, b < \frac{1}{2}$, 且 $b + b_1 + c_1 \geqslant 1$, 则有

$$\|n_\pm u\|_{X^S_{0,-c_1}} \lesssim \|n_\pm\|_{X^{W_\pm}_{-\frac{1}{2},b}} \|u\|_{X^S_{0,b_1}}.$$

(b) 设 $\frac{1}{4} < b_1, c < \frac{1}{2}$, 且 $2b_1 + c_1 \geqslant 1$, 则有

$$\|\partial_x(u_1\bar{u}_2)\|_{X^{W_\pm}_{-\frac{1}{2},-c}} \lesssim \|u_1\|_{X^S_{0,b_1}} \|u_2\|_{X^S_{0,b_1}}.$$

特别地, 当 $b = b_1 = c = c_1 = \frac{1}{3}$ 时, (a) 和 (b) 中的结论成立.

为使得证明过程清晰易懂, 我们将该引理的证明放在本节的最后. 下面证明定理 3.1.1 和 3.1.2.

定理 3.1.1 的证明 如前所述, 可将一维 Zakharov 方程 (3.1.1) 改写成如下形式:

$$\begin{cases} \mathrm{i}\partial_t u + \partial_x^2 u = (n_+ + n_-)u, \\ (\partial_t \pm \partial_x)n_\pm = \mp\frac{1}{2}\partial_x|u|^2 + \frac{1}{2}n_{1L}. \end{cases} \tag{3.1.22}$$

写成积分形式即为

$$u(t) = U(t)u_0 - \mathrm{i}U *_R \big((n_+ + n_-)u\big)(t),$$
$$n_\pm(t) = W_\pm(t)(n_0, n_1) \pm W_\pm *_R (\partial_x |u|^2)(t).$$

对 $0 < T \leqslant 1$, 定义映射 Λ_S 和 $\Lambda_{W_\pm}$ 为

$$\Lambda_S(u, n_\pm) = \psi_T U u_0 - \mathrm{i}\psi_T U *_R \big((n_+ + n_-)u\big), \tag{3.1.23}$$
$$\Lambda_{W_\pm}(u) = \psi_T W_\pm(n_0, n_1) \pm \psi_T W_\pm *_R (\partial_x |u|^2). \tag{3.1.24}$$

于是为求解方程 (3.1.22), 只需证明 Λ_S 和 $\Lambda_{W_\pm}$ 有不动点, 即 $(u(t), n_\pm(t)) = (\Lambda_S(u, n_\pm), \Lambda_{W_\pm}(u))$. 为此目的, 取 u 的工作空间为 X^S_{0,b_1}, $n_\pm$ 的工作空间为 $X^{W_\pm}_{-\frac{1}{2},b}$. 对方程 (3.1.23) 应用引理 3.1.1(b) 和引理 3.1.2(b) 及引理 3.1.3(a), 得

$$\|\Lambda_S(u, n_\pm)\|_{X^S_{0,b_1}} \lesssim T^{\frac{1}{2}-b_1}\|u_0\|_{L^2} + T^{1-b_1-c_1}\|n_\pm\|_{X^{W_\pm}_{-\frac{1}{2},b}}\|u\|_{X^S_{0,b_1}}.$$

对方程 (3.1.24) 应用引理 3.1.1(e) 和引理 3.1.2(e) 及引理 3.1.3(b), 得

$$\|\Lambda_{W_\pm}(u)\|_{X^{W_\pm}_{-\frac{1}{2},b}} \lesssim T^{\frac{1}{2}-b}\|(n_0, n_1)\|_{\mathcal{W}} + T^{1-b-c}\|u\|^2_{X^S_{0,b_1}}.$$

此外, 还可得到

$$\begin{aligned}
&\|\Lambda_S(u_1, n_{1\pm}) - \Lambda_S(u_2, n_{2\pm})\|_{X^S_{0,b_1}} \\
&\quad \lesssim T^{1-b_1-c_1}\big(\|n_{1\pm}\|_{X^{W_\pm}_{-\frac{1}{2},b}}\|u_1 - u_2\|_{X^S_{0,b_1}} + \|n_{1\pm} - n_{2\pm}\|_{X^{W_\pm}_{-\frac{1}{2},b}}\|u_2\|_{X^S_{0,b_1}}\big), \\
&\|\Lambda_{W_\pm}(u_1) - \Lambda_{W_\pm}(u_2)\|_{X^{W_\pm}_{-\frac{1}{2},b}} \lesssim T^{1-b-c}\big(\|u_1\|_{X^S_{0,b_1}} + \|u_2\|_{X^S_{0,b_1}}\big)\|u_1 - u_2\|_{X^S_{0,b_1}}.
\end{aligned}$$

现选取 T 满足

$$T^{\frac{3}{2}-2b_1-c_1}\|u_0\|_{L^2} \lesssim 1, \quad T^{\frac{3}{2}-b-b_1-c}\|u_0\|_{L^2} \lesssim 1$$

以及

$$T^{\frac{3}{2}-b-b_1-c_1}\|(n_0, n_1)\|_{\mathcal{W}} \lesssim 1, \tag{3.1.25}$$
$$T^{\frac{3}{2}-2b_1-c}\|u_0\|^2_{L^2} \lesssim \|(n_0, n_1)\|_{\mathcal{W}}, \tag{3.1.26}$$

于是容易证明方程 (3.1.23) 和 (3.1.24) 存在惟一的不动点 $u \in X^S_{0,b_1}$, $n_\pm \in X^{W_\pm}_{-\frac{1}{2},b}$ 满足

$$\|u\|_{X^S_{0,b_1}} \lesssim T^{\frac{1}{2}-b_1}\|u_0\|_{L^2}, \quad \|n_\pm\|_{X^{W_\pm}_{-\frac{1}{2},b}} \lesssim T^{\frac{1}{2}-b}\|(n_0, n_1)\|_{\mathcal{W}}. \tag{3.1.27}$$

而且根据引理 3.1.1(a) 和 (d) 及引理 3.1.2(a) 和 (d) 还可得到 $u \in C([0,T];L^2)$, $(n,n_t) \in C([0,T];\mathcal{W})$.

下面来说明上面得到的解是整体存在的. 由于 $\|u(t)\|_{L^2} = \|u_0\|_{L^2}$, 故从 T 的选取方法中可知, 解的存在区间依赖于 $\|n(t)\|_{\mathcal{W}}$ 的大小. 只需讨论 $\|n(t)\|_{\mathcal{W}}$ 很大的情形, 故不妨假设在 $t=0$ 时有 $\|u_0\|_{L^2}^2 \ll \|(n_0,n_1)\|_{\mathcal{W}}$. 此时 (3.1.26) 式自动成立, 再根据 (3.1.25) 式 (取 $b_1+c_1+b=1$) 得

$$T \sim \|(n_0,n_1)\|_{\mathcal{W}}^{-\frac{1}{3/2-b-b_1-c_1}} = \|(n_0,n_1)\|_{\mathcal{W}}^{-2}. \tag{3.1.28}$$

由于 $n = W(n_0,n_1) + W *_R (\partial_x |u|^2)$, 利用引理 3.1.1(d) 和引理 3.1.2(d) 以及 (3.1.27) 和 (3.1.28) 式得

$$\begin{aligned}\|n(T)\|_{\mathcal{W}} &\leqslant (1+T)\|(n_0,n_1)\|_{\mathcal{W}} + CT^{\frac{3}{2}-(2b_1+c)}\|u_0\|_{L^2}^2\\ &\leqslant \|(n_0,n_1)\|_{\mathcal{W}} + CT^{\frac{1}{2}}(1+\|u_0\|_{L^2}^2)(\leqslant 2\|(n_0,n_1)\|_{\mathcal{W}}),\end{aligned}$$

其中选取了 $2b_1+c=1$. 注意上式右端的第二项是远远小于第一项的, 所以又可以将 $t=T$ 作为初始时刻, 继续估计得

$$\begin{aligned}\|n(2T)\|_{\mathcal{W}} &\leqslant \|n(T)\|_{\mathcal{W}} + CT^{\frac{3}{2}-(2b_1+c)}\|u_0\|_{L^2}^2\\ &\leqslant \|(n_0,n_1)\|_{\mathcal{W}} + 2CT^{\frac{1}{2}}(1+\|u_0\|_{L^2}^2)(\leqslant 2\|(n_0,n_1)\|_{\mathcal{W}}).\end{aligned}$$

这种做法一直执行 m 次, 其中

$$m \sim \frac{\|(n_0,n_1)\|_{\mathcal{W}}}{T^{\frac{1}{2}}(1+\|u_0\|_{L^2}^2)},$$

于是总的存在时间 mT 就变为

$$mT \sim \frac{1}{1+\|u_0\|_{L^2}^2},$$

这是一个与 $\|n(t)\|_{\mathcal{W}}$ 无关的绝对常数, 而且在 $t=mT$ 时刻, $\|n(mT)\|_{\mathcal{W}}$ 的大小至多为 $2\|(n_0,n_1)\|_{\mathcal{W}}$. 现在从 $t=mT$ 时刻出发, 按照以上方法, 又可将解延拓到 $t=2mT$ 时刻 (当然此时每一小步的延拓时间与 (3.1.28) 式会有所不同), 而且 $\|n(2mT)\|_{\mathcal{W}}$ 的大小至多为 $2\|n(mT)\|_{\mathcal{W}}$. 用这种办法一直重复下去, 我们就可得到解的整体存在性.

对任意的 $t>0$, 总存在非负整数 k, 使得 $kmT < t \leqslant (k+1)mT$, 根据前面的做法可得

$$\|n(t)\|_{\mathcal{W}} \leqslant 2\|n(kmT)\|_{\mathcal{W}} \leqslant \cdots \leqslant 2^k\|(n_0,n_1)\|_{\mathcal{W}},$$

注意到 $2^k \leqslant 2^{\frac{t}{mT}} = \mathrm{e}^{ct}$, 其中 $c = \dfrac{\ln 2}{mT}$, 由此很容易得到定理中的指数增长估计. 定理证毕.

定理 3.1.2 的总的证明方法与定理 3.1.1 类似, 不同的是, 定理 3.1.2 的证明中并不需要用到类似于引理 3.1.3 的多线性估计. 下面就给出具体的证明过程.

定理 3.1.2 的证明　将 Klein-Gordon-Schrödinger 方程写成积分形式即为 (不妨设 $\alpha\beta = 1$)

$$\begin{aligned} u(t) &= U(t)u_0 + \mathrm{i}\gamma U *_R (nu)(t), \\ n(t) &= G(t)(n_0, n_1) + G *_R (|u|^2)(t). \end{aligned}$$

对 $0 < T \leqslant 1$, 定义映射 Λ_S 和 Λ_G 为

$$\Lambda_S(u, n) = Uu_0 + \mathrm{i}\gamma\psi_T U *_R (nu), \tag{3.1.29}$$

$$\Lambda_G(u) = G(n_0, n_1) + G *_R (|u|^2). \tag{3.1.30}$$

故我们的目标就是证明 Λ_S 和 Λ_G 有不动点, 即 $(u(t), n(t)) = (\Lambda_S(u, n), \Lambda_G(u))$. 为此目的, 取 u 的工作空间为 $C([0,T]; L^2) \cap \mathrm{Str}$, 其中 $\mathrm{Str} = L^{10/3}_{[0,T]} L^{10/3}_x \cap L^8_{[0,T]} L^{12/5}_x$, n 的工作空间为 $C([0,T]; \mathcal{G})$. 对方程 (3.1.29) 应用引理 3.1.1(a) 和 (c)、引理 3.1.2(c) $\left(\text{取 } (\tilde{q}, \tilde{r}) = \left(\dfrac{20}{9}, 5\right)\right)$ 以及 Hölder 不等式得

$$\|\Lambda_S(u, n)\|_{C([0,T];L^2)\cap \mathrm{Str}} \lesssim \|u_0\|_{L^2} + T^{\frac{1}{4}} \|n\|_{L^\infty_{[0,T]} L^2_x} \|u\|_{L^{10/3}_{[0,T]} L^{10/3}_x}.$$

对方程 (3.1.30) 应用引理 3.1.1(f) 和引理 3.1.2(f), 得

$$\begin{aligned} \|\Lambda_G(u)\|_{C([0,T];\mathcal{G})} &\leqslant \|(n_0, n_1)\|_{\mathcal{G}} + \||u|^2\|_{L^1_{[0,T]} H^{-1}_x} \\ &\lesssim \|(n_0, n_1)\|_{\mathcal{G}} + C\||u|^2\|_{L^1_{[0,T]} L^{6/5}_x} \\ &\lesssim \|(n_0, n_1)\|_{\mathcal{G}} + CT^{\frac{3}{4}} \|u\|^2_{L^8_{[0,T]} L^{12/5}_x}, \end{aligned}$$

其中用了 Sobolev 嵌入关系 $L^{6/5}(\mathbb{R}^3) \hookrightarrow H^{-1}(\mathbb{R}^3)$. 此外还有

$$\begin{aligned} &\|\Lambda_S(u_1, n_1) - \Lambda_S(u_2, n_2)\|_{C([0,T];L^2)\cap \mathrm{Str}} \\ &\quad \lesssim T^{\frac{1}{4}} \left(\|n_1\|_{L^\infty_{[0,T]} L^2_x} \|u_1 - u_2\|_{L^{10/3}_{[0,T]} L^{10/3}_x} + \|n_1 - u_2\|_{L^\infty_{[0,T]} L^2_x} \|u_2\|_{L^{10/3}_{[0,T]} L^{10/3}_x} \right), \\ &\|\Lambda_G(u_1) - \Lambda_G(u_2)\|_{C([0,T];\mathcal{G})} \\ &\quad \lesssim T^{\frac{3}{4}} \left(\|u_1\|_{L^8_{[0,T]} L^{12/5}_x} + \|u_2\|_{L^8_{[0,T]} L^{12/5}_x} \right) \|u_1 - u_2\|_{L^8_{[0,T]} L^{12/5}_x}. \end{aligned}$$

现选取 T 很小, 且满足

$$T^{\frac{1}{4}}\|u_0\|_{L^2}\lesssim 1$$

以及

$$T^{\frac{1}{4}}\|(n_0,n_1)\|_{\mathcal{G}}\lesssim 1, \tag{3.1.31}$$

$$T^{\frac{3}{4}}\|u_0\|_{L^2}^2\lesssim \|(n_0,n_1)\|_{\mathcal{G}}, \tag{3.1.32}$$

于是容易证明方程 (3.1.29) 和 (3.1.30) 存在惟一的不动点 (u,n), 满足

$$\|u\|_{C([0,T];L^2)\cap \mathrm{Str}}\lesssim \|u_0\|_{L^2},\ \|n\|_{C([0,T];\mathcal{G})}\leqslant \|(n_0,n_1)\|_{\mathcal{G}}+CT^{\frac{3}{4}}\|u_0\|_{L^2}^2. \tag{3.1.33}$$

下面说明上面得到的解是整体存在的. 由于 $\|u(t)\|_{L^2}=\|u_0\|_{L^2}$, 故从 T 的选取方法可知解的存在区间依赖于 $\|n(t)\|_{\mathcal{G}}$ 的大小. 当 $\|n(t)\|_{\mathcal{G}}$ 较小的时候, 讨论是平凡的, 故只需讨论 $\|n(t)\|_{\mathcal{G}}$ 很大的情形, 不妨假设在 $t=0$ 时有 $\|u_0\|_{L^2}^2\ll\|(n_0,n_1)\|_{\mathcal{G}}$. 此时 (3.1.32) 式自动成立, 再根据 (3.1.31) 式得

$$T\sim\|(n_0,n_1)\|_{\mathcal{G}}^{-4}.$$

从 (3.1.33) 式知, 我们可迭代定理 3.1.1 中的延拓程序 m 次, 其中

$$m\sim\frac{\|(n_0,n_1)\|_{\mathcal{G}}}{T^{\frac{3}{4}}\|u_0\|_{L^2}^2},$$

于是总的存在时间 mT 就变为

$$mT\sim\frac{1}{\|u_0\|_{L^2}^2},$$

这是一个与 $\|n(t)\|_{\mathcal{G}}$ 无关的绝对常数, 而且在 $t=mT$ 时刻, $\|n(mT)\|_{\mathcal{G}}$ 的大小至多为 $2\|(n_0,n_1)\|_{\mathcal{G}}$. 现在从 $t=mT$ 时刻出发, 按照以上方法, 又可将解延拓到 $t=2mT$ 时刻, 而且 $\|n(2mT)\|_{\mathcal{G}}$ 的大小至多为 $2\|n(mT)\|_{\mathcal{G}}$. 用这种办法一直进行下去, 就可得到解的整体存在性. 同定理 3.1.1 的证明一样, 这种 $\|n(t)\|_{\mathcal{G}}$ 的"线性"增长方式最多导致指数增长. 故定理证毕.

3.1.4 多线性估计

本节最后证明引理 3.1.3 中的多线性估计, 证明中需要用到如下两个引理.

引理 3.1.4 设 $f\in L^q(\mathbb{R})$, $g\in L^{q'}(\mathbb{R})$, 其中 $1\leqslant q,q'\leqslant\infty$ 且满足 $\dfrac{1}{q}+\dfrac{1}{q'}=1$. 又设 f 和 g 都是非负的偶函数, 且在 $[0,+\infty)$ 上都是非增的, 那么卷积 $f*g$ 也是非负的偶函数, 而且在 $[0,+\infty)$ 上非增.

证明　由已知条件, $f*g$ 显然是非负的偶函数. 只需证明单调性, 由稠密性讨论, 不妨假设 $f\in C^1(\mathbb{R})$, 于是就有 $f*g\in C^1(\mathbb{R})$. 设 $y\geqslant 0$, 则有

$$
\begin{aligned}
(f*g)'(y)&=\int_{\mathbb{R}}f'(y_1)g(y-y_1)\mathrm{d}y_1\\
&=\left(\int_{-\infty}^{0}+\int_{0}^{+\infty}\right)f'(y_1)g(y-y_1)\mathrm{d}y_1\\
&=\int_{0}^{+\infty}f'(y_1)(g(y-y_1)-g(y+y_1))\mathrm{d}y_1.
\end{aligned}
$$

由于当 $y,y_1\geqslant 0$ 时, $f'(y_1)\leqslant 0$, 且 $|y-y_1|\leqslant y+y_1$, 因此有 $g(y-y_1)\geqslant g(y+y_1)$. 所以就推出了对任意的 $y\geqslant 0$, 都有 $(f*g)'(y)\leqslant 0$. 引理证毕.

引理 3.1.5　设 $0\leqslant a_-\leqslant a_+$, 且 $a_-+a_+>\dfrac{1}{2}$, 则对任意的 $s\in\mathbb{R}$ 都有

$$
J(s):=\int_{\mathbb{R}}\langle y-s\rangle^{-2a_+}\langle y+s\rangle^{-2a_-}\mathrm{d}y\leqslant C\langle s\rangle^{-\alpha},
$$

其中 $\alpha=2a_--[1-2a_+]_+\geqslant 0$. 这里的记号 $[\lambda]_+$ 表示为

$$
[\lambda]_+=\begin{cases}\lambda, & 若\lambda>0,\\ \varepsilon>0, & 若\lambda=0,\\ 0, & 若\lambda<0.\end{cases}
$$

证明　由引理 3.1.4 知 $J(s)$ 是偶函数, 且

$$
J(s)\leqslant J(0)=\int_{\mathbb{R}}\langle y\rangle^{-2(a_-+a_+)}\mathrm{d}y<\infty.
$$

不妨设 $s\geqslant 0$, 将积分区域分成 3 部分: $0\leqslant y\leqslant 2s$, $-2s\leqslant y\leqslant 0$ 和 $|y|\geqslant 2|s|$. 当 $0\leqslant y\leqslant 2s$ 时, 有

$$
J_1(s)\leqslant\langle s\rangle^{-2a_-}\int_0^{2s}\langle y-s\rangle^{-2a_+}\mathrm{d}y\leqslant C\langle s\rangle^{-2a_-+[1-2a_+]_+}.
$$

同理当 $-2s\leqslant y\leqslant 0$ 时可得

$$
J_2(s)\leqslant\langle s\rangle^{-2a_+}\int_0^{2s}\langle y-s\rangle^{-2a_-}\mathrm{d}y\leqslant C\langle s\rangle^{-2a_++[1-2a_-]_+}.
$$

当 $|y|\geqslant 2|s|$ 时, 得

$$
J_3(s)\leqslant C\int_{2s}^{+\infty}\left\langle\frac{y}{2}\right\rangle^{-2(a_-+a_+)}\mathrm{d}y\leqslant C\langle s\rangle^{1-2(a_-+a_+)}.
$$

现在联合这 3 种情形, 再注意到以下事实:

$$-2a_- + [1-2a_+]_+ \geqslant -2a_+ + [1-2a_-]_+ \geqslant 1-2(a_- + a_+),$$

于是该引理证毕.

引理 3.1.3(a) 的证明 只证加号的情形, 因为负号的情形可类似证明. 这时需证明

$$\|n_+u\|_{X^S_{0,-c_1}} \lesssim \|n_+\|_{X^{W_+}_{-\frac{1}{2},b}} \|u\|_{X^S_{0,b_1}}. \tag{3.1.34}$$

我们断言, 为证 (3.1.34) 式, 只需证明

$$|S| \lesssim \|v\|_{L^2}\|v_1\|_{L^2}\|v_2\|_{L^2}, \tag{3.1.35}$$

其中

$$S = \int \frac{\hat{v}\hat{v}_1\hat{v}_2\langle\xi\rangle^{1/2}}{\langle\sigma\rangle^b\langle\sigma_1\rangle^{c_1}\langle\sigma_2\rangle^{b_1}}.$$

这里 $\hat{v}=\hat{v}(\xi,\tau)$, $\hat{v}_1=\hat{v}_1(\xi_1,\tau_1)$, $\hat{v}_2=\hat{v}_2(\xi_2,\tau_2)$, $\sigma=\tau+\xi$, $\sigma_1=\tau_1+\xi_1^2$, $\sigma_2=\tau_2+\xi_2^2$, 其中积分区域满足限制关系 $\xi_1=\xi+\xi_2$, $\tau_1=\tau+\tau_2$. 事实上,

$$\begin{aligned}
\|n_+u\|_{X^S_{0,-c_1}} &= \|\langle\sigma_1\rangle^{-c_1}\widehat{n_+u}(\xi_1,\tau_1)\|_{L^2}\\
&= \sup_{0\neq\hat{v}_1\in L^2}\frac{\left|\displaystyle\int_{\xi_1,\tau_1}\langle\sigma_1\rangle^{-c_1}\hat{v}_1(\xi_1,\tau_1)\left(\int_{\substack{\xi_1=\xi+\xi_2\\ \tau_1=\tau+\tau_2}}\hat{n}_+(\xi,\tau)\hat{u}(\xi_2,\tau_2)\right)\mathrm{d}\xi_1\mathrm{d}\tau_1\right|}{\|\hat{v}_1\|_{L^2}}\\
&= \sup_{0\neq v_1\in L^2}\frac{|S|}{\|v_1\|_{L^2}},
\end{aligned}$$

其中令 $\hat{v}(\xi,\tau)=\langle\xi\rangle^{-\frac{1}{2}}\langle\sigma\rangle^b\hat{n}_+(\xi,\tau)$, $\hat{v}_2(\xi_2,\tau_2)=\langle\sigma_2\rangle^{b_1}\hat{u}(\xi_2,\tau_2)$. 注意到 $\|n_+\|_{X^{W_+}_{-\frac{1}{2},b}} = \|v\|_{L^2}$, $\|u\|_{X^S_{0,b_1}} = \|v_2\|_{L^2}$, 于是从上式出发, 并利用 (3.1.35) 式, 就能得到 (3.1.34) 式.

下面证明 (3.1.35) 式. 因为 $|S|$ 关于 b, b_1, c_1 是递减的, 故当 $|\xi|\leqslant 1$ 时, 只需估计 $b=\dfrac{1}{4}$ 和 $b_1=c_1=\dfrac{1}{4}+$ 时 (3.1.35) 式成立, 这里记号 $\dfrac{1}{4}+$ 表示一个比 $\dfrac{1}{4}$ 大同时又充分靠近 $\dfrac{1}{4}$ 的数. 于是有

$$\begin{aligned}
&\int_{\xi_1,\tau_1}\int_{\substack{\xi_1=\xi+\xi_2\\ \tau_1=\tau+\tau_2}}\frac{\hat{v}\hat{v}_1\hat{v}_2}{\langle\sigma\rangle^{1/4}\langle\sigma_1\rangle^{1/4+}\langle\sigma_2\rangle^{1/4+}}\\
&\quad=\int_{\xi_1,\tau_1}\left(\frac{\hat{v}_1}{\langle\sigma_1\rangle^{1/4+}}\right)\left(\int_{\substack{\xi_1=\xi+\xi_2\\ \tau_1=\tau+\tau_2}}\frac{\hat{v}\hat{v}_2}{\langle\sigma\rangle^{1/4}\langle\sigma_2\rangle^{1/4+}}\mathrm{d}\xi_2\mathrm{d}\tau_2\right)\mathrm{d}\xi_1\mathrm{d}\tau_1
\end{aligned}$$

$$
\begin{aligned}
&= \int_{x_1,t_1} \left(\frac{\hat v_1}{\langle\sigma_1\rangle^{1/4+}}\right)^\vee \left(\int_{\substack{\xi_1=\xi+\xi_2\\ \tau_1=\tau+\tau_2}} \frac{\hat v \hat v_2}{\langle\sigma\rangle^{1/4}\langle\sigma_2\rangle^{1/4+}} \mathrm{d}\xi_2 \mathrm{d}\tau_2\right)^\vee \mathrm{d}x_1 \mathrm{d}t_1 \\
&= \int_{x,t} \left(\frac{\hat v_1}{\langle\sigma_1\rangle^{1/4+}}\right)^\vee \left(\frac{\hat v}{\langle\sigma\rangle^{1/4}}\right)^\vee \left(\frac{\hat v_2}{\langle\sigma_2\rangle^{1/4+}}\right)^\vee \mathrm{d}x\mathrm{d}t \\
&\leqslant \left\|\left(\frac{\hat v_1}{\langle\sigma_1\rangle^{1/4+}}\right)^\vee\right\|_{L_t^{8/3}L_x^4} \left\|\left(\frac{\hat v}{\langle\sigma\rangle^{1/4}}\right)^\vee\right\|_{L_t^4L_x^2} \left\|\left(\frac{\hat v_2}{\langle\sigma_2\rangle^{1/4+}}\right)^\vee\right\|_{L_t^{8/3}L_x^4}.
\end{aligned}
$$

现在估计上式中的每一项. 首先有

$$
\begin{aligned}
\left\|\left(\frac{\hat v}{\langle\sigma\rangle^{1/4}}\right)^\vee\right\|_{L_t^4L_x^2} &= \left\|\int_\tau \mathrm{e}^{\mathrm{i}t\tau} \frac{\hat v(\xi,\tau)}{\langle\tau+\xi\rangle^{1/4}}\mathrm{d}\tau\right\|_{L_t^4L_\xi^2} \\
&\leqslant \left\|\int_\tau \mathrm{e}^{\mathrm{i}t\tau} \frac{\hat v(\xi,\tau)}{\langle\tau+\xi\rangle^{1/4}}\mathrm{d}\tau\right\|_{L_\xi^2L_t^4} \text{(Minkowski不等式)} \\
&\leqslant \left\|\int_\tau \mathrm{e}^{\mathrm{i}t\tau} \frac{\hat v(\xi,\tau-\xi)}{\langle\tau\rangle^{1/4}}d\tau\right\|_{L_\xi^2L_t^4} \\
&= \|\langle\partial_t\rangle^{-\frac14}(\hat v(\xi,t)\mathrm{e}^{\mathrm{i}\xi t})\|_{L_\xi^2L_t^4} \\
&\leqslant C\|\hat v(\xi,t)\mathrm{e}^{\mathrm{i}\xi t}\|_{L_\xi^2L_t^2} (\text{Sobolev不等式} L^2(\mathbb{R}) \hookrightarrow H^{-\frac14,4}(\mathbb{R})) \\
&= C\|v\|_{L^2},
\end{aligned}
$$

其次, 根据 $\|(\hat v_j)^\vee\|_{L_t^2L_x^2} = \|v_j\|_{L^2}$ 和 Strichartz 型估计 $\|(\langle\sigma_j\rangle^{-a}\hat v_j)^\vee\|_{L_t^4L_x^\infty} \lesssim \|v_j\|_{L^2}$ $\left(a>\dfrac12\right)$, 再利用插值不等式, 得

$$
\left\|\left(\frac{\hat v_j}{\langle\sigma_j\rangle^{1/4+}}\right)^\vee\right\|_{L_t^{8/3}L_x^4} \leqslant C\|v_j\|_{L^2},\ j=1,2.
$$

联合这些不等式, 即得当 $|\xi|\leqslant 1$ 时 (3.1.35) 式成立. 于是剩下只需证明

$$
|\tilde S| := \left|\int \frac{\hat v \hat v_1 \hat v_2 |\xi|^{1/2}}{\langle\sigma\rangle^b\langle\sigma_1\rangle^{c_1}\langle\sigma_2\rangle^{b_1}}\right| \lesssim \|v\|_{L^2}\|v_1\|_{L^2}\|v_2\|_{L^2}, \tag{3.1.36}
$$

其中 $\hat v=\hat v(\xi,\tau)$, $\hat v_1=\hat v_1(\xi_1,\tau_1)$, $\hat v_2=\hat v_2(\xi_2,\tau_2)$, $\sigma=\tau+\xi$, $\sigma_1=\tau_1+\xi_1^2$, $\sigma_2=\tau_2+\xi_2^2$, 其中积分区域满足限制关系 $\xi_1=\xi+\xi_2$, $\tau_1=\tau+\tau_2$. 根据这些关系易得

$$
\begin{aligned}
\sigma_1-\sigma-\sigma_2 &= \tau_1+\xi_1^2-(\tau+\xi)-(\tau_2+\xi_2^2) \\
&= \left(\xi_1-\frac12\right)^2-\left(\xi_2-\frac12\right)^2.
\end{aligned}
$$

下面分 3 种情形证明 (3.1.36) 式.

情形 1: $|\sigma| \geqslant \max\{|\sigma_1|, |\sigma_2|\}$. 此时由 Cauchy-Schwaz 不等式, 有

$$
\begin{aligned}
|\tilde{S}| &\leqslant \left(\int_{\xi,\sigma} |\hat{v}|^2\right)^{1/2} \left(\int_{\xi,\sigma} \langle\sigma\rangle^{-2b} \left|\int_{\xi_2,\sigma_2} \frac{|\hat{v_1}\hat{v_2}||\xi|^{1/2}}{\langle\sigma_1\rangle^{c_1}\langle\sigma_2\rangle^{b_1}}\right|^2\right)^{1/2} \\
&\leqslant \left(\int_{\xi,\sigma} |\hat{v}|^2\right)^{1/2} \left(\int_{\xi,\sigma} \langle\sigma\rangle^{-2b} \left(\int_{\xi_2,\sigma_2} |\hat{v_1}\hat{v_2}|^2\right)\left(\int_{\xi_2,\sigma_2} \frac{|\xi|}{\langle\sigma_1\rangle^{2c_1}\langle\sigma_2\rangle^{2b_1}}\right)\right)^{1/2} \\
&\leqslant \left(\sup_{\xi,\sigma}\langle\sigma\rangle^{-2b} \int_{\sigma_2}\int_{\xi_2} \frac{|\xi|}{\langle\sigma_1\rangle^{2c_1}\langle\sigma_2\rangle^{2b_1}} \mathrm{d}\xi_2 \mathrm{d}\sigma_2\right)^{1/2} \|v\|_{L^2}\|v_1\|_{L^2}\|v_2\|_{L^2}.
\end{aligned}
$$

上式最里面的那层积分变量是 ξ_2, 这时将 σ, ξ, σ_2 看成是固定的. 由于 $\xi_1 = \xi + \xi_2$, $\sigma_1 - \sigma - \sigma_2 = \left(\xi_1 - \dfrac{1}{2}\right)^2 - \left(\xi_2 - \dfrac{1}{2}\right)^2$, 故有

$$
\mathrm{d}\xi_1 = \mathrm{d}\xi_2,\ \mathrm{d}\sigma_1 = \left[2\left(\xi_1 - \frac{1}{2}\right) - 2\left(\xi_2 - \frac{1}{2}\right)\right]\mathrm{d}\xi_1 = 2\xi\mathrm{d}\xi_2.
$$

因此也就有

$$
\begin{aligned}
&\sup_{\xi,\sigma}\langle\sigma\rangle^{-2b} \int_{\sigma_2}\int_{\xi_2} \frac{|\xi|}{\langle\sigma_1\rangle^{2c_1}\langle\sigma_2\rangle^{2b_1}} \mathrm{d}\xi_2 \mathrm{d}\sigma_2 \\
&\leqslant \sup_{\sigma}\langle\sigma\rangle^{-2b} \int_0^{|\sigma|}\int_0^{|\sigma|} \frac{1}{\langle\sigma_1\rangle^{2c_1}\langle\sigma_2\rangle^{2b_1}} \mathrm{d}\sigma_1 \mathrm{d}\sigma_2 \\
&\lesssim \sup_{\sigma}\langle\sigma\rangle^{-2b+[1-2c_1]_+ + [1-2b_1]_+}.
\end{aligned}
$$

如果 b_1, $c_1 < \dfrac{1}{2}$, 那么上式中 $\langle\sigma\rangle$ 的指标就变为 $2 - 2b - 2b_1 - 2c_1$, 故要使上述上确界有界, 必须 $2 - 2b - 2b_1 - 2c_1 \leqslant 0$, 即 $b + b_1 + c_1 \geqslant 1$. 于是在第一种情形下, (3.1.36) 式得证.

情形 2: $|\sigma_1| \geqslant \max\{|\sigma|, |\sigma_2|\}$. 与情形 1 的讨论一样, 只需证明

$$
\sup_{\xi_1,\sigma_1} \langle\sigma_1\rangle^{-2c_1} \int_{\sigma_2}\int_{\xi_2} |\xi|\langle\sigma\rangle^{-2b}\langle\sigma_2\rangle^{-2b_1} \mathrm{d}\xi_2 \mathrm{d}\sigma_2 < +\infty. \tag{3.1.37}
$$

为证 (3.1.37) 式, 又分为两种情形讨论. 第一种是 $\left|\xi_1 - \dfrac{1}{2}\right| \leqslant 2\left|\xi_2 - \dfrac{1}{2}\right|$ 的情形. 此时 $|\xi| \leqslant 3\left|\xi_2 - \dfrac{1}{2}\right|$. 当 $\xi_1, \sigma_1, \sigma_2$ 固定时, 根据关系 $\sigma_1 - \sigma - \sigma_2 = \left(\xi_1 - \dfrac{1}{2}\right)^2 - \left(\xi_2 - \dfrac{1}{2}\right)^2$

可得 $\mathrm{d}\sigma=2\left(\xi_2-\frac{1}{2}\right)\mathrm{d}\xi_2$, 故

$$\begin{aligned}&\sup_{\xi_1,\sigma_1}\langle\sigma_1\rangle^{-2c_1}\int_{\sigma_2}\int_{\xi_2}|\xi|\langle\sigma\rangle^{-2b}\langle\sigma_2\rangle^{-2b_1}\mathrm{d}\xi_2\mathrm{d}\sigma_2\\&\quad\lesssim\sup_{\sigma_1}\langle\sigma_1\rangle^{-2c_1}\int_0^{|\sigma_1|}\int_0^{|\sigma_1|}\langle\sigma_2\rangle^{-2b_1}\langle\sigma\rangle^{-2b}\mathrm{d}\sigma\mathrm{d}\sigma_2\\&\quad\lesssim\sup_{\sigma_1}\langle\sigma_1\rangle^{-2c_1+[1-2b_1]_++[1-2b]_+}.\end{aligned}$$

当 $b,b_1<\frac{1}{2}$ 时, 要使 (3.1.37) 式成立, 必须 $2-2b-2b_1-2c_1\leqslant 0$, 即 $b+b_1+c_1\geqslant 1$.

第二种是 $\left|\xi_1-\frac{1}{2}\right|\geqslant 2\left|\xi_2-\frac{1}{2}\right|$ 的情形. 此时有 $|\xi|\leqslant\frac{3}{2}\left|\xi_1-\frac{1}{2}\right|$ 以及 $\frac{3}{4}\left(\xi_1-\frac{1}{2}\right)^2\leqslant\left(\xi_1-\frac{1}{2}\right)^2-\left(\xi_2-\frac{1}{2}\right)^2=\sigma_1-\sigma-\sigma_2\leqslant 3|\sigma_1|$, 因此有 $\left(\xi_1-\frac{1}{2}\right)^2\leqslant 4|\sigma_1|$, 也就有 $|\xi|^2\lesssim|\sigma_1|$. 于是 (3.1.37) 式的左边就可被下面的式子控制 $\left(\text{注意}c_1>\frac{1}{4}\right)$:

$$\sup_{\xi_1,\sigma_1}\langle\xi_1\rangle^{1-4c_1}\int_{\xi_2}\left(\int_{\sigma_2}\langle\sigma\rangle^{-2b}\langle\sigma_2\rangle^{-2b_1}\mathrm{d}\sigma_2\right)\mathrm{d}\xi_2. \tag{3.1.38}$$

注意到当 ξ_1,σ_1,ξ_2 固定的时候, $\sigma+\sigma_2=\sigma_1-\left(\xi_1-\frac{1}{2}\right)^2-\left(\xi_2-\frac{1}{2}\right)^2$ 也固定, 于是根据引理 3.1.5 可知, 当 $b_1+b>\frac{1}{2}$ 时

$$\int_{\sigma_2}\langle\sigma\rangle^{-2b}\langle\sigma_2\rangle^{-2b_1}\mathrm{d}\sigma_2\lesssim\left\langle\sigma_1-\left(\xi_1-\frac{1}{2}\right)^2-\left(\xi_2-\frac{1}{2}\right)^2\right\rangle^{-\alpha},$$

其中 $\alpha=2b-[1-2b_1]_+$(当 $b_1\geqslant b$ 时) 或 $\alpha=2b_1-[1-2b]_+$(当 $b_1\leqslant b$ 时). 做变量替换 $y=\left(\xi_2-\frac{1}{2}\right)^2$, 此时有 $y\lesssim\langle\xi_1\rangle^2$, 故 (3.1.38) 式又可被下式控制:

$$\sup_{\xi_1,\sigma_1}\langle\xi_1\rangle^{1-4c_1}\int_{-C\langle\xi_1\rangle^2}^{C\langle\xi_1\rangle^2}|y|^{-\frac{1}{2}}\left\langle\sigma_1-\left(\xi_1-\frac{1}{2}\right)^2-y\right\rangle^{-\alpha}\mathrm{d}y. \tag{3.1.39}$$

令 $f(y)=\chi_{-C\langle\xi_1\rangle^2\leqslant y\leqslant C\langle\xi_1\rangle^2}(y)|y|^{-\frac{1}{2}}$, $g(y)=\langle y\rangle^{-\alpha}$, 对上式应用引理 3.1.4 中的非增性可得

$$(3.1.39)\leqslant\sup_{\xi_1,\sigma_1}\langle\xi_1\rangle^{1-4c_1}\int_{-C\langle\xi_1\rangle^2}^{C\langle\xi_1\rangle^2}|y|^{-\frac{1}{2}}\langle y\rangle^{-\alpha}\mathrm{d}y\lesssim\sup_{\xi_1}\langle\xi_1\rangle^{1-4c_1+[1-2\alpha]_+}.$$

为使 (3.1.37) 式成立, 必须 $1-4c_1+[1-2\alpha]_+\leqslant 0$. 在 $b, b_1<\dfrac{1}{2}$ 且 $b_1+b>\dfrac{1}{2}$ 的条件下, $\alpha=-1+2b+2b_1$, 故必须 $1-4c_1+[3-4b-4b_1]_+\leqslant 0$. 于是有

(i) 当 $\alpha>\dfrac{1}{2}$ 时 $\left(\text{即}b+b_1>\dfrac{3}{4}\text{时}\right)$, 必须要求 $c_1\geqslant\dfrac{1}{4}$.

(ii) 当 $\alpha=\dfrac{1}{2}$ 时 $\left(\text{即}b+b_1=\dfrac{3}{4}\text{时}\right)$, 必须要求 $c_1>\dfrac{1}{4}$.

(iii) 当 $\alpha<\dfrac{1}{2}$ 时 $\left(\text{即}b+b_1<\dfrac{3}{4}\text{时}\right)$, 必须要求 $4-4c_1-4b-4b_1\leqslant 0$, 即必须要求 $b+b_1+c_1\geqslant 1$.

情形 3: $|\sigma_2|\geqslant\max\{|\sigma|,|\sigma_1|\}$. 与前面类似, 只需证明

$$\sup_{\xi_2,\sigma_2}\langle\sigma_2\rangle^{-2b_1}\int_{\sigma_1}\int_{\xi_1}|\xi|\langle\sigma\rangle^{-2b}\langle\sigma_1\rangle^{-2c_1}\mathrm{d}\xi_1\mathrm{d}\sigma_1<+\infty. \tag{3.1.40}$$

为证 (3.1.40) 式, 也分为两种情形讨论. 第一种是 $\left|\xi_2-\dfrac{1}{2}\right|\leqslant 2\left|\xi_1-\dfrac{1}{2}\right|$ 的情形. 此时 $|\xi|\leqslant 3\left|\xi_1-\dfrac{1}{2}\right|$. 当 ξ_2,σ_1,σ_2 固定时, 根据式子 $\sigma_1-\sigma-\sigma_2=\left(\xi_1-\dfrac{1}{2}\right)^2-\left(\xi_2-\dfrac{1}{2}\right)^2$ 可得 $-d\sigma=2\left(\xi_1-\dfrac{1}{2}\right)\mathrm{d}\xi_1$, 故

$$\begin{aligned}&\sup_{\xi_2,\sigma_2}\langle\sigma_2\rangle^{-2b_1}\int_{\sigma_1}\int_{\xi_1}|\xi|\langle\sigma\rangle^{-2b}\langle\sigma_1\rangle^{-2c_1}\mathrm{d}\xi_1\mathrm{d}\sigma_1\\&\quad\lesssim\sup_{\sigma_2}\langle\sigma_2\rangle^{-2b_1}\int_0^{|\sigma_2|}\int_0^{|\sigma_2|}\langle\sigma_1\rangle^{-2c_1}\langle\sigma\rangle^{-2b}\mathrm{d}\sigma\mathrm{d}\sigma_1\\&\quad\lesssim\sup_{\sigma_2}\langle\sigma_2\rangle^{-2b_1+[1-2c_1]_++[1-2b]_+}.\end{aligned}$$

当 $b, c_1<\dfrac{1}{2}$ 时, 要使 (3.1.40) 式成立, 必须 $2-2b-2b_1-2c_1\leqslant 0$, 即 $b+b_1+c_1\geqslant 1$.

第二种是 $\left|\xi_2-\dfrac{1}{2}\right|\geqslant 2\left|\xi_1-\dfrac{1}{2}\right|$ 的情形. 此时有 $|\xi|\leqslant\dfrac{3}{2}\left|\xi_2-\dfrac{1}{2}\right|$ 以及 $\dfrac{3}{4}\left(\xi_2-\dfrac{1}{2}\right)^2\leqslant\left(\xi_2-\dfrac{1}{2}\right)^2-\left(\xi_1-\dfrac{1}{2}\right)^2=-\sigma_1+\sigma+\sigma_2\leqslant 3|\sigma_2|$, 因此有 $\left(\xi_2-\dfrac{1}{2}\right)^2\leqslant 4|\sigma_2|$, 故 $|\xi|^2\lesssim|\sigma_2|$. 于是 (3.1.40) 式的左边可被下面的式子控制 $\left(\text{注意}b_1>\dfrac{1}{4}\right)$:

$$\sup_{\xi_2,\sigma_2}\langle\xi_2\rangle^{1-4b_1}\int_{\xi_1}\left(\int_{\sigma_1}\langle\sigma\rangle^{-2b}\langle\sigma_1\rangle^{-2c_1}d\sigma_1\right)\mathrm{d}\xi_1. \tag{3.1.41}$$

注意到当 ξ_1, ξ_2, σ_2 固定的时候, $-\sigma+\sigma_1=\sigma_2+\left(\xi_1-\frac{1}{2}\right)^2-\left(\xi_2-\frac{1}{2}\right)^2$ 也固定, 于是根据引理 3.1.5 可知, 当 $c_1+b>\frac{1}{2}$ 时

$$\int_{\sigma_1}\langle\sigma\rangle^{-2b}\langle\sigma_1\rangle^{-2c_1}\mathrm{d}\sigma_1\lesssim\left\langle\sigma_2+\left(\xi_1-\frac{1}{2}\right)^2-\left(\xi_2-\frac{1}{2}\right)^2\right\rangle^{-\alpha},$$

其中 $\alpha=2b-[1-2c_1]_+$(当 $c_1\geqslant b$ 时) 或 $\alpha=2c_1-[1-2b]_+$(当 $b\leqslant c_1$ 时). 做变量替换 $y=\left(\xi_1-\frac{1}{2}\right)^2$, 此时有 $y\lesssim\langle\xi_2\rangle^2$, 故 (3.1.41) 式又可被下式控制:

$$\sup_{\xi_2,\sigma_2}\langle\xi_2\rangle^{1-4b_1}\int_{-C\langle\xi_2\rangle^2}^{C\langle\xi_2\rangle^2}|y|^{-\frac{1}{2}}\left\langle\sigma_2-\left(\xi_2-\frac{1}{2}\right)^2+y\right\rangle^{-\alpha}\mathrm{d}y. \tag{3.1.42}$$

令 $f(y)=\chi_{-C\langle\xi_2\rangle^2\leqslant y\leqslant C\langle\xi_2\rangle^2}(y)|y|^{-\frac{1}{2}}$, $g(y)=\langle y\rangle^{-\alpha}$, 对上式应用引理 3.1.4 中的非增性可得

$$(3.1.42)\leqslant\sup_{\xi_2,\sigma_2}\langle\xi_2\rangle^{1-4b_1}\int_{-C\langle\xi_2\rangle^2}^{C\langle\xi_2\rangle^2}|y|^{-\frac{1}{2}}\langle y\rangle^{-\alpha}\mathrm{d}y\lesssim\sup_{\xi_2}\langle\xi_1\rangle^{1-4b_1+[1-2\alpha]_+}.$$

为使 (3.1.40) 式成立, 要求 $1-4b_1+[1-2\alpha]_+\leqslant 0$. 在 $b, c_1<\frac{1}{2}$ 且 $c_1+b>\frac{1}{2}$ 的条件下, $\alpha=-1+2b+2c_1$, 故必须 $1-4b_1+[3-4b-4c_1]_+\leqslant 0$. 于是有

(i) 当 $\alpha>\frac{1}{2}$ 时 $\left(\text{即}b+c_1>\frac{3}{4}\text{时}\right)$, 必须要求 $b_1\geqslant\frac{1}{4}$.

(ii) 当 $\alpha=\frac{1}{2}$ 时 $\left(\text{即}b+c_1=\frac{3}{4}\text{时}\right)$, 必须要求 $b_1>\frac{1}{4}$.

(iii) 当 $\alpha<\frac{1}{2}$ 时 $\left(\text{即}b+c_1<\frac{3}{4}\text{时}\right)$, 必须要求 $4-4c_1-4b-4b_1\leqslant 0$, 即必须要求 $b+b_1+c_1\geqslant 1$.

联合情形 **1~3**, 引理 3.1.3(a) 得证.

引理 3.1.3(b) 的证明　也只考虑加号的情形. 这时需证明

$$\|\partial_x(u_1\bar{u}_2)\|_{X^{W_+}_{-\frac{1}{2},-c}}\lesssim\|u_1\|_{X^S_{0,b_1}}\|u_2\|_{X^S_{0,b_1}}.$$

为证上述式子, 只需证明

$$|W|\lesssim\|v\|_{L^2}\|v_1\|_{L^2}\|v_2\|_{L^2}, \tag{3.1.43}$$

其中

$$W=\int\frac{\hat{v}\hat{v_1}\hat{v_2}|\xi|\langle\xi\rangle^{-1/2}}{\langle\sigma\rangle^c\langle\sigma_1\rangle^{b_1}\langle\sigma_2\rangle^{b_1}}.$$

这里 $\hat{v}=\hat{v}(\xi,\tau)$, $\hat{v}_1=\hat{v}_1(\xi_1,\tau_1)$, $\hat{v}_2=\hat{v}_2(\xi_2,\tau_2)$, $\sigma=\tau+\xi$, $\sigma_1=\tau_1+\xi_1^2$, $\sigma_2=\tau_2+\xi_2^2$, 其中积分区域满足限制关系 $\xi_1=\xi+\xi_2$, $\tau_1=\tau+\tau_2$. 事实上 (注意, 若将 ξ_2,τ_2 看成是 u_2 的自变量, 则 $\hat{u}_2(-\xi_2,-\tau_2)=\overline{\hat{u}_2(\xi_2,\tau_2)}$),

$$
\begin{aligned}
&\|\partial_x(u_1\bar{u}_2)\|_{X^{W_+}_{-\frac{1}{2},-c}}\\
&=\|\langle\xi\rangle^{-1/2}\langle\sigma\rangle^{-c}\widehat{\partial_x(u_1\bar{u}_2)}(\xi,\tau)\|_{L^2}\\
&=\sup_{0\neq\hat{v}\in L^2}\frac{\left|\displaystyle\int_{\xi,\tau}\langle\sigma\rangle^{-c}\hat{v}(\xi,\tau)\left(\int_{\substack{\xi=\xi_1-\xi_2\\ \tau=\tau_1-\tau_2}}|\xi|\hat{u}_1(\xi_1,\tau_1)\hat{u}_2(-\xi_2,-\tau_2)\right)\mathrm{d}\xi\mathrm{d}\tau\right|}{\|\hat{v}\|_{L^2}}\\
&=\sup_{0\neq v\in L^2}\frac{|W|}{\|v\|_{L^2}},
\end{aligned}
$$

其中令 $\hat{v}_1(\xi_1,\tau_1)=\langle\sigma_1\rangle^{b_1}\hat{u}_1(\xi_1,\tau_1)$, $\hat{v}_2(\xi_2,\tau_2)=\langle\sigma_2\rangle^{b_1}\overline{\hat{u}_2(\xi_2,\tau_2)}$. 注意到 $\|u_1\|_{X^S_{0,b_1}}=\|v_1\|_{L^2}$, $\|u_2\|_{X^S_{0,b_1}}=\|v_2\|_{L^2}$, 于是从上式出发, 并利用 (3.1.43) 式, 可得到所需的结论. 而 (3.1.43) 式的证明与 (3.1.35) 式的证明是一样的, 故在此略去具体的证明过程. 至此, 引理 3.1.3 全部证毕.

3.2 高维 Zakharov 方程的低正则性理论

3.2.1 基本理念与线性估计

本节讨论高维 Zakharov 方程 ($d\geqslant 2$) 的低正则性理论. 考虑如下方程:

$$
\begin{cases}
\mathrm{i}\partial_t u+\Delta u=nu,\\
\Box n=\Delta|u|^2,\\
(u(0),n(0),n_t(0))=(u_0,n_0,n_1)\in H^k\times H^l\times H^{l-1},
\end{cases}\tag{3.2.1}
$$

其中 $\Box=\partial_t^2-\Delta$ 表示达朗贝尔算子, $u:\mathbb{R}\times\mathbb{R}^d\to\mathbb{C}$, $n:\mathbb{R}\times\mathbb{R}^d\to\mathbb{R}$, $d\geqslant 2$. 本节利用压缩映射原理给出当 k 和 l 满足何种条件时, Zakharov 方程 (3.2.1) 是局部适定的, 主要结果见定理 3.2.1.

先将 (3.2.1) 式写成积分的形式. 将 n 分解成

$$
n_\pm=n\pm\mathrm{i}\omega^{-1}\partial_t n,\tag{3.2.2}
$$

其中 $\omega=(-\Delta)^{\frac{1}{2}}$, 于是方程 (3.2.1) 转化为

$$
\begin{cases}
\mathrm{i}\partial_t u=-\Delta u+\dfrac{1}{2}(n_++n_-)u,\\
\mathrm{i}\partial_t n_\pm=\pm\omega n_\pm\pm\omega|u|^2.
\end{cases}\tag{3.2.3}
$$

从 (3.2.2) 式中可以看到, 当 $t=0$ 时, $n_{\pm}(0)=n_0\pm \mathrm{i}\omega^{-1}n_1$, 由于 n_0 和 n_1 均属于非齐次空间, 故若要使 $n_{\pm}(0)\in H^l$, 应对 n_1 在 $\xi=0$ 处附加上一些条件才行 (比如 $n_1\in \dot{H}^{-1}$). 但事实上, 这种附加条件是不需要的. 这是因为可以将 n 作另一种分解,

$$n_{\pm}=n\pm \mathrm{i}\omega_1^{-1}\partial_t n,$$

其中 $\omega_1=(I-\Delta)^{\frac{1}{2}}$, 此时方程 (3.2.1) 转化为

$$\begin{cases}\mathrm{i}\partial_t u=-\Delta u+\dfrac{1}{2}(n_++n_-)u,\\ \mathrm{i}\partial_t n_{\pm}=\pm\omega_1 n_{\pm}\pm\dfrac{\omega^2}{\omega_1}|u|^2\mp\dfrac{1}{2}\omega_1^{-1}(n_++n_-),\\ (u(0),n_{\pm}(0))=(u_0,n_0\pm \mathrm{i}\omega_1^{-1}n_1)\in H^k\times H^l.\end{cases}\tag{3.2.4}$$

因此严格来讲, 应该采用方程 (3.2.4) 的形式. 不过值得一提的是, 在后面的所有估计中, 对方程 (3.2.3) 和(3.2.4) 的估计是一样的 (无非是方程 (3.2.4) 中用“温和”的 $\dfrac{\omega^2}{\omega_1}$ 替代了方程 (3.2.3) 中的 ω, 而且对 $\omega_1^{-1}n_{\pm}$ 这一项的处理是很平凡的), 故为了简便起见, 在本节的讨论中, 我们都采用方程 (3.2.3) 的形式.

从 (3.2.3) 式可以定义 Zakharov 方程的临界空间. Zahkarov 方程是由非线性 Schrödinger 方程与非线性波动方程耦合起来的, 但由于这两种方程具有不同的伸缩性, 因此 Zakharov 方程不具备伸缩不变性. 不过如果不考虑 (3.2.3) 式中第二个方程的 $\pm\omega n_{\pm}$ 项, 那么容易计算

$$u^{\lambda}(t,x)=\lambda^{\frac{3}{2}}u(\lambda^2 t,\lambda x),\quad n_{\pm}^{\lambda}(t,x)=\lambda^2 n_{\pm}(\lambda^2 t,\lambda x)$$

仍然满足 (3.2.3) 式. 因此按这种方式, 可以给出 Zakharov 方程的临界空间为 $H^{\frac{d-3}{2}}\times H^{\frac{d-4}{2}}$. 用这种方式定义临界空间也是合理的, 因为刚才忽略的项 $\pm\omega n_{\pm}$ 是介于 $\pm\omega^0 n_{\pm}=\pm n_{\pm}$ 和 $\pm\omega^2 n_{\pm}$ 之间, 恰好这种两端点的情形都满足上面的伸缩不变性 (前一种情形可通过简单的变换去掉 $n_{\pm}$ 这一项), 故我们以这种方式定义 Zakharov 方程的临界空间.

将方程 (3.2.3) 表示成积分形式为

$$\begin{cases}u(t)=\mathrm{e}^{\mathrm{i}t\Delta}u_0-\dfrac{\mathrm{i}}{2}\displaystyle\int_0^t \mathrm{e}^{\mathrm{i}(t-t')\Delta}(n_+(t')+n_-(t'))u(t')\mathrm{d}t',\\ n_{\pm}(t)=\mathrm{e}^{\mp \mathrm{i}t\omega}n_{\pm}(0)\mp \mathrm{i}\displaystyle\int_0^t \mathrm{e}^{\mp \mathrm{i}(t-t')\omega}\omega|u(t')|^2\mathrm{d}t'.\end{cases}\tag{3.2.5}$$

为统一起见, 不妨考虑更一般化的情形

$$\begin{cases}\mathrm{i}u(t)=\phi(-\mathrm{i}\nabla)u+f(u),\\ u(0)=u_0,\end{cases}\tag{3.2.6}$$

其中 ϕ 是定义在 $\mathbb{R}^d$ 上的实值函数 (或实对称矩阵值函数). 容易看出, 对 Zakharov 方程 (3.2.3), u 就是 (u,n_+,n_-), 而 $\phi=\mathrm{diag}(|\xi|^2,|\xi|,-|\xi|)$. 方程 (3.2.6) 也可表示为积分形式

$$
\begin{aligned}
u(t)&=U(t)u_0-\mathrm{i}\int_0^t U(t-t')f(u(t'))\mathrm{d}t'\\
&=:U(t)u_0-\mathrm{i}U*_R f(u),
\end{aligned}
\tag{3.2.7}
$$

其中 $U(t)=\exp(-\mathrm{i}t\phi(-\mathrm{i}\nabla))$ 是一个酉群, $*R$ 表示关于时间的时滞卷积. 为得到方程 (3.2.7) 的局部解的存在性, 通常引入一个时间截断函数 $\psi(t)\in C_0^\infty(\mathbb{R})$, 其中 ψ 满足: $0\leqslant\psi\leqslant1$, $\psi(t)=\psi(-t)$, 当 $|t|\leqslant1$ 时 $\psi(t)\equiv1$, 当 $|t|\geqslant2$ 时 $\psi(t)\equiv0$. 令 $\psi_T(t)=\psi(t/T)$(故有 $\psi_1=\psi$), 现在考虑时间截断方程

$$
u(t)=\psi_1(t)U(t)u_0-\mathrm{i}\psi_T(t)\int_0^t U(t-t')f(u(t'))\mathrm{d}t'. \tag{3.2.8}
$$

根据 ψ_T 的定义, 可以看出如果方程 (3.2.8) 有整体解 u, 那么 u 就是方程 (3.2.7) 的局部解. 在上述截断的基础上, 还可以在非线性项 $f(u)$ 中引入时间截断函数, 即考虑方程

$$
u(t)=\psi_1(t)U(t)u_0-\mathrm{i}\psi_T(t)\int_0^t U(t-t')f(\psi_{2T}(t')u(t'))\mathrm{d}t'. \tag{3.2.9}
$$

由于 ψ_{2T} 在 ψ_T 的支集上取值恒为 1, 故方程 (3.2.8) 和 (3.2.9) 事实上是等价的. 然而方程 (3.2.9) 的优势在于对非线性项 $f(\psi_{2T}u)$ 作估计时会产生 $T^\alpha(\alpha>0)$ 这种压缩因子, 从而能保证映射的压缩性质 (这一点在后面的论述中可以清楚的看到).

为求解方程 (3.2.8) 或 (3.2.9), 本节所选取的工作空间为 $X^{s,b}$ 空间, 该空间的范数定义为

$$
\|u\|_{X^{s,b}}:=\|U(-t)u\|_{H_t^bH_x^s}=\|\langle\xi\rangle^s\langle\tau+\phi(\xi)\rangle^b\hat{u}(\xi,\tau)\|_{L^2_{\xi,\tau}}.
$$

将 $\mathcal{S}(\mathbb{R}\times\mathbb{R}^d)$ 按范数 $\|\cdot\|_{X^{s,b}}$ 完备化后的空间称为 $X^{s,b}$ 空间. 根据定义, 容易得到

$$
\|\psi_1(t)U(t)u_0\|_{X^{s,b}}=\|\psi_1(t)\|_{H_t^b}\|u_0\|_{H_x^s}. \tag{3.2.10}
$$

因此对方程 (3.2.8) 中自由演化部分 $\psi_1(t)U(t)u_0$ 的 $X^{s,b}$ 模估计是简单的. 另外, 在证明过程中, 需要引入一个辅助空间 Y^s, 定义如下:

$$
\|f\|_{Y^s}=\|\langle\xi\rangle^s\langle\tau+\phi(\xi)\rangle^{-1}\hat{f}(\xi,\tau)\|_{L^2_\xi L^1_\tau}.
$$

该空间在处理“临界”情形的时候会出现, 见 (3.2.12) 式.

下面给出方程 (3.2.8) 关于时间的时滞卷积这一项的 $X^{s,b}$ 模估计.

引理 3.2.1　设 $Lf(t)=\psi_T(t)\int_0^t f(t')\mathrm{d}t'$, $0<T\leqslant 1$. 那么有

(a) 如果 $b'\leqslant 0\leqslant b\leqslant b'+1$, 则有

$$\|Lf\|_{H_t^b}\leqslant C(T^{1-b+b'}\|f\|_{H_t^{b'}}+T^{\frac{1}{2}-b}\|\langle\tau\rangle^{-1}\hat{f}(\tau)\|_{L_\tau^1}), \tag{3.2.11}$$

$$\|\psi_T(U*_R f)\|_{X^{s,b}}\leqslant C(T^{1-b+b'}\|f\|_{X^{s,b'}}+T^{\frac{1}{2}-b}\|f\|_{Y^s}). \tag{3.2.12}$$

(b) 如果 $b'\leqslant 0\leqslant b\leqslant b'+1$ 且 $b'>-\dfrac{1}{2}$, 则有

$$\|Lf\|_{H_t^b}\leqslant CT^{1-b+b'}\|f\|_{H_t^{b'}}, \tag{3.2.13}$$

$$\|\psi_T(U*_R f)\|_{X^{s,b}}\leqslant CT^{1-b+b'}\|f\|_{X^{s,b'}}. \tag{3.2.14}$$

证明　先证明 (3.2.11) 和 (3.2.13) 式. 令 $J(t)=Lf(t)$, 与上一节的计算一样 (见 (3.1.19) 式), 可得

$$\hat{J}(\tau)=C\int_{\mathbb{R}}\tau'^{-1}\hat{f}(\tau')(\hat{\psi}_T(\tau-\tau')-\hat{\psi}_T(\tau))\mathrm{d}\tau'. \tag{3.2.15}$$

将 f 按频率高低分解为 $f=f_++f_-$, 其中

$$\hat{f}_+(\tau)=\hat{f}(\tau)\chi(|\tau|T\geqslant 1),\ \ \hat{f}_-=\hat{f}(\tau)\chi(|\tau|T\leqslant 1),$$

从而相应的有 $J=J_++J_-$. 先估计 J_-. 注意到

$$\hat{J}_-(\tau)=C\int_{\mathbb{R}}\left[\int_0^1\hat{f}_-(\tau')\hat{\psi}_T'(\tau-\lambda\tau')\mathrm{d}\lambda\right]\mathrm{d}\tau'$$

以及 (利用 $\lambda\in[0,1]$)

$$\langle\tau\rangle^b\leqslant C(\langle\lambda\tau'\rangle^b+|\tau-\lambda\tau'|^b)\leqslant C(\langle\tau'\rangle^b+|\tau-\lambda\tau'|^b).$$

于是利用 Minkowski 不等式及事实 $\hat{\psi}_T(\tau)=T\hat{\psi}_1(T\tau)$ 和 $\hat{\psi}_T'(\tau)=T^2\hat{\psi}_1'(T\tau)$, 直接计算可得

$$\begin{aligned}\|J_-\|_{H_t^b}&=\|\langle\tau\rangle^b\hat{f}_-\|_{L^2}\\&\leqslant C(\|\langle\tau\rangle^b\hat{f}_-\|_{L^1}\|\hat{\psi}_T'\|_{L^2}+\|\hat{f}_-\|_{L^1}\||\tau|^b\hat{\psi}_T'\|_{L^2})\\&\leqslant CT^{\frac{3}{2}-b}(\|\hat{\psi}_1'\|_{L^2}+\||\tau|^b\hat{\psi}_1'\|_{L^2})\|\hat{f}_-\|_{L^1}.\end{aligned}$$

根据 $\hat{f}_-$ 的定义及 Cauchy-Schwarz 不等式得

$$\|\hat{f}_-\|_{L^1}\leqslant\|\langle\tau\rangle^{b'}\hat{f}_-\|_{L^2}\left(\int_{|\tau|\leqslant T^{-1}}\langle\tau\rangle^{-2b'}\mathrm{d}\tau\right)^{\frac{1}{2}}\leqslant CT^{b'-\frac{1}{2}}\|f\|_{H_t^{b'}},$$

其中最后一个不等式要求 $b' < \dfrac{1}{2}$, 而引理的条件是 $b' \leqslant 0$, 因此上式自然成立. 至此就得

$$\|J_-\|_{H_t^b} \leqslant CT^{1-b+b'}\|f\|_{H_t^{b'}}. \tag{3.2.16}$$

下面估计 J_+. 根据 (3.2.15) 式, 又将 J_+ 分解为 $J_+ = J_1 + J_2$, 使得

$$\hat{J}_+ = \hat{J}_1 + \hat{J}_2 := C(\tau^{-1}\hat{f}_+) * \hat{\psi}_T + C\hat{\psi}_T\int_{\mathbb{R}}\tau^{-1}\hat{f}_+(\tau)\mathrm{d}\tau.$$

对 J_1 项, 利用 Young 不等式可得

$$\begin{aligned}\|J_1\|_{H_t^b} &\leqslant C(\|\langle\tau\rangle^b\tau^{-1}\hat{f}_+\|_{L^2}\|\hat{\psi}_T\|_{L^1} + \|\tau^{-1}\hat{f}_+\|_{L^2}\||\tau|^b\hat{\psi}_T\|_{L^1})\\ &\leqslant C(\|\hat{\psi}_1\|_{L^1}\sup_{|\tau|\geqslant T^{-1}}|\tau|^{b-1-b'} + T^{-b}\||\tau|^b\hat{\psi}_1\|_{L^1}\sup_{|\tau|\geqslant T^{-1}}|\tau|^{-1-b'})\|f\|_{H^{b'}}\\ &\leqslant CT^{1-b+b'}\|f\|_{H^{b'}}.\end{aligned} \tag{3.2.17}$$

而对 J_2 项, 容易看出

$$\begin{aligned}\|J_2\|_{H_t^b} &= C\|\psi_T\|_{H^b}\left|\int_{\mathbb{R}}\tau^{-1}\hat{f}_+(\tau)\mathrm{d}\tau\right|\\ &\leqslant CT^{\frac{1}{2}-b}\|\psi_1\|_{H^b}\|\tau^{-1}\hat{f}_+(\tau)\|_{L^1}\\ &\leqslant CT^{\frac{1}{2}-b}\|\langle\tau\rangle^{-1}\hat{f}(\tau)\|_{L_\tau^1}.\end{aligned} \tag{3.2.18}$$

联合 (3.2.16)~(3.2.18) 式, 即可证明所需的 (3.2.11) 式.

如果 b' 满足 (b) 中的条件, 那么根据 Cauchy-Schwarz 不等式可知

$$\begin{aligned}\|\tau^{-1}\hat{f}_+\|_{L^1} &\leqslant \|\langle\tau\rangle^{b'}\hat{f}_+\|_{L^2}\left(\int_{|\tau|\geqslant T^{-1}}|\tau|^{-2-2b'}\mathrm{d}\tau\right)^{\frac{1}{2}}\\ &\leqslant CT^{b'+\frac{1}{2}}\|f\|_{H^{b'}},\end{aligned} \tag{3.2.19}$$

其中最后一步要求 $b' > -\dfrac{1}{2}$. 联合 (3.2.16) 和 (3.2.17) 以及 (3.2.19) 式, 估计式 (3.2.13) 得证.

最后利用估计 (3.2.11) 和 (3.2.13), 再根据 $X^{s,b}$ 空间及 Y^s 空间的定义, 不难得到估计 (3.2.12) 和 (3.2.14). 事实上, 以 (3.2.13) 式推 (3.2.14) 式为例, 我们有

$$\begin{aligned}\|\psi_T(U *_R f)\|_{X^{s,b}} &= \|L(\mathcal{F}_x(U(-t)\langle\nabla\rangle^s f(t,x)))\|_{L_\xi^2 H_t^b}\\ &\leqslant CT^{1-b+b'}\|\mathcal{F}_x(U(-t)\langle\nabla\rangle^s f(t,x))\|_{L_\xi^2 H_t^{b'}}\\ &= CT^{1-b+b'}\|f\|_{X^{s,b'}}.\end{aligned}$$

类似地, 可由 (3.2.11) 式推得 (3.2.12) 式. 故引理证毕.

当 $b > \dfrac{1}{2}$ 时, $X^{s,b} \subset C(\mathbb{R}; H^s)$. 形式上看, 该结果是嵌入关系 $H^b(\mathbb{R}) \hookrightarrow C(\mathbb{R})\left(b > \dfrac{1}{2}\right)$ 的直接结果. 它的严格证明如下.

引理 3.2.2　设 Y 是由一类时空函数组成的 Banach 空间, 它满足

$$\|\varphi f\|_Y \leqslant C\|\varphi\|_{L^\infty}\|f\|_Y,\ \forall\ \varphi \in L_t^\infty,\ f \in Y, \tag{3.2.20}$$

而且 Y 还满足如下 Strichartz 型的不等式

$$\|U(\cdot)u\|_Y \leqslant C\|u\|_{L_x^2},\ \forall\ u \in L_x^2.$$

则当 $b > \dfrac{1}{2}$ 时, 有 $X^{0,b} \subset Y$, 且

$$\|f\|_Y \leqslant Cb^{\frac{1}{2}}(2b-1)^{-\frac{1}{2}}\|f\|_{X^{0,b}},\ \forall\ f \in X^{0,b}. \tag{3.2.21}$$

证明　将 f 表示为

$$f = \int_{\mathbb{R}} \mathrm{e}^{\mathrm{i}t\tau}U(t)\big(\mathcal{F}_t U(-\cdot)f\big)(\tau)\mathrm{d}\tau,$$

于是根据引理的条件可得 (取 $\varphi = \mathrm{e}^{\mathrm{i}t\tau}$)

$$\begin{aligned}
\|f\|_Y &\leqslant \int_{\mathbb{R}} \|\mathrm{e}^{\mathrm{i}t\tau}U(t)\big(\mathcal{F}_t U(-\cdot)f\big)\|_Y \mathrm{d}\tau \\
&\leqslant C\int_{\mathbb{R}} \|U(t)\big(\mathcal{F}_t U(-\cdot)f\big)\|_Y \mathrm{d}\tau \\
&\leqslant C\int_{\mathbb{R}} \|\mathcal{F}_t(U(-\cdot)f)\|_{L_x^2} \mathrm{d}\tau \\
&\leqslant C\|f\|_{X^{0,b}}\left(\int_{\mathbb{R}} \langle\tau\rangle^{-2b}\right)^{\frac{1}{2}} \leqslant C\|f\|_{X^{0,b}},
\end{aligned}$$

其中最后一步用到了 $b > \dfrac{1}{2}$. 引理证毕.

应用上述引理, 取 $Y = C^0H^s$, 就得 $X^{s,b} \subset C(\mathbb{R}; H^s)$, $b > \dfrac{1}{2}$. 但当 $b \leqslant \dfrac{1}{2}$ 时, 一般来讲, 嵌入关系 $X^{s,b} \subset C(\mathbb{R}; H^s)$ 不再成立. 不过这时我们有如下结论 (需要利用辅助空间 Y^s).

引理 3.2.3　设 $f \in Y^s$, 则有 $U *_R f \in C(\mathbb{R}; H^s)$, 且对 $\mathbb{R}$ 中的任意有界区间 I, 有

$$\|U *_R f\|_{C(I;H^s)} \leqslant C\|f\|_{Y^s},$$

其中 C 依赖于 I 的长度.

证明 不失一般性, 可假设 $s=0$, 因为 $s\neq 0$ 时的证明方法是一样的. 由于 $U(\cdot)$ 在 L^2 中是一个强连续半群, 因此只需证明当 $f\in Y^0$ 时, 函数 $U(-t)(U*_R f)$ 关于时间是在 L^2 中连续的. 也就是说只需证明当 $\langle\tau\rangle^{-1}\hat{f}(\xi,\tau)\in L^2_\xi L^1_\tau$ 时, 函数 $F(t)=\displaystyle\int_0^t f(t')\mathrm{d}t'$ 关于时间 t 是在 L^2 中连续的. 注意到

$$F(t)=C\int_{\mathbb{R}}\tau^{-1}\hat{f}(\xi,\tau)(\mathrm{e}^{\mathrm{i}t\tau}-1)\mathrm{d}\tau.$$

不妨假设 $|t-t'|\ll 1$, 于是有

$$\begin{aligned}&\|F(t)-F(t')\|_{L^2}^2\\&=\int_{\mathbb{R}^d}\int_{\mathbb{R}}\int_{\mathbb{R}}\frac{\mathrm{e}^{\mathrm{i}t\tau}-\mathrm{e}^{\mathrm{i}t'\tau}}{\tau}\hat{f}(\xi,\tau)\frac{\mathrm{e}^{-\mathrm{i}t\tau'}-\mathrm{e}^{-\mathrm{i}t'\tau'}}{\tau'}\bar{\hat{f}}(\xi,\tau')\mathrm{d}\xi\mathrm{d}\tau\mathrm{d}\tau'.\end{aligned}\tag{3.2.22}$$

因为对固定的 ξ,τ,τ' 有

$$(\mathrm{e}^{\mathrm{i}t\tau}-\mathrm{e}^{\mathrm{i}t'\tau})\tau^{-1}\hat{f}(\xi,\tau)(\mathrm{e}^{-\mathrm{i}t\tau'}-\mathrm{e}^{-\mathrm{i}t'\tau'})\tau'^{-1}\bar{\hat{f}}(\xi,\tau')\to 0,\ |t-t'|\to 0,$$

又因为对任意的 t,t' 且 $|t-t'|\ll 1$ 时有

$$\left|\frac{\mathrm{e}^{\mathrm{i}t\tau}-\mathrm{e}^{\mathrm{i}t'\tau}}{\tau}\right|\leqslant\begin{cases}|t-t'|, & 若\ |\tau|\leqslant 1,\\ \dfrac{2}{|\tau|}, & 若\ |\tau|>1\end{cases}\leqslant C\langle\tau\rangle^{-1},$$

由此可知 (3.2.22) 式中的被积函数可被函数 $\langle\tau\rangle^{-1}\hat{f}(\xi,\tau)\langle\tau\rangle^{-1}\hat{f}(\xi,\tau')$ 控制, 易见该控制函数属于 $L^1_{\xi,\tau,\tau'}$ 空间. 于是从 (3.2.22) 式出发, 利用 Lebesgue 控制收敛定理, 即可得到 $F(t)\in C(\mathbb{R};L^2)$. 要证引理的第二个结论, 可令 $t'=0$, 于是由 (3.2.22) 式不难得到所需的估计. □

对于 Schrödinger 方程 (即 $U(t)=\mathrm{e}^{\mathrm{i}t\Delta}$), 有如下的 Strichartz 估计

$$\|\mathrm{e}^{\mathrm{i}t\Delta}u_0\|_{L^q_tL^r_x}\leqslant C\|u_0\|_{L^2},\tag{3.2.23}$$

其中 q 和 r 满足

$$0\leqslant\frac{2}{q}=\delta(r):=d\left(\frac{1}{2}-\frac{1}{r}\right)\leqslant 1,\quad (q,r,d)\neq(2,\infty,2).\tag{3.2.24}$$

利用插值定理和引理 3.2.2, 可得如下结果.

引理 3.2.4 设 $b_0>\dfrac{1}{2}$, $0\leqslant b\leqslant b_0$.

(a) 对于 Schrödinger 方程 (即 $\phi(\xi)=\xi^2$), 则有如下估计:

$$\|f\|_{L_t^q L_x^r} \leqslant C\|f\|_{X^{0,b}}, \tag{3.2.25}$$

其中 (q,r) 满足

$$\frac{2}{q}=1-\eta\frac{b}{b_0}, \quad \delta(r)=(1-\eta)\frac{b}{b_0},$$

这里 $0\leqslant\eta\leqslant1$, 且 $d=2$ 时要求 $\eta\neq0$.

(b) 对于半波算子 (即 $\phi(\xi)=\pm|\xi|$), 则有如下估计:

$$\|f\|_{L_t^q L_x^2} \leqslant C\|f\|_{X^{0,b}}, \tag{3.2.26}$$

其中 q 满足

$$\frac{2}{q}=1-\frac{b}{b_0}.$$

证明　(a) 一方面, 显然有

$$\|f\|_{L_t^2 L_x^2} = \|f\|_{X^{0,0}}. \tag{3.2.27}$$

另一方面, 利用引理 3.2.2 又有

$$\|f\|_{L_t^{\frac{2}{1-\eta}} L_x^{r_0}} \leqslant C\|f\|_{X^{0,b_0}},$$

其中 $\delta(r_0)=1-\eta$. 于是利用插值定理, 就可得到 (3.2.25) 式.

(b) 利用引理 3.2.2 可得

$$\|f\|_{L_t^\infty L_x^2} \leqslant C\|f\|_{X^{0,b_0}},$$

于是联合 (3.2.27) 式, 再利用插值定理, (3.2.26) 式得证. □

为求解积分方程 (3.2.8), 现取工作空间为 $X^{s,b}$, 在后面的多数估计中, 将会选取引理 3.2.1 中的 b,b' 满足 $-\dfrac{1}{2}<b'\leqslant0\leqslant b<1+b'$(此时可直接利用估计 (3.2.14)), 因此如果能到如下类型的估计:

$$\|f(u)\|_{X^{s,b'}} \lesssim F(\|u\|_{X^{s,b}}),$$

那么就能得到压缩映射的存在性(因为这时 T 的指标为 $1+b'-b>0$). 然而在少数情形下, 我们必须选取"临界"指标 $b'=-\dfrac{1}{2}$, $b=\dfrac{1}{2}$, 这样 $1+b'-b=0$, $b-\dfrac{1}{2}=0$, 于是这种情形下引理 3.2.1 中给出的线性估计就不足以保证映射的压缩性, 因而此时的压缩因子必须在对非线性项 $f(u)$ 的估计中产生 (否则就不能用压缩映射原理来求解). 于是我们就期望非线性项 $f(u)$ 的估计能有以下形式:

$$\|f(u)\|_{X^{s,b'}} \text{或} \|f(u)\|_{Y^s} \lesssim T^\alpha F(\|u\|_{X^{s,b}}), \ \alpha > 0.$$

为使得上述估计成立, 直观上要求 u 关于时间 t 具有紧支集性质 (这事实上归因于我们的目标是寻求局部解的存在性), 故对非线性项也引入时间截断函数 ψ_{2T}(见方程 (3.2.9)), 这时期望下面估计成立:

$$\|f(\psi_{2T}u)\|_{X^{s,b'}} \text{或} \|f(\psi_{2T}u)\|_{Y^s} \lesssim T^\alpha F(\|\psi_{2T}u\|_{X^{s,b}}), \ \alpha > 0. \tag{3.2.28}$$

值得注意的是, 在非线性项中引入时间截断函数 ψ_{2T}, 一方面的可能性是会产生一个正指标的压缩因子 T^α(见上式), 另一方面, $\|\psi_{2T}u\|_{X^{s,b}}$ 中或许会产生一个负指标的压缩因子 $T^{-\beta}(\beta > 0)$, 这种情形下最终的压缩指标为 $\alpha - \beta$, 故为保证映射的压缩性, 必须要求 $\alpha - \beta > 0$. 因此必须弄清楚 $\|\psi_{2T}u\|_{X^{s,b}}$ 中 T 的压缩指标会有多大, 下面的引理就解决了这个问题.

引理 3.2.5 设 $0 < T \leqslant 1$, $b > 0$, $q \geqslant 2$ 且满足 $bq > 1$. 则有

$$\|\psi_T f\|_{H_t^b} \leqslant C\big(1 + (bq-1)^{-\frac{1}{q}} T^{-(b-\frac{1}{q})}\big)\|f\|_{H_t^b},$$
$$\|\psi_T f\|_{X^{s,b}} \leqslant C\big(1 + (bq-1)^{-\frac{1}{q}} T^{-(b-\frac{1}{q})}\big)\|f\|_{X^{s,b}}.$$

证明 先证第一个式子. 设 $f \in H_t^b$, 利用 Young 不等式, 则有

$$\begin{aligned}\|\psi_T f\|_{H_t^b} &\leqslant C(\|\hat{\psi}_T * \langle\tau\rangle^b \hat{f}\|_{L^2} + \||\tau|^b \hat{\psi}_T * \hat{f}\|_{L^2}) \\ &\leqslant C(\|\hat{\psi}_1\|_{L^1}\|f\|_{H^b} + \|\hat{f}\|_{L^{q_1}}\||\tau|^b\hat{\psi}_T\|_{L^{\bar{q}}}),\end{aligned}$$

其中 $\dfrac{1}{q_1} + \dfrac{1}{\bar{q}} = \dfrac{3}{2}$. 再根据 Hölder 不等式有

$$\|\hat{f}\|_{L^{q_1}} \leqslant \|\langle\tau\rangle^b \hat{f}\|_{L^2}\|\langle\tau\rangle^{-b}\|_{L^q} \leqslant C(bq-1)^{-\frac{1}{q}}\|f\|_{H^b},$$

其中 $\dfrac{1}{q_1} = \dfrac{1}{q} + \dfrac{1}{2}$, 并且最后一步用到条件 $bq > 1$. 此外还有

$$\||\tau|^b\hat{\psi}_T\|_{L^{\bar{q}}} \leqslant CT^{1-b-\frac{1}{\bar{q}}}\||\tau|^b\hat{\psi}_1(\tau)\|_{L^{\bar{q}}} = CT^{-(b-\frac{1}{q})}.$$

联合上述 3 个不等式, 引理中的第一个结论得证. 引理第二个结论可由第一个结论以及 $X^{s,b}$ 空间的定义推出. 引理证毕.

从引理 3.2.5 可以看出, 当 $b \leqslant \dfrac{1}{2}$ 时, 可选取任意的 $q > b^{-1}$, 于是 $\|\psi_T f\|_{X^{s,b}}$ 中产生的压缩因子为 $T^{-\varepsilon}(\forall\, \varepsilon > 0)$, 因此只要 (3.2.28) 式中的压缩因子 α 满足 $\alpha > 0$,

那么总可以取 ε 充分小, 使得 $\alpha - \varepsilon > 0$, 由此看到在线性项不出现压缩因子的情形下, 对非线性项引入时间截断函数也会产生压缩因子, 从而就可得到一个压缩映射. 综上所述, 对于非线性项, 我们需要估计 $\|f(u)\|_{X^{s,b'}}$, 有的时候还需要估计 $\|f(u)\|_{Y^s}$, 且可以假设 u 关于时间是具有紧支的. 顺便指出, 在如下两种情形下, 需要估计 $\|f(u)\|_{Y^s}$: 一种情形就是 $b' \leqslant -\dfrac{1}{2}$ 时 (因为这时 (3.2.14) 式不再成立, 需要利用 (3.2.12) 式); 另一种情形就是当 $b \leqslant \dfrac{1}{2}$ 时 (因为此时为说明 $u \in C(\mathbb{R}; H^s)$, 需要 $f \in Y^s$, 见引理 3.2.3).

3.2.2　非线性项的估计

我们将会对积分方程 (3.2.8) 或 (3.2.9) 用压缩映射原理来求解. 取 u 的工作空间是 $X^{k,b_1}(\phi(\xi)=\xi^2)$, $n_\pm$ 的工作空间为 $X^{l,b}(\phi(\xi)=\pm|\xi|)$. 根据引理 3.2.1, 需要估计 $f_1 = n_\pm u$ 的 $X^{k,-c_1}$ 模 $(c_1 \geqslant 0)$ 以及 $f = \omega|u|^2$ 的 $X^{l,-c}$ 模 $(c \geqslant 0)$, 且如第一小节中所述, 必要时还需要估计 $\|n_\pm u\|_{Y^k}$ 和 $\|\omega|u|^2\|_{Y^l}$, 其中 b, b_1, c, c_1 为待定常数. 为统一起见, 对函数及自变量作一些说明. 将 $\hat{f}_1$ 的 Fourier 自变量记为 ξ_1 和 τ_1, $\hat{f}$ 的自变量记为 ξ 和 τ, 即有 $\hat{f}_1 := \hat{f}_1(\xi_1,\tau_1) = \hat{n}_\pm(\xi,\tau) * \hat{u}_2(\xi_2,\tau_2)$, 其中 $\hat{u}_2(\xi_2,\tau_2) = \hat{u}(\xi_2,\tau_2)$; $\hat{f}(\xi,\tau) := |\xi|\hat{u}_1(\xi_1,\tau_1) * \hat{\bar{u}}_2(-\xi_2,-\tau_2)$, 其中 $\hat{u}_1(\xi_1,\tau_1) = u(\xi_1,\tau_1)$. 在这种假定下, 可得出统一的限制关系 $(\xi_1,\tau_1) = (\xi,\tau) + (\xi_2,\tau_2)$.

这一小节的目标是证明双线性估计

$$\|n_\pm u\|_{X^{k,-c_1}} \lesssim T^\theta \|n_\pm\|_{X^{l,b}} \|u\|_{X^{k,b_1}}, \tag{3.2.29}$$

$$\|\omega|u|^2\|_{X^{l,-c}} \lesssim T^\theta \|u\|_{X^{k,b_1}}^2 \tag{3.2.30}$$

以及

$$\|n_\pm u\|_{Y^k} \lesssim T^\theta \|n_\pm\|_{X^{l,b}} \|u\|_{X^{k,b_1}}, \tag{3.2.31}$$

$$\|\omega|u|^2\|_{Y^l} \lesssim T^\theta \|u\|_{X^{k,b_1}}^2. \tag{3.2.32}$$

利用对偶性方法 (也可见本章第一节引理 3.1.3 的证明过程), 为证明 (3.2.29) 式, 只需证明

$$|S| \lesssim T^\theta \|v\|_{L^2} \|v_1\|_{L^2} \|v_2\|_{L^2},\ \forall\ v,\ v_1,\ v_2 \in L^2, \tag{3.2.33}$$

其中

$$S := \int \frac{|\hat{v}\hat{v}_1\hat{v}_2| \langle\xi_1\rangle^k}{\langle\sigma\rangle^b \langle\sigma_1\rangle^{c_1} \langle\sigma_2\rangle^{b_1} \langle\xi_2\rangle^k \langle\xi\rangle^l},$$

这里

$$\sigma = \tau \pm |\xi|,\ \sigma_i = \tau_i + \xi_i^2,\ i = 1,2, \tag{R1}$$

积分区域满足限制条件 (或共振条件)

$$\xi_1 = \xi + \xi_2,\ \tau_1 = \tau + \tau_2. \tag{R2}$$

同理为证明 (3.2.30)~(3.2.32) 式, 只需分别证明下面的估计:

$$|W| \lesssim T^\theta \|v\|_{L^2}\|v_1\|_{L^2}\|v_2\|_{L^2},\ \forall\ v,\ v_1,\ v_2 \in L^2, \tag{3.2.34}$$

$$|\tilde{S}| \lesssim T^\theta \|v\|_{L^2}\|w_1\|_{L^2}\|v_2\|_{L^2},\ \forall\ v,\ v_2 \in L^2,\ w_1 \in L^2_x, \tag{3.2.35}$$

$$|\tilde{W}| \lesssim T^\theta \|w\|_{L^2}\|v_1\|_{L^2}\|v_2\|_{L^2},\ \forall\ w \in L^2_x,\ v_1,\ v_2 \in L^2, \tag{3.2.36}$$

其中 $W, \tilde{S}, \tilde{W}$ 分别定义如下:

$$W := \int \frac{|\hat{v}\hat{v}_1\hat{v}_2||\xi|\langle\xi\rangle^l}{\langle\sigma\rangle^c\langle\sigma_1\rangle^{b_1}\langle\sigma_2\rangle^{b_1}\langle\xi_1\rangle^k\langle\xi_2\rangle^k},$$

$$\tilde{S} := \int \frac{|\hat{v}\hat{w}_1\hat{v}_2|\langle\xi_1\rangle^k}{\langle\sigma\rangle^b\langle\sigma_1\rangle\langle\sigma_2\rangle^{b_1}\langle\xi_2\rangle^k\langle\xi\rangle^l},$$

$$\tilde{W} := \int \frac{|\hat{w}\hat{v}_1\hat{v}_2||\xi|\langle\xi\rangle^l}{\langle\sigma\rangle\langle\sigma_1\rangle^{b_1}\langle\sigma_2\rangle^{b_1}\langle\xi_1\rangle^k\langle\xi_2\rangle^k},$$

其中 $\sigma, \sigma_1, \sigma_2$ 以及积分区域都同 S 中的一样, 不过要注意的是出现在 $\tilde{S}$ 和 $\tilde{W}$ 中的 $\hat{w} = \hat{w}(\xi)$ 和 $\hat{w}_1 = \hat{w}(\xi_1)$ 只是空间变量的函数. 本节如无特别说明, $\sigma, \sigma_1, \sigma_2$ 及 ξ, ξ_1, ξ_2 均满足限制条件 (R1) 和 (R2).

下面的工作就是来证明对什么样的参数 b, b_1, c, c_1, k 以及 l, 不等式 (3.2.33)~(3.2.36) 成立. 先来证明下面的引理.

引理 3.2.6 设 $d \geqslant 2$, $b_0 > \frac{1}{2}$, $a \geqslant 0$, $a' \geqslant 0$, $0 \leqslant \gamma \leqslant 1$, $0 \leqslant \eta \leqslant 1$(若 $d = 2$, 要求 $\eta \neq 0$) , 且 $(1-\gamma)a \leqslant b_0$, $\gamma a \leqslant a'$.

(a) 如果 $v_1(x_1, t_1) \in L^2$, 且 $\mathcal{F}^{-1}(\langle\sigma_1\rangle^{-a'}\hat{v}_1)$ 有紧支集 $|t| \leqslant CT$, 则有

$$\|\mathcal{F}^{-1}(\langle\sigma_1\rangle^{-a}\hat{v}_1)\|_{L^q_t L^r_x} \leqslant CT^\theta \|v_1\|_{L^2}, \tag{3.2.37}$$

其中 q 和 r 满足

$$\frac{2}{q} = 1 - \eta\frac{(1-\gamma)a}{b_0}, \quad \delta(r) = (1-\eta)\frac{(1-\gamma)a}{b_0},$$

且指标 θ 为

$$\theta = \gamma a \left(1 - \frac{\left[a' - \frac{1}{2}\right]_+}{a'} \right). \tag{3.2.38}$$

记号 $[\lambda]_+$ 的定义见引理 3.1.5.

(b) 如果 $v(x,t)\in L^2$, 且 $\mathcal{F}^{-1}(\langle\sigma\rangle^{-a'}\hat{v})$ 有紧支集 $|t|\leqslant CT$, 则有

$$\|\mathcal{F}^{-1}(\langle\sigma\rangle^{-a}\hat{v})\|_{L_t^qL_x^2}\leqslant CT^{\theta}\|v\|_{L^2}, \tag{3.2.39}$$

其中 q 和 θ 满足

$$\frac{2}{q}=1-\frac{(1-\gamma)a}{b_0},\ \theta\text{同(3.2.38)式}.$$

证明　(a) 利用引理 3.2.4(a), 取 $b=a(1-\gamma)\leqslant b_0$ 和 $\hat{f}=\langle\sigma_1\rangle^{-a}\hat{v}_1$, 于是有

$$\begin{aligned}\|\mathcal{F}^{-1}(\langle\sigma_1\rangle^{-a}\hat{v}_1)\|_{L_t^qL_x^r}&\leqslant\|\langle\sigma_1\rangle^{-\gamma a}\hat{v}_1\|_{L^2}\\&\leqslant C\|v_1\|_{L^2}^{1-\frac{\gamma a}{a'}}\|\langle\sigma_1\rangle^{-a'}\hat{v}_1\|_{L^2}^{\frac{\gamma a}{a'}},\end{aligned} \tag{3.2.40}$$

其中最后一步利用了 Hölder 不等式. 利用关于时间具有紧支的性质, 再根据 Hölder 不等式有

$$\begin{aligned}\|\langle\sigma_1\rangle^{-a'}\hat{v}_1\|_{L^2}&=\|\langle\partial_{t_1}\rangle^{-a'}\mathrm{e}^{-\mathrm{i}t_1\Delta}v_1\|_{L^2}\\&\leqslant CT^{\frac{1}{2}-\frac{1}{p}}\|\langle\partial_{t_1}\rangle^{-a'}\mathrm{e}^{-\mathrm{i}t_1\Delta}v_1\|_{L_x^2L_t^p}\\&\leqslant CT^{\frac{1}{2}-\frac{1}{p}}\|\mathrm{e}^{-\mathrm{i}t_1\Delta}v_1\|_{L^2},\end{aligned}$$

其中最后一步利用了 Sobolev 嵌入关系$L^2(\mathbb{R})\hookrightarrow H^{-a',p}(\mathbb{R})$(即 $H^{a'}(\mathbb{R})\hookrightarrow L^p(\mathbb{R})$), 故要求当 $0\leqslant a'<\dfrac{1}{2}$ 时 $a'=\dfrac{1}{2}-\dfrac{1}{p}$, 当 $a'=\dfrac{1}{2}$ 时 $p\in[2,\infty)$, 当 $a'>\dfrac{1}{2}$ 时 $p=\infty$, 因此有

$$\|\langle\sigma_1\rangle^{-a'}\hat{v}_1\|_{L^2}\leqslant CT^{a'-[a'-\frac{1}{2}]_+}\|v_1\|_{L^2}.$$

将这个估计代入 (3.2.40) 式, 则结论 (a) 得证.

(b) 的证明方法与 (a) 类似, 只需利用引理 3.2.4(b), 故证明细节略去. 至此, 引理证毕.

注 3.2.1　当 $\gamma=0$ 时, 该引理又回归到引理 3.2.4, 因此上述引理是引理 3.2.4 的加强版本. 事实上, 双线性估计 (3.2.29)~(3.2.32) 中的压缩因子 T^{θ} 就是由估计 (3.2.37) 和 (3.2.39) 所产生, 见下面的引理. 此外, 一般来讲, a' 不会大于 1, 故 (3.2.38) 式中的指标 θ 可以放宽为 $\dfrac{1}{2}\gamma a$.

引理 3.2.7　设 $d\geqslant 2$, $b_0>\dfrac{1}{2}$, $a,\ a_1,\ a_2\geqslant 0$, $0\leqslant\gamma\leqslant 1$ 且满足

$$\begin{aligned}&(1-\gamma)\max\{a,a_1,a_2\}\leqslant b_0\leqslant(1-\gamma)(a+a_1+a_2),\\&(\text{且}d=2\text{时, 还要求}(1-\gamma)a<b_0).\end{aligned} \tag{3.2.41}$$

又设 m 满足

$$m \geqslant \frac{d}{2}+1-\frac{(1-\gamma)(a+a_1+a_2)}{b_0} \geqslant 0, \tag{3.2.42}$$

且当 (3.2.41) 式的右边是等号时, 要求 (3.2.42) 式中的第一个不等号是严格的大于号. 如果 $a' \geqslant \gamma a$, $a_1' \geqslant \gamma a_1$, $a_2' \geqslant \gamma a_2$, 且 v, v_1, $v_2 \in L^2$ 满足 $\mathcal{F}^{-1}(\langle\sigma\rangle^{-a'}\hat{v})$, $\mathcal{F}^{-1}(\langle\sigma_i\rangle^{-a_i'}\hat{v}_i)(i=1,2)$ 关于时间都具有紧支集 $|t| \leqslant CT$, 则有如下估计成立:

$$\int \frac{|\hat{v}\hat{v}_1\hat{v}_2|}{\langle\sigma\rangle^{a}\langle\sigma_1\rangle^{a_1}\langle\sigma_2\rangle^{a_2}\langle\xi\rangle^{m}} \lesssim T^{\theta}\|v\|_{L^2}\|v_1\|_{L^2}\|v_2\|_{L^2}, \tag{3.2.43}$$

$$\int \frac{|\hat{v}\hat{v}_1\hat{v}_2|}{\langle\sigma\rangle^{a}\langle\sigma_1\rangle^{a_1}\langle\sigma_2\rangle^{a_2}\langle\xi_2\rangle^{m}} \lesssim T^{\theta}\|v\|_{L^2}\|v_1\|_{L^2}\|v_2\|_{L^2}, \tag{3.2.44}$$

其中 θ 满足

$$\theta=\gamma\left(a\left(1-\frac{\left[a'-\dfrac{1}{2}\right]_+}{a'}\right)+\sum_{i=1}^{2}a_i\left(1-\frac{\left[a_i'-\dfrac{1}{2}\right]_+}{a_i'}\right)\right). \tag{3.2.45}$$

证明 根据 Hölder 不等式, 得

$$\begin{aligned}(3.2.43)\text{左边} \leqslant &\|\mathcal{F}^{-1}(\langle\xi\rangle^{-m}\langle\sigma\rangle^{-a}\hat{v})\|_{L_t^qL_x^r} \times \|\mathcal{F}^{-1}(\langle\sigma_1\rangle^{-a_1}\hat{v}_1)\|_{L_t^{q_1}L_x^{r_1}}\\ &\times \|\mathcal{F}^{-1}(\langle\sigma_2\rangle^{-a_2}\hat{v}_2)\|_{L_t^{q_2}L_x^{r_2}},\end{aligned} \tag{3.2.46}$$

这里的指标关系为

$$\begin{aligned}&\frac{1}{q_1}+\frac{1}{q_2}+\frac{1}{q}=1,\\ &\frac{1}{r_1}+\frac{1}{r_2}+\frac{1}{r}=1.\end{aligned} \tag{3.2.47}$$

而 (3.2.47) 式中的第二式也等价于

$$\delta_1+\delta_2+\delta=\frac{d}{2}, \tag{3.2.48}$$

其中 $\delta_i=\delta(r_i)(i=1,2)$, $\delta=\delta(r)$.

根据引理 3.2.6(a) 可得

$$\|\mathcal{F}^{-1}(\langle\sigma_i\rangle^{-a_i}\hat{v}_i)\|_{L_t^{q_i}L_x^{r_i}} \leqslant CT^{\theta_i}\|v_i\|_{L^2},\ i=1,2,$$

其中

$$\begin{aligned}&\frac{2}{q_i}=1-\eta\frac{(1-\gamma)a_i}{b_0},\ i=1,2,\\ &\delta_i=(1-\eta)\frac{(1-\gamma)a_i}{b_0},\ i=1,2.\end{aligned}$$

对于 (3.2.46) 式中的第一项, 作如下处理

$$\begin{aligned}\|\mathcal{F}^{-1}(\langle\xi\rangle^{-m}\langle\sigma\rangle^{-a}\hat{v})\|_{L_t^q L_x^r} &\leqslant C\|\mathcal{F}^{-1}(\langle\xi\rangle^{-m}\langle\sigma\rangle^{-a}\hat{v})\|_{L_t^q H_x^m}\\ &= C\|\mathcal{F}^{-1}(\langle\sigma\rangle^{-a}\hat{v})\|_{L_t^q L_x^2}\\ &\leqslant CT^{\theta_0}\|v\|_{L^2},\end{aligned}$$

其中最后一步利用了引理 3.2.6(b), 且 $\dfrac{2}{q}=1-(1-\gamma)\dfrac{a}{b_0}$, 而顺数第一步利用了嵌入关系 $H^m(\mathbb{R}^d)\hookrightarrow L^r(\mathbb{R}^d)$, 故要求 $m\geqslant\delta\geqslant 0$, 若 $\delta=\dfrac{d}{2}$(即 $r=\infty$), 还要求 $m>\dfrac{d}{2}$. 下面验证引理所给的条件恰好和上面所给的指标关系相吻合. 根据上面的指标关系, (3.2.47) 和 (3.2.48) 式就变为

$$(1-\gamma)(a+\eta(a_1+a_2))=b_0, \tag{3.2.49}$$

$$\begin{aligned}\delta &= \frac{d}{2}-(1-\eta)(1-\gamma)\frac{(a_1+a_2)}{b_0}\\ &= \frac{d}{2}+1-(1-\gamma)\frac{a+a_1+a_2}{b_0}.\end{aligned} \tag{3.2.50}$$

从 (3.2.49) 式中解出 η, 则 $\eta\geqslant 0$(或 $\eta>0$), $\eta\leqslant 1$ 分别等价于 $(1-\gamma)a\leqslant b_0$(或 $(1-\gamma)a<b_0$) 和 (3.2.41) 式的右边. 从 (3.2.50) 式可知, $m\geqslant\delta\geqslant 0$ 就等价于 (3.2.42) 式. 特别地, 当 $\delta=\dfrac{d}{2}$ 时, 即 (3.2.41) 式的右边取等号时, 必须要求 $m>\dfrac{d}{2}$. 至于指标 $\theta(=\theta_0+\theta_1+\theta_2)$ 满足 (3.2.45) 式很容易由引理 3.2.6 中的 (3.2.38) 式推出. 故 (3.2.43) 式得证.

(3.2.44) 式的证明与 (3.2.43) 式的证明类似. 首先利用 Hölder 不等式和嵌入定理易得

$$\begin{aligned}(3.2.44)\text{左边} &\leqslant \|\mathcal{F}^{-1}(\langle\sigma\rangle^{-a}\hat{v})\|_{L_t^q L_x^2}\times\|\mathcal{F}^{-1}(\langle\sigma_1\rangle^{-a_1}\hat{v}_1)\|_{L_t^{q_1}L_x^{r_1}}\\ &\quad\times\|\mathcal{F}^{-1}(\langle\xi_2\rangle^{-m}\langle\sigma_2\rangle^{-a_2}\hat{v}_2)\|_{L_t^{q_2}L_x^{r_2}}\\ &\leqslant CT^{\theta_0+\theta_1}\|v\|_{L^2}\|v_1\|_{L^2}\|\mathcal{F}^{-1}(\langle\xi_2\rangle^{-m}\langle\sigma_2\rangle^{-a_2}\hat{v}_2)\|_{L_t^{q_2}H_x^{m,r_2'}}\\ &= CT^{\theta_0+\theta_1}\|v\|_{L^2}\|v_1\|_{L^2}\|\mathcal{F}^{-1}(\langle\sigma_2\rangle^{-a_2}\hat{v}_2)\|_{L_t^{q_2}L_x^{r_2'}}\\ &\leqslant CT^{\theta_0+\theta_1+\theta_2}\|v\|_{L^2}\|v_1\|_{L^2}\|v_2\|_{L^2},\end{aligned}$$

最后一步利用了引理 3.2.6(a). 剩下的工作就是验证指标关系. 这里的指标满足 (3.2.47) 式 (取 $r=2$) 和 (3.2.48) 式 (取 $\delta=0$), 且有

$$\frac{2}{q}=1-(1-\gamma)\frac{a}{b_0},\quad \frac{2}{q_i}=1-\eta\frac{(1-\gamma)a_i}{b_0},$$

$$\delta(r_1)=\frac{(1-\eta)(1-\gamma)a_1}{b_0},\quad \delta(r_2')=\frac{(1-\eta)(1-\gamma)a_2}{b_0}.$$

于是这时 (3.2.49) 式也成立, 故 $\eta\geqslant 0$(或 $\eta>0$) 和 $\eta\leqslant 1$ 分别等价于 $(1-\gamma)a\leqslant b_0$(或 $(1-\gamma)a<b_0$) 和 (3.2.41) 式的右边. 此外, 在上述的推导中用了嵌入关系 $H^{m,r_2'}(\mathbb{R}^d)\hookrightarrow L^{r_2}(\mathbb{R}^d)$, 故要求 $m\geqslant\dfrac{d}{r_2'}-\dfrac{d}{r_2}=\left(\dfrac{d}{2}-\dfrac{d}{r_2}\right)-\left(\dfrac{d}{2}-\dfrac{d}{r_2'}\right)=\delta_2-\delta(r_2')\geqslant 0$, 且 $\delta_2=\dfrac{d}{2}$(即 $r_2=\infty$), 还要求 $m>\delta_2-\delta(r_2')$. 注意到

$$\begin{aligned}\delta_2-\delta(r_2')&=\frac{d}{2}-\delta_1-\delta(r_2')=\frac{d}{2}-(1-\eta)(1-\gamma)\frac{(a_1+a_2)}{b_0}\\&=\frac{d}{2}+1-(1-\gamma)\frac{a+a_1+a_2}{b_0}.\end{aligned}$$

那么不难看出这些关系与 (3.2.42) 式相吻合. 最后指标 $\theta(=\theta_0+\theta_1+\theta_2)$ 满足 (3.2.45) 式可由引理 3.2.6 中的 (3.2.38) 式推出. 故 (3.2.44) 式得证. □

注 3.2.2 在后面的应用中, 我们将取 a, a_1, a_2 满足 $\max\{a,a_1,a_2\}\leqslant b_0$, 这时 (3.2.41) 式的左边是平凡的, 即对所有的 $\gamma\in[0,1]$ 都成立. 同样后面会取 $a'=a$, $a_1'=a_1$, $a_2=a_2'$, 那么对任意的 $\gamma\in[0,1]$, 自然就有 $a'\geqslant\gamma a$, $a_1'\geqslant\gamma a_1$, $a_2'\geqslant\gamma a_2$. 因此, 这种情形下这两个条件可以不用去验证.

引理 3.2.8 (a) 设 $y_1, y_2\in\mathbb{R}$, $z=y_1-y_2$, 则对任意的 $\lambda>1$ 有

$$|z|\leqslant\lambda|y_2|+\frac{\lambda}{\lambda-1}|y_1|\chi(|z|\geqslant\lambda|y_2|)\chi\left(\frac{\lambda}{\lambda+1}\leqslant\frac{|z|}{|y_1|}\leqslant\frac{\lambda}{\lambda-1}\right).$$

(b) 设 ξ, ξ_1, ξ_2, σ_1, σ_2 满足 $\xi=\xi_1-\xi_2$ 以及 $\xi_1^2-\xi_2^2=\sigma_1-\sigma_2-\sigma$. 又设 $|\xi_1|\geqslant 2|\xi_2|$, 则有

$$\frac{|\xi_1|}{2}\leqslant|\xi|\leqslant\frac{3|\xi_1|}{2},$$

$$\xi_1^2\leqslant\frac{4}{3}(|\sigma|+|\sigma_1|+|\sigma_2|),\tag{3.2.51}$$

$$\xi_1^2\leqslant 4(|\sigma|+|\sigma_2|)+2|\sigma_1|\chi\left(\frac{3}{4}|\sigma_1|\leqslant\xi_1^2\leqslant 2|\sigma_1|\right),\tag{3.2.52}$$

$$\xi_1^2\leqslant 4(|\sigma_1|+|\sigma_2|)+2|\sigma|\chi\left(\frac{3}{16}|\sigma|\leqslant\xi^2\leqslant\frac{9}{2}|\sigma|\right).\tag{3.2.53}$$

证明 (a) 当 $|z|\leqslant\lambda|y_2|$ 时, 结论是显然的. 而当 $|z|\geqslant\lambda|y_2|$ 时, 有 $\dfrac{\lambda-1}{\lambda}|z|\leqslant|y_1|\leqslant\dfrac{\lambda+1}{\lambda}|z|$, 由此即可得到 (a) 的结论.

(b) (b) 中的前两个结论是平凡的. 现在令 $z=\xi_1^2-\xi_2^2$, $y_1=\sigma_1$, $y_2=\sigma+\sigma_2$, 利用 (a) 的结论得

$$\xi_1^2 \leqslant \xi_2^2+\lambda(|\sigma|+|\sigma_2|)+\frac{\lambda}{\lambda-1}|\sigma_1|\chi\left(\frac{\lambda}{\lambda+1}\leqslant\frac{\xi_1^2-\xi_2^2}{|\sigma_1|}\leqslant\frac{\lambda}{\lambda-1}\right).$$

由于 $\xi_2^2\leqslant\frac{1}{4}\xi_1^2$, 在上式中取 $\lambda=3$, 则 (3.2.52) 式得证. 若令 $z=\xi_2^2-\xi_1^2$, $y_1=\sigma$, $y_2=\sigma_1-\sigma_2$, 则仿照刚才的做法, 可推出 (3.2.53) 式. □

由于 (3.2.33)~(3.2.36) 式中的变量 σ, σ_1, σ_2 及 ξ, ξ_1, ξ_2 均满足限制条件 (R1) 和 (R2), 故有

$$\sigma_1-\sigma_2-\sigma=|\xi_1|^2-|\xi_2|^2\mp|\xi_1-\xi_2|,$$

容易计算该式蕴含了

$$\left(|\xi_1|-\frac{1}{2}\right)^2\leqslant\left(|\xi_2|+\frac{1}{2}\right)^2+\sigma_1-\sigma_2-\sigma,$$
$$\left(|\xi_1|+\frac{1}{2}\right)^2\geqslant\left(|\xi_2|-\frac{1}{2}\right)^2+\sigma_1-\sigma_2-\sigma.$$

基于这两个估计, 我们不妨假设 (3.2.33)~(3.2.36) 式中的变量满足如下共振关系:

$$\xi_1^2-\xi_2^2=\sigma_1-\sigma_2-\sigma.$$

因此在后面的引理中, 我们就可以应用引理 3.2.8 进行估计. 事实上, 在后面的证明中会看到, 当 ξ_2 是主控 (即最大) 频率时, 此时只需考虑 ξ_2 是高频的情形, 因为 ξ_2 是低频 (这时其他两个频率也是低频) 的情形可被其他情形所蕴含, 因此, 将共振关系作上述简化是合理的.

接下来的 4 个引理分别证明 (3.2.33)~(3.2.36) 式. 证明之前, 先大概观察一下 k 和 l 应该满足的规律. 以 S 为例, 若 $b_1=c_1$, 则从 S 的定义中可以看出, 用 $-k$ 代替 k 并不改变积分的值, 因此关于 k 的条件应该是对称的. 又由于函数

$$\langle\xi_1\rangle^k\langle\xi_2\rangle^{-k}+\langle\xi_1\rangle^{-k}\langle\xi_2\rangle^k(\text{即}a^k+a^{-k},\ a=\langle\xi_1\rangle\langle\xi_2\rangle^{-1}\neq 1)$$

关于 $|k|$ 是递增的, 所以猜想要使 (3.2.33) 式成立, k 与 l 应满足关系

$$|k|\leqslant f(l).$$

由于当 k 固定时, S 关于 l 是递减的, 故 f 应该是 l 的非减函数. 类似于这样的观察在以下几个引理的证明中可以帮助我们减少对一些情形的讨论.

引理 3.2.9 设 $b_0 > \frac{1}{2}$, $0 < b,\ c_1,\ b_1 \leqslant b_0 < b + c_1 + b_1 - c_0$, 其中 $0 < c_0 \leqslant \min\{b, c_1, b_1\}$. 又设函数 $\mathcal{F}^{-1}(\langle\sigma\rangle^{-b}\hat{v})$, $\mathcal{F}^{-1}(\langle\sigma_1\rangle^{-c_1}\hat{v_1})$, $\mathcal{F}^{-1}(\langle\sigma_2\rangle^{-b_1}\hat{v_2})$ 关于时间均具有紧支集 $|t| \leqslant CT$, $T \leqslant 1$.

(a) 当 $d \geqslant 4$ 时, 如果

$$l \geqslant \frac{d}{2} + 1 - \frac{(1-\gamma)(b+c_1+b_1)}{b_0}, \tag{3.2.54}$$

$$|k| \leqslant l + 2c_0, \tag{3.2.55}$$

其中 γ 满足

$$0 < \gamma \leqslant 1 - \frac{b_0 + c_0}{b + c_1 + b_1}, \tag{3.2.56}$$

那么 (3.2.33) 式成立, 且

$$\theta = \gamma(b + c_1 + b_1)M, \tag{3.2.57}$$

$$M = 1 - \max\left\{\frac{\left[b - \frac{1}{2}\right]_+}{b}, \frac{\left[c_1 - \frac{1}{2}\right]_+}{c_1}, \frac{\left[b_1 - \frac{1}{2}\right]_+}{b_1}\right\}. \tag{3.2.58}$$

(b) 当 $d = 2,\ 3$ 时, 如果

$$b_0\left(1 + \frac{d}{2}\right) < b + c_1 + b_1, \tag{3.2.59}$$

$$l \geqslant 0,\ |k| \leqslant l + 2c_0, \tag{3.2.60}$$

那么 (3.2.33) 式成立, 且

$$\theta = \left(b + c_1 + b_1 - \left(b_0 + \frac{d}{2}\right)\right)M, \tag{3.2.61}$$

其中 M 的定义同 (3.2.58) 式.

注 3.2.3 由条件 $b, c_1, b_1 \leqslant b_0$ 可知, 当 $d \geqslant 4$ 时, (3.2.54) 式的右边不小于 $\frac{d}{2} - 2 + 3\gamma > 0$. 此外, 当 $d = 2, 3$ 时, (3.2.59) 式以及条件 $c_0 \leqslant b_0$ 蕴含了假设条件 $b_0 < b + c_1 + b_1 - c_0$.

证明 由上面的注记及 (3.2.60) 式知 $l \geqslant 0$, 且不妨设 $|k| - l = 2\mu > 0$. 因为通过对 S 的观察知道, 如果 $|k| > l$ 时 (3.2.33) 式成立, 那么 $|k| \leqslant l$ 时 (3.2.33) 式也自然成立. 此外, 还可假设 $k \geqslant 0$, 否则用 $-k$ 代替 k, 而后采用类似的讨论即可. 因此下面的证明过程都是在 $k - l = 2\mu > 0$ 的前提下进行的.

将积分区域分成两部分: $|\xi_1| \leqslant 2|\xi_2|$ 和 $|\xi_1| \geqslant 2|\xi_2|$. 于是相应地就有 $S = S_1 + S_2$. 容易看出

$$|S_1| \lesssim \int \frac{|\hat{v}\hat{v}_1\hat{v}_2|}{\langle\sigma\rangle^b\langle\sigma_1\rangle^{c_1}\langle\sigma_2\rangle^{b_1}\langle\xi\rangle^l}.$$

利用引理 3.2.7(取 $(a, a_1, a_2, m) = (b, c_1, b_1, l)$ 以及 $(a', a_1', a_2') = (b, c_1, b_1)$) 得如果存在 $\gamma > 0$ 满足

$$b_0 \leqslant (1-\gamma)B, \tag{3.2.62}$$

$$l \geqslant 1 + \frac{d}{2} - \frac{(1-\gamma)B}{b_0} \geqslant 0, \tag{3.2.63}$$

则有

$$|S_1| \lesssim T^\theta \|v\|_{L^2}\|v_1\|_{L^2}\|v_2\|_{L^2},\ \theta > 0,$$

其中 $B = b + c_1 + b_1$, 且 (3.2.62) 式是等号时, 要求 (3.2.63) 式的左边是严格的大于号. 此外, 由引理 3.2.7 所确定的 θ 要比 (3.2.57) 式中给出的值大, 由于 $T \leqslant 1$, 所以这种取法是可行的.

当 $|\xi_1| \geqslant 2|\xi_2|$ 时, 有 $\dfrac{|\xi_1|}{2} \leqslant |\xi| \leqslant \dfrac{3|\xi_1|}{2}$, 由此可得

$$\begin{aligned}
|S_2| &\lesssim \int \frac{|\hat{v}\hat{v}_1\hat{v}_2|\langle\xi_1\rangle^{2\mu}}{\langle\sigma\rangle^b\langle\sigma_1\rangle^{c_1}\langle\sigma_2\rangle^{b_1}\langle\xi_2\rangle^k} \\
&\lesssim \int \frac{|\hat{v}\hat{v}_1\hat{v}_2|}{\langle\sigma\rangle^b\langle\sigma_1\rangle^{c_1}\langle\sigma_2\rangle^{b_1}\langle\xi_2\rangle^k}(\langle\sigma\rangle + \langle\sigma_1\rangle + \langle\sigma_2\rangle)^\mu \\
&\lesssim S_{21} + S_{22} + S_{23},
\end{aligned}$$

其中第二个不等式利用了 (3.2.51) 式. 这里的 S_{21} 表示为

$$S_{21} = \int \frac{|\hat{v}\hat{v}_1\hat{v}_2|}{\langle\sigma\rangle^{b-\mu}\langle\sigma_1\rangle^{c_1}\langle\sigma_2\rangle^{b_1}\langle\xi_2\rangle^k},$$

同理可将 S_{22} 和 S_{23} 的表达式写出. 注意因为要使 $b-\mu \geqslant 0$, $c_1 - \mu \geqslant 0$, $b_1 - \mu \geqslant 0$, 故 μ 应满足 $\mu \leqslant \min\{b, b_1, c_1\}$, 即只需要求 $c_0 \leqslant \min\{b, b_1, c_1\}$. 对 S_{21}, S_{22}, S_{23} 利用引理 3.2.7 得如果存在 $\gamma' > 0$, 使得

$$b_0 \leqslant (1-\gamma')(B-\mu), \tag{3.2.64}$$

$$k \geqslant 1 + \frac{d}{2} - \frac{(1-\gamma')(B-\mu)}{b_0} \geqslant 0, \tag{3.2.65}$$

则有

$$|S_2| \lesssim S_{21} + S_{22} + S_{23} \lesssim T^{\theta'}\|v\|_{L^2}\|v_1\|_{L^2}\|v_2\|_{L^2},\ \theta' > 0,$$

且当 (3.2.64) 式是等号时, 要求 (3.2.65) 式的第一个不等式取严格的大于号. 此外, 可取 $\theta' = \gamma'(B-\mu)M$.

令 $\gamma'(B-\mu) = \gamma B$, 于是 $\theta = \theta'$, 且 $\gamma > 0$ 等价于 $\gamma' > 0$. 而此时 (3.2.64) 和 (3.2.65) 式也分别变为

$$b_0 \leqslant (1-\gamma)B - \mu, \tag{3.2.66}$$

$$k \geqslant 1 + \frac{d}{2} - \frac{(1-\gamma)B}{b_0} + \frac{\mu}{b_0} \geqslant 0. \tag{3.2.67}$$

注意到 $\mu \leqslant c_0$, 所以为使 (3.2.66) 式成立, 只需成立

$$b_0 \leqslant (1-\gamma)B - c_0. \tag{3.2.68}$$

再注意到事实 $k = l + 2\mu > l + \dfrac{\mu}{b_0}$, 故 (3.2.63) 式成立时 (3.2.67) 式也必成立. 综上分析, 为了使得 (3.2.33) 式成立, 需要确保 $\gamma > 0$, (3.2.63) 式以及 (3.2.68) 式同时成立.

分不同维数来验证这 3 个条件. 当 $d \geqslant 4$ 时, $\gamma > 0$ 和 (3.2.68) 式等价于 (3.2.56) 式. 而 (3.2.63) 式的第一个不等式即为 (3.2.54) 式. 此外, 根据前面的注记, (3.2.63) 式中的第二个不等式也是成立的, 故 $d \geqslant 4$ 时引理证毕.

当 $d = 2, 3$ 时, 取 γ 满足

$$(1-\gamma)B = b_0\left(1 + \frac{d}{2}\right),$$

于是 (3.2.63) 式中的第二个不等式是平凡的, (3.2.63) 式的第一个不等式就变为 $l \geqslant 0$. 根据上述取法, 有 $(1-\gamma)B - b_0 = \dfrac{d}{2}b_0 \geqslant b_0 \geqslant c_0$, 即 (3.2.68) 式成立. 另外, 此时 $\gamma > 0$ 就等价于 (3.2.59) 式.

至此, 我们验证了在引理所给的条件下必有估计 (3.2.33) 成立. 引理证毕.

引理 3.2.10 设 $b_0 > \dfrac{1}{2}$, $0 < c$, $b_1 \leqslant b_0 < c + 2b_1 - \bar{c}_0$, 其中 $0 < \bar{c}_0 \leqslant \min\{c, b_1\}$. 又设函数 $\mathcal{F}^{-1}(\langle\sigma\rangle^{-c}\hat{v})$, $\mathcal{F}^{-1}(\langle\sigma_i\rangle^{-b_1}\hat{v}_i)(i=1,2)$ 关于时间均具有紧支集 $|t| \leqslant CT$, $T \leqslant 1$.

(a) 当 $d \geqslant 4$ 时, 如果

$$2k - (l+1) \geqslant \frac{d}{2} + 1 - \frac{(1-\gamma)(c+2b_1)}{b_0}, \tag{3.2.69}$$

$$k \geqslant l + 1 - 2\bar{c}_0,\ k \geqslant 0, \tag{3.2.70}$$

其中 γ 满足

$$0 < \gamma \leqslant 1 - \frac{b_0 + \bar{c}_0}{c + 2b_1}, \tag{3.2.71}$$

那么 (3.2.34) 式成立, 且

$$\theta=\gamma(c+2b_1)\bar{M}, \tag{3.2.72}$$

$$\bar{M}=1-\max\left\{\frac{\left[c-\frac{1}{2}\right]_+}{c},\frac{\left[b_1-\frac{1}{2}\right]_+}{b_1}\right\}. \tag{3.2.73}$$

(b) 当 $d=2,\ 3$ 时, 如果

$$b_0\left(1+\frac{d}{2}\right)<c+2b_1, \tag{3.2.74}$$

$$2k\geqslant l+1,\ k\geqslant l+1-2\bar{c}_0,\ k\geqslant 0, \tag{3.2.75}$$

那么 (3.2.34) 式成立, 且

$$\theta=\left(c+2b_1-\left(b_0+b_0\frac{d}{2}\right)\right)\bar{M}, \tag{3.2.76}$$

其中 $\bar{M}$ 的定义同 (3.2.73) 式.

证明 将 W 的积分区域分成 3 部分: $\frac{|\xi_2|}{2}\leqslant|\xi_1|\leqslant 2|\xi_2|$, $|\xi_1|\geqslant 2|\xi_2|$ 和 $|\xi_2|\geqslant 2|\xi_1|$. 于是相应地有 $W=W_1+W_2+W_3$. 当 $\frac{|\xi_2|}{2}\leqslant|\xi_1|\leqslant 2|\xi_2|$ 时, $|\xi|\leqslant 3\min\{|\xi_1|,|\xi_2|\}$, 故

$$|W_1|\lesssim\int\frac{|\hat{v}\hat{v}_1\hat{v}_2|}{\langle\sigma\rangle^c\langle\sigma_1\rangle^{b_1}\langle\sigma_2\rangle^{b_1}\langle\xi\rangle^{\bar{l}}},$$

其中 $\bar{l}=2k-(l+1)$.

根据对称性, 对 W_2 和 W_3 的估计是一样的, 因此只需估计其中一个即可. 设 $|\xi_1|\geqslant 2|\xi_2|$, 那么有 $\frac{|\xi_1|}{2}\leqslant|\xi|\leqslant\frac{3|\xi_1|}{2}$, 从而有

$$|W_2|\lesssim\int\frac{|\hat{v}\hat{v}_1\hat{v}_2|\langle\xi_1\rangle^{l+1-k}}{\langle\sigma\rangle^c\langle\sigma_1\rangle^{b_1}\langle\sigma_2\rangle^{b_1}\langle\xi_2\rangle^k}.$$

由于当 k 固定时, 上式右边关于 l 是递增的, 故不失一般性可设 $l+1-k>0$, 令 $2\bar{\mu}=l+1-k>0$. 利用 (3.2.51) 式得

$$|W_2|\lesssim\int\frac{|\hat{v}\hat{v}_1\hat{v}_2|}{\langle\sigma\rangle^c\langle\sigma_1\rangle^{b_1}\langle\sigma_2\rangle^{b_1}\langle\xi_2\rangle^k}(\langle\sigma\rangle+\langle\sigma_1\rangle+\langle\sigma_2\rangle)^{\bar{\mu}}.$$

采用引理 3.2.9 中关于 S_1 和 S_2 的估计方法, 我们可类似地估计 W_1 和 W_2. 事实上, 只需将引理 3.2.9 中的指标 (b,c_1,b_1,k,l,μ) 换成 $(c,b_1,b_1,k,\bar{l},\bar{\mu})$(注意引理 3.2.10 中的 k 不是上下对称的, 故要求 $k\geqslant 0$), 即可得到引理 3.2.10 的结论. 引理证毕.

引理 3.2.11 设 $b_0 > \dfrac{1}{2}$, $0 < a_1 < \dfrac{1}{2}$, $0 < b$, $b_1 \leqslant b_0 < b + a_1 + b_1 - c_0$, 其中 $0 < c_0 \leqslant \min\left\{b, \dfrac{1}{2}, b_1\right\}$. 又设函数 $\mathcal{F}^{-1}(\langle\sigma\rangle^{-b}\hat{v})$, $\mathcal{F}^{-1}(\langle\sigma_2\rangle^{-b_1}\hat{v}_2)$ 关于时间都具有紧支集 $|t| \leqslant CT$, $T \leqslant 1$.

(a) 当 $d \geqslant 4$ 时, 如果 (3.2.54)~(3.2.56) 式成立 (其中的 c_1 都替换成 a_1), 那么估计 (3.2.35) 成立, 且

$$\theta = \gamma\left(b + b_1 + \frac{1}{2}\right)(b + b_1 - c_0)\left(b + b_1 + \frac{1}{2} - c_0\right)^{-1}\tilde{M}, \tag{3.2.77}$$

$$\tilde{M} = 1 - \max\left\{\frac{\left[b - \frac{1}{2}\right]_+}{b}, \frac{\left[b_1 - \frac{1}{2}\right]_+}{b_1}\right\}. \tag{3.2.78}$$

(b) 当 $d = 2$, 3 时, 如果 (3.2.59) 和 (3.2.60) 式成立 (其中的 c_1 都替换成 a_1), 那么估计 (3.2.35) 式成立, 且

$$\theta = \left(b + a_1 + b_1 - b_0\left(1 + \frac{d}{2}\right)\right)(b + b_1 - c_0)(b + a_1 + b_1 - c_0)^{-1}\tilde{M}, \tag{3.2.79}$$

其中 $\tilde{M}$ 的定义同 (3.2.78) 式.

证明 证明的思想与引理 3.2.9 一样. 设 $k - l = 2\mu > 0$, 将积分区域分成两部分: $|\xi_1| \leqslant 2|\xi_2|$ 和 $|\xi_1| \geqslant 2|\xi_2|$, 相应地有 $\tilde{S} = \tilde{S}_1 + \tilde{S}_2$. 容易看出

$$|\tilde{S}_1| \lesssim \int \frac{|\hat{v}(\langle\sigma_1\rangle^{a_1-1}\hat{w}_1)\hat{v}_2|}{\langle\sigma\rangle^b\langle\sigma_1\rangle^{a_1}\langle\sigma_2\rangle^{b_1}\langle\xi\rangle^l}.$$

注意到

$$\|\langle\sigma_1\rangle^{a_1-1}\hat{w}_1\|_{L^2} \leqslant C(1 - 2a_1)^{-\frac{1}{2}}\|w_1\|_{L^2},$$

其中利用了 $a_1 < \dfrac{1}{2}$ 这个条件. 这样关于 $\tilde{S}_1$ 的估计与引理 3.2.9 中关于 S_1 的估计是一样的, 无非是将那里的 c_1 换成了这里的 a_1.

当 $|\xi_1| \geqslant 2|\xi_2|$ 时, 有 $\dfrac{|\xi_1|}{2} \leqslant |\xi| \leqslant \dfrac{3|\xi_1|}{2}$, 利用 (3.2.52) 式可得

$$\begin{aligned}
|\tilde{S}_2| &\lesssim \int \frac{|\hat{v}\hat{w}_1\hat{v}_2|\langle\xi_1\rangle^{2\mu}}{\langle\sigma\rangle^b\langle\sigma_1\rangle\langle\sigma_2\rangle^{b_1}\langle\xi_2\rangle^k} \\
&\lesssim \int \frac{|\hat{v}\hat{w}_1\hat{v}_2|}{\langle\sigma\rangle^b\langle\sigma_1\rangle\langle\sigma_2\rangle^{b_1}\langle\xi_2\rangle^k}\left(\langle\sigma\rangle + \langle\sigma_2\rangle + \langle\sigma_1\rangle\chi\left(\frac{3}{4}|\sigma_1| \leqslant \xi_1^2 \leqslant 2|\sigma_1|\right)\right)^\mu \\
&\lesssim \tilde{S}_{21} + \tilde{S}_{22} + \tilde{S}_{23},
\end{aligned}$$

其中

$$\tilde{S}_{21} = \int \frac{|\hat{v}(\langle\sigma_1\rangle^{a_1-1}\hat{w}_1)\hat{v}_2|}{\langle\sigma\rangle^{b-\mu}\langle\sigma_1\rangle^{a_1}\langle\sigma_2\rangle^{b_1}\langle\xi_2\rangle^{k}}, \quad \tilde{S}_{22} = \int \frac{|\hat{v}(\langle\sigma_1\rangle^{a_1-1}\hat{w}_1)\hat{v}_2|}{\langle\sigma\rangle^{b}\langle\sigma_1\rangle^{a_1}\langle\sigma_2\rangle^{b_1-\mu}\langle\xi_2\rangle^{k}}$$

以及

$$\tilde{S}_{23} = \int \frac{|\hat{v}(\langle\sigma_1\rangle^{-1/2}\hat{w}_1)\chi\left(\frac{3}{4}|\sigma_1| \leqslant \xi_1^2 \leqslant 2|\sigma_1|\right)\hat{v}_2|}{\langle\sigma\rangle^{b}\langle\sigma_1\rangle^{1/2-\mu}\langle\sigma_2\rangle^{b_1}\langle\xi_2\rangle^{k}}.$$

注意到

$$\left\|\langle\sigma_1\rangle^{-1/2}\hat{w}_1\chi\left(\frac{3}{4}|\sigma_1| \leqslant \xi_1^2 \leqslant 2|\sigma_1|\right)\right\|_{L^2} \leqslant \sqrt{\ln\left(\frac{8}{3}\right)}\|w_1\|_{L^2},$$

因此对 $\tilde{S}_{21}, \tilde{S}_{22}, \tilde{S}_{23}$ 的估计与引理 3.2.9 中的 S_{21}, S_{22}, S_{23} 一样, 不过用 a_1 或 $\frac{1}{2}$ 代替了那里的 c_1.

对 $\tilde{S}_1, \tilde{S}_{21}, \tilde{S}_{22}$ 的估计中用 a_1 去代替引理 3.2.9 中的 c_1, 可以得到条件 (3.2.54)~(3.2.56) 或 (3.2.59) 和 (3.2.60), 而对 $\tilde{S}_{23}$ 的估计中用 $\frac{1}{2}$ 去代替引理 3.2.9 中的 c_1, 则又可以得到条件 (3.2.54)~(3.2.56) 或 (3.2.59) 和 (3.2.60). 因为 $a_1 < \frac{1}{2}$, 故这两个条件中较强的那个应该是用 a_1 替换引理 3.2.9 中的 c_1, 那么替换之后, 引理 3.2.9 中的相关条件就成了本引理的条件, 因此 (3.2.35) 式就成立. 不同的是 T 的指标不能通过将 c_1 换成 a_1 来得到, 因为这时 $\mathcal{F}^{-1}(\langle\sigma_1\rangle^{a_1-1}\hat{w}_1)$ 关于时间没有支集 (注意 $\hat{w}_1 = \hat{w}_1(\xi_1)$ 只是空间变量的函数), 从而这部分就不会对 T 的指标有所贡献. 下面就来证明 T 的指标 θ 满足 (3.2.77)~(3.2.79) 式.

在对 $\tilde{S}_1$ 和 $\tilde{S}_2$ 的估计中, 分别会产生指标 θ_1 和 θ_2 满足

$$\theta_1 = \gamma(b+b_1)\tilde{M}, \ \theta_2 = \gamma'(b+b_1-\mu)\tilde{M},$$

且 $\gamma(b+a_1+b_1) = \gamma'(b+a_1+b_1-\mu)$(这个事实在引理 3.2.9 中的证明中用到). 于是就有

$$\theta_2 = \gamma(b+a_1+b_1)(b+b_1-\mu)(b+a_1+b_1-\mu)^{-1}\tilde{M}.$$

由于 $T \leqslant 1$, 因此只需取较小的指标即可. 可以看出, θ_2 关于 $\mu \in [0, c_0]$ 是递减的, 且 $\mu = 0$ 时, $\theta_1 = \theta_2$, 所以得到 T 的指标首先取为

$$\theta = \gamma(b+a_1+b_1)(b+b_1-c_0)(b+a_1+b_1-c_0)^{-1}\tilde{M}. \tag{3.2.80}$$

当 $d \geqslant 4$ 时, 由于上式关于 a_1 也是递减的, 故用 $\frac{1}{2}$ 替换上式中的 a_1, 于是就得到了 (3.2.77) 式. 当 $d = 2, 3$ 时, 从引理 3.2.9 中的证明中知道 γ 满足

$$(1-\gamma)(b+a_1+b_1) = b_0\left(1+\frac{d}{2}\right),$$

将 γ 的表达式代入 (3.2.80) 式得

$$\theta=\left(b+a_1+b_1-b_0\left(1+\frac{d}{2}\right)\right)(b+b_1-c_0)(b+a_1+b_1-c_0)^{-1}\tilde{M}.$$

注意到上式关于 a_1 是递增的, 故不能再将 a_1 换成 $\frac{1}{2}$, 因此 (3.2.79) 式得证, 从而引理证毕.

引理 3.2.12 设 $b_0>\frac{1}{2}$, $0<a<\frac{1}{2}$, $0<b_1\leqslant b_0<a+2b_1-\bar{c}_0$, 其中 $0<\bar{c}_0\leqslant\min\left\{\frac{1}{2},b_1\right\}$. 又设函数 $\mathcal{F}^{-1}(\langle\sigma_i\rangle^{-b_1}\hat{v}_i)(i=1,2)$ 关于时间均具有紧支集 $|t|\leqslant CT$, $T\leqslant 1$.

(a) 当 $d\geqslant 4$ 时, 如果 (3.2.69)~(3.2.71) 式成立 (其中的 c 均替换成 a), 那么估计 (3.2.36) 式成立, 且

$$\theta=\gamma\left(2b_1+\frac{1}{2}\right)(2b_1-\bar{c}_0)\left(2b_1+\frac{1}{2}-\bar{c}_0\right)^{-1}M_1, \tag{3.2.81}$$

$$M_1=1-\frac{\left[b_1-\frac{1}{2}\right]_+}{b_1}. \tag{3.2.82}$$

(b) 当 $d=2$, 3 时, 如果 (3.2.74) 和 (3.2.75) 式成立 (其中的 c 均替换成 a), 那么估计 (3.2.36) 式成立, 且

$$\theta=\left(a+2b_1-b_0\left(1+\frac{d}{2}\right)\right)(2b_1-\bar{c}_0)(a+2b_1+b_1-\bar{c}_0)^{-1}M_1, \tag{3.2.83}$$

其中 M_1 的定义同 (3.2.82) 式.

引理 3.2.12 的证明与引理 3.2.11 的证明类似, 不同的是要利用 (3.2.53) 式和引理 3.2.10, 但推导过程是相似的, 故在此略去具体的证明细节.

3.2.3 高维 Zakharov 方程的适定性结果

有了前面的准备之后, 下面就给出 Zakharov 方程 (3.2.1) 的低正则性结果.

定理 3.2.1 *设空间维数 $d\geqslant 2$, k 和 l 满足*

$$l\leqslant k\leqslant l+1,\ d\geqslant 2, \tag{3.2.84}$$

$$l>\frac{d}{2}-2,\ 2k-(l+1)>\frac{d}{2}-2,\ d\geqslant 4, \tag{3.2.85}$$

$$l\geqslant 0,\ 2k-(l+1)\geqslant 0,\ d=2,3. \tag{3.2.86}$$

那么 Zakharov 方程 (3.2.1) 关于初值 $(u_0, n_0, n_1) \in H^k \times H^l \times H^{l-1}$ 在空间 $X^{k,b_1} \times X^{l,b} \times X^{l-1,b}$ 是局部适定的, 这里的 b 和 b_1 满足

$$|2b_1 - 1| \leqslant l + 1 - k \leqslant 2b_1, \tag{3.2.87}$$

$$k - l \leqslant 2b \leqslant k - l + 1, \tag{3.2.88}$$

$$|2b - 1| \leqslant \varepsilon,\ |2b_1 - 1| \leqslant \varepsilon, \tag{3.2.89}$$

其中 $\varepsilon > 0$ 充分小. 而且, 解 $(u, n, \partial_t n)$ 还满足

$$(u, n, \partial_t n) \in C([-T, T]; H^k \times H^l \times H^{l-1}). \tag{3.2.90}$$

证明　根据第一小节中的介绍, 考虑如下的积分方程:

$$\begin{aligned} u(t) = \psi_1(t)U(t)u_0 - \frac{\mathrm{i}}{2}\psi_T(t)\int_0^t U(t-t')(t')(\psi_{2T}(t')n_+(t') \\ + \psi_{2T}(t')n_-(t'))\psi_{2T}(t')u(t')\mathrm{d}t', \end{aligned} \tag{3.2.91}$$

$$\begin{aligned} n_\pm(t) = {}& \psi_1(t)V_\pm(t)n_\pm(0) \\ & \mp \mathrm{i}\psi_T(t)\int_0^t V_\pm(t-t')\omega|\psi_{2T}(t')u(t')|^2\mathrm{d}t', \end{aligned} \tag{3.2.92}$$

其中 $U(t) = \mathrm{e}^{\mathrm{i}t\Delta}$, $V_\pm(t) = \mathrm{e}^{\mp\mathrm{i}t\omega}$. 方程 (3.2.91) 和 (3.2.92) 的解就是 Zakharov 方程 (3.2.1) 的局部解. 取 u 的工作空间为 $X^{k,b_1}(b_1 \geqslant 0)$, $n_\pm$ 的工作空间为 $X^{l,b}(b \geqslant 0)$, 对方程 (3.2.91) 估 X^{k,b_1} 模, 方程 (3.2.92) 估 $X^{l,b}$ 模, 先假设第二小节中的引理条件均满足, 那么根据引理 3.2.1 中的 (3.2.12) 和 (3.2.14) 式, 以及 (3.2.29)~(3.2.33) 式, 利用标准的压缩映射原理, 可得当 T 充分小时, 方程 (3.2.91) 和 (3.2.92) 存在惟一解 $(u, n_+, n_-) \in X^{k,b_1} \times X^{l,b} \times X^{l-1,b}$, 而且利用事实 $X^{s,b} \subset C(\mathbb{R}; H^s)\left(b > \dfrac{1}{2}\right)$ 或引理 3.2.3 可得出 $(u, n_+, n_-) \in C([-T, T]; H^k \times H^l \times H^{l-1})$, 从而有 (3.2.90) 式成立. 因此我们需要做的工作就是在条件 (3.2.84)~(3.2.89) 下, 证明确实存在这样的常数 b, b_1, c, c_1, γ, a 以及 a_1 使得引理 3.2.1 和引理 3.2.9~3.2.12 中的假设条件都得到满足. 事实上, 条件 (3.2.84)~(3.2.89) 就是从引理 3.2.9~3.2.12 中的假设条件导出的, 只不过在证明中我们采用的方法是根据定理所给的条件 (3.2.84)~(3.2.89) 去验证引理 3.2.9~3.2.12 中的条件.

对 $0 < b, b_1 < 1$, 将会取 $b_0 > \dfrac{1}{2}$ 且 $b_0 \geqslant \max\{b, 1-b, b_1, 1-b_1\}$, 且令

$$c_1 = \min\left\{1 - b_1, \frac{1}{2}\right\},\ c = \min\left\{1 - b, \frac{1}{2}\right\},$$

$$c_0=\min\{b,1-b_1,b_1\},\ \bar{c}_0=\min\left\{1-b,b_1,\frac{1}{2}\right\}.$$

易见 c 和 $\bar{c}_0$ 满足引理 3.2.9~3.2.12 的要求. 注意 $b>\frac{1}{2}\left(\text{或 } b_1>\frac{1}{2}\right)$ 时, $c=1-b<\frac{1}{2}\left(\text{或 } c_1=1-b_1<\frac{1}{2}\right)$, 此时利用估计式 (3.2.14), 其余情形利用 (3.2.12) 式. 取定这些数后, (3.2.55)、(3.2.60)、(3.2.70) 和 (3.2.75) 式中的条件 $|k|\leqslant l+2c_0$ 和 $k\geqslant l+1-2\bar{c}_0$ 就是 (3.2.87) 和 (3.2.88) 式. 事实上, 可分以下 4 种情形讨论: $b,b_1>\frac{1}{2}$; $b>\frac{1}{2}$, $b_1\leqslant\frac{1}{2}$; $b\leqslant\frac{1}{2}$, $b_1>\frac{1}{2}$; $b,b_1\leqslant\frac{1}{2}$. 在 $b,b_1>\frac{1}{2}$ 的情形下, 容易计算出

$$\begin{aligned}&|k|\leqslant l+2c_0=l+2(1-b_1)\Leftrightarrow|2b_1-1|\leqslant l+1-k,\\&k\geqslant l+1-2\bar{c}_0=l+1-2(1-b)\Leftrightarrow 2b\leqslant k-l+1.\end{aligned}$$

剩下 3 种情形可类似讨论.

如果 b 和 b_1 满足 (3.2.89) 式, 即 b 和 b_1 充分靠近 $\frac{1}{2}$, 那么根据上面的取法, c,c_1, $c_0,\bar{c}_0$ 皆充分靠近 $\frac{1}{2}$, 则条件 $b_0<b+c_1+b_1-c_0$, $b_0<c+2b_1-\bar{c}_0$, (3.2.56)、(3.2.59)、(3.2.71) 以及 (3.2.74) 式自然成立. 如果再取 $a,a_1<\frac{1}{2}$ 且充分靠近 $\frac{1}{2}$, 那么将相应的 c_1(或 c) 换成 a_1(或 a) 时, 刚才的这些条件也都满足. 此外, (3.2.54) 和 (3.2.69) 式的右边均等价于

$$\frac{d}{2}-2+3\gamma+O(\varepsilon),$$

因此只要 (3.2.85) 式成立, 那么总存在 γ 和 ε 充分小, 使得 (3.2.54) 和 (3.2.69) 式均成立. 至此, 我们验证了引理 3.2.9~3.2.12 中的条件都是满足的, 故可以利用这些引理中得出的估计对方程 (3.2.91) 和 (3.2.92) 用压缩映射原理来求解, 得到方程 (3.2.91) 和 (3.2.92) 的解的局部适定性.

还需说明一点的是 Zakharov 方程 (3.2.1) 的解是惟一的. 严格来讲, 前面用压缩映射原理得出方程 (3.2.91) 和 (3.2.92) 的解是依赖于时间截断函数 ψ 的, 换句话说, 对于不同的截断函数, 用不动点方法得出的解可能是不一样的. 下面就来证明, 方程 (3.2.91) 和 (3.2.92) 的解实际上是不依赖于截断函数的, 从而保证了 Zakharov 方程 (3.2.1) 的解在所给出的 Bourgain 空间中是惟一的.

为此目的, 先来讨论一般的积分方程 (3.2.7) 的解的惟一性问题, 且设其中的非线性项 f 是多项式类型的. 设 u_1, $u_2\in X^{s,b}\left(b\geqslant\frac{1-\varepsilon}{2},\varepsilon>0\right)$分别是对应于截断函数 $\psi_{T_1}^{(1)}$ 和 $\psi_{T_2}^{(2)}$ 的积分方程 (3.2.8) (或 (3.2.9)) 的解. 记 $\chi_T(t)=\chi(|t|\leqslant T)$ 为粗

糙截断, 即当 $|t| \leqslant T$ 时 $\chi_T(t) \equiv 1$, 当 $|t| > T$ 时 $\chi_T(t) \equiv 0$, 其中 $T = \min\{T_1, T_2\}$. 利用 Fourier 变换, 不难算出 $\hat{\chi}_T(\tau) = \dfrac{e^{i\tau T} - e^{-i\tau T}}{\tau}$, 于是有 $\chi_T \in H_t^{(1-\varepsilon)/2}$. 利用乘积估计 [114] 可得

$$\|\chi_T u_i\|_{X^{s,\frac{1}{2}-\varepsilon}} \leqslant C\|\chi_T\|_{H^{\frac{1-\varepsilon}{2}}}\|u_i\|_{X^{s,\frac{1-\varepsilon}{2}}}, \ i = 1, 2. \tag{3.2.93}$$

将 u_1 和 u_2 满足的积分方程相减得

$$\chi_T(u_1 - u_2) = -i\chi_T\psi_T U *_R (f(\chi_T u_1) - f(\chi_T u_2)),$$

由于 f 是多项式类型的, 所以可将非线性项表示为

$$f(\chi_T u_1) - f(\chi_T u_2) = P_1(\chi_T u_1, \chi_T u_2, \chi_T(u_1 - u_2)) =: P_1,$$

其中 P_1 也是一个多项式, 且关于第三个变量是线性的. 如果能有估计

$$\begin{aligned}&\|\psi_T(U *_R P_1)\|_{X^{s,\frac{1-\varepsilon}{2}}}\\&\lesssim T^\theta P_2(\|u_1\|_{X^{s,\frac{1}{2}-\varepsilon}}, \|u_2\|_{X^{s,\frac{1}{2}-\varepsilon}})\|\chi_T(u_1 - u_2)\|_{X^{s,\frac{1}{2}-\varepsilon}},\end{aligned} \tag{3.2.94}$$

其中 P_2 是一个多项式, $\theta > 0$, 那么利用 (3.2.93) 和 (3.2.94) 式就有

$$\begin{aligned}\|\chi_T(u_1 - u_2)\|_{X^{s,\frac{1}{2}-\varepsilon}} \lesssim{}& T^\theta\|\chi_T\|_{H^{\frac{1-\varepsilon}{2}}}\\&\times P_2(\|u_1\|_{X^{s,\frac{1}{2}-\varepsilon}}, \|u_2\|_{X^{s,\frac{1}{2}-\varepsilon}})\|\chi_T(u_1 - u_2)\|_{X^{s,\frac{1}{2}-\varepsilon}},\end{aligned}$$

于是当 T 很小时, 就得 $\chi_T(u_1 - u_2) = 0$. 注意在这个过程中要求解在空间 $u_i \in X^{s,\frac{1-\varepsilon}{2}} (i = 1, 2)$ 中, 而且估计式 (3.2.94) 成立.

现在回到 Zakharov 方程中来. 为说明 Zakharov 方程的解是惟一的, 即不依赖于截段函数 ψ, 只需说明方程 (3.2.91) 和 (3.2.92) 在空间 $X^{s,b_1} \times X^{l,b}$ 中是压缩的, 其中要求 $b, b_1 < \dfrac{1}{2}$. 注意到这样一个事实: 如果 Zakharov 方程关于初值 $(u_0, n_0, n_1) \in H^{k'} \times H^{l'} \times H^{l'-1}$ 的解是惟一的, 那么当 $k \geqslant k'$, $l \geqslant l'$ 时, 方程关于初值 $(u_0, n_0, n_1) \in H^k \times H^l \times H^{l-1}$ 的解也是惟一的. 因此, 证惟一性时可以假设 $0 < k - l < 1$(因为 $k = l$ 的惟一性包含在 $(k, k - \varepsilon)$ 的惟一性中, 而 $k = l + 1$ 的惟一性包含在 $(l + \varepsilon, l)$ 的惟一性中). 而在 $0 < k - l < 1$ 的条件下, 条件 (3.2.87) 和 (3.2.88) 允许取 $b, b_1 < \dfrac{1}{2}$. 再根据定理的条件以及前面两小节的讨论知 (3.2.94) 式对于 Zakharov 方程是成立的, 于是前面的讨论就说明了方程 (3.2.91) 和 (3.2.92) 的解是不依赖于截断函数的, 惟一性证毕. 定理证毕.

注 3.2.4 当 $0<k-l<1$, 条件 (3.2.87) 和 (3.2.88) 还允许取 $b,b_1>\frac{1}{2}$, 那么 $c=1-b,c_1=1-b_1<\frac{1}{2}$, 于是就可以利用估计 (3.2.14), 故引理 3.2.11 和 3.2.12 (相应的就是 (3.2.31) 和 (3.2.32) 式) 是用不上的. 当 $k=l$ 时, 条件 (3.2.88) 蕴含了 $b\leqslant\frac{1}{2}$, 从而 $c=\frac{1}{2}$, 故这时就需要利用引理 3.2.12. 当 $k=l+1$ 时, 由条件 (3.2.87) 推出 $b_1=\frac{1}{2}$, 从而 $c_1=\frac{1}{2}$, 这时就需要利用引理 3.2.11. 而惟一性的讨论由于要求 $b,b_1<\frac{1}{2}$, 故引理 3.2.11 和 3.2.12 在证惟一性中都是需要用的.

定理 3.2.1 的结果表明, 当 $d=2,3$ 时, 局部适定性结果成立的最低指标是 $(k,l)=\left(\frac{1}{2},0\right)$. 下面给出一个反例, 这个例子一定程度上表明 $d=3$ 时 Zakharov 方程 (3.2.1) 在 $(k,l)=\left(\frac{1}{2},-\frac{1}{2}\right)$ 时是不适定的.

命题 3.2.1 设 $d=3$, $Y=H^{\frac{1}{2}}\times H^{-\frac{1}{2}}\times H^{-\frac{3}{2}}$. 则不存在映射 $F:\ Y\to C([0,T];Y)$, 使得 $F(y)=(u,n,\partial_t n)$ 是 Zakharov 方程 (3.2.1) 的解 (初值 $(u_0,n_0,n_1)=y$) 且满足

$$\|F(y_1)-F(y_2)\|_{L^\infty(0,T;Y)}\leqslant M(R,\|y_1-y_2\|_Y),\ \|y_1\|_Y\leqslant R,\ \|y_2\|_Y\leqslant R,\quad(3.2.95)$$

其中 $M(R,S)$ 是 $\mathbb{R}^+\times\mathbb{R}^+$ 到 $\mathbb{R}^+$ 的局部有界函数, 且对固定的 $R\geqslant 0$, 当 $S\to 0$ 时, 有 $M(R,S)\to 0$.

证明 反证法. 假设存在满足 (3.2.95) 式的映射 F, 下面来导出矛盾.

从文献 [55, 58] 中得知方程

$$\Delta\varphi-\varphi+|\varphi|^2\varphi=0$$

存在 C^2 解且解以指数形式在无穷远处衰减. 现设 φ 就是满足上述方程的一个解. 令 $u:=u_1=\mathrm{e}^{\mathrm{i}t}\varphi$, $n:=n_1=-|\varphi|^2$, 于是容易验证 (u,n) 是 Zakharov 方程 (3.2.1) 的解, 其中初始条件为 $(\varphi,-|\varphi|^2,0)$. 利用 Scaling 技术同样可知

$$u_\lambda=\lambda u(\lambda^2t,\lambda x),\ n_\lambda=-|u_\lambda|^2=-|\varphi_\lambda|^2$$

也是 Zakharov 方程 (3.2.1) 的解, 其中初始条件为 $(\varphi_\lambda,-|\varphi_\lambda|^2,0)$, 这里 $\varphi_\lambda=\lambda\varphi(\lambda x)$. 直接计算有 $(\lambda\geqslant 1)$

$$\|\varphi_\lambda\|_{H^{\frac{1}{2}}}\sim\|\varphi_\lambda\|_{L^2}+\|\varphi_\lambda\|_{\dot H^{\frac{1}{2}}}=\lambda^{-\frac{1}{2}}\|\varphi\|_{L^2}+\|\varphi\|_{\dot H^{\frac{1}{2}}}<\infty$$

以及

$$\||\varphi_\lambda|^2\|_{H^{-\frac{1}{2}}}\leqslant C\||\varphi_\lambda|^2\|_{L^{\frac{3}{2}}}=C\|\varphi_\lambda\|_{L^3}^2\leqslant C\|\varphi_\lambda\|_{H^{\frac{1}{2}}}^2<\infty,$$

所以有 $\|(u_\lambda(0),n_\lambda(0),0)\|_Y<\infty$.

令 $y_{\lambda_i}=(u_{\lambda_i}(0),n_{\lambda_i}(0),0)=(\varphi_{\lambda_i},-|\varphi_{\lambda_i}|^2,0)$, $i=1,2$, 其中 $\lambda_1,\lambda_2\to\infty$ 且 $\dfrac{\lambda_1}{\lambda_2}\to 1$. 通过计算得出

$$
\begin{aligned}
\|u_{\lambda_i}(0)\|_{L^2}=\|\varphi_{\lambda_i}\|_{L^2}=\lambda_i^{-\frac12}\|\varphi\|_{L^2}\to 0,\ i=1,2,\\
\|\omega^{\frac12}(u_{\lambda_1}(0)-u_{\lambda_2}(0))\|_{L^2}=\|\omega^{\frac12}(\varphi-\varphi_{\frac{\lambda_1}{\lambda_2}})\|_{L^2}\to 0,\\
\|\omega^{-\frac12}(n_{\lambda_1}(0)-n_{\lambda_2}(0))\|_{L^2}=\|\omega^{-\frac12}(|\varphi|^2-|\varphi_{\frac{\lambda_1}{\lambda_2}}|^2)\|_{L^2}\to 0,
\end{aligned}
$$

因此有 $\|y_{\lambda_1}-y_{\lambda_2}\|_Y\to 0$. 但另一方面, 有

$$
\begin{aligned}
&\|\omega^{\frac12}(u_{\lambda_1}(t)-u_{\lambda_2}(t))\|_{L^2}^2\\
&\quad=\|\omega^{\frac12}(\mathrm{e}^{\mathrm{i}\lambda_1^2t}\varphi_{\lambda_1}-\mathrm{e}^{\mathrm{i}\lambda_2^2t}\varphi_{\lambda_2})\|_{L^2}^2\\
&\quad=\|\omega^{\frac12}(\varphi-\mathrm{e}^{\mathrm{i}(\lambda_1^2-\lambda_2^2)t}\varphi_{\frac{\lambda_1}{\lambda_2}})\|_{L^2}^2\\
&\quad=2\|\omega^{\frac12}\varphi\|_{L^2}^2-2\mathrm{Re}\exp(\mathrm{i}(\lambda_1^2-\lambda_2^2)t)\langle\omega^{\frac12}\varphi,\omega^{\frac12}\varphi_{\frac{\lambda_1}{\lambda_2}}\rangle.
\end{aligned}
$$

若取 $\lambda_1=j+1$, $\lambda_2=j$, $t_j=\dfrac{\pi}{2(2j+1)}$, 则

$$
\|\omega^{\frac12}(u_{\lambda_1}(t_j)-u_{\lambda_2}(t_j))\|_{L^2}^2=2\|\omega^{\frac12}\varphi\|_{L^2}^2\not\to 0,
$$

与 (3.2.95) 式矛盾. 命题证毕.

注 3.2.5　命题 3.2.1 并没有排除映射 F 是强连续的可能性, 即对固定的 y_2, F 可能满足

$$
\|F(y_1)-F(y_2)\|_{L^\infty(0,T;Y)}\to 0,\ \|y_1-y_2\|_Y\to 0.
$$

尽管如此, 命题 3.2.1 在很大程度上仍然暗示了三维的 Zakharov 方程 (3.2.1) 在 $(k,l)=\left(\dfrac12,-\dfrac12\right)$ 时是不适定的.

3.3　二维 Zakharov 方程的适定性结果

3.3.1　适定性结果

本节研究二维的 Zakharov 方程

$$
\begin{cases}
\mathrm{i}\partial_t u+\Delta u=nu,\\
\partial_t^2 n-\Delta n=\Delta|u|^2,\\
(u(0),n(0),n_t(0))=(u_0,n_0,n_1),
\end{cases}
\tag{3.3.1}
$$

其中 $u:\mathbb{R}\times\mathbb{R}^2\to\mathbb{C}$, $n:\mathbb{R}\times\mathbb{R}^2\to\mathbb{R}$. 上一节的结果 (定理 3.2.1) 表明当初值 $(u_0,n_0,n_1)\in H^{\frac{1}{2}}(\mathbb{R}^2)\times L^2(\mathbb{R}^2)\times H^{-1}(\mathbb{R}^2)$ 时, 方程 (3.3.1) 是局部适定的. 这一节将证明二维的 Zakharov 方程 (3.3.1) 关于初值 $(u_0,n_0,n_1)\in L^2(\mathbb{R}^2)\times H^{-\frac{1}{2}}(\mathbb{R}^2)\times H^{-\frac{3}{2}}(\mathbb{R}^2)$ 也是局部适定的 (见下面的定理 3.3.1). 在给出主要结果之前, 先介绍一些相关的记号.

本节中出现的一些大写字母, 诸如 L, M, N 等表示的是一个二进制数 $2^n(n\in\mathbb{N})$.

设 $\psi(r)\in C_0^\infty\big((-2,2)\big)$ 满足 $\psi\geqslant 0$, $\psi(r)=\psi(-r)$, 且当 $|r|\leqslant 1$ 时, $\psi(r)\equiv 1$. 通过 ψ 可构造出如下的 (非齐次) 单位分解:

$$1=\sum_{N\geqslant 1}\psi_N,\ \psi_1=\psi,\ \psi_N(r)=\psi\left(\frac{r}{N}\right)-\psi\left(\frac{2r}{N}\right),\ N=2^n\geqslant 2.$$

因此可见 $\mathrm{supp}\psi_1\subset[-2,2]$, $\mathrm{supp}\psi_N\subset\left\{r;\frac{N}{2}\leqslant|r|\leqslant 2N\right\}(N\geqslant 2)$. 现在利用 ψ_N 来定义频率局部化算子 P_N 为

$$\mathcal{F}_x(P_Nf)(\xi)=\psi_N(|\xi|)\mathcal{F}_xf(\xi).$$

如果 u 是时空函数, 定义 $(P_Nu)(x,t)=(P_Nu(\cdot,t))(x)$. 有时为简便起见, 记 $u_N=P_Nu$. 将局部化算子 P_N 的时空 Fourier 支集记作

$$\mathcal{B}_1=\{(\xi,\tau)\in\mathbb{R}^2\times\mathbb{R};|\xi|\leqslant 2\},$$
$$\mathcal{B}_N=\left\{(\xi,\tau)\in\mathbb{R}^2\times\mathbb{R};\frac{N}{2}\leqslant|\xi|\leqslant 2N\right\},\ N\geqslant 2.$$

对二进制数 $L\geqslant 1$, 定义如下两种类型 (分别对应于 Schrödinger 方程和波方程) 的调整局部化算子

$$\mathcal{F}(S_Lu)(\tau,\xi)=\psi_L(\tau+|\xi|^2)\mathcal{F}u(\tau,\xi),\tag{3.3.2}$$
$$\mathcal{F}(W_L^{\pm}u)(\tau,\xi)=\psi_L(\tau\pm|\xi|)\mathcal{F}u(\tau,\xi).\tag{3.3.3}$$

局部化算子 S_L 和 $W_L^{\pm}$ 的时空 Fourier 支集分别记为

$$\mathcal{C}_1=\{(\xi,\tau)\in\mathbb{R}^2\times\mathbb{R};|\tau+|\xi|^2|\leqslant 2\},$$
$$\mathcal{C}_L=\left\{(\xi,\tau)\in\mathbb{R}^2\times\mathbb{R};\frac{L}{2}\leqslant|\tau+|\xi|^2|\leqslant 2L\right\},\ L\geqslant 2$$

和

$$\mathcal{M}_1^{\pm}=\{(\xi,\tau)\in\mathbb{R}^2\times\mathbb{R};|\tau\pm|\xi||\leqslant 2\},$$
$$\mathcal{M}_L^{\pm}=\left\{(\xi,\tau)\in\mathbb{R}^2\times\mathbb{R};\frac{L}{2}\leqslant|\tau\pm|\xi||\leqslant 2L\right\},\ L\geqslant 2.$$

为定义角频率局部化算子, 引入 $\mathbb{R}$ 中等距的单位分解

$$1=\sum_{j\in\mathbb{Z}}\beta_j,\quad \beta_j(s)=\psi(s-j)\left(\sum_{k\in\mathbb{Z}}\psi(s-k)\right)^{-1}.$$

根据 ψ 的支集性质, 对固定的 $s\in\mathbb{R}$, 和式 $\sum_{k\in\mathbb{Z}}\psi(s-k)$ 中至多 4 项不为零, 因此这个求和实际上是有限和. 对 $A\in\mathbb{N}$, 定义圆周上等距的单位分解

$$1=\sum_{j=0}^{A-1}\beta_j^A,\quad \beta_j^A(\theta)=\beta_j\left(\frac{A\theta}{\pi}\right)+\beta_{j-A}\left(\frac{A\theta}{\pi}\right).$$

容易看出, $\mathrm{supp}(\beta_j^A)\subset\Theta_j^A$, 其中

$$\Theta_j^A:=\left[\frac{\pi}{A}(j-2),\frac{\pi}{A}(j+2)\right]\cup\left[-\pi+\frac{\pi}{A}(j-2),-\pi+\frac{\pi}{A}(j+2)\right].$$

现在定义角频率局部化算子 Q_j^A 为

$$\mathcal{F}_x(Q_j^Af)(\xi)=\beta_j^A(\theta)\mathcal{F}_xf(\xi),\ \xi=|\xi|(\cos\theta,\sin\theta).$$

如果 u 是时空函数, 定义 $(Q_j^Au)(x,t)=Q_j^A(u(\cdot,t))(x)$. 局部化算子 Q_j^A 的时空 Fourier 支集记作

$$\Omega_j^A=\{(|\xi|\cos\theta,|\xi|\sin\theta,\tau)\in\mathbb{R}^2\times\mathbb{R};\theta\in\Theta_j^A\}.$$

接着定义一些函数空间. 设 $k,\ l\in\mathbb{R},\ 0<r\leqslant R$, 记

$$\begin{aligned}&\mathbf{H}^{k,l}:=H^k(\mathbb{R}^2;\mathbb{C})\times H^l(\mathbb{R}^2;\mathbb{R})\times H^{l-1}(\mathbb{R}^2;\mathbb{R}),\\&\mathbf{H}^{k,l}_{R,r}:=\{(u_0,n_0,n_1)\in\mathbf{H}^{k,l};\ \|(u_0,n_0,n_1)\|_{\mathbf{H}^{k,l}}\leqslant R,\ \|u_0\|_{L^2}\leqslant r\}.\end{aligned}$$

设 $T>0$, 记 $\mathbf{X}_T^{k,l}$ 为 (u,n) 构成的一个 Banach 空间, 其中 (u,n) 满足

$$\begin{aligned}&u\in C([0,T];H^k(\mathbb{R}^2;\mathbb{C})),\\&n\in C([0,T];H^l(\mathbb{R}^2;\mathbb{R}))\cap C^1([0,T];H^{l-1}(\mathbb{R}^2;\mathbb{R})).\end{aligned}\tag{3.3.4}$$

赋予空间 $\mathbf{X}_T^{k,l}$ 通常的范数, 即

$$\|(u,n)\|^2_{\mathbf{X}_T^{k,l}}=\|u\|^2_{L^\infty(0,T;H^k)}+\|n\|^2_{L^\infty(0,T;H^l)}+\|\partial_tn\|^2_{L^\infty(0,T;H^{l-1})}.\tag{3.3.5}$$

设 $\sigma,b\in\mathbb{R},\ 1\leqslant p<\infty$, 对应于 Schrödinger 算子 $\mathrm{i}\partial_t+\Delta$, 定义范数

$$\|u\|_{X^S_{\sigma,b,p}}:=\left(\sum_{N\geqslant1}N^{2\sigma}\big(\sum_{L\geqslant1}L^{pb}\|S_LP_Nu\|^p_{L^2}\big)^{\frac{2}{p}}\right)^{\frac12},$$

于是定义“双局部化”Bourgain 型空间 $X^S_{\sigma,b,p}$ 为 $\mathcal{S}(\mathbb{R}^2\times\mathbb{R})$ 按范数 $\|\cdot\|_{X^S_{\sigma,b,p}}$ 完备化后的空间. 类似的, 对应于半波算子 $\mathrm{i}\partial_t\pm\langle\nabla\rangle$, 定义范数

$$\|v\|_{X^{W\pm}_{\sigma,b,p}}:=\left(\sum_{N\geqslant1}N^{2\sigma}\left(\sum_{L\geqslant1}L^{pb}\|W_L^{\pm}P_Nu\|_{L^2}^p\right)^{\frac{2}{p}}\right)^{\frac{1}{2}},$$

从而定义 Bourgain 空间 $X^{W\pm}_{\sigma,b,p}$ 为 $\mathcal{S}(\mathbb{R}^2\times\mathbb{R})$ 按范数 $\|\cdot\|_{X^{W\pm}_{\sigma,b,p}}$ 完备化后的空间. 当 $p=\infty$ 时, 按通常的方式修正上述的定义, 即

$$\|u\|_{X^S_{\sigma,b,\infty}}:=\left(\sum_{N\geqslant1}N^{2\sigma}\big(\sup_{L\geqslant1}L^{2b}\|S_LP_Nu\|_{L^2}^2\big)\right)^{\frac{1}{2}},$$

$$\|v\|_{X^{W\pm}_{\sigma,b,\infty}}:=\left(\sum_{N\geqslant1}N^{2\sigma}\big(\sup_{L\geqslant1}L^{2b}\|W_L^{\pm}P_Nu\|_{L^2}^2\big)\right)^{\frac{1}{2}}.$$

在 $X^{W\pm}_{\sigma,b,p}$ 的定义中, 如果用 $\tau\pm\langle\xi\rangle$ 替换 $\tau\pm|\xi|$, 那么得到的新范数与原来的范数是等价的. 此外在下面的定理 3.3.1 中出现的记号 $X^W_{\sigma,b,p}$ 表示的是用 $|\tau|-|\xi|$ 替换 $\tau\pm|\xi|$ 之后的赋范空间.

对于由时空分布组成的赋范空间 $B\subset\mathcal{S}'(\mathbb{R}\times\mathbb{R}^2;\mathbb{C})$, 我们用 $\bar{B}$ 表示 B 的复共轭. 直接计算表明 $\overline{X^{W\pm}_{\sigma,b,p}}=X^{W\mp}_{\sigma,b,p}$. 此外, 上述定义的两种 Bourgain 型空间有如下的对偶性质:

$$\left(\overline{X^S_{\sigma,b,p}}\right)^*=X^S_{-\sigma,-b,p'},$$

$$\left(\overline{X^{W\pm}_{\sigma,b,p}}\right)^*=X^{W\mp}_{-\sigma,-b,p'},$$

其中 $1\leqslant p<\infty$, $s,b\in\mathbb{R}$, p' 为 p 的 Hölder 共轭指标, 即 $p^{-1}+p'^{-1}=1$.

对 $T>0$, 记号 $B(T)$ 表示 B 在 $\mathbb{R}^2\times(0,T)$ 中的限制空间, 且

$$\|u\|_{B(T)}:=\inf\{\|\tilde{u}\|_B;\ \tilde{u}\in B,\ \tilde{u}|_{\mathbb{R}^2\times(0,T)}=u\}.$$

有了上述记号之后, 下面就给出二维 Zakharov 方程 (3.3.1) 的局部适定性结果.

定理 3.3.1 设 $0<r\leqslant R$, 初值 $(u_0,n_0,n_1)\in\mathbf{H}^{0,-\frac{1}{2}}_{R,r}$, 则存在时间 $T>0$, 满足 $T\lesssim\min\{\langle R\rangle^{-2}r^{-2},1\}$, 使得二维 Zakharov 方程 (3.3.1) 在空间 $X^S_{0,\frac{1}{2},1}(T)\times X^W_{-\frac{1}{2},\frac{1}{2},1}(T)\subset\mathbf{X}^{0,-\frac{1}{2}}_T$ 中存在惟一解 (u,n), 而且映射

$$\mathbf{H}^{0,-\frac{1}{2}}_{R,r}\to\mathbf{X}^{0,-\frac{1}{2}}_T,\ (u_0,n_0,n_1)\mapsto(u,n)$$

是局部 Lipschitz 连续的.

与前两节一样, 我们利用压缩映射原理研究方程 (3.3.1) 的局部适定性. 记 $v = n + \mathrm{i}\langle\nabla\rangle^{-1}\partial_t n$, 其中 $\langle\nabla\rangle = (I-\Delta)^{\frac{1}{2}}$, 则方程 (3.3.1) 变为

$$\begin{cases} \mathrm{i}\partial_t u + \Delta u = (\mathrm{Re}v)u, \\ \mathrm{i}\partial_t v - \langle\nabla\rangle v = -\dfrac{\Delta}{\langle\nabla\rangle}|u|^2 - \dfrac{1}{\langle\nabla\rangle}\mathrm{Re}v, \\ (u(0), v(0)) = (u_0, n_0 + \mathrm{i}\langle\nabla\rangle^{-1}n_1). \end{cases} \tag{3.3.6}$$

因此, 如果方程 (3.3.6) 有解 (u,v), 那么 $(u, \mathrm{Re}v =: n)$ 就是方程 (3.3.1) 的解, 故下面主要讨论方程 (3.3.6). 将方程 (3.3.6) 进一步表示为积分方程的形式, 即

$$\begin{cases} u = \mathrm{e}^{\mathrm{i}t\Delta}u_0 - \mathrm{i}\mathcal{I}^S(\mathrm{Re}(v)u)(t), \\ v = \mathrm{e}^{-\mathrm{i}t\langle\nabla\rangle}v_0 + \mathrm{i}\mathcal{I}^{W^+}\left(\dfrac{\Delta}{\langle\nabla\rangle}|u|^2 + \dfrac{1}{\langle\nabla\rangle}\mathrm{Re}v\right)(t), \end{cases} \tag{3.3.7}$$

其中

$$\mathcal{I}^S(f)(t) := \int_0^t \mathrm{e}^{\mathrm{i}(t-s)\Delta}f(s)\mathrm{d}s, \tag{3.3.8}$$

$$\mathcal{I}^{W^+}(f)(t) := \int_0^t \mathrm{e}^{-\mathrm{i}(t-s)\langle\nabla\rangle}f(s)\mathrm{d}s. \tag{3.3.9}$$

对于初值 $(u_0, v_0) \in L^2 \times H^{-\frac{1}{2}}$, 称 $(u,v) \in X^S_{0,\frac{1}{2},1}(T) \times X^{W^+}_{-\frac{1}{2},\frac{1}{2},1}(T)$ 是方程 (3.3.6) 的解, 是指对任意的 $t \in [0,T]$, (u,v) 都满足积分方程 (3.3.7). 利用压缩映射原理求解 (3.3.7), 我们取 u 的工作空间为 $X^S_{0,\frac{1}{2},1}(T)$, 取 v 的工作空间为 $X^{W^+}_{-\frac{1}{2},\frac{1}{2},1}(T)$, 因此给出方程 (3.3.7) 在这些空间中的估计 (特别是非线性估计) 是至关重要的, 但由于空间 $X^S_{0,\frac{1}{2},1}(T)$ 和 $X^{W^+}_{-\frac{1}{2},\frac{1}{2},1}(T)$的定义是通过双局部化频率给出的, 所以要得出这些估计是一项较为细致的工作.

3.3.2　线性估计和多线性估计以及适定性结论的证明

回忆一维的非齐次 Besov 范数

$$\|g\|_{B^b_{2,1}} = \sum_{L\geqslant 1} L^b\|P_L g\|_{L^2},\ \|b\|_{B^b_{2,\infty}} = \sup_{L\geqslant 1} L^b\|P_L g\|_{L^2}.$$

对 $0 < T \leqslant 1$, 定义光滑时间截断函数 $\psi_T(t) = \psi\left(\dfrac{t}{T}\right)$.

引理 3.3.1　设 $0 < b \leqslant \dfrac{1}{2}$, $0 < T \leqslant 1$, $g \in \mathcal{S}(\mathbb{R})$, 则有

$$\|g\psi_T\|_{B^b_{2,1}} \sim T^{-b}\|P_{\leqslant T^{-1}}(g\psi_T)\|_{L^2} + \sum_{L>T^{-1}} L^b\|P_L(g\psi_T)\|_{L^2},$$

其中隐含的常数 C 与 T, g 无关. 这里 $P_{\leqslant T^{-1}} := \sum_{1\leqslant L\leqslant T^{-1}} P_L$.

证明 一方面有

$$\sum_{1\leqslant L\leqslant T^{-1}} L^b\|P_L(g\psi_T)\|_{L^2} \leqslant \left(\sum_{1\leqslant L\leqslant T^{-1}} L^b\right)\|P_{\leqslant T^{-1}}(g\psi_T)\|_{L^2}$$
$$\lesssim T^{-b}\|P_{\leqslant T^{-1}}(g\psi_T)\|_{L^2},$$

另一方面又有

$$T^{-b}\|P_{\leqslant T^{-1}}(g\psi_T)\|_{L^2} \leqslant T^{-b}\|g\psi_T\|_{L^2} \leqslant \|g\psi_T\|_{L^{\frac{2}{1-2b}}} \lesssim \|g\psi_T\|_{B^b_{2,1}},$$

其中倒数第二步利用了 Hölder 不等式, 最后一步利用了嵌入关系 $B^b_{2,1} \hookrightarrow L^{\frac{2}{1-2b}}$. 于是根据 Besov 空间范数的定义, 引理得证.

在接下来的命题 3.3.1 中, 空间 $X_{\sigma,b,p}(T)$ 可以是 $X^S_{\sigma,b,p}(T)$, 也可以是 $X^{W^\pm}_{\sigma,b,p}(T)$.

命题 3.3.1 设 $s\in\mathbb{R}$, $0<b<\dfrac{1}{2}$, 则存在常数 $C>0$, 使得对任意的 $T\in(0,1]$ 有

$$\|f\|_{X_{s,b,1}(T)} \leqslant CT^{\frac{1}{2}-b}\|f\|_{X_{s,\frac{1}{2},1}(T)},\ \forall\ f\in X_{s,\frac{1}{2},1}(T). \tag{3.3.10}$$

此外嵌入关系 $X_{s,\frac{1}{2},1}(T) \hookrightarrow C([0,T];H^s)$ 成立, 从而存在常数 $C>0$, 使得对任意的 $T\in(0,1]$ 有

$$\sup_{t\in[0,T]}\|f\|_{H^s} \leqslant C\|f\|_{X_{s,\frac{1}{2},1}(T)},\ \forall\ f\in X_{s,\frac{1}{2},1}(T). \tag{3.3.11}$$

证明 先证明 (3.3.10) 式. 根据空间 $B(T)$ 的范数的定义, 只需证明

$$\|f\psi_T\|_{X_{s,b,1}} \leqslant CT^{\frac{1}{2}-b}\|f\|_{X_{s,\frac{1}{2},1}},\ \forall\ f\in\mathcal{S}(\mathbb{R}^2\times\mathbb{R}).$$

再根据空间 $X_{s,b,1}$ 中范数的定义, 我们仅需证明

$$\|g\psi_T\|_{B^b_{2,1}} \leqslant CT^{\frac{1}{2}-b}\|g\|_{B^{\frac{1}{2}}_{2,1}},\ \forall\ g\in\mathcal{S}(\mathbb{R}).$$

记 $g_T(t)=g(Tt)$, 利用引理 3.3.1, 有

$$\|g\psi_T\|_{B^b_{2,1}} \lesssim T^{-b}\|P_{\leqslant T^{-1}}(g\psi_T)\|_{L^2} + \sum_{L>T^{-1}} L^b\|P_L(g\psi_T)\|_{L^2}$$
$$\lesssim T^{\frac{1}{2}-b}\sum_{L\geqslant 1} L^b\|P_L(g_T\psi)\|_{L^2}$$
$$\lesssim T^{\frac{1}{2}-b}(\|g_T\psi\|_{L^2} + \|g_T\psi\|_{\dot{H}^{\frac{1}{2}}}),$$

其中最后一步利用了

$$\sum_{L\geqslant 2} L^b\|P_L(g_T\psi)\|_{L^2}\leqslant\left(\sum_{L\geqslant 2} L\|P_L(g_T\psi)\|_{L^2}^2\right)^{1/2}\left(\sum_{L\geqslant 2} L^{2b-1}\right)^{1/2}$$
$$\lesssim\|g_T\psi\|_{\dot H^{\frac12}},\ b<\frac12.$$

易见有

$$\|g_T\psi\|_{L^2}\lesssim\|g_T\|_{L^\infty}\lesssim\|g\|_{B^{\frac12}_{2,1}},$$

以及

$$\|g_T\psi\|_{\dot H^{\frac12}}\lesssim\|g_T\|_{\dot H^{\frac12}}+\|g_T\|_{L^\infty}\lesssim\|g\|_{B^{\frac12}_{2,1}},$$

于是 (3.3.10) 式得证. 再注意到 $B^{\frac12}_{2,1}(\mathbb{R})\subset C(\mathbb{R})$, 由此易得 (3.3.11) 式. □

命题 3.3.2 (自由项和 Duhamel 项的 $X_{\sigma,b,p}(T)$ 模估计) 设 $s\in\mathbb{R}$, 则存在常数 $C>0$, 使得对任意的 $T\in(0,1]$ 和 $\phi\in H^s$ 都有

$$\|\mathrm{e}^{\mathrm{i}t\Delta}\phi\|_{X^S_{s,\frac12,1}(T)}\leqslant C\|\phi\|_{H^s},\tag{3.3.12}$$

$$\|\mathrm{e}^{-\mathrm{i}t\langle\nabla\rangle}\phi\|_{X^{W+}_{s,\frac12,1}(T)}\leqslant C\|\phi\|_{H^s},\tag{3.3.13}$$

而且还有

$$\|\mathcal{I}^S(f)\|_{X^S_{s,\frac12,1}(T)}\leqslant CT^{\frac1{12}}\|f\|_{X^S_{s,-\frac5{12},\infty}(T)},\tag{3.3.14}$$

$$\|\mathcal{I}^{W^+}(f)\|_{X^{W+}_{s,\frac12,1}(T)}\leqslant CT^{\frac1{12}}\|f\|_{X^{W+}_{s,-\frac5{12},\infty}(T)}.\tag{3.3.15}$$

证明 先证 (3.3.12) 式. 注意到以下事实:

$$\mathcal{F}_{x,t}(S_LP_N(\psi_T\mathrm{e}^{\mathrm{i}t\Delta}\phi))=\psi_L(\tau+|\xi|^2)\psi_N(|\xi|)\hat\psi_T(\tau+|\xi|^2)\hat\phi(\xi),$$

因此可以推出

$$\|\psi_T\mathrm{e}^{\mathrm{i}t\Delta}\phi\|_{X^S_{s,\frac12,1}(T)}=\left(\sum_{N\geqslant 1}N^{2s}\left(\sum_{L\geqslant 1}L^{\frac12}\|\psi_TS_LP_N\phi\|_{L^2}\right)^2\right)^{\frac12}$$
$$=\|\psi_T\|_{B^{\frac12}_{2,1}}\|\phi\|_{B^s_{2,2}}\leqslant C\|\phi\|_{H^s},$$

由此得出 (3.3.12) 式. 用同样的方法可以证明 (3.3.13) 式. 根据 $X_{s,b,1}(T)$ 中范数的定义, 为证 (3.3.14) 式, 只需证明

$$\|\psi_T\mathcal{I}(g)\|_{B^{\frac12}_{2,1}}\leqslant CT^{\frac1{12}}\|g\|_{B^{-\frac5{12}}_{2,\infty}},\ \forall\, g\in\mathcal{S}(\mathbb{R}),$$

其中 $\mathcal{I}(g)=\int_0^t g(t')\mathrm{d}t'$. 记 $g_T(t)=g(Tt)$, 故有

$$(\psi_T\mathcal{I}(g))(Tt)=T\psi(t)\mathcal{I}(g_T)(t),$$

由此得

$$\|\psi_T\mathcal{I}(g)\|_{B^{\frac{1}{2}}_{2,1}}=T\|\psi\mathcal{I}(g_T)\|_{B^{\frac{1}{2}}_{2,1}}.$$

根据引理 3.2.1 中的 (3.2.13) 式 (注意将那里的 H_t^b 换成这里的 Besov 空间 $B^b_{2,1}(\mathbb{R})$ 时, (3.2.13) 式也是成立的), 取 (3.2.13) 式中的 $T=1$, 可得

$$\|\psi\mathcal{I}(g_T)\|_{B^{\frac{1}{2}}_{2,1}}\leqslant C\|g_T\|_{B^{-\frac{5}{12}-\varepsilon}_{2,1}}\leqslant C\|g_T\|_{B^{-\frac{5}{12}}_{2,\infty}}=CT^{-\frac{11}{12}}\|g\|_{B^{-\frac{5}{12}}_{2,\infty}}.$$

联合上面两个式子, (3.3.14) 式得证. (3.3.15) 式的证明是类似的, 略去其具体的证明细节. 故命题得证.

定理 3.3.2 (多线性估计) 设 $0<T\leqslant 1$, u, u_1, $u_2\in X^S_{0,\frac{5}{12},1}(T)$, $v\in X^{W^+}_{-\frac{1}{2},\frac{5}{12},1}(T)$, 则下面的估计式成立:

$$\|uv\|_{X^S_{0,-\frac{5}{12},\infty}(T)}\lesssim\|u\|_{X^S_{0,\frac{5}{12},1}(T)}\|v\|_{X^{W^+}_{-\frac{1}{2},\frac{5}{12},1}(T)},\tag{3.3.16}$$

$$\|u\bar{v}\|_{X^S_{0,-\frac{5}{12},\infty}(T)}\lesssim\|u\|_{X^S_{0,\frac{5}{12},1}(T)}\|v\|_{X^{W^+}_{-\frac{1}{2},\frac{5}{12},1}(T)},\tag{3.3.17}$$

$$\left\|\frac{\Delta}{\langle\nabla\rangle}(u_1\bar{u}_2)\right\|_{X^{W^+}_{-\frac{1}{2},-\frac{5}{12},\infty}(T)}\lesssim\|u_1\|_{X^S_{0,\frac{5}{12},1}(T)}\|u_2\|_{X^S_{0,\frac{5}{12},1}(T)}.\tag{3.3.18}$$

该定理的证明会在第三小节中给出. 下面利用前面的这些估计来证明定理 3.3.1.

定理 3.3.1 的证明 先利用压缩映射原理得出解的存在性. 设 $0<T\leqslant 1$ 待定, 对 $u\in X^S_{0,\frac{1}{2},1}(T)$, $v\in X^{W^+}_{-\frac{1}{2},\frac{1}{2},1}(T)$, 定义映射 Λ^S 和 Λ^{W^+} 如下:

$$\Lambda^S(u,v):=\mathrm{e}^{\mathrm{i}t\Delta}u_0-\mathrm{i}\mathcal{I}^S(\mathrm{Re}(v)u),\tag{3.3.19}$$

$$\Lambda^{W^+}(u,v):=\mathrm{e}^{-\mathrm{i}t\langle\nabla\rangle}v_0+\mathrm{i}\mathcal{I}^{W^+}\left(\frac{\Delta}{\langle\nabla\rangle}|u|^2+\frac{1}{\langle\nabla\rangle}\mathrm{Re}v\right).\tag{3.3.20}$$

我们的目标就是证明当 T 充分小时, 映射 Λ^S 和 Λ^{W^+} 在空间 $X^S_{0,\frac{1}{2},1}(T)\times X^{W^+}_{-\frac{1}{2},\frac{1}{2},1}(T)$ 中有不动点, 即证明存在 $(u,v)\in X^S_{0,\frac{1}{2},1}(T)\times X^{W^+}_{-\frac{1}{2},\frac{1}{2},1}(T)$, 使得 $(\Lambda^S(u,v),\Lambda^{W^+}(u,v))=(u,v)$.

对于方程 (3.3.19), 利用 (3.3.12)、(3.3.14)、(3.3.16) 和 (3.3.17) 以及 (3.3.10) 式

可得 $\left(\text{注意 } \mathrm{Re}v = \dfrac{1}{2}(v+\bar{v})\right)$

$$\begin{aligned}\|\Lambda^S(u,v)\|_{X^S_{0,\frac12,1}(T)} &\lesssim \|u_0\|_{L^2} + T^{\frac{1}{12}}\|(\mathrm{Re}v)u\|_{X^S_{0,-\frac{5}{12},\infty}(T)}\\ &\lesssim \|u_0\|_{L^2} + T^{\frac{1}{12}}\|u\|_{X^S_{0,\frac{5}{12},1}(T)}\|v\|_{X^{W+}_{-\frac12,\frac{5}{12},1}(T)}\\ &\lesssim \|u_0\|_{L^2} + T^{\frac14}\|u\|_{X^S_{0,\frac12,1}(T)}\|v\|_{X^{W+}_{-\frac12,\frac12,1}(T)}.\end{aligned}$$

而对于方程 (3.3.20), 利用 (3.3.13)、(3.3.15)、(3.3.18) 以及 (3.3.10) 式又可得

$$\begin{aligned}&\|\Lambda^{W^+}(u,v)\|_{X^{W+}_{-\frac12,\frac12,1}(T)}\\ &\lesssim \|v_0\|_{H^{-\frac12}} + T^{\frac{1}{12}}\left\|\frac{\Delta}{\langle\nabla\rangle}|u|^2\right\|_{X^{W+}_{-\frac12,-\frac{5}{12},\infty}(T)} + T^{\frac{1}{12}}\left\|\frac{1}{\langle\nabla\rangle}\mathrm{Re}v\right\|_{X^{W+}_{-\frac12,-\frac{5}{12},\infty}(T)}\\ &\lesssim \|v_0\|_{H^{-\frac12}} + T^{\frac{1}{12}}\|u\|^2_{X^S_{0,\frac{5}{12},1}(T)} + T^{\frac{1}{12}+\frac12}\|v\|_{L^\infty_t H^{-\frac12}_x}\\ &\lesssim \|v_0\|_{H^{-\frac12}} + T^{\frac14}\|u\|^2_{X^S_{0,\frac12,1}(T)} + T^{\frac14}\|v\|_{X^{W+}_{-\frac12,\frac12,1}(T)},\end{aligned}$$

其中利用了下面的事实:

$$\begin{aligned}\|\langle\nabla\rangle^{-1}\mathrm{Re}v\|_{X^{W+}_{-\frac12,-\frac{5}{12},\infty}(T)} &= \left(\sum_{N\geqslant1}N^{-1}\big(\sup_{L\geqslant1}L^{-\frac56}\|W_L^+P_N(\langle\nabla\rangle^{-1}\mathrm{Re}v)\|^2_{L^2}\big)\right)^{\frac12}\\ &\leqslant\left(\sum_{N\geqslant1}N^{-1}\right)\|\langle\nabla\rangle^{-1}\mathrm{Re}v\|_{L^2([0,T]\times\mathbb{R}^2)} \lesssim T^{\frac12}\|v\|_{L^\infty_t H^{-1}_x}\\ &\lesssim T^{\frac12}\|v\|_{L^\infty_t H^{-\frac12}_x} \lesssim T^{\frac12}\|v\|_{X^{W+}_{-\frac12,\frac12,1}(T)},\end{aligned}$$

最后一步利用了 (3.3.11) 式.

用类似的方法还可得到

$$\begin{aligned}&\|\Lambda^S(u_1,v_1)-\Lambda^S(u_2,v_2)\|_{X^S_{0,\frac12,1}(T)}\\ &\quad\lesssim T^{\frac14}(\|u_1\|_{X^S_{0,\frac12,1}(T)}\|v_1-v_2\|_{X^{W+}_{-\frac12,\frac12,1}(T)} + \|v_2\|_{X^{W+}_{-\frac12,\frac12,1}(T)}\|u_1-u_2\|_{X^S_{0,\frac12,1}(T)}),\\ &\|\Lambda^{W^+}(u_1,v_1)-\Lambda^{W^+}(u_2,v_2)\|_{X^{W+}_{-\frac12,\frac12,1}(T)}\\ &\quad\lesssim T^{\frac14}(\|u_1\|_{X^S_{0,\frac12,1}(T)} + \|u_2\|_{X^S_{0,\frac12,1}(T)})\|u_1-u_2\|_{X^S_{0,\frac12,1}(T)} + T^{\frac14}\|v_1-v_2\|_{X^{W+}_{-\frac12,\frac12,1}(T)}.\end{aligned}$$

于是选取 T 很小, 满足

$$T^{\frac{1}{4}}\|u_0\|_{L^2}\lesssim 1,\ T^{\frac{1}{4}}\|v_0\|_{H^{-\frac{1}{2}}}\lesssim 1,$$
$$T^{\frac{1}{4}}\|u_0\|_{L^2}^2\lesssim \|v_0\|_{H^{-\frac{1}{2}}},$$

则根据压缩映射原理, 知方程 (3.3.7) 存在惟一解 $(u,v)\in X^S_{0,\frac{1}{2},1}(T)\times X^{W^+}_{-\frac{1}{2},\frac{1}{2},1}(T)$, 且 (u,v) 满足

$$\|u\|_{X^S_{0,\frac{1}{2},1}(T)}\lesssim \|u_0\|_{L^2},\ \|v\|_{X^{W^+}_{-\frac{1}{2},\frac{1}{2},1}(T)}\lesssim \|v_0\|_{H^{-\frac{1}{2}}}.$$

再根据命题 3.3.1, 可得 $(u,v)\in \mathbf{X}_T^{0,-\frac{1}{2}}$.

记 $R=\|u_0\|_{L^2}+\|v_0\|_{H^{-\frac{1}{2}}}$, 且不妨设 $R\gtrsim 1$, 这是因为我们考虑的是局部解, 即 $T\leqslant 1$. 从上面关于 T 的取法上可以得出 $T\lesssim R^{-4}$. 下面的工作就是将 T 的取值范围进行扩大, 即把解的存在区间变得更大一些. 事实上, 可以将 $T\lesssim R^{-4}$ 改进到 $T\lesssim \min\{R^{-2}\|u_0\|_{L^2}^{-2},1\}$. 讨论的方法与第一节中将局部解延拓为整体解的想法是一样的. 又由于 u 的 L^2 模是守恒的, 故只需讨论 $\|v_0\|_{H^{-\frac{1}{2}}}\gg \|u_0\|_{L^2}$ 的情形.

在 $\|v_0\|_{H^{-\frac{1}{2}}}\gg \|u_0\|_{L^2}$ 时, 由前面的讨论可知, 这时解的存在区间长度 $\delta\sim \|v_0\|_{H^{-\frac{1}{2}}}^{-4}$. 利用 (3.3.7) 式中的第二个方程, 利用 (3.3.11)、(3.3.15)、(3.3.18) 以及 (3.3.10) 式可得

$$\begin{aligned}\sup_{t\in[0,\delta]}\|v(t)\|_{H^{-\frac{1}{2}}}&\leqslant \|v_0\|_{H^{-\frac{1}{2}}}+C\delta^{\frac{1}{4}}\|u\|^2_{X^S_{0,\frac{1}{2},1}(\delta)}+\|v\|_{L^1_tH_x^{-\frac{1}{2}}([0,\delta]\times\mathbb{R}^2)}\\&\leqslant \|v_0\|_{H^{-\frac{1}{2}}}+C\delta^{\frac{1}{4}}\|u_0\|^2_{L^2}+\delta\sup_{t\in[0,\delta]}\|v(t)\|_{H^{-\frac{1}{2}}},\end{aligned}$$

其中利用了如下不等式:

$$\sup_{t\in[0,\delta]}\|\mathcal{I}^{W^+}(\langle\nabla\rangle^{-1}\mathrm{Re}v)\|_{H^{-\frac{1}{2}}}\leqslant \int_0^\delta \|v(t)\|_{H^{-\frac{1}{2}}}\mathrm{d}t.$$

上面的估计式就允许我们继续在区间 $[j\delta,(j+1)\delta](j=0,1,2,\cdots,m)$ 中迭代下去, 直到某个时刻 t_0 满足 $\|v(t_0)\|_{H^{-\frac{1}{2}}}=2\|v_0\|_{H^{-\frac{1}{2}}}$, 在时刻 t_0 之后, δ 就应作出适当的调整. 在进行完 m 次迭代之后, 有

$$\sup_{t\in[0,m\delta]}\|v(t)\|_{H^{-\frac{1}{2}}}\leqslant \|v_0\|_{H^{-\frac{1}{2}}}+Cm\delta^{\frac{1}{4}}\|u_0\|^2_{L^2}+m\delta\sup_{t\in[0,m\delta]}\|v(t)\|_{H^{-\frac{1}{2}}},$$

若要使上式的右端为 $2\|v_0\|_{H^{-\frac{1}{2}}}$, 则迭代的次数 m 应满足

$$m\sim\min\{\|v_0\|_{H^{-\frac{1}{2}}}\delta^{-\frac{1}{4}}\|u_0\|^{-2}_{L^2},\delta^{-1}\},$$

由此可计算出

$$m\delta \sim \min\{\|v_0\|_{H^{-\frac{1}{2}}}^{-2}\|u_0\|_{L^2}^{-2}, 1\} \sim \min\{R^{-2}\|u_0\|_{L^2}^{-2}, 1\},$$

这样我们已经将解的存在区间长度从 R^{-4} 改进到 $\min\{R^{-2}\|u_0\|_{L^2}^{-2}, 1\}$. 至此, 定理证毕.

3.3.3 多线性估计的证明

这一小节将致力于证明多线性估计 (3.3.16)~(3.3.18). 记

$$I(f, g_1, g_2) = \int f(\zeta_1 - \zeta_2) g_1(\zeta_1) g_2(\zeta_2) \mathrm{d}\zeta_1 \mathrm{d}\zeta_2,$$

其中 $\zeta_i = (\xi_i, \tau_i)$, $i = 1, 2$. 用对偶性方法, 估计式 (3.3.16)~(3.3.18) 的证明归结为证明如下的命题.

命题 3.3.3 (三线性估计) 设 v, u_1, $u_2 \in \mathcal{S}(\mathbb{R}^2 \times \mathbb{R})$, 则有

$$|I(\mathcal{F}v, \mathcal{F}u_1, \mathcal{F}u_2)| \lesssim \|u_1\|_{X^S_{0,\frac{5}{12},1}} \|u_2\|_{X^S_{0,\frac{5}{12},1}} \|v\|_{X^{W+}_{-\frac{1}{2},\frac{5}{12},1}}. \tag{3.3.21}$$

要证明命题 3.3.3, 需要在不同的频段上分别进行讨论, 因此我们先给出这些频段上的相应结果, 最后再来证明 (3.3.21) 式. 读者应特别注意横截的高高低作用这种最难处理的情形, 即下面的命题 3.3.5.

命题 3.3.4 (双线性 Strichartz 估计) (i) 设 v_1, $v_2 \in L^2(\mathbb{R}^2 \times \mathbb{R})$, 且它们的时空 Fourier 支集满足

$$\mathrm{supp}\mathcal{F}v_i \subset \mathcal{B}_{N_i} \cap \mathcal{C}_{L_i}, \ i = 1, 2,$$

其中 $N_1, N_2 \geqslant 1$, $L_1, L_2 \geqslant 1$. 则以下估计式成立:

$$\|v_1 v_2\|_{L^2(\mathbb{R}^3)} \lesssim \left(\frac{N_1}{N_2}\right)^{\frac{1}{2}} L_1^{\frac{1}{2}} L_2^{\frac{1}{2}} \|v_1\|_{L^2} \|v_2\|_{L^2}. \tag{3.3.22}$$

(ii) 设 u, $v \in L^2(\mathbb{R}^2 \times \mathbb{R})$, 且它们的时空 Fourier 支集满足

$$\mathrm{supp}\mathcal{F}u \subset (C \times \mathbb{R}) \cap \mathcal{M}_L^{\pm}, \ \mathrm{supp}\mathcal{F}v \subset \mathcal{B}_{N_1} \cap \mathcal{C}_{L_1},$$

其中 $N_1 \geqslant 1$, $L, L_1 \geqslant 1$, $C \subset \mathbb{R}^2$ 是边长为 $d \geqslant 1$ 的正方形. 则以下估计式成立:

$$\|uv\|_{L^2(\mathbb{R}^3)} \lesssim \left(\frac{\min\{d, N_1\}}{N_1}\right)^{\frac{1}{2}} L^{\frac{1}{2}} L_1^{\frac{1}{2}} \|u\|_{L^2} \|v\|_{L^2}. \tag{3.3.23}$$

特别地, 如果

$$\mathrm{supp}\mathcal{F}u \subset \mathcal{B}_N \cap \mathcal{M}_L^{\pm}, \ \mathrm{supp}\mathcal{F}v \subset \mathcal{B}_{N_1} \cap \mathcal{C}_{L_1},$$

其中 $N, N_1 \geqslant 1$, $L, L_1 \geqslant 1$, 则有

$$\|uv\|_{L^2(\mathbb{R}^3)} \lesssim \left(\frac{\min\{N, N_1\}}{N_1}\right)^{\frac{1}{2}} L^{\frac{1}{2}} L_1^{\frac{1}{2}} \|u\|_{L^2}\|v\|_{L^2}. \tag{3.3.24}$$

证明 (3.3.22) 式的证明见文献 [101] 引理 111. 下面证明 (3.3.23) 和 (3.3.24) 式. 令 $f=\mathcal{F}u$, $g=\mathcal{F}v$, 根据 Plancherel 定理及 Cauchy-Schwarz 不等式, 可得

$$\begin{aligned}\|uv\|_{L^2(\mathbb{R}^3)} &= \left\|\int f(\xi_1,\tau_1)g(\xi-\xi_1,\tau-\tau_1)\mathrm{d}\xi_1\mathrm{d}\tau_1\right\|_{L^2_{\xi,\tau}}\\ &\leqslant \left\||E(\xi,\tau)|^{\frac{1}{2}}\left(\int f^2(\xi_1,\tau_1)g^2(\xi-\xi_1,\tau-\tau_1)\mathrm{d}\xi_1\mathrm{d}\tau_1\right)^{\frac{1}{2}}\right\|_{L^2_{\xi,\tau}}\\ &\leqslant \sup_{\xi,\tau}|E(\xi,\tau)|^{\frac{1}{2}}\|f\|_{L^2}\|g\|_{L^2},\end{aligned}$$

其中

$$E(\xi,\tau) := \{(\xi_1,\tau_1)\in \mathrm{supp}f; (\xi-\xi_1,\tau-\tau_1)\in\mathrm{supp}g\}\subset\mathbb{R}^3.$$

记 $\underline{l}=\min\{L_1,L\}$, $\bar{l}=\max\{L_1,L\}$, 那么有

$$|E(\xi,\tau)| \leqslant \underline{l}\cdot|E_1(\xi,\tau)|,$$

这里 $E_1(\xi,\tau)=\{\xi_1\in\mathbb{R}^2; \left|\tau\pm|\xi_1|+|\xi-\xi_1|^2\right|\lesssim\bar{l}, \xi_1\in C, |\xi-\xi_1|\sim N_1\}$. 易见, 集合 $E_1(\xi,\tau)$ 包含在一个边长为 $m\sim\min\{d,N_1\}$ 的正方形里. 因此当 $N_1=1$ 时, (3.3.23) 式已得证. 若 $N_1\geqslant 2$, 首先注意到如果 ξ_1 的第一个分量 ξ_{11} 固定, 则 ξ_{12} 被限制在长度为 m 的一个区间上, 反过来也一样. 其次如果 $|(\xi-\xi_1)_1|\gtrsim N_1$, 则 $|\partial_{\xi_{11}}(\tau\pm|\xi_1|+|\xi-\xi_1|^2)|\gtrsim N_1$, 同样如果 $|(\xi-\xi_1)_2|\gtrsim N_1$, 则有 $|\partial_{\xi_{12}}(\tau\pm|\xi_1|+|\xi-\xi_1|^2)|\gtrsim N_1$. 利用这些事实可得 $|E_1(\xi,\tau)|\lesssim m\bar{l}N_1^{-1}$. 事实上, 以 $|(\xi-\xi_1)_1|\gtrsim N_1$ 为例, 此时先对 ξ_{11} 积分, 再对 ξ_{12} 积分, 有

$$|E_1(\xi,\tau)| = \left|\int_{E_1(\xi,\tau)}\mathrm{d}\xi_{11}\mathrm{d}\xi_{12}\right| \leqslant \int_{|\xi_{12}|\lesssim m}\mathrm{d}\xi_{12}\int_{|\tau\pm|\xi_1|+|\xi-\xi_1|^2|\lesssim\bar{l}}\mathrm{d}\xi_{11} \lesssim m\bar{l}N_1^{-1},$$

由此得出 (3.3.23) 式. 在 (3.3.23) 式中取 $d=N$(这是因为当支集在 N 的二进制球或环上的时候, 当然此时也可以看作支集是在一个边长尺度为 N 的正方形里面), 由此可推出 (3.3.24) 式. □

用 $\angle(\xi_1,\xi_2)\in\left[0,\dfrac{\pi}{2}\right]$ 表示两个二维向量$\xi_1\in\mathbb{R}^2$ 和 $\xi_2\in\mathbb{R}^2$ 所确定的夹角 (取

锐角部分). 对二进制数 $64 \leqslant A \leqslant M$, 我们作如下的角分解:

$$\mathbb{R}^2 \times \mathbb{R}^2 = \left\{\angle(\xi_1, \xi_2) \leqslant \frac{16\pi}{M}\right\} \cup \left(\bigcup_{64 \leqslant A \leqslant M} \left\{\frac{16\pi}{A} \leqslant \angle(\xi_1, \xi_2) \leqslant \frac{32\pi}{A}\right\}\right)$$
$$= \left(\bigcup_{\substack{0 \leqslant j_1, j_2 \leqslant M-1 \\ |j_1 - j_2| \leqslant 16}} (\Omega_{j_1}^M \times \Omega_{j_2}^M)\right) \cup \left(\bigcup_{64 \leqslant A \leqslant M} \bigcup_{\substack{0 \leqslant j_1, j_2 \leqslant A-1 \\ 16 \leqslant |j_1 - j_2| \leqslant 32}} (\Omega_{j_1}^A \times \Omega_{j_2}^A)\right).$$

在下面的高高相互作用中, 我们就采用了这种角分解.

命题 3.3.5 (横截的高高相互作用, 低调整) 设 f, g_1, $g_2 \in L^2(\mathbb{R}^2 \times \mathbb{R})$ 满足 $\|f\|_{L^2} = \|g_1\|_{L^2} = \|g_2\|_{L^2} = 1$ 且

$$\operatorname{supp}(f) \subset \mathcal{B}_N \cap \mathcal{M}_L^{\pm}, \ \operatorname{supp}(g_k) \subset \Omega_{j_k}^A \cap \mathcal{B}_{N_k} \cap \mathcal{C}_{L_k}, \ k = 1, 2,$$

其中频段 N, N_1, N_2 和调整量 L, L_1, L_2 满足

$$64 \leqslant N \lesssim N_1 \sim N_2, \ L, L_1, L_2 \lesssim N_1^2,$$

而角频率局部化的参数 A, j_1 和 j_2 满足

$$64 \leqslant A \ll N_1, \ 16 \leqslant |j_1 - j_2| \leqslant 32,$$

则下面的估计式成立:

$$|I(f, g_1, g_2)| \lesssim \left(\frac{1}{N_1}\right)^{\frac{1}{2}} \left(\frac{A}{N_1}\right)^{\frac{1}{2}} (LL_1L_2)^{\frac{1}{2}}. \tag{3.3.25}$$

为证明命题 3.3.5, 需要下面的引理.

引理 3.3.2 设 $1 \lesssim A \ll N_1$, $k \ll N_1^2$, $x, y \geqslant 0$ 满足

$$k \leqslant x^2 - y^2 \leqslant k + N_1 A^{-1}, \ \frac{1}{4} N_1 \leqslant x, y \leqslant 4N_1.$$

将区间 $\left[\frac{1}{4}N_1, 4N_1\right]$ 分解成一系列长度为 A^{-1} 的小区间 $\{I_j\}(j \in \Lambda)$, 则存在映射 $j \mapsto \varphi(j)$, 满足

$$y \in I_j \Rightarrow x \in I_{\varphi(j)-100} \cup \cdots \cup I_{\varphi(j)+100}.$$

由此可知, 当 j 取遍指标集 Λ 时, $\varphi(j)$ 等于同一个数的次数不会超过 100 次. 注: 这里的绝对常数 100 只是一个有限次的代表, 即这个常数不依赖于条件中所给的参数.

证明 不妨记 $I_j=\left[A^{-1}\left(j-\frac{1}{2}\right),A^{-1}\left(j+\frac{1}{2}\right)\right]$, 于是 j 的变化范围是从 $\frac{AN_1}{4}$ 到 $4AN_1$. 设 $y\in I_j$, 则 $|y-A^{-1}j|\leqslant A^{-1}$, 且有

$$k-4N_1A^{-1}\leqslant x^2-A^{-2}j^2\leqslant k+4N_1A^{-1},$$

由此就得

$$(A^{-2}j^2+k-4N_1A^{-1})^{\frac{1}{2}}\leqslant x\leqslant(A^{-2}j^2+k+4N_1A^{-1})^{\frac{1}{2}}.$$

可以计算出上述区间的长度为

$$\frac{8N_1A^{-1}}{(A^{-2}j^2+k+4N_1A^{-1})^{\frac{1}{2}}+(A^{-2}j^2+k-4N_1A^{-1})^{\frac{1}{2}}}\lesssim A^{-1}.$$

此外, 当 j 变化到 $j+1$ 时, 上述 x 区间的左端点移动的距离为

$$\frac{2jA^{-2}+A^{-2}}{(A^{-2}(j+1)^2+k-4N_1A^{-1})^{\frac{1}{2}}+(A^{-2}j^2+k-4N_1A^{-1})^{\frac{1}{2}}}\gtrsim A^{-1}.$$

由以上两式就可推出本引理的结论. □

命题 3.3.5 的证明 做变量替换 $\zeta_2\to-\zeta_2$, 于是有

$$I(f,g_1,g_2)=\int f(\zeta_1+\zeta_2)g_1(\zeta_1)g_2(-\zeta_2)\mathrm{d}\zeta_1\mathrm{d}\zeta_2,$$

再做变量替换 $\tau_1=-|\xi_1|^2+c_1$, $\tau_2=|\xi_2|^2+c_2$, 那么为证明命题的结论, 只需证明如下估计:

$$|T(g_{1,c_1},g_{2,c_2},f)|\lesssim\frac{(AL)^{\frac{1}{2}}}{N_1}\|g_{1,c_1}\|_{L^2_\xi}\|g_{2,c_2}\|_{L^2_\xi}\|f\|_{L^2},\tag{3.3.26}$$

其中

$$T(g_{1,c_1},g_{2,c_2},f)=\int g_{1,c_1}(\xi_1)g_{2,c_2}(\xi_2)f(\xi_1+\xi_2,|\xi_2|^2-|\xi_1|^2+c_1+c_2)\mathrm{d}\xi_1\mathrm{d}\xi_2,$$

这里的 $g_{1,c_1}(\xi_1)=g_1(\xi_1,-|\xi_1|^2+c_1)$, $g_{2,c_2}(\xi_2)=g_2(-\xi_2,-|\xi_2|^2-c_2)$. 事实上, 如果 (3.3.26) 式成立, 那么利用 Cauchy-Schwarz 不等式有 (注意根据 g_1 和 g_2 的支集性质, 有 $|c_1|\lesssim L_1$, $|c_2|\lesssim L_2$)

$$\begin{aligned}|I(f,g_1,g_2)|&=\left|\int T(g_{1,c_1},g_{2,c_2},f)\mathrm{d}c_1\mathrm{d}c_2\right|\\&\lesssim\frac{(AL)^{\frac{1}{2}}}{N_1}\|f\|_{L^2}\int_{\substack{|c_1|\lesssim L_1\\|c_2|\lesssim L_2}}\|g_{1,c_1}\|_{L^2_\xi}\|g_{2,c_2}\|_{L^2_\xi}\mathrm{d}c_1\mathrm{d}c_2\\&\lesssim\frac{(ALL_1L_2)^{\frac{1}{2}}}{N_1}\|f\|_{L^2}\|g_1\|_{L^2}\|g_2\|_{L^2},\end{aligned}$$

故 (3.3.25) 式得证. 下面证明 (3.3.26) 式.

根据命题所给的 ξ_1 的频段及角频率的局部化特点, 通过旋转我们不妨假设 $\xi_{11}>0,\xi_{12}>0$ 且 $|\xi_{11}|\sim N_1,|\xi_{12}|\sim N_1A^{-1}$, 那么同样根据 ξ_2 的频段及角频率的局部化条件, ξ_2 必满足如下两种情形:

情形 1. $\xi_{21}<0$, $\xi_{22}>0$ 且 $|\xi_{21}|\sim N_1$, $|\xi_{22}|\sim N_1A^{-1}$.

情形 2. $\xi_{21}>0$, $\xi_{22}<0$ 且 $|\xi_{21}|\sim N_1$, $|\xi_{22}|\sim N_1A^{-1}$.

下面分 $L\geqslant N$ 和 $L\leqslant N$ 两种情形来证明 (3.3.26) 式.

$L\geqslant N$ 的情形. 因为 $|\tau-|\xi||\lesssim L$, 所以 $|\xi_2|^2-|\xi_1|^2$ 被限制在尺度为 L 的区间中, 从而 $|\xi_2|-|\xi_1|$ 限制在尺度为 LN_1^{-1} 的区间中, 根据引理 3.3.2, 不妨假定 $|\xi_1|$ 和 $|\xi_2|$ 都是被限定在尺度为 LN_1^{-1} 的区间中. 于是对应于上面的两种情形有:

情形 1. $\xi_{12}+\xi_{22}\sim N_1A^{-1}$, 则当 $\xi=\xi_1+\xi_2$ 固定时, ξ_{11} 限制在尺度为 LN_1^{-1} 的区间中.

情形 2. $\xi_{11}+\xi_{21}\sim N_1$, 则当 $\xi=\xi_1+\xi_2$ 固定时, ξ_{12} 限制在尺度为 LAN_1^{-1} 的区间中.

做变量替换 $\mu=\xi_1+\xi_2$, $\nu=-|\xi_1|^2+|\xi_2|^2+c_1+c_2$, $\sigma=\xi_{11}$(情形 1) 或 $\sigma=\xi_{12}$(情形 2), 那么直接计算可得这种变量代换的 Jacobi 行列式

$$J=\frac{\partial(\xi_{11},\xi_{12},\xi_{21},\xi_{22})}{\partial(\mu_1,\mu_2,\nu,\sigma)}$$

满足 $|J|\sim N_1A^{-1}$(情形 1) 或 $|J|\sim N_1$(情形 2). 于是由 Cauchy-Schwartz 不等式有

$$T(g_{1,c_1},g_{2,c_2},f)=\int g_{1,c_1}(\xi_1)g_{2,c_2}(\xi_2)f(\mu,\nu)|J|^{-1}\mathrm{d}\mu\mathrm{d}\nu\mathrm{d}\sigma\leqslant|J|^{-\frac{1}{2}}I_1I_2,$$

其中

$$\begin{aligned}I_1&=\left(\int|g_{1,c_1}(\xi_1)g_{2,c_2}(\xi_2)|^2\,|J|^{-1}\mathrm{d}\mu\mathrm{d}\nu\mathrm{d}\sigma\right)^{\frac{1}{2}}\\&=\|g_{1,c_1}\|_{L^2_{\xi_1}}\|g_{2,c_2}\|_{L^2_{\xi_2}}\end{aligned}$$

以及

$$I_2=\left(\int_{\mu,\nu}\left(\int_\sigma\mathrm{d}\sigma\right)|f(\mu,\nu)|^2\mathrm{d}\mu\mathrm{d}\nu\right)^{\frac{1}{2}}.$$

注意到情形 1 时 $\int_\sigma\mathrm{d}\sigma\lesssim LN_1^{-1}$, 情形 2 时 $\int_\sigma\mathrm{d}\sigma\lesssim LAN_1^{-1}$, 将这些表达式代入上式中, 则 (3.2.26) 式得证.

$L\leqslant N$ 的情形. 将区间 $[0,+\infty)$ 分解成一系列尺度为 L 的区间 E_j, 则有

$$T(g_{1,c_1},g_{2,c_2},f)=\sum_j\int g_1(\xi_1)g_2(\xi_2)f(\xi_1+\xi_2,\cdot)\chi_{E_j}(|\xi_1+\xi_2|)\mathrm{d}\xi_1\mathrm{d}\xi_2.$$

对固定的 j, $|\xi|$ 被局部化的尺度为 L. 又因为 $|\tau-|\xi||\lesssim L$, 所以 $|\xi_2|^2-|\xi_1|^2$ 被限制在尺度为 L 的区间中, 从而 $|\xi_2|-|\xi_1|$ 就限制在尺度为 LN_1^{-1} 的区间中, 于是仿照 $L\geqslant N$ 情形时的讨论, 可得

$$
\begin{aligned}
&|T(g_{1,c_1},g_{2,c_2},f)|\\
&\lesssim \frac{(AL)^{\frac12}}{N_1}\sum_j \|g_1(\xi_1)g_2(\xi_2)\chi_{E_j}(|\xi_1+\xi_2|)\|_{L^2_{\xi_1,\xi_2}}\|f(\xi,\tau)\chi_{E_j}(|\xi|)\|_{L^2_{\xi,\tau}},
\end{aligned}
$$

对上式用离散的 Cauchy-Schwarz 不等式, 再对 j 求和, 就能得到 (3.3.26) 式. 命题证毕.

命题 3.3.6 (横截的高高相互作用, 高调整) 设 f, g_1, $g_2\in L^2(\mathbb{R}^2\times\mathbb{R})$ 满足 $\|f\|_{L^2}=\|g_1\|_{L^2}=\|g_2\|_{L^2}=1$, 且

$$
\operatorname{supp}(f)\subset\mathcal{B}_N\cap\mathcal{M}_L^{\pm},\ \operatorname{supp}(g_k)\subset\Omega_{j_k}^A\cap\mathcal{B}_{N_k}\cap\mathcal{C}_{L_k},\ k=1,2,
$$

其中 $64\leqslant N\lesssim N_1\sim N_2$, $64\leqslant A\leqslant N_1$, $16\leqslant|j_1-j_2|\leqslant 32$. 则有下面的估计式成立:

$$
|I(f,g_1,g_2)|\lesssim\frac{(LL_1L_2)^{\frac12}N^{-\frac12}}{\max\{L,L_1,L_2\}^{\frac12}}\left(\frac{N_1}{A}\right)^{\frac12}. \tag{3.3.27}
$$

值得一提的是, 相比于 (3.3.25) 式而言, 当 $\max\{L,L_1,L_2\}\geqslant\left(\frac{N_1}{A}\right)^2\frac{N_1}{N}$ 时 (即对应于高调整), (3.3.27) 式中的右边不大于 $N_1^{-1}A^{\frac12}(LL_1L_2)^{\frac12}$, 因此在高调整下 (3.3.27) 式给出的界要比 (3.3.25) 式中的好.

证明 通过旋转, 可不妨假定 $j_1=0$. 由于 $|\xi_{12}-\xi_{22}|\sim N_1A^{-1}$, 故我们所考虑的积分只有在 $N\gtrsim N_1A^{-1}$ 时才是非平凡的. 这时分两种情形讨论:

情形 1. $N\sim N_1A^{-1}$.

情形 2. $N\gg N_1A^{-1}$.

相应于情形 1, 如果 $\max\{L,L_1,L_2\}=L$, 则根据双线性 Strichartz 估计 (3.3.22) 可得

$$
|I(f,g_1,g_2)|\lesssim(L_1L_2)^{\frac12}\|f\|_{L^2}\|g_1\|_{L^2}\|g_2\|_{L^2},
$$

由此即得 (3.3.27) 式. 如果 $\max\{L,L_1,L_2\}=L_1$ 或 $\max\{L,L_1,L_2\}=L_2$, 那么利用双线性 Strichartz 估计 (3.3.24) 也能得到 (3.3.27) 式.

下面考虑情形 2. 先考虑当 $\max\{L,L_1,L_2\}=L$ 时的情形. 记

$$
\chi=1_{\Omega_{j_1}^A\cap\mathcal{B}_{N_1}\cap\mathcal{C}_{L_1}}1_{\Omega_{j_2}^A\cap\mathcal{B}_{N_2}\cap\mathcal{C}_{L_2}},
$$

则根据 Cauchy-Schwarz 不等式

$$\left|\int f(\zeta_1-\zeta_2)g_1(\zeta_1)g_2(\zeta_2)\mathrm{d}\zeta_1\mathrm{d}\zeta_2\right| \lesssim \|\chi f(\zeta_1-\zeta_2)\|_{L^2}\|g_1(\zeta_1)g_2(\zeta_2)\|_{L^2}$$
$$\lesssim \sup_{\zeta_0\in\mathcal{B}_N\cap\mathcal{M}_L^{\pm}} |B(\zeta_0)|^{\frac{1}{2}}\|f\|_{L^2}\|g_1\|_{L^2}\|g_2\|_{L^2},$$

其中

$$B(\zeta_0) := \{\zeta_1\in\Omega_{j_1}^A\cap\mathcal{B}_{N_1}\cap\mathcal{C}_{L_1};\zeta_1-\zeta_0\in\Omega_{j_2}^A\cap\mathcal{B}_{N_2}\cap\mathcal{C}_{L_2}\}.$$

根据所给的支集条件, 有 $|\xi_{01}|\sim N$ 以及

$$|\tau_1-\xi_1^2|\lesssim L_1,\ |\xi_{12}|\lesssim \frac{N_1}{A},\ |\tau_1-\tau_0+|\xi_1-\xi_0|^2|\sim L_2.$$

由于 $|\partial_{\xi_{11}}(|\xi_1|^2-|\xi_1-\xi_0|^2)|=|2\xi_{01}|\sim N$, 因此有

$$|B(\zeta_0)|\lesssim L_1\frac{N_1}{A}\frac{L_2}{N}. \tag{3.3.28}$$

由此可得出 (3.3.27) 式.

接着考虑 $\max\{L,L_1,L_2\}=L_1$ 时的情形. 用同样的方法可得

$$|I(f,g_1,g_2)|\lesssim \sup_{\zeta_1\in\Omega_{j_1}^A\cap\mathcal{B}_{N_1}\cap\mathcal{C}_{L_1}} |C(\zeta_1)|^{\frac{1}{2}}\|f\|_{L^2}\|g_1\|_{L^2}\|g_2\|_{L^2},$$

这里的

$$C(\zeta_1) := \{\zeta_2\in\Omega_{j_2}^A\cap\mathcal{B}_{N_2}\cap\mathcal{C}_{L_2};\zeta_1-\zeta_2\in\mathcal{B}_N\cap\mathcal{C}_L\}.$$

令 $\underline{l}=\min\{L,L_2\}$, $\bar{l}=\max\{L,L_2\}$. 对于 ξ_2, 我们有如下限制:

$$|\xi_{22}|\lesssim\frac{N_1}{A},\ |\tau_1+|\xi_2|^2\pm|\xi_1-\xi_2||\lesssim\bar{l}.$$

又由于 $|\partial_{\xi_{21}}(|\xi_2|^2\pm|\xi_1-\xi_2|)|\gtrsim 2|\xi_{21}|\gtrsim N_1$, 因此有

$$|C(\zeta_1)|\lesssim \underline{l}\frac{N_1}{A}\frac{\bar{l}}{N_1}=\frac{LL_2}{A}. \tag{3.3.29}$$

由此出发容易得到 (3.3.27) 式. 最后考虑 $\max\{L,L_1,L_2\}=L_2$ 时的情形, 这种情形的证明与刚才一样, 故略去其证明过程.

综合情形 1 和情形 2, 命题结论得证.

命题 3.3.7 (平行的高高相互作用)　设 f, g_1, $g_2\in L^2(\mathbb{R}^2\times\mathbb{R})$ 满足 $\|f\|_{L^2}=\|g_1\|_{L^2}=\|g_2\|_{L^2}=1$, 且

$$\mathrm{supp}(f)\subset\mathcal{B}_N\cap\mathcal{M}_L^{\pm},\quad \mathrm{supp}(g_k)\subset\Omega_{j_k}^A\cap\mathcal{B}_{N_k}\cap\mathcal{C}_{L_k},\ k=1,2,$$

其中 $1 \ll N \lesssim N_1 \sim N_2$, $A \sim N_1$, $|j_1 - j_2| \leqslant 16$, $L, L_1, L_2 \geqslant 1$, 则下面的估计式成立:

$$|I(f, g_1, g_2)| \lesssim (LL_1L_2)^{\frac{5}{12}} \left(\frac{1}{N}\right)^{\frac{1}{2}} \left(\frac{N}{N_1}\right)^{\frac{1}{4}}. \tag{3.3.30}$$

证明 通过旋转不妨假设 $j_1 = 0$. 根据命题所给的角频率局部化性质知 $|\xi_{02}|, |\xi_{12}|, |\xi_{22}| \lesssim 1$. 再根据频段的局部化, 还有 $|\xi_{11} - \xi_{21}| = |\xi_{01}| \sim N$, $|\xi_{11}|, |\xi_{21}| \sim N_1$ 以及

$$||\xi_1 - \xi_2| \pm (|\xi_1|^2 - |\xi_2|^2)| \lesssim \max\{L, L_1, L_2\}.$$

注意到, 如果 $N \ll N_1$, 那么上式左端的尺度为 NN_1, 因此我们分两种情形证明命题的结论:

情形 1. $N \sim N_1$.

情形 2. $N \ll N_1$. 这时有 $NN_1 \lesssim \max\{L, L_1, L_2\}$.

当 $\max\{L, L_1, L_2\} = L$ 时, 我们可得 (3.3.28) 式. 于是在情形 1 时

$$L_1L_2\frac{1}{N}\frac{N_1}{A} = L_1L_2\frac{1}{N} \lesssim (LL_1L_2)^{\frac{2}{3}}\frac{1}{N}\frac{N}{N_1},$$

而在情形 2 时有

$$L_1L_2\frac{1}{N}\frac{N_1}{A} = L_1^{\frac{5}{6}}L_2^{\frac{5}{6}}L^{\frac{1}{3}}\frac{1}{N} \lesssim (LL_1L_2)^{\frac{5}{6}}\frac{1}{N}\frac{1}{(NN_1)^{\frac{1}{2}}}.$$

注意到 (3.3.30) 式的右端都比上述两式子大, 因此事实上我们已经证明更强的不等式, 故 (3.3.30) 式得证.

当 $\max\{L, L_1, L_2\} = L_1$ 时, 可得 (3.3.29) 式, 通过与上面类似的讨论, 即可得出 (3.3.30) 式. 当 $\max\{L, L_1, L_2\} = L_2$ 时, 讨论方法是一样的, 在此不再赘述. 至此, 命题证毕.

命题 3.3.8 (高低相互作用) 设 $f, g_1, g_2 \in L^2(\mathbb{R}^2 \times \mathbb{R})$ 满足 $\|f\|_{L^2} = \|g_1\|_{L^2} = \|g_2\|_{L^2} = 1$, 且

$$\operatorname{supp}(f) \subset \mathcal{B}_N \cap \mathcal{M}_L^{\pm}, \quad \operatorname{supp}(g_k) \subset \mathcal{B}_{N_k} \cap \mathcal{C}_{L_k}, \ k = 1, 2,$$

其中 $1 \leqslant N_1 \ll N_2$ 或者 $1 \leqslant N_2 \ll N_1$. 则下面的估计式成立 ($\forall\, L, L_1, L_2 \geqslant 1$):

$$|I(f, g_1, g_2)| \lesssim (LL_1L_2)^{\frac{5}{12}} \left(\frac{1}{N}\right)^{\frac{1}{2}} \min\left\{\frac{N_1}{N_2}, \frac{N_2}{N_1}\right\}^{\frac{1}{6}}. \tag{3.3.31}$$

证明 不妨假设 $N_1 \ll N_2$, 因为 $N_1 \gg N_2$ 的情形可类似讨论. 由 $I(f, g_1, g_2)$ 的定义以及命题的局部化条件可知, 只有当 $N_2 \sim N$ 且

$$\max\{L, L_1, L_2\} \gtrsim ||\xi_1|^2 - |\xi_2|^2 \pm |\xi_1 - \xi_2|| \gtrsim N_2^2 \tag{3.3.32}$$

时积分是非零的. 下面分 3 种情形来讨论.

情形 1. $\max\{L, L_1, L_2\} = L$. 由双线性 Strichartz 估计 (3.3.22) 得出

$$|I(f, g_1, g_2)| \lesssim \|f\|_{L^2} \|\mathcal{F}^{-1} g_1 \overline{\mathcal{F}^{-1} g_2}\|_{L^2} \lesssim (L_1 L_2)^{\frac{1}{2}} \left(\frac{N_1}{N_2}\right)^{\frac{1}{2}},$$

再利用 (3.3.32) 式, 即可推出 (3.3.31) 式.

情形 2. $\max\{L, L_1, L_2\} = L_1$. 注意 g_1 的频段是在尺度为 N_1 的方体上, 现将 f 的频段分解成一系列方体, 每一个方体的尺度为 N_1, 这样由双线性 Strichartz 估计 (3.3.23) 得 (取 $d = N_1$)

$$|I(f, g_1, g_2)| \lesssim \|g_1\|_{L^2} \|\mathcal{F}^{-1} f \mathcal{F}^{-1} g_2\|_{L^2} \lesssim (L L_2)^{\frac{1}{2}} \left(\frac{N_1}{N_2}\right)^{\frac{1}{2}},$$

同样再利用 (3.3.32) 式, 就可得命题结论.

情形 3. $\max\{L, L_1, L_2\} = L_2$. 这时一方面利用 (3.3.24) 式有

$$|I(f, g_1, g_2)| \lesssim \|g_2\|_{L^2} \|\overline{\mathcal{F}^{-1} f} \mathcal{F}^{-1} g_1\|_{L^2} \lesssim (L L_1)^{\frac{1}{2}}.$$

如果还满足 $L_1 \leqslant N_1^2$, 那么根据这两式就可得到 (3.3.31) 式. 另一方面, 利用 Young 不等式有

$$|I(f, g_1, g_2)| \lesssim \|g_2\|_{L^2} \|f\|_{L_\xi^2 L_\tau^1} \|g_1\|_{L_\xi^1 L_\tau^2} \lesssim L^{\frac{1}{2}} N_1.$$

因此在 $L_1 > N_1^2$ 时, 联合 (3.3.32) 式即得命题所需的结论. □

命题 3.3.9 (波是低频的情形) 设 $f, g_1, g_2 \in L^2(\mathbb{R}^2 \times \mathbb{R})$ 满足 $\|f\|_{L^2} = \|g_1\|_{L^2} = \|g_2\|_{L^2} = 1$ 且

$$\operatorname{supp}(f) \subset \mathcal{B}_N \cap \mathcal{M}_L^{\pm}, \ \operatorname{supp}(g_k) \subset \mathcal{B}_{N_k} \cap \mathcal{C}_{L_k}, \ k = 1, 2,$$

其中 $N \lesssim 1$. 则下面的估计式成立:

$$|I(f, g_1, g_2)| \lesssim (L L_1 L_2)^{\frac{1}{3}}. \tag{3.3.33}$$

证明 根据条件, 要使积分 $I(f, g_1, g_2)$ 不为零, 必须满足 $N_1 \sim N_2$ 或者 $N, N_1, N_2 \lesssim 1$. 仅考虑 $N_1 \sim N_2$ 的情形, 因为 $N, N_1, N_2 \lesssim 1$ 时证明类似, 同样分 3 种情形来证明.

当 $\max\{L, L_1, L_2\} = L$ 时, 根据双线性 Strichartz 估计 (3.3.22) 得

$$|I(f, g_1, g_2)| \lesssim \|f\|_{L^2} \|\mathcal{F}^{-1} g_1 \overline{\mathcal{F}^{-1} g_2}\|_{L^2} \lesssim (L_1 L_2)^{\frac{1}{2}} \lesssim (L L_1 L_2)^{\frac{1}{3}}.$$

当 $\max\{L, L_1, L_2\} = L_1$ 或 $\max\{L, L_1, L_2\} = L_2$ 时, 利用双线性 Strichartz 估计 (3.3.24) 得

$$|I(f, g_1, g_2)| \lesssim \|g_1\|_{L^2} \|\mathcal{F}^{-1} f \mathcal{F}^{-1} g_2\|_{L^2} \lesssim (LL_2)^{\frac{1}{2}} \left(\frac{N}{N_2}\right)^{\frac{1}{2}} \lesssim (LL_1L_2)^{\frac{1}{3}}.$$

或者

$$|I(f, g_1, g_2)| \lesssim \|g_2\|_{L^2} \|\overline{\mathcal{F}^{-1} f} \mathcal{F}^{-1} g_1\|_{L^2} \lesssim (LL_1)^{\frac{1}{2}} \left(\frac{N}{N_1}\right)^{\frac{1}{2}} \lesssim (LL_1L_2)^{\frac{1}{3}}.$$

故命题得证.

命题 3.3.3 的证明 对 u_1, u_2, v 做如下分解

$$u_i = \sum_{N_i, L_i \geqslant 1} S_{L_i} P_{N_i} u_i, \quad v = \sum_{N, L \geqslant 1} W_L^{\pm} P_N v.$$

令 $g_i^{L_i, N_i} = \mathcal{F} S_{L_i} P_{N_i} u_i$, $f^{L,N} = \mathcal{F} W_L^{\pm} P_N v$, 于是有

$$I(\mathcal{F}v, \mathcal{F}u_1, \mathcal{F}u_2) = \sum_{N, N_1, N_2 \geqslant 1} \sum_{L, L_1, L_2 \geqslant 1} I(f^{L,N}, g_1^{L_1, N_1}, g_2^{L_2, N_2}).$$

下面分不同的频段来讨论, 即分 $N \gg 1$ 和 $N \lesssim 1$ 两种情形, 而 $N \gg 1$ 时又可分为 $N_1 \sim N_2$, $N_1 \ll N_2$ 和 $N_1 \gg N_2$ 三种子情形, 讨论如下:

情形 1. 高高低相互作用, 即 $N_1 \sim N_2 \gtrsim N \geqslant 2^{10}$. 记 $M = 2^{-4} N_1$, 则有

$$\begin{aligned} I(f^{L,N}, g_1^{L_1,N_1}, g_2^{L_2,N_2}) = & \sum_{\substack{0 \leqslant j_1, j_2 \leqslant M-1 \\ |j_1 - j_2| \leqslant 16}} I(f^{L,N}, g_1^{L_1, N_1, M, j_1}, g_2^{L_2, N_2, M, j_2}) \\ & + \sum_{64 \leqslant A \leqslant M} \sum_{\substack{0 \leqslant j_1, j_2 \leqslant A-1 \\ 16 \leqslant |j_1 - j_2| \leqslant 32}} I(f^{L,N}, g_1^{L_1, N_1, A, j_1}, g_2^{L_2, N_2, A, j_2}) \\ := & I_1 + I_2, \end{aligned}$$

其中 $g_i^{L_i, N_i, A, j_i} = g_i^{L_i, N_i}|_{\Omega_{j_i}^A}$. 对于 I_1 项, 利用命题 3.3.7 及离散的 Cauchy-Schwarz 不等式得

$$\begin{aligned} I_1 & \lesssim \frac{(LL_1L_2)^{\frac{5}{12}}}{N^{\frac{1}{2}}} \left(\frac{N}{N_1}\right)^{\frac{1}{4}} \|f^{L,N}\|_{L^2} \sum_{\substack{0 \leqslant j_1, j_2 \leqslant M-1 \\ |j_1 - j_2| \leqslant 16}} \|g_1^{L_1, N_1, M, j_1}\|_{L^2} \|g_2^{L_2, N_2, M, j_2}\|_{L^2} \\ & \lesssim \frac{(LL_1L_2)^{\frac{5}{12}}}{N^{\frac{1}{2}}} \left(\frac{N}{N_1}\right)^{\frac{1}{4}} \|f^{L,N}\|_{L^2} \|g_1^{L_1, N_1}\|_{L^2} \|g_2^{L_2, N_2}\|_{L^2}. \end{aligned}$$

对于 I_2 项, 引入 α 将求和指标 A 分成两段, 这里

$$\alpha := 2^{-4}\min\left\{\left(\frac{N_1}{N}\right)^{\frac{1}{2}} N_1\max\{L,L_1,L_2\}^{-\frac{1}{2}},\ N_1\right\}.$$

当 $64\leqslant A\leqslant\alpha$ 时, 利用命题 3.3.5 和离散的 Cauchy-Schwarz 不等式得

$$\begin{aligned}
I_{21} :=& \sum_{64\leqslant A\leqslant\alpha}\sum_{\substack{0\leqslant j_1,j_2\leqslant A-1\\ 16\leqslant|j_1-j_2|\leqslant 32}} I(f^{L,N},g_1^{L_1,N_1,A,j_1},g_2^{L_2,N_2,A,j_2})\\
\lesssim& \left(\frac{LL_1L_2}{N_1}\right)^{\frac{1}{2}}\|f^{L,N}\|_{L^2}\\
&\sum_{64\leqslant A\leqslant\alpha}\left(\frac{A}{N_1}\right)^{\frac{1}{2}}\sum_{\substack{0\leqslant j_1,j_2\leqslant A-1\\ 16\leqslant|j_1-j_2|\leqslant 32}}\|g_1^{L_1,N_1,A,j_1}\|_{L^2}\|g_2^{L_2,N_2,A,j_2}\|_{L^2}\\
\lesssim& \left(\frac{LL_1L_2}{N_1}\right)^{\frac{1}{2}}\|f^{L,N}\|_{L^2}\|g_1^{L_1,N_1}\|_{L^2}\|g_2^{L_2,N_2}\|_{L^2}\sum_{64\leqslant A\leqslant\alpha}\left(\frac{A}{N_1}\right)^{\frac{1}{2}}\\
\lesssim& \frac{(LL_1L_2)^{\frac{5}{12}}}{N^{\frac{1}{2}}}\left(\frac{N}{N_1}\right)^{\frac{1}{4}}\|f^{L,N}\|_{L^2}\|g_1^{L_1,N_1}\|_{L^2}\|g_2^{L_2,N_2}\|_{L^2},
\end{aligned}$$

其中最后一步利用了不等式$\sum_{64\leqslant A\leqslant\alpha}A^{\frac{1}{2}}\lesssim\alpha^{\frac{1}{2}}$. 当 $\alpha\leqslant A\leqslant N_1$ 时, 利用命题 3.3.6 和离散的 Cauchy-Schwarz 不等式得

$$\begin{aligned}
I_{22} :=& \sum_{\alpha\leqslant A\leqslant N_1}\sum_{\substack{0\leqslant j_1,j_2\leqslant A-1\\ 16\leqslant|j_1-j_2|\leqslant 32}} I(f^{L,N},g_1^{L_1,N_1,A,j_1},g_2^{L_2,N_2,A,j_2})\\
\lesssim& \frac{(LL_1L_2)^{\frac{1}{2}}\|f^{L,N}\|_{L^2}}{\max\{L,L_1,L_2\}^{\frac{1}{2}}N^{\frac{1}{2}}}\sum_{\alpha\leqslant A\leqslant N_1}\left(\frac{N_1}{A}\right)^{\frac{1}{2}}\sum_{\substack{0\leqslant j_1,j_2\leqslant A-1\\ 16\leqslant|j_1-j_2|\leqslant 32}}\|g_1^{L_1,N_1,A,j_1}\|_{L^2}\|g_2^{L_2,N_2,A,j_2}\|_{L^2}\\
\lesssim& \left(\frac{LL_1L_2}{N\max\{L,L_1,L_2\}}\right)^{\frac{1}{2}}\|f^{L,N}\|_{L^2}\|g_1^{L_1,N_1}\|_{L^2}\|g_2^{L_2,N_2}\|_{L^2}\sum_{\alpha\leqslant N_1\leqslant\alpha}\left(\frac{N_1}{A}\right)^{\frac{1}{2}}\\
\lesssim& \frac{(LL_1L_2)^{\frac{5}{12}}}{N^{\frac{1}{2}}}\left(\frac{N}{N_1}\right)^{\frac{1}{4}}\|f^{L,N}\|_{L^2}\|g_1^{L_1,N_1}\|_{L^2}\|g_2^{L_2,N_2}\|_{L^2},
\end{aligned}$$

其中最后一步利用了不等式 $\sum_{\alpha\leqslant A\leqslant N_1}A^{-\frac{1}{2}}\lesssim\alpha^{-\frac{1}{2}}$.

情形 2. 高低相互作用, 即 $N_1\ll N_2$ 或 $N_1\gg N_2$. 此时利用命题 3.3.8 得出

$$\begin{aligned}
&|I(f^{L,N},g_1^{L_1,N_1},g_2^{L_2,N_2})|\\
&\quad\lesssim (LL_1L_2)^{\frac{5}{12}}\left(\frac{1}{N}\right)^{\frac{1}{2}}\min\left\{\frac{N_1}{N_2},\frac{N_2}{N_1}\right\}^{\frac{1}{6}}\|f^{L,N}\|_{L^2}\|g_1^{L_1,N_1}\|_{L^2}\|g_2^{L_2,N_2}\|_{L^2}.
\end{aligned}$$

情形 3. 波是低频的情形, 即 $N \lesssim 1$(这时必有 $N_1 \sim N_2$ 或 $N_1, N_2 \lesssim 1$). 根据命题 3.3.9 得

$$|I(f^{L,N}, g_1^{L_1,N_1}, g_2^{L_2,N_2})| \lesssim (LL_1L_2)^{\frac{1}{3}} \|f^{L,N}\|_{L^2} \|g_1^{L_1,N_1}\|_{L^2} \|g_2^{L_2,N_2}\|_{L^2}.$$

现在将上述 3 种情形联合起来, 并取较大的上界, 得到

$$\begin{aligned}
&|I(f^{L,N}, g_1^{L_1,N_1}, g_2^{L_2,N_2})| \\
&\quad \lesssim (LL_1L_2)^{\frac{5}{12}} \left(\frac{1}{N}\right)^{\frac{1}{2}} \min\left\{\frac{N}{N_1}, \frac{N_1}{N_2}, \frac{N_2}{N_1}\right\}^{\frac{1}{6}} \|f^{L,N}\|_{L^2} \|g_1^{L_1,N_1}\|_{L^2} \|g_2^{L_2,N_2}\|_{L^2}.
\end{aligned}$$

最后需要对上式关于 L, L_1, L_2 以及 N, N_1, N_2 求和. 注意到要使积分不为零, 必须满足 $N \lesssim N_1 \sim N_2$ 或 $N_1 \lesssim N \sim N_2$ 或 $N_2 \lesssim N \sim N_1$, 于是利用这些关系及求和因子 $\min\left\{\frac{N}{N_1}, \frac{N_1}{N_2}, \frac{N_2}{N_1}\right\}^{\frac{1}{6}}$, 即得 (3.3.21) 式. 事实上, 以 $N \lesssim N_1 \sim N_2$ 为例, 我们有

$$\begin{aligned}
&I(\mathcal{F}v, \mathcal{F}u_1, \mathcal{F}u_2) \\
&\quad = \sum_{N,N_1,N_2 \geqslant 1} \sum_{L,L_1,L_2 \geqslant 1} I(f^{L,N}, g_1^{L_1,N_1}, g_2^{L_2,N_2}) \\
&\quad \lesssim \sum_{1 \leqslant N \lesssim N_1} N^{-\frac{1}{2}} \left(\frac{N}{N_1}\right)^{\frac{1}{6}} \left(\sum_{L \geqslant 1} L^{\frac{5}{12}} \|f^{L,N}\|_{L^2}\right) \\
&\qquad \left(\sum_{L_1 \geqslant 1} L_1^{\frac{5}{12}} \|g_1^{L_1,N_1}\|_{L^2}\right) \left(\sum_{L_2 \geqslant 1} L_2^{\frac{5}{12}} \|g_2^{L_2,N_1}\|_{L^2}\right) \\
&\quad \lesssim \left(\sum_{1 \leqslant N \lesssim N_1} N^{-1} \left(\frac{N}{N_1}\right)^{\frac{1}{6}} \left(\sum_{L \geqslant 1} L^{\frac{5}{12}} \|f^{L,N}\|_{L^2}\right)^2\right)^{\frac{1}{2}} \\
&\qquad \cdot \left(\sum_{1 \leqslant N \lesssim N_1} \left(\frac{N}{N_1}\right)^{\frac{1}{6}} \left(\sum_{L_1 \geqslant 1} L_1^{\frac{5}{12}} \|g_1^{L_1,N_1}\|_{L^2}\right)^2 \left(\sum_{L_2 \geqslant 1} L_2^{\frac{5}{12}} \|g_2^{L_2,N_1}\|_{L^2}\right)^2\right)^{\frac{1}{2}} \\
&\quad \lesssim \|u_1\|_{X^S_{0,\frac{5}{12},1}} \|u_2\|_{X^S_{0,\frac{5}{12},1}} \|v\|_{X^{W+}_{-\frac{1}{2},\frac{5}{12},1}}.
\end{aligned}$$

余下情形可类似证明, 故命题证毕.

第 4 章　具有无穷传播速度的 Zakharov 型系统的奇性极限 (I)

这一章和下一章我们将研究具有无穷传播速度的 Zakharov 型系统 (Klein-Gordon-Zakharov 系统) 的奇性极限. Klein-Gordon-Zakharov 系统描述了等离子区域中 Langmuir 波与离子声波的相互作用. 通过忽略磁场效应且假设离子比电子运动速度慢以致于 Langmuir 震荡仅通过时间的平均来影响离子的动力学行为, 这个系统可由关于电子和离子的 Euler 方程与带磁场的 Maxwell 方程耦合导出 (物理导出与形式导出见文献 [115~122], 导出的数学合理性见文献 [123~127]). 一般地, Klein-Gordon-Zakharov 系统具有如下形式:

$$\begin{cases} E_{tt}+\omega^2 E-\gamma_{ee}v^2\nabla\nabla\cdot E+c_l\nabla\times\nabla\times E=-\omega^2\dfrac{n}{n_0}E, \\ n_{tt}-c_s^2\Delta n=\dfrac{\varepsilon_0}{2M}\Delta|E|^2, \end{cases} \tag{4.0.1}$$

这里, $E:\mathbb{R}^{1+3}\to\mathbb{R}^3$ 表示电场, $n:\mathbb{R}^{1+3}\to\mathbb{R}$ 表示离子对于常数平衡点 $n_0>0$ 的密度变化, ω 表示等离子频率, γ_{ee} 表示电子流体动力学中电子的热比率, v 表示电子热速度, c_l 表示光速, c_s 表示离子声速, ε_0 表示真空电介质常数, M 表示离子质量. 从物理量的相互联系可知如下关系式成立:

$$\begin{aligned} &\omega^2=\frac{n_0e^2}{m\varepsilon_0},\quad v^2=\frac{kT_e}{m},\quad c_s^2=\frac{k(\gamma_{ie}T_e+\gamma_{ii}T_i)}{M}, \\ &\gamma_{ie}=1,\quad \gamma_{ee}=\gamma_{ii}=3, \end{aligned} \tag{4.0.2}$$

其中 e 和 m 分别代表电子的电荷数与质量, k 表示 Boltzmann 常数, T_e 和 T_i 分别表示电子和离子温度, M 表示离子质量, γ_{ie} 和 γ_{ii} 分别表示离子动力学中电子和离子的热比率. 引入一个自由参数 $c>0$, 用 $\lambda:=v/\omega$ 表示 Debye 长度并做如下尺度变换:

$$E(t,x)=\sqrt{\frac{kT_e}{\varepsilon_0}\frac{n_0}{c^2}}E'\left(\omega\frac{t}{c^2},\frac{x}{(c\lambda)}\right),\quad n(t,x)=\frac{n_0}{c^2}n'\left(\frac{\omega t}{c^2},\frac{x}{(c\lambda)}\right), \tag{4.0.3}$$

再令

$$\alpha=\sqrt{\frac{m}{M}\frac{\gamma_{ie}T_e+\gamma_{ii}T_i}{T_e}}c, \tag{4.0.4}$$

(4.0.1) 式经过重新尺度化，具有如下形式：

$$
\begin{cases} c^{-2}E'_{tt} - 3\nabla\nabla\cdot E' + \left(\dfrac{c_l}{v}\right)^2 \nabla\times\nabla\times E' + c^2E' = -n'E', \\ \alpha^{-2}n'_{tt} - \Delta n' = \dfrac{T_e}{2(\gamma_{ie}T_e + \gamma_{ii}T_i)}\Delta|E'|^2. \end{cases} \tag{4.0.5}
$$

通过做尺度变换, $\nabla\nabla\cdot E'$ 与 $\Delta|E'|^2$ 的系数可变为 1. 比率 $\beta = c_l/v$ 通常很大, 这里取为一阶, 即假定 $\gamma_{ee}v^2 = c_l^2$. 因此从散度部分和有旋部分可得到一个完全的 Laplace 算子. 本章仅在条件 $c_l/v = O(1)$ 下进行讨论, 而 c_l/v 趋于无穷时的情形在讨论时将会遇到很多问题, 故在这里暂不作讨论. 于是 (4.0.5) 式可重新写为如下形式:

$$
\begin{cases} c^{-2}E_{tt} - \Delta E + c^2E = -nE, \\ \alpha^{-2}n_{tt} - \Delta n = \Delta|E|^2, \end{cases} \tag{4.0.6}
$$

其中 $E:\mathbb{R}^{1+3}\to\mathbb{R}^3$,$n:\mathbb{R}^{1+3}\to\mathbb{R}$, c 不必为光速. 假设 $\alpha < \gamma c$ ($\gamma < 1$ 固定), 当极限 $(c,\alpha)\to\infty$ 时, (E,n) 的行为可由非线性 Schrödinger 方程来近似. 这一章重点讨论当初值在相当弱的假设下 (4.0.6) 式解的收敛性. 此结果很容易从形式上得到. 令 $E = \mathrm{e}^{\mathrm{i}c^2t}u$ 可消去 (4.0.6) 式中的发散项 c^2, 从而 (4.0.6) 式变为

$$
\begin{cases} c^{-2}u_{tt} + 2\mathrm{i}u_t - \Delta u = -nu, \\ \alpha^{-2}n_{tt} - \Delta n = \Delta|u|^2. \end{cases} \tag{4.0.7}
$$

首先在 (4.0.7) 式中从形式上取极限 $c\to\infty$, 得到如下的 Zakharov 系统:

$$
\begin{cases} 2\mathrm{i}u_t - \Delta u = -nu, \\ \alpha^{-2}n_{tt} - \Delta n = \Delta|u|^2. \end{cases} \tag{4.0.8}
$$

其次, 在 (4.0.8) 式中从形式上取极限 $\alpha\to\infty$ 得到非线性 Schrödinger 方程

$$
2\mathrm{i}u_t - \Delta u = |u|^2u, \quad n = -|u|^2. \tag{4.0.9}
$$

利用在 $H^{1+}\times H^{0+}$ 中的 Strichartz 估计, 很容易得到 (4.0.6) 式 (或 (4.0.7) 式) 的解 (E,n) 在 $H^{1+}\times H^{0+}$ 中的局部适定性. 从物理观点自然有 $c\neq\alpha$, 在此情形下, 文献 [62] 给出了 (4.0.6) 式的解 (E,n) 在能量空间 $H^1\times L^2$ 中的局部适定性. 此外, 当初值充分小时, 这个解是整体存在的. 对于系统 (4.0.8) 的局部适定性也已有了一些结果, 如文献 [32] 中给出了方程 (4.0.8) 的解在 $H^{\frac{1}{2}}\times L^2$ 中的局部适定性结果. 文献 [128] 中给出了方程 (4.0.9) 的解在 $H^{\frac{1}{2}}$ 中的局部适定性, 且这个结果是最优的. 此外, 已有的关于本章所研究极限意义下解的收敛性结果仅在非常正则的空间中得到. 在文献 [33] 中, 作者证明了当不具有初始层时在 $H^5\times H^4$ 中, 当

$\alpha \to \infty$ 时, 方程 (4.0.8) 的解到方程 (4.0.9) 的解的收敛性; 同时, 在文献 [34] 中, 作者证明了当具有初始层且解的 H^1 范数充分小时, 方程 (4.0.8) 的解到方程 (4.0.9) 的解在 $H^6 \times H^5$ 中的收敛性. 假设解具有更高的正则性且解在无穷远处退化, 在文献 [15, 129] 中得到了解收敛的最优收敛率. 当 $s > \dfrac{7}{2}$ 时, 在文献 [117] 中, 作者证明了当 $c \to \infty$ 时, 方程 (4.0.7) 的解到方程 (4.0.8) 的解在 $H^s \times H^{s-1}$ 中的收敛性. 在文献 [130] 中, 作者在更正则的空间中考虑了方程 (4.0.6) 的解到方程 (4.0.8) 的解的极限问题. 当 (c, α) 同时趋于 ∞ 时的情形, 关于方程 (4.0.6) 或方程 (4.0.7) 几乎没有有关该收敛性的相关结果. 此外, 由于共振频率

$$M := \frac{2c^2}{c^2 - \alpha^2}\alpha \tag{4.0.10}$$

的存在性, 所有关于解的局部适定性的估计对参数 (c, α) 都不能一致成立, 且对共振频率的估计不能仅通过扰动讨论来控制. 事实上, 可构造某些初值使得当 $c > \alpha \to \infty$ 时, 第二迭代式是发散的. 因此, 当用迭代方法构造解时, 任何估计式都应该依赖于参数 (c, α). 本章以 Ozawa-Tsutaya-Tsutsumi 在文献 [95] 中的局部适定性结果为基础, 在 $\alpha < \gamma c (0 < \gamma < 1)$ 的情形下, 证明当 (c, α) 同时趋于 ∞ 时, 系统 (4.0.6) 的解到方程 (4.0.9) 的解在 $H^s(\mathbb{R}^3) \times H^{s-1}(\mathbb{R}^3)\left(s > \dfrac{3}{2}\right)$ 中的收敛性. 采用的主要工具是频率分解、Strichartz 估计、Fourier 限制范数估计、双线性估计及能量估计.

4.1　预 备 知 识

本节首先给出本章所需的一些基本记号. 其次给出局部适定性结果及频率分解的相关式子. 接着通过变换将系统 (4.0.6) 化为一个一阶系统, 并给出 Strichartz 估计的相关式子. 最后给出 Fourier 限制范数估计.

4.1.1　常用的记号及频率分解

本节主要给出后面将用到的一些常用的记号. $H^s = H^{s,2}(\mathbb{R}^3)$ 表示 Sobolev 空间, $\mathcal{F}_3$ 和 $\mathcal{F}_3^{-1}$ 分别表示在 $\mathbb{R}^3$ 上的 Fourier 变换及 Fourier 逆变换, 而 $\mathcal{S}$ 和 $\mathcal{S}'$ 分别表示 Schwartz 速降函数空间和 Schwartz 缓增广义函数空间. 对任意函数 f, $f(\nabla) := \mathcal{F}_3^{-1} f(\mathrm{i}\xi)\mathcal{F}_3$ 表示 Fourier 乘子, 而 $I_c := (1+|\nabla/c|^2)^{-\frac{1}{2}}$ 表示与 Klein-Gordon 方程相关的特殊乘子. 此外, 定义

$$\begin{aligned} &\langle a\rangle := (1+|a|^2)^{\frac{1}{2}}, \qquad \langle a, b\rangle = \Re(a \cdot \bar{b}), \\ &\langle f|g\rangle_x := \int_{\mathbb{R}^3} \langle f(x), g(x)\rangle \mathrm{d}x, \quad \langle u|v\rangle_{t,x} := \int_{\mathbb{R}^{1+3}} \langle u(t,x), v(t,x)\rangle \mathrm{d}t\mathrm{d}x, \end{aligned} \tag{4.1.1}$$

其中 a, b, f, g, u 及 v 可以为标量值或者矢量值. 再定义关于空间的 Fourier 变换和关于时空的 Fourier 变换为

$$\begin{aligned} \mathcal{F}_3\varphi &= \tilde{\varphi}(\xi) = \int_{\mathbb{R}^3} \varphi(x)\mathrm{e}^{-\mathrm{i}x\xi}\mathrm{d}x, \\ \mathcal{F}_4 u &= \hat{u}(\tau,\xi) = \int_{\mathbb{R}^{1+3}} u(t,x)\mathrm{e}^{-\mathrm{i}t\tau-\mathrm{i}x\xi}\mathrm{d}t\mathrm{d}x. \end{aligned} \tag{4.1.2}$$

在随后的研究中将重复使用如下的乘子:

$$I_c := \left\langle \frac{\nabla}{c} \right\rangle^{-1}, \quad \Delta_c := -2\omega(\nabla), \quad \omega(\xi) := c^2\left(\left\langle \frac{\xi}{c}\right\rangle - 1\right). \tag{4.1.3}$$

令 $\chi \in C_0^\infty(\mathbb{R}^n)$ 满足 $0 \leqslant \chi \leqslant 1$ 且当 $|\xi| < 4/3$ 时，$\chi(\xi) = 1$, 当 $|\xi| > 5/3$ 时, $\chi(\xi) = 0$. 对任意 $a > 0$, 频率局部化算子表示为

$$\begin{aligned} &f_{\leqslant a} := \chi(|\nabla/a|)f, \quad f_{>a} := f - f_{\leqslant a}, \\ &f_{<a} := f_{\leqslant a/2}, \quad f_{\geqslant a} := f_{>a/2}, \quad f_a := f_{\leqslant a} - f_{<a} = f_{\geqslant a} - f_{>a}. \end{aligned} \tag{4.1.4}$$

为记号的方便, 引入 Littlewood-Paley 分解, 且使得频率参数部分带有共振项. 共振频率 M 由 Klein-Gordon 方程和波动方程特征线的交来决定，即

$$\alpha M = \omega(M) \Leftrightarrow M = \frac{2c^2}{c^2-\alpha^2}\alpha. \tag{4.1.5}$$

因已假设 $0 < \alpha/c < 1$, 故有 $2\alpha < M \sim \alpha$. 也可假设 $\alpha > 4$. 此外, 定义频率参数 $\mathbb{D}$ 的集合为

$$\mathbb{D} := \{M2^n > 1 | n \in \mathbb{Z}\} \bigcup \{0\}. \tag{4.1.6}$$

令 m 是 $\mathbb{D}$ 中正元素的最小值, 则有 $1 < m \leqslant 2$. 定义 $f_0 := f_{<m}$, 使得

$$f = \sum_{j\in\mathbb{D}} f_j, \quad \mathrm{supp}\tilde{f}_j \subset \left\{\frac{2j}{3} < |\xi| < \frac{5j}{3}\right\}(j > 0), \quad \mathrm{supp}\tilde{f}_0 \subset \{|\xi| < 2\}. \tag{4.1.7}$$

共振频率和非共振频率部分分别表示为

$$f_M, \quad f_X := f - f_M. \tag{4.1.8}$$

因 $M > 2\alpha$，对任意函数 f 可得

$$(f_{<\alpha})_X = f_{<\alpha}. \tag{4.1.9}$$

固定 $K > 16$ 充分大, 使得 $K\varepsilon > 16$, 这个不等式中的 ε 由关于 α/c 的上界 γ 决定，ε 将出现在随后的引理 4.1.5 中. 现将频率按照高–低频分解为

$$\begin{aligned} fg &= (fg)_{LH} + (fg)_{HL} + (fg)_{HH}, \\ &:= \sum_{l,h\in\mathbb{D}, Kl\leqslant h} f_l g_h + \sum_{l,h\in\mathbb{D}, h\geqslant Kl} f_h g_l + \sum_{i,j\in\mathbb{D}, Ki>j>i/K} f_i g_j, \end{aligned} \tag{4.1.10}$$

其中, LH, HL 及 HH 分别蕴涵着低–高、高–低及高–高频率的相互作用. 在不引起歧义的前提下，通常作如下简化：$(fg)_{Yl}:=((fg)_Y)_l$ 及 $(fg)_{Y+Z}:=(fg)_Y+(fg)_Z$，其中，$Y,Z=LL,\quad HH,\quad HL$ 或者 LH 及 $l=a,>a,<a$. 例如，$(EF)_{HLX}=((EF)_{HL})_X,(EF)_{HH>a}=((EF)_{HH})_{>a}$ 等等.

4.1.2 局部适定性结果

这里给出系统 (4.0.6) 的解在能量空间中的局部适定性结果 (见文献 [95]). 首先, 给出一个定义.

定义 4.1.1 对于函数 $u(t,x)$，用 $\tilde{u}(\tau,\xi)$ 表示 u 关于 t 与 x 的 Fourier 变换, $D=(-\Delta)^{1/2}$. 当 $s,b\in\mathbb{R}$ 时, 定义空间 $X_{b,s}^{\pm}$ 及 $Y_{b,s}^{\pm}$ 为

$$
\begin{aligned}
&X_{b,s}^{\pm}=\left\{u\in\mathcal{S}'(\mathbb{R}^4);\|u\|_{X_{b,s}^{\pm}}<+\infty\right\},\\
&\|u\|_{X_{b,s}^{\pm}}=\left(\int_{\mathbb{R}}\int_{\mathbb{R}^3}(1+|\xi|)^{2s}(1+|\tau\pm c|\xi||)^{2b}|\tilde{u}(\tau,\xi)|^2\mathrm{d}\xi\mathrm{d}\tau\right)^{\frac{1}{2}},\\
&Y_{b,s}^{\pm}=\left\{v\in\mathcal{S}'(\mathbb{R}^4);\|v\|_{Y_{b,s}^{\pm}}<+\infty\right\},\\
&\|v\|_{Y_{b,s}^{\pm}}=\left(\int_{\mathbb{R}}\int_{\mathbb{R}^3}(1+|\xi|)^{2s}(1+|\tau\pm \alpha|\xi||)^{2b}|\tilde{v}(\tau,\xi)|^2\mathrm{d}\xi\mathrm{d}\tau\right)^{\frac{1}{2}}.
\end{aligned}
$$

注 4.1.1 由空间 $X_{b,s}^{\pm}$ 及 $Y_{b,s}^{\pm}$ 的定义可知，对任意 $s,b\in\mathbb{R}$，$X_{b,s}^{\pm}$ 与 $Y_{b,s}^{\pm}$ 是 Banach 空间.

下面陈述当 $\alpha\neq c$ 时, 系统 (4.0.6) 的初值问题在能量空间中的局部适定性结果. 赋予 Klein-Gordon-Zakharov 系统 (4.0.6) 如下初值:

$$
\begin{aligned}
&E(0,x)=E_0(x),\qquad E_t(0,x)=E_1(x),\qquad x\in\mathbb{R}^3,\\
&n(0,x)=n_0(x),\qquad n_t(0,x)=n_1(x),\qquad x\in\mathbb{R}^3.
\end{aligned}\tag{4.1.11}
$$

系统 (4.0.6) 的局部适定性结果如下.

定理 4.1.1 设 $\alpha\neq c$. 令 $(E_0,E_1,n_0,n_1)\in H^1(\mathbb{R}^3)\times L^2(\mathbb{R}^3)\times L^2(\mathbb{R}^3)\times H^{-1}(\mathbb{R}^3)$ (或 $H^1(\mathbb{R}^3)\times L^2(\mathbb{R}^3)\times L^2(\mathbb{R}^3)\times \dot{H}^{-1}(\mathbb{R}^3)$). 假设 $\dfrac{1}{2}<b<1$ 且 b 充分接近 $\dfrac{1}{2}$, 则存在 $T>0$, 使得 Cauchy 问题 (4.0.6)~(4.1.11) 在时间区间 $[-T,T]$ 上有惟一解 (E,n), 满足

$$
\begin{aligned}
&E\in C([-T,T];H^1)\cap C^1([-T,T];L^2),\\
&n\in C([-T,T];L^2)\cap C^1([-T,T];H^{-1}),\\
&\quad(\text{或}\, C([-T,T];L^2)\cap C^1([-T,T];\dot{H}^{-1}),
\end{aligned}\tag{4.1.12}
$$

以及

$$
\begin{aligned}
&E \pm \mathrm{i}c^{-1}(1+D^2)^{-\frac{1}{2}}\partial_t E \in X_{b,1}^{\pm},\\
&n \pm \mathrm{i}\alpha^{-1}(1+D^2)^{-\frac{1}{2}}\partial_t n \in Y_{b,0}^{\pm} \quad \left(\text{或} n \pm i\alpha^{-1}D^{-1}\partial_t n \in Y_{b,0}^{\pm}\right),
\end{aligned}
\tag{4.1.13}
$$

其中, T 仅依赖于 $\|E_0\|_{H^1}$, $\|E_1\|_{L^2}$, $\|n_0\|_{L^2}$ 及 $\|n_1\|_{H^{-1}}$ ($\|n_1\|_{\dot{H}^{-1}}$). 此外, 若 $n_1 \in \dot{H}^{-1}$, 则解 (E,n) 满足能量恒等式

$$
\mathcal{H}(E(t),\partial_t E(t),n(t),\partial_t n(t)) = \mathcal{H}(E_0,E_1,n_0,n_1), \quad t\in[-T,T], \tag{4.1.14}
$$

这里 $\mathcal{H}$ 为能量, 定义如下:

$$
\begin{aligned}
\mathcal{H}(E(t),\partial_t E(t),n(t),\partial_t n(t)) = \int_{\mathbb{R}^3} &\Big(c^2|E|^2+|\nabla E|^2+c^{-2}|\partial_t E|^2\\
&+\frac{1}{2}\left||\alpha\nabla|^{-1}\partial_t n\right|^2+\frac{1}{2}|n|^2+n|E|^2\Big)\mathrm{d}x.
\end{aligned}
\tag{4.1.15}
$$

此外, 在区间 $[-T',T']$ $(0<T'<T)$ 上, 如上定义的解在 (4.1.12) 式定义的拓扑下连续依赖于初值.

4.1.3 系统的简化

在这里, 通过做变量代换将系统 (4.0.6) 改写为一阶形式. 定义

$$
\begin{aligned}
&E_+ := \frac{1}{2}\left\{E-\mathrm{i}c^{-2}I_c\partial_t E\right\}, \quad E_- := \frac{1}{2}\left\{\bar{E}-\mathrm{i}c^{-2}I_c\partial_t \bar{E}\right\},\\
&\mathbb{E} := \mathrm{e}^{-\mathrm{i}c^2 t}(E_+,E_-), \quad N := n-\mathrm{i}|\alpha\nabla|^{-1}\partial_t n.
\end{aligned}
\tag{4.1.16}
$$

对任意 $\mathbb{E}=(\mathbb{E}_1,\mathbb{E}_2)$, 令 $\mathbb{E}^* := \mathrm{e}^{-2\mathrm{i}c^2 t}(\bar{\mathbb{E}}_2,\bar{\mathbb{E}}_1)$. 于是原来的变量 (E,n) 可由下式来表示:

$$
\begin{aligned}
&E = \mathrm{e}^{\mathrm{i}c^2 t}\mathbb{E}_1+\mathrm{e}^{-\mathrm{i}c^2 t}\overline{\mathbb{E}}_2, \quad \partial_t E = \mathrm{i}c^2 I_c^{-1}\left(\mathrm{e}^{\mathrm{i}c^2 t}\mathbb{E}_1-\mathrm{e}^{-\mathrm{i}c^2 t}\overline{\mathbb{E}}_2\right),\\
&n = \Re N, \quad \partial_t n = -\Im(|\alpha\nabla|N),
\end{aligned}
\tag{4.1.17}
$$

这样系统 (4.0.6) 就简化为

$$
\begin{aligned}
&2\mathrm{i}\partial_t\mathbb{E}-\Delta_c\mathbb{E} = -I_c n(\mathbb{E}+\mathbb{E}^*),\\
&\mathrm{i}\partial_t N+|\alpha\nabla|N = -|\alpha\nabla|\langle\mathbb{E},\mathbb{E}+\mathbb{E}^*\rangle.
\end{aligned}
\tag{4.1.18}
$$

下面重点讨论系统 (4.1.18). 由于系统 (4.1.18) 中的非线性项包含因子 α, 为得到一致的不依赖于 α 的界, 对于低频 $N_{<\alpha}$, 将关于 N 的方程写成如下形式:

$$
(\mathrm{i}\partial_t+|\alpha\nabla|)(N+|\mathbb{E}|^2) = 2\mathrm{i}\langle\mathbb{E},\partial_t\mathbb{E}\rangle-|\alpha\nabla|\langle\mathbb{E},\mathbb{E}^*\rangle. \tag{4.1.19}
$$

现将系统 (4.1.18) 写成积分形式

$$\mathbb{E} = e^{-i\Delta_c t/2}\mathbb{E}(0) - \mathcal{S}_E I_c n(\mathbb{E}+\mathbb{E}^*), \tag{4.1.20}$$

$$\begin{aligned} N =& e^{i|\alpha\nabla|t}N(0) - \mathcal{S}_n|\alpha\nabla|\langle\mathbb{E},\mathbb{E}+\mathbb{E}^*\rangle \\ =& -|\mathbb{E}|^2_{<\alpha} + e^{i|\alpha\nabla|t}(N(0)+|\mathbb{E}(0)|^2_{<\alpha}) - \mathcal{S}_n|\alpha\nabla|\langle\mathbb{E},\mathbb{E}^*\rangle \\ & - \mathcal{S}_n|\alpha\nabla||\mathbb{E}|^2_{\geqslant\alpha} - i\mathcal{S}_n\langle\mathbb{E}, i\Delta_c\mathbb{E}\rangle_{<\alpha} + i\mathcal{S}_n\langle\mathbb{E}, iI_c n(\mathbb{E}+\mathbb{E}^*)\rangle_{<\alpha}, \end{aligned} \tag{4.1.21}$$

其中, 时空算子 $\mathcal{S}_E$ 与 $\mathcal{S}_n$ 定义为

$$\begin{aligned} \mathcal{S}_E f &:= \frac{1}{2i}\int_0^t e^{-i\Delta_c(t-s)/2}f(s)ds, \\ \mathcal{S}_n f &:= \frac{1}{i}\int_0^t e^{i|\alpha\nabla|(t-s)}f(s)ds. \end{aligned} \tag{4.1.22}$$

4.1.4 Strichartz 估计、Fourier 限制范数估计及从 H^s 型有界性到 X^{s-1} 型有界性的相关估计

这一小节首先给出 Fourier 限制范数及相关估计式，其次给出两个求和引理，最后给出从 H^s 型有界性到 X^{s-1} 型有界性的一些估计式.

(1) Strichartz 范数

固定小的 $\kappa>0$, 使得 $s-3\kappa>\frac{3}{2}$ 且 $2+:=1/\left(\frac{1}{2}-\kappa\right)$. 定义

$$\begin{aligned} \mathrm{Str}^E(0,T) &:= L^\infty(0,T;H^s)\cap I_c^{-\frac{1}{2}+\kappa}L^{2+}\left(0,T;B^{s-\frac{1}{2}+\kappa}_{1/\kappa}\right), \\ \mathrm{Str}^n(0,T) &:= L^\infty(0,T;H^{s-1})\cap \alpha^{-\frac{1}{2}+\kappa}L^{2+}\left(0,T;B^{s-2+2\kappa}_{1/\kappa}\right), \end{aligned} \tag{4.1.23}$$

这里 $B^s_p := B^s_{p,2}$ 表示 $\mathbb{R}^3$ 上的 Besov 空间, 它的范数可用二进制分解 [131] 定义为

$$\|f\|^2_{B^s_p} = \sum_{j\in\mathbb{D}} j^{2s}\|f_j\|^2_{L^p}. \tag{4.1.24}$$

Sobolev 嵌入蕴涵着

$$\mathrm{Str}^E \subset I_c^{-\frac{1}{2}+\kappa}L^{2+}B_\infty^{s-\frac{1}{2}-2\kappa}, \quad \mathrm{Str}^n \subset \alpha^{-\frac{1}{2}+\kappa}L^{2+}B_\infty^{s-2-\kappa}. \tag{4.1.25}$$

由插值估计可得

$$\begin{aligned} & L^\infty H^s \cap L^{2+}H^{s+1-2\kappa} \subset \mathrm{Str}^E, \\ & L^\infty H^{s-1} \cap \alpha^{-\frac{1}{2}+\kappa}L^{2+}H^{s-\frac{1}{2}-\kappa} \subset \mathrm{Str}^n. \end{aligned} \tag{4.1.26}$$

Strichartz 估计 [132] 蕴涵着

$$\begin{aligned}\|\mathcal{S}_E f\|_{\mathrm{Str}^E(0,T)} &\lesssim \|f\|_{\mathrm{Str}^{E^*}(0,T)},\\ \|\mathcal{S}_n f\|_{\mathrm{Str}^n(0,T)} &\lesssim \|f\|_{\mathrm{Str}^{n^*}(0,T)},\end{aligned}\tag{4.1.27}$$

其中 Str^{E^*} 及 Str^{n^*} 分别表示与 Str^E 和 Str^n 的对偶空间:

$$\begin{aligned}\mathrm{Str}^{E^*}(0,T) &:= L^1(0,T;H^s) + I_c^{\frac{1}{2}-\kappa} L^{2-}\left(0,T;B^{s+\frac{1}{2}-\kappa}_{1/(1-\kappa)}\right),\\ \mathrm{Str}^{n^*}(0,T) &:= L^1(0,T;H^{s-1}) + \alpha^{\frac{1}{2}-\kappa} L^{2-}\left(0,T;B^{s-2\kappa}_{1/(1-\kappa)}\right),\end{aligned}\tag{4.1.28}$$

这里 $2- := 1/\left(\dfrac{1}{2}+\kappa\right)$.

(2) Fourier 限制范数估计

对任意 $s,b\in\mathbb{R}$ 及任意开区间 $I\subset\mathbb{R}$，定义

$$\begin{aligned}X^{s,b}(I) &:= \left\{\mathrm{e}^{-\mathrm{i}\Delta_c t/2}u(t,x) | u(t)\in H_t^b(I;H_x^s)\right\},\\ Y^{s,b}(I) &:= \left\{\mathrm{e}^{\mathrm{i}|\alpha\nabla|t}u(t,x) | u(t)\in H_t^b(I;H_x^s)\right\}.\end{aligned}\tag{4.1.29}$$

由定义知如下估计式成立：对任意 $s\in\mathbb{R}$ 及 $0\leqslant\theta\leqslant 1$, 可得

$$\begin{aligned}\|\mathcal{S}_E f\|_{X^{s,1-\theta}(0,T)} &\lesssim T^\theta \|f\|_{L^2(0,T;H^s)},\\ \|\mathcal{S}_n f\|_{Y^{s,1-\theta}(0,T)} &\lesssim T^\theta \|f\|_{L^2(0,T;H^s)}.\end{aligned}\tag{4.1.30}$$

Strichartz 估计蕴涵着

$$X^{s,1}(0,T)\subset \mathrm{Str}^E(0,T),\quad Y^{s-1,1}(0,T)\subset\mathrm{Str}^n(0,T).\tag{4.1.31}$$

在 $t\in\mathbb{R}$ 的情形下, 上述空间的范数可用 Fourier 变换表示, 比如

$$\begin{aligned}\|u\|_{X^{s,1}(\mathbb{R})} &= \|\langle\tau-\omega(\xi)\rangle\langle\xi\rangle^s\hat{u}\|_{L^2_{\tau,\xi}},\\ \|v\|_{Y^{s,1}(\mathbb{R})} &= \|\langle\tau-\alpha|\xi|\rangle\langle\xi\rangle^s\hat{v}\|_{L^2_{\tau,\xi}},\end{aligned}\tag{4.1.32}$$

其中, $\hat{u}$ 表示 u 的时空 Fourier 变换. 在运用前面提到的这些范数来作相关估计时, 与特征面的距离 (如上面表达式中的 $|\tau-\omega(\xi)|$) 起着很重要的作用. 于是, 可考虑这些空间从 $(0,T)$ 到 $\mathbb{R}$ 的延拓. 令 $\mu(t)=\max\{1-|t-1|,0\}$, 则 $0\leqslant\mu\leqslant 1$, $|\mu'|\leqslant 1$ 且当 $t\in[0,1]$ 时, $\mu(t)=t$. 在任意区间 $T\in(0,1)$ 上定义一个延拓算子 ρ_T 为

$$\rho_T u(t) = \chi(t)u\left(T\mu\left(\frac{t}{T}\right)\right),\tag{4.1.33}$$

这里, $\chi(t) \in C_0^\infty(\mathbb{R}^n)$ 满足 $0 \leqslant \chi \leqslant 1$, 当 $|\xi| < 4/3$ 时，$\chi(\xi) = 1$, 当 $|\xi| > 5/3$ 时, $\chi(\xi) = 0$. 于是, 很容易得到: 当 $t \in (0,T)$ 时, $\rho_T u(t) = u(t)$. 对任意 $s \in \mathbb{R}$, ρ_T 在 $X^{s,1}(0,T) \to X^{s,1}(\mathbb{R})$ 及 $Y^{s,1}(0,T) \to Y^{s,1}(\mathbb{R})$ 中有界, 且对任意 $p \in [1,\infty]$ 及任意 Banach 空间 X, ρ_T 也在 $L^p(0,T;X) \to L^p(\mathbb{R};X)$ 中有界. 此外, 这些界对 $0 < T < 1$ 是一致成立的. 对任意 $\beta:\ \mathbb{R}^3 \to \mathbb{R}$, $\delta > 0$ 及在 $(0,T) \times \mathbb{R}^3$ 上的任意函数 $u(t,x)$, 定义

$$
\begin{aligned}
&P_{|\tau-\beta(\xi)|\leqslant\delta} u := \mathcal{F}_4^{-1}\chi\left(\frac{(\tau-\beta(\xi))}{\delta}\right)\mathcal{F}_4\rho_T u,\\
&P_{|\tau-\beta(\xi)|>\delta} u := \rho_T u - P_{|\tau-\beta(\xi)|\leqslant\delta} u,
\end{aligned}
\tag{4.1.34}
$$

这里, $\mathcal{F}_4$ 表示时空 Fourier 变换. 因在随后的讨论中将固定 T, 故可忽略估计式对 T 的依赖性. 在 Fourier 空间中做估计, 对任意 $\delta > 0$ 可得

$$
\begin{aligned}
&\|P_{|\tau-\omega(\xi)|>\delta} u\|_{L^2H^s} \lesssim \delta^{-1}\|\rho_T u\|_{X^{s,1}} \lesssim \delta^{-1}\|u\|_{X^{s,1}(0,T)},\\
&\|P_{|\tau-\alpha|\xi||>\delta} u\|_{L^2H^s} \lesssim \delta^{-1}\|\rho_T u\|_{Y^{s,1}} \lesssim \delta^{-1}\|u\|_{Y^{s,1}(0,T)}.
\end{aligned}
\tag{4.1.35}
$$

在 L_t^∞ 类型的空间中, 也有类似于 (4.1.35) 式的估计, 这时无需利用空间 $X^{s,b}$.

引理 4.1.1 对任意 $T > 0$ 及任意 Banach 空间 X, 如下估计式成立:

$$
\left\|\int_0^t (P_{|\tau|>\delta} f)(s)\mathrm{d}s\right\|_{L_t^\infty(0,T;X)} \lesssim \min\{\delta^{-1}, T\}\,\|f\|_{L_t^\infty(0,T;X)}. \tag{4.1.36}
$$

证明 算子 $P_{|\tau|\leqslant\delta}$ 可写为 $P_{|\tau|\leqslant\delta} f = \psi_\delta * \rho_T f$, $\psi_\delta = \delta\psi(\delta t)$, 其中 ψ 是 χ 的 Fourier 逆变换, 故有 $\displaystyle\int \psi \mathrm{d}t = 1$. 令 $g := \rho_T f$. 于是 (4.1.36) 式中不等式前半部分里的函数可写为

$$
\int \bar{\psi}(\delta s, \delta t) g(s)\mathrm{d}s =: F(t), \tag{4.1.37}
$$

这里 $\bar{\psi}$ 被定义为

$$
\bar{\psi}(s,t) = \begin{cases}
\displaystyle\int_{t-s}^{-s} \psi(r)\mathrm{d}r, & s \notin (0,t),\\
\displaystyle\int_{-\infty}^{-s} + \int_{t-s}^{\infty} \psi(r)\mathrm{d}r, & s \in (0,t).
\end{cases} \tag{4.1.38}
$$

令 $A(t) = \displaystyle\int_{|t|}^{\infty} |\psi(s)| + |\psi(-s)|\mathrm{d}s$. 因 $\psi \in \mathcal{S}$, 故有 $A \in L^1$ 且

$$
|\bar{\psi}(s,t)| \leqslant A(s) + A(t-s). \tag{4.1.39}
$$

故对任意 $t \in (0,T)$,

$$\begin{aligned}\|F(t)\|_X &\leqslant \int (A(\delta s)+A(\delta t-\delta s))\mathrm{d}s\|g\|_{L^\infty(\mathbb{R};X)}\\ &\leqslant 2\delta^{-1}\|A\|_{L^1}\|f\|_{L^\infty(0,T;X)}.\end{aligned} \tag{4.1.40}$$

另一方面, 仅通过积分, (4.1.36) 的左边可由下式控制:

$$\begin{aligned}\left\|\int_0^t (P_{|\tau|>\delta}f)(s)\mathrm{d}s\right\|_{L_t^\infty(0,T;X)} &\leqslant \|P_{|\tau|>\delta}f\|_{L^1(0,T;X)}\\ &\leqslant T\|\rho_T f-\psi_\delta*\rho_T f\|_{L^\infty(0,T;X)}\\ &\lesssim T\|f\|_{L^\infty(0,T;X)}.\end{aligned} \tag{4.1.41}$$

□

将自由发展算子与如上估计式联系在一起, 可得

$$\begin{aligned}&\|\mathcal{S}_E P_{|\tau-\omega(\xi)|>\delta}f\|_{L^\infty(0,T;H^s)}\lesssim \min\{\delta^{-1},T\}\|f\|_{L^\infty(0,T;H^s)},\\ &\|\mathcal{S}_n P_{|\tau-\alpha|\xi||>\delta}f\|_{L^\infty(0,T;H^s)}\lesssim \min\{\delta^{-1},T\}\|f\|_{L^\infty(0,T;H^s)}.\end{aligned} \tag{4.1.42}$$

(3) 求和引理

引理 4.1.2 若 $2\leqslant p\leqslant\infty$, 则对所有 $\phi(l,t)\in \ell_l^2 L_t^p$ 成立

$$\|\phi\|_{L_t^p\ell_l^2}\leqslant \|\phi\|_{\ell_l^2 L_t^p}. \tag{4.1.43}$$

引理 4.1.3 任意 $\kappa>0$ 及 $0\leqslant b<\dfrac{1}{2}$, 存在 $C>0$, 使得对任意 $a,\alpha>1$ 及 $T>0$, 可得

$$\begin{aligned}&\sum_{a\leqslant j\in\mathbb{D}} j^{-\kappa}\leqslant Ca^{-\kappa},\\ &\sum_{a\leqslant j\in\mathbb{D}} (j+\alpha)^{-1}j^{1-\kappa}\leqslant C\min(a^{-\kappa},\alpha^{-\kappa}),0<\kappa<1,\\ &\sum_{k\in\mathbb{D}}\min(k^{-1},\alpha^{-1})k^{1-\kappa}\leqslant C\alpha^{-\kappa},0<\kappa<1,\\ &\sum_{l\in\mathbb{D}}\min(l^{-1},Tl)l^{2b}\leqslant CT^{\frac{1}{2}-b}.\end{aligned} \tag{4.1.44}$$

利用在 $\mathbb{Z}$ 上的关于卷积的 Young 不等式 (即离散的 Young 不等式) 可得

引理 4.1.4 对任意 $\kappa>0$, 可得

$$\left\|\sum_{l\lesssim k\in\mathbb{D}}(l/k)^\kappa a_k\right\|_{l_l^2(\mathbb{D})}\lesssim \|a\|_{l^2(\mathbb{D})}. \tag{4.1.45}$$

(4) 从 H^s 型有界性到 X^{s-1} 型有界性的估计

这里利用 H^s 型有界性估计导出 $X^{s-1,1}$ 型有界性估计. 由于利用能量估计, 仅能得到共振部分的 H^s 有界性, 而它的非共振相互作用的部分 (将在随后的小节中给出), 则需要 $X^{s,b}$ 型范数的估计信息, 注意到在非共振部分的处理中, 会有一阶空间导数的损失.

命题 4.1.1 若 $(\mathbb{E},N)$ 是系统 (4.1.18) 在 $(0,T)$ 上的一个解, 则

$$\begin{aligned}&\|\mathbb{E}\|_{X^{s-1,1}}\lesssim\|\mathbb{E}(0)\|_{H^s}+T^{\frac12}\|N\|_{L^\infty H^{s-1}}\|\mathbb{E}\|_{L^\infty H^s},\\&\|N\|_{\alpha Y^{s-1,1}}\lesssim\|N(0)\|_{H^{s-1}}+T^{\frac12}\|\mathbb{E}\|^2_{L^\infty H^s}.\end{aligned}\tag{4.1.46}$$

证明 这里利用的是积分方程 (4.1.20) 与 (4.1.21). 由空间 X 与 Y 的定义, 对自由部分的估计式是平凡的, 于是仅需估计 $\|\mathcal{S}_EI_cnE\|_{X^{s-1,1}}$ 及 $\|\mathcal{S}_n|\alpha\nabla|EF\|_{\alpha Y^{s-1,1}}$, 这里, E 与 F 表示 $\mathbb{E}$ 或 $\mathbb{E}^*$. 因 $s>\dfrac32$, 对 $|a|\leqslant s$ 可得 $H^a\times H^s\subset H^a$. 因此,

$$\begin{aligned}&\|\mathcal{S}_EI_cnE\|_{X^{s-1,1}}\lesssim\|nE\|_{L^2(H^{s-1})}\lesssim T^{\frac12}\|n\|_{L^\infty H^{s-1}}\|E\|_{L^\infty H^s},\\&\|\mathcal{S}_n|\alpha\nabla|EF\|_{\alpha Y^{s-1,1}}\lesssim\|EF\|_{L^2H^s}\lesssim T^{\frac12}\|E\|_{L^\infty H^s}\|F\|_{L^\infty H^s}.\end{aligned}\tag{4.1.47}$$

□

(5) 正则相互作用部分的 Strichartz 估计

下面的命题中用 E 和 F 表示 $\mathbb{E}$ 或 $\mathbb{E}^*$, G 表示 $\Delta_c\mathbb{E}$. 于是可得

命题 4.1.2 对所有 $E,F\in L^\infty H^s$, $n\in L^\infty H^{s-1}$ 及 $G\in L^\infty H^{s-2}$, 如下 3 个估计式成立:

$$\begin{aligned}&\|\mathcal{S}_EI_c(nE)_{HH+LH}\|_{\mathrm{Str}^E}\lesssim T^{\frac12}\|n\|_{L^\infty H^{s-1}}\|E\|_{L^\infty H^s},\\&\|\mathcal{S}_n|\alpha\nabla|(EF)_{HH\geqslant\alpha}\|_{\mathrm{Str}^n}\lesssim T^{\frac12+\kappa}\alpha^{-\kappa}\|E\|_{L^\infty H^s}\|F\|_{L^\infty H^s},\\&\|\mathcal{S}_n(EG)_{HH<\alpha}\|_{\mathrm{Str}^n}\lesssim T^{\frac12+\kappa}\alpha^{-\kappa}\|E\|_{L^\infty H^s}\|G\|_{L^\infty H^{s-2}}.\end{aligned}\tag{4.1.48}$$

证明 由 Strichartz 估计及嵌入 $H^{s-1-3\kappa}\subset L^3$, 对所有 $j,k,l\in\mathbb{D}$ 可得

$$\begin{aligned}\|\mathcal{S}_EI_c(n_jE_k)_l\|_{Str^E}&\lesssim\|(n_jE_k)_l\|_{L^2H^s_{6/5}}\\&\lesssim j^{-3\kappa}(l/k)^s\|n_j\|_{L^\infty H^{s-1}}\|E_k\|_{L^2H^s},\end{aligned}\tag{4.1.49}$$

此式可在 $\ell^2_l\ell^1_j\ell^1_k(k\gtrsim l)$ 中求和得到 (4.1.48) 式中第一式. 事实上, 我们有

$$\|\mathcal{S}_EI_c(nE)_{HH+LH}\|_{\mathrm{Str}^E}\lesssim\big\|\|\mathcal{S}_EI_c(nE)_{(HH+LH)l}\|_{\mathrm{Str}^E}\big\|_{\ell^2_l}$$

$$
\begin{aligned}
&\lesssim \|n\|_{L^\infty H^{s-1}} \left\| \sum_{k\gtrsim l} (l/k)^s \|E_k\|_{L^2 H^s} \right\|_{\ell_l^2} \\
&\lesssim \|n\|_{L^\infty H^{s-1}} \|E\|_{L^2 H^s}, \qquad (4.1.50)
\end{aligned}
$$

其中在第一个不等式中使用了引理 4.1.2, 在后一个不等式中使用了引理 4.1.4. 类似地可得

$$
\begin{aligned}
\|\mathcal{S}_n(E_kF_l)_j\|_{\mathrm{Str}^n} &\lesssim \|(E_kF_l)_j\|_{\alpha^{\frac{1}{2}-\kappa}L^{2-}B^{s-2\kappa}_{1/(1-\kappa)}} \\
&\lesssim T^{\frac{1}{2}+\kappa}\alpha^{-\frac{1}{2}+\kappa}j^{s+\kappa}k^{-s}l^{-s}\|E_k\|_{L^\infty H^s}\|F_l\|_{L^\infty H^s}, \qquad (4.1.51)
\end{aligned}
$$

由此可得

$$
\|\mathcal{S}_n|\alpha\nabla|(E_kF_l)_j\|_{\mathrm{Str}^n} \lesssim T^{\frac{1}{2}+\kappa}\alpha^{\frac{1}{2}+\kappa}j^{s+1+\kappa}k^{-s}l^{-s}\|E\|_{L^\infty H^s}\|F\|_{L^\infty H^s}, \qquad (4.1.52)
$$

对 $\alpha \lesssim j \lesssim k \sim l$, 在 $\ell_j^1\ell_l^1\ell_k^1$ 中可求和. 利用引理 4.1.3 中的第一个不等式及 $\alpha^{\frac{3}{2}+2\kappa-s} < \alpha^{-\kappa}$, 可得到 (4.1.48) 式中的第二个不等式. 利用同样的方法可得

$$
\|\mathcal{S}_n(E_kG_l)_j\|_{\mathrm{Str}^n} \lesssim T^{\frac{1}{2}+\kappa}\alpha^{-\frac{1}{2}+\kappa}j^{s+\kappa}k^{-s}l^{2-s}\|E\|_{L^\infty H^s}\|G\|_{L^\infty H^{s-2}}, \qquad (4.1.53)
$$

对 $\alpha \gtrsim j \lesssim k \sim l$, 在 $\ell_j^1\ell_l^1\ell_k^1$ 中可求和, 由此得到 (4.1.48) 式中的第三个不等式. □

4.1.5 非共振相互作用的双线性估计

这一小节讨论关于余下的 (lh) 项的估计式. 对 $N \in Y^{s,1}(\mathbb{R})$ 及 $E, F \in X^{s,1}(\mathbb{R})$, 估计形如 $\langle \Re(N)E|F\rangle_{t,x}$ 的相互作用项, 利用与特征曲面的距离分解所需讨论的每个函数. 定义

$$
\begin{aligned}
&N^C = P_{|\tau-\alpha|\xi||\leqslant\delta}N, \qquad E^C = P_{|\tau-\omega(\xi)|\leqslant\delta}E, \\
&N^F = P_{|\tau-\alpha|\xi||>\delta}N, \qquad E^F = P_{|\tau-\omega(\xi)|>\delta}E, \qquad (4.1.54) \\
&E^{*C} = P_{|\tau+\omega(\xi)+2c^2|\leqslant\delta}E^*, \quad E^{*F} = P_{|\tau+\omega(\xi)+2c^2|>\delta}E^*,
\end{aligned}
$$

这里 $\delta > 0$ 由随后给出的引理 4.1.5 决定. 注意到算子 P 包含从 $[0, T]$ 到 $\mathbb{R}$ 的延拓算子. 记 $n^F := \Re(N^F)$, $n^C := \Re(N^C)$. 再注意到 $\mathbb{E}^{*C} = \mathbb{E}^{C*} = \mathrm{e}^{-2\mathrm{i}c^2t}(\overline{\mathbb{E}_2^C}, \overline{\mathbb{E}_1^C})$. 于是, 所讨论函数的非共振性质可由如下方式表达.

引理 4.1.5 令 $\alpha/c \leqslant \gamma < 1$. 存在仅依赖于 γ 的 $\varepsilon > 0$, 使得对所有 $j, k, l \in \mathbb{D}$ 成立

(i) 若 $\delta \leqslant \varepsilon(\alpha + \min(c, l))l$ 及或者 $k/\varepsilon < j \neq M$ 或者 $k/\varepsilon < l \neq M$, 则有

$$
\langle n_j^C E_k^C | F_l^C \rangle_{t,x} = 0.
$$

(ii) 若 $\delta \leqslant \varepsilon(c+j+k+l)c$, 则有

$$\langle n_j^C E^{*C}_k | F_l^C \rangle_{t,x} = 0.$$

证明 利用关于时空的 Plancherel 恒等式可得

$$\langle n_j^C E_k^C | F_l^C \rangle_{t,x} = C \int \int_* \langle \widehat{n_j^C}(\tau_0, \xi_0) \widehat{E_k^C}(\tau_1, \xi_1), \widehat{F_l^C}(\tau, \xi) \rangle \mathrm{d}\xi_1 \mathrm{d}\tau_1 \mathrm{d}\xi \mathrm{d}\tau, \tag{4.1.55}$$

其中 $*$ 表示限制关系 $(\tau_0, \xi_0) + (\tau_1, \xi_1) = (\tau, \xi)$. 要证明引理 4.1.5, 主要需要证明如下集合为空集, 即证明

$$\begin{aligned} A = &\operatorname{supp} \left(\widehat{n_j^C}(\tau_0, \xi_0) \widehat{E_k^C}(\tau_1, \xi_1), \widehat{F_l^C}(\tau, \xi) \right) \cap \{(\tau_0, \xi_0) + (\tau_1, \xi_1) \\ &= (\tau, \xi)\} = \varnothing. \end{aligned} \tag{4.1.56}$$

(4.1.55) 式右端中的被积函数里, 离特征曲面的距离 d_0, d_1, d 分别表示为

$$d_0 = |\tau_0 \mp \alpha |\xi_0||, \quad d_1 = |\tau_1 - \omega(\xi_1)|, \quad d = |\tau - \omega(\xi)|, \tag{4.1.57}$$

其中 $\omega(\xi) = c^2(\langle |\xi|/c \rangle - 1)$. 假设 $A \neq \varnothing$ 并令 $(\tau_0, \xi_0, \tau_1, \xi_1, \tau, \xi) \in A$. 由限制关系 $(\tau_0, \xi_0) + (\tau_1, \xi_1) = (\tau, \xi)$ 可得

$$\begin{aligned} 6\delta &> d_0 + d_1 + d \\ &\geqslant |\pm \alpha |\xi_0| + \omega(\xi_1) - \omega(\xi)| \\ &\geqslant |\omega(\xi) - \alpha|\xi|| - \alpha|\xi_1| - \omega(\xi_1). \end{aligned} \tag{4.1.58}$$

现在估计函数 $g(r) := \omega(r) - \alpha r$. 因 $g'(r) = r/\langle r/c \rangle - \alpha$ 及 $g''(r) = 1/\langle r/c \rangle^3 > 0$, g 是凸函数, $g(0) = g(M) = 0$ 且 $g(r)$ 仅在 $r = \beta$ 处达到最小值, 其中

$$\begin{aligned} \beta &= \frac{c\alpha}{\sqrt{c^2 - \alpha^2}} \in \left(\alpha, \frac{M}{2} \right), \\ g(\beta) &= -\frac{c\alpha^2}{c + \sqrt{c^2 - \alpha^2}} \in \left(-\alpha^2, \frac{-\alpha^2}{2} \right). \end{aligned} \tag{4.1.59}$$

令 $\theta \in (0,1)$ 是一个常数. 因 $M \sim \alpha$, 故当 $0 < r < (1-\theta)M$ 时, $|g(r)| \gtrsim \alpha r$. 当 $(1+\theta)M < r < 2c$ 时,

$$|g(r)| > g''(2c) \frac{(r-M)^2}{2} \gtrsim r^2,$$

且当 $r > 2M' := 2\max(c, M)$ 时, 有

$$|g(r)| > g'(M')(r - M') \gtrsim cr.$$

于是, 当 $0<r<(1-\theta)M$ 或 $(1+\theta)M<r$ 时, 总成立

$$|g(r)| \gtrsim (\alpha+\min(c,r))r,$$

这里常数仅依赖于 γ 和 θ. 因此, 若 $|\xi_1| \ll |\xi|$ 且 $||\xi|-M|>\theta M$ 可得

$$d_0+d_1+d \gtrsim (\alpha+\min(c,|\xi|))\,|\xi|. \tag{4.1.60}$$

若 $k \ll j \neq M$, 则 $|\xi|<(1-\theta)M$ 或 $(1+\theta)M<|\xi|$. 事实上, 在这种情形下可得 $|\xi_0|<5M/6$ 或 $4M/3<|\xi_0|$, 于是 $||\xi_0|-M| \geqslant \max(j,M)/6$. 因可假设 $k<j/8$, 故有 $||\xi|-M| \geqslant M/24$. 选择 ε 充分小, 从而得到矛盾. 因此, $A=\varnothing$ 且 (i) 成立.

如果 $E \in X^{s,1}$, 则关于 E^* 的特征曲面为 $\tau+c^2(\langle\xi/c\rangle+1)=0$, 于是, 离特征曲面的距离表示为

$$d_1=\left|\tau_1+c^2\left(\left\langle\frac{\xi_1}{c}\right\rangle+1\right)\right|.$$

因此,

$$d_0+d_1+d \geqslant c^2\left\langle\frac{\xi_1}{c}\right\rangle+c^2\left\langle\frac{\xi}{c}\right\rangle-\alpha|\xi_0| \gtrsim c(c+|\xi_0|+|\xi_1|+|\xi|). \tag{4.1.61}$$

于是, 利用类似 (i) 的讨论可得 (ii). □

有了上述引理, 我们就可开始非共振部分 (即输出频率与共振频率 M 不同) 的双线性估计, 从 $\mathcal{S}_E I_c(n\mathbb{E})_{HL}$ 开始讨论.

命题 4.1.3 对任意函数 n 和 E, 可得

$$\|\mathcal{S}_E I_c(nE)_{HLX}\|_{\mathrm{Str}^E} \lesssim T^{\frac{1}{2}}\|N\|_{L^\infty H^{s-1}\cap(\alpha Y^{s-1,1}+L^2H^s)}\|E\|_{L^\infty H^s\cap\alpha^k X^{s-1,1}}, \tag{4.1.62}$$

其中 $n:=\Re N$.

证明 采用二进制分解, 将每个函数分解为 $(n_jE_k)_l$, 则条件 HLX 蕴含着 $k \ll l \neq M$ 且 $j \sim l$. 如引理 4.1.5, 令 $\delta:=\varepsilon(\alpha+\min(c,l))l$, 利用引理 4.1.5, 在 $t\in(0,T)$ 上可得

$$(n_jE_k)_l=(n_jE_k)_l^F+(n_j^FE_k)_l^C+(n_j^CE_k^F)_l^C. \tag{4.1.63}$$

这里, 把 ε 仅看作常数, 下面分别估计上式中的每一项. 注意到 $\langle l/c\rangle\delta \sim (\alpha+l)l$. 利用 (4.1.35) 式及嵌入 $H^{s-3\kappa}\subset L^\infty$ 可得

$$\begin{aligned}\left\|\mathcal{S}_E I_c(n_j^FE_k)_l^C\right\|_{\mathrm{Str}^E} &\lesssim \langle l/c\rangle^{-1}\left\|(n_j^FE_k)_l^C\right\|_{L^1H^s}\\ &\lesssim \langle l/c\rangle^{-1}lk^{-3\kappa}\left\|n_j^F\right\|_{L^2H^{s-1}}\|E_k\|_{L^2H^s}\\ &\lesssim T^{\frac{1}{2}}k^{-3\kappa}\|N_j\|_{\alpha Y^{s-1,1}+L^2H^s}\|E\|_{L^\infty H^s},\end{aligned} \tag{4.1.64}$$

此式在 $\ell_l^2\ell_j^1\ell_k^1(k\lesssim j\sim l\neq M)$ 中可求和, 从而得到

$$\left\|\mathcal{S}_E I_c(n^F E)_{HLX}^C\right\|_{\mathrm{Str}^E}\lesssim T^{\frac{1}{2}}\left\|N\right\|_{\alpha Y^{s-1,1}+L^2H^s}\left\|E\right\|_{L^\infty H^s}. \tag{4.1.65}$$

类似地可得

$$\begin{aligned}\left\|\mathcal{S}_E I_c(n_j^C E_k^F)_l^C\right\|_{\mathrm{Str}^E}&\lesssim\left\langle\frac{l}{c}\right\rangle^{-1}lk^{1-3\kappa}\left\|N_j\right\|_{L^2H^{s-1}}\left\|E_k^F\right\|_{L^2H^{s-1}}\\&\lesssim T^{\frac{1}{2}}(\alpha+l)^{-1}k^{1-3\kappa}\left\|N\right\|_{L^\infty H^{s-1}}\left\|E\right\|_{X^{s-1,1}},\end{aligned} \tag{4.1.66}$$

此式可在 $\ell_l^1\ell_j^1\ell_k^1(k\lesssim j\sim l)$ 中求和且可得

$$\left\|\mathcal{S}_E I_c(n^C E^F)_{HLX}^C\right\|_{\mathrm{Str}^E}\lesssim T^{\frac{1}{2}}\alpha^{-3\kappa}\left\|N\right\|_{L^\infty H^{s-1}}\left\|E\right\|_{X^{s-1,1}}. \tag{4.1.67}$$

这里, 利用了引理 4.1.3 中的第二和第三个不等式来得到因子 $\alpha^{-3\kappa}$. 利用引理 4.1.1 可得

$$\begin{aligned}\left\|\mathcal{S}_E I_c(n_j E_k)_l^F\right\|_{L^\infty H^s}&\lesssim\min(\delta^{-1},T)\langle l/c\rangle^{-1}\left\|(n_j E_k)_l\right\|_{L^\infty H^s}\\&\lesssim\min((\alpha+l)^{-1},Tl)k^{-3\kappa}\left\|N_j\right\|_{L^\infty H^{s-1}}\left\|E_k\right\|_{L^\infty H^s}.\end{aligned} \tag{4.1.68}$$

为了对 $k\lesssim j\sim l$ 求和, 利用引理 4.1.3 中的第四个不等式, 取 $b=0$ 及 $2b=1-2\kappa$, 于是得到

$$\left\|\mathcal{S}_E I_c(nE)_{HLX}^F\right\|_{L^\infty H^s\cap L^{2+}H^{s+1-2\kappa}}\lesssim T^{\frac{1}{2}}\left\|N\right\|_{L^\infty H^{s-1}}\left\|E\right\|_{L^\infty H^s}. \tag{4.1.69}$$

利用 (4.1.26)、(4.1.65)、(4.1.67) 及 (4.1.69) 式可得 (4.1.62) 式. □

注意到在上面的命题里, 我们利用 Strichartz 范数得到因子 $T^{\frac{1}{2}}$. 接下来考虑关于 n 的方程中的非共振项.

命题 4.1.4 对任意函数 E 与 F, 可得

$$\begin{aligned}&\left\|\mathcal{S}_n|\alpha\nabla|\langle E,F\rangle_{LHX\geqslant\alpha}\right\|_{\mathrm{Str}^n}+\left\|\mathcal{S}_n\langle E,\Delta_c F\rangle_{(LH+HL)X<\alpha}\right\|_{\mathrm{Str}^n}\\&\qquad\lesssim\left\|E\right\|_{L^\infty H^s\cap X^{s-1,1}}\left\|F\right\|_{L^\infty H^s\cap X^{s-1,1}}.\end{aligned} \tag{4.1.70}$$

此外, 可得关于 E^F 如下的衰减估计:

$$\left\|\mathcal{S}_n|\alpha\nabla|\langle E^F,F\rangle_{LHX\geqslant\alpha}\right\|_{\mathrm{Str}^n}\lesssim\alpha^{-3\kappa}\left\|E\right\|_{X^{s-1,1}}\left\|F\right\|_{L^\infty H^s\cap X^{s-1,1}}. \tag{4.1.71}$$

证明 利用二进制分解, 对 $k<<l\sim j\neq M$, 考虑关于 N 的相互作用项 $\langle E_k,F_l\rangle_j$. 用如上的同样的方法可估计这些项, 这里不需要因子 $T^{\frac{1}{2}}$. 于是有

$$\begin{aligned}&\left\|\mathcal{S}_n\langle E_k^F,F_l\rangle_j\right\|_{Y^{s-1,1}}\lesssim\delta^{-1}k^{-3\kappa}\left(\frac{k}{j}\right)\left\|E_k\right\|_{X^{s-1,1}}\left\|F_l\right\|_{L^2H^s},\\&\left\|\mathcal{S}_n\langle E_k^C,F_l^F\rangle_j\right\|_{Y^{s-1,1}}\lesssim\delta^{-1}k^{-3\kappa}\left\|E_k\right\|_{L^2H^s}\left\|F_l\right\|_{X^{s-1,1}},\\&\left\|\mathcal{S}_n\langle E_k^C,F_l^C\rangle_j^F\right\|_{L^\infty H^s}\lesssim\delta^{-1}k^{-3\kappa}\left\|E_k\right\|_{L^2H^s}\left\|F_l\right\|_{L^2H^s}.\end{aligned} \tag{4.1.72}$$

用 $\min(\alpha, j)j$ 乘 (4.1.72) 式中的每一个估计式, 对 $k \lesssim j \sim l$, 在 $\ell_j^2 \ell_l^1 \ell_k^1$ 中求和, 由此可导出想要的估计式. HL 的情形可类似估计.

下面大致介绍上面的求和过程. 对于 (4.1.72) 式中的第一个估计式, 利用

$$\sum_{k \lesssim j \sim l} k^{1-3\kappa} \min(j^{-1}, \alpha^{-1}) \lesssim \alpha^{-3\kappa}.$$

对于 (4.1.72) 式中的第二个估计式, 利用 $\|F_l\|_{X^{s-1,1}}$ 在 $\ell_j^2 \ell_l^1$ 中对 $j \sim l$ 可求和. 对于 (4.1.72) 式中的第三个估计式, 利用

$$\sum_{l \in \mathbb{D}} \min(\alpha, l) l^{\frac{1}{2}-\kappa} \delta^{-1} \lesssim \alpha^{-\frac{1}{2}-\kappa}.$$

为得到关于 α 的退化估计, 在 $L^\infty H^{s-\frac{1}{2}-\kappa}$ 中求和而不是在 $L^\infty H^s$ 中求和. 这可得到在 $\alpha^{-\frac{1}{2}-\kappa} L^\infty H^{s-\frac{1}{2}-\kappa}$ 中的有界性. 由 (4.1.26) 式, 这个界控制了 Strichartz 范数 Str^n. □

现在, 集中讨论包含 $\mathbb{E}^*$ 的项. 对于这些项, 对所有的频率都使用双线性估计.

命题 4.1.5 对于任意函数 N, E 及 F, 令 $E^* := \mathrm{e}^{-2\mathrm{i}c^2 t} \bar{E}$ 及 $n = \Re N$, 则有

$$\begin{aligned} \|\mathcal{S}_E I_c(nE^*)_{LH+HH}\|_{\mathrm{Str}^E} &\lesssim c^{-\kappa} T^{\frac{1}{2}} \|N\|_{\alpha Y^{s-1,1} \cap L^\infty H^{s-1}} \|E\|_{X^{s-1,1} \cap L^\infty H^s}, \\ \|\mathcal{S}_E I_c(nE^*)_{HL}\|_{\mathrm{Str}^E} &\lesssim T^{\frac{1}{2}} \|N\|_{\alpha Y^{s-1,1} \cap L^\infty H^{s-1}} \|E\|_{X^{s-1,1} \cap L^\infty H^s}, \end{aligned} \tag{4.1.73}$$

以及

$$\begin{aligned} \|\mathcal{S}_n |\alpha\nabla| \langle F, E^* \rangle_{HH}\|_{\mathrm{Str}^n} &\lesssim c^{-3\kappa} \|F\|_{L^\infty H^s \cap X^{s-1,1}} \|E\|_{L^\infty H^s \cap X^{s-1,1}}, \\ \|\mathcal{S}_n |\alpha\nabla| \langle F, E^* \rangle_{HL+LH}\|_{\mathrm{Str}^n} &\lesssim \|F\|_{L^\infty H^s \cap X^{s-1,1}} \|E\|_{L^\infty H^s \cap X^{s-1,1}}. \end{aligned} \tag{4.1.74}$$

证明 令

$$\mu := \left\langle \frac{l}{c} \right\rangle^{-1} j l^s \min(j,k,l)^{-3\kappa} \max(j,k,l)^{-s}, \tag{4.1.75}$$

且取引理 4.1.5 中的 $\delta = \varepsilon c(c + j + k + l)$. 利用如上的估计方法可得

$$\begin{aligned} \left\|\mathcal{S}_E I_c(n_j^F E_k^*)_l\right\|_{\mathrm{Str}^E} &\lesssim T^{\frac{1}{2}} \delta^{-1} \mu\alpha \|N_j\|_{\alpha Y^{s-1,1}} \|E_k\|_{L^\infty H^s}, \\ \left\|\mathcal{S}_E I_c(n_j^C E_k^{*F})_l\right\|_{\mathrm{Str}^E} &\lesssim T^{\frac{1}{2}} \delta^{-1} \mu k \|N_j\|_{L^\infty H^{s-1}} \|E_k\|_{X^{s-1,1}}, \\ \left\|\mathcal{S}_E I_c(n_j^C E_k^{*C})_l^F\right\|_{L^\infty H^s} &\lesssim \min(\delta^{-1}, T) \mu \|N_j\|_{L^\infty H^{s-1}} \|E_k\|_{L^\infty H^s}. \end{aligned} \tag{4.1.76}$$

对 $j \lesssim k \sim l$, $l \lesssim j \sim k$ 与 $k \lesssim l \sim j$, 在 $\ell_l^2 \ell_j^1 \ell_k^1$ 中对 (4.1.76) 式中的估计式求和, 且利用 (4.1.26) 式可得 (4.1.73) 式. 类似地, 对于 N_X, 令

$$\nu := \alpha j^{2s} \min(j,k,l)^{-3\kappa} \max(j,k,l)^{-2s}, \tag{4.1.77}$$

则有

$$\begin{aligned}\left\|\mathcal{S}_n|\alpha\nabla|\langle F_k^F,E_l^*\rangle_j\right\|_{Y^{s-1,1}}&\lesssim\delta^{-1}\nu k\left\|F_k\right\|_{X^{s-1,1}}\left\|E_l\right\|_{L^\infty H^s},\\ \left\|\mathcal{S}_n|\alpha\nabla|\langle F_k^C,E_l^{*F}\rangle_j\right\|_{Y^{s-1,1}}&\lesssim\delta^{-1}\nu l\left\|F_k\right\|_{L^\infty H^s}\left\|E_l\right\|_{X^{s-1,1}},\\ \left\|\mathcal{S}_n|\alpha\nabla|\langle F_k^C,E_l^{*C}\rangle_j^F\right\|_{L^\infty H^s}&\lesssim\delta^{-1}\nu j\left\|F_k\right\|_{L^\infty H^s}\left\|E_l\right\|_{L^\infty H^s}.\end{aligned}\tag{4.1.78}$$

对 j,k,l 求和, 可得 (4.1.74) 式. □

注 4.1.2 在研究收敛性时, 需要关于 c 的某些衰减估计. 注意到 (4.1.73) 式中的第二个不等式, 由 (4.1.76) 式可得一个另外的关于 E^{*F} 的因子 $c^{-\kappa}$. 类似地, 由 (4.1.77) 式, 在 (4.1.74) 式中的第二个不等式中也有对 $\langle F^F,E^*\rangle_{HL}$ 及 $\langle F,E^{*F}\rangle_{LH}$ 的衰减因子 $c^{-3\kappa}$.

综合利用这一小节与前面几小节的估计式, 可得如下的关于解非共振部分的有界性估计.

命题 4.1.6 若 $(\mathbb{E},N)$ 是 (4.1.18) 式在 $(0,T)$ 上的一个解, 则

$$\begin{aligned}\left\|\mathbb{E}_X\right\|_{\mathrm{Str}^E}&\lesssim\left\|\mathbb{E}(0)\right\|_{H^s}+T^{\frac12}\left\|N\right\|\left\|\mathbb{E}\right\|,\\ \left\|N_X-|\mathbb{E}|_{<\alpha}^2\right\|_{\mathrm{Str}^n}&\lesssim\left\|N(0)\right\|_{H^{s-1}}+\left\|\mathbb{E}\right\|^2(1+\left\|N\right\|).\end{aligned}\tag{4.1.79}$$

证明 这里主要使用积分方程 (4.1.20) 与 (4.1.21). (4.1.79) 式中右边的范数定义见 (4.2.20) 式. 由 Strichartz 估计可处理自由部分. 利用

$$\left\|\langle\mathbb{E},I_cn(\mathbb{E}+\mathbb{E}^*)\rangle\right\|_{L^1H^{s-1}}\lesssim T\left\|\mathbb{E}\right\|_{L^\infty H^s}^2\left\|n\right\|_{L^\infty H^{s-1}},\tag{4.1.80}$$

可得关于 n 的三线性项在 $Y^{s-1,1}\subset\mathrm{Str}^n$ 中的有界性. 对于积分部分, 利用 (4.1.17) 式分解二次相互作用项为低频–高频、高频–低频及高频–高频. 随后, 利用 Strichartz 估计 (4.1.48) 或双线性估计 (4.1.62)、(4.1.70)、(4.1.73) 及 (4.1.74) 可得积分部分的有界性. □

4.2 能量估计及一致性估计式

本节讨论在共振频率处的能量估计式及一致性估计式.

4.2.1 在共振频率处的能量估计

本节将利用修正的非线性能量证明 (E_M,N_M) 的 $L^\infty(H^s\times H^{s-1})$ 有界性. 考虑系统 (4.1.18), 用 $2\langle\nabla/c\rangle\dot{\mathbb{E}}_M$ 与 $\mathbb{E}$ 的方程, $|\alpha\nabla|^{-1}\dot N_M$ 与 N 的方程作内积 $\langle\cdot|\cdot\rangle_x$, 可得

$$\begin{aligned}&\partial_t\left\{-\left\langle\Delta_c\mathbb{E}\,|<\frac{\nabla}{c}>\mathbb{E}_M\right\rangle_x+\langle N\mid N_M\rangle_x/2\right\}\\ &\quad=-\langle 2n\dot{\mathbb{E}}_M+\dot n_M\mathbb{E}\mid|\mathbb{E}+\mathbb{E}^*\rangle_x.\end{aligned}\tag{4.2.1}$$

在 (4.2.1) 式的右边, 除了 $\langle n_M\dot{\mathbb{E}}_M|\mathbb{E}_M\rangle_x$ 与 $\langle \dot{n}_M\mathbb{E}_M|\mathbb{E}_M\rangle_x$, 其他项都能按照前面章节的方法考虑. 为此, 可加入一些三线性项来消去这些共振相互作用, 在频率 M 处定义修正能量为

$$
\begin{aligned}
\mathcal{E}_M := & -\left\langle \Delta_c\mathbb{E} \,|< \frac{\nabla}{c} > \mathbb{E}_M \right\rangle_x + \frac{\langle N \mid N_M\rangle_x}{2} \\
& +\langle n_M\mathbb{E}_M \mid \mathbb{E}\rangle_x + \langle n_M\mathbb{E}_X \mid \mathbb{E}_M\rangle_x.
\end{aligned} \tag{4.2.2}
$$

于是有

$$
\begin{aligned}
\partial_t\mathcal{E}_M = & -\langle n_X\mathbb{E} + n\mathbb{E}^* \mid 2\dot{\mathbb{E}}_M\rangle_x + \langle n_M\mathbb{E}_M \mid 2\dot{\mathbb{E}}_X\rangle_x \\
& -\langle \dot{n}_M \mid |\mathbb{E}_X|^2 + <\mathbb{E},\mathbb{E}^*>\rangle_x \\
= & \langle n_X\mathbb{E} + n\mathbb{E}^* \mid \mathrm{i}\Delta_c\mathbb{E}_M\rangle_x - \langle n_M\mathbb{E}_M \mid \mathrm{i}\Delta_c\mathbb{E}_X\rangle_x \\
& -\langle \mathrm{i}|\alpha\nabla|N_M \mid |\mathbb{E}_X|^2 + <\mathbb{E},\mathbb{E}^*>\rangle_x + \langle n_M\mathbb{E} \mid \mathrm{i}I_c\left(n(\mathbb{E}+\mathbb{E}^*)\right)_M\rangle_x \\
& +\langle n_M\mathbb{E}_M \mid \mathrm{i}I_c\left(n(\mathbb{E}+\mathbb{E}^*)\right)_X\rangle_x.
\end{aligned} \tag{4.2.3}
$$

利用等式 (4.2.3) 可证明如下估计式.

命题 4.2.1 对任意 $\tilde{T} \in [0,T]$ 可得

$$
\left|\mathcal{E}_M(\tilde{T}) - \mathcal{E}_M(0)\right| \lesssim \tilde{T}^{\frac{1}{2}}M^{2-2s}\|N\|\|\mathbb{E}\|^2(1+\tilde{T}^{\frac{1}{2}}\|N\|). \tag{4.2.4}
$$

证明 对 $\tilde{T} \leqslant T$, 用 I 表示时间区间 $[0,\tilde{T}]$ 上的特征函数, 在时间区间 $[0,\tilde{T}]$ 上对 (4.2.3) 式进行积分, 并估计出现在右边的 5 项. 在四次项里, 至少有两个函数应有 $\gtrsim M$ 的频率, 故它们可由下式控制:

$$
\tilde{T}M^{2-2s}\left(\|n_{>M/8}\|^2_{L^\infty H^{s-1}} + \|\mathbb{E}_{>M/8}\|^2_{L^\infty H^s}\right)\left(\|n\|^2_{L^\infty H^{s-1}} + \|\mathbb{E}\|^2_{L^\infty H^s}\right). \tag{4.2.5}
$$

对于立方项, 可利用前面的方法来讨论, 即利用 Strichartz 估计或双线性估计来讨论. 首先估计形如 $\langle n_jE_k \mid F_l\rangle_x$ 的项, 其中 $j \lesssim k$ 且 $j \neq M$ 或 $l \neq M$ 成立. 对 n_j 或 F_l 应用 Strichartz 范数 (n_j 或 F_l 的频率不同于 M), 于是可得

$$
|\langle n_jE_k \mid F_l\rangle_{t,x}| \lesssim \begin{cases} \tilde{T}^{\frac{1}{2}+\kappa}j^{1-s}k^{-s}l^{\frac{1}{2}-s+2\kappa}\left\langle \dfrac{l}{c}\right\rangle^{\frac{1}{2}-\kappa} \\ \qquad \times\|n_j\|_{L^\infty H^{s-1}}\|E_k\|_{L^\infty H^s}\|F_l\|_{\mathrm{Str}^E}, \\ \tilde{T}^{\frac{1}{2}+\kappa}j^{2-s+\kappa}k^{-s}l^{-s}\alpha^{-\frac{1}{2}+\kappa} \\ \qquad \times\|n_j\|_{\mathrm{Str}^n}\|E_k\|_{L^\infty H^s}\|F_l\|_{L^\infty H^s}. \end{cases} \tag{4.2.6}
$$

对 j,k,l 作适当的求和可得

$$
\begin{aligned}
&|\langle n_M\mathbb{E}_M \mid \mathrm{i}\Delta_c\mathbb{E}_X\rangle_{t,x}| \\
&\qquad \lesssim \tilde{T}^{\frac{1}{2}+\kappa}M^{2-2s-\kappa}\|n\|_{L^\infty H^{s-1}}\|\mathbb{E}\|_{L^\infty H^s}\|\mathbb{E}_X\|_{\mathrm{Str}^E}, \\
&|\langle \mathrm{i}|\alpha\nabla|N_M \mid <\mathbb{E}_X,\mathbb{E}_X>_{HH}\rangle_{t,x}| \\
&\qquad \lesssim \tilde{T}^{\frac{1}{2}+\kappa}M^{2-2s-\kappa}\|n\|_{L^\infty H^{s-1}}\|\mathbb{E}\|_{L^\infty H^s}\|\mathbb{E}_X\|_{\mathrm{Str}^E}.
\end{aligned}
\tag{4.2.7}
$$

对于带 n_X 的项, 可分解 n_X 为 Strichartz 部分 $N'_X := N_X - |\mathbb{E}|^2_{<\alpha}$ 与 $\|\mathbb{E}\|^2$ 部分. 随后, 四次项部分可用 (4.2.5) 式估计, 而利用如上的讨论方法, Strichartz 部分可作如下估计:

$$
|\langle (n'_X\mathbb{E}_M)_{LH+HH} \mid \mathrm{i}\Delta_c\mathbb{E}_M\rangle_{t,x}| \lesssim \tilde{T}^{\frac{1}{2}+\kappa}M^{2-2s-\kappa}\|n'_X\|_{\mathrm{Str}^n}\|\mathbb{E}\|^2_{L^\infty H^s}. \tag{4.2.8}
$$

对于剩余的项, 除按 (4.1.54) 式分解外, 还需对时间段 I 进行频率

$$
I = I^C + I^F, \quad \widehat{I^C} = \chi(\tau/\delta)\hat{I}. \tag{4.2.9}
$$

于是, 当 $k << j \neq M$ 或 $k << l \neq M$ 且 $\delta = \varepsilon(\alpha+\min(c,l))l/2$ 时, 引理 4.1.5 蕴含着

$$
\langle n_j^C E_k^C \mid F_l^C I^C\rangle_{t,x} = 0. \tag{4.2.10}
$$

当 $j,l \sim M$ 及 $\delta \sim M^2$ 时, 在 (4.2.3) 式中不包含 $\mathbb{E}^*$ 的剩余误差项满足这个关于频率的条件. 利用 (4.1.35) 式及 $H^{s-3\kappa} \subset L^\infty$ 可得

$$
\begin{aligned}
&\left|\langle n_j E_k \mid F_l^F I\rangle_{t,x}\right| \\
&\qquad \lesssim \tilde{T}^{\frac{1}{2}}M^{-2s}k^{-3\kappa}\|n_j\|_{L^\infty H^{s-1}}\|E_k\|_{L^\infty H^s}\|F_l\|_{X^{s-1,1}}, \\
&\left|\langle n_j E_k^F \mid F_l^C I\rangle_{t,x}\right| \\
&\qquad \lesssim \tilde{T}^{\frac{1}{2}}M^{-2s}k^{-3\kappa}\left(\frac{k}{M}\right)\|n_j\|_{L^\infty H^{s-1}}\|E_k\|_{X^{s-1,1}}\|F_l\|_{L^\infty H^s}, \\
&\left|\langle n_j^F E_k^C \mid F_l^C I\rangle_{t,x}\right| \\
&\qquad \lesssim \tilde{T}^{\frac{1}{2}}M^{-2s}k^{-3\kappa}\|N_j\|_{\alpha Y^{s-1,1}+L^\infty H^s}\|E_k\|_{L^\infty H^s}\|F\|_{L^\infty H^s}.
\end{aligned}
\tag{4.2.11}
$$

对于带 I^F 的项, 通过如下形式的写法来估计 $I^F = I - I^C$:

$$
I^C = \psi_\delta * I, \quad \psi_\delta(t) = \delta\psi(\delta t), \quad \int \psi \mathrm{d}t = 1. \tag{4.2.12}
$$

于是可得

$$
\begin{aligned}
\int |I^F|\mathrm{d}t &\leqslant \int\int_{t\in(0,\tilde{T})\setminus(s/\delta,s/\delta+\tilde{T})\cup(s/\delta,s/\delta+\tilde{T})\setminus(0,\tilde{T})} |\psi(s)|\mathrm{d}s\mathrm{d}t \\
&\leqslant \int 2\min(|s|/\delta,\tilde{T})|\psi(s)|\mathrm{d}s \\
&\leqslant \min(\tilde{T},1/\delta) \\
&\lesssim T^{\frac{1}{2}}\langle\tilde{T}^{\frac{1}{2}}M\rangle^{-1}.
\end{aligned}
\tag{4.2.13}
$$

由此有

$$\begin{aligned}&\left|\langle n_j^C E_k^C \mid F_l^C I^F\rangle_{t,x}\right| \\ &\quad\lesssim \tilde{T}^{\frac{1}{2}}\langle \tilde{T}^{\frac{1}{2}}M\rangle^{-1}M^{-2s}k^{-3\kappa}\|N_j\|_{L^\infty H^{s-1}}\|E_k\|_{L^\infty H^s}\|F_l\|_{L^\infty H^s}.\end{aligned} \tag{4.2.14}$$

对 (4.2.3) 式应用这些估计, 并在 $k \lesssim j \sim l \sim M$ 上求和可得

$$\begin{aligned}&|\langle (n_X\mathbb{E})_{HL} \mid \mathrm{i}\Delta_c \mathbb{E}_M I\rangle_{t,x}| + 2\,|\langle \mathrm{i}|\alpha\nabla|N_M\ |< \mathbb{E}_X, \mathbb{E}_X >_{LH}\ I\rangle_{t,x}| \\ &\quad\lesssim \tilde{T}^{\frac{1}{2}}M^{2-2s}\|N\|_{L^\infty H^{s-1}\cap \alpha Y^{s-1,1}}\|\mathbb{E}\|^2_{L^\infty H^s \cap X^{s-1,1}}.\end{aligned} \tag{4.2.15}$$

对于形如 $\langle n_j^C E_k^* \mid F_l I\rangle_x$ 的项, 取 $\delta = \varepsilon c(c+j+k+l)$, 并令

$$\mu := \max(j,k,l)^{-2s}\min(j,k,l)^{-3\kappa}. \tag{4.2.16}$$

利用如上的同样讨论方法可得

$$\begin{aligned}&\left|\langle n_j E_k^* \mid F_l^F I\rangle_{t,x}\right| \\ &\quad\lesssim \mu\left(\frac{jl}{\delta}\right)\|N_j\|_{L^\infty H^{s-1}}\|E_k\|_{L^\infty H^s}\|F_l\|_{X^{s-1,1}}, \\ &\left|\langle n_j E_k^{F*} \mid F_l^C I\rangle_{t,x}\right| \\ &\quad\lesssim \mu\left(\frac{jk}{\delta}\right)\|N_j\|_{L^\infty H^{s-1}}\|E_k\|_{X^{s-1,1}}\|F_l\|_{L^\infty H^s}, \\ &\left|\langle n_j^F E_k^{C*} \mid F_l^C I\rangle_{t,x}\right| \\ &\quad\lesssim \mu\left(\frac{Mj}{\delta}\right)\|n_j\|_{\alpha Y^{s-1,1}+L^\infty H^s}\|E_k\|_{L^\infty H^s}\|F\|_{L^\infty H^s}, \\ &\left|\langle n_j^C E_k^C \mid F_l^C I^F\rangle_{t,x}\right| \\ &\quad\lesssim \mu j\min\left(\tilde{T}, \frac{1}{\delta}\right)\|N_j\|_{L^\infty H^{s-1}}\|E_k\|_{L^\infty H^s}\|F_l\|_{L^\infty H^s},\end{aligned} \tag{4.2.17}$$

这里, 由对称性可假设 $k < l$. 对这些估计式关于 j, k, l 求和可得

$$\begin{aligned}&|\langle n\mathbb{E}^* \mid \mathrm{i}\Delta_c \mathbb{E}_M I\rangle_{t,x}| + |\langle \mathrm{i}|\alpha\nabla|N_M\ |< \mathbb{E}, \mathbb{E}^* > I\rangle_{t,x}| \\ &\quad\lesssim \tilde{T}^{\frac{1}{2}}M^{2-2s}\|N\|_{L^\infty H^{s-1}\cap \alpha Y^{s-1,1}}\|\mathbb{E}\|^2_{L^\infty H^s \cap X^{s-1,1}}.\end{aligned} \tag{4.2.18}$$

综合以上估计式可得到 (4.2.4) 式. 此外, $\mathcal{E}_M$ 中添加的非线性项可估计为

$$\begin{aligned}&|\langle n_M \mathbb{E}_M \mid \mathbb{E}\rangle_x| + |\langle n_M \mathbb{E}_X \mid \mathbb{E}_M\rangle_x| \\ &\quad\lesssim M^{1-2s}\|n_M\|_{H^{s-1}}\|\mathbb{E}_M\|_{H^s}\|\mathbb{E}\|_{H^s},\end{aligned} \tag{4.2.19}$$

注意当 M 充分大, 即 $c > \alpha$ 充分大时, (4.2.19) 式可被忽略.

注 4.2.1 因在任意固定的有界频率处, $X^{s-1,1}$ 及 $\alpha Y^{s-1,1}$ 的有界性可导出 $L^\infty H^s$ 与 $L^\infty H^{s-1}$ 的有界性, 故如果当 M 不大时, 就不需要如上的能量讨论.

4.2.2 一致性估计式的导出

首先在小时间区间上定义如下范数:

$$\begin{aligned}
&\|\mathbb{E}\|_{(0,T)} := \|\mathbb{E}\|_{L^\infty(0,T;H^s)\cap X^{s-1,1}(0,T)} + \|\mathbb{E}_X\|_{\mathrm{Str}^E(0,T)},\\
&\|N\|_{(0,T)} := \|N\|_{L^\infty(0,T;H^{s-1})\cap \alpha Y^{s-1,1}(0,T)} + \|N_X\|_{\mathrm{Str}^n(0,T)+L^\infty(0,T;H^s)}.
\end{aligned} \tag{4.2.20}$$

右端是标准的限制范数及时空范数，在前边关于时空范数的估计式及随后关于时空范数的估计式中，经常省略下标 $(0,T)$. 利用命题 4.1.1 和 4.1.6 及 4.2.1 中的估计式及 (4.2.19) 式, 在 $(0,T)$ 上可得

$$\begin{aligned}
\|\mathbb{E}\|_{X^{s-1,1}} &\lesssim E_0 + T^{\frac12}\|N\|\|\mathbb{E}\|,\\
\|N\|_{\alpha Y^{s-1,1}} &\lesssim N_0 + T^{\frac12}\|\mathbb{E}\|^2,\\
\|\mathbb{E}_X\|_{\mathrm{Str}^E} &\lesssim E_0 + T^{\frac12}\|N\|\|\mathbb{E}\|,\\
\|N_X\|_{\mathrm{Str}^n+L^\infty H^s} &\lesssim N_0 + \|\mathbb{E}\|^2(1+\|N\|),\\
\|\mathbb{E}_M\|_{L^\infty H^s} + \|N_M\|_{L^\infty H^{s-1}} &\lesssim E_0 + N_0 + T^{\frac14}\|N\|^{\frac12}\|\mathbb{E}\|(1+T^{\frac14}\|N\|^{\frac12}),
\end{aligned} \tag{4.2.21}$$

其中右端的范数由 (4.2.20) 式定义, 并令

$$E_0 := \|\mathbb{E}(0)\|_{H^s}, \qquad N_0 := \|N(0)\|_{H^{s-1}}. \tag{4.2.22}$$

注意到由所有包含 $\mathbb{E}$ 的非线性项可得 $T^{\frac12}$, 故关于 N 的估计式中不需要小因子 $T^{\frac12}$. 选择 T 充分小且依赖 E_0 与 N_0 的大小, 不依赖 α 与 c, 于是可得

$$\|\mathbb{E}\| \lesssim E_0, \quad \|N\| \lesssim N_0 + E_0^2(1+N_0). \tag{4.2.23}$$

由此证明了在不依赖于 (c,α) 的某一时间区间上解的局部存在性.

4.3 收敛性结果

本节主要讨论 Klein-Gordon-Zakharov 系统 (4.0.6) 解的收敛性结果. 首先, 研究系统 (4.0.6) 解的收敛性结果. 其次, 根据节 4.1.3 中的相关结果, 研究关于系统 (4.1.18) 解的收敛性结果. 最后研究当初始能量关于参数 (c,α) 一致足够小时, 系统 (4.0.7) 解的收敛性结果.

4.3.1 关于系统 (4.0.6) 解的收敛性结果

本小节主要讨论 Klein-Gordon-Zakharov 系统 (4.0.6) 解的收敛性结果.

定理 4.3.1 令 $s > \frac{3}{2}$ 及 $0 < \gamma < 1$. 当 $\alpha < \gamma c$ 时, 考虑极限 $(c, \alpha) \to \infty$. 令 $(E^{c,\alpha}, n^{c,\alpha})$ 是系统 (4.0.6) 在最大时间区间 $[0, T^{c,\alpha})$ 当初值满足如下极限条件

$$\begin{aligned}&\left(E^{c,\alpha}(0), c^{-2}I_c\partial_t E^{c,\alpha}(0)\right) \to (\varphi, \psi) \text{ 在} H^s \text{中},\\&\left(n^{c,\alpha}(0), |\alpha\nabla|^{-1}\partial_t n^{c,\alpha}(0)\right) \text{在} H^{s-1} \text{中有界},\\&\mathcal{P}_M\left(n^{c,\alpha}(0), |\alpha\nabla|^{-1}\partial_t n^{c,\alpha}(0)\right) \to 0 \text{ 在} H^{s-1}\text{中}\end{aligned} \tag{Lim-Con1}$$

的解, 这里, $\mathcal{P}_M$ 表示在频率带 $\frac{M}{2} < |\xi| < 3M$ 上的投影. 令 $\mathbb{E}^\infty := (\mathbb{E}_+^\infty, \mathbb{E}_-^\infty)$ 是非线性 Schrödinger 方程

$$\begin{aligned}&2\mathrm{i}\partial_t\mathbb{E}^\infty - \Delta\mathbb{E}^\infty = |\mathbb{E}^\infty|^2\mathbb{E}^\infty,\\&\mathbb{E}^\infty(0) = \frac{1}{2}\left(\varphi - \mathrm{i}\psi, \bar{\varphi} - \mathrm{i}\bar{\psi}\right)\end{aligned} \tag{4.3.1}$$

在最大时间区间 $[0, T^\infty)$ 上的解. 则对所有的 $0 < T < T^\infty$, 如下结论成立:

$$\begin{aligned}&\liminf T^{c,\alpha} \geqslant T^\infty,\\&\text{在} C([0,T]; H^s) \text{中},\ E^{c,\alpha} - (\mathrm{e}^{\mathrm{i}c^2t}\mathbb{E}_+^\infty + \mathrm{e}^{-\mathrm{i}c^2t}\overline{\mathbb{E}_-^\infty}) \to 0,\\&\text{在} C([0,T]; H^s) \text{中},\ c^{-2}I_c\partial_t E^{c,\alpha} - \mathrm{i}(\mathrm{e}^{\mathrm{i}c^2t}\mathbb{E}_+^\infty - \mathrm{e}^{-\mathrm{i}c^2t}\overline{\mathbb{E}_-^\infty}) \to 0,\\&\text{在} C([0,T]; H^{s-1}) \text{中}, n^{c,\alpha} + |\mathbb{E}^\infty|^2 - n_f^{c,\alpha} \to 0,\\&\text{在} C([0,T]; H^{s-1}) \text{中} |\alpha\nabla|^{-1}(\partial_t n^{c,\alpha} - \partial_t n_f^{c,\alpha}) \to 0,\end{aligned} \tag{Con-Con1}$$

这里, $n_f^{c,\alpha}$ 是由如下方程定义的自由波解:

$$\begin{aligned}&\alpha^{-2}\partial_t^2 n^{c,\alpha} - \Delta n^{c,\alpha} = 0,\\&n_f^{c,\alpha}(0) = n^{c,\alpha}(0) + |\mathbb{E}^\infty(0)|^2, \quad \partial_t n_f^{c,\alpha}(0) = \partial_t n^{c,\alpha}(0).\end{aligned} \tag{4.3.2}$$

简要叙述证明的大致想法. 首先注意到非线性共振出现在特征曲面的相交面处, 它的频率接近 M. 若固定 α, 则相交面会停留在有限的频率处, 这种情形的处理是简单的, 此时, 在相交面上的频率可以把它作为低频 (正则) 部分来处理, 而其他部分可用 Fourier 限制范数方法来处理. 但是, 在 $(c, \alpha) \to \infty$ 时, 用 Fourier 限制范数方法就不太够了 (因为这时估计会依赖于这两个参数), 取而代之的是利用能量守恒来控制相交面附近 (即共振) 的那些项. 更具体地讲就是利用能量恒等式来估计共振频率 $O(M)$ 处的解, 当然在这能量恒等式中会产生一些非共振的误差项, 而这些误差项 (因为是非共振的) 可由 Fourier 限制范数方法处理.

注 4.3.1 通过类似于定理 4.3.1 的讨论, 可以证明当 $c \to \infty$ 且 α 固定时, 系统 (4.0.6) 的解收敛到系统 (4.0.8) 的解. (Lim-Con1) 式中的第三个假设很容易满足, 例如, 如果序列 $(n^{c,\alpha}(0), |\alpha\nabla|^{-1}\partial_t n^{c,\alpha}(0))$ 在 H^{s-1} 中紧. 在定理 4.3.1 中, 因假设的拓扑结构与结论所需的拓扑结构是一致的, 故在这个定理里没有任何关于收敛率的结论. 然而, 如果具有一致界的收敛性被满足, 通过一些正则性的损失, 不难得到一个最优的收敛率 (可见随后的定理 4.3.3).

4.3.2 关于系统 (4.1.18) 解的收敛性结果

(1) 主要结果

本小节讨论系统 (4.1.18) 解的收敛性. 将定理 4.3.1 改用函数 $\mathbb{E}$ 和 N 来表出, 可得如下收敛性结果.

定理 4.3.2 令 $s > \dfrac{3}{2}$ 且 $0 < \gamma < 1$. 令 $\mathbb{E}^{c,\alpha}(0) \in H^s$, $N^{c,\alpha}(0) \in H^{s-1}$, 假设当 $(c,\alpha) \to \infty$ 且 $\alpha/c < \gamma$ 时, 有

$$\begin{aligned}
&\text{在}H^s\text{中, } \mathbb{E}^{c,\alpha}(0) \to \mathbb{E}^\infty(0),\\
&\text{在}H^{s-1}\text{中, } N^{c,\alpha}(0)\text{有界,}\\
&\text{在}H^{s-1}\text{中, } \mathcal{P}_M N^{c,\alpha}(0) \to 0.
\end{aligned} \tag{Lim-Con2}$$

于是系统 (4.1.18) 的解 $(\mathbb{E}^{c,\alpha}, N^{c,\alpha})$ 在 $(0, T^{c,\alpha})$ 上存在, 且对所有 $0 < T < T^\infty$ 满足

$$\begin{aligned}
&\text{在}c([0,T];H^s)\text{中, } \mathbb{E}^{c,\alpha} \to \mathbb{E}^\infty,\\
&\text{在}c([0,T];H^{s-1})\text{中, } N^{c,\alpha} + |\mathbb{E}^\infty|^2 - N_f^{c,\alpha} \to 0,\\
&\liminf T^{c,\alpha} \geqslant T^\infty,
\end{aligned} \tag{Con-Con2}$$

其中 $\mathbb{E}^\infty$ 是非线性 Schrödinger 方程

$$2\mathrm{i}\partial_t \mathbb{E} - \Delta\mathbb{E} - |\mathbb{E}|^2\mathbb{E} = 0 \tag{4.3.3}$$

的解, T^∞ 是解 $\mathbb{E}^\infty$ 的最大存在时间, 且

$$N_f^{c,\alpha} := \mathrm{e}^{\mathrm{i}|\alpha\nabla|t}\left(N^{c,\alpha}(0) + |\mathbb{E}^\infty(0)|^2\right). \tag{4.3.4}$$

在定理 4.3.2 中, 由于没有正则性的损失, 故没有得到关于收敛率的相关结果. 若允许正则性的损失, 可得如下结论.

定理 4.3.3 除定理 4.3.2 中的假设外, 再假设 $s > \dfrac{7}{2}$. 则在 (Con-Con2) 式的收敛关系中有如下的收敛率:

$$\begin{aligned}
&\|\mathbb{E}^{c,\alpha} - \mathbb{E}^\infty\|_{L^\infty([0,T];H^{s-2})} \leqslant C\alpha^{-1},\\
&\|N^{c,\alpha} + |\mathbb{E}^\infty|^2 - N_f^{c,\alpha}\|_{L^\infty([0,T];H^{s-3})} \leqslant C\alpha^{-1}.
\end{aligned} \tag{4.3.5}$$

此外, 若假设初始层在 H^{s-3} 中是 $O(\alpha^{-1})$ 阶的, 即 $N^{c,\alpha}(0)+|\mathbb{E}^{\infty}(0)|^2$ 在 H^{s-3} 中是 $O(\alpha^{-1})$ 阶的, 则在 $C([0,T];H^{s-4})$ 中 $\mathbb{E}$ 的收敛率是 $O(\alpha^{-2})$ 阶的.

(2) 两个引理

在证明定理 4.3.2 和 4.3.3 之前，首先给出两个引理.

引理 4.3.1 对任意 $d\in\mathbb{N}$, $\chi\in C_0^{\infty}(\mathbb{R}^d)$, $s\in\mathbb{R}$, $R\geqslant 1$ 及 $\alpha>0$ 可得

$$\begin{cases}\left\|\chi\left(\dfrac{x}{R}\right)\mathrm{e}^{\mathrm{i}|\alpha\nabla|t}\varphi\right\|_{L_t^2H_x^s}\leqslant C\sqrt{\dfrac{R}{\alpha}}\|\varphi\|_{H^s},\\ \left\|\displaystyle\int_{\mathbb{R}}\mathrm{e}^{-\mathrm{i}|\alpha\nabla|t}\chi\left(\dfrac{x}{R}\right)f(t)\mathrm{d}t\right\|_{H^s}\leqslant C\sqrt{\dfrac{R}{\alpha}}\|f\|_{L_t^2H_x^s},\end{cases}\tag{4.3.6}$$

其中 $C>0$ 仅依赖于 s 和 d 及 χ.

证明 利用复插值估计只需证明当 $s\in\mathbb{Z}$ 时上述结果成立. 因第一个估计式的对偶是第二个估计式用 $-s$ 代替 s 得到的, 反之亦然. 于是, 只需证明当 $s=0,1,2,\ldots$ 时, (4.3.6) 式中的两个估计式成立. 由 Leibnitz 法则, 这两个估计式关于 $s\in\mathbb{N}$ 的情形可归结为 $s=0$ 的情形. 当 $s=0$ 时, 每一个估计式是另一个估计式的对偶式, 而第一个估计式的证明可见文献 [133] 中引理 7.1. □

引理 4.3.2 对任意 $s\in\mathbb{R}$, $\beta\geqslant 1$ 及 $R\geqslant 1$ 可得

$$\|[\chi_R(x),\chi_\beta(\nabla)]f\|_{H^s}=\|[\chi^R(x),\chi^\beta(\nabla)]f\|_{H^s}\lesssim(\beta R)^{-1}\|f\|_{H^s},\tag{4.3.7}$$

其中 $\chi^R(x):=\chi(|x|/R)$, $\chi_R(x):=1-\chi^R(x)$.

证明 利用对偶性和插值估计, 只需证明当 $s\in\mathbb{N}$ 时 (4.3.7) 式成立, 这是因为其他情形可用同样方法得到. 由于

$$\begin{aligned}|\,[\chi^R(x),\chi^\beta(\nabla)]f\,|&\leqslant\int\beta^n\,|\,\varphi(\beta(x-y))\left\{\chi\left(\left|\frac{x}{R}\right|\right)-\chi\left(\left|\frac{y}{R}\right|\right)\right\}f(y)\,|\,\mathrm{d}y\\&\leqslant(\beta R)^{-1}\|\nabla\chi\|_{L^\infty}\int\beta^n\psi(\beta(x-y))\,|\,f(y)\,|\,\mathrm{d}y,\end{aligned}\tag{4.3.8}$$

其中 $\varphi:=\mathcal{F}_3\chi(|x|)$ 且 $\psi(x):=|x\varphi(x)|$. 故当 $s=0$ 时, 用 Young 不等式可得到估计式 (4.3.7). 当 $s\in\mathbb{N}$ 且 $s\neq 0$ 时, 利用 Leibnitz 法则得

$$\nabla[\chi^R(x),\chi^\beta(\nabla)]=[\nabla\chi^R(x),\chi^\beta(\nabla)]+[\chi^R(x),\chi^\beta(\nabla)]\nabla.$$

由此可以看出, 对于一般的 $s\in\mathbb{N}$ 的证明事实上可归结为 $s=0$ 的情形来证明. □

(3) 主要定理的证明

定理 4.3.2 的证明 如前面的讨论一样, 令 $(\mathbb{E},N)=(\mathbb{E}^{c,\alpha},N^{c,\alpha})$, $n=\Re N$ 是系统 (4.1.18) 的解, 且令 $\mathbb{E}^\infty$ 是如下非线性 Schrödinger 方程的解:

$$2\mathrm{i}\partial_t\mathbb{E}^\infty-\Delta\mathbb{E}^\infty=|\mathbb{E}^\infty|^2\mathbb{E}^\infty.\tag{4.3.9}$$

引入如下函数来描述渐近性和初始资料:

$$
\begin{aligned}
&\mathbb{E}^\omega := \mathrm{e}^{-\mathrm{i}(\Delta_c-\Delta)t/2}\mathbb{E}^\infty, \quad N^I := \mathrm{e}^{\mathrm{i}|\alpha\nabla|t}(N(0)+|\mathbb{E}^\infty(0)|^2),\\
&N^\omega := -|\mathbb{E}^\infty|^2 + N^I, \quad n^I := \Re N^I, \quad n^\omega := \Re N^\omega.
\end{aligned}
\tag{4.3.10}
$$

用 $o(B)(O(B))$ 表示在 Banach 空间中的无穷小 (有界) 量. 随后的讨论中将忽略关于 (c,α) 是一致的且依赖于初值的常数. 特别地, 在前面几节中得到的那些一致界将被看作常数来考虑. 下面将证明在假设 $\mathbb{E}(0) = \mathbb{E}^\infty(0) + o(H^s)$, $N(0) = O(H^{s-1})$ 且 $N_M(0) = o(H^{s-1})$ 下, 如下估计式成立:

$$
\begin{aligned}
&\mathbb{E} - \mathbb{E}^\omega = o(L^\infty H^s),\\
&\mathbb{E} - \mathbb{E}^\omega = o(X^{s-1,1}) + O(X^{s,1}),\\
&N - N^\omega = o(L^\infty H^{s-1}),\\
&N - N^\omega = o(\alpha Y^{s-1,1} + L^\infty H^s).
\end{aligned}
\tag{4.3.11}
$$

容易看出

$$
\begin{aligned}
&\mathbb{E}^\omega = \mathbb{E}^\infty + o(L^\infty H^s), \quad \mathbb{E}^\omega = O(X^{s,1}),\\
&|\mathbb{E}^\omega|^2 = |\mathbb{E}^\infty|^2 + o(L^\infty H^s) = O(L^\infty H^s), \quad N^I = O(Y^{s-1,1}).
\end{aligned}
$$

回忆一下, $\chi(x)$ 满足当 $r \leqslant \dfrac{4}{3}$ 时 $\chi(r) \equiv 1$, 令 $\chi^R(x) := \chi(|x|/R)$, $\chi_R(x) := 1 - \chi^R(x)$. 特别地, 由引理 4.3.1 中的第二个估计式可得

$$
\|\mathcal{S}_n \chi^R f\|_{L^\infty H^s} \lesssim \sqrt{\frac{R}{\alpha}}\|f\|_{L^2 H^s}. \tag{4.3.12}
$$

令 $[\mathbb{E}] := \mathbb{E} + \mathbb{E}^*$. 则对于 $\mathbb{E} - \mathbb{E}^\omega$ 的方程, 有如下式子成立:

$$
\begin{aligned}
&\mathbb{E} - \mathbb{E}^\omega = E^1 + E^2 + E^3 + E^4 + E^5 + E^6,\\
&E^1 := \mathrm{e}^{-\mathrm{i}\Delta_c t/2}\left(\mathbb{E}(0) - \mathbb{E}^\infty(0)\right),\\
&E^2 := \mathcal{S}_E\left\{I_c|\mathbb{E}^\infty|^2\mathbb{E}^\omega - \mathrm{e}^{-\mathrm{i}(\Delta_c-\Delta)t/2}|\mathbb{E}^\infty|^2\mathbb{E}^\infty\right\},\\
&E^3 := -\mathcal{S}_E I_c n[\mathbb{E} - \mathbb{E}^\omega],\\
&E^4 := -\mathcal{S}_E I_c (n - n^\omega)[\mathbb{E}^\omega],\\
&E^5 := -\mathcal{S}_E I_c n^I[\mathbb{E}^\omega],\\
&E^6 := \mathcal{S}_E I_c |\mathbb{E}^\infty|^2 \mathbb{E}^{\omega *}.
\end{aligned}
\tag{4.3.13}
$$

根据 H^s 空间中的乘积性及 $\mathbb{E}^\omega$ 的强收敛性知如下估计式成立:

$$
E^1 + E^2 = o(X^{s,1}), \quad E^6 = O(X^{s,1}). \tag{4.3.14}
$$

因 $|\mathbb{E}^\infty|^2\mathbb{E}^{\omega*}$ 关于时间是完全振荡的, 故对任意 σ, 在 $X^{\sigma,1}$ 空间中 E^6 不能为零. 然而, 由分部积分和稠密性讨论容易导出 $E^6 = o(L^\infty H^s)$. 利用 (4.1.47) 式中第一式可得

$$\|E^3 + E^4\|_{X^{s-1,1}} \lesssim T^{\frac{1}{2}} (\|\mathbb{E} - \mathbb{E}^\omega\|_{L^\infty H^s} + \|N - N^\omega\|_{L^\infty H^{s-1}}). \tag{4.3.15}$$

应用引理 4.3.1(取 $R = R(\alpha) \to \infty$ 且满足 $\alpha/R \to \infty$) 可得

$$\|E^5\|_{X^{s-1,1}} \lesssim \|(\chi^R n^I)[\mathbb{E}^\omega]\|_{L^2 H^{s-1}} + \|n^I(\chi_R[\mathbb{E}^\omega])\|_{L^2 H^{s-1}} = o(1). \tag{4.3.16}$$

综合这些估计式可得

$$\begin{aligned}&\|\mathbb{E} - \mathbb{E}^\omega - E^6\|_{X^{s-1,1}}\\ &\quad\lesssim T^{\frac{1}{2}} (\|\mathbb{E} - \mathbb{E}^\omega\|_{L^\infty H^s} + \|N - N^\omega\|_{L^\infty H^{s-1}}) + o(1).\end{aligned} \tag{4.3.17}$$

由 (4.1.21) 式可得如下关于 $N - N^\omega$ 的方程:

$$\begin{aligned}&N - N^\omega = N^1 + N^2 + N^3 + N^4 + N^5,\\ &N^1 := -|\mathbb{E}|^2_{<\alpha} + |\mathbb{E}^\infty|^2 - \mathrm{e}^{\mathrm{i}|\alpha\nabla|t}(|\mathbb{E}^\infty(0)|^2 - |\mathbb{E}(0)|^2_{<\alpha}),\\ &N^2 := -\mathcal{S}_n|\alpha\nabla|\langle\mathbb{E}, \mathbb{E}^*\rangle,\\ &N^3 := -\mathcal{S}_n|\alpha\nabla||\mathbb{E}|^2_{\geqslant\alpha},\\ &N^4 := -\mathrm{i}\mathcal{S}_n\langle\mathbb{E}, \mathrm{i}\Delta_c\mathbb{E}\rangle_{<\alpha},\\ &N^5 := \mathrm{i}\mathcal{S}_n\langle\mathbb{E}, \mathrm{i}I_c n[\mathbb{E}]\rangle_{<\alpha}.\end{aligned} \tag{4.3.18}$$

利用 (4.1.47) 式中第二式可得

$$\begin{aligned}&\|N^1\|_{L^\infty H^s} \lesssim \|\mathbb{E} - \mathbb{E}^\infty\|_{L^\infty H^s}, \quad N^5 = O(Y^{s-1,1}),\\ &\|N^3\|_{\alpha Y^{s-1,1}} + \|N^4\|_{\alpha Y^{s-1,1}} = o(1) + T^{\frac{1}{2}}\|\mathbb{E} - \mathbb{E}^\infty\|_{L^\infty H^s}.\end{aligned} \tag{4.3.19}$$

对于 N^2, 可应用非共振双线性估计 (4.1.78), 由 (4.3.14) 及 (4.3.17) 式可得

$$\begin{aligned}&\|N^2\|_{Y^{s-1,1}+L^\infty H^s}\\ &\quad\lesssim o(1) + \|\mathbb{E} - \mathbb{E}^\omega\|_{L^\infty H^s} + T^{\frac{1}{2}}\|N - N^\omega\|_{L^\infty H^{s-1}}.\end{aligned} \tag{4.3.20}$$

联合以上估计式可得

$$\begin{aligned}&\|N - N^\omega\|_{\alpha Y^{s-1,1}+L^\infty H^s}\\ &\quad\lesssim o(1) + \|\mathbb{E} - \mathbb{E}^\omega\|_{L^\infty H^s} + T^{\frac{1}{2}}\|N - N^\omega\|_{L^\infty H^{s-1}}.\end{aligned} \tag{4.3.21}$$

其次在 H^s 中估计 $\mathbb{E}_X$. 前面已经得到关于 E^1, E^2, E^6 的估计式, 剩下需要估计的是 $E^3 + E^4 + E^5$. 由 (4.1.48)、(4.1.65)、(4.1.67)、(4.1.69) 及 (4.1.73) 式可得

$$\begin{aligned}&\|E^3_X\|_{L^\infty H^s} \lesssim T^{\frac{1}{2}}\|\mathbb{E} - \mathbb{E}^\omega\|_{L^\infty H^s} + \alpha^{-\kappa},\\ &\|E^4_X\|_{L^\infty H^s} \lesssim T^{\frac{1}{2}}\|N - N^\omega\|_{L^\infty H^{s-1}\cap(\alpha Y^{s-1,1}+L^\infty H^s)},\end{aligned} \tag{4.3.22}$$

其中 $\alpha^{-\kappa}$ 来自于 (4.1.67) 式. 由 (4.1.65)、(4.1.67)、(4.1.68) 以及 (4.1.76) 式, 知 E_X^5 中的 $(n[E])_{HL}$ 的 $L^\infty H^s$ 范数会消失 (见注 4.1.2). 对 $(n[E])_{HH+LH}$ 相互作用, 在应用 Strichartz 估计 (4.1.49) 前, 为应用引理 4.3.1, 可用空间变量分解这个函数. 令 $R = R(\alpha) \to \infty$ 满足 $R/\alpha \to 0$. 做如下分解:

$$(n^I[\mathbb{E}^\omega])_{HH+LH} = \sum_{i<Kj} (\chi^R n_i^I)[\mathbb{E}_j^\omega] + \sum_i n_i^I[\chi_R \mathbb{E}_{>i/K}^\omega]. \tag{4.3.23}$$

利用 (4.1.48) 式及引理 4.3.1, 第一项会衰减. 对于第二项, 需要在空间局部化算子与频率局部化算子之间作交换子估计. 由引理 4.3.2 可得

$$\|E_X^5\|_{L^\infty H^s} \lesssim o(1).$$

综合这些估计式并利用 (4.3.21) 式可得

$$\begin{aligned}&\|(\mathbb{E} - \mathbb{E}^\omega)_X\|_{L^\infty H^s}\\&\quad \lesssim o(1) + T^{\frac{1}{2}} \left(\|\mathbb{E} - \mathbb{E}^\omega\|_{L^\infty H^s} + \|N - N^\omega\|_{L^\infty H^{s-1}}\right).\end{aligned} \tag{4.3.24}$$

接下来估计 N_X. 对 N^1 与 N^2 已做了估计. 在 N^5 中, 首先用每一个函数的渐近形式代替这个函数, 并利用引理 4.3.1 即可得需要的估计. 引理 4.3.1 中的第一个不等式蕴含着 n^I 部分会消失, 同时, 由引理 4.3.1 中的第二个不等式与引理 4.3.2 可知 $|\mathbb{E}^\infty|^2$ 的部分也会消失. 因此有

$$\|N^5\|_{L^\infty H^{s-1}} \lesssim o(1) + T\|\mathbb{E} - \mathbb{E}^\infty\|_{L^\infty H^s}. \tag{4.3.25}$$

对于 $N^3 + N^4$ 的估计, 可利用 Strichartz 估计 (4.1.48) 及双线性估计 (4.1.72) 来得到相关估计. 除了远离特征曲面的较高频率部分, 即 (4.1.72) 中的第二个不等式, 其余估计式都给出了明显的衰减因子. 在不出衰减因子的情形下, 利用引理 4.3.2 将函数分解为

$$\langle E_k^C, F_l^F\rangle_j = \chi^R\langle E_k^C, F_l^F\rangle_j + \langle(\chi^R E^C)_k, F_l^F\rangle_j + (jR)^{-1}\delta^{-1}O(L^2H^{s-1}), \tag{4.3.26}$$

且利用引理 4.3.1 可得

$$\|N_X^3\|_{L^\infty H^{s-1}} + \|N_X^4\|_{L^\infty H^{s-1}} \lesssim o(1) + \|\mathbb{E} - \mathbb{E}^\infty\|_{L^\infty H^s}. \tag{4.3.27}$$

综合以上估计式可得

$$\begin{aligned}&\|(N - N^\omega)_X\|_{L^\infty H^{s-1}}\\&\quad \lesssim o(1) + \|\mathbb{E} - \mathbb{E}^\omega\|_{L^\infty H^s} + T^{\frac{1}{2}}\|N - N^\omega\|_{L^\infty H^{s-1}}.\end{aligned} \tag{4.3.28}$$

由此完成了关于 E_X 与 N_X 的估计.

最后证明 $(\mathbb{E}-\mathbb{E}^\omega)_M$ 与 $(N-N^\omega)_M$ 分别会在 $L^\infty H^s$ 与 $L^\infty H^{s-1}$ 中消失. 因为 $\mathbb{E}^\omega_M$ 和 $\mathbb{N}^\omega_M$ 在这类函数空间中是趋于零的, 故只需估计 $\mathbb{E}_M$ 与 N_M(可采用节 4.2.1 中同样的能量讨论来估计). 令 $m(t):=\|\mathbb{E}_M\|_{H^s}+\|N_M\|_{H^{s-1}}$, 则由假设可得 $m(0)=o(1)$. 回顾命题 4.2.1 的证明可知如下结论成立. 利用 (4.2.5) 式, 四次项可被下式控制:

$$\tilde{T}M^{2-2s}\left(\|\mathbb{E}-\mathbb{E}^\infty\|^2_{L^\infty H^s}+\|N-N^\omega\|^2_{L^\infty H^{s-1}}\right). \tag{4.3.29}$$

此外, 在 (4.2.6) 式中, 利用 Strichartz 估计得出的结论中均含有衰减因子 $M^{-\kappa}$, 故对它们的估计是平凡的. 对双线性估计 (4.2.10) 与 (4.2.13), 带 E^F 或 I^F 的项也会有 $M^{-\kappa}$ 的衰减, 因而这些项的处理也是简单的. 对于余下的项, 因 $l\sim M$, 可使用如下估计:

$$\begin{aligned}\|\mathbb{E}_l\|_{X^{s-1,1}}&\lesssim\|(E^3+E^4+E^5)_l\|_{X^{s-1,1}}+M^{-1}\|(E^1+E^2+E^6)_l\|_{X^{s,1}}\\&\lesssim o(1)+T^{\frac12}\left(\|\mathbb{E}-\mathbb{E}^\omega\|_{L^\infty H^s}+\|N-N^\omega\|_{L^\infty H^{s-1}}\right).\end{aligned} \tag{4.3.30}$$

为与 $m(t)^2$ 匹配, 需要另外的衰减因子. 为此目的, 对带有 n^F 的项应用 (4.3.21) 式, 对带有 F^F 的项, 通过分解 n 得到如下形式的估计式:

$$\begin{aligned}\|n_jE_k\|_{H^{s-1}}&\lesssim k^{-3\kappa}\left(\|n-n^\omega\|_{H^{s-1}}+\|(|E^\infty|^2)_j\|_{H^{s-1}}\right)+\|n^I_jE_k\|_{H^{s-1}}\\&\lesssim k^{-3\kappa}\left(o(1)+\|n-n^\omega\|_{H^{s-1}}+\|\mathbb{E}-\mathbb{E}^\infty\|_{H^s}\right).\end{aligned} \tag{4.3.31}$$

对于那些带 $\mathbb{E}^*$ 的项可用同样方法的处理. 于是, 利用 (4.3.17) 与 (4.3.21) 式可得

$$\begin{aligned}\|m^2\|_{L^\infty(0,T)}&\lesssim\|M^{2s-2}\mathcal{E}_M\|_{L^\infty(0,T)}+M^{\frac12-s}\\&\lesssim m(0)^2+o(1)+T^{\frac12}\|\mathbb{E}-\mathbb{E}^\infty\|^2_{L^\infty H^s}\\&\quad+T^{\frac12}\|N-N^\omega\|^2_{L^\infty H^{s-1}}.\end{aligned} \tag{4.3.32}$$

综合所有估计式可得

$$\begin{aligned}&\|(\mathbb{E}-\mathbb{E}^\omega)_X\|_{L^\infty H^s}\\&\qquad\lesssim o(1)+T^{\frac12}\left(\|\mathbb{E}-\mathbb{E}^\omega\|_{L^\infty H^s}+\|N-N^\omega\|_{L^\infty H^{s-1}}\right),\\&\|(N-N^\omega)_X\|_{L^\infty H^{s-1}}\\&\qquad\lesssim o(1)+\|\mathbb{E}-\mathbb{E}^\omega\|_{L^\infty H^s}+T^{\frac12}\|N-N^\omega\|_{L^\infty H^{s-1}},\\&\|(\mathbb{E}-\mathbb{E}^\omega)_M\|_{L^\infty H^s}+\|(N-N^\omega)_M\|_{L^\infty H^{s-1}}\\&\qquad\lesssim o(1)+T^{\frac14}\left(\|\mathbb{E}-\mathbb{E}^\omega\|_{L^\infty H^s}+\|N-N^\omega\|_{L^\infty H^{s-1}}\right).\end{aligned} \tag{4.3.33}$$

从 (4.3.33) 式可知, 对充分小的 T 有

$$\|N-N^\omega\|_{L^\infty H^{s-1}}\lesssim o(1)+\|\mathbb{E}-\mathbb{E}^\omega\|_{L^\infty H^s},$$

由此即得 $\|\mathbb{E}-\mathbb{E}^{\omega}\|_{L^\infty H^s}=o(1)$. 特别地, 在 $t=T$ 处也有该收敛关系成立. 继续前面的讨论, 就能将收敛结果推广到最大存在时间 T^∞. 定理得证. 由此, 定理 4.3.1 也得证. □

在这小节最后简要地证明定理 4.3.3.

定理 4.3.3 的证明　利用正则性的间断, 可丢掉高频部分 $|\xi|\gtrsim\alpha$(可消除共振). 首先估计 N^ω, 其中对 t 做分部积分可获得因子 α^{-1}. 假定 N^I 以同样阶 α^{-1} 衰减, 在关于 $\mathbb{E}^\omega$ 的方程中利用这个估计可获得 α^{-1}. 再通过分部积分, 在 $\mathbb{E}^\omega$ 的方程中, 又可获得另外的衰减因子 α^{-1}. 由此不难得出定理所需的结论. 这里省略具体的证明细节, 留作读者完成. □

4.3.3　关于系统 (4.0.7) 小初始能量解的收敛性结果

本节, 仅利用能量估计考虑在一种振荡模式情形 (即在修正方程 (4.0.7) 中假设 u 不振荡) 下的小解, 这种情形阻止了 E_+ 与 E_- 间的相互作用, 保持了当 $c\to\infty$ 时的能量有界性. 注意到在文献 [34, 122] 中, 已分别证明了带有初始层与不带初始层的从 Zakharov 方程 (4.0.8) 到非线性 Schrödinger 方程 (4.0.9) 的极限关于能量的弱收敛性. 这里处理在文献 [95] 中构造的解.

首先研究不带初始层的情形. 这里除 $c\neq\alpha$(这个条件用以保证局部适定性) 外, 不需要关于比率 α/c 的任何条件.

(1) 不带初始层的情形

定理 4.3.4　令 $(u^{c,\alpha}(0),\partial_t u^{c,\alpha}(0),n^{c,\alpha}(0),\partial_t n^{c,\alpha}(0))\in H^1\times L^2\times L^2\times\dot H^{-1}(c\neq\alpha)$ 且假设:

(1) 在极限 $(c,\alpha)\to\infty$ 时,

$$\begin{aligned}&\text{在}H^1\times L^2\text{中}, \big(u^{c,\alpha}(0),c^{-1}\partial_t u^{c,\alpha}(0)\big)\to(u_0,0),\\&\text{在}L^2\times L^2\text{中}, \big(n^{c,\alpha}(0),|\alpha\nabla|^{-1}\partial_t n^{c,\alpha}(0)\big)\to(-|u_0|^2,0).\end{aligned}\tag{Lim-Con3}$$

(2) 初始线性能量

$$\begin{aligned}\int\Big(&|u^{c,\alpha}(0)|^2+|c^{-1}\partial_t u^{c,\alpha}(0)|^2+|\nabla u^{c,\alpha}(0)|^2\\&+\frac12\left||\alpha\nabla|^{-1}\partial_t n^{c,\alpha}(0)\right|^2+\frac12\left|n^{c,\alpha}(0)\right|^2\Big)\mathrm{d}x\end{aligned}$$

关于 c, α 一致足够小. 则 Klein-Gordon-Zakharov 系统 (4.0.7) 在能量空间 $C(\mathbb{R};H^1\times L^2)\cap C^1(\mathbb{R};L^2\times\dot H^{-1})$ 中存在一个整体解 $(u,n)=(u^{c,\alpha},n^{c,\alpha})$. 此外, 当 $(c,\alpha)\to\infty$ 时, 这个解在 $H^1\times L^2$ 中收敛到非线性 Schrödinger 方程

$$\begin{aligned}&2\mathrm{i}\partial_t u^\infty-\Delta u^\infty=|u^\infty|^2u^\infty,\quad n=-|u^\infty|^2,\\&u^\infty(0)=u_0\end{aligned}\tag{4.3.34}$$

的解, 且此收敛性关于时间是局部一致收敛的.

证明 这里仅给出这个定理的一个大概证明, 主要思想实质上已出现在文献 [33, 132] 中. 因 $c \neq \alpha$, 由文献 [95] 知, 在能量空间中存在惟一整体解. 这个证明利用了能量守恒和电荷守恒, 即

$$\begin{aligned} &\partial_t \mathcal{E} = 0, \qquad \partial_t C = 0, \\ &\mathcal{E} = \int \left(|c^{-1}\partial_t u|^2 + |\nabla u|^2 + \frac{1}{2}\left||\alpha\nabla|^{-1}\partial_t n\right|^2 + \frac{1}{2}|n|^2 + n|u|^2 \right) \mathrm{d}x, \\ &C = \int \left(|u|^2 + \langle c^{-2}\partial_t u, \mathrm{i}u\rangle \right) \mathrm{d}x. \end{aligned} \tag{4.3.35}$$

将 $\mathcal{E} + C$ 的主要部分表示为

$$A(t) = \int \left(|c^{-1}\partial_t u|^2 + |\nabla u|^2 + |u|^2 + \frac{1}{2}\left||\alpha\nabla|^{-1}\partial_t n\right|^2 + \frac{1}{2}|n|^2 \right). \tag{4.3.36}$$

利用 Sobolev 不等式与 Hölder 不等式可得

$$\begin{aligned} &\int |n|u|^2| \mathrm{d}x \lesssim \|n\|_{L^2} \|u\|_{L^2}^{\frac{1}{2}} \|\nabla u\|_{L^2}^{\frac{3}{2}}, \\ &\int |\langle c^{-2}\partial_t u, \mathrm{i}u\rangle| \mathrm{d}x \lesssim c^{-1}\|u\|_{L^2} \|c^{-1}\partial_t u\|_{L^2}. \end{aligned} \tag{4.3.37}$$

于是有

$$|\mathcal{E} + C - A(t)| \lesssim A(t)^{\frac{3}{2}} + c^{-1}A(t).$$

因此, 如果 $A(0) \ll 1$ 且 $c \gg 1$, 由连续性讨论知, 对所有 $t \in \mathbb{R}$, 有

$$|\mathcal{E} + C - A(t)| \leqslant \frac{A(t)}{2}, \tag{4.3.38}$$

因此 $A(t) \lesssim \mathcal{E} + C \lesssim A(0)$.

其次, 把能量改写为

$$\begin{aligned} \mathcal{E} = &\|c^{-1}\partial_t u\|_{L^2}^2 + \|\nabla u\|_{L^2}^2 + \frac{1}{2}\||\alpha\nabla|^{-1}\partial_t n\|_{L^2}^2 \\ &+ \frac{1}{2}\|n + |u|^2\|_{L^2}^2 - \frac{1}{2}\|u\|_{L^4}^4. \end{aligned} \tag{4.3.39}$$

于是可得到初始能量 $\mathcal{E}(0)$ 到极限能量$\mathcal{E}^\infty = \|\nabla u^\infty\|_{L^2}^2 - \frac{1}{2}\|u^\infty\|_{L^4}^4$ 的收敛性. 由电荷的收敛性可得到在 L^2 中 u 的强收敛性, 由 H^1 中的弱收敛性并进行插值估计可得到在 L^4 中的强收敛性, 此收敛性控制了非线性能量. 于是, 由能量的收敛性可导出在 L^2 中 ∇u 与 n 的强收敛性. 更详细的证明读者可参见文献 [132] 中的第五节. □

(2) 带有初始层的情形

初始层将扰乱能量的收敛性, 但通过使用一个修正能量可证明它的强收敛性. 这里对 α 加上一个非常弱的增长条件 $\log\alpha=o(c)$.

定理 4.3.5 令 $(u^{c,\alpha}(0),\partial_t u^{c,\alpha}(0),n^{c,\alpha}(0),\partial_t n^{c,\alpha}(0))\in H^1\times L^2\times L^2\times \dot{H}^{-1}$, 且假设

(1) 在条件 $c\neq\alpha$ 及 $\log\alpha=o(c)$ 下, 当 $(c,\alpha)\to\infty$ 时,

$$\begin{aligned}&\text{在}H^1\times L^2\text{中}, \left(u^{c,\alpha}(0),c^{-1}\partial_t u^{c,\alpha}(0)\right)\to(u_0,0),\\&\text{在}L^2\times L^2\text{中}, \left(n^{c,\alpha}(0),|\alpha\nabla|^{-1}\partial_t n^{c,\alpha}(0)\right)\to(n_0,n_1),\end{aligned}\tag{Lim-Con4}$$

(2) 初始线性能量

$$\begin{aligned}\int\Big(&|u^{c,\alpha}(0)|^2+|c^{-1}\partial_t u^{c,\alpha}(0)|^2+|\nabla u^{c,\alpha}(0)|^2\\&+\frac{1}{2}\left||\alpha\nabla|^{-1}\partial_t n^{c,\alpha}(0)\right|^2+\frac{1}{2}\left|n^{c,\alpha}(0)\right|^2\Big)\mathrm{d}x\end{aligned}\tag{4.3.40}$$

关于 c 和 α 一致足够小. 则系统 (4.0.7) 在能量空间 $C(\mathbb{R};H^1\times L^2)\cap C^1(\mathbb{R};L^2\times\dot{H}^{-1})$ 中存在惟一整体解 $(u,n)=(u^{c,\alpha},n^{c,\alpha})$. 此外, 有如下的局部一致收敛性结果:

$$\begin{aligned}&\text{在}C(\mathbb{R};H^1)\text{中}, \ u^{c,\alpha}\to u^\infty,\\&\text{在}C(\mathbb{R};L^2)\text{中}, \ N^{c,\alpha}+|u^\infty|^2-N^I\to 0,\\&\text{在}C(\mathbb{R};L^2)\text{中}, \ c^{-1}\partial_t u^{c,\alpha}\to 0,\end{aligned}\tag{Loc-Con}$$

其中 u^∞ 是如下非线性 Schrödinger 方程的整体解:

$$2\mathrm{i}\partial_t u^\infty-\Delta u^\infty-|u^\infty|^2u^\infty=0,\quad u^\infty(0)=u_0,\tag{4.3.41}$$

且 N^I 是由

$$N^I:=\mathrm{e}^{\mathrm{i}|\alpha\nabla|t}(N_0+|u_0|^2),\quad N_0:=n_0-\mathrm{i}n_1\tag{4.3.42}$$

定义的自由演化解.

证明 在这个定理的证明中, 忽略上标 (c,α). 对于 $E=\mathrm{e}^{\mathrm{i}c^2t}u$, 利用 4.1.3 节中同样的方法定义 E_+ 与 E_-. 因此有

$$\begin{aligned}E_+&:=\frac{\mathrm{e}^{\mathrm{i}c^2t}}{2}\left[\left(1+\left\langle\frac{\nabla}{c}\right\rangle^{-1}\right)u+\left(\mathrm{i}c^2\left\langle\frac{\nabla}{c}\right\rangle\right)^{-1}\partial_t u\right],\\E_-&:=\frac{\mathrm{e}^{\mathrm{i}c^2t}}{2}\left[\left(1-\left\langle\frac{\nabla}{c}\right\rangle^{-1}\right)\bar{u}+\left(\mathrm{i}c^2\left\langle\frac{\nabla}{c}\right\rangle\right)^{-1}\partial_t \bar{u}\right],\end{aligned}\tag{4.3.43}$$

且 u 由 $u=\mathrm{e}^{-\mathrm{i}c^2t}[E_++\overline{E_-}]$ 给出. 令 $v:=\mathrm{e}^{-\mathrm{i}c^2t}E_+=\mathbb{E}_1$, 可得

$$2\mathrm{i}\partial_t v-\Delta_c v=-I_c n(v+\overline{E_-}\mathrm{e}^{-2\mathrm{i}c^2t}). \tag{4.3.44}$$

利用定理 4.3.4 证明中的讨论方法可得关于能量范数 A 的整体一致界. 其次, 由 E_+ 与 E_- 的定义可导出 $v=O(L^\infty(\mathbb{R};H^1))$ 及 $E_-=O(c^{-1}L^\infty(\mathbb{R};L^2))$. 此外, 作与前面定理类似的讨论可导出在 $C(\mathbb{R};L^2\cap L^4)$ 中, v 强收敛于某个 v^∞, 且在 $C(\mathbb{R};\omega-H^1)$ 中, v 弱收敛于某个 v^∞. 因 $E_-=o(L^2)$, 故 u 收敛到同样的极限 v^∞ 且在 $L^2_{\mathrm{loc}}(\mathbb{R};L^2)$ 中, n 弱收敛于 $|v^\infty|^2$ 在 $L^2_{\mathrm{loc}}(\mathbb{R};L^2)$ 中. 在 (4.3.44) 式中取极限可导出 $v^\infty=u^\infty$.

为得到强收敛性, 需给出能量的一个全局描述. 取一个序列 $\rho^\varepsilon\in C_0^\infty(\mathbb{R}^3)$ 满足

$$\text{当}\varepsilon\to+0\text{时},\ \rho^\varepsilon\to N_0+|u_0|^2,\ \text{在}L^2\text{中},$$

且定义

$$N^\varepsilon:=\mathrm{e}^{\mathrm{i}|\alpha\nabla|t}\rho^\varepsilon. \tag{4.3.45}$$

为与初始资料匹配, 按如下方式把能量修正为:

$$\begin{aligned}\widetilde{\mathcal{E}_\varepsilon}(t):=&\|c^{-1}\partial_t u\|_{L^2}^2+\|\nabla u\|_{L^2}^2+\frac12\|N+|u|^2-N^\varepsilon\|_{L^2}^2-\frac12\|u\|_{L^4}^4\\=&\mathcal{E}+\frac12\|N^\varepsilon\|_{L^2}^2-\langle N+|u|^2\mid N^\varepsilon\rangle_x.\end{aligned} \tag{4.3.46}$$

这里需要证明: 对每一个固定的 ε, 当 $(c,\alpha)\to\infty$ 时, $\widetilde{\mathcal{E}_\varepsilon}(t)$ 收敛到一个常数函数, 即

$$\widetilde{\mathcal{E}_\varepsilon}(t)\to\|\nabla u_0\|_{L^2}^2+\frac12\|N_0+|u_0|^2-\rho^\varepsilon\|_{L^2}^2-\tfrac12\|u_0\|_{L^4}^4. \tag{4.3.47}$$

利用关于 $\mathcal{E}$ 的守恒量及自由波解 N^ε 可得

$$\begin{aligned}\partial_t\widetilde{\mathcal{E}_\varepsilon}(t)=&\partial_t\langle-|u|^2-N\mid N^\varepsilon\rangle_x=-\langle\partial_t|u|^2\mid N^\varepsilon\rangle_x\\=&-\partial_t\langle v\mid N^\varepsilon\rangle_x+\langle v\mid\partial_t N^\varepsilon\rangle_x-\langle<\mathrm{i}\nabla u,u>|\ \nabla N^\varepsilon\rangle_x,\end{aligned} \tag{4.3.48}$$

其中 $v:=\langle\mathrm{i}c^{-2}\partial_t u,u\rangle$, 它在 $c^{-1}L^1$ 中有界. 对任意固定的 ε, 利用对自由波解的 L^∞ 衰减估计可得

$$\begin{aligned}&\|N^\varepsilon\|_{L^\infty}+\|\nabla N^\varepsilon\|_{L^\infty}\lesssim\langle\alpha t\rangle^{-1},\\&\|\partial_t N^\varepsilon\|_{L^\infty}\lesssim\alpha\langle\alpha t\rangle^{-1},\end{aligned} \tag{4.3.49}$$

因此有

$$\begin{aligned}\left|\widetilde{\mathcal{E}_\varepsilon}(t)-\widetilde{\mathcal{E}_\varepsilon}(0)\right|\lesssim&c^{-1}+\int_0^t\left(\frac{\alpha}{c+1}\right)\langle\alpha s\rangle^{-1}\mathrm{d}s\\\lesssim&(c^{-1}+\alpha^{-1})\log\alpha=o(1),\end{aligned} \tag{4.3.50}$$

此式依赖于 ε.

另一方面, 当 $\varepsilon \to +0$ 时, $\widetilde{\mathcal{E}}_\varepsilon(t)$ 关于 (c,α) 一致收敛于

$$\widetilde{\mathcal{E}}(t) := \|c^{-1}\partial_t u\|_{L^2}^2 + \|\nabla u\|_{L^2}^2 + \frac{1}{2}\|N + |u|^2 - N^I\|_{L^2}^2 - \tfrac{1}{2}\|u\|_{L^4}^4. \tag{4.3.51}$$

因此, 当 $(c,\alpha) \to \infty$ (关于时间局部一致) 时, 可得

$$\widetilde{\mathcal{E}}(t) \to \|\nabla u_0\|_{L^2}^2 - \frac{1}{2}\|u_0\|_{L^4}^4 = \varepsilon^\infty.$$

最后注意到, 在 H^1 中的弱收敛性及在 L^4 中的强收敛性蕴含着

$$\liminf \|\nabla u\|_{L^2}^2 - \frac{1}{2}\|u\|_{L^4}^4 \geqslant \varepsilon^\infty, \tag{4.3.52}$$

上式等号成立当且仅当 u 在 H^1 中是强收敛的. 于是, 定理得证.

4.4 迭代序列的共振爆破

本节将证明当 $c > \alpha \to \infty$ 时, 在任何 Sobolev 空间, 仅用固定点讨论都不可能获得关于 Klein-Gordon-Zakharov 系统解的一致有界性. 即证明由方程组

$$\begin{cases} c^{-2}\partial_t^2 E^\nu - \Delta E^\nu + c^2 E^\nu = -n^{\nu-1}E^{\nu-1}, \\ \alpha^{-2}\partial_t^2 n^\nu - \Delta n^\nu = \Delta|E^{\nu-1}|^2, \\ E^{-1} \equiv 0 \equiv n^{-1} \end{cases} \tag{4.4.1}$$

带固定初值所定义的函数 (E^ν, n^ν) 的迭代序列不是一致有界的, 即如下结论成立:

定理 4.4.1 令 $s \geqslant 0$, 则对任意满足 $c_k > \alpha_k \to \infty$ 的序列 (c_k, α_k), 存在一个实值函数 $\varphi \in H^s$, 使得由方程组 (4.4.1) 带初始资料

$$E^\nu(0) = \varphi, \quad \partial_t E^\nu(0) = 0, \quad n^\nu(0) = 0, \quad \partial_t n^\nu(0) = 0 \tag{4.4.2}$$

定义的二次迭代 E^2 按如下意义无界: $\forall \varepsilon > 0$ 及 $T > 0$, 有

$$\limsup_{k\to\infty} \|E^2(t)\|_{L^1(0,T;H^{s-1+\varepsilon})} = \infty. \tag{4.4.3}$$

证明 在这个定理的证明中, 将集中在小时间 $t > 0$ 来讨论. 这里, 用 C 表示任意绝对常数, 这个常数在各个地方出现可以取不同值. 对每个 k 定义共振频率 M_k 为

$$M_k = \frac{2c_k^2}{c_k^2 - \alpha_k^2}\alpha_k, \qquad \alpha_k M_k = c_k^2\left(\left\langle \frac{M_k}{c_k} \right\rangle - 1\right). \tag{4.4.4}$$

因 $M_k, c_k > \alpha_k \to \infty$, 通过抽取一个子序列, 可假设

$$\begin{aligned} &1 \ll \alpha_1, c_1, M_1, \frac{\alpha_k}{\alpha_{k-1}}, \frac{c_k}{c_{k-1}}, \frac{M_k}{M_{k-1}}, \\ &\alpha_k > \alpha_{k-1}^2. \end{aligned} \tag{4.4.5}$$

为记号方便, 对负整数 $k < 0$ 定义

$$\alpha_k := \alpha_{-k}. \tag{4.4.6}$$

固定 $0 < \lambda \ll 1$ 与一个单位矢量 $v \in \mathbb{R}^3$. 利用初值 φ 的 Fourier 像, 定义初值 φ 为

$$\begin{cases} \tilde{\varphi}(\xi) := \displaystyle\sum_{k \in \mathbb{Z}\setminus\{0\}} \psi_k(\xi), \quad \psi_k(\xi) := \begin{cases} H_k, & (\xi \in A_k, k \in \mathbb{Z}\setminus\{0\}), \\ 0, & \text{其他}, \end{cases} \\ A_k := \begin{cases} \{\pm sv + w; w \perp v, |\alpha_k s - 1| < \lambda, |w| < \lambda\} & (k < 0), \\ \{\pm(M_k + s)v + w; w \perp v, |s| < \alpha_k^{-1}\lambda, |w| < \lambda\} & (k > 0), \end{cases} \\ H_k := \begin{cases} \alpha_k^{\frac{1}{2}}(\log \alpha_k)^{-1} & (k < 0), \\ M_k^{-s} H_{-k} & (k > 0). \end{cases} \end{cases} \tag{4.4.7}$$

于是 φ 是实值的, 且由 (4.4.5) 式可得

$$\|\varphi\|_{H^s} \lesssim \|(\log \alpha_k)^{-1}\|_{\ell_k^2(\mathbb{N})} \lesssim \|2^{-k}\|_{\ell_k^2(\mathbb{N})} < \infty. \tag{4.4.8}$$

相位项表示为

$$\omega_k(\xi) = c_k^2 \left\langle \frac{\xi}{c_k} \right\rangle. \tag{4.4.9}$$

注意到这个定义与前一节中的定义不一样. 对 $k > 0$, 定义一个"放大"集合 $\tilde{A}_k$ 为

$$\tilde{A}_k = \left\{\pm(M_k + s)v + w; w \perp v, |s| < 3\alpha_k^{-1}\lambda, |w| < 3\lambda\right\}.$$

迭代的第一项由下式给出:

$$\begin{aligned} &\tilde{n}^0(t,\xi) = 0, \tilde{E}^0(t,\xi) = \tilde{E}^1(t,\xi) = \cos(\omega_k(\xi)t)\tilde{\varphi}, \\ &\tilde{n}^1(t,\xi) = -C\int_0^t \alpha_k|\xi|\sin(\alpha_k|\xi|(t-s))(\tilde{E}^0 * \tilde{E}^0)(s,\xi)\mathrm{d}s, \\ &\tilde{E}^2(t,\xi) = \tilde{E}^0(t,\xi) - C\left\langle \frac{\xi}{c_k} \right\rangle^{-1} \cdot \int_0^t \sin(\omega_k(\xi)(t-s))(\tilde{n}^1 * \tilde{E}^1)(s,\xi)\mathrm{d}s. \end{aligned} \tag{4.4.10}$$

为证明这个定理, 首先证明如下下界估计式成立:

$$\|E^2(t) - E^0(t)\|_{L^1(0,T;H^{s-1+\varepsilon})} \gtrsim T^3 \alpha_k^{\varepsilon} |\log \alpha_k|^{-3} \tag{4.4.11}$$

(此式将通过估计在共振区域 $\xi \in A_k$ 中稳定相位项的主要贡献来得到), 且证明其他项的贡献可忽略. 重写 E^2 为

$$
\begin{aligned}
&\tilde{E}^2(t,\xi)-\tilde{E}^0(t,\xi)\\
&=\left\langle \frac{\xi}{c_k}\right\rangle^{-1}\int_0^t \mathrm{d}s\int \mathrm{d}\eta\alpha_k|\xi-\eta|\sin(\omega_k(\xi)(t-s))\\
&\quad\times\int_0^s \mathrm{d}\tau\int \mathrm{d}\gamma\sin\left(\alpha_k|\xi-\eta|(s-\tau)\right)\cos\left(\omega_k(\xi-\eta-\gamma)\tau\right)\\
&\quad\times\tilde{\varphi}(\xi-\eta-\gamma)\cos\left(\omega_k(\gamma)\tau\right)\tilde{\varphi}(\gamma)\cos\left(\omega_k(\eta)s\right)\tilde{\varphi}(\eta).
\end{aligned}\tag{4.4.12}
$$

为得到这个主要估计, 必须研究重复卷积的支集及相位的振荡项. 首先注意到 A_k 的支集非常稀疏, 故重复作卷积后的支集仍是稀疏的, 即如下引理成立.

引理 4.4.1 令 $k>0$ 且 $l_1,l_2,l_3\in\mathbb{Z}\setminus\{0\}$. 若 $A_k\cap(A_{l_1}+A_{l_2}+A_{l_3})\neq\varnothing$, 则存在一个置换 $\sigma\in\mathcal{G}(3)$, 使得 $k=l_{\sigma(1)}$ 且

$$
l_{\sigma(2)},l_{\sigma(3)}\leqslant -k,\ \text{或者}\, l_{\sigma(2)}=l_{\sigma(3)}.\tag{4.4.13}
$$

上述引理的证明留给读者去完成.

对 $\xi=(\xi-\eta-\gamma)+\gamma+\eta\in A_k$, 应用引理 4.4.1, 可看出对 η 与 γ 的积分能归结为如下情形: 3 个频率 $(\xi-\eta-\gamma),\gamma$ 及 η 中有一个属于 A_k, 而其余两个都属于如下二者之一:

(i) $B_k:=\bigcup_{i\leqslant -k}A_i$;

(ii) 某个 $A_i\quad(i>-k)$.

从第一种情形开始证明. 易知 (4.4.10) 式的主要贡献是在 $|\xi-\eta|\gg 1$ 时出现, 故 $\eta\in B_k$. 利用 $\xi-\eta-\gamma$ 与 γ 的对称性, 可假设 $\gamma\in B_k$. 其次可得: 对 τ 与 s 的每个积分, 仅存在两个稳定相位, 即

$$
\pm\left(\omega_k(\xi)-\alpha|\xi-\eta|-\omega_k(\eta)\right)s
$$

与

$$
\pm\left(\omega_k(\xi-\eta-\gamma)-\alpha|\xi-\eta|-\omega_k(\gamma)\right)\tau.
$$

为得到这两个式子, 定义

$$
\phi_k(\xi,\gamma):=\omega_k(\xi-\gamma)-\alpha_k|\xi|-\omega_k(\gamma).\tag{4.4.14}
$$

忽略下标 k 可得

$$
\nabla_\xi\phi=\frac{\xi-\gamma}{\langle(\xi-\gamma)/c\rangle}-\alpha\frac{\xi}{|\xi|},\quad \nabla_\gamma\phi=-\frac{\xi-\gamma}{\langle(\xi-\gamma)/c\rangle}-\frac{\gamma}{\langle\gamma/c\rangle},
$$

$$\begin{aligned}\nabla_\xi\nabla_\xi\phi&=T\left(\frac{\xi-\gamma}{c}\right)-\alpha|\xi|^{-1}\left(I-\xi\otimes\frac{\xi}{|\xi|^2}\right),\\ \nabla_\gamma\nabla_\gamma\phi&=-T\left(\frac{\gamma}{c}\right),\quad \nabla_\xi\nabla_\gamma\phi=T\left(\frac{\xi-\gamma}{c}\right),\end{aligned}\tag{4.4.15}$$

其中 $T(\xi):=\langle\xi\rangle^{-1}I-\langle\xi\rangle^{-3}\xi\otimes\xi$. 于是, 在区域 $\xi\in\tilde{A}_k$ 中有 $|\nabla^2\phi|\lesssim 1$. 因

$$\begin{aligned}&\phi(Mv,0)=0,\\ &\nabla_\xi\phi(Mv,0)=\frac{c^2-\alpha^2}{c^2+\alpha^2}\alpha v,\quad \nabla_\gamma\phi(Mv,0)=\frac{2c^2}{c^2+\alpha^2}\alpha v,\end{aligned}\tag{4.4.16}$$

由 Taylor 展开可得到当 $\xi\in\tilde{A}_k$ 时, $\nabla_\xi\phi(\xi,\gamma)=O(\alpha)v+O(1)$ 且 $\nabla_\gamma\phi(\xi,\gamma)=O(\alpha)v+O(1)$.

因此, 如果 $\xi\in A_k$ 且 $\eta,\gamma\in B_k$, 则 $|\phi(\xi-\eta,-\eta)|+|\phi(\xi-\eta,\gamma)|\lesssim\lambda$ 且其他具有不同符号的相位有下界 α^2. 故利用对 s 或 τ 积分可得到这些项中的因子 α^{-2}. 由此, 用

$$\frac{1}{32\mathrm{i}^2}\mathrm{e}^{\pm[(\omega(\xi)(t-s)+\alpha|\xi-\eta|(s-\tau)+\omega(\xi-\eta-\gamma)\tau-\omega(\gamma)\tau+\omega(\eta)s)]}$$

代替 (4.4.12) 式中的两个正弦项及三个余弦项, (4.4.12) 式中的首项出现. 于是, 首项由 $C\Re[\mathrm{e}^{\mathrm{i}\omega_k(\xi)t}F(t,\xi)]$ 给定, 其中

$$\begin{aligned}F(t,\xi):=&\left\langle\frac{\xi}{c_k}\right\rangle^{-1}\int\int\alpha_k|\xi-\eta|\tilde{\varphi}(\xi-\eta-\gamma)\tilde{\varphi}(\gamma)\tilde{\varphi}(\eta)\\ &\times\int_0^t\int_0^s\mathrm{e}^{-\mathrm{i}\phi(\xi-\eta,-\eta)s}\mathrm{e}^{\mathrm{i}\phi(\xi-\eta,\gamma)\tau}\mathrm{d}\tau\mathrm{d}s\mathrm{d}\gamma\mathrm{d}\eta.\end{aligned}\tag{4.4.17}$$

由上面的相位估计, 对 $\xi\in A_k$ 可得

$$|F(t,\xi)|\gtrsim\sum_{j,l\leqslant -k}\alpha_k^2H_l|A_l|H_j|A_j|H_kt^2\gtrsim t^2M_k^{-s}\alpha_k^{\frac{3}{2}}(\log\alpha_k)^{-3}.\tag{4.4.18}$$

因相位因子 $\mathrm{e}^{\mathrm{i}\omega_k(\xi)t}$ 的振荡性很强, 故可得

$$\begin{aligned}&\|\mathcal{F}_3^{-1}\Re[\mathrm{e}^{\mathrm{i}\omega_k(\xi)t}F(t,\xi)]\|_{L^1(0,T;H^s)}\\ &\gtrsim\|\langle\xi\rangle^sF(t,\xi)]\|_{L^1(0,T;L^2)}\\ &\gtrsim\int_0^T\langle M_k\rangle^s\alpha_k^{-\frac{1}{2}}\times(4.4.18)\mathrm{d}t,\end{aligned}\tag{4.4.19}$$

由 (4.4.19) 式得到下界估计 (4.4.11).

余下要证明的是由情形 (ii) 中得到的其他估计比从上面的量中得到的估计小得多. 由此可假设, 3 个频率 $(\xi-\eta-\gamma),\gamma,\eta$ 中有一个在 A_k 中, 且当 $i>-k$ 时, 其余两个在某一个 A_i 中. 这里, 必须要区分 $i>k$ 与 $-k<i\leqslant k$ 这两种情形.

对于 $i > k$, 因 $H_i|A_i| = M_i^{-s}\alpha_i^{-\frac{1}{2}}|\log\alpha_i|^{-1} << \alpha_k^{-\frac{1}{2}}|\log\alpha_k|^{-1}$, 故不需要使用相位来讨论.

对于 $-k < i \leqslant k$, 可采用相位来讨论. 与前面的原因一样, 可假设 $|\xi-\eta| \sim M_k$, $\xi-\eta-\gamma \in A_k$ 且 $\gamma, \eta \in A_i$. 利用 Taylor 展开及 (4.4.16) 式可得相位有下界, 且相位绝对值的下界为 $\alpha_k/\alpha_i(-k < i < 0)$ 及 $\alpha_k\alpha_i(0 < i < k)$. 此外, 容易得到当 $i = k$ 时, 所有相位有下界 α_k^2. 关于时间积分可知, 这些估计式所起的作用可忽略. 事实上, $\tilde{E}^2$ 的贡献部分有如下的上界:

$$\alpha_k^2 t^2 \alpha_{j/\alpha_k} H_k H_j^2 |A^k||A^j| \lesssim t^2 M_k^{-s}\alpha_k^{\frac{1}{2}}\alpha_j(\log\alpha_k)^{-1}(\log\alpha_j)^{-2}, \tag{4.4.20}$$

即使在 $-k < j \leqslant k$ 上求和后, (4.4.20) 式也比 (4.4.18) 式小得多. 由此, 定理 4.4.1 得证.

注 4.4.1 为证明不带初始资料 (即 $n(0) = |E(0)|^2$) 的与定理 4.4.1 同样的结果, 可证明 $n^0 = \cos(|\alpha\nabla|t)|\varphi|^2$ 对 E^2 的作用比 (4.4.18) 式中相应部分对 E^2 的作用小得多. 在卷积代数 $\mathcal{F}_3(H^s)\cap L^1$ 中估计 Fourier 变换容易看出, n^0 对 E^2 的直接作用就是使得 E^2 在 H^s 中有界. 此外, 当 $\xi \in A_k$, 在 $\tilde{E}^2$ 中 n^0 对 $E^1 - E^0$ 的作用可忽略. 这里仅给出一个梗概. 事实上, 可写出一个类似于 (4.4.12) 的公式, 且这个公式具有另一个时间积分和两个关于空间变量的卷积项. 随后证明一个类似于引理 4.4.1 的引理. 用 5 代替 3, 用 $l_{\sigma(2)}, l_{\sigma(3)}, l_{\sigma(4)}, l_{\sigma(5)} \leqslant -k$ 或 $l_{\sigma(2)}, l_{\sigma(3)} \leqslant -k, l_{\sigma(4)} = l_{\sigma(5)}$ 或 $l_{\sigma(2)} = l_{\sigma(3)}, l_{\sigma(4)} = l_{\sigma(5)}$ 代替 (4.4.13) 式. 接着, 可按照上面的讨论证明当 $\xi \in A_k$ 时, 对 $\tilde{E}^2(t,\xi)$ 的作用就是使得 $\tilde{E}^2(t,\xi)$ 有上界 $t^3 M_k^{-s}\alpha_k^{\frac{1}{2}}(\log\alpha_k)^{-5}$, 此式比 (4.4.18) 式小.

注 4.4.2 如上例子在 $\xi = 0$ 处有相当强的奇性, 通过加一些负齐次 Sobolev 空间条件, 可排除这样的一些例子. 然而, 若不考虑在 (4.4.3) 式中的最优阶, 则可用 $(\log\alpha_k)^{-1}$ 代替 H_k. 于是, 对任意 $s > -\dfrac{3}{2}$, 它属于 $\dot{H}^s$, 而当 $s \leqslant -\dfrac{3}{2}$ 时, 加上非一般条件如 $\displaystyle\int E(0)\mathrm{d}x = 0$ 可知它也属于 $\dot{H}^s$.

第 5 章 具有无穷传播速度的 Zakharov 型系统的奇性极限 (II)

在第 4 章研究了带两个参数的重新尺度化的 Klein-Gordon-Zakharov 系统

$$\begin{cases} c^{-2}E_{tt} - \Delta E + c^2 E = -nE, \quad E : \mathbb{R}^{1+3} \to \mathbb{R}^3, \\ \alpha^{-2} n_{tt} - \Delta n = \Delta |E|^2, \quad n : \mathbb{R}^{1+3} \to \mathbb{R}^3, \end{cases} \tag{5.0.1}$$

其中, 这两个参数 (c, α) 对应于等离子频率与离子声速. 得到了当 $(c, \alpha) \to \infty$ 时, 解在 $H^s \times H^{s-1} (s > \frac{3}{2})$ 中的收敛性. 本章将延伸第 4 章中的收敛性结果到能量空间 $H^1 \times L^2$ 中.

系统 (5.0.1) 具有如下的守恒能量:

$$\int c^2 |E|^2 + |\nabla E|^2 + c^{-2} |\partial_t E|^2 + \frac{1}{2} ||\alpha \nabla|^{-1} \partial_t n|^2 + \frac{1}{2} |n|^2 + n|E|^2 \mathrm{d}x. \tag{5.0.2}$$

首先讨论在对两个大参数 c 与 α 都一致的时间区间上, Klein-Gordon-Zakharov 系统的解在能量空间 $H^1 \times L^2$ 中的存在性与惟一性. 其次讨论当这两个大参数 (c, α) 同时趋于 ∞ 时, Klein-Gordon-Zakharov 系统的解收敛到如下矢量非线性 Schrödinger 系统的解:

$$2\mathrm{i}u - \Delta u = |u|^2 u, \quad u = (u_1, u_2) : \mathbb{R}^{1+3} \to \mathbb{C}^3 \times \mathbb{C}^3. \tag{5.0.3}$$

由于当高频极限 $c \to \infty$ 时, 能量 (5.0.2) 存在发散量, 故为得到本章的收敛性结果, 需要对能量进行修正. 修正的能量由如下形式给出:

$$\begin{aligned} \mathcal{E}_M = & \left\langle \frac{A_c \partial_t E}{c} \middle| \frac{\partial_t E}{c} \right\rangle_x + \langle A_c (c^2 - \Delta) E \mid E \rangle_x \\ & + \frac{1}{2} \int_{\mathbb{R}^3} |n|^2 + ||\alpha \nabla|^{-1} \partial_t n|^2 + n \left(|E|^2 + |c^{-2} I_c \partial_t E|^2 \right) \mathrm{d}x, \end{aligned} \tag{5.0.4}$$

其中, $I_c = (1 - \Delta/c^2)^{-1}, A_c = (1 - I_c) + c^{-2} I_c$.

注 5.0.1 直接从守恒能量式 (5.0.2) 导出 (5.0.4) 式显得比较困难. 但是, 当引入线性变换将 Klein-Gordon 部分变成 Schrödinger 型一阶系统, 就容易导出式子 (5.0.4)(见 5.1 节).

对于修正能量 $\mathcal{E}_M$, 其最重要的特征就是 $\mathcal{E}_M$ 中的二次部分一致等价于能量 (5.0.2) 中的二次部分 (包括 E 的 L^2 范数), 且由非共振双线性估计得到的时间

的差分是有界的. 粗略地讲, 这些双线性估计需要 $X^{s,b}$ 范数 (正则性损失 1) 及 Strichartz 范数 $\left(\text{正则性损失 } \dfrac{1}{2}\right)$. 值得一提的是, 这些正则性的损失与由迭代估计所需找回的正则性相同. 利用线性能量估计使得 $X^{s,b}$ 范数有界. 对于 Strichartz 范数, 因 nE 的正则性比 E 低 1, $\Delta|E|^2$ 的正则性比 n 低 1, 故正则性损失是由非线性项引起的.

对 Strichartz 范数做估计是通过在 $X^{s,b}$ 范数与能量范数之间做插值估计来实现的. 因此正则性损失 $\dfrac{1}{2}$. 这是用这种方式得到 E 的 $L_t^p(L_x^\infty)$ 型有界性的最佳选择. 可是, 由于

$$L_t^2(H_6^{\frac{1}{2}}(\mathbb{R}^3)) \not\subset L_t^2(L^\infty(\mathbb{R}^3)), \tag{5.0.5}$$

出现了另外一个困难. 这里, (5.0.5) 式左端是关于 Schrödinger 方程正则性损失 $\dfrac{1}{2}$ 的端点 Strichartz 范数, 这个困难也与波方程端点 $L_t^2(L^\infty(\mathbb{R}^3))$ 的 Strichartz 估计不成立有关. 通过考虑非共振频率在 Strichartz 范数意义下更好的衰减估计, 那么这个困难就可以克服.

注 5.0.2 在第 4 章解决了 $s > \dfrac{3}{2}$ 时的收敛性问题. 本章将解决 $s = 1$ 时的收敛性问题. 但是, $1 < s \leqslant \dfrac{3}{2}$ 的情形仍是开的. 因关于 Klein-Gordon-Zakharov 方程的结果严格依赖于守恒量的非线性结构, 不易产生扰动. 故在 $s = 1$ 与 $s > \dfrac{3}{2}$ 之间插入这些结果非常困难. 特别地, 在修正能量 (5.0.4) 中插入某些导数项或频率局部化项破坏了非线性项的相互抵消结构, 从而出现了一些误差项, 且这些误差项需要如 $H^{\frac{3}{2}+}$ 型结果的扰动估计来控制它.

若在 Klein-Gordon-Zakharov 系统中分别考虑极限 $c \to \infty$ 与 $\alpha \to \infty$, 则上面的困难容易克服, 故可用非常简单的证明得到相关结果. 事实上, 当 $c \to \infty$ 时, 通过在能量空间 $H^1 \times L^2$ 中做迭代讨论, 可证明 Klein-Gordon-Zakharov 系统 (5.0.1) 的解收敛到关于 (u, n) 的 Zakharov 系统的解:

$$\begin{aligned} 2\mathrm{i}\partial_t u - \Delta u &= -nu, \qquad && u : \mathbb{R}^{1+3} \to \mathbb{C}^3 \times \mathbb{C}^3, \\ \alpha^{-2}\partial_t^2 n - \Delta n &= \Delta |u|^2, \qquad && n : \mathbb{R}^{1+3} \to \mathbb{R}. \end{aligned} \tag{5.0.6}$$

注 5.0.3 令 $u = \mathrm{e}^{-\mathrm{i}c^2 t} E$, (5.0.1) 式变为

$$\begin{cases} c^{-2}\partial_t^2 u + 2\mathrm{i}\partial_t u - \Delta u = -nu, \\ \alpha^{-2}\partial_t^2 n - \Delta n = \Delta |u|^2. \end{cases} \tag{5.0.7}$$

在 (5.0.7) 式中取极限, 令 $c \to \infty$ 可得到 (5.0.6) 式. 这种极限的证明对任意 $s > 1$

也是适用的, 其原因在于共振频率 $M = \dfrac{2c^2}{c^2-\alpha^2}\alpha$ 在 $c \to \infty$ 时有界, 故可把它看作低频部分或正则部分. 然而, 在不同的相互作用中有另外的困难出现, 即 E 的部分的频率比 c 及 n 的低频部分高得多, 且标准的 Strichartz 估计不能得到关于 c 的一致界. 但是可以采用共振频率集合的小性来控制这些用标准 Strichartz 估计不能得到有界性的项. 当 $c \to \infty$ 时, 在 $E \sim \mathrm{e}^{\mathrm{i}c^2 t} E$ 的情形下的收敛性也仅提出了一种振荡模式. 在 $H^s \times H^{s-1}\left(s > \dfrac{7}{2}\right)$ 中的收敛性在文献 [117] 中已得到证明.

当 $\alpha \to \infty$ 时, (5.0.6) 式的解收敛于 Schrödinger 方程

$$2\mathrm{i}\partial_t u - \Delta u = |u|^2 u \tag{5.0.8}$$

的解的证明较容易. 事实上, 仅利用能量守恒及 Sobolev 嵌入就能证明在能量空间 H^1 中的收敛性 (当 $\alpha \to \infty$ 时, (5.0.6)→(5.0.8) 式), 其原因在于在这种情形下, 守恒能量一致有界. 尽管能量的非线性部分非正且可能大于线性部分, 但是却可用在一致短时间区间里的小正则范数来控制它. 在假设初值至少 H^5 一致有界条件下, 文献 [15, 33, 34, 129] 中已经证明了在这个极限意义下的收敛性. 本章所用研究 Klein-Gordon-Zakharov 系统的方法可应用到矢量 Zakharov 系统

$$\begin{aligned} &2\mathrm{i}\partial_t u - \nabla\nabla\cdot u + \beta\nabla\times\nabla\times u = -nu, \quad u:\mathbb{R}^{1+3}\to\mathbb{C}^3,\\ &\alpha^{-2}\partial_t^2 n - \Delta n = \Delta|u|^2, \quad n:\mathbb{R}^{1+3}\to\mathbb{R}. \end{aligned} \tag{5.0.9}$$

5.1 预备知识

本节首先给出本章所需的一些基本记号. 其次将 Klein-Gordon-Zakharov 系统 (5.0.1) 化为一个一阶系统. 接着给出 Fourier 乘子, Littlewood-Paley 分解及 Besov 空间的相关估计式. 随后给出关于 Strichartz 估计及混合范数估计的一些式子. 最后讨论 $X^{s,b}$ 空间、相关算子、积分方程的形成、线性估计与插值不等式的相关知识.

5.1.1 基本记号

这节主要介绍一些本章讨论需要的记号及定义.

1. 任意实数 a, b, 任意数或者矢量 c:

$$\min(a,b) = a\wedge b, \quad \max(a,b) = a\vee b, \quad \langle c\rangle = \sqrt{1+|c|^2},$$

符号 $\langle a, b\rangle$ 表示内积的实部 ($a, b \in \mathbb{K}^k$, 对任意 $k \in \mathbb{N}$ 且 $\mathbb{K} = \mathbb{C}$ 或 $\mathbb{R}$).

L^2 内积的实部用如下式子表示:

$$\langle f \mid g\rangle_x := \int_{\mathbb{R}^d} \langle f(x), g(x)\rangle \mathrm{d}x,$$

$$\langle u \mid v\rangle_{t,x} := \int_{\mathbb{R}} \langle u(t) \mid v(t)\rangle_x \mathrm{d}t.$$

2. 任意集合 A, 其特征函数定义为

$$A(x) = \begin{cases} 1 & (x \in A), \\ 0 & (x \notin A). \end{cases}$$

特别地, 任意 $I \subset \mathbb{R}$,

$$Iu(t) = \begin{cases} u(t) & (t \in I), \\ 0 & (t \notin I). \end{cases}$$

对任意 Banach 空间 $Z \subset \mathcal{S}'(\mathbb{R}^{1+3})$, 任意区间 I 及 $u \in Z$ 满足 $\| Iu \|_Z \leqslant \| u \|$, 则对任意 $u(t,x)$ 及 $T > 0$,

$$\| u \|_{Z(0,T)} := \| (0,T)u \|_Z .$$

3. 当 X 是一个 Banach 空间, $\omega - X$: 表示在弱拓扑下的 Banach 空间 X. 对任意可测函数 $f : \mathbb{R}^d \to \mathbb{C}$, 定义 Fourier 乘子为

$$f(\mathrm{i}\nabla) := \mathcal{F}^{-1} f(\xi) \mathcal{F},$$

其中 $\mathcal{F}$ 表示 $\mathbb{R}^d$ 上的 Fourier 变换.

4. 定义如下特殊算子:

$$I_c := \langle \nabla/c \rangle^{-1}, \quad \Delta_c := -2\omega_c(\mathrm{i}\nabla), \quad \omega_c(\xi) := c^2(\langle \xi/c \rangle - 1),$$

$$(-\Delta)^{\frac{1}{2}} = |\nabla|, \quad 1 + |\nabla|^2/c^2 = 1 - \Delta/c^2.$$

当 $c \to \infty$ 时, $I_c \to I : H^s \to H^s$ 且 $\Delta_c \to \Delta : H^s \to H^{s-2}$.

5.1.2 系统变换

本节, 通过引入新的变量 $(\mathbb{E}, N)$, 将系统 (5.0.1) 变换成一个一阶系统, $\mathbb{E}$ 的主要功能就是当取极限 $c \to \infty$ 时, 将 Klein-Gordon 方程近似为 Schrödinger 方程, 而 n 的改变仅是为了记号方便.

做如下线性变换:

$$\begin{aligned} &\mathbb{E} = (\mathbb{E}_1, \mathbb{E}_2) := \frac{\mathrm{e}^{-\mathrm{i}c^2 t}}{2}(1 - \mathrm{i}c^{-2} I_c \partial_t)(E, \bar{E}), \\ &N := n - \mathrm{i}|\alpha\nabla|^{-1}\partial_t n. \end{aligned} \tag{5.1.1}$$

对任意矢量 $\mathbb{E} = (\mathbb{E}_1, \mathbb{E}_2)$, 引入共轭为

$$\mathbb{E}^* := \mathrm{e}^{-2\mathrm{i}c^2 t}(\overline{\mathbb{E}_2}, \overline{\mathbb{E}_1}). \tag{5.1.2}$$

于是原始变量可重新表示为

$$\begin{cases} E = \mathrm{e}^{\mathrm{i}c^2t}\mathbb{E}_1 + \mathrm{e}^{-\mathrm{i}c^2t}\overline{\mathbb{E}_2}, \\ \partial_t E = \mathrm{i}c^2 I_c^{-1}\left(\mathrm{e}^{\mathrm{i}c^2t}\mathbb{E}_1 - \mathrm{e}^{-\mathrm{i}c^2t}\overline{\mathbb{E}_2}\right), \\ n = \Re N, \quad \partial_t n = -\Im(|\alpha\nabla|N). \end{cases} \tag{5.1.3}$$

利用因式分解

$$c^{-2}\partial_t^2 - \Delta + c^2 = c^2(1+\mathrm{i}c^{-2}I_c\partial_t)(1-\mathrm{i}c^{-2}I_c\partial_t)I_c^{-2}, \tag{5.1.4}$$

由 (5.1.1)~(5.1.3) 式知, Klein-Gordon-Zakharov 系统 (5.0.1) 可变换为如下方程组:

$$\begin{aligned} &2\mathrm{i}\partial_t\mathbb{E} - \Delta_c\mathbb{E} = -I_c n(\mathbb{E}+\mathbb{E}^*), \quad n = \Re N, \\ &\mathrm{i}\partial_t N + |\alpha\nabla|N = -|\alpha\nabla|\langle\mathbb{E}, \mathbb{E}+\mathbb{E}^*\rangle. \end{aligned} \tag{5.1.5}$$

利用 (5.1.5) 式及恒等式

$$I_c^{-1}(2-\Delta_c) = 2c^2 I_c^{-2}A_c = 2(c^2-\Delta)A_c,$$

修正能量 (5.0.4) 可重写为

$$\mathcal{E}_M = \langle I_c^{-1}(2-\Delta_c)\mathbb{E} \mid \mathbb{E}\rangle_x + \frac{1}{2}\parallel N \parallel_{L_x^2}^2 + \langle n\mathbb{E} \mid \mathbb{E}\rangle_x. \tag{5.1.6}$$

注 5.1.1 由 (5.1.5) 及 (5.1.6) 式很容易得到如下事实: 当在 (5.1.5) 式中去掉振荡项 $\mathbb{E}^*$ 时, 修正能量 $\mathcal{E}_M$ 关于时间是守恒的.

5.1.3 Fourier 乘子, Littlewood-Paley 分解及 Besov 空间的相关定义

(1) Fourier 空间中的分解

固定一个截断函数 $\chi \in C_0^\infty(\mathbb{R})$ 满足

$$\chi(t) = \begin{cases} 1 & \left(|t| \leqslant \dfrac{4}{3}\right), \\ 0 & \left(|t| \geqslant \dfrac{5}{3}\right). \end{cases} \tag{5.1.7}$$

对任意函数 $u(t,x)$ 和 $\varphi(\tau,\xi)$ 及 $\delta > 0$, 定义如下类型的频率局部化:

$$\begin{cases} P_{\varphi(\tau,\xi)\leqslant\delta}u := \begin{cases} \mathcal{F}_{t,x}^{-1}\chi(\varphi(\tau,\xi)/\delta)\mathcal{F}_{t,x}u, & \delta > \dfrac{1}{2}, \\ 0, & \delta \leqslant \dfrac{1}{2}, \end{cases} \\ P_{\varphi(\tau,\xi)>\delta}u := u - P_{\varphi(\tau,\xi)\leqslant\delta}u, \end{cases} \tag{5.1.8}$$

其中, $\mathcal{F}_{t,x}$ 表示变量 $(t,x) \mapsto (\tau,\xi)$ 的时空 Fourier 变换.

注 5.1.2 在 (5.1.8) 式中约定 $P_{\varphi\leqslant\frac{1}{2}}u\equiv 0$ 仅仅是为了方便处理小频率时的情形.

记空间频率局部化为

$$f_{\leqslant a}:=f_{|\xi|\leqslant a},\quad f_{>a}:=f_{|\xi|>a},\quad f_a:=f_{\leqslant a}-f_{\leqslant a/2}. \tag{5.1.9}$$

时空局部化简记为

$$f_{a,b}:=\left(f_{|\tau|\leqslant a}-f_{|\tau|\leqslant a/2}\right)_b, \tag{5.1.10}$$

其中, $a,b>0$ 且在如下的二进制

$$\mathbb{D}:=\{2^z\mid z=0,1,2,\ldots\} \tag{5.1.11}$$

中选取.

利用 (5.1.11) 式, 可给出非齐次 Besov 空间的定义.

定义 5.1.1

• **非齐次 Besov 空间的定义**

$$\| f\|_{B^\sigma_{q,r}(\mathbb{R}^d)}=\|\| j^\sigma f_j\|_{L^q_x(\mathbb{R}^d)}\|_{\ell^r_j(\mathbb{D})}, \tag{5.1.12}$$

• **Sobolev 空间 $\boldsymbol{H^\sigma=B^\sigma_{2,2}}$.**

• **混合空间定义**

$$\| u\|_{B^b_{2,r}(\mathbb{R};H^s(\mathbb{R}^d))}=\|\| j^bk^su_{j,k}\|_{L^2_{t,x}(\mathbb{R}^{1+d})}\|_{\ell^r_j\ell^2_k(\mathbb{D}^2)}\ . \tag{5.1.13}$$

由 Fourier 支集的性质, 对任意空间函数 u,v,w 可得

$$\langle uv\mid w\rangle_x=\sum_{(j,k,l)\in\mathcal{J}}\langle u_jv_k\mid w_l\rangle_x, \tag{5.1.14}$$

其中 $\mathcal{J}\in\mathbb{D}^3$ 使得对任意 $(j,k,l)\in\mathcal{J}$, 如下 3 种情形之一成立:

$$\text{(i)}\quad j\lesssim k\sim l,\quad \text{(ii)}\quad k\lesssim l\sim j,\quad \text{(iii)}\quad l\lesssim j\sim k.$$

(2) Strichartz 范数

关于 $\mathrm{e}^{-\mathrm{i}t\Delta_c/2}$ 在 $\mathbb{R}^3$ 上的 Strichartz 估计可用如下形式表示[69]: 任意 $\theta\in[0,1]$, $p\in[2,\infty]$, $r\in[1,\infty]$ 及 $s\in\mathbb{R}$, 空间 $St^{s,p}_{\theta,r}$ 的范数定义为

$$\| u\|_{St^{s,p}_{\theta,r}}:=\| k^{s+\frac{1}{p}(\theta-1)}\| I_c^{\frac{1}{p}(1+\frac{2\theta}{3})}u_k\|_{L^p_t(\mathbb{R};L^q_x(\mathbb{R}^3))}\|_{\ell^r_k},\quad \frac{1}{q}=\frac{1}{2}-\frac{1}{p}+\frac{\theta}{3p}. \tag{5.1.15}$$

于是, 当 $(p,\theta)\neq(2,0)$ 时,

$$\|\mathrm{e}^{-\mathrm{i}t\Delta_c/2}\varphi\|_{St^{s,p}_{\theta,r}}\leqslant C_{\theta,p}\|\varphi\|_{B^s_{2,r}}\ . \tag{5.1.16}$$

故在 (5.1.15) 式中, $\theta=0$ 对应于波方程的 Strichartz 估计. 若在 (5.1.15) 式中去掉 I_c 时, $\theta=1$ 对应于 Schrödinger 方程的 Strichartz 估计. 通常使用最多的是 $r=2$ 的情形, 故为了方便, 将 $St_{\theta,2}^{s,p}$ 简记为 $St_{\theta}^{s,p}$.

5.1.4 $X^{s,b}$ 空间的相关估计式

这一小节将给出关于 $X^{s,b}$ 空间的一些记号和基本的估计式[134~136].

令 $\omega:\mathbb{R}^d\to\mathbb{R}$ 是一个可测函数. 考虑方程

$$\mathrm{i}\partial_t u+\omega(\mathrm{i}\nabla)u=f, \tag{5.1.17}$$

其中, $f(t,x)$ 是一个给定的函数.

对于方程 (5.1.17), 它的 $X^{s,b,r}$ 空间定义为

$$\begin{cases} X^{s,b,r}=\left\{\mathrm{e}^{\mathrm{i}t\omega(\mathrm{i}\nabla)}v(t)\mid v\in B_{2,r}^b(\mathbb{R};H_x^s(\mathbb{R}^d))\right\}, \\ \|u\|_{X^{s,b,r}}=\|\mathrm{e}^{-\mathrm{i}t\omega(\mathrm{i}\nabla)}u(t)\|_{B_{2,r}^b H_x^s}, \quad \forall(s,b,r)\in\mathbb{R}^2\times[1,\infty]. \end{cases} \tag{5.1.18}$$

注 5.1.3 为了简便, 记 $X^{s,b}:=X^{s,b,2}$. 当 $r\neq 2$ 时, 在本章, $X^{s,b,r}$ 空间仅仅只用于 Klein-Gordon-Zakharov 系统到 Zakharov 系统的极限研究中, 在这种情形下需要临界空间 $X^{s,\pm\frac{1}{2},r}$.

当 $r=2$ 时, (5.1.18) 式中的范数具有如下形式:

$$\|u\|_{X^{s,b}}=C\|\langle\xi\rangle^s\langle\tau-\omega(\xi)\rangle^b\mathcal{F}_{t,x}u\|_{L_{t,x}^2}, \tag{5.1.19}$$

其中, C 表示 Plancherel 恒等式中的常数, $\{(\tau,\xi)\mid\tau=\omega(\xi)\}$ 称为 $X^{s,b}$ 空间的特征曲面. 任意 $1\leqslant r<\infty$, 定义 $X^{s,b,r}$ 空间的对偶空间为

$$(X^{s,b,r})^*=X^{-s,-b,r/(r-1)}. \tag{5.1.20}$$

对于方程 (5.1.17), 赋予初值

$$u(0,x)=u_0(x), \tag{5.17a}$$

在区间 $0<t<T(0<T<1)$ 上可得初值问题 (5.1.17) 和 (5.1.17a) 的解为

$$u(t)=\mathrm{e}^{\mathrm{i}t\omega(\mathrm{i}\nabla)}\left[\chi(t)u(0)-\mathrm{i}\mathcal{I}_T\mathrm{e}^{-\mathrm{i}t\omega(\mathrm{i}\nabla)}f(t)\right], \tag{5.1.21}$$

这里, $\chi(t)\in C_0^\infty(\mathbb{R})$ 由 (5.1.7) 式定义, 时间算子 $\mathcal{I}_T$ 定义为

$$(\mathcal{I}_T f)(t)=\int_{\substack{0<s<t\\ t-T<s<T}} f(s)\mathrm{d}s=\int_0^T((0,T)f)(t-s)\mathrm{d}s. \tag{5.1.22}$$

于是, (5.1.21) 式中的 $u(t,x)$ 在 $t\in\mathbb{R}$ 上都有定义, 这有利于估计 $X^{s,b}$ 范数. 在随后的估计中, 隐含常数不依赖于 $T\quad(0<T<1)$. 现在给出 (5.1.21) 式的证明.

(5.1.21) 式的证明 在 (5.1.17) 式两端乘以 $\mathrm{e}^{-\mathrm{i}t\omega(\mathrm{i}\nabla)}$ 可得

$$\frac{\mathrm{d}}{\mathrm{d}t}\left(\mathrm{i}\mathrm{e}^{-\mathrm{i}t\omega(\mathrm{i}\nabla)}u\right)=\mathrm{e}^{-\mathrm{i}t\omega(\mathrm{i}\nabla)}f.$$

于是,

$$u(t)=\mathrm{e}^{\mathrm{i}t\omega(\mathrm{i}\nabla)}\left[u_0-\mathrm{i}\int_0^t\mathrm{e}^{-\mathrm{i}s\omega(\mathrm{i}\nabla)}f(s)\mathrm{d}s\right],$$

令 $F(t)=\mathrm{e}^{-\mathrm{i}t\omega(\mathrm{i}\nabla)}f(t)$, 则对 $0<t<T(0<T<1)$,

$$\mathcal{I}_T(F)(t)=\int_{\substack{0<s<t\\ t-T<s<T}}F(s)\mathrm{d}s.$$

故 (5.1.21) 式成立. □

下面给出 $X^{s,b}$ 空间的基本性质.

引理 5.1.1 令 $s\in\mathbb{R}$ 及 $r\in[1,\infty]$, 则如下结论成立:

(i) 任意 $b\in\mathbb{R}$ 可得

$$\|\,\mathrm{e}^{\mathrm{i}t\omega(\mathrm{i}\nabla)}\chi(t)\varphi\,\|_{X^{s,b,r}}\lesssim\|\,\varphi\,\|_{H^s}\,. \tag{5.1.23}$$

(ii) $\forall b\in\left(-\dfrac{1}{2},\dfrac{1}{2}\right)$, $\forall\theta\in[0,1]$ 可得

$$\|\,\mathrm{e}^{\mathrm{i}t\omega(\mathrm{i}\nabla)}\mathcal{I}_T\mathrm{e}^{-\mathrm{i}t\omega(\mathrm{i}\nabla)}f\,\|_{X^{s,b+\theta}}\lesssim T^{1-\theta}\,\|\,f\,\|_{X^{s,b}}\,. \tag{5.1.24}$$

(iii) 对临界情形 $b=-\dfrac{1}{2}$ 可得

$$\|\,\mathrm{e}^{\mathrm{i}t\omega(\mathrm{i}\nabla)}\mathcal{I}_T\mathrm{e}^{-\mathrm{i}t\omega(\mathrm{i}\nabla)}f\,\|_{X^{s,\frac{1}{2},\infty}\cap(L^\infty\cap C)(H^s)}\lesssim\|\,f\,\|_{X^{s,-\frac{1}{2},1}}\,. \tag{5.1.25}$$

(iv) 令 $P:\mathbb{R}^d\to[0,\infty]$, V 是 $\mathbb{R}^d$ 上的一个 Banach 函数空间且对某一 $q\geqslant 2$ 时满足如下不等式:

$$\|\,P(\mathrm{i}\nabla)\mathrm{e}^{\mathrm{i}t\omega(\mathrm{i}\nabla)}f\,\|_{L_t^qV_x}\lesssim\|\,f\,\|_{H_x^s}, \tag{5.1.26}$$

则对任意 $b>\dfrac{1}{2}$ 可得

$$\|\,P(\mathrm{i}\nabla)u\,\|_{L_t^qV_x}\lesssim\|\,u\,\|_{X^{s,b}}\,. \tag{5.1.27}$$

证明 (i) 利用 $X^{s,b,r}$ 空间的定义知

$$\begin{aligned}\|\,\mathrm{e}^{\mathrm{i}t\omega(\mathrm{i}\nabla)}\chi(t)\varphi\,\|_{X^{s,b,r}}&=\|\,\mathrm{e}^{-\mathrm{i}t\omega(\mathrm{i}\nabla)}\mathrm{e}^{\mathrm{i}t\omega(\mathrm{i}\nabla)}\chi(t)\varphi\,\|_{B^b_{2,r}H^s_x}\\&=\|\,\chi(t)\varphi\,\|_{B^b_{2,r}H^s_x}\\&=\|\|\,j^bk^s(\chi(t)\varphi)_{j,k}\,\|_{L^2_{t,x}(\mathbb{R}^{1+d})}\|_{\ell^r_j\ell^2_k}\\&\lesssim\|\,\varphi\,\|_{H^s}\,.\end{aligned}$$

(ii) 因函数 $(0,T)(t)$ 在 $L^\infty \cap B^{\frac{1}{2}}_{2,\infty}$ 中一致有界, 故当 $b \in \left(-\frac{1}{2}, \frac{1}{2}\right)$ 时, 在 $(0,T)$ 的截断在 $H^b(\mathbb{R})$ 中有界. 令 $g = \mathrm{e}^{-\mathrm{i}t\omega(\mathrm{i}\nabla)} f$, 则由 (5.1.22) 式中的第二个等式可得

$$\begin{aligned}\| \mathcal{I}_T g \|_{H^b_t(\mathbb{R})} &\leqslant \int_0^T \| ((0,T)g)(t-s) \|_{H^b_t(\mathbb{R})} \,\mathrm{d}s \\ &\leqslant T \| (0,T)g \|_{H^b_t(\mathbb{R})} \\ &\lesssim T \| g \|_{H^b_t(\mathbb{R})}, \quad b \in \left(-\frac{1}{2}, \frac{1}{2}\right). \end{aligned} \tag{5.1.28}$$

此外, 由于

$$\partial_t \mathcal{I}_T g(t) = (0,T)(t) \cdot g(t) - (T,2T)(t) g(t-T), \quad (0 < t - T < T). \tag{5.1.29}$$

故当 $b \in \left(-\frac{1}{2}, \frac{1}{2}\right)$ 时, $\mathcal{I}_T$ 是 $H^b \to H^{b+1}$ 的有界算子.

利用复插值估计与空间 $X^{s,b}$ 的定义可得: 对任意 $b \in \left(-\frac{1}{2}, \frac{1}{2}\right)$, $\theta \in [0,1]$ 成立

$$\begin{aligned}\| \mathrm{e}^{\mathrm{i}t\omega(\mathrm{i}\nabla)} \mathcal{I}_T \mathrm{e}^{-\mathrm{i}t\omega(\mathrm{i}\nabla)} f \|_{X^{s,b+\theta}} &= \| \mathrm{e}^{-\mathrm{i}t\omega(\mathrm{i}\nabla)} \mathrm{e}^{\mathrm{i}t\omega(\mathrm{i}\nabla)} \mathcal{I}_T \mathrm{e}^{-\mathrm{i}t\omega(\mathrm{i}\nabla)} f \|_{B^{b+\theta}_{2,2} H^s_x} \\ &= \| \mathcal{I}_T \mathrm{e}^{-\mathrm{i}t\omega(\mathrm{i}\nabla)} f \|_{H^{b+\theta} H^s_x} \\ &\leqslant T^{1-\theta} \| \mathrm{e}^{-\mathrm{i}t\omega(\mathrm{i}\nabla)} f \|_{H^b H^s_x} \\ &= T^{1-\theta} \| f \|_{X^{s,b}} . \end{aligned} \tag{5.1.30}$$

(iii) 因截断算子是从 $B^{-\frac{1}{2}}_{2,1} \to B^{-\frac{1}{2}}_{2,\infty}$ 上的有界算子,

$$\| \mathrm{e}^{\mathrm{i}t\omega(\mathrm{i}\nabla)} \mathcal{I}_T \mathrm{e}^{-\mathrm{i}t\omega(\mathrm{i}\nabla)} f \|_{X^{s,\frac{1}{2},\infty} \cap (L^\infty \cap C)(H^s)} \lesssim \| f \|_{X^{s,-\frac{1}{2},1}} .$$

且因对每一个固定的 t, $\mathcal{I}_T$ 可看成 $B^{\frac{1}{2}}_{2,\infty}$ 和 $B^{-\frac{1}{2}}_{2,1}$ 的二元对偶, 再用标准的稠密性讨论可得连续性.

(iv) 利用迹讨论,

$$\| P(\mathrm{i}\nabla) u \|_{L^q_t V_x} \lesssim \| P(\mathrm{i}\nabla) \mathrm{e}^{\mathrm{i}tH} \mathrm{e}^{-\mathrm{i}\tau H} u(\tau) \|_{L^q_t L^\infty_\tau V_x} . \tag{5.1.31}$$

再利用 Sobolev 嵌入 $H^b(\mathbb{R}) \subset L^\infty(\mathbb{R})$, Minkowski 不等式 $H^b_\tau L^q_t \subset L^q_t H^b_\tau$ 可得 (5.1.31) 式的右端

$$\begin{aligned} &\lesssim \| \mathrm{e}^{-\mathrm{i}\tau H} P(\mathrm{i}\nabla) \mathrm{e}^{\mathrm{i}tH} u(\tau) \|_{H^b_\tau L^q_t V_x} \\ &\lesssim \| \mathrm{e}^{-\mathrm{i}\tau H} u(\tau) \| \|_{H^b_\tau H^s_x} \\ &= \| u \|_{X^{s,b}} . \end{aligned}$$

□

注 5.1.4 在随后的讨论中, $P(\mathrm{i}\nabla)$ 将是恒等式或是某频率的截断.

下面给出一个插值不等式, 这个插值不等式联系了 $X^{s,b}$ 空间与能量空间. 利用这个不等式可导出 Strichartz 范数的有界性. 类似的具有小的正则性损失的估计首先在文献 [137] 中给出, 这个小的正则性损失在文献 [138] 中被移去. 通过特殊选择 $(b_0,b_1)=(1,0)$ 并利用嵌入 $L^\infty(0,T)\subset T^{\frac{1}{2}}L^2(0,T)$, 下面的引理包含了文献 [138] 中的相关估计式.

引理 5.1.2 令 $\omega:\mathbb{R}^d\to\mathbb{R}$ 且 $P,\ Q,\ R:\mathbb{R}^d\to[0,\infty]$ 是可测函数, 且对所有 $\xi\in\mathrm{supp}\varphi_j$ 及 $j\in\mathbb{D}$ 一致满足

$$
\begin{aligned}
Q(\xi)\gtrsim Q_j:=\sup_{\eta\in\mathrm{supp}\varphi_j}Q(\eta),\\
R(\xi)\gtrsim R_j:=\sup_{\eta\in\mathrm{supp}\varphi_j}R(\eta).
\end{aligned}
\tag{5.1.32}
$$

令 V 是 $\mathbb{R}^d$ 上的一个 Banach 空间且满足如下估计式:

$$
\begin{aligned}
&\| P(\mathrm{i}\nabla)\mathrm{e}^{\mathrm{i}tH}f\|_{L_t^2V_x}\lesssim\| f\|_{H^s},\\
&\| f\|_V^2\lesssim\sum_{j\in\mathbb{D}}\| f_j\|_V^2\ .
\end{aligned}
\tag{5.1.33}
$$

再令 $s_0,s_1,s\in\mathbb{R}$, $b_0,b_1\in[0,1]$, $b_0\neq b_1$, $\theta\in(0,1)$ 并假设

$$
s=(1-\theta)s_0+\theta s_1,\quad \frac{1}{2}=(1-\theta)b_0+\theta b_1. \tag{5.1.34}
$$

则如下估计式成立:

$$
\|(PQ^{1-\theta}R^\theta)(\mathrm{i}\nabla)u(t)\|_{L_t^2V_x}\lesssim\| Q(\mathrm{i}\nabla)u\|_{X^{s_0,b_0}}^{1-\theta}\| R(\mathrm{i}\nabla)u\|_{X^{s_1,b_1}}^{\theta}\ . \tag{5.1.35}
$$

证明 令 $f=(PQ^{1-\theta}R^\theta)(\mathrm{i}\nabla)u$. 利用迹讨论可得

$$
\| f_k\|_{L_t^2V_x}\lesssim\|\mathrm{e}^{\mathrm{i}tH}\mathrm{e}^{-\mathrm{i}\tau H}f_k(\tau)\|_{L_t^2L_\tau^\infty V_x},\quad \forall k\in\mathbb{D}. \tag{5.1.36}
$$

利用实插值估计, $b_0\neq b_1$ 及 Sobolev 嵌入可得 $(H^{b_0},H^{b_1})_{\theta,1}\subset B_{2,1}^{\frac{1}{2}}\subset L^\infty$. 于是, 对任意 g 可得

$$
\| g\|_{L_\tau^\infty V_x}\lesssim\| g\|_{H_\tau^{b_0}V_x}^{1-\theta}\| g\|_{H_\tau^{b_1}V_x}^{\theta}\ . \tag{5.1.37}
$$

再利用 Hölder 不等式, 交换 τ 与 t 的积分顺序得到

$$
\begin{aligned}
\| f_k\|_{L_t^2V_x}\lesssim&\|\mathrm{e}^{\mathrm{i}tH}\mathrm{e}^{-\mathrm{i}\tau H}f_k(\tau)\|_{H_\tau^{b_0}L_t^2V_x}^{1-\theta}\\
&\|\mathrm{e}^{\mathrm{i}tH}\mathrm{e}^{-\mathrm{i}\tau H}f_k(\tau)\|_{H_\tau^{b_1}L_t^2V_x}^{\theta}\ .
\end{aligned}
\tag{5.1.38}
$$

利用 (5.1.32) 和 (5.1.33) 式及 $s=(1-\theta)s_0+\theta s_1$, (5.1.38) 式的右端

$$\begin{aligned}&\lesssim \| \mathrm{e}^{-\mathrm{i}\tau H}(Q^{1-\theta}R^{\theta})(\mathrm{i}\nabla)u_k(\tau)\|^{1-\theta}_{H^{b_0}_\tau H^s_x}\| \mathrm{e}^{-\mathrm{i}\tau H}(Q^{1-\theta}R^{\theta})(\mathrm{i}\nabla)u_k(\tau)\|^{\theta}_{H^{b_1}_\tau H^s_x}\\ &\lesssim Q_k^{1-\theta}R_k^{\theta}k^{(s-s_0)(1-\theta)}k^{(s-s_1)\theta}\| \mathrm{e}^{-\mathrm{i}\tau H}u_k(\tau)\|^{1-\theta}_{H^{b_0}_\tau H^{s_0}_x}\| \mathrm{e}^{-\mathrm{i}\tau H}u_k(\tau)\|^{\theta}_{H^{b_1}_\tau H^{s_1}_x}.\end{aligned} \tag{5.1.39}$$

再对 $k\in\mathbb{D}$ 作 ℓ^2 求和, 利用 $s=(1-\theta)s_0+\theta s_1$ 可得到 (5.1.35) 式. □

再做一次插值估计, 立即可得

推论 5.1.1 假设 (5.1.32) 式成立且 $|P|\lesssim 1$, 则如下估计式成立:

$$\| P(\mathrm{i}\nabla)u\|_{L^2((H^s,V)_{\theta,2})}\lesssim \| u\|_{X^{s,\frac{\theta}{2}}}, \tag{5.1.40}$$

这里 $\theta\in(0,1)$, $(\cdot,\cdot)_{\theta,r}$ 表示实插值空间.

证明 在文献 [139] 中的引理 2 给出了同样类型的估计式 (关于时间的小的正则性损失). 这个引理是当取 $H=|\nabla|$ 时, 用对偶形式写出, 且这个引理的证明可应用到一般情形. 这里, 可利用引理 5.1.2 及插值定理得到

$$\begin{aligned}&X^{s,\frac{\theta}{2}}=(X^{s,0},X^{s,1})_{\frac{\theta}{2},2}=(X^{s,0},(X^{s,0},X^{s,1})_{\frac{1}{2},1})_{\theta,2},\\ &\underrightarrow{P(\mathrm{i}\nabla)}(L^2H^s,L^2V)_{\theta,2}=L^2((H^s,V)_{\theta,2}).\end{aligned} \tag{5.1.41}$$

□

5.2 能量空间中的一致界估计

本节主要考虑当高频和亚音速极限 (c,α) 同时趋于 ∞ 时, 从 Klein-Gordon-Zakharov 系统 (5.0.1) 到非线性 Schrödinger 方程 (5.0.8) 的极限问题. 虽然从形式上看, (c,α) 同时趋于 ∞ 时, 系统 (5.0.1) 的解可收敛到方程 (5.0.8) 的解. 这里, 将对这个极限问题给出理论证明. 当 $c\neq\alpha$ 时, 在文献 [95] 中的定理 1.1 给出了系统 (5.0.1) 在空间 $X^{1,b}\times Y^{0,b}$ 中的局部适定性, 即对任意具有有限能量的初值, 系统 (5.0.1) 存在惟一的局部解. 下面给出在 $c\neq\alpha$ 时极限问题的主要结果.

注 5.2.1 在主要结果里, 对解加上上标 (c,α) 是为强调解对极限参数 (c,α) 的依赖性. 在随后的讨论中, 将去掉这个上标 (c,α).

定理 5.2.1 设 $0<\gamma<1$. 当 $\alpha\leqslant\gamma c$ 时, 考虑极限 $(c,\alpha)\to\infty$. 对每一对 (c,α), 令 $(E^{c,\alpha},n^{c,\alpha})$ 是由文献 [95] 给出的系统 (5.0.1) 的解, 且它的最大存在时间记为 $T^{c,\alpha}$. 假定对某一 $(\varphi,\psi)\in H^1$, 系统 (5.0.1) 的初值满足

$$\text{在 } H^1 \text{ 中},\ \big(E^{c,\alpha}(0),c^{-2}I_c\partial_tE^{c,\alpha}(0)\big)\to(\varphi,\psi), \tag{IVC-1}$$

$$\big(n^{c,\alpha}(0),|\alpha\nabla|^{-1}\partial_t n^{c,\alpha}(0)\big)\ \text{在 } L^2 \text{ 中有界}, \tag{IVC-2}$$

且 (IVC-2) 式在高频时具有一致退化估计, 即

$$\lim_{R\to\infty}\limsup_{(c,\alpha)\to\infty}\left\|\left(n^{c,\alpha}(0),|\alpha\nabla|^{-1}\partial_t n^{c,\alpha}(0)\right)_{>R}\right\|_{L^2}=0. \tag{5.2.1}$$

令 $\mathbb{E}^\infty:=(\mathbb{E}_+^\infty,\mathbb{E}_-^\infty)$ 是方程 (5.0.8) 具有初值条件

$$\mathbb{E}^\infty(0)=\frac{1}{2}(\varphi-\mathrm{i}\psi,\bar{\varphi}-\mathrm{i}\bar{\psi}) \tag{5.2.2}$$

的解, 且最大存在时间为 T^∞. 则有 $\liminf T^{c,\alpha}\geqslant T^\infty$, 且对所有 $0<T<T^\infty$

$$\begin{aligned}
&\text{在 } C([0,T];H^1) \text{ 中, } E^{c,\alpha}-\left(\mathrm{e}^{\mathrm{i}c^2t}\mathbb{E}_+^\infty+\mathrm{e}^{-\mathrm{i}c^2t}\overline{\mathbb{E}_-^\infty}\right)\to 0,\\
&\text{在 } C([0,T];H^1) \text{ 中}, c^{-2}I_c\partial_t E^{c,\alpha}-\mathrm{i}\left(\mathrm{e}^{\mathrm{i}c^2t}\mathbb{E}_+^\infty-\mathrm{e}^{-\mathrm{i}c^2t}\overline{\mathbb{E}_-^\infty}\right)\to 0,\\
&\text{在 } C([0,T];L^2) \text{ 中}, n^{c,\alpha}+|\mathbb{E}^\infty|^2-n_f^{c,\alpha}\to 0,\\
&\text{在 } C([0,T];L^2) \text{ 中}, |\alpha\nabla|^{-1}\left(\partial_t n^{c,\alpha}-\partial_t n_f^{c,\alpha}\right)\to 0,
\end{aligned}$$

其中, $n_f^{c,\alpha}$ 是由如下自由波方程的初值问题定义的自由波解:

$$\begin{cases}\alpha^{-2}\partial_t^2 n_f^{c,\alpha}-\Delta n_f^{c,\alpha}=0,\\ n_f^{c,\alpha}(0)=n^{c,\alpha}(0)+|\mathbb{E}^\infty(0)|^2,\quad \partial_t n_f^{c,\alpha}(0)=\partial_t n^{c,\alpha}(0).\end{cases} \tag{5.2.3}$$

注 5.2.2 如果关于 n 的初值在 L^2 的一个紧子集里, 对于高频的一致退化估计 (5.2.1) 当然能成立, 但它允许更一般的初值序列. 例如, 取初值为

$$n^{c,\alpha}(0)=U(t^{c,\alpha})\varphi(x-x^{c,\alpha})\quad(\varphi\in L^2(\mathbb{R}^3)), \tag{5.2.4}$$

且 $|x^{c,\alpha}|\to\infty$ 及/或 $t^{c,\alpha}\to\infty$. 这里, $U(t)$ 是由一个 Fourier 乘子定义的酉群, 例如 $U(t)=\mathrm{e}^{\mathrm{i}t|\nabla|}$ 或 $U(t)=\mathrm{e}^{\mathrm{i}t\Delta/2}$.

注 5.2.3 在文献 [95] 中的局部适定性结果里, 为保证惟一性成立, 需要某些额外的关于解类的限制, 即 $b>\dfrac{1}{2}$ 的 $X^{s,b}$ 型空间. 在文献 [140] 中, 将通过使用文献 [139] 中提出的类似讨论及本章的某些技巧证明能量阶意义下的无条件惟一性. 这个无条件惟一性对于 Zakharov 系统在能量阶意义下也成立. 这个证明将在文献 [140] 中给出. 事实上, 因它与收敛性问题不太相关, 这里的收敛性证明不利用初始系统的惟一性条件. 然而, 为了得到强收敛性, 本质上利用了对极限方程 (NLS) 的惟一性.

注 5.2.4 定理 5.2.1 的证明中, 根据做变换后的函数 $(\mathbb{E}, N)$ ($(\mathbb{E}, N)$ 由 (5.1.1) 式给出且是 (5.1.5) 式的解), 于是定理的假设变为

$$\text{在 } H^1 \text{ 中, } \mathbb{E}(0) \to \mathbb{E}^\infty(0), \ N(0) \text{ 在 } L^2 \text{ 中有界,}$$
$$\lim_{R\to\infty} \limsup_{(c,\alpha)\to\infty} \| N(0)_{>R} \|_{L^2} = 0.$$

相应的结论就变为

$$\text{在 } C([0,T]; H^1) \text{ 中, } \mathbb{E} - \mathbb{E}^\infty \to 0,$$
$$\text{在 } C([0,T]; L^2) \text{ 中, } N + |\mathbb{E}^\infty|^2 - N_f \to 0,$$

其中, $N_f := \mathrm{e}^{\mathrm{i}|\alpha\nabla|t}\left(N(0) + |\mathbb{E}^\infty(0)|^2\right)$.

证明中的主要部分是证明 $(\mathbb{E}, N)$ 在 $H^1 \times L^2$ 中的一致界. 因为初始能量 (5.0.2) 当 $c \to \infty$ 时是发散的, 故改为使用修正能量 $\mathcal{E}_M$. 它的时间导数有振荡误差项, 这可用具有 L^2 正则性的 $X^{s,b}$ 范数估计及具有 $H^{\frac{1}{2}}$ 正则性的关于 $\mathbb{E}$ 的 Strichartz 范数估计来得到这个误差项的有界性. 反过来, 利用能量的一致界可得到这些辅助范数的有界性.

5.2.1 函数空间和积分方程

固定参数 $\mu \in \left(\frac{1}{3}, \frac{1}{2}\right)$, $\nu \in \left(0, \frac{1}{6}\right)$, 使得

$$\max\left(\frac{1}{3} + \nu, \frac{1}{2} - \nu\right) < \mu < \frac{1-\nu}{2}. \tag{5.2.5}$$

例如, 可选取 $(\mu, \nu) = (21/48, 1/12)$, 其能量空间表示为

$$\mathcal{H} := L_t^\infty H_x^1 \times L_t^\infty L_x^2. \tag{5.2.6}$$

对于 $\mathbb{E}$ 和 N 的 $X^{s,b}$ 空间分别表示为

$$X^{s,b} := \mathrm{e}^{-\mathrm{i}t\Delta_c/2} H_t^b H_x^s, \quad Y^{s,b} := \mathrm{e}^{\mathrm{i}t|\alpha\nabla|} H_t^b H_x^s, \tag{5.2.7}$$

且使用如下特定指标

$$\mathcal{X}' := I_c^{1-\nu} X^{0,1} + I_c c^{-2\nu} X^{0,1-\nu}, \quad \mathcal{X} := \mathcal{X}' \times I_c^{-\nu} \alpha Y^{0,1}. \tag{5.2.8}$$

对于 Strichartz 范数, 由 (5.2.5) 式可固定 $\theta \in \left(0, \frac{1}{2}\right)$, 使得

$$\mu + \nu > \frac{1}{2} + \frac{\theta}{3}. \tag{5.2.9}$$

定义

$$\mathcal{M} := I_c^{\mu}\left(St_{1,1}^{\frac{1}{2},2} \cap St_{\theta,1}^{\frac{1}{2},2}\right). \tag{5.2.10}$$

这里, 对频率选取 ℓ^1 以至于到 L_x^∞ 上的 Sobolev 嵌入成立

$$\| I_c^{\nu}\mathbb{E} \|_{L^2L^\infty} \lesssim \| I_c^{\nu}\mathbb{E} \|_{L^2B^0_{\infty,1}} \lesssim \| I_c^{\nu}\mathbb{E} \|_{L^2B^{\frac{\theta}{2}}_{\frac{6}{\theta},1}} \lesssim \| \mathbb{E} \|_{\mathcal{M}}, \tag{5.2.11}$$

这里运用了 $\ell_k^1 L_t^2 \subset L_t^2 \ell_k^1$ 及 (5.2.9) 式.

为利用时空频率局部化, 必须将 $\mathbb{E}$ 与 N 从 $[0,T]\times\mathbb{R}^3$ 延拓至整个时空 $\mathbb{R}^{1+3}$. 因在这些估计式里也需要一个对 T 的简单依赖关系, 延拓将引起一些技术问题. 利用前面的记号, 将方程 (5.1.5) 在 $t\in(0,T)$ 上变换为在 $t\in\mathbb{R}$ 上都成立的积分方程:

$$\begin{aligned}
\mathbb{E}^\sharp(t) &:= \mathrm{e}^{-\mathrm{i}t\Delta_c/2}\left[\chi(t)\mathbb{E}(0) + \frac{\mathrm{i}}{2}\mathcal{I}_T \mathrm{e}^{\mathrm{i}t\Delta_c/2} I_c n(\mathbb{E}+\mathbb{E}^*)\right] := \mathbb{E}^0 + \mathbb{E}^1, \\
N^\sharp(t) &:= \mathrm{e}^{\mathrm{i}t|\alpha\nabla|}\left[\chi(t)N(0) + \mathrm{i}\mathcal{I}_T \mathrm{e}^{-\mathrm{i}t|\alpha\nabla|}|\alpha\nabla|\langle\mathbb{E},\mathbb{E}+\mathbb{E}^*\rangle\right] := N^0 + N^1,
\end{aligned} \tag{5.2.12}$$

这里, $(\mathcal{I}_T f)(t) = \displaystyle\int_{\substack{0<s<t\\ t-T<s<T}} f(s)\mathrm{d}s$ 可以看作积分及 $(0,T)$ 到 $\mathbb{R}$ 的延拓算子的复合. 于是, 如下结论成立:

引理 5.2.1 令 $(\mathbb{E},N)\in C\left([0,T];\omega-(H^1\times L^2)\right)$, $(\mathbb{E}^\sharp,N^\sharp)=\Phi(\mathbb{E},N)$ (由 (5.2.12) 式给定), 则 $(\mathbb{E}^\sharp,N^\sharp)\in C\left(\mathbb{R};S'(\mathbb{R}^3)\right)$ 且

$$\| (\mathbb{E}^\sharp,N^\sharp) \|_{\mathcal{H}(\mathbb{R})} \lesssim \| (\mathbb{E}^\sharp,N^\sharp) \|_{\mathcal{H}(0,T)}. \tag{5.2.13}$$

此外还有

(i) 若 $(\mathbb{E},N)$ 是方程 (5.1.5) 在 $(0,T)$ 上的一个弱解, 则在 $(0,T)$ 上, $(\mathbb{E}^\sharp,N^\sharp)=(\mathbb{E},N)$ 且在 $\mathbb{R}$ 上, $(\mathbb{E}^\sharp,N^\sharp)=\phi(\mathbb{E}^\sharp,N^\sharp)$.

(ii) 若对所有 $p>2$, $\mathbb{E}\in St_0^{1,p}(0,T)$, 则 $(\mathbb{E}^\sharp,N^\sharp)\in\mathcal{X}$ 且 $\mathbb{E}^\sharp\in\mathcal{M}$. 特别地, 若 $(\mathbb{E},N)$ 是由文献 [95] 中给定的方程 (5.1.5) 的解, 则由 (5.1.27) 式,

$$\mathbb{E}\in X^{1,\frac{1}{2}+}\subset St_0^{1,p}(0,T),$$

因此, 上面所有的结论成立.

证明 由 $\mathcal{I}_T$ 的定义可得

$$g(t) := \mathrm{e}^{\mathrm{i}t\Delta_c/2}\mathbb{E}^1(t) = \begin{cases} g(T)-g(t-T) & (T<t<2T), \\ 0 & (t\leqslant 0 \text{ 或 } 2T\leqslant t). \end{cases} \tag{5.2.14}$$

于是 (5.2.13) 式成立. 此外, 因 (5.2.12) 式的右端是方程 (5.1.5) 在 $(0,T)$ 上的 Duhamel 公式, 且右端仅依赖于函数在 $(0,T)$ 上的取值. 因此, 结论 (i) 成立. 对于 (ii), 在 $(0,T)$ 上,

$$
\begin{aligned}
\| I_c^{-\varepsilon} N\mathbb{E} \|_{L^2L^2} &\lesssim c^{\varepsilon} \| N\mathbb{E} \|_{L^2L^{p'}} \\
&\lesssim c^{\varepsilon} \| N \|_{L^\infty L^2} \| \mathbb{E} \|_{L^2L^{\frac{3}{\varepsilon}}} \\
&\lesssim c^{\varepsilon} T^{\frac{\varepsilon}{3}} \| N \|_{L^\infty L^2} \| \mathbb{E} \|_{St_0^{1,p}},
\end{aligned} \tag{5.2.15}
$$

这里, $\frac{1}{p}=\frac{1}{2}-\frac{\varepsilon}{3}=1-\frac{1}{p'}$. 类似地可得

$$
\| I_c^{-\varepsilon} |\alpha\nabla| (\mathbb{E})^2 \|_{L^2L^2} \lesssim \alpha c^{\varepsilon} T^{\frac{\varepsilon}{3}} \| \mathbb{E} \|_{L^\infty H^1} \| \mathbb{E} \|_{St_0^{1,p}} . \tag{5.2.16}
$$

因此, 选取 $\varepsilon=\frac{\nu}{2}$, 利用 (5.1.24) 式可推得 $(\mathbb{E}^\sharp, N^\sharp)\in\mathcal{X}$. 然后, 引理 5.1.2 蕴含着 $\forall a\in(0,1], I_c^{\frac{\nu-1}{2}}\mathbb{E}^\sharp\in St_a^{\frac{1}{2}+\frac{\nu}{4},2}$. 因 $\mu<(1-\nu)/2$ 且 $\nu>0$, 故 $\mathbb{E}^\sharp\in\mathcal{M}$. □

5.2.2 共振频率与非共振频率相互作用

非共振频率表示为如下形式:

$$
\mathbb{D}_X := \left\{ j\in\mathbb{D} \mid \left|\log\left(\frac{j}{M}\right)\right| > 5 \right\}, \quad M := \frac{2c^2}{c^2-\alpha^2}\alpha, \tag{5.2.17}
$$

这里, 共振频率 M 由方程 $\alpha M=\omega_c(M)$ 决定. 因 $\alpha/c\leqslant\gamma<1$, 故 $M\sim\alpha$. 对于函数 $u\in Y^{s,b}$ 及 $v,w\in X^{s,b}$, 需估计相互作用项 $\langle\Re(u)v\mid w\rangle_{t,x}$ 及 $\langle\Re(u)v^*\mid w\rangle_{t,x}$. 这种类型的内积出现在如下三个地方:

(i) $\mathbb{E}$ 的 Duhamel 形式: $u=N$ 及 $v=\mathbb{E}$ 是解, w 是耦合的测试函数.

(ii) N 的 Duhamel 形式: $v=w=\mathbb{E}$ 是解, u 是耦合的测试函数.

(iii) 修正能量的误差项: $u=N$, $v=w=\mathbb{E}$ 是解.

当然, 由于这些函数来自于同一个 Lagrangian 算子, 此 Lagrangian 算子包含如上形式的时空内积项, 故这些情形自然是吻合的.

注 5.2.5 正如在第 4 章中的一样, 利用 $X^{s,b}$ 空间的思想: 利用与特征曲面的距离分解这些空间中的每一个函数. 在这里, 非共振仅意味着当所有这些函数接近特征曲面时, 它们的相互作用消失. 换言之, 可假设这些函数中至少有一个与特征曲面的距离不为 0, 这个距离可用 δ 表示. 从 $X^{s,b}$ 范数可得到 δ^{-1} 的利润, 其原因在于这些函数都可用它们到其特征曲面的距离来掂估.

根据到特征曲面 $\tau=\omega(\xi)$ 的某一距离 δ, 函数 f 可被分解. 利用 (5.1.8) 式, f 可表示为

$$
f^C=P_{|\tau-\omega(\xi)|\leqslant\delta}f, \quad f^F=P_{|\tau-\omega(\xi)|>\delta}f. \tag{5.2.18}
$$

此时, 称 f 在距特征曲面 δ 处被分解. 虽然曲面 ω 的选择在这个记号里是隐含的形式, 但它不会造成歧义. 例如, 把解按如下形式分解:

$$
\begin{aligned}
&N^C=P_{|\tau-\alpha|\xi||\leqslant\delta}N, \quad \mathbb{E}^C=P_{|\tau-\omega_c(\xi)|\leqslant\delta}\mathbb{E}, \\
&N^F=N-N^C, \quad \mathbb{E}^F=\mathbb{E}-\mathbb{E}^C.
\end{aligned} \tag{5.2.19}
$$

为了研究方便, 给出如下记号:

$$\begin{aligned} &n^C := \Re(N^C), \quad n^F := \Re(N^F), \\ &\mathbb{E}^{*C} := (\mathbb{E}^C)^*, \quad \mathbb{E}^{*F} := (\mathbb{E}^F)^*, \end{aligned} \tag{5.2.20}$$

其中, $\mathbb{E}^* = \mathrm{e}^{-2\mathrm{i}c^2t}(\overline{\mathbb{E}_2}, \overline{\mathbb{E}_1})$ 是由 (5.1.1) 式定义的 $\mathbb{E}$ 的共轭. 此外, 对任意区间 $I \subset \mathbb{R}$,

$$I^C = P_{|\tau|\leqslant\delta} I, \quad I = I^C + I^F. \tag{5.2.21}$$

下面给出有关非共振性的一个引理, 其决定了 δ 的选择.

引理 5.2.2 令 $\alpha/c \leqslant \gamma < 1$, I 是一个有限区间, u, v, w 是任意的时空函数, 对每一个二进制频率 $j, k, l \in \mathbb{D}$, 在距离特征曲面 $\tau = \alpha|\xi|$ 为 $\delta > 0$ 处分解 u_j, 在距离特征曲面 $\tau = \omega_c(\xi)$ 为 $\delta > 0$ 处分解 v_k 和 w_l, 即 $u^C = P_{|\tau-\alpha|\xi||\leqslant\delta} u, v^C = P_{|\tau-\omega_c(\xi)|\leqslant\delta} v$. 故存在仅依赖于 γ 的 $\varepsilon_0 > 0$, 使得

(i) 若 $\delta \leqslant \varepsilon_0 (\alpha + (c \wedge l))\, l$ 且 $k/\varepsilon_0 < j \in \mathbb{D}_X$ 或 $k/\varepsilon_0 < l \in \mathbb{D}_X$, 则有

$$\langle \Re(u_j^C) v_k^C \mid w_l^C \rangle_{t,x} = 0 = \langle \Re(u_j^C) v_k^C \mid I^C w_l^C \rangle_{t,x}.$$

(ii) 若 $\delta \leqslant \varepsilon_0 (c + j + k + l)\, c$, 则有 $\langle \Re(u_j^C) v_k^{*C} \mid w_l^C \rangle_{t,x} = 0$ 且 $\langle \Re(u_j^C) v_k^{*C} \mid I^C w_l^C \rangle_{t,x} = 0$.

其证明参见第 4 章引理 4.1.5. □

此外, 对于 I^F, 也有如下估计式成立:

$$\| I^F \|_{L^1(\mathbb{R})} \lesssim |I| \wedge \delta^{-1}, \tag{5.2.22}$$

其证明参见第 4 章 (4.2.13) 式.

5.2.3 $X^{s,b}$ 范数, Strichartz 范数与能量范数的估计式

首先估计 $X^{s,b}$ 范数 $\mathcal{X}$. 在这些估计式里, 主要利用了 Hölder 不等式及频率大于 c 的某些相互作用项的双线性估计.

(1) $X^{s,b}$ 有界性

引理 5.2.3 对任意函数 $(\mathbb{E}, N) \in C\left([0,T]; \omega - (H^1 \times L^2)\right)$, 令 $(\mathbb{E}^\sharp, N^\sharp) = \phi(\mathbb{E}, N)$(见 (5.2.12) 式), 则

$$\| (\mathbb{E}^\sharp, N^\sharp) \|_{\mathcal{X}} \lesssim \| (\mathbb{E}, N) \|_{\mathcal{H}} \left(1 + \| \mathbb{E} \|_{\mathcal{M}} + c^{-\frac{1}{2}} (1 \wedge c^{2\nu} T^\nu) \| (\mathbb{E}, N) \|_{\mathcal{X}} \right). \tag{5.2.23}$$

证明 因 $(\mathbb{E}^\sharp, N^\sharp)$ 中的自由部分的估计是平凡的, 故只需考虑关于非线性部分 $(\mathbb{E}^1, N^1)$ 的估计式. 利用 (5.1.20) 及 (5.1.24) 式, 在 (5.1.24) 式中取 $\theta = 1$ 可得

$$\| I_c^\nu N^1 \|_{\alpha Y^{0,1}} \lesssim \sup \left\{ \langle I_c^\nu |\nabla| \langle \mathbb{E}, \mathbb{E} + \mathbb{E}^* \rangle \,|u\rangle_{t,x} | \; \| u \|_{L_t^2 L_x^2} \leqslant 1 \right\}. \tag{5.2.24}$$

与 (5.1.14) 式一样进行频率分解, (5.2.24) 式可由下式控制:

$$\begin{aligned}
&\int \mathrm{d}t \sum_{\substack{(j,k,l)\in\mathcal{J}\\ k\geqslant l}} \frac{\langle l/c\rangle^{\nu} j}{\langle j/c\rangle^{\nu} k} \| \mathbb{E}_k \|_{H_x^1} \| I_c^{\nu}\mathbb{E}_l \|_{L_x^{\infty}} \| u_j \|_{L_x^2}\\
&\lesssim \| \mathbb{E} \|_{L^\infty H^1} \| I_c^{\nu}\mathbb{E} \|_{L^2 L^\infty} \| u \|_{L^2 L^2}\\
&\lesssim \| \mathbb{E} \|_{L^\infty H^1} \| I_c^{\nu}\mathbb{E} \|_{L^2 B^0_{\infty,1}} \| u \|_{L^2 L^2},
\end{aligned} \tag{5.2.25}$$

这里, 首先利用空间范数的 ℓ_k^2, ℓ_l^1 及 ℓ_j^2 在 $\mathcal{J}$ 上求和, 然后关于时间积分, 利用 (5.2.11) 式可得

$$\| N^1 \|_{I_c^{-\nu}\alpha Y^{0,1}} \lesssim \| \mathbb{E} \|_{L^\infty H^1} \| \mathbb{E} \|_{\mathcal{M}}\ . \tag{5.2.26}$$

类似地, 由 (5.1.20) 及 (5.1.24) 式可得

$$\begin{aligned}
&\| \mathbb{E}^1 \|_{I_c^{1-\nu} X^{0,1} + I_c c^{-2\nu} X^{0,1-\nu}}\\
&\quad \lesssim \sup\left\{ \langle n(\mathbb{E}+\mathbb{E}^*) \mid u\rangle_{t,x} \,\middle|\, \| u \|_{I_c^{\nu} X^{0,0} \cap c^{2\nu} X^{0,\nu}} \leqslant 1 \right\},
\end{aligned} \tag{5.2.27}$$

其中, 可用 (5.1.14) 式分解上面的 (t,x) 积分,

$$\langle n(\mathbb{E}+\mathbb{E}^*) \mid u\rangle_{t,x} = \int \mathrm{d}t \sum_{(j,k,l)\in\mathcal{J}} \langle n_j(\mathbb{E}_k+\mathbb{E}_k^*) \mid u_l\rangle_x. \tag{5.2.28}$$

令 $m:=\min(j,k,l)$, $h:=\max(j,k,l)$, 则关于 x 的积分可由下式控制:

$$\left\langle \frac{l}{c} \right\rangle^{-\nu} \left\langle \frac{k}{c} \right\rangle^{\nu} \left(\frac{m}{k}\right)^{\frac{\theta}{2}} \| N_j \|_{L_x^2} \| \mathbb{E}_k \|_{I_c^{-\nu} B^{\frac{\theta}{2}}_{\frac{6}{\theta},2}} \| u_l \|_{I_c^{\nu} L_x^2}\ . \tag{5.2.29}$$

接着考虑在 $\mathcal{J}$ 上的求和. 考虑到空间 $\mathcal{H}$ 及 $\mathcal{M}$, 分别对 N_j 和 $\mathbb{E}_k$ 及 u_l 的空间范数取 ℓ_j^2 和 ℓ_k^1 及 ℓ_l^2.

(i) 若 $m=k\leqslant j\sim l$, 则系数是有界的, $\mathbb{E}_k$ 的范数对于 $m=k$ 时是可求和的, N_j 和 u_l 的范数对 $h\sim l\sim j$ 可求和.

(ii) 若 $m=j$ 或者 $m=l\leqslant k\sim j\lesssim c$, 则系数可被 $(m/h)^{\frac{\theta}{2}}$ 控制, 由此给出了对于 m 的可求和性.

因此, 在以上这 3 种情形下, 利用关于 t 的 Hölder 不等式, (5.2.27) 式可由如下式子控制:

$$\| N_j \|_{L_t^\infty \ell_j^2 L_x^2} \| \mathbb{E}_k \|_{L_t^2 \ell_k^1 I_c^{-\nu} B^{\frac{\theta}{2}}_{\frac{6}{\theta},2}} \| u_l \|_{L_t^2 \ell_l^2 I_c^{\nu} L_x^2} \lesssim \| N \|_{L^\infty L^2} \| \mathbb{E} \|_{\mathcal{M}}\ . \tag{5.2.30}$$

在其余情形下, 即当 $l+c\ll j\sim k$ 时, 因由 (5.2.9) 及 (5.2.5) 式的右端不等式知 $\dfrac{\theta}{2}<\nu$, 由此所得估计式中的系数不是有界的. 若允许丢掉某些 I_c, 则在 (5.2.27)

式中的积分可由如下估计式控制：

$$\left\langle \frac{k}{c} \right\rangle^{\mu-\frac{5}{6}} \left\langle \frac{l}{c} \right\rangle^{\frac{5}{6}-\mu} \left(\frac{l}{k} \right)^{\frac{1}{2}} \| N_j \|_{L_x^2} \| \mathbb{E}_k \|_{I_c^{\frac{5}{6}-\mu} B_{6,2}^{\frac{1}{2}}} \| u_l \|_{I_c^{\mu-\frac{5}{6}} L_x^2}, \tag{5.2.31}$$

这里, 因 $\mu > \dfrac{1}{3}$, 故关于 l 的系数是可求和的. 特别地, 如下不等式成立：

$$\| I_c^{\frac{5}{6}-\mu} N\mathbb{E} \|_{L^2 L^2} \lesssim \| N \|_{L^\infty L^2} \| \mathbb{E} \|_{\mathcal{M}} . \tag{5.2.32}$$

(5.2.32) 式将对能量估计式中某些四次项的估计有用, 但不足以包括对 $\mathcal{X}$ 和 $\mathcal{M}$ 及 $\mathcal{H}$ 的所有估计式有用. 为重新得到可加性, 可利用在距离特征曲面 $\delta \sim ch = ck$ 处的非共振性. 利用引理 5.2.2, 分解如上 (t,x) 积分为如下形式：

$$\begin{aligned} &\langle n_j^F E_k \mid u_l \rangle_{t,x} + \langle n_j^C E_k^F \mid u_l^C \rangle_{t,x} + \langle n_j^C E_k \mid u_l^F \rangle_{t,x} \\ &=: A_1 + A_2 + A_3, \end{aligned} \tag{5.2.33}$$

由于在这种情形下, $\mathbb{E}_k$ 与 $\mathbb{E}_k^*$ 具有相同的非共振性, 故可用 E_k 表示 $\mathbb{E}_k$ 及 $\mathbb{E}_k^*$. 因此, 每一个积分可由如下估计式控制：

$$\begin{aligned} A_1 &\lesssim (ch)^{-1} \alpha \left(\frac{j}{c} \right)^{\nu} k^{-1} l^{\frac{3}{2}} \\ &\quad \times \| N_j \|_{I_c^{-\nu} \alpha Y^{0,1}} \| \mathbb{E}_k \|_{L^\infty H^1} \| u_l \|_{L^2 L^2}, \\ A_2 &\lesssim (ch)^{-1} \left(\frac{k}{c} \right)^{-1+\nu} l^{\frac{3}{2}} \\ &\quad \times \| N_j \|_{L^\infty L^2} \| \mathbb{E}_k \|_{I_c^{1-\nu} X^{0,1} + c^{-2\nu} I_c X^{0,1-\nu}} \| u_l \|_{L^2 L^2}, \\ A_3 &\lesssim (ch)^{-\nu} \left(\frac{k}{c} \right)^{\nu} \left(\frac{l}{k} \right)^{\frac{\theta}{2}} c^{2\nu} \\ &\quad \times \| N_j \|_{L^\infty L^2} \| \mathbb{E}_k \|_{I_c^{-\nu} L^2 B_{\frac{6}{\theta},2}^{\frac{\theta}{2}}} \| u_l \|_{c^{2\nu} X^{0,\nu}}, \end{aligned} \tag{5.2.34}$$

其中, ch 的幂指数来自于 δ, l 的幂指数来自于 Sobolev 嵌入. 对于 $l + c << k \sim j$, (5.2.34) 式中每一行的系数分别由如下式子控制：

$$c^{-\nu} \frac{\alpha}{c} h^{-2+\nu} l^{\frac{3}{2}}, \quad c^{-\nu} h^{-2+\nu} l^{\frac{3}{2}}, \quad \left(\frac{l}{h} \right)^{\frac{\theta}{2}}. \tag{5.2.35}$$

前两项在区域 $l + c << h \sim j \sim k$ 中对 (l,h) 可求和, 且和可被 $c^{-\frac{1}{2}}$ 控制. 它们的作用在于得到 $\mathbb{E}^1$ 在 $c^{-\frac{1}{2}} I_c X^{0,1}$ 中的有界性及 $\mathbb{E}^1$ 在 $T^\nu c^{-\frac{1}{2}} I_c X^{0,1-\nu}$ 中的有界性. 第三项仅对 l 可求和, 且其和可被 1 控制, 因此, 可使用 $\mathbb{E}_k$ 的范数对 k 进行求和得到如下关于 $\mathbb{E}^1$ 的估计式：

$$\| \mathbb{E}^1 \|_{\mathcal{X}'} \lesssim \| (\mathbb{E}, N) \|_{\mathcal{H}} \left(\| \mathbb{E} \|_{\mathcal{M}} + c^{-\frac{1}{2}} (1 \wedge c^{2\nu} T^{\nu}) \| (\mathbb{E}, N) \|_{\mathcal{X}} \right). \tag{5.2.36}$$

于是, 综合以上所有的估计式可得到 (5.2.23) 式. □

下面, 利用插值引理 5.1.2 及关于频率 $\mathbb{D}_X \ni k \lesssim c$ 的非共振双线性估计来估计 $\mathbb{E}$ 在 $\mathcal{M}$ 中的范数.

(2) Strichartz 有界性

引理 5.2.4 令 $(\mathbb{E}^\sharp, N^\sharp) = \phi(\mathbb{E}, N)$, $\mathbb{E}^\sharp = \mathbb{E}^0 + \mathbb{E}^1$ 由 (5.2.12) 式给出, 则

$$\begin{aligned}
&\| \mathbb{E}^0 \|_{\mathcal{M}} \lesssim \| \mathbb{E}(0) \|_{H^1}, \\
&\| \mathbb{E}^0 \|_{\mathcal{M}(0,T)} \lesssim \left(T^{\frac{1}{4}} + c^{-\frac{1}{2}} (1 \wedge c^{\frac{\nu}{2}} T^{\frac{\nu}{4}}) \right) \| \mathbb{E}(0) \|_{H^1}, \\
&\| \mathbb{E}^1 \|_{\mathcal{M}} \lesssim \left(T^{\frac{1}{4}} + c^{-\frac{1}{2}} (1 \wedge c^{\frac{\nu}{2}} T^{\frac{\nu}{4}}) \right) \| \mathbb{E} \|_{L^\infty H^1 \cap \mathcal{X}'} \\
&\qquad + T^{\frac{1}{4}} \| (\mathbb{E}, N) \|_{\mathcal{H}} [\| (\mathbb{E}, N) \|_{\mathcal{H} \cap \mathcal{X}} + \| \mathbb{E} \|_{\mathcal{M}}].
\end{aligned} \tag{5.2.37}$$

证明 根据实插值估计, $\forall a \in (0, 1]$ 且 $I \subset \mathbb{R}$, 当 $0 \leqslant \varepsilon < \frac{1}{2} - \mu$ 时可得

$$\begin{aligned}
\| \mathbb{E}^0 \|_{I_c^\mu St_{a,1}^{\frac{1}{2},2}(I)} &\lesssim \| \mathbb{E}^0_{\leqslant 2c} \|_{(St_1^{1,2}, St_1^{0,2})_{\frac{1}{2},1}(I)} \\
&\quad + \sum_{c \leqslant k \in \mathbb{D}} \left(\frac{k}{c} \right)^{\mu} k^{-\frac{1}{2}+\varepsilon} \| \mathbb{E}^0_k \|_{St_a^{1-\varepsilon,2}(I)} \\
&\lesssim \| \mathbb{E}^0 \|^{\frac{1}{2}}_{St_1^{1,2}} \| \mathbb{E}^0 \|^{\frac{1}{2}}_{L_t^2 L_x^6(I)} + c^{-\frac{1}{2}+\varepsilon} \| \mathbb{E}^0_{>c} \|_{St_{a,\infty}^{1-\varepsilon,2}(I)},
\end{aligned} \tag{5.2.38}$$

这里用到了当频率不大于 c 时, 根据 Sobolev 嵌入, 可用 St_1 控制余下的 St_θ. 特别地, 因 $\mu + \dfrac{\nu}{2} < \dfrac{1}{2}$, 可选取 $\varepsilon = 0$ 或 $\varepsilon = \dfrac{\nu}{2}$. 于是利用 Strichartz 估计及 Sobolev 嵌入 $H_x^1 \subset L_x^6$, 对 $I = (0, T)$ 及 $I = \mathbb{R}$, 都可得到关于 $\mathbb{E}^0$ 的有界性.

下面, 利用 $\mathcal{X}$ 和 $\mathcal{H}$ 之间的插值估计 $\sum\limits_{l>c} \| \mathbb{E}^1_l \|_{\mathcal{M}}$ 及 $\sum\limits_{l<c} \| \mathbb{E}^1_l \|^2_{\mathcal{M}}$.

首先, 在 $\mathcal{X}$ 中存在和空间的一个标准分解, 即

$$\mathbb{E}^1 = \mathbb{E}^2 + \mathbb{E}^3, \quad \widetilde{\mathbb{E}^2}(\tau, \xi) = \widetilde{\mathbb{E}^1}(\tau, \xi) \{ |\tau - \omega_c(\xi)| < c|\xi| \}. \tag{5.2.39}$$

则如下不等式成立:

$$\begin{cases}
\| \mathbb{E}^2 \|_{L^2 H^1} + \| \mathbb{E}^3 \|_{L^2 H^1} \lesssim \| \mathbb{E}^1 \|_{L^2 H^1} \leqslant T^{\frac{1}{2}} \| \mathbb{E}^1 \|_{L^\infty H^1}, \\
\| I_c^{-1+\nu} \mathbb{E}^2 \|_{X^{0,1}} + \| I_c^{-1+\nu} \mathbb{E}^3 \|_{c^{-\nu} X^{\nu, 1-\nu}} \lesssim \| \mathbb{E}^1 \|_{\mathcal{X}'},
\end{cases} \tag{5.2.40}$$

这里用到了嵌入 $c^{-\nu} I_c^\nu X^{0,1-\nu} \subset X^{\nu,1-\nu}$. 因 $1 - \nu > \dfrac{1}{2}$, 故对 $\mathbb{E}^2$ 及 $\mathbb{E}^3$ 运用引理 5.1.2, $\forall a \in (0, 1]$ 可得

$$
\begin{aligned}
\| I_c^{\frac{-1+\nu}{2}} \mathbb{E}^1 \|_{St_{a,2}^{\frac{1}{2},2}} \lesssim & \| \mathbb{E}^2 \|_{L^2H^1}^{\frac{1}{2}} \| I_c^{-1+\nu} \mathbb{E}^2 \|_{X^{0,1}}^{\frac{1}{2}} \\
& + \| \mathbb{E}^3 \|_{L^2H^1}^{1-b} \| I_c^{-1+\nu} \mathbb{E}^3 \|_{X^{\nu,1-\nu}}^{b} \\
\lesssim & \left(T^{\frac{1}{4}} + T^{\frac{1-b}{2}} c^{-b\nu} \right) \| \mathbb{E}^1 \|_{L^\infty H^1 \cap \mathcal{X}'},
\end{aligned} \tag{5.2.41}
$$

其中 $b = \dfrac{1}{2-2\nu} \in \left(\dfrac{1}{2}, 1\right)$. 当 $0 < \nu < \dfrac{1}{6}$ 时, $\dfrac{1-2\nu}{2-2\nu} > \dfrac{\nu}{2}$. 于是, 上式中的系数可由如下估计式控制:

$$
T^{\frac{1}{4}} + T^{\frac{1-b}{2}} c^{-b\nu} = T^{\frac{1}{4}} + c^{-\frac{1}{2}} (cT^{\frac{1}{2}})^{\frac{1-2\nu}{2-2\nu}} \lesssim T^{\frac{1}{4}} + c^{-\frac{1}{2}} \big(1 \wedge (cT^{\frac{1}{2}})^{\frac{\nu}{2}}\big). \tag{5.2.42}
$$

由此知如下估计式成立:

$$
\| \mathbb{E}^1_{\leqslant c} \|_{St_{1,2}^{\frac{1}{2},2}} + \| \mathbb{E}^1_{>c} \|_{\mathcal{M}} \lesssim \left(T^{\frac{1}{4}} + c^{-\frac{1}{2}} \left(1 \wedge c^{\frac{\nu}{2}} T^{\frac{\nu}{4}} \right) \right) \| \mathbb{E}^1 \|_{L^\infty H^1 \cap \mathcal{X}'}, \tag{5.2.43}
$$

这里利用了在频率大于 c 时的可求和性.

剩下需估计当 $\mathbb{D}_X \ni l \leqslant c$ 时, $\mathbb{E}^1_l$ 的有界性. 事实上, 共振频率 $l \notin \mathbb{D}_X$ 的个数是有限个, 因此, 上面的 ℓ^2 有界性控制了这个 ℓ^1 范数. 由 Strichartz 估计可得

$$
\| \mathbb{E}^1_l \|_{St_1^{\frac{1}{2},2}} \lesssim \| (0,T)(nE)_l \|_{L^1 B^{\frac{1}{2}}_{2,1} + L^{\frac{4}{3}} B^{\frac{1}{2}}_{\frac{3}{2},1} + X^{\frac{1}{2}, -\frac{1}{2}+\varepsilon}}. \tag{5.2.44}
$$

于是, 利用对偶性及 (5.1.14) 式, 当对 $E = \mathbb{E}$ 和 $E = \mathbb{E}^*$ 及所有 $u \in C_0^\infty(\mathbb{R}^4)$ 满足

$$
\sup_l \| u_l \|_{L^\infty H^{-\frac{1}{2}} \cap L^4 B^{-\frac{1}{2}}_{3,\infty}} + \| u \|_{X^{-\frac{1}{2}-\varepsilon, \frac{1}{2}-\varepsilon}} \leqslant 1 \tag{5.2.45}
$$

时, 需估计如下式子:

$$
\sum_{\substack{(j,k,l)\in \mathcal{J} \\ \mathbb{D}_X \ni l \leqslant c}} \langle n_j E_k \mid (0,T) u_l \rangle_{t,x}. \tag{5.2.46}
$$

关于 $l \lesssim j \sim k$ 的求和, (5.2.46) 式中的 (t,x) 积分可由下式控制:

$$
\left(\frac{l}{k}\right)^{\frac{1}{2}} \left\langle \frac{k}{c} \right\rangle^{\frac{5}{6}-\mu} \| N_j \|_{L^\infty_t L^2_x} \| k^{\frac{1}{2}} \mathbb{E}_k \|_{I_c^{\mu-\frac{5}{6}} L^2_t L^6_x} T^{\frac{1}{4}} \| l^{-\frac{1}{2}} u_l \|_{L^4_t L^3_x}. \tag{5.2.47}
$$

因 $\mu > \dfrac{1}{3}$, (5.2.47) 式中的系数可由下式控制:

$$
\sup_k \sum_{l \lesssim c \wedge k} \left(\frac{l}{k}\right)^{\frac{1}{2}} \left\langle \frac{k}{c} \right\rangle^{\frac{5}{6}-\mu} \lesssim \sup_k \left\langle \frac{k}{c} \right\rangle^{-\frac{1}{2}+\frac{5}{6}-\mu} \leqslant 1, \tag{5.2.48}
$$

于是, 利用关于 (j,k,l) 的 Hölder 不等式可得, 在 (5.2.46) 式中对 $l \lesssim j \sim k$ 的和可由如下式子控制:

$$\lesssim T^{\frac{1}{4}} \parallel N_j \parallel_{\ell_j^\infty L_t^\infty L_x^2} \parallel \mathbb{E}_k \parallel_{\ell_k^1 I_c^\mu St_1^{\frac{1}{2},2}} \parallel u_l \parallel_{\ell_l^\infty L_t^4 B_{3,\infty}^{-\frac{1}{2}}}$$
$$\lesssim T^{\frac{1}{4}} \parallel N \parallel_{L^\infty L^2} \parallel \mathbb{E} \parallel_{\mathcal{M}} . \tag{5.2.49}$$

类似地可考虑 $j \lesssim k \sim l(\leqslant c)$ 的情形. 在这种情形下, 先对 j 求和, 然后再关于对空间与时间积分即可. 因此, 在 (5.2.46) 式中这部分可由如下式子控制:

$$\sum_{k\sim l\leqslant c} T^{\frac{1}{4}} \parallel N_{<k} \parallel_{L^\infty L^2} \parallel k^{\frac{1}{2}} \mathbb{E}_k \parallel_{L^2 L^6} \parallel l^{-\frac{1}{2}} u_l \parallel_{L_t^4 L^3} . \tag{5.2.50}$$

随后, 关于 k 求和可推出它同样被 (5.2.49) 式所控制.

对于余下的情形, 即 $k \lesssim j \sim l \leqslant c$, 利用具有非共振距离 $\delta \sim (\alpha + j)j$ 时的双线性估计, 由引理 5.2.2, 将时空积分分解为

$$\begin{aligned}\langle n_j E_k \mid I u_l \rangle_{t,x} =& \langle n_j^F E_k \mid (0,T) I_c u_l \rangle_{t,x} + \langle n_j^C E_k^F \mid (0,T) I_c u_l \rangle_{t,x} \\ &+ \langle n_j^C E_k^C \mid (0,T) I_c u_l^F \rangle_{t,x} + \langle n_j^C E_k^C \mid (0,T)^F I_c u_l^C \rangle_{t,x} \\ =:& B_1 + B_2 + B_3 + B_4. \end{aligned} \tag{5.2.51}$$

此外, (5.2.51) 式中的前三项可做如下估计:

$$\begin{aligned} &B_1 \lesssim (\alpha j)^{-1} \alpha l^{1-\varepsilon} \parallel N_j^F \parallel_{\alpha Y^{0,1}} \parallel \mathbb{E}_k \parallel_{L^\infty H^1} \parallel u_l \parallel_{L^2 B_{3,2}^{-1+\varepsilon}}, \\ &B_2 \lesssim (j^2)^{-1} k l^{1-\varepsilon} \parallel N_j^C \parallel_{L^\infty L^2} \parallel \mathbb{E}_k^F \parallel_{X^{0,1} + c^{-2\nu} X^{0,1-\nu}} \parallel u_l \parallel_{L^2 B_{3,2}^{-1+\varepsilon}}, \\ &B_3 \lesssim (j^2)^{-\frac{1}{2}+\varepsilon} k^{1-\frac{3}{4}} l^{\frac{3}{4}-3\varepsilon} T^{\frac{1}{4}} l^{\frac{1}{2}} \parallel N_j^C \parallel_{L^\infty L^2} \parallel \mathbb{E}_k^C \parallel_{L^4 B_{3,2}^{\frac{3}{4}}} \\ &\quad \cdot \parallel u_l^F \parallel_{X^{-\frac{3}{4}+3\varepsilon, \frac{1}{2}-\varepsilon}}, \end{aligned} \tag{5.2.52}$$

这里选择 $\varepsilon \in \left(0, \dfrac{1}{12}\right)$ 且每一行第一个因子都来自于 δ.

因在 (5.2.52) 式中, 系数对 $k \lesssim j \sim l$ 时可求和, 故只需控制关于 N_j 和 $\mathbb{E}_k$ 及 u_l 的范数. u_l 的范数至少具有 $\dfrac{1}{4} - 4\varepsilon$ 阶的正则性. 利用上面的插值讨论及插值 $[L^\infty H^1, L^2 B_{6,2}^{\frac{1}{2}}]_{\frac{1}{2}} = L^4 B_{3,2}^{\frac{3}{4}}$, 对 $k \lesssim c$ 可得

$$\parallel \mathbb{E}_k^C \parallel_{L^4 B_{3,2}^{\frac{3}{4}}} \lesssim \parallel \mathbb{E}_k^C \parallel_{L^\infty H^1}^{\frac{1}{2}} \parallel \mathbb{E}_k^C \parallel_{L^2 B_{6,2}^{\frac{1}{2}}}^{\frac{1}{2}} \lesssim \parallel \mathbb{E}_k^C \parallel_{L^\infty H^1}^{\frac{3}{4}} \parallel \mathbb{E}_k^C \parallel_{\mathcal{X}'}^{\frac{1}{4}} . \tag{5.2.53}$$

对于 B_4, 利用 (5.2.22) 式和 Hölder 不等式与 Sobolev 不等式可得

$$B_4 \lesssim (T \wedge j^{-2}) k^{\frac{1}{2}} l \parallel n_j^C \parallel_{L^\infty L^2} \parallel \mathbb{E}_k^C \parallel_{L^\infty H^1} \parallel u_l^C \parallel_{L^\infty H^{-1}}, \tag{5.2.54}$$

这里, u_l 有 $\dfrac{1}{2}$ 的正则性波动的余地, 且当 $k \ll l \sim j$ 时, 系数的和可被 $T^{\frac{1}{4}}$ 控制. 于

是, 对 (5.2.52) 式求和后是有界的. 综合以上所有的估计式可得

$$\sum_{\mathbb{D}_X \ni l \leqslant c} \| E_l^1 \|_{St_1^{\frac{1}{2},2}} \lesssim T^{\frac{1}{4}} \| (\mathbb{E}, N) \|_{\mathcal{H}} [\| (\mathbb{E}, N) \|_{\mathcal{H}\cap\mathcal{X}} + \| \mathbb{E} \|_{\mathcal{M}}]. \tag{5.2.55}$$

于是, 由前面的估计及 (5.2.55) 式知估计式 (5.2.37) 成立. □

最后, 利用修正的非线性能量来估计能量范数.

(3) 能量有界性

引理 5.2.5 设 $(\mathbb{E}^b, N^b)$ 是方程 (5.1.5) 在 $(0,T)$ 上的解. 令 $(\mathbb{E}, N) = \phi(\mathbb{E}^b, N^b)$ 由 (5.2.12) 式给出, 且令

$$H_s := \sup_{0\leqslant t\leqslant s} \| (\mathbb{E}(t), N(t)) \|_{H^1\times L^2},$$

则有

$$\begin{aligned} H_T \lesssim & H_0 + H_0^2 + T^{\frac{1}{3}} H_T^{\frac{7}{3}} + \| \mathbb{E} \|_{\mathcal{M}(0,T)}^2 H_T + \| \mathbb{E} \|_{\mathcal{M}(0,T)} \| (\mathbb{E}, N) \|_{\mathcal{X}} \\ & + (c^{-\frac{1}{2}} \wedge T^{\frac{1}{4}}) \| (\mathbb{E}, N) \|_{\mathcal{H}\cap\mathcal{X}}^2 . \end{aligned} \tag{5.2.56}$$

注 5.2.6 与前面的引理 5.2.3 和 5.2.4 相比, 引理 5.2.5 是关于真正的非线性解的估计, 而引理 5.2.5 与 5.2.3 实质上只是迭代估计. 其不同体现在：引理 5.2.5 中, $(\mathbb{E}, N) = \Phi(\mathbb{E}^b, N^b)$, 而在引理 5.2.3 与 5.2.4 中, $(\mathbb{E}^\sharp, N^\sharp) = \Phi(\mathbb{E}, N)$. 在实施过程中, 可先从局部解 $(\mathbb{E}^b, N^b)$ 开始讨论, 然后迭代地定义一个延拓解

$$(\mathbb{E}, N) := \Phi(\mathbb{E}^b, N^b), \quad (\mathbb{E}^\sharp, N^\sharp) := \Phi(\mathbb{E}, N). \tag{5.2.57}$$

最后由引理 5.2.1 得到 $(\mathbb{E}^\sharp, N^\sharp) = (\mathbb{E}, N)$. 在前面几个引理中, 区别它们是为了突出具有最小化假设下的迭代本性.

引理 5.2.5 的证明 步骤 1：首先由引理 5.2.1 知, 在 $(0,T)$ 上, $\| (\mathbb{E}, N) \|_{\mathcal{H}} \sim H_T$ 且 $(\mathbb{E}, N) = (\mathbb{E}^b, N^b)$. 修正能量 $\mathcal{E}_M$ 由 (5.0.4) 式定义且重写形式由 (5.1.6) 式给出. 用 $2I_c^{-1}(\partial_t \mathbb{E} + \mathrm{i}\mathbb{E})$ 与方程 (5.1.5) 中第一个方程作内积, 用 $|\alpha\nabla|^{-1}\partial_t N$ 与方程 (5.1.5) 中第二个方程作内积, 然后分别取实部并相加得

$$\begin{aligned} \partial_t \mathcal{E}_M(t) &= -\langle n\mathbb{E}^* \mid 2\partial_t \mathbb{E}\rangle_x - \langle \partial_t n\mathbb{E}^* \mid \mathbb{E}\rangle_x - \langle n\mathbb{E}^* \mid 2\mathrm{i}\mathbb{E}\rangle_x \\ &= \langle \mathrm{i}n\mathbb{E}^* \mid (2-\Delta_c)\mathbb{E} + I_c n\mathbb{E}\rangle_x - \langle (\Re \mathrm{i}|\alpha\nabla|N)\mathbb{E}^* \mid \mathbb{E}\rangle_x, \end{aligned} \tag{5.2.58}$$

且将修正能量 $\mathcal{E}_M$ 分解为线性部分与非线性部分：

$$\begin{aligned} &\mathcal{E}_M(t) = \mathcal{E}_L(t) + \langle n\mathbb{E} \mid \mathbb{E}\rangle_x, \\ &\mathcal{E}_L(t) := \langle I_c^{-1}(2-\Delta_c)\mathbb{E} \mid \mathbb{E}\rangle_x + \tfrac{1}{2} \| N \|_{L_x^2}^2 \sim \| \mathbb{E} \|_{H_x^1}^2 + \| N \|_{L_x^2}^2 . \end{aligned} \tag{5.2.59}$$

因 $\mathcal{E}_M(0)$ 一致有界, 故只需控制 (5.2.58) 式左端的时间积分. 然而, (5.2.58) 式的最后一个三线性项有一个相对强的 Fourier 乘子, 此时需要分部积分.

令

$$P_\alpha f := \frac{|\alpha\nabla|}{2c^2}\Re f_{<a}, \tag{5.2.60}$$

于是可得

$$\begin{aligned}&\langle(\Re\mathrm{i}|\ \alpha\nabla|N_{<\alpha})\mathbb{E}^* \mid \mathbb{E}\rangle_x\\&\quad= \partial_t\langle(P_\alpha \mathrm{i}N)\mathbb{E}^* \mid \mathrm{i}\mathbb{E}\rangle_x - \langle(P_\alpha\mathrm{i}\partial_t N)\mathbb{E}^* \mid \mathrm{i}\mathbb{E}\rangle_x\\&\qquad-\langle(P_\alpha\mathrm{i}N)\mathbb{E}^* \mid 2\mathrm{i}\partial_t\mathbb{E}\rangle_x,\end{aligned} \tag{5.2.61}$$

且最后两项

$$= \langle P_\alpha|\alpha\nabla|\,(n+\langle\mathbb{E},\mathbb{E}+\mathbb{E}^*\rangle) \mid \langle\mathrm{i}\mathbb{E},\mathbb{E}^*\rangle\rangle_x - \langle(P_\alpha\mathrm{i}N)\mathbb{E}^* \mid \Delta_c\mathbb{E} - I_c n\mathbb{E} - I_c n\mathbb{E}^*\rangle_x. \tag{5.2.62}$$

于是可得

$$\begin{aligned}&\partial_t\left[\mathcal{E}_L(t) + \langle n\mathbb{E} \mid \mathbb{E}\rangle_x + \langle(P_\alpha\mathrm{i}N)\mathbb{E}^* \mid \mathrm{i}\mathbb{E}\rangle_x\right]\\&\quad= \langle\mathrm{i}n\mathbb{E}^* \mid (2-\Delta_c)\mathbb{E} + I_c n\mathbb{E}\rangle_x - \langle(\Re\mathrm{i}|\alpha\nabla|N_{\geqslant\alpha})\mathbb{E}^* \mid \mathbb{E}\rangle_x\\&\qquad+\langle P_\alpha|\alpha\nabla|\,(n+\langle\mathbb{E},\mathbb{E}+\mathbb{E}^*\rangle) \mid \langle\mathrm{i}\mathbb{E},\mathbb{E}^*\rangle\rangle_x\\&\qquad-\langle(P_\alpha\mathrm{i}N)\mathbb{E}^* \mid \Delta_c\mathbb{E} - I_c n\mathbb{E} - I_c n\mathbb{E}^*\rangle_x.\end{aligned} \tag{5.2.63}$$

(5.2.63) 式中左端的三线性项可由如下公式控制：

$$\begin{aligned}\|N\|_{L^2_x}\|(\mathbb{E})^2\|_{L^2_x} &\lesssim \|N\|_{L^2_x}\|\mathbb{E}\|^2_{L^4_x} \lesssim \|N\|_{L^2_x}\|\mathbb{E}\|^2_{H^{\frac34}}\\&\lesssim \|N\|_{L^2_x}\|\mathbb{E}^0+\mathbb{E}^1\|^2_{H^{\frac34}}\\&\lesssim \|N\|_{L^2_x}\|\mathbb{E}^0\|^2_{H^{\frac34}} + \|N\|_{L^2_x}\|\mathbb{E}^1\|^2_{H^{\frac34}}\\&\lesssim H_T\|\mathbb{E}^0\|^2_{H^{\frac34}} + \|N\|_{L^2_x}\|\mathbb{E}^1\|^{\frac13}_{H^{-\frac12}}\|\mathbb{E}^1\|^{\frac53}_{H^1}\\&\lesssim H_T\|\mathbb{E}^0\|^2_{H^{\frac34}} + H_T^{\frac83}\|\mathbb{E}^1\|^{\frac13}_{H_x^{-\frac12}}.\end{aligned} \tag{5.2.64}$$

此外, $H^{-\frac12}$ 范数可用如下方程控制：

$$\|\mathbb{E}^1\|_{L^\infty H^{-\frac12}} \lesssim \|n\mathbb{E}\|_{L^1 H^{-\frac12}(0,T)} \lesssim T\|n\|_{L^\infty L^2}\|\mathbb{E}\|_{L^\infty H^1}. \tag{5.2.65}$$

于是可得

$$|\langle n\mathbb{E} \mid \mathbb{E}\rangle_x| + |\langle(P_\alpha\mathrm{i}N)\mathbb{E}^* \mid \mathrm{i}\mathbb{E}\rangle_x| \lesssim H_T H_0^2 + T^{\frac13}H_T^{\frac{10}{3}}. \tag{5.2.66}$$

下面估计在 $I:=[0,T_1](T_1\in(0,T))$ 上误差项的时间积分, 根据 (5.2.32) 式, 因 $\frac{5}{6}-\mu<\frac{1}{2}$, 可用如下公式来控制包含 N 的四次项:

$$\| I_c^{\frac{1}{2}} N\mathbb{E} \|_{L_t^2L_x^2(0,T)}^2 \lesssim \| N \|_{L^\infty L^2(0,T)}^2 \| \mathbb{E} \|_{\mathcal{M}(0,T)}^2, \tag{5.2.67}$$

因在 L_x^2 中, $P_\alpha|\alpha\nabla|\lesssim I_c^{2\nu}|\nabla|^2$, 那些不包含 N 的项可用如下公式控制:

$$\begin{aligned}\| I_c^\nu(\mathbb{E})^2 \|_{L_t^2H_x^1(0,T)}^2 &\lesssim \| \mathbb{E} \|_{L^\infty H^1}^2 \| I_c^\nu \mathbb{E} \|_{L^2B_{\infty,1}^0(0,T)}^2\\ &\lesssim H_T^2 \| \mathbb{E} \|_{\mathcal{M}(0,T)}^2 .\end{aligned} \tag{5.2.68}$$

三线性项具有如下形式:

$$\sum_{(j,k,l)\in\mathcal{J}} \langle g_j\mathbb{E}_k^* \mid E_lI\rangle_{t,x}, \tag{5.2.69}$$

这里 $I=(0,T_1)\subset(0,T)$, $g=M_1N$ 或 $g=M_1\bar{N}$ 且 $E=M_2\mathbb{E}$, 其中 Fourier 乘子 $M_a(a=1,2)$ 在任意具有如下形式范数的 L^p 空间中都有界:

$$\prod_{a=1}^2 \| M_a \|_{\mathcal{L}(L^p)} \lesssim h\min(c,h), \quad h:=\max(j,k,l). \tag{5.2.70}$$

根据引理 5.2.2, 在距离特征曲面 $\delta=\varepsilon c(c+h)$ 处进一步分解 (5.2.69) 式中的项为

$$\begin{aligned}\sum_{(j,k,l)\in\mathcal{J}} &\big[\langle g_j^F\mathbb{E}_k^* \mid E_lI\rangle_{t,x}+\langle g_j^C\mathbb{E}_k^* \mid E_l^FI\rangle_{t,x}+\langle g_j^C\mathbb{E}_k^{*F} \mid E_lI\rangle_{t,x}\\ &-\langle g_j^C\mathbb{E}_k^{*F} \mid E_l^FI\rangle_{t,x}+\langle g_j^C\mathbb{E}_k^{*C} \mid E_l^CI^F\rangle_{t,x}\big]\\ =:&\ K_1+K_2+K_3+K_4+K_5.\end{aligned} \tag{5.2.71}$$

首先估计 K_1. 假设 $l\leqslant k$ (否则交换 l 与 k 的位置即可). 于是, $k\sim h$ 且

$$\begin{aligned}|K_1| &\lesssim \int_0^T \mathrm{d}t \sum_{\substack{(j,k,l)\in\mathcal{J}\\ k\sim h}} w_1(j,l,h) \| \delta N_j^F \|_{I_c^{-\nu}\alpha L_x^2} \cdot \| l^{\frac{1}{2}}\mathbb{E}_l \|_{I_c^{\mu-\frac{5}{6}}L_x^6} \| \mathbb{E}_k \|_{H_x^1}\\ &\lesssim \sum_{\substack{(j,k,l)\in\mathcal{J}\\ k\sim h}} w_1(j,l,h) \| N_j \|_{I_c^{-\nu}\alpha Y^{0,1}} \cdot \| \mathbb{E}_l \|_{\mathcal{M}(0,T)} \| \mathbb{E}_k \|_{L^\infty H^1},\end{aligned} \tag{5.2.72}$$

这里,

$$w_1(j,l,h):=h(c\wedge h)\delta^{-1}\alpha\left\langle\frac{j}{c}\right\rangle^\nu\left(\frac{m}{l}\right)^{\frac{1}{2}}\left\langle\frac{l}{c}\right\rangle^{\frac{5}{6}-\mu}h^{-1}. \tag{5.2.73}$$

当 $m=j\leqslant l\sim k$ 时, 有

$$\sum_h\sum_{j\leqslant h}w_1(j,l,h)\lesssim\sum_h\sum_{j\leqslant h}\frac{\langle j/c\rangle^\nu(j/h)^{\frac12}}{\langle c/h\rangle\langle h/c\rangle^{\frac16+\mu}}$$

$$\lesssim\sum_h\left\langle\frac{c}{h}\right\rangle^{-1}\left\langle\frac{h}{c}\right\rangle^{-\frac16-\mu+\nu}\lesssim 1, \tag{5.2.74}$$

且可用 N 和 $\mathbb{E}$ 的范数来控制 N_j, $\mathbb{E}_l$, $\mathbb{E}_k$ 的范数. 当 $m=l\leqslant j\sim k$ 时, 因 $\mu+\dfrac16-\nu>0$, 故有

$$\sum_h\sup_{l\leqslant h}w_1(j,l,h)\lesssim\sum_h\left\langle\frac{c}{h}\right\rangle^{-1}\left\langle\frac{h}{c}\right\rangle^{-\frac16-\mu+\nu}\lesssim 1. \tag{5.2.75}$$

对 $\|\mathbb{E}_l\|_{\mathcal{M}(0,T)}$ 作 ℓ_l^1 得到可加性. 于是

$$|K_1|\lesssim H_T\|\mathbb{E}\|_{\mathcal{M}(0,T)}\|(\mathbb{E},N)\|_{\mathcal{X}}. \tag{5.2.76}$$

类似地, K_2 可由如下式子控制:

$$\begin{aligned}&\int_0^T\mathrm{d}t\sum_{(j,k,l)\in\mathcal{J}}w_2(j,k,l)\|N_j\|_{L_x^2}\|k^{\frac12}\mathbb{E}_k\|_{I_c^{\mu-\frac56}L_x^6}\\&\qquad\times\|I_c^{-1}\delta\mathbb{E}_l^F\|_{I_c^{-\nu}L_x^2+\delta^\nu c^{-2\nu}L_x^2}\\&\lesssim\sum_{(j,k,l)\in\mathcal{J}}w_2(j,k,l)\|N_j\|_{L^\infty L^2}\|\mathbb{E}_k\|_{I_c^\mu St_1^{\frac12,2}(0,T)}\\&\qquad\times\|\mathbb{E}_l\|_{I_c^{1-\nu}X^{0,1}+c^{-2\nu}I_cX^{0,1-\nu}},\end{aligned} \tag{5.2.77}$$

$$w_2(j,k,l):=h(c\wedge h)\delta^{-1}\left\langle\frac{h}{c}\right\rangle^\nu\left(\frac{m}{k}\right)^{\frac12}\left\langle\frac{k}{c}\right\rangle^{\frac56-\mu}\left\langle\frac{l}{c}\right\rangle^{-1},$$

这里, 来自和空间 $I_c^{-\nu}L_x^2+\delta^\nu c^{-2\nu}L_x^2$ 的第二个空间的贡献比第一个大.

若 $m=j\leqslant l\sim k$, 则有

$$\sum_h\sum_{j\leqslant h}w_2\lesssim\sum_h\left\langle\frac{c}{h}\right\rangle^{-2}\sum_{j\leqslant h}\left(\frac{j}{h}\right)^{\frac12}\left\langle\frac{h}{c}\right\rangle^{-\frac16-\mu+\nu}$$

$$\lesssim\sum_h\left\langle\frac{c}{h}\right\rangle^{-2}\left\langle\frac{h}{c}\right\rangle^{-\frac16-\mu+\nu}\lesssim 1, \tag{5.2.78}$$

且可用 N 与 $\mathbb{E}$ 的范数来控制 N_j, $\mathbb{E}_l$, $\mathbb{E}_k$ 的范数.

若 $m=k$, 则有

$$\sum_h\sup_{k\leqslant h}w_2\lesssim\sum_h\left\langle\frac{c}{h}\right\rangle^{-2}\sup_{k\leqslant h}\left\langle\frac{k}{c}\right\rangle^{\frac56-\mu}\left\langle\frac{h}{c}\right\rangle^{-1+\nu}$$

$$\lesssim\sum_h\left\langle\frac{c}{h}\right\rangle^{-2}\left\langle\frac{h}{c}\right\rangle^{-\frac16-\mu+\nu}\lesssim 1, \tag{5.2.79}$$

且通过对 $\| \mathbb{E}_k \|_{I_c^\mu St_1^{\frac{1}{2},2}}$ 作 ℓ_k^1 可得到可加性.

若 $m=l$, 则有

$$\begin{aligned}\sum_h \sum_{l\leqslant h} w_2 \lesssim& \sum_h \left\langle \frac{c}{h}\right\rangle^{-2} \sum_{l\leqslant h} \left(\frac{l}{h}\right)^{\frac{1}{2}} \left\langle \frac{h}{c}\right\rangle^{\frac{5}{6}-\mu+\nu} \left\langle \frac{l}{c}\right\rangle^{-1} \\ \lesssim& \sum_h \left\langle \frac{c}{h}\right\rangle^{-2} \left\langle \frac{h}{c}\right\rangle^{\frac{1}{3}+\nu-\mu} \lesssim 1,\end{aligned} \tag{5.2.80}$$

这里, 第一个被加数在 $l\sim c\wedge h$ 处达到最大值. 故有

$$|K_2| \lesssim H_T \| \mathbb{E} \|_{\mathcal{M}(0,T)} \| (\mathbb{E},N) \|_{\mathcal{X}} . \tag{5.2.81}$$

根据对称性, K_3 满足估计式 (5.2.81), 即

$$|K_3| \lesssim H_T \| \mathbb{E} \|_{\mathcal{M}(0,T)} \| (\mathbb{E},N) \|_{\mathcal{X}} .$$

K_4 可由如下公式控制:

$$\begin{aligned}&\sum_{(j,k,l)\in\mathcal{J}} w_4(j,k,l) \| N_j \|_{L_t^\infty L_x^2} \| \delta \left\langle \frac{h}{c}\right\rangle^{-\nu} \mathbb{E}_k^F \|_{I_c L_t^2 L_x^2} \\ &\qquad \times \| \delta^{\frac{1}{2}+\frac{1}{p}} \left\langle \frac{h}{c}\right\rangle^{-\nu} \mathbb{E}_l^F \|_{I_c L_t^p L_x^2} \| I \|_{L_t^q} \\ &\lesssim \sum_{(j,k,l)\in\mathcal{J}} w_4(j,k,l) \| N \|_{L^\infty L^2} T^{\frac{1}{2}-\frac{1}{p}} \\ &\qquad \times \| \mathbb{E} \|^2_{I_c^{1-\nu} X^{0,1} + c^{-2\nu} I_c X^{0,1-\nu}},\end{aligned} \tag{5.2.82}$$

其中, $2\leqslant p\leqslant \infty$, $\dfrac{1}{q}:=\dfrac{1}{2}-\dfrac{1}{p}$, 以及

$$w_4(j,k,l) := h(c\wedge h)\delta^{-\frac{3}{2}-\frac{1}{p}} \left\langle \frac{h}{c}\right\rangle^{2\nu} \left\langle \frac{k}{c}\right\rangle^{-1} \left\langle \frac{l}{c}\right\rangle^{-1} m^{\frac{3}{2}}, \tag{5.2.83}$$

并且用到了如下形式的复插值估计:

$$\| \mathbb{E}_l^F \|_{L_t^2 L_x^2} \lesssim \delta^{-1} \| \mathbb{E}_l \|_{X^{0,1}}, \quad \| \mathbb{E}_l^F \|_{L_t^\infty L_x^2} \lesssim \| \mathbb{E}_l \|_{X^{0,1}} . \tag{5.2.84}$$

于是, 因 $1+\dfrac{1}{p}>2\nu$, 和式可由如下公式控制:

$$\begin{aligned}\sum_h \sum_{m\leqslant h} w_4(j,k,l) \lesssim& \sum_h h(c\wedge h)\delta^{-\frac{3}{2}-\frac{1}{p}} \left\langle \frac{h}{c}\right\rangle^{2\nu-2} h^{\frac{3}{2}} \\ \lesssim& c^{\frac{1}{2}-\frac{2}{p}} \sum_h \left\langle \frac{c}{h}\right\rangle^{-\frac{7}{2}} \left\langle \frac{h}{c}\right\rangle^{-1-\frac{1}{p}+2\nu} \\ \lesssim& c^{\frac{1}{2}-\frac{2}{p}},\end{aligned} \tag{5.2.85}$$

由此, 当 $2 \leqslant p \leqslant \infty$ 时, $|K_4|$ 可由如下公式控制:

$$|K_4| \lesssim c^{\frac{1}{2}-\frac{2}{p}} T^{\frac{1}{2}-\frac{1}{p}} H_T \parallel (\mathbb{E}, N) \parallel_{\mathcal{X}}^2 . \tag{5.2.86}$$

最后估计 $|K_5|$. $|K_5|$ 由如下公式控制:

$$\begin{aligned}&\sum_{(j,k,l)\in\mathcal{J}} w_5(j,k,l) \parallel N_j \parallel_{L^\infty L_x^2} \parallel \mathbb{E}_k \parallel_{L^\infty H_x^1} \parallel \mathbb{E}_l \parallel_{L^\infty H_x^1} \\ &\quad \lesssim \sum_{(j,k,l)\in\mathcal{J}} w_5(j,k,l) H_T^3,\end{aligned} \tag{5.2.87}$$

这里, $w_5(j,k,l) := h(c \wedge h) k^{-1} l^{-1} m^{\frac{3}{2}} \parallel I^F \parallel_{L^1}$. 利用 (5.2.22) 式可得

$$\sum_h \sum_{m \leqslant h} w_5(j,k,l) \lesssim \sum_h (c \wedge h) h^{\frac{1}{2}} (\delta^{-1} \wedge T) \lesssim c^{-\frac{1}{2}} \wedge c^{\frac{1}{2}} T^{\frac{1}{2}}. \tag{5.2.88}$$

于是可得

$$|K_5| \lesssim (c^{-\frac{1}{2}} \wedge c^{\frac{1}{2}} T^{\frac{1}{2}}) H_T^3. \tag{5.2.89}$$

综合以上所有的估计式可得

$$\begin{aligned}H_T^2 \lesssim & H_0^2 + H_0^2 H_T + T^{\frac{1}{3}} H_T^{\frac{10}{3}} + H_T^2 \parallel \mathbb{E} \parallel_{\mathcal{M}(0,T)}^2 \\ & + H_T \parallel \mathbb{E} \parallel_{\mathcal{M}(0,T)}^2 \parallel (\mathbb{E}, N) \parallel_{\mathcal{X}} + (c^{-\frac{1}{2}} \wedge c^{\frac{1}{2}} T^{\frac{1}{2}}) H_T \parallel (\mathbb{E}, N) \parallel_{\mathcal{H}\cap\mathcal{X}}^2,\end{aligned} \tag{5.2.90}$$

于是, (5.2.56) 式成立.

5.2.4 一致估计式

对某一 $\tilde{T} > 0$, 令 $(\mathbb{E}^b, N^b)$ 是由文献 [95] 给出的方程 (5.1.5) 在 $(0, \tilde{T})$ 上的解. $\tilde{T}$ 可依赖 (c, α) 及解本身. 事实上, 在这个问题里, 可以不关心 $\tilde{T}$ 的大小. 这里将仅根据初始范数来得到能量范数的一致界, 只要 $\tilde{T}$ 小于某个仅由初始范数决定的界, 则关于能量范数的一致界估计是一个合理的先验估计式. 其实, 这个先验估计式也依赖于 $\sup(\alpha/c)$, 但是, 在这个问题里已假设 $\sup(\alpha/c)$ 一直固定.

令

$$H_T := \parallel (\mathbb{E}, N) \parallel_{L^\infty(0,T;H^1 \times L^2)} .$$

对任意的 $T > 0$, H_T 关于 T 是连续的. 下面将证明: 若 $\tilde{T}$ 充分小, 则 H_T 一致有界且此界仅依赖于 H_0.

对任意 $T \in (0, \tilde{T})$, 令 $(\mathbb{E}_T, N_T) = \Phi(\mathbb{E}^b, N^b)$(由 (5.2.12) 式给出), 且令

$$X_T := \parallel (\mathbb{E}_T, N_T) \parallel_{\mathcal{X}}, \quad M_T := \parallel \mathbb{E}_T \parallel_{\mathcal{M}}, \quad M_T' := \parallel \mathbb{E}_T \parallel_{\mathcal{M}(0,T)} . \tag{5.2.91}$$

回忆已有结果：由引理 5.2.1 知, 在 $(0,T)$ 上, $(\mathbb{E}_T,N_T)=(\mathbb{E},N)$ 且 $\|(\mathbb{E}_T,N_T)\|_{\mathcal{H}}\sim H_T$. 由 (5.2.13)、(5.2.23)、(5.2.37) 及 (5.2.56) 式知对某一普遍常数 $C\geqslant 1$ 可得

$$
\begin{aligned}
&X_T\leqslant CH_T\big(1+M_T+\tilde{T}^{\nu}X_T\big),\\
&M_T'\vee(M_T-CH_0)\leqslant CT^{\frac{\nu}{4}}\left(H_T+X_T+H_T(H_T+X_T+M_T)\right),\\
&H_T\leqslant C(H_0+H_0^2)+C\tilde{T}^{\frac14}(H_T^{\frac73}+H_T^2+X_T^2)+CM_T'(M_T'H_T+X_T).
\end{aligned}\tag{5.2.92}
$$

现假设 $\tilde{T}\in(0,1)$ 在如下意义下充分小：

$$\kappa:=\tilde{T}^{\frac{\nu}{4}},\quad 999C^9\kappa(1+H_0)^6\leqslant\frac12.\tag{5.2.93}$$

由连续性知存在最大的 $T\in(0,\tilde{T}]$, 使得

$$H_T\leqslant 1+2C(H_T+H_0^2).\tag{5.2.94}$$

一旦证明了 (5.2.94) 式是严格的不等式, 则由连续性知 $T=\tilde{T}$ 且只要 $(\tilde{T},C)$ 满足 (5.2.93) 式, 则 (5.2.94) 式就成立. 由 (5.2.93) 式与 (5.2.94) 式可得

$$100C^6\kappa(1+H_T)^3<\frac12.\tag{5.2.95}$$

特别地, 由 (5.2.95) 式可得 $C\kappa H_T<\frac12$. 故由 (5.2.92) 式中的第一式可得

$$X_T\leqslant 2CH_T(1+M_T),\tag{5.2.96}$$

此式代入 (5.2.92) 式中的第二式可得

$$M_T'\vee(M_T-CH_0)\leqslant 2C^2\kappa(1+M_T)(1+H_T)^2+C\kappa(H_T+H_T^2).\tag{5.2.97}$$

因 $2C^2\kappa(1+H_T)^2<\frac12$, 于是可得

$$
\begin{aligned}
\frac{M_T}{2}-CH_0&\leqslant 2C^2\kappa(1+H_T)^2+C\kappa(H_T+H_T^2)\\
&\leqslant 3C^2\kappa(1+H_T)^2<\frac12.
\end{aligned}\tag{5.2.98}
$$

特别地, $M_T+2\leqslant 2C(1+H_0)$, 此式代入 (5.2.96) 式与 (5.2.97) 式中可得

$$X_T+H_T\leqslant 4C^2(1+H_T)^2,\quad M_T'\leqslant 5C^3\kappa(1+H_T)^3<1.\tag{5.2.99}$$

利用以上这些估计式, 可对 (5.2.92) 式中的第三个不等式的某些项进行估计得

$$
\begin{aligned}
&C\kappa(H_T^{\frac73}+H_T^2)+C\kappa X_T^2+CM_T'(M_T'H_T+X_T)\\
&\quad\leqslant 2C\kappa(H_T+1)H_T^2+16C^5\kappa(1+H_T)^4+20C^6\kappa(1+H_T)^5\\
&\quad\leqslant 38C^6\kappa(1+H_T)^2<\frac{H_T}{2}.
\end{aligned}\tag{5.2.100}
$$

于是, 由 (5.2.92) 式中的第三个不等式可得

$$H_T \leqslant 2C(H_0 + H_0^2), \tag{5.2.101}$$

此式蕴含着 (5.2.94) 式是一个严格的不等式. 故 $T = \tilde{T}$, 它意味着只要解存在且 (5.2.93) 式成立, 则 (5.2.94) 式就成立.

由此, 如下命题成立.

命题 5.2.1 对任意 $\gamma \in (0,1)$ 及 b, 存在 $\tilde{T} = \tilde{T}(\gamma, b) > 0$ 及 $B(\gamma, b) > 0$ 满足如下性质: 令 $1 \leqslant \alpha \leqslant \gamma$ 且 $\| \mathbb{E}(0), N(0) \|_{H^1 \times L^2} \leqslant b$, 则存在 $(\mathbb{E}, N) \in C(\mathbb{R}; H^1 \times L^2)$ 是 (5.2.12) 式在 $(0, \tilde{T})$ 上的解且 $(\mathbb{E}, N) \in \mathcal{H} \cap \mathcal{X}$, $\mathbb{E} \in \mathcal{M}$ 且

$$\| (\mathbb{E}, N) \|_{\mathcal{H} \cap \mathcal{X}} + \| \mathbb{E} \|_{\mathcal{M}} \leqslant B(\gamma, b). \tag{5.2.102}$$

证明 为证明这个命题, 需要运用文献 [95] 中在某时间区间 $(0, T^{c,\alpha})$ 上的存在性结果及一致界 (5.2.6) 式. 然后多次运用文献 [95] 中的结果将这个解的存在区间延长到整个区间 $(0, \tilde{T})$($\tilde{T}$ 由 (5.2.93) 式定义). 由此得到 $(\mathbb{E}^b, N^b)$ 是方程 (5.1.5) 在 $(0, \tilde{T})$ 上的解. 然后运用映射 Φ 将解延拓到整个 $\mathbb{R}$ 上, 最后, 根据 $\mathbb{E}^b \in St_0^{1,p}(0, \tilde{T})$ 及引理 5.2.1 中的 (ii) 可推导出 $(\mathbb{E}, N) \in \mathcal{H} \cap \mathcal{X}$ 且 $\mathbb{E} \in \mathcal{M}$. □

5.3 (c,α) 同时趋于无穷时的收敛性结果

这里利用命题 5.2.1 中的关于能量的一致界来证明定理 5.2.1 中的强收敛性结果. 由此可证明在小时间区间 $[0, T]$ 中的收敛性, 其原因在于只要极限解在 H^1 中有界, 可对 T 后的时间重复同样的讨论直到最大存在时间 T^*. 其主要证明过程分为 3 步:

步骤 1: 选取弱收敛的子序列;

步骤 2: 极限系统弱解的惟一性蕴含整个序列收敛;

步骤 3: 利用修正能量的渐近守恒, 由弱收敛性导出强收敛性.

考虑命题 5.2.1 中的一致有界解 $(\mathbb{E}, N)$, 此外, 假设当 $(c,\alpha) \to \infty$ 时, 在 H^1 中, $\mathbb{E}(0) \to \mathbb{E}^\infty(0)$ 且当 $\alpha \leqslant \gamma c$ 时,

$$\lim_{R \to \infty} \sup_{(c,\alpha)} \| N_{>R}(0) \|_{L^2} = 0. \tag{5.3.1}$$

5.3.1 弱收敛性结果

首先考虑 $\mathbb{E}$ 的弱极限.

由方程 (5.2.12) 及能量有界性可得

$$
\begin{aligned}
\| \partial_t \mathbb{E} \|_{L^\infty(H^{-1} \cap cL^2)} &\lesssim \| \Delta \mathbb{E} \|_{L^\infty H^{-1}} + \| n\mathbb{E} \|_{L^\infty H^{-1}} \\
&\lesssim \| \mathbb{E} \|_{L^\infty H^1} (1 + \| n \|_{L^\infty L^2}).
\end{aligned} \tag{5.3.2}
$$

由能量有界性, (5.3.2) 式蕴含着 $\{\mathbb{E}\}_{(c,\alpha)}$ 在 H^1 的弱拓扑下对 $t \in \mathbb{R}$ 是等度连续的. 根据标准的紧性讨论, 存在一个子序列, 使得当 $(c,\alpha) \to \infty$ 时, 对某一 $\mathbb{E}^\infty$ 及任意 $p < 6$, 有

$$
\mathbb{E} \to \mathbb{E}^\infty, \quad 在 C(\mathbb{R}; (\omega - H^1) \cap L^p_{\mathrm{loc}})中. \tag{5.3.3}
$$

现在, 对任意试验函数 $u \in C_0^\infty\left((0,T) \times \mathbb{R}^3\right)$, 由关于 N 的方程并对该方程关于 t 分部积分, 并根据 $\| N \|_{L^2_x}$ 和 $\| \mathbb{E} \|_{H^1_x}$ 及 $\| \partial_t \mathbb{E} \|_{H^{-1}_x}$ 的一致有界性可得

$$
\begin{aligned}
\langle N + |\mathbb{E}|^2 \mid u \rangle_{t,x} &= -\langle \mathrm{i}|\alpha\nabla|^{-1}\partial_t N + \langle \mathbb{E}, \mathbb{E}^* \rangle \mid u \rangle_{t,x} \\
&= \langle \mathrm{i}|\alpha\nabla|^{-1} N \mid \partial_t u \rangle_{t,x} \\
&\quad + (2c^2)^{-1} \langle \mathbb{E}^* \mid \mathrm{i}(\Re \partial_t u)\mathbb{E} + 2\mathrm{i}(\Re u)\partial_t \mathbb{E} \rangle_{t,x} \to 0.
\end{aligned} \tag{5.3.4}
$$

利用 L^2_x 有界性及 (5.3.3) 式中的收敛性, 由 (5.3.4) 式可得：在 $\omega - L^p_t L^2_x(0,T)$ 中, $\forall p \in (1,\infty)$,

$$
N + |\mathbb{E}^\infty|^2 \to 0. \tag{5.3.5}
$$

类似地, 令 $\mathbb{E}^+ := (\overline{\mathbb{E}}_2, \overline{\mathbb{E}}_1)$, 由 $\| \partial_t n/\alpha \|_{H^{-1}_x}$, $\| \partial_t \mathbb{E}/c \|_{L^2_x}$ 及能量范数的一致有界性可得

$$
\begin{aligned}
\langle n\mathbb{E}^* \mid u \rangle_{t,x} &= -(2c^2)^{-1} \langle \mathrm{i}\mathbb{E}^* \mid \partial_t n u + n \partial_t u \rangle_{t,x} \\
&\quad - (2c^2)^{-1} \langle \mathrm{i}\mathrm{e}^{-2\mathrm{i}c^2 t} \partial_t \mathbb{E}^+ \mid n u \rangle_{t,x} \to 0.
\end{aligned} \tag{5.3.6}
$$

根据 (5.3.3)、(5.3.5)、(5.3.6) 式及能量有界性, 可推得对任意 $p \in (1,\infty)$ 及 $q \in \left(1, \dfrac{3}{2}\right)$, 在 $\omega - L^p_t L^q_x(0,T)$ 中,

$$
I_c n(\mathbb{E} + \mathbb{E}^*) \to -|\mathbb{E}^\infty|^2 \mathbb{E}^\infty. \tag{5.3.7}
$$

于是得到极限函数 $\mathbb{E}^\infty$ 是在 $C\left([0,T]; \omega - H^1\right)$ 类中方程 (5.0.8) 在 $[0,T]$ 上的一个弱解. 由文献 [141] 知, 非线性 Schrödinger 方程在 H^1 中解的惟一性可推得沿着 $(c,\alpha) \to \infty$ 的整个序列在 $(0,T)$ 上收敛于这个惟一的极限. 由 (5.2.14) 式, 在 $\mathbb{R}$ 上这个序列都收敛. 故 $\mathbb{E}^\infty \in C(\mathbb{R}; H^1)$ 是如下方程的惟一解：

$$
\mathbb{E}^\infty = \mathrm{e}^{-\mathrm{i}t\Delta/2} \left[\chi(t)\mathbb{E}^\infty(0) - \frac{\mathrm{i}}{2} \mathcal{I}_T \mathrm{e}^{\mathrm{i}t\Delta/2} |\mathbb{E}^\infty|^2 \mathbb{E}^\infty \right]. \tag{5.3.8}
$$

5.3.2 极限解的估计

首先给出关于如上极限解 $\mathbb{E}^\infty$ 的几个标准估计.

Strichartz 估计 由关于 $\mathrm{e}^{-\mathrm{i}t\Delta/2}$ 的 Strichartz 估计可得: $\forall s \in (0,T)$,

$$\begin{aligned}\| \mathbb{E}^\infty - \mathrm{e}^{-\mathrm{i}t\Delta/2}\mathbb{E}^\infty(0) \|_{L^\infty H^1 \cap L^2 B^1_{6,2}(0,s)} &\lesssim \| |\mathbb{E}^\infty|^2 \mathbb{E}^\infty \|_{L^1 H^1(0,s)} \\ &\lesssim s^{\frac{1}{2}} \| \mathbb{E}^\infty \|_{L^\infty H^1} \| \mathbb{E}^\infty \|^2_{L^4 L^\infty}. \end{aligned} \tag{5.3.9}$$

由实插值估计可得

$$\begin{aligned}\| \mathbb{E}^\infty \|_{L^4 L^\infty} \lesssim \| \mathbb{E}^\infty \|_{L^4 B^{\frac{1}{2}}_{6,1}} &\lesssim \left\| \| \mathbb{E}^\infty(t) \|^{\frac{1}{2}}_{L^6_x} \| \mathbb{E}^\infty(t) \|^{\frac{1}{2}}_{B^1_{6,2}} \right\|_{L^4_t} \\ &\lesssim \| \mathbb{E}^\infty \|^{\frac{1}{2}}_{L^\infty H^1} \| \mathbb{E}^\infty \|^{\frac{1}{2}}_{L^2 B^1_{6,2}}. \end{aligned} \tag{5.3.10}$$

于是, 若 $s \ll \| \mathbb{E}^\infty \|^{-4}_{\mathcal{H}}$, 则有

$$\| \mathbb{E}^\infty \|_{L^\infty H^1 \cap L^2 B^1_{6,2} \cap L^4 L^\infty (0,S)} \lesssim \| \mathbb{E}^\infty \|_{\mathcal{H}}. \tag{5.3.11}$$

对任意 $t_0 \in [0,T]$, 在 (t_0, t_0+s) 中运用如上讨论可得: $\forall a \in [0,1]$ 有

$$\mathbb{E}^\infty \in L^2 B^1_{6,2} \subset St^{1,2}_a.$$

5.3.3 强收敛性

(1) L^2 收敛性

首先证明 L^2 收敛性. 用 $I_c^{-1}\mathrm{i}\mathbb{E}$ 与方程 (5.1.5) 中的第一个方程作内积, $\forall T_1 \in (0,T)$ 可得

$$\left[\langle I_c^{-1}\mathbb{E} \mid \mathbb{E}\rangle_x\right]_0^{T_1} = \langle \mathrm{i}n\mathbb{E}^* \mid \mathbb{E}(0,T_1)\rangle_{t,x}. \tag{5.3.12}$$

由 (5.2.76)、(5.2.81)、(5.2.86) 及 (5.2.89) 式可知

$$\langle \mathrm{i}n\mathbb{E}^* \mid \mathbb{E}(0,T_1)\rangle_{t,x} = O(c^{-2}).$$

由弱收敛性知在 L^2_x 中, $I_c^{-\frac{1}{2}}\mathbb{E}(0) \to \mathbb{E}^\infty(0)$, 在 L^∞_t 中, $\langle I_c^{-\frac{1}{2}}\mathbb{E} - \mathbb{E}^\infty \mid \mathbb{E}^\infty\rangle_x \to 0$, 故对 $t \in \mathbb{R}$, 一致成立着

$$\| I_c^{-\frac{1}{2}}\mathbb{E} - \mathbb{E}^\infty \|^2_{L^2_x} = \| I_c^{-\frac{1}{2}}\mathbb{E} \|^2_{L^2_x} - \| \mathbb{E}^\infty \|^2_{L^2_x} - 2\langle I_c^{-\frac{1}{2}}\mathbb{E} - \mathbb{E}^\infty \mid \mathbb{E}^\infty\rangle_x \to 0. \tag{5.3.13}$$

再由 H^1 范数的有界性及插值估计可得到: 对任意 $2 \leqslant p < 6$, 可导出在 L^p_x 中同样的收敛性.

接着考虑 H^1 收敛性.

(2) H^1 收敛性

令

$$\begin{aligned} &\mathbb{E} = \mathbb{E}^\infty + \mathbb{E}', \quad N + |\mathbb{E}|^2 = N^I + N', \\ &N^I = \mathrm{e}^{\mathrm{i}|\alpha\nabla|t}\left(N(0) + |\mathbb{E}(0)|^2\right). \end{aligned} \tag{5.3.14}$$

于是修正能量 $\mathcal{E}_M(t)$ 可分解为

$$\begin{aligned} \mathcal{E}_M(t) &= \langle I_c^{-1}(2-\Delta_c)\mathbb{E} \mid \mathbb{E}\rangle_x + \frac{1}{2}\parallel N + |\mathbb{E}|^2 \parallel_{L_x^2}^2 - \frac{1}{2}\parallel \mathbb{E} \parallel_{L_x^4}^4 \\ &= A_1(t) + A_2(t) + A_3(t) + A_4(t), \end{aligned} \tag{5.3.15}$$

其中,

$$\begin{aligned} &A_1 := \langle I_c^{-1}(2-\Delta_c)\mathbb{E}' \mid \mathbb{E}'\rangle_x + \frac{1}{2}\parallel N' \parallel_{L^2}^2, \\ &A_2 := 2\parallel \mathbb{E}^\infty \parallel_{L^2}^2 + \parallel \nabla\mathbb{E}^\infty \parallel_{L^2}^2 + \frac{1}{2}\parallel N^I \parallel_{L^2}^2 - \frac{1}{2}\parallel \mathbb{E}^\infty \parallel_{L^4}^4, \\ &A_3 := 2\langle I_c^{-1}(2-\Delta_c)\mathbb{E}^\infty \mid \mathbb{E}'\rangle_x + \langle N' \mid N^I\rangle_x, \\ &A_4 := \langle(\Delta - I_c^{-1}\Delta_c)\mathbb{E}^\infty \mid \mathbb{E}^\infty\rangle_x + \frac{1}{2}\left(\parallel \mathbb{E}^\infty \parallel_{L^4}^4 - \parallel \mathbb{E} \parallel_{L^4}^4\right). \end{aligned} \tag{5.3.16}$$

于是可得:

(i) 由 $(\mathbb{E}', N')$ 的定义知 $A_1(0) = 0$.

(ii) $A_2(t)$ 是非线性 Schrödinger 解 $\mathbb{E}^\infty$ 的能量, 质量与自由波解 N^I 的 L^2 范数之和, 故 $A_2(t)$ 是守恒的.

(iii) 因 $\Delta - I_c^{-1}\Delta_c$ 作为从 H^1 到 H^{-1} 的算子强收敛于 0, $\mathbb{E}^\infty \in C_t(H_x^1)$ 且在 $C_t(L_x^4)$ 中, $\mathbb{E} \to \mathbb{E}^\infty$, 故当 $(c,\alpha) \to \infty$ 时, A_4 对 t 一致趋于 0.

(iv) 在 A_3 中, 因 $I_c^{-1}(2-\Delta_c)$ 作为从 H^1 到 H^{-1} 的算子强收敛于 $2-\Delta$, $\mathbb{E}^\infty \in C_t(H_x^1)$ 且在 $C_t(\omega - H_x^1)$ 中, $\mathbb{E}' \to 0$, 故 A_3 中第一项趋于 0. 对于第二项 $\langle N' \mid N^I\rangle_x$, 对于大的 R, 对 N^I 作频率分解, 其目的在于利用高频的一致退化条件 (5.3.1). 对任意 $\varepsilon > 0$, 可选择 $R > 1$, 使得

$$\left|\langle N' \mid N_{>R}^I\rangle_x\right| \leqslant \varepsilon \tag{5.3.17}$$

关于 $t \in (0,T)$ 及 (c,α) 是一致成立的. 对于低频部分, 利用 N 的方程及分部积分得

$$\begin{aligned} N' &= -\left[\mathrm{e}^{\mathrm{i}|\alpha\nabla|(t-s)}|\mathbb{E}(s)|^2\right]_0^t + \int_0^t \mathrm{e}^{\mathrm{i}|\alpha\nabla|(t-s)}\mathrm{i}|\alpha\nabla|\langle\mathbb{E}, \mathbb{E}+\mathbb{E}^*\rangle(s)\mathrm{d}s \\ &= \mathrm{e}^{\mathrm{i}|\alpha\nabla|t}\int_0^t \mathrm{e}^{-\mathrm{i}|\alpha\nabla|s}\left(\partial_s|\mathbb{E}|^2(s) + \mathrm{i}|\alpha\nabla|\langle\mathbb{E}, \mathbb{E}^*\rangle(s)\right)\mathrm{d}s. \end{aligned} \tag{5.3.18}$$

于是可得

$$\langle N' \mid N_{\leqslant R}^{I}\rangle_x=\int_0^t \langle \mathrm{e}^{-\mathrm{i}|\alpha\nabla|s}\left(\partial_s|\mathbb{E}|^2(s)+\mathrm{i}|\alpha\nabla|\langle\mathbb{E},\mathbb{E}^*\rangle(s)\right) \mid N_{\leqslant R}^{I}(0)\rangle_x \mathrm{d}s. \tag{5.3.19}$$

利用 Strichartz 估计, 来自 $|\mathbb{E}|^2$ 的部分可由下式控制:

$$\begin{aligned}&\left\|\int_0^t \mathrm{e}^{-\mathrm{i}|\alpha\nabla|s}\partial_s|\mathbb{E}|^2(s)\mathrm{d}s\right\|_{L^\infty H^{-\frac{3}{2}}}\| N_{\leqslant R}^{I}(0)\|_{H^{\frac{3}{2}}}\\ &\quad\lesssim \alpha^{-\frac{1}{4}}R^{\frac{3}{2}}\|\partial_t|\mathbb{E}|^2\|_{L^{\frac{4}{3}}B^{-1}_{\frac{4}{3},2}(0,T)}\\ &\quad\lesssim \alpha^{-\frac{1}{4}}R^{\frac{3}{2}}T^{\frac{3}{4}}\|\mathbb{E}\|_{L^\infty H^1}\|\partial_t\mathbb{E}\|_{L^\infty H^{-1}},\end{aligned} \tag{5.3.20}$$

于是这些项一致趋于 0. 对于 $\langle\mathbb{E},\mathbb{E}^*\rangle$ 的项, 对带振荡 $\mathrm{e}^{2\mathrm{i}c^2t}$ 的项进行分部积分得

$$\begin{aligned}&\sum_{\pm}\left[\langle \mathrm{e}^{\mathrm{i}(-|\alpha\nabla|\pm 2c^2)s}(\mathbb{E}_1\cdot\mathbb{E}_2)_{\pm}(s) \mid |\alpha\nabla|(-|\alpha\nabla|\pm 2c^2)^{-1}N_{\leqslant R}^{I}(0)\rangle_x\right]_0^t\\ &-\int_0^t\langle \mathrm{e}^{-\mathrm{i}|\alpha\nabla|s}\partial_s(\mathbb{E}_1\cdot\mathbb{E}_2)_{\pm}(s) \mid |\alpha\nabla|(-|\alpha\nabla|\pm 2c^2)^{-1}N_{\leqslant R}^{I}(0)\rangle_x\mathrm{d}s,\end{aligned} \tag{5.3.21}$$

这里, $(\mathbb{E}_1\cdot\mathbb{E}_2)_{\pm}=\Re(\mathbb{E}_1\cdot\mathbb{E}_2)\pm \mathrm{i}\Im(\mathbb{E}_1\cdot\mathbb{E}_2)$. 因 $\alpha\lesssim c$ 且频率由 R 控制, 故这些项可由下式控制:

$$\begin{aligned}&c^{-1}R^3\|\mathbb{E}_1\mathbb{E}_2\|_{W_t^{1,\infty}H_x^{-2}}\\ &\quad\lesssim c^{-1}R^3\|\mathbb{E}\|_{L^\infty H^1}(\|\mathbb{E}\|_{L^\infty H^1}+\|\partial_t\mathbb{E}\|_{L^\infty H^{-1}}).\end{aligned} \tag{5.3.22}$$

于是在 $L_t^\infty(0,T)$ 中, $A_3\to 0$.

此外, 由 $\mathbb{E}$ 的 $L_t^\infty L_x^4$ 收敛性知, 在 (5.2.63) 式中, $\langle (P_\alpha \mathrm{i}N)\mathbb{E}^* \mid i\mathbb{E}\rangle_x\to 0$. 因此, $\forall T_1\in(0,T)$ 可得

$$\begin{aligned}\|\mathbb{E}'(T_1)\|_{H^1}^2+\|N'(T_1)\|_{L^2}^2&=[A_1(t)]_0^{T_1}+o(1)\\ &=\int_0^{T_1}(RHS(5.2.63))\mathrm{d}t+o(1),\end{aligned} \tag{5.3.23}$$

其中, $o(1)$ 表示当 $(c,\alpha)\to\infty$ 时, 任意趋于 0 的实量.

接下来, 对 $(c,\alpha)\gg R\gg 1$, 拓展 (5.3.23) 式的右端部分, 分解每个函数为

$$\mathbb{E}=\mathbb{E}_{\leqslant R}+\mathbb{E}_{>R},\quad N=N_{\leqslant R}+N_{>R}. \tag{5.3.24}$$

现在给出一些记号:

$$\begin{aligned}&H:=\|(\mathbb{E},N)\|_{\mathcal{H}},\quad H':=\|(\mathbb{E}',N')\|_{\mathcal{H}},\\ &M:=\|\mathbb{E}\|_{\mathcal{M}(0,T)},\quad M':=\|\mathbb{E}'\|_{\mathcal{M}},\\ &H_R:=\|(\mathbb{E},N)_{>R}\|_{\mathcal{H}},\quad M_R:=\|\mathbb{E}_{>R}\|_{\mathcal{M}(0,T)},\\ &X:=\|(\mathbb{E},N)\|_{\mathcal{X}},\quad X_R:=\|(\mathbb{E},N)_{>R}\|_{\mathcal{X}}.\end{aligned} \tag{5.3.25}$$

对于三线性项, 可用类似于引理 5.2.5 的估计得到所需结论.

若 3 个函数中至少有两个函数的频率不大于 R, 则 3 个函数中的最高频率也是 $\lesssim R$, 于是, 在取极限时, 三线性估计中的因子 $\langle c/h\rangle^{-1}$ 或 $c^{-\frac{1}{2}}$(见 (5.2.75)、(5.2.78)~(5.2.80)、(5.2.86)、(5.2.89) 式) 可抵消那些项. 剩余项中至少有两个函数的频率大于 R, 故三线性项可由如下公式控制

$$H_R M_R X + H_R M X_R + H M_R X_R + o_R(1), \tag{5.3.26}$$

这里, $o_R(1)$ 表示依赖于 R 且当 $(c,\alpha)\to\infty$ 时, 趋于 0 的任意正量.

接下来考虑带 N 的四次项

$$\langle \mathrm{i}n\mathbb{E}^* + (P_\alpha \mathrm{i}N)\mathbb{E}^* \mid I_c n\mathbb{E}\rangle_x, \tag{5.3.27}$$

若这 4 个函数中最多有一个处于高频部分, 则最高频率 $\lesssim R$, 对 $\mathbb{E}^*$ 中的因子 $\mathrm{e}^{2\mathrm{i}c^2t}$ 关于 t 部分积分, 可得到 c^{-2}, 但却对 N 或 $\mathbb{E}$ 加了时间导数. 由 (5.2.32) 式及 Sobolev 嵌入 $H^2\subset B^{\frac{1}{2}}_{6,1}$ 可得

$$\begin{aligned} &\| \partial_t N_{\lesssim R} \|_{L^\infty L^2} \lesssim \alpha R(H+H^2),\\ &\| \partial_t \mathbb{E}_{\lesssim R} \|_{St^{\frac{1}{2};2}_{1,1}(0,T)} \lesssim \alpha^2(M+HM), \end{aligned} \tag{5.3.28}$$

于是, 对固定的 R, (5.3.27) 式可由 $\dfrac{\alpha}{c^2}$ 控制.

对于另外的四次项可得如下振荡形式:

$$\begin{aligned} \langle P_\alpha|\alpha\nabla|\langle\mathbb{E},\mathbb{E}+\mathbb{E}^*\rangle \mid \langle \mathrm{i}\mathbb{E},\mathbb{E}^*\rangle\rangle_x =& 2\langle P_\alpha|\alpha\nabla||\mathbb{E}|^2 \mid \mathrm{i}\mathbb{E}_1\cdot\mathbb{E}_2 \mathrm{e}^{2\mathrm{i}c^2t}\rangle_x\\ &-2\langle P_\alpha|\alpha\nabla|(\mathbb{E}_1\cdot\mathbb{E}_2) \mid \mathrm{i}\bar{\mathbb{E}}_1\cdot\bar{\mathbb{E}}_2\mathrm{e}^{-4\mathrm{i}c^2t}\rangle_x, \end{aligned} \tag{5.3.29}$$

故用同样的讨论, 若最多一个函数处于高频, 则对每一个 R, 四次形式可由 α/c^2 控制. 于是, 剩下的四次项至少有两个处于高频的函数, 故四次项可由如下形式控制:

$$H_R^2M^2 + H_R M_R H M + M_R^2 H^2 + o_R(1). \tag{5.3.30}$$

综合以上三次项与四次项的估计式可得

$$\begin{aligned} \| (\mathbb{E}',N') \|_{\mathcal{H}}^2 \lesssim& H_R M_R X + H_R M X_R + H M_R X_R\\ &+ H_R^2M^2 + H_R M_R H M + M_R^2 H^2 + o_R(1). \end{aligned} \tag{5.3.31}$$

由一致退化假设 (5.2.1) 可得

$$H_R \lesssim H' + o(1;R\to\infty), \tag{5.3.32}$$

其中, $o(1;R\to\infty)$ 表示当 $R\to\infty$ 时关于 (c,α) 一致趋于 0 的任意正量. 因 $\mathbb{E}^\infty\in L^2B^1_{6,2}$, 所以

$$M_R \lesssim M' + o(1; R \to \infty). \tag{5.3.33}$$

又因自由部分与 $\mathbb{E}^\infty$ 的高频退化及 L^2 收敛性蕴含着自由部分与 $\mathbb{E}^\infty$ 的低频退化, 故也有如下不等式成立:

$$\begin{aligned} M' &\leqslant \| \mathbb{E}'_{>R} \|_{\mathcal{M}} + \| \mathbb{E}'_{\leqslant R} \|_{\mathcal{M}} \\ &\lesssim M_R + o(1; R \to \infty) + o_R(1), \end{aligned} \tag{5.3.34}$$

这里使用了 (5.2.14) 式中的从 $[0,T]$ 到 $\mathbb{R}$ 的延拓.

接下来, 为估计 X_R, 应用对 (5.2.23) 式的讨论方法来讨论 $\mathbb{E}_{>R}$ 及 $N_{>R}$. 关于它们的方程的双线性项, 至少有一个函数必须有 $\gtrsim R$ 的频率. 在 $\mathcal{X}$ 中, 对稍高频率的那部分进行估计后可得到 $c^{-\frac{1}{2}}$ 退化. 否则, 可在 $\mathcal{H}$ 或 $\mathcal{M}$ 中进行估计, 再分别运用 (5.3.32) 或 (5.3.33) 式. 于是可得

$$X_R \lesssim (H' + M')H + o(1; R \to \infty) + o(1). \tag{5.3.35}$$

类似地, 由对 (5.2.37)、(5.3.32)、(5.3.33) 及 (5.3.35) 式的讨论可得

$$M_R \lesssim T^{\frac{1}{4}}(H' + M')(1 + H^2) + o(1; R \to \infty) + o(1), \tag{5.3.36}$$

其中包含 $\mathbb{E}^0_{>R}$ 的部分包含在 $o(1; R \to \infty)$ 中. 现在把 (5.3.35) 和 (5.3.36) 及 (5.2.37) 式代入 (5.3.31) 和 (5.3.34) 式可得

$$\begin{aligned} &(H')^2 \lesssim T^{\frac{1}{4}}(H' + M')^2(1 + H^6) + o(1; R \to \infty) + o_R(1), \\ &M' \lesssim T^{\frac{1}{4}}(H' + M')(1 + H^2) + o(1; R \to \infty) + o_R(1). \end{aligned} \tag{5.3.37}$$

选择 T 充分小 (相比于 $1 + H^6$), 并且令 $(c,\alpha) \to \infty$ 及 $R \to \infty$ 可得

$$\lim_{(c,\alpha)\to\infty} H' + M' = 0. \tag{5.3.38}$$

5.4 (c,α) 分别趋于无穷时的收敛性结果

5.4.1 Klein-Gordon-Zakharov 系统到 Zakharov 系统的收敛性

本小节证明从 Klein-Gordon-Zakharov 系统到 Zakharov 系统解的收敛性. 在这种情形下, 没有非共振爆破性, 故迭代讨论关于 c 一致成立, 且这种讨论仅依赖于双线性估计而不需要能量守恒.

然而, 仅利用固定的 c 的估计[95] 及极限方程的估计[29, 32] 不能解决这个问题. 困难来自于 $n_l\mathbb{E}_h(l+c \ll h)$ 项. 若参数 c 被固定, 就可用当 $c = \infty$ 时的 Schrödinger

型 Strichartz 估计[32] 或当 c 有限时的波动型 Strichartz 估计[95] 来考虑这一项. 但这两种讨论都不能对 c 一致成立. 更简洁地讲, 前一种讨论至少丢失 $(h/c)^{\frac{1}{4}}$, 后一种讨论至少丢失 $c^{\frac{1}{2}}$. 故必须使用双线性估计来处理这一项, 即使在这种情形下有共振的相互作用 $(n^C\mathbb{E}^C)^C$. 这里将采用共振频率的集合的小性性质. 这个思想类似于文献 [29]. 在文献 [29] 中使用了一个改进的 Sobolev 不等式. 这里将采用一个较佳的估计, 见后面的引理, 这个估计式是插值 Strichartz 估计 (5.1.40) 的一个改进.

定理 5.4.1 考虑极限 $c\to\infty$ 且 $\alpha=\alpha(c)>0$ 有上界和下界, 对每一个 c, 令 (E^c,n^c) 是由文献 [95] 中给出的系统 (5.0.1) 的解, $(\hat{\mathbb{E}}^c,\hat{n}^c)$ 是由文献 [29, 32] 中给出的系统 (5.0.6) 的解, 且令

$$\begin{aligned}\mathbb{E}^c &:= \frac{\mathrm{e}^{-\mathrm{i}c^2t}}{2}(1-\mathrm{i}c^{-2}I_c\partial_t)(E^c,\overline{E^c}),\\ (N^c,\hat{N}^c) &:= (1-\mathrm{i}|\alpha\nabla|^{-1}\partial_t)(n^c,\hat{n}^c).\end{aligned}\tag{5.4.1}$$

假设 $(\mathbb{E}^c(0),N^c(0))$ 在 $H^1\times L^2$ 中有界, 在 $H^1\times L^2$ 中,

$$(\mathbb{E}^c(0),N^c(0))-(\hat{\mathbb{E}}^c(0),\hat{N}^c(0))\to 0,\tag{5.4.2}$$

且关于高频一致衰减:

$$\lim_{R\to\infty}\limsup_{c\to\infty}\|\,(\mathbb{E}^c(0),N^c(0))_{>R}\,\|_{H^1\times L^2}=0.\tag{5.4.3}$$

令 T^∞ 与 $\hat{T}^\infty$ 是最大有界时间, 即

$$\begin{aligned}T^\infty &:= \sup\left\{T>0\mid \limsup_{c\to\infty}\|\,(\mathbb{E}^c,N^c)\,\|_{\mathcal{H}(0,T)}<\infty\right\},\\ \hat{T}^\infty &:= \sup\left\{T>0\mid \limsup_{c\to\infty}\|\,(\hat{\mathbb{E}}^c,\hat{N}^c)\,\|_{\mathcal{H}(0,T)}<\infty\right\}.\end{aligned}\tag{5.4.4}$$

则 $T^\infty=\hat{T}^\infty$ 且对所有 $T\in(0,T^\infty)$, 在 $C([0,T];H^1\times L^2)$,

$$(\mathbb{E}^c-\hat{\mathbb{E}}^c,N^c-\hat{N}^c)\to 0.\tag{5.4.5}$$

注 5.4.1 根据系统 (5.0.6) 的局部适定性理论, 由初始界

$$\limsup_{c\to\infty}\|\,(\hat{\mathbb{E}}^c(0),\hat{n}^c(0))\,\|_{H^1\times L^2}\tag{5.4.6}$$

可知 $\hat{T}^\infty>0$ 有下界. 如果 $\alpha(c)$ 与初始值 $(\hat{\mathbb{E}}^c(0),\hat{N}^c(0),\partial_t\hat{n}^c(0))$ 收敛, 则 $\hat{T}^\infty>0$ 为极限解的最大存在时间. 正如注记 5.2.3 所提及, 在能量空间的无条件惟一性对这两个系统都成立[140]. 故上面的定理可用到任何有限能量解.

注 5.4.2 通过用

$$\sup_{R>0}\limsup_{c\to\infty}\| \mathbb{E}^c(0)_{>R\sqrt{c}}\|_{H^1}=0 \tag{5.4.7}$$

来代替 (5.4.3) 式, 可以得到关于自由方程收敛性的必要充分条件. 换言之, 若频率比 $\sqrt{c}$ 小, 范数的某些部分频率允许达到无穷大.

因当 $t>T$ 时, 可用同样的方法证明收敛性问题直到解变为无界, 故只需证明在一致小区间 $[0,T]$ 上的收敛性. 固定 $\varepsilon\in(0,0.01)$, 令

$$\begin{aligned}
\mathcal{X}_2&:=X^{1-4\varepsilon,\frac{1}{2}+\varepsilon}\times Y^{0,1-10\varepsilon},\\
\mathcal{X}_3&:=\left[X^{1-4\varepsilon,\frac{1}{2}+\varepsilon}\cap X^{1,\frac{1}{2}-\varepsilon}\cap L^\infty(H^1)\right]\times Y^{0,1-10\varepsilon}.
\end{aligned}\tag{5.4.8}$$

下面将证明在不假设 $(\mathbb{E},N)$ 是方程 (5.1.5) 的解的前提下, 对 (5.2.12) 式中定义的映射 Φ 可得

$$\|\Phi(\mathbb{E},N)\|_{\mathcal{X}_3}\lesssim\|(\mathbb{E}(0),N(0))\|_{H^1\times L^2}+T^\varepsilon\|(\mathbb{E},N)\|_{\mathcal{X}_3}^2 . \tag{5.4.9}$$

特别地, 可用标准的迭代讨论, 在一个不依赖于参数 c 的时间区间上构造系统 (5.0.1) 相应的 Cauchy 问题的惟一解. 此外可得到关于那些涉及 $\mathbb{E}^*$ 的非线性项的 $c^{-\varepsilon}$ 衰减因子.

令 $(\mathbb{E}^b,N^b)$ 是方程 (5.1.5) 由文献 [95] 中给出的一个解, 其中, T 依赖于 c 与 α,

$$(\mathbb{E},N):=\Phi(\mathbb{E}^b,N^b).$$

则对某一 $b>\dfrac{1}{2}$, $(\mathbb{E}^b,N^b)\in X^{1,b}\times Y^{0,b}$. 故由 (5.2.16) 式可知 $(\mathbb{E}^b,N^b)\in\mathcal{X}_3$. 又因 $(\mathbb{E},N)=\Phi(\mathbb{E}^b,N^b)=\Phi(\mathbb{E},N)$, 估计式 (5.4.9) 蕴含着对充分小的 $T>0$,

$$\|(\mathbb{E},N)\|_{\mathcal{X}_3}\lesssim\|(\mathbb{E}(0),N(0))\|_{H^1\times L^2} . \tag{5.4.10}$$

注 5.4.3 由于 $(n_{high}\mathbb{E}_{low})^F$ 项, 当 $b>\dfrac{1}{2}$ 时, 要得到一致的 $X^{1,b}$ 界显得非常困难, 且在极限系统中这个界已得到 (见文献 [32] 注记 3.7). 粗略地讲, 困难如下: 如果 n 有较高的频率, 方程 (5.0.6) 中关于 u 的方程中的二次项 nu 比 u 的正则性低 1, 因此, 必须从非共振双线性估计中重新获得一阶导数项.

下面证明定理 5.4.1.

现在, 利用对偶以及频率分解技术来估计非线性项:

$$\begin{aligned}
\langle I_cnE\mid u\rangle_{t,x}&=\sum_{(j,k,l)\in\mathcal{J}}\langle n_jE_k\mid I_cu_l\rangle_{t,x},\\
\langle|\alpha\nabla|\langle E,\mathbb{E}\rangle\mid N\rangle_{t,x}&=\sum_{(j,k,l)\in\mathcal{J}}\langle(|\alpha\nabla|n_j)E_k\mid\mathbb{E}_l\rangle_{t,x},
\end{aligned}\tag{5.4.11}$$

其中, $E\in\{\mathbb{E},\mathbb{E}^*\}$, $n=\Re(N)$. 令 $h=\max\{j,k,l\}$, $\ell=\min(k,l)$ 及 $m=\min\{j,k,l\}$.

(1) 关于 $\langle n_{high}\mathbb{E}_{low}\mid\mathbb{E}_{high}\rangle_{t,x}$ 与 $\langle n\mathbb{E}^*\mid\mathbb{E}\rangle_{t,x}$ 的估计式

首先考虑非共振相互作用. 若 $E=\mathbb{E}$ 且 $j\sim h\gg m$, 则由引理 5.2.2 知非共振距离 $\delta\sim(c\wedge h)h$. 若 $E=\mathbb{E}^*$, 则有 $\delta\sim(c\vee h)c$. 在这两种情形下都有

$$\delta\left\langle\frac{h}{c}\right\rangle\gtrsim h^2,\quad \delta\left\langle\frac{m}{c}\right\rangle\frac{h}{m}\gtrsim h^2. \tag{5.4.12}$$

根据距特征曲面的距离分解 (5.4.11) 式. 对于 $N^\sharp$, 考虑

$$\begin{aligned}\langle(|\alpha\nabla|n_j)E_k\mid\mathbb{E}_l\rangle_{t,x}=&\langle(|\alpha\nabla|n_j^F)E_k\mid\mathbb{E}_l\rangle_{t,x}+\langle(|\alpha\nabla|n_j^C)E_k^F\mid\mathbb{E}_l\rangle_{t,x}\\&+\langle(|\alpha\nabla|n_j^C)E_k^C\mid\mathbb{E}_l^F\rangle_{t,x}\\=:&\,A_1+A_2+A_3,\end{aligned} \tag{5.4.13}$$

这里, $n=\Re(N)$ 是 $Y^{0,10\varepsilon}$ 中的一个测试函数, 且 $E\in\{\mathbb{E},\mathbb{E}^*\}$. 对 A_1 可得如下估计:

$$\begin{aligned}A_1\lesssim&\, j\parallel N_j^F\parallel_{L^2L^2}\parallel\mathbb{E}_\ell\parallel_{L^{\frac{2}{1-\varepsilon}}L^{\frac{2}{\varepsilon}}}\parallel\mathbb{E}_h\parallel_{L^{\frac{2}{\varepsilon}}L^{\frac{2}{1-\varepsilon}}}\\\lesssim&\, j\delta^{-9\varepsilon}\ell^{3\varepsilon}h^{-1+5\varepsilon}\parallel N_j^F\parallel_{Y^{0,9\varepsilon}}\\&\times\parallel\mathbb{E}_\ell\parallel_{X^{1-4\varepsilon,\frac12+\varepsilon}}\parallel\mathbb{E}_h\parallel_{X^{1-4\varepsilon,\frac12+\varepsilon}},\end{aligned} \tag{5.4.14}$$

这里用到了对 $X^{1-4\varepsilon,\frac12+\varepsilon}$ 的波型 Strichartz 估计 (5.1.27). 因系数可由 $m^{3\varepsilon}h^{5\varepsilon}\delta^{-9\varepsilon}$ 控制, 由 $\delta\gtrsim h$, 右端在任何情形下对二进制频率是可求和的, 且由 $\delta\gtrsim h$, 右端包含 $\mathbb{E}^*$ 的项有一个退化因子 $c^{-9\varepsilon}$. 据 (5.1.24) 式, 以上估计式使得 $N^\sharp$ 在 $T^\varepsilon Y^{0,1-10\varepsilon}$ 中有界.

对 A_2 和 A_3 的估计本质上是一样的. 对于 A_2, 可得

$$\begin{aligned}A_2\lesssim&\, T^\varepsilon jm^{\frac32-27\varepsilon}\parallel N_j^C\parallel_{L_{t,x}^{\frac{2}{1-10\varepsilon}}}\parallel E_k^F\parallel_{L_{t,x}^2}\parallel\mathbb{E}_l\parallel_{L^{\frac{1}{4\varepsilon}}L^{\frac{2}{1-8\varepsilon}}}\\\lesssim&\, T^\varepsilon j^{1+10\varepsilon}m^{\frac32-27\varepsilon}\delta^{-\frac12-\varepsilon}k^{-1+4\varepsilon}l^{-1+12\varepsilon}\\&\times\parallel N_j\parallel_{Y^{0,10\varepsilon}}\parallel E_k^F\parallel_{X^{1-4\varepsilon,\frac12+\varepsilon}}\parallel\mathbb{E}_l\parallel_{X^{1-4\varepsilon,\frac12+\varepsilon}},\end{aligned} \tag{5.4.15}$$

这里利用了关于 $\mathbb{E}_l$ 的 Strichartz 估计及关于 N_j 的插值:

$$Y^{0,b}=(Y^{0,0},Y^{0,\frac12,1})_{2b,2}\subset(L^2L^2,L^4B_{4,2}^{-\frac12})_{2b,2}\subset L^{\frac{2}{1-b}}B_{\frac{2}{1-b},2}^{-b}, \tag{5.4.16}$$

其中, $b=10\varepsilon<\dfrac12$. A_2 的系数可由 $T^\varepsilon m^\varepsilon\delta^{-\varepsilon}h^{-2\varepsilon}$ 控制. 于是, 关于 $N^\sharp$ 的部分在 $T^\varepsilon Y^{0,1-10\varepsilon}$ 中有界, 且包含 $\mathbb{E}^*$ 的项具有退化因子 $c^{-\varepsilon}$. 对 A_3 的估计, 只需要交换 $\mathbb{E}_k$ 与 E_l 在如上讨论中的位置.

对 $\mathbb{E}^\sharp$ 的方程, 考虑与 (5.2.51) 式一样的分解. 于是 B_1 是最正则的项, 可做如下估计:

$$
\begin{aligned}
B_1 &\lesssim \left\langle \frac{l}{c} \right\rangle^{-1} m^{\frac{3}{2}} \| N_j^F \|_{L^2L^2} \| E_k \|_{L^\infty L^2} \| u_l \|_{L^2L^2} \\
&\lesssim \left\langle \frac{l}{c} \right\rangle^{-1} m^{\frac{3}{2}} \delta^{-1+10\varepsilon} k^{-1+4\varepsilon} l \\
&\quad \times \| N_j^F \|_{Y^{0,1-10\varepsilon}} \| \mathbb{E}_k \|_{X^{1-4\varepsilon,\frac{1}{2}+\varepsilon}} \| u_l \|_{X^{-1,0}} .
\end{aligned} \tag{5.4.17}
$$

(5.4.17) 式中的系数可由下式控制:

$$
\begin{cases}
\delta^{-\varepsilon} \left(\delta \left\langle \dfrac{l}{c} \right\rangle \dfrac{k}{l} \right)^{-1+11\varepsilon} m^{\frac{3}{2}} l^{4\varepsilon} & (l=m), \\
\delta^{-\varepsilon} \left(\delta \left\langle \dfrac{l}{c} \right\rangle \right)^{-1+11\varepsilon} m^{\frac{1}{2}+4\varepsilon} l & (l=h),
\end{cases} \tag{5.4.18}
$$

且根据 (5.4.12) 式, 这两式均可由 $\delta^{-\varepsilon} m^{\frac{1}{2}} h^{-1+26\varepsilon}$ 控制. 因此, B_1 项对估计 $\mathbb{E}^\sharp$ 的作用是使得它在 $T^\varepsilon X^{1,1-\varepsilon}$ 中有界, 且具有 $\mathbb{E}^*$ 的项包含有因子 $c^{-\varepsilon}$. 对于 B_2, 可得如下估计式:

$$
\begin{aligned}
B_2 &\lesssim \left\langle \frac{l}{c} \right\rangle^{-1} m^{\frac{19}{20}} \| N_j^C \|_{L^\infty L^2} \| E_k^F \|_{L^2L^2} \| u_l \|_{L^2 L^{\frac{60}{19}}} \\
&\lesssim \left\langle \frac{l}{c} \right\rangle^{-1} m^{\frac{19}{20}} k^{-1+4\varepsilon} \delta^{-\frac{1}{2}-\varepsilon} l \left\langle \frac{l}{c} \right\rangle^{\frac{11}{24}} \\
&\quad \times \| N_j \|_{Y^{0,\frac{1}{2}+\varepsilon}} \| \mathbb{E}_k^F \|_{X^{1-4\varepsilon,\frac{1}{2}+\varepsilon}} \| u_l \|_{X^{-1,\frac{11}{40}}} ,
\end{aligned} \tag{5.4.19}
$$

这里, 运用 (5.1.40) 式到 u_l 上, $V = I_c^{-\frac{5}{6}} B_{6,2}^s$ 且 $s=-1$:

$$
X^{s,\frac{\theta}{2}} \subset I_c^{-\frac{5\theta}{6}} L^2 B_{q,2}^s, \quad \frac{1}{q} = \frac{1}{2} - \frac{\theta}{3} (0 \leqslant \theta < 1). \tag{5.4.20}
$$

(5.4.19) 式中的系数可由如下公式控制:

$$
\begin{cases}
\delta^{-\varepsilon} \left(\delta \left\langle \dfrac{l}{c} \right\rangle \dfrac{k}{l} \right)^{-\frac{1}{2}} k^{-\frac{1}{2}+4\varepsilon} m^{\frac{1}{2}+\frac{19}{20}} & (l=m), \\
\delta^{-\varepsilon} \left(\delta \left\langle \dfrac{l}{c} \right\rangle \right)^{-\frac{1}{2}} h k^{-1+4\varepsilon} m^{\frac{19}{20}} & (l=h),
\end{cases} \tag{5.4.21}
$$

这两项可由 $\delta^{-\varepsilon} m^{-\frac{1}{20}+4\varepsilon}$ 控制. 故 B_2 对 $\mathbb{E}^\sharp$ 的作用是使得它在 $T^\varepsilon X^{-1,\frac{29}{40}-\varepsilon}$ 有界且对具有 $\mathbb{E}^*$ 的项含有因子 $c^{-\varepsilon}$. B_3 项是惟一要区分 $\mathcal{X}_3$ 中的 3 个空间的地方. 利用 Hölder 不等式, 类似如上讨论可得

$$
B_3 \lesssim \left\langle \frac{l}{c} \right\rangle^{-1} T^\varepsilon m^{\frac{19}{20}} \| N_j^C \|_{L^\infty L^2} \| \mathbb{E}_k^C \|_{L^{\frac{2}{1-2\varepsilon}} L^{\frac{60}{19}}} \| u_l^F \|_{L^2L^2}, \tag{5.4.22}
$$

对 $\mathbb{E}_k$ 项, 在 (5.1.27) 与 (5.1.40) 式之间插值可得到

$$\begin{aligned} X^{1,\theta+\varepsilon} &= \left(X^{1,\frac{1}{2},1}, X^{1,\theta}\right)_{\alpha,2} \\ &\subset \left([L^\infty H^1, L^2 S]_{2\theta}, L^2\left((H^1,S)_{2\theta,2}\right)\right)_{\alpha,2} \subset L^p\left([H^1,S]_{2\theta}\right), \end{aligned} \tag{5.4.23}$$

其中 $S := I_c^{-\frac{5}{6}} B_{6,2}^1$, $\alpha \in (0,1)$ 满足 $\dfrac{1-\alpha}{2} + \alpha\theta = \theta + \varepsilon$ 且 $\frac{1}{p} := (1-\alpha)\theta + \dfrac{\alpha}{2} = \dfrac{1}{2} - \varepsilon$. 选择 $\theta = \dfrac{11}{40}$, 可得

$$\| \mathbb{E}_k^C \|_{L^{\frac{2}{1-2\varepsilon}} L^{\frac{60}{19}}} \lesssim k^{-1} \left\langle \frac{k}{c} \right\rangle^{\frac{11}{24}} \| \mathbb{E}_k \|_{X^{1,\frac{11}{40}+\varepsilon}} . \tag{5.4.24}$$

对 $0 \leqslant a \leqslant \varepsilon$ 可得

$$\| u_l^F \|_{L^2L^2} \lesssim \delta^{-\frac{1}{2}+a} l^{1-4a} \| u_l \|_{X^{-1+4a,\frac{1}{2}-a,\infty}} . \tag{5.4.25}$$

把这些估计代入 (5.4.22) 式可得

$$\begin{aligned} B_3 \lesssim & \left\langle \frac{l}{c} \right\rangle^{-1} T^\varepsilon m^{\frac{19}{20}} k^{-1} \left\langle \frac{k}{c} \right\rangle^{\frac{11}{24}} \delta^{-\frac{1}{2}+a} l^{1-4a} \\ & \times \| N_j \|_{Y^{0,\frac{1}{2}+\varepsilon}} \| \mathbb{E}_k \|_{X^{1,\frac{11}{40}+\varepsilon}} \| u_l \|_{X^{-1+4a,\frac{1}{2}-a,\infty}} . \end{aligned} \tag{5.4.26}$$

利用 (5.4.12) 式及 $\langle h/c\rangle/\langle m/c\rangle \lesssim h/m$, (5.4.26) 式中第一行的系数可由 $T^\varepsilon m^{-\frac{1}{20}}\delta^{-a}$ 控制. 因此, 通过令 $a=\varepsilon$ 且利用 (5.1.24) 式, $\sum\limits_{j,k} B_3$ 在 $T^\varepsilon \ell_l^2(X_1)$ 中可估计. 通过令 $a=0$ 且利用 (5.1.25) 式, $\sum\limits_{j,k} B_3$ 在 $T^\varepsilon \ell_l^2(X^{1,\frac{1}{2},\infty} \cap L^\infty(H^1))$ 中也可估计. 利用 $X^{1,\frac{1}{2},\infty} \subset X^{1,\frac{1}{2}-\varepsilon}$ 且 $\ell_l^2 L_t^\infty \subset L^\infty \ell_l^2$, 可在 $T^\varepsilon \mathcal{X}_3$ 中对 l 进行求和. 此外, 对于包含 $\mathbb{E}^*$ 的那些项也在 $T^\varepsilon c^{-\varepsilon}\mathcal{X}_2$ 中有界. 最后, 对 u_l^C 利用 (5.4.24) 式可得关于 B_4 的估计

$$\begin{aligned} B_4 \lesssim & \| (0,T)^F \|_{L^{2/(1+2\varepsilon)}} \left\langle \frac{l}{c} \right\rangle^{-1} k^{-1} m^{19/20} l \left\langle \frac{l}{c} \right\rangle^{11/24} \\ & \times \| N_j^C \|_{L^\infty L^2} \| \mathbb{E}_k^C \|_{L^\infty H^1} \| u_l^C \|_{X^{-1,\frac{11}{40}+\varepsilon}}, \end{aligned} \tag{5.4.27}$$

其中, 利用 (5.2.22) 及 (5.4.12) 式, (5.4.27) 式中的系数可由下式估计:

$$\left(\delta \left\langle \frac{l}{c} \right\rangle\right)^{-\frac{1}{2}-\varepsilon} k^{-1} l m^{\frac{19}{20}} \lesssim \delta^{-\varepsilon} m^{-\frac{1}{20}}. \tag{5.4.28}$$

于是, B_4 在 $T^\varepsilon X^{1,\frac{29}{40}-2\varepsilon}$ 中有界.

(2) 对 $\langle n_{low}\mathbb{E}_{high} \mid \mathbb{E}_{high}\rangle_{t,x}$ 的估计

接下来考虑剩余情形 $E=\mathbb{E}$ 且 $j\lesssim m$, 在这种情形里, 非线性项可能是共振的. 这里, 不寻求 $c^{-\varepsilon}$ 退化. 对于 $N^\sharp$, 利用类似于 (5.4.23) 式的讨论:

$$\begin{aligned} X^{1,\theta+\alpha} &= \left(X^{1,0}, X^{1,\frac{1}{2},1}\right)_{2\theta+2\alpha,2} \\ &\subset \left(L^2H^1, [L^\infty H^1, L^2S]_{\frac{\theta}{\theta+\alpha}}\right)_{2\theta+2\alpha,2} \\ &\subset L^{\frac{2}{1-2\alpha}}\left([H^1,S]_{2\theta}\right), \end{aligned} \tag{5.4.29}$$

且 $S:=B^0_{\infty,2}$, $(\theta,\alpha):=\left(\dfrac{1}{2}-2\varepsilon,\varepsilon\right),\left(2\varepsilon,\dfrac{1}{2}-3\varepsilon\right)$. 于是可得

$$\begin{aligned} &\langle(|\alpha\nabla|n_j)\mathbb{E}_k \mid \mathbb{E}_l\rangle_{t,x} \\ &\lesssim j\parallel n_j\parallel_{L^{\frac{2}{1-4\varepsilon}}L^2}\parallel \mathbb{E}_k\parallel_{L^{\frac{2}{1-2\varepsilon}}L^{\frac{1}{2\varepsilon}}}\parallel \mathbb{E}_l\parallel_{L^{\frac{1}{3\varepsilon}}L^{\frac{2}{1-4\varepsilon}}} \\ &\lesssim jk^{-4\varepsilon}l^{-1+4\varepsilon}\parallel n_j\parallel_{Y^{0,2\varepsilon}}\parallel \mathbb{E}_k\parallel_{X^{1,\frac{1}{2}-\varepsilon}}\parallel \mathbb{E}_l\parallel_{X^{1,\frac{1}{2}-\varepsilon}}, \end{aligned} \tag{5.4.30}$$

因此, 可知它在 $T^\varepsilon Y^{0,1-3\varepsilon}$ 中有界.

对于 $\mathbb{E}^\sharp$, 可分为 $l\leqslant c$ 和 $l>c$ 两种情形来讨论. 首先考虑第一种情形: $l\leqslant c$. 在这种情形下可得

$$\begin{aligned} \sum_{j\lesssim k\sim l\leqslant c}\langle n_j\mathbb{E}_k \mid I_cu_l\rangle_{t,x} &\lesssim \sum_{k\sim l\leqslant c}\parallel \sum_{j\lesssim k}N_j\parallel_{L^\infty L^2}\parallel \mathbb{E}_k\parallel_{L^2L^4}\parallel u_l\parallel_{L^2L^4} \\ &\lesssim \parallel N\parallel_{L^\infty L^2}\parallel \mathbb{E}\parallel_{X^{1,\frac{3}{8}}}\parallel u\parallel_{X^{-1,\frac{3}{8}}}, \end{aligned} \tag{5.4.31}$$

这里运用 (5.4.20) 式到 $\mathbb{E}_k$ 及 u_l 上. 因此, 上面的相互作用项在 $T^\varepsilon X^{1,\frac{5}{8}-\varepsilon}$ 中是有界的.

对于 $l>c$ 的情形, 如上的 Strichartz 估计不能得到一致界, 故需使用双线性估计. 令距特征曲面的距离的临界值为 $\delta=m$, 分解二元组合为

$$\begin{aligned} \langle n_j\mathbb{E}_k \mid I_cu_l\rangle_{t,x} =&\langle n_j^F\mathbb{E}_k \mid I_cu_l\rangle_{t,x}+\langle n_j^C\mathbb{E}_k^F \mid I_cu_l\rangle_{t,x} \\ &+\langle n_j^C\mathbb{E}_k^C \mid I_cu_l^F\rangle_{t,x}+\langle n_j^C\mathbb{E}_k^C \mid I_cu_l^C\rangle_{t,x} \\ =:&C_1+C_2+C_3+C_4, \end{aligned} \tag{5.4.32}$$

其中, 共振相互作用 C_4 不为 0. 其余三项是非共振的, 可利用 $X^{s,b}$ 空间来估计. 对于 C_1, 将 (5.4.23) 式用于 $\mathbb{E}_k$ 且令 $(\theta,\varepsilon)\to(\frac{1}{2}-3\varepsilon,2\varepsilon)$ 可得

$$\begin{aligned} C_1 &\lesssim \left\langle\frac{l}{c}\right\rangle^{-1} m^{\frac{1}{2}+6\varepsilon}\parallel N_j^F\parallel_{L^2L^2}\parallel \mathbb{E}_k\parallel_{L^{\frac{2}{1-4\varepsilon}}L^{\frac{6}{1+12\varepsilon}}}\parallel u_l\parallel_{L^{\frac{1}{2\varepsilon}}L^2} \\ &\lesssim \left\langle\frac{h}{c}\right\rangle^{-1+\frac{5}{6}-5\varepsilon} m^{\frac{1}{2}+6\varepsilon}\delta^{-1+10\varepsilon}\parallel N_j^F\parallel_{Y^{0,1-10\varepsilon}} \\ &\quad\times\parallel \mathbb{E}_k\parallel_{X^{1,\frac{1}{2}-\varepsilon}}\parallel u_l\parallel_{X^{-1,\frac{1}{2}-2\varepsilon}}, \end{aligned} \tag{5.4.33}$$

故 C_1 在 $T^\varepsilon X^{1,\frac{1}{2}+\varepsilon}$ 中有界. 对 C_2 和 C_3 的估计实质上是相同的. 对于 C_2, 将 (5.4.20) 式用于 $\mathbb{E}_k$ 与 u_l 上可得

$$\begin{aligned} C_2 &\lesssim \left\langle \frac{l}{c} \right\rangle^{-1} m^{\frac{3}{10}} \| N_j^C \|_{L^\infty L^2} \| \mathbb{E}_k^F \|_{L^2 L^{\frac{5}{2}}} \| u_l \|_{L^2 L^5} \\ &\lesssim m^{\frac{3}{10}} \delta^{-\frac{7}{20}+2\varepsilon} \| N_j \|_{Y^{0,\frac{1}{2}+\varepsilon}} \| \mathbb{E}_k^F \|_{X^{1,\frac{1}{2}-2\varepsilon}} \| u_l \|_{X^{-1,\frac{9}{20}}}, \end{aligned} \tag{5.4.34}$$

故它在 $T^\varepsilon X^{1,\frac{11}{20}-\varepsilon}$ 中有界.

对 C_3 的估计与 C_2 一样, 仅需交换 $\mathbb{E}_k$ 与 u_l 的位置.

对于共振相互作用 C_4, 利用如下对在一个径向狭窄的 Fourier 支集上的 Strichartz 估计的一个改进.

引理 5.4.1 假设 $u(t,x) \in X^{0,\frac{1}{4},1}$ 且对 R 与 w 满足 $c \lesssim R \gtrsim w > 0$ 时, 它的 Fourier 支集在

$$R < |\xi| < R + w \tag{5.4.35}$$

中, 则有

$$\| u \|_{L_t^2 L_x^4} \lesssim c^{-\frac{1}{4}} w^{\frac{1}{4}} R^{\frac{1}{4}} \| u \|_{X^{0,\frac{1}{4},1}}. \tag{5.4.36}$$

注 5.4.4 对于波方程 $\mathrm{e}^{itc|\nabla|}$, 没有 $R \gtrsim c$ 的限制时也成立同样的估计式. 与不满足支集条件的 Strichartz 估计 (5.1.40) 相比, 这里可获得因子 $(w/R)^{\frac{1}{4}}$.

引理 5.4.1 的证明 首先采用文献 [29] 中的思想, 利用球上的 Fourier 限制性估计, 这种估计在文献 [29] 中被用来研究 Zakharov 系统中的非线性相互作用. 令 F_r 是在半径 $r > 0$ 的球面上的 Fourier 限制, 且由如下公式定义:

$$F_r \varphi = \mathcal{F}^{-1} \delta(|\xi| - r) \varphi(\xi). \tag{5.4.37}$$

由尺度变换与球面上的 Fourier 限制定理可得, 对任意 $\varphi(x)$ 有

$$\| F_r \varphi \|_{L_x^4} = \| r^{\frac{9}{4}} \mathcal{F}^{-1} r^{-1} \delta(|\xi| - 1) \varphi(r\xi) \|_{L_x^4} \lesssim r^{\frac{5}{4}} \| \varphi(r\theta) \|_{L_\theta^2(S^2)}. \tag{5.4.38}$$

现假设 $\mathrm{supp}\mathcal{F}\varphi \subset \{R < |\xi| < R + w\}$. 将此应用于如下恒等式:

$$\varphi = \int_0^\infty F_r \mathcal{F} \varphi \mathrm{d}r, \tag{5.4.39}$$

且利用关于 r 的 Schwarz 不等式可得

$$\| \varphi \|_{L_x^4} \lesssim \int_0^\infty r^{\frac{5}{4}} \| \mathcal{F}\varphi(r\theta) \|_{L_\theta^2} \mathrm{d}r \lesssim w^{\frac{1}{2}} R^{\frac{1}{4}} \| \varphi \|_{L_x^2}. \tag{5.4.40}$$

对上式关于 t 积分可得

$$\| u \|_{L_t^2 L_x^4} \lesssim w^{\frac{1}{2}} R^{\frac{1}{4}} \| u \|_{L_t^2 L_x^2}. \tag{5.4.41}$$

对于 $|\tau-\omega_c(\xi)|\sim\delta\in\mathbb{D}$, 分解时空 Fourier 变换 $\tilde{u}$. 因 (5.4.36) 式中的第三个指数是 1, 故仅需在每部分可证明预期想要的估计式. 因此, 可假设在 $\mathrm{supp}\tilde{u}$ 上, $|\tau-\omega_c(\xi)|\sim\delta$. 若 $\delta\gtrsim wc$, 则有

$$\| u \|_{L_t^2L_x^4}\lesssim w^{\frac{1}{2}}R^{\frac{1}{4}}\| u \|_{L_t^2L_x^2}\lesssim w^{\frac{1}{2}}R^{\frac{1}{4}}\delta^{-\frac{1}{4}}\| u \|_{X^{0,\frac{1}{4}}}, \tag{5.4.42}$$

此式蕴含着在这种情形下所需的估计式成立.

若 $\delta\ll wc$, 进一步在尺度为 δ 的关于 $(\tau,|\xi|)$ 的矩形区域中将 Fourier 支集分解为

$$\tilde{u}=\sum_{k\in\mathbb{Z}}\psi_k\left(\frac{\tau}{\delta}\right)\tilde{u}(\tau,\xi), \tag{5.4.43}$$

其中 $\psi_k(s)=\psi(s-k)-\psi(s-k+1)\in C_0^\infty(\mathbb{R})$ 且 $\psi\in C^\infty(\mathbb{R})$ 满足

$$\psi(s)=\begin{cases}1 & \left(s<\dfrac{1}{3}\right),\\ 0 & \left(s>\dfrac{2}{3}\right).\end{cases} \tag{5.4.44}$$

因此, $\psi_k(\tau/\delta)$ 局部化了支集在 $|\tau-\delta k|<2\delta/3$ 上的 τ 频率. 用 $\tilde{u}_k$ 表示被求和函数, 且定义一个算子 $R:(v_k(t,x))_{k\in\mathbb{Z}}\mapsto(Rv)(t,x)$ 为

$$\mathcal{F}_tRv:=\sum_{k\in\mathbb{Z}}\sum_{j=-1,0,1}\psi_{k+j}\left(\frac{\tau}{\delta}\right)\mathcal{F}_tv_k, \tag{5.4.45}$$

其中 $\mathcal{F}_t$ 是关于时间的 Fourier 变换. 由 Plancherel 恒等式及简单求和可得

$$\begin{cases}\| Rv \|_{L_t^2L_x^2}\lesssim\| v_k \|_{\ell_k^2L_t^2L_x^2},\\ \| Rv \|_{L_t^2L_x^\infty}\lesssim\| v_k \|_{\ell_k^1L_t^2L_x^\infty}.\end{cases} \tag{5.4.46}$$

因此, 由复插值估计可得

$$\| Rv \|_{L_t^2L_x^4}\lesssim\| v_k \|_{\ell_k^{\frac{4}{3}}L_t^2L_x^4}. \tag{5.4.47}$$

因 $u=\Re(u_k)$, 故有

$$\| u \|_{L_t^2L_x^4}\lesssim\| u_k \|_{\ell_k^{\frac{4}{3}}L_t^2L_x^4}\lesssim N^{\frac{1}{4}}\| u_k \|_{\ell_k^2L_t^2L_x^4}, \tag{5.4.48}$$

其中, N 是满足 $u_k\neq 0$ 的 k 的个数. 支集条件

$$R<|\xi|<R+w,\quad |\tau-\omega_c(\xi)|\sim\delta,\quad k-1<\frac{\tau}{\delta}<k+1, \tag{5.4.49}$$

及其当 $r\gtrsim c$ 时, $w_c'(r)\sim c$ 蕴含着对每个 k, 关于 ξ 的径向宽度为 $O(\delta/c)$, 于是 $N\lesssim wc/\delta$. 由 (5.4.41) 式知, 宽度界也蕴含着

$$\| u_k \|_{L_t^2 L_x^4} \lesssim \left(\frac{\delta}{c}\right)^{\frac{1}{2}} R^{\frac{1}{4}} \| u_k \|_{L_t^2 L_x^2} . \tag{5.4.50}$$

将 (5.4.50) 式代入上面的估计式及利用关于 N 的估计式可得

$$\| u \|_{L_t^2 L_x^4} \lesssim w^{\frac{1}{4}} c^{-\frac{1}{4}} R^{\frac{1}{4}} \delta^{\frac{1}{4}} \| u \|_{L_t^2 L_x^2}, \tag{5.4.51}$$

此式蕴含着在这种情形下所需的估计式成立. 引理 5.4.1 证毕.

关于 C_4 的共振条件蕴含着

$$\pm\alpha|\xi_0| + \omega_c(\xi_1) - \omega_c(\xi) = O(j), \tag{5.4.52}$$

这里 ξ_0 和 ξ_1 及 ξ 分别是 N_j^C 和 $\mathbb{E}_k^C$ 及 u_l^C 在 $\mathbb{R}^3$ 上的 Fourier 变量.

因 $k \sim l > c$, 故 $\omega_c(\xi_1) - \omega_c(\xi) \sim c(|\xi_1| - |\xi|)$ 且

$$||\xi_1| - |\xi|| \lesssim \frac{j}{c}. \tag{5.4.53}$$

为利用这个式子, 进一步在宽度为 $\dfrac{j}{c}$ 上的壳上分解 $\mathbb{E}$ 及 u,

$$C_4 = \sum_{\substack{|a-b|\lesssim 1, a,b\in\mathbb{N} \\ aj/c\sim k, bj/c\sim l}} \langle N_j^C \mathbb{E}_{a,j/c}^c \mid I_c u_{b,j/c}^C \rangle_{t,x}, \tag{5.4.54}$$

其中 $\varphi_{a,\lambda}(a \in \mathbb{N}, \lambda > 0)$ 是半径为 $a\lambda$, 宽度为 λ 的壳上的 Fourier 限制, 且由如下公式定义:

$$\mathcal{F}\varphi_{a,\lambda} := \left[\psi\left(\frac{|\xi|}{\lambda - a}\right) - \psi\left(\frac{|\xi|}{\lambda - a + 1}\right)\right] \mathcal{F}\varphi, \tag{5.4.55}$$

这里 ψ 是在 (5.4.44) 式中定义的截断函数. 利用上面的引理可得

$$\begin{cases} \| E_{a,j/c}^C \|_{L^2 L^4} \lesssim c^{-\frac{1}{4}} \left(\dfrac{jk}{c}\right)^{\frac{1}{4}} k^{-1} \| E_{a,j/c} \|_{X^{1,\frac{1}{4},1}}, \\ \| u_{b,j/c}^C \|_{L^2 L^4} \lesssim c^{-\frac{1}{4}} \left(\dfrac{jl}{c}\right)^{\frac{1}{4}} l^1 \| u_{b,j/c} \|_{X^{-1,\frac{1}{4},1}} . \end{cases} \tag{5.4.56}$$

因此, (5.4.54) 式中的被求和函数由下式控制:

$$\left\langle \frac{l}{c} \right\rangle^{-1} j^{\frac{1}{2}} c^{-1} k^{-\frac{3}{4}} l^{\frac{5}{4}} \| N_j \|_{L^\infty L^2} \| \mathbb{E}_{a,j/c} \|_{X^{1,\frac{1}{4},1}} \| u_{b,j/c} \|_{X^{-1,\frac{1}{4},1}} . \tag{5.4.57}$$

对 $a = b + O(1)$, 利用 Schwarz 不等式可得

$$C_4 \lesssim \sum_{j \lesssim k \sim l} \left(\frac{j}{l}\right)^{\frac{1}{2}} \| N_j \|_{Y^{0,\frac{1}{2}+\varepsilon}} \| \mathbb{E}_k \|_{X^{1,\frac{1}{4}+\varepsilon}} \| u_l \|_{X^{-1,\frac{1}{4}+\varepsilon}} . \tag{5.4.58}$$

故它们在 $T^\varepsilon X^{1,\frac{3}{4}-2\varepsilon}$ 中有界.

(3) 一致界与收敛性

令 $(\mathbb{E}^c, N^c)$ 及 $(\hat{\mathbb{E}}^c, \hat{N}^c)$ 如定理 5.4.1 定义, 去掉上标 c, 引入如下记号:

$$V := (\mathbb{E}, N) = (\mathbb{E}^c, N^c), \quad \hat{V} := (\hat{\mathbb{E}}, \hat{N}) = (\hat{\mathbb{E}}^c, \hat{N}^c). \tag{5.4.59}$$

通过引入一个映射 $\hat{\Phi} : (\mathbb{E}, N) \mapsto (\mathbb{E}^\sharp, N^\sharp)$, 类似于 (5.2.12) 式中 Φ 的定义, 用如下公式把极限系统表示为积分方程

$$\begin{aligned} \hat{\mathbb{E}}^\sharp &:= \mathrm{e}^{-\mathrm{i}t\Delta/2}\left[\chi(t)\hat{\mathbb{E}}(0) + \frac{i}{2}\mathcal{I}_T \mathrm{e}^{\mathrm{i}t\Delta/2}\hat{n}\hat{\mathbb{E}}\right], \\ \hat{N}^\sharp &:= \mathrm{e}^{\mathrm{i}t|\alpha\nabla|}\left[\chi(t)\hat{N}(0) + i\mathcal{I}_T \mathrm{e}^{-\mathrm{i}t|\alpha\nabla|}|\alpha\nabla||\hat{\mathbb{E}}|^2\right]. \end{aligned} \tag{5.4.60}$$

此外, 分解 Φ 及 $\hat{\Phi}$ 为

$$\begin{aligned} \Phi(V) &= V^0 + Q[V,V] + Q^*[V,V], \\ \hat{\Phi}(\hat{V}) &= \hat{V}^0 + Q^\infty[\hat{V},\hat{V}], \end{aligned} \tag{5.4.61}$$

其中 V^0 与 $\hat{V}^0$ 是线性部分, Q^* 聚集了包含 $\mathbb{E}^*$ 的二次项, 且余下的二次项包含在 Q 与 Q^∞ 中. 为简便起见, 用 $Q[V]$ 代表 $Q[V,V]$.

接下来, 在前一子节中的估计式可写为

$$\begin{cases} \| Q[V,W] \|_{\mathcal{X}_3} + \| Q^*[V,W] \|_{\mathcal{X}_3} \lesssim T^\varepsilon \| V \|_{\mathcal{X}_3} \| W \|_{\mathcal{X}_3}, \\ \| Q^*[V,W] \|_{\mathcal{X}_2} \lesssim T^\varepsilon c^{-\varepsilon} \| V \|_{\mathcal{X}_3} \| W \|_{\mathcal{X}_3}. \end{cases} \tag{5.4.62}$$

因此, 对于小的 T 与大的 c, 可得到在 $\mathcal{X}_3$ 中的一致界, 且在 $\mathcal{X}_3$ 中不需要高频的一致退化假设 (5.4.3). 若对高频作了一致退化假设, 则 V^0 及 $V^\sharp$ 有如下形式的界:

$$\begin{cases} \| V^0_{>R} \|_{\mathcal{X}_3} \lesssim \| V(0)_{>R} \|_{H^1\times L^2}, \\ \| V^\sharp_{>R} \|_{\mathcal{X}_3} \lesssim \| V^0_{>R} \|_{\mathcal{X}_3} + T^\varepsilon \| V^\sharp_{>R/8} \|_{\mathcal{X}_3} \| V^\sharp \|_{\mathcal{X}_3}. \end{cases} \tag{5.4.63}$$

因此, 对小的 $T > 0$,

$$\lim_{R\to\infty} \limsup_{c\to\infty} \| V^\sharp_{>R} \|_{\mathcal{X}_3} = 0. \tag{5.4.64}$$

由前一子节的讨论可得: 若用极限空间 $\mathcal{X}_3^\infty$ 代替 $\mathcal{X}_3$, 则 $\hat{V}^\sharp$ 具有同样的估计式, 即

$$\| Q^\infty[V,W] \|_{\mathcal{X}_3^\infty} \lesssim T^\varepsilon \| V \|_{\mathcal{X}_3^\infty} \| W \|_{\mathcal{X}_3^\infty}, \tag{5.4.65}$$

因此,

$$\lim_{R\to\infty} \limsup_{c\to\infty} \| \hat{V}^\sharp_{>R} \|_{\mathcal{X}_3^\infty} = 0. \tag{5.4.66}$$

因 $\mathcal{X}_2$ 和 $\mathcal{X}_3$ 及 $\mathcal{X}_3^\infty$ 范数在频率不大于 R 时等价, 故只需证明对所有固定的 $R \geqslant 1$,

$$\limsup_{c\to\infty} \|(V^\sharp - \hat{V}^\sharp)_{\leqslant R}\|_{\mathcal{X}_2+\mathcal{X}_3+\mathcal{X}_3^\infty} = 0, \tag{5.4.67}$$

其中

$$\begin{aligned} V^\sharp - \hat{V}^\sharp = & Q^*[V^\sharp] + \left(Q[V^\sharp] - Q[V^\sharp_{\leqslant R}]\right) - \left(Q^\infty[\hat{V}^\sharp] - Q^\infty[\hat{V}^\sharp_{\leqslant R}]\right) \\ & + (Q - Q^\infty)[\hat{V}^\sharp_{\leqslant R}] + \left(Q[V^\sharp_{\leqslant R}] - Q[\hat{V}^\sharp_{\leqslant R}]\right). \end{aligned} \tag{5.4.68}$$

在右端, 第一项依 $c^{-\varepsilon}$ 在 $\mathcal{X}_2$ 中趋于零, 由 (5.4.64) 式可得第二项在 $\mathcal{X}_3$ 中趋于零. 由 (5.4.66) 式知第三项在 $\mathcal{X}_3^\infty$ 也趋于零. 因在 $|\xi| \leqslant R$ 时, $c^2(\langle \xi/c\rangle - 1)$ 一致趋于 $|\xi|^2/2$, 且 $\langle \xi/c\rangle^{-1}$ 一致趋于 1, 故第四项也趋于零. 第五项可由 $T^\varepsilon \|(V^\sharp - \hat{V}^\sharp)_{\leqslant R}\|_{\mathcal{X}_3}$ 控制, 因此被左端吸收. 故相应的收敛性结论证毕.

5.4.2 Zakharov 系统到 NLS 方程的收敛性

对于从 Zakharov 系统 (5.0.6) 到非线性 Schrödinger 方程 (5.0.8) 的沿着亚音速极限的收敛性, 有一个非常简单的证明. 由于非线性能量

$$\int_{\mathbb{R}^3} |\nabla u|^2 + \frac{1}{2}|n|^2 + \frac{1}{2}||\alpha\nabla|^{-1}\partial_t n| + n|u|^2 \mathrm{d}x \tag{5.4.69}$$

的守恒性, 这个证明依赖于关于时间的局部的先验界. 特别地, 与前面的定理 (开始时使用了 Strichartz 型与 $X^{s,b}$ 型范数) 相比较, 这里仅需要解的能量范数.

定理 5.4.2 考虑极限 $\alpha \to \infty$. 对每一个 α, 令 (u^α, n^α) 是由文献 [29] 中给定的一个解, 且用 T^α 表示它的最大存在时间. 假设 $u^\alpha(0)$ 在 H^1 中收敛, $(n^\alpha(0), |\alpha\nabla|^{-1}\partial_t n^\alpha(0))$ 在 L^2 中有界, 且 $(n^\alpha(0), |\alpha\nabla|^{-1}\partial_t n^\alpha(0))$ 关于高频具有一致衰减性, 即

$$\lim_{R\to\infty} \limsup_{\alpha\to\infty} \|\,(n^\alpha(0), |\alpha\nabla|^{-1}\partial_t n^\alpha(0))_{>R}\,\|_{L^2} = 0. \tag{5.4.70}$$

令 u^∞ 是方程 (5.0.8) 满足 $u^\infty(0) = \lim_{\alpha\to\infty} u^\alpha(0)$ 的解, 且 T^∞ 是这个解的最大存在时间, 则有 $\liminf_{\alpha\to\infty} T^\alpha \geqslant T^\infty$ 且对所有 $0 < T < T^\infty$ 成立:

$$\begin{aligned} &\text{在 } C([0,T];H^1) \text{ 中},\ u^\alpha - u^\infty \to 0, \\ &\text{在 } C([0,T];L^2) \text{ 中},\ n^\alpha + |u^\infty|^2 - n_f^\alpha \to 0, \\ &\text{在 } C([0,T];L^2) \text{ 中}\ |\alpha\nabla|^{-1}(\partial_t n^\alpha - \partial_t n_f^\alpha) \to 0, \end{aligned}$$

这里, n_f^α 是由如下方程 Cauchy 问题定义的自由波解:

$$\begin{cases} \alpha^{-2}\partial_t^2 n_f^\alpha - \Delta n_f^\alpha = 0, \\ n_f^\alpha(0) = n^\alpha(0) + |u^\infty(0)|^2, \quad \partial_t n_f^\alpha(0) = \partial_t n^\alpha(0). \end{cases} \tag{5.4.71}$$

注 5.4.5 正如注记 5.2.3 中所提及到的, 在文献 [140] 中, 作者证明了 Zakharov 系统在能量阶中的无条件惟一性. 于是, 由文献 [29] 知, 这个解仅意味着有限能量解. 事实上, 下面对定理 5.4.2 的证明仅使用了能量守恒时的适定性结果.

定理 5.4.2 的证明 在这个证明里省略上标 α. 首先, 由守恒能量 $\mathcal{E}_N = \mathcal{E}_L(t)+\mathcal{N}(t)$ 导出一个一致界. 其中, 由假设知

$$\begin{cases} \mathcal{E}_L(t) :=\| u(t) \|_{L^2}^2 + \| \nabla u(t) \|_{L^2}^2 + \dfrac{\| n \|_{L^2}^2}{2} + \dfrac{\| |\alpha\nabla|^{-1}\partial_t n \|_{L^2}^2}{2}, \\ \mathcal{N}(t) := \displaystyle\int n|u|^2 \mathrm{d}x \end{cases} \tag{5.4.72}$$

是初始有界的. 根据文献 [29] 中的局部适定性, 足以导出存在某个不依赖于 α 的 $T>0$ (T 充分小), 能量范数 $H_T := \sup_{0\leqslant t\leqslant T} \mathcal{E}_L(t)^{\frac{1}{2}}$ 的一个先验界. 把 u 分解为线性部分与非线性部分:

$$u(t) = u^0 + u^1, \quad u^0 := \mathrm{e}^{-\mathrm{i}\Delta t}u(0), \tag{5.4.73}$$

可得到非线性能量如下的估计式:

$$\begin{aligned} |\mathcal{N}(t)| &\lesssim \| n(t) \|_{L_x^2} \left[\| u^0(t) \|_{L_x^4}^2 + \| u^1(t) \|_{L_x^4}^2\right] \\ &\lesssim H_T \| u(0) \|_{H_x^{\frac{3}{4}}}^2 + H_T^{\frac{8}{3}} \| u^1(t) \|_{H_x^{-\frac{1}{2}}}^{\frac{1}{3}}, \end{aligned} \tag{5.4.74}$$

这里, 使用了 Hölder 不等式与 Sobolev 嵌入 $[H^{-\frac{1}{2}}, H^1]_{\frac{5}{6}} = H^{\frac{3}{4}} \subset L^4$.

利用 u 的方程, 在 $(0,T)$ 上可得

$$\begin{aligned} \| u^1 \|_{L_t^\infty H_x^{-\frac{1}{2}}} &\lesssim T \| nu \|_{L_t^\infty L_x^{\frac{3}{2}}} \\ &\lesssim T \| n \|_{L_t^\infty L_x^2} \| u \|_{L_t^\infty H_x^1} \lesssim T H_T^2. \end{aligned} \tag{5.4.75}$$

因此, 由能量守恒可得

$$H_T^2 \leqslant \mathcal{E}_N + C\left(H_T \| u(0) \|_{H^{\frac{3}{4}}}^2 + T^{\frac{1}{3}} H_T^{\frac{10}{3}}\right). \tag{5.4.76}$$

由 Schwarz 不等式知, (5.4.76) 式蕴含着

$$H_T^2 \leqslant 2\mathcal{E}_N + C^2 \| u(0) \|_{H^{\frac{3}{4}}}^4 + 2CT^{\frac{1}{3}} H_T^{\frac{10}{3}}, \tag{5.4.77}$$

这里绝对常数 $C>0$. 于是, 在 T 上的连续性蕴含着当 $T \leqslant (2C)^{-3}2^{-5}B^{-2}$ 时,

$$H_T^2 \leqslant 2B, \quad B := 2\mathcal{E}_N + C^2 \| u(0) \|_{H^{\frac{3}{4}}}^4 . \tag{5.4.78}$$

其次导出弱收敛性. 能量有界性及关于 u 的方程蕴含着 $\partial_t u$ 在 $L^\infty H^{-1}$ 中的有界性, 故 u 在 H^1 的弱拓扑意义下关于 α 是等度连续的, 由此得对任意 $p<6$, 在 $C([0,T];\omega-H^1\cap L^p_{\rm loc})$ 中, 沿着 $\alpha\to\infty$ 的某一个子序列, u 是收敛的. 根据 n 的方程及能量有界性可得：在 $\mathcal{D}'((0,T)\times\mathbb{R}^3)$ 中,

$$\Delta(n+|u|^2)\to 0, \tag{5.4.79}$$

且 $n+|u|^2$ 在 $L^p_tL^2$ 中是有界的. 于是, 对任意 $p<\infty$, $n+|u|^2$ 在 $L^p_tL^2$ 中弱收敛于 0. 因此, u^∞ 是方程 (5.0.8) 在 $C([0,T];\omega-H^1)$ 中的一个弱解, 且惟一性蕴含着整个极限的收敛性.

最后, 证明强收敛性. 由方程 (5.0.6) 与 (5.0.8) 的 L^2 守恒律：

$$\| u^\infty(t)\|^2_{L^2_x}=\| u^\infty(0)\|^2_{L^2_x},\quad \| u(t)\|^2_{L^2_x}=\| u(0)\|^2_{L^2_x},$$

及弱收敛性可得

$$\begin{aligned}&\| u(t)-u^\infty(t)\|^2_{L^2_x}\\&\quad=2\langle u^\infty(t)-u(t)\mid u^\infty(t)\rangle_x+\| u(0)\|^2_{L^2_x}-\| u^\infty(0)\|^2_{L^2_x}\to 0,\end{aligned} \tag{5.4.80}$$

上述收敛关系关于 $t\in[0,T]$ 是一致的. 联合弱 H^1 收敛性可得 L^4 强收敛性.

令 $N:=n-{\rm i}|\alpha\nabla|^{-1}\partial_t n$ 及 $N^I:={\rm e}^{{\rm i}|\alpha\nabla|t}(n(0)+|u(0)|^2)$. 守恒能量 $\mathcal{E}_N$ 可分解为

$$\begin{aligned}\mathcal{E}_N=&\| \nabla u\|^2_{L^2}-\frac12\| u\|^4_{L^4}+\frac{\| N+|u|^2\|^2_{L^2}}{2}\\=&\| \nabla u^\infty\|^2_{L^2}-\frac12\| u^\infty\|^4_{L^4}+\frac{\| N^I\|^2_{L^2}}{2}\\&+\| \nabla(u-u^\infty)\|^2_{L^2}+\frac{\| N+|u|^2-N^I\|^2_{L^2}}{2}\\&+2\langle u^\infty-u\mid \Delta u^\infty\rangle_x-\frac12\frac{\left(\| u\|^4_{L^4}-\| u^\infty\|^4_{L^4}\right)}{2}\\&-\langle N+|u|^2-N^I\mid N^I\rangle_x,\end{aligned} \tag{5.4.81}$$

其中第二行是一个守恒量, 第三行在 $t=0$ 时趋于 0, 在最后两行, 由弱 H^1 收敛性与强 L^4 收敛性知第一项与第二项关于 t 一致趋于 0. 因此只需证明最后一项也趋于 0.

对任意 $\varepsilon>0$, 由假设 (5.4.70) 知, 存在不依赖于 α 的 $R>0$, 使得

$$|\langle N+|u|^2-N^I\mid N^I_{>R}\rangle_x|<\varepsilon.$$

改写低频部分为

$$\langle N+|u|^2-N^I \mid N^I_{\leqslant R}\rangle_x=\int_0^t \langle \mathrm{e}^{-\mathrm{i}|\alpha\nabla|s}|u|_t^2(s) \mid N^I(0)_{\leqslant R}\rangle_x \mathrm{d}s. \tag{5.4.82}$$

由 Strichartz 估计 (5.3.20) 知, 上式的绝对值可由下式控制:

$$\lesssim \alpha^{-\frac{1}{4}}T^{\frac{3}{4}} \parallel |u|_t^2 \parallel_{L^\infty B^{-1}_{\frac{4}{3},2}} \parallel N^I(0) \parallel_{L^2} R^{\frac{3}{2}}, \tag{5.4.83}$$

其中, 关于 $|u|_t^2=\nabla\cdot\langle\nabla u, \mathrm{i}u\rangle$ 的范数可由 H_T^2 控制. 由此可得在 $L^\infty H^1$ 中, $u-u^\infty\to 0$ 且在 $L^\infty L^2$ 中, $N+|u|^2-N^I\to 0$. □

参 考 文 献

[1] Braginskii S I. Transport Processes in a Plasma, in Reviews of Plasma Physics, Vol 1. New York: Consultants Bureau, 1965

[2] 谷超豪等著. 孤立子理论与应用. 杭州: 浙江科学技术出版社, 1990

[3] Sulem C. Sulem P L. Quelques résulatats de régularité pour les équation de la turbulence de Langmuir. C R Acad Sci Paris, 1979, 289: 173～176

[4] 郭柏灵, 沈隆均. Zakharov 方程周期初边值问题整体古典解的存在性和惟一性. 应用数学学报, 1982, 5(3): 310～324

[5] Added H, Added S. Existence globle de solutions fortes pour les équations de la turbulence de Langmuir en dimension 2. C R Acad Sci Paris, 1984, 299: 551～554

[6] Chang Q, Guo B. Attractors and dimensions for discretizations of a dissipative Zakharov equations. Acta Math Appl Sinica, 2002, 18(2): 201～214

[7] Chang Q, Guo B, Jiang H. Finite difference method for generalized Zakharov equations. Math Comput. 1995, 64: 537～553

[8] 郭柏灵. Zakharov 方程周期边界条件一类有限差分格式的收敛性和稳定性. 计算数学, 1982, 4: 365～372

[9] Guo B. Some numerical methods for the system of generalized Zakharov equation. In: Proc of DD-5 Symposium, 1984, 172～193

[10] Guo B, Chang Q. Convergence of a conservative difference scheme for the Zakharov equations in two dimensions. Journal of Computational Mathematics, 1997, 15(3): 219～232

[11] Flahaut I. Attractors for the dissipative Zakharov system. Nonlinear Anal TMA, 1991, 16(7-8): 599～633

[12] Goubet O, Moise I. Attractor for dissipative Zakharov system. Nonlinear Anal. TMA, 1998, 31(7): 823～847

[13] Li Y, Guo B. Attractor for dissipative Zakharov equations in an unbounded domain. Mathematical Physics, 1997, 9: 675～687

[14] Li Y, Guo B. Attractor of dissipative radially symmetric Zakharov equations outside a ball. Math Meth Appl Sci, 2004, 27: 803～818

[15] Ozawa T, Tsutsumi Y. The nonlinear Schrödinger limit and the initial layer of the Zakharov equations. Differ Integral Equ, 1992, 5(4): 721～745

[16] Glangetas L, Merle F. Existence of self-similar blow-up solutions for Zakharov equation in dimension two. Part I. Commun Math Phys, 1994, 160: 173～215

[17] Glangetas L, Merle F. Concentration properties of blow-up solutions and instability results for Zakharov equation in dimension two. Part II. Commun Math Phys, 1994, 160: 349～389

[18] Merle F. Blow up phenomenon for critical nonlinear Schrödinger and Zakharov equations. In: Proceedings of the International Congress of Mathematicians, Vol III. Berlin: Bielefeld: Univ, Bielefeld, 1998: 57～66

[19] Merle F. Lower bounds for the blowup rate of solutions of the Zakharov equation in dimension two. Communications on Pure and Applied Mathematics, 1996, XLIX: 765～794

[20] Merle F. Determination of blow-up solutions with minimal mass for nonlinear Schrödinger equations with critical power. Duke Math J, 1993, 69: 427～454

[21] Merle F. Blow-up results of virial type for Zakharov equations. Comm Math Phys, 1996, 175: 433～455

[22] Dai Z, Guo B. Inertial fractal sets for dissipative Zakharov system. Acta Math Appl Sinica, 1997, 13: 279～288

[23] Guo B. Existence and nonexistence of global solution, soliton solution for a class of the systems of generalized Zakharov equations. In: Proc of the International Conference, 4th Workshop on Nonlinear Evolution Equations and Dynamical Systems. Blarucles-Bains (France), 1987, 11～25

[24] Guo B. Global smooth solutions for the system of Zakharov equations in nonhomogeneous medium. Northeastern Math J, 1990, 6(4): 379～390

[25] Guo B. On global solution for a class of systems of multi-dimensional generalized Zakharov type equation. Acta Math Appl Sinica, 1994, 10(4): 419～433

[26] 郭柏灵. 广义 Zakharov 方程组的初边值问题. 高校应用数学学报, 1994, 9(1): 1～11

[27] Guo B, Yuan G. Global smooth solution for the Klein-Gordon-Zakharov equations. J Math Phys, 1995, 36(8): 4119～4124

[28] Guo B, Yuan G. The Cauchy problem for the system of Zakharov equations arising from ion-acoustic modes. Proceedings of the Royal Society of Edinburgh, 1996, 126A: 811～820

[29] Bourgain J, Colliander J. On wellposedness of the Zakharov system. Internat Math Res Notices, 1996(11): 515～546

[30] Bejenaru I, et al. On the 2d Zakharov system with L^2 Schrödinger data, Nonlinearitym, 2009, 22: 1063～1089

[31] Colliander L, Holmer J, Tzirakis N. Low regularity global well-posedness for the Zakharov and Klein-Gordon-Schrödinger systems. Trans of the AMS, 2008, 360(9): 4619～4638

[32] Ginibre J, Tsutsumi Y, Velo G. On the Cauchy problem for the Zakharov system. J Funct Anal, 1997, 151(2): 384～436

[33] Schochet S H, Weinstein M I. The nonlinear Schrödinger limit of the Zakharov equations governing Langmuir turbulence. Commun Math Phys, 1986, 106: 569~580

[34] Added H, Added S. Equations of Langmuir turbulence and nonlinear Schrödinger equation: Smoothness and approximation. J Funct Anal, 1988, 79(1): 183~210

[35] Ozawa T, Tsutsumi Y. The nonlinear Schrödinger limit and the initial layer of the Zakharov equations. Proc Japan Acad, 1991, 67: 113~116

[36] Ozawa T, Tsutsumi Y. Existence and smooth effect of solutions for the Zakharov equations. Pub RIMS Kyoto Univ, 1992, 28: 329~361

[37] Masmoudi N, Nakanishi K. From the Klein-Gordon-Zakharov system to the nonlinear Schrödinger equation. J Hyperbolic Differ Equ, 2005, 2(4): 975~1008

[38] Masmoudi N, Nakanishi K. Energy convergence for singular limits of Zakharov type systems. Invent Math, 2008, 172: 535~583

[39] Weinstein M I. Nonlinear Schrödinger equations and sharp interpolation estimates. Commun Math Phys, 1983, 87: 567~576

[40] 郭柏灵, 汪礼礽译. 非线性边值问题的一些解法. 广州: 中山大学出版社, 1989

[41] Lions J L. Quelques Méthodes de Résolution des Problèmes aux Limites non Linéaires. Dunod. Paris: Gauthier-Villars, 1969

[42] Majda A J, Bertozzi A L. Vorticity and Incompressible Flow. Cambridge, 2002

[43] Guo B, Zhang J, Pu X. On the existence and uniqueness of smooth solution for a generalized Zakharov equation. J Math Anal Appl, 2010, 365: 238~253

[44] Pazy A. Semigroups of linear operators and applications to partial differential equations. New York: Springer-Verlag, 1983.

[45] Coifman R, Meyer Y. Nonlinear harmonic analysis operator theory and PDE. In Beijing Lectures in Harmonic Analysis. Princeton: Princeton University Press, 1986. 3~45

[46] Kato T. Liapunov functions and monotonicity in the Euler and Navier-Stokes equations. In: Lecture Notes in Mathematics 1450. Berlin: Springer-Verlag, 1990.

[47] Kenig C, Ponce G, Vega L. Well-posedness of the initial value problem for thr Korteweg-de Vries equation. J Amer Math Soc, 1991, 4: 323~347

[48] Brezis H, Gallouet T. Nonlinear Schrödinger evolution equations, Nonlinear Analysis. 1980, TMA 4: 677~681

[49] Brezis H, Wainger S. A note on limiting cases of Sobolev embeddings. Communications in PDE 5, 1980, 773~789

[50] Gan Z. Guo B. Zhang J. Instability of standing wave, global existence and blowup for the Klein-Gordon-Zakharov system with different-degree nonlinearities. J Differential Equations, 2009, 246(10): 4097~4128

[51] Ohta M, Todorova G. Strong instability of standing waves for the nonlinear Klein-Gordon equations. Discrete Contin Dyn Syst, 2005, 12: 315~322

[52] Ohta M, Todorova G. Strong instability of standing waves for the nonlinear Klein-Gordon equation and the Klein-Gordon-Zakharov system. SIAM J Math Anal, 2007, 38(6): 1912～1931

[53] Galusinski C. A singular perturbation problem in a system of nonlinear Schrödinger equation occurring in Langmuir turbulence. M2AN, Math Model Numer Anal, 2000, 34: 109～125

[54] Sobolev V V, Synach V S, Zakharov V E. Character of the singularity and stochastic phenomena in self-focusing. Zh Eksp Theor Fiz, Pis'ma Red, 1971, 14: 390～393

[55] Strauss W A. Existence of solitary waves in higher dimensions. Commun Math Phys, 1977, 55: 149～162

[56] Weinstein M I. Modulational stability of ground states of the nonlinear Schrödinger equations. SIAM J Math Anal, 1985, 16: 472～491

[57] Kwong M K. Uniqueness of positive solutions of $\Delta u - u + u^p = 0$ in $\mathbb{R}^N$. Arch Rat Mech Anal, 1989, 105: 243～266

[58] Berestycki H, Lions P L. Nonlinear scalar field equations I Existence of a ground state; II Existence of infinitely many solutions. Arch Rat Mech Anal, 1983, 82: 313～375

[59] Lions P L. The concentration-compactness principle in the calculus of variations: The locally compact case. Ann. Inst. Henri Poincaré, Analyse nonlinéaire, 1984, 1: 109～145

[60] Kono M, Skoric M M, Ter Haar D. Spontaneous excitation of magnetic fields and collapse dynamics in a Langmuir plasma. J Plasma Phys, 1981, 26: 123～146

[61] 周毓麟, 郭柏灵. 高阶广义 Korteweg-de Vries 型方程组的周期边界问题和初值问题. 数学学报, 1984, 27(2): 154～176.

[62] Ozawa T, Tsutaya K, Tsutsumi Y. Normal form and global solutions for the Klein-Gordon-Zakharov equation. Annales de l'institut Henri Poincaré (C) Analyse non linéaire, 1995, 12(4): 459～503

[63] Gan Z. Orbital instability of standing waves for the Klein-Gordon-Zakharov system. Advanced Nonlinear Studies, 2008, 8(2): 413～428

[64] Gan Z. Cross-constrained variational methods for the nonlinear Klein-Gordon equations with an inverse square potential. Commun Pure Appl Anal, 2009, 8(5): 1541～1554

[65] Gan Z. Guo B. Finite-time blowup for Zakharov system with combined power-type nonlinearities. Applicable Analysis, 2010, 89(5): 645～661

[66] Gan Z. Guo B. Zhang J. Blowup and global existence of the nonlinear Schrödinger equations with multiple potentials. Commun Pure Appl Anal, 2009, 8(4): 1303～1312

[67] Gan Z, Zhang J. Sharp threshold of global existence and instability of standing wave for a Davey-Stewartson system. Comm Math Phys, 2008, 283(1): 93～125

[68] Gan Z, Zhang J. Instability of standing waves for Klein-Gordon-Zakharov equations

with different propagation speeds in three space dimensions. J Math Anal Appl, 2005, 307: 219~231

[69] Ginibre J, Velo G. Time decay of finite energy solutions of the nonlinear Klein Gordon and Schrödinger equations. Ann Inst Henri Poincaré, Phys Théor, 1985, 43(4): 399~442

[70] Tsutaya K. Global existence of small amplitude solutions for the Klein-Gordon-Zakharov equations. Nonlinear Anal, 1996, 27: 1373~1380

[71] Chanillo S. Sobolev inequalities involving divergence free maps. Communications in PDE, 1991, 16: 1969~1994

[72] 贺贤土. 等离子体波 - 粒子非线性性作用的有质动力和自生磁场效应. 物理学报, 1983, 32(3): 325~337

[73] 贺贤土. 等离子体中调制不稳定性和波包的坍缩过程. 物理学报, 1983, 32(5): 627~639

[74] Kenig C, Wang W. Existence of local smooth solution for a generalized Zakharov system. The Journal of Fourier Analysis and Applications, 1998, 4: 459~490

[75] Laurey C. The Cauchy problem for a generalized Zakharov system. Differential Integral Equations, 1995, 8(1): 105~130

[76] Simon J. Compact sets in the space $L^p(0,T;B)$. Ann Math Pura Appl, 1987, 146: 65~96

[77] Segal L. Nonlinear semigroups. Ann Math, 1963, 78: 339~364

[78] Robinson J C. Infinite-Dimensional Dynamical Systems. Cambridge University Press, 2001

[79] Teman R. Infinite dimensional dynamical systems in Mechanics and Physics. New York, Berlin: Springer Verlag, 1988

[80] Teman R. Navier-Stokes Equation. 3rd ed. Amsterdam: North-Holland, 1984

[81] Goubet O, Moise I. Attractor for dissipative Zakharov system. Nonlinear Anal TMA, 1998, 31(7): 823~847

[82] Chueshov I D, ShcherbinaColin A S. On 2D Zakharov system in a bounded domain. Differ Integral Equ, 2005, 18(7): 781~812

[83] Guo B, Lv Y, Yang X. Dynamics of stochastic Zakharov equations. J Math Phys, 2009, 50(5): 24

[84] Bates P W, Lu K, Wang B. ORandom attractors for stochastic reaction-diffusion equations on unbounded domains. J Differential Equations, 2009, 246(2): 845~869

[85] Huang D, Guo B, Han Y. Random attractors for a quasi-geostrophic dynamical system under stochastic forcing. Int J Dyn Syst Differ Equ, 2008, 1(3): 147~154

[86] Wang B. Random attractors for the stochastic FitzHugh-Nagumo system on unbounded domains. Nonlinear Anal, 2009, 71(7-8): 2811~2828

[87] Wang B. Random attractors for the stochastic Benjamin-Bona-Mahony equation on unbounded domains. J. Differential Equations, 2009, 246(6): 2506~2537

[88] Tao T. Nonlinear dispersive equations: local and global analysis. CBMS, 2006(106): 1∼191

[89] Bejenaru I, Herr S. Convolutions of singular measures and applications to the Zakharov system. arXiv:1009.3250[math.AP].

[90] Bejenaru I, Herr S, Tataru D. A convolution estimate for twodimensional hypersurfaces. Rev Mat Iberoam, 2010, 26(2): 707∼728

[91] Colliander J, et al. Almost conservation laws and global rough solutions to a nonlinear Schrödinger equation. Math Res Lett, 2002, 9(5-6): 659∼682

[92] Fang D, Pecher H, Zhong S. Low regularity global well-posedness for the two-dimensional Zakharov system. Analysis, 2009, 29: 1001∼1017

[93] Fang D, Zhong S. L^2 concentration phenomenon for Zakharov system below energy norm. Communications in Contemporary Mathematics, 2009, 11: 27∼57

[94] Métivier G. Space propogation of instabilites in Zakharov equations. Physica D, 2008, 237: 1640∼1654

[95] Ozawa T, Tsutaya K, Tsutsumi Y. Well-posedness in energy space for the Cauchy problem of the Klein-Gordon-Zakharov equations with different propagation speeds in three space dimensions. Math Ann, 1999, 313(1): 127∼140

[96] Pecher H. An improved local well-posedness result for the one-dimensional Zakharov system. J Math Anal Appl, 2008, 342: 1440∼1454

[97] Pecher H. Global solutions with infinite energy for the one-dimensional Zakharov system. Electron J Differential Equations, 2005, (41): 18

[98] Tao T. Multilinear weighted convolution of L^2 functions, and applications to nonlinear dispersive equations. Amer J Math, 2001, 123: 839∼908

[99] Zhong S, Fang D. L^2 concentration phenomenon for Zakharov system below energy norm II. Communications on Pure and Applied Analysis, 2009, 8(3): 1117∼1132

[100] Pecher H. Global well-posedness below energy space for the 1-dimensional Zakharov system. Internat Math Res Notices, 2001, (19): 1027∼1056

[101] Bourgain J. Refinements of Strichartz' inequality and applications to 2D-NLS with critical nonlinearity. Internat Math Res, Notices 1998, (5): 253∼283

[102] Biagioni H A, Linares F. Ill-posedness for the Zakharov system with generalized nonlinearity. In: Proceedings of the AMS, 2003, 131: 3113∼3121

[103] Holmer J. Local ill-posedness of the 1D Zakharov system. Electronic Journal of Differential Equations, 2007, 24: 1∼24

[104] Pecher H. Global solutions of the Klein-Gordon-Schrödinger system with rough data. Differential Integral Equations, 2004, 17(1-2): 179∼214

[105] Tzirakis N. The Cauchy problem for the Klein-Gordon-Schrödinger system in low dimensions below the energy space. Communications in PDE 30, 2005, (5-6): 605∼641

[106] Akahori T. Global solutions of the wave-Schrödinger system with rough data, Com-

mun Pure Appl Anal, 2005, 4(2): 209~240

[107] Bekiranov D, Ogawa T, Ponce G. Weak solvability and wellposedness of a coupled Schrödinger-Korteweg de Vries equation for capillary-gravity wave interactions. Proc Amer Math Soc, 1997, 125(10): 2907~2919

[108] Bekiranov D, Ogawa T, Ponce G. Interaction equations for short and long dispersive waves. J Funct Anal, 1998, 158(2): 357~388

[109] Corcho A J, Linares F. Well-posedness for the Schrödinger-Korteweg-de Vries system. Trans Amer Math Soc, 2007, 359(9): 4089~4106

[110] Pecher H. The Cauchy problem for a Schrödinger-Korteweg-de Vries system with rough data. Differential Integral Equations, 2005, 18(10): 1147~1174

[111] Pecher H. Rough solutions of a Schröodinger-Benjamin-Ono system. Differential Integral Equations, 2006, 19(5): 517~535

[112] Keel M, Tao T. Endpoint Strichartz estimates. Amer J Math, 1998, 120(5): 955~980

[113] Strichartz R S. Restrictions of Fourier transforms to quadratic surfaces and decay of solutions of wave equations. Duke Math J, 1977, 44(3): 705~714

[114] Tao T. Time-frequency analysis. http://www.math.ucla.edu/ tao/

[115] Balk A M. On the Kolmogorov Zakharov spectra of weak turbulence. Physica D, 2000, 139: 137~157

[116] Bellan P M. Fundamentals of Plasmas Physics. Cambridge: Cambridge University Press, 2006

[117] Bergé L, Bidégaray B, Colin T. A perturbative analysis of the time-envelope approximation in strong Langmuir turbulence. Phys D, 1996, 95(3-4): 351~379

[118] Bittencourt J A. Fundamentals of Plasma Physics. New York: Springer, 2004

[119] Dendy R O. Plasma Dynamics. Oxford: Oxford University Press, 1990

[120] Sulem C, Sulem P L. The Nonlinear Schrödinger Equations: Self-Focusing and Wave Collapse. In: Applied Mathematical Sciences. Vol. 139. New York: Springer-Verlag, 1999

[121] Thornhill S G, Ter Haar D. Langmuir turbulence and modulational instability. Physics Reports, 1978, 43(2): 43~99

[122] Zakharov V E. Collapse of Langmuir waves. Sov Phys JETP, 1972, 35: 908~914

[123] Bechouche P, Mauser N, Selberg S. Nonrelativistic limit of Klein-Gordon-Maxwell to Schrödinger-Poisson. Am J Math, 2004, 126(1): 31~64

[124] Colin T, et al. Justification of the Zakharov model from Klein Gordon-Wave systems. Communications in Partial Differential Equations, 2004, 29(9-10): 1365~1401

[125] Colin T, Galusinski C, Kaper H G. Waves in ferromagnetic media. Communications in Partial Differential Equations, 2002, 27(7-8): 1625~1658

[126] Texier B. WKB asymptotics for the Euler-Maxwell equations. Asymptot. Anal, 2005, 42: 211~250

[127] Texier B. Derivation of the Zakharov equations. Arch Ration Mech Anal, 2007, 184(1): 121~183

[128] Cazenave T, Weissler F. The Cauchy problem for the critical nonlinear Schrödinger equation in H^s. Nonlinear Anal TMA, 1990, 14(10): 807~836

[129] Kenig C, Ponce G, Vega L. On the Zakharov and Zakharov-Schulman systems. J Funct Anal, 1995, 127(1): 204~234

[130] Colin T, et al. Justification of the Zakharov model from Klein-Gordon-wave systems. Commun Partial Diffe Eqs, 2004, 29(9-10): 1365~1401

[131] Bergh J, Löfström J. Interpolation Spaces: An Introduction, Grundlehrem der Mathematischen Wissenschaften, Vol 223. Berlin, Heiderberg, New York: Springer, 1976

[132] Machihara S, Nakanishi K, Ozawa T. Nonrelativistic limit in the energy space for nonlinear Klein-Gordon equations. Math Ann, 2002, 322(3): 603~621

[133] Masmoudi N, Nakanishi K. Nonrelativistic limit from Maxwell-Klein-Gordon and Maxwell-Dirac to Poisson-Schrödinger. Int Math Res Not, 2003, 13: 697~734

[134] Bourgain J. Fourier transform restriction phenomena for certain lattice subsets and applications to nonlinear evolution equations. I. Schrödinger equations, II. The KdV equation. Geom Funct Anal, 1993, 3: 107~156

[135] Bourgain J. Fourier transform restriction phenomena for certain lattice subsets and applications to nonlinear evolution equations. II. The KdV equation. Geom. Funct. Anal. 1993, 3: 209~262

[136] Tataru D. The X_θ^s spaces and unique continuation for solutions to the semilinear wave equation. Commun Partial Differ Equations, 1996, 21(5-6): 841~887

[137] Koch H, Tzvetkov N. On the local well-posedness of the Benjamin-Ono equation in $H^s(\mathbb{R})$. Int Math Res Not, 2003, 26: 1449~1464

[138] Nakamura M, Wada T. Global existence and uniqueness of solutions to the Maxwell-Schrödinger equations. Commun Math Phys, 2007, 276(2): 315~339

[139] Masmoudi N, Nakanishi K. Uniqueness of finite energy solutions for Maxwell-Dirac and Maxwell-Klein-Gordon equations. Commun Math Phys, 2003, 243: 123~136

[140] Masmoudi N, Nakanishi K. Uniqueness of solutions for Zakharov systems. Funkcial Ekvac, 2009, 52(2): 233~253

[141] Ginibre J, Velo G. On a class of nonlinear Schrödinger equations. I. The Cauchy problem, general case. J Funct Anal, 1979, 32(1): 1~32

《现代数学基础丛书》已出版书目

1 数理逻辑基础(上册) 1981.1 胡世华 陆钟万 著
2 数理逻辑基础(下册) 1982.8 胡世华 陆钟万 著
3 紧黎曼曲面引论 1981.3 伍鸿熙 吕以辇 陈志华 著
4 组合论(上册) 1981.10 柯 召 魏万迪 著
5 组合论(下册) 1987.12 魏万迪 著
6 数理统计引论 1981.11 陈希孺 著
7 多元统计分析引论 1982.6 张尧庭 方开泰 著
8 有限群构造(上册) 1982.11 张远达 著
9 有限群构造(下册) 1982.12 张远达 著
10 测度论基础 1983.9 朱成熹 著
11 分析概率论 1984.4 胡迪鹤 著
12 微分方程定性理论 1985.5 张芷芬 丁同仁 黄文灶 董镇喜 著
13 傅里叶积分算子理论及其应用 1985.9 仇庆久 陈恕行 是嘉鸿 刘景麟 蒋鲁敏 编
14 辛几何引论 1986.3 J.柯歇尔 邹异明 著
15 概率论基础和随机过程 1986.6 王寿仁 编著
16 算子代数 1986.6 李炳仁 著
17 线性偏微分算子引论(上册) 1986.8 齐民友 编著
18 线性偏微分算子引论(下册) 1992.1 齐民友 徐超江 编著
19 实用微分几何引论 1986.11 苏步青 华宣积 忻元龙 著
20 微分动力系统原理 1987.2 张筑生 著
21 线性代数群表示导论(上册) 1987.2 曹锡华 王建磐 著
22 模型论基础 1987.8 王世强 著
23 递归论 1987.11 莫绍揆 著
24 拟共形映射及其在黎曼曲面论中的应用 1988.1 李 忠 著
25 代数体函数与常微分方程 1988.2 何育赞 萧修治 著
26 同调代数 1988.2 周伯壎 著
27 近代调和分析方法及其应用 1988.6 韩永生 著
28 带有时滞的动力系统的稳定性 1989.10 秦元勋 刘永清 王 联 郑祖庥 著
29 代数拓扑与示性类 1989.11 [丹麦] I.马德森 著
30 非线性发展方程 1989.12 李大潜 陈韵梅 著

31　仿微分算子引论　1990.2　陈恕行　仇庆久　李成章　编
32　公理集合论导引　1991.1　张锦文　著
33　解析数论基础　1991.2　潘承洞　潘承彪　著
34　二阶椭圆型方程与椭圆型方程组　1991.4　陈亚浙　吴兰成　著
35　黎曼曲面　1991.4　吕以辇　张学莲　著
36　复变函数逼近论　1992.3　沈燮昌　著
37　Banach 代数　1992.11　李炳仁　著
38　随机点过程及其应用　1992.12　邓永录　梁之舜　著
39　丢番图逼近引论　1993.4　朱尧辰　王连祥　著
40　线性整数规划的数学基础　1995.2　马仲蕃　著
41　单复变函数论中的几个论题　1995.8　庄圻泰　杨重骏　何育赞　闻国椿　著
42　复解析动力系统　1995.10　吕以辇　著
43　组合矩阵论(第二版)　2005.1　柳柏濂　著
44　Banach 空间中的非线性逼近理论　1997.5　徐士英　李　冲　杨文善　著
45　实分析导论　1998.2　丁传松　李秉彝　布　伦　著
46　对称性分岔理论基础　1998.3　唐　云　著
47　Gel'fond-Baker 方法在丢番图方程中的应用　1998.10　乐茂华　著
48　随机模型的密度演化方法　1999.6　史定华　著
49　非线性偏微分复方程　1999.6　闻国椿　著
50　复合算子理论　1999.8　徐宪民　著
51　离散鞅及其应用　1999.9　史及民　编著
52　惯性流形与近似惯性流形　2000.1　戴正德　郭柏灵　著
53　数学规划导论　2000.6　徐增堃　著
54　拓扑空间中的反例　2000.6　汪　林　杨富春　编著
55　序半群引论　2001.1　谢祥云　著
56　动力系统的定性与分支理论　2001.2　罗定军　张　祥　董梅芳　著
57　随机分析学基础(第二版)　2001.3　黄志远　著
58　非线性动力系统分析引论　2001.9　盛昭瀚　马军海　著
59　高斯过程的样本轨道性质　2001.11　林正炎　陆传荣　张立新　著
60　光滑映射的奇点理论　2002.1　李养成　著
61　动力系统的周期解与分支理论　2002.4　韩茂安　著
62　神经动力学模型方法和应用　2002.4　阮　炯　顾凡及　蔡志杰　编著
63　同调论—— 代数拓扑之一　2002.7　沈信耀　著
64　金兹堡-朗道方程　2002.8　郭柏灵　黄海洋　蒋慕容　著

65　排队论基础　2002.10　孙荣恒　李建平　著
66　算子代数上线性映射引论　2002.12　侯晋川　崔建莲　著
67　微分方法中的变分方法　2003.2　陆文端　著
68　周期小波及其应用　2003.3　彭思龙　李登峰　谌秋辉　著
69　集值分析　2003.8　李　雷　吴从炘　著
70　强偏差定理与分析方法　2003.8　刘　文　著
71　椭圆与抛物型方程引论　2003.9　伍卓群　尹景学　王春朋　著
72　有限典型群子空间轨道生成的格(第二版)　2003.10　万哲先　霍元极　著
73　调和分析及其在偏微分方程中的应用(第二版)　2004.3　苗长兴　著
74　稳定性和单纯性理论　2004.6　史念东　著
75　发展方程数值计算方法　2004.6　黄明游　编著
76　传染病动力学的数学建模与研究　2004.8　马知恩　周义仓　王稳地　靳　祯　著
77　模李超代数　2004.9　张永正　刘文德　著
78　巴拿赫空间中算子广义逆理论及其应用　2005.1　王玉文　著
79　巴拿赫空间结构和算子理想　2005.3　钟怀杰　著
80　脉冲微分系统引论　2005.3　傅希林　闫宝强　刘衍胜　著
81　代数学中的 Frobenius 结构　2005.7　汪明义　著
82　生存数据统计分析　2005.12　王启华　著
83　数理逻辑引论与归结原理(第二版)　2006.3　王国俊　著
84　数据包络分析　2006.3　魏权龄　著
85　代数群引论　2006.9　黎景辉　陈志杰　赵春来　著
86　矩阵结合方案　2006.9　王仰贤　霍元极　麻常利　著
87　椭圆曲线公钥密码导引　2006.10　祝跃飞　张亚娟　著
88　椭圆与超椭圆曲线公钥密码的理论与实现　2006.12　王学理　裴定一　著
89　散乱数据拟合的模型、方法和理论　2007.1　吴宗敏　著
90　非线性演化方程的稳定性与分歧　2007.4　马　天　汪宁宏　著
91　正规族理论及其应用　2007.4　顾永兴　庞学诚　方明亮　著
92　组合网络理论　2007.5　徐俊明　著
93　矩阵的半张量积:理论与应用　2007.5　程代展　齐洪胜　著
94　鞅与 Banach 空间几何学　2007.5　刘培德　著
95　非线性常微分方程边值问题　2007.6　葛渭高　著
96　戴维-斯特瓦尔松方程　2007.5　戴正德　蒋慕蓉　李栋龙　著
97　广义哈密顿系统理论及其应用　2007.7　李继彬　赵晓华　刘正荣　著
98　Adams 谱序列和球面稳定同伦群　2007.7　林金坤　著

99 矩阵理论及其应用 2007.8 陈公宁 编著
100 集值随机过程引论 2007.8 张文修 李寿梅 汪振鹏 高 勇 著
101 偏微分方程的调和分析方法 2008.1 苗长兴 张 波 著
102 拓扑动力系统概论 2008.1 叶向东 黄 文 邵 松 著
103 线性微分方程的非线性扰动(第二版) 2008.3 徐登洲 马如云 著
104 数组合地图论(第二版) 2008.3 刘彦佩 著
105 半群的 S-系理论(第二版) 2008.3 刘仲奎 乔虎生 著
106 巴拿赫空间引论(第二版) 2008.4 定光桂 著
107 拓扑空间论(第二版) 2008.4 高国士 著
108 非经典数理逻辑与近似推理(第二版) 2008.5 王国俊 著
109 非参数蒙特卡罗检验及其应用 2008.8 朱力行 许王莉 著
110 Camassa-Holm 方程 2008.8 郭柏灵 田立新 杨灵娥 殷朝阳 著
111 环与代数(第二版) 2009.1 刘绍学 郭晋云 朱 彬 韩 阳 著
112 泛函微分方程的相空间理论及应用 2009.4 王 克 范 猛 著
113 概率论基础(第二版) 2009.8 严士健 王隽骧 刘秀芳 著
114 自相似集的结构 2010.1 周作领 瞿成勤 朱智伟 著
115 现代统计研究基础 2010.3 王启华 史宁中 耿 直 主编
116 图的可嵌入性理论(第二版) 2010.3 刘彦佩 著
117 非线性波动方程的现代方法(第二版) 2010.4 苗长兴 著
118 算子代数与非交换 L_p 空间引论 2010.5 许全华 吐尔德别克 陈泽乾 著
119 非线性椭圆型方程 2010.7 王明新 著
120 流形拓扑学 2010.8 马 天 著
121 局部域上的调和分析与分形分析及其应用 2011.4 苏维宜 著
122 Zakharov 方程及其孤立波解 2011.6 郭柏灵 甘在会 张景军 著
123 反应扩散方程引论(第二版) 2011.9 叶其孝 李正元 王明新 吴雅萍 著
124 代数模型论引论 2011.10 史念东 著
125 拓扑动力系统——从拓扑方法到遍历理论方法 2011.12 周作领 尹建东 许绍元 著
126 Littlewood-Paley 理论及其在流体动力学方程中的应用 2012.3 苗长兴 吴家宏 章志飞 著
127 有约束条件的统计推断及其应用 2012.3 王金德 著
128 混沌、Mel′nikov 方法及新发展 2012.6 李继彬 陈凤娟 著
129 现代统计模型 2012.6 薛留根 著
130 金融数学引论 2012.7 严加安 著
131 零过多数据的统计分析及其应用 2013.1 解锋昌 韦博成 林金官 著

132　分形分析引论　2013.6　胡家信　著
133　索伯列夫空间导论　2013.8　陈国旺　编著
134　广义估计方程估计方程　2013.8　周　勇　著
135　统计质量控制图理论与方法　2013.8　王兆军　邹长亮　李忠华　著
136　有限群初步　2014.1　徐明曜　著
137　拓扑群引论(第二版)　2014.3　黎景辉　冯绪宁　著
138　现代非参数统计　2015.1　薛留根　著